Electrochemistry

电化学

（原著第二版）

[德] 卡尔·H. 哈曼 (Carl H. Hamann)
[英] 安德鲁·哈姆内特 (Andrew Hamnett) 著
[德] 沃尔夫·菲尔施蒂希 (Wolf Vielstich)

陈艳霞　夏兴华　蔡俊　译

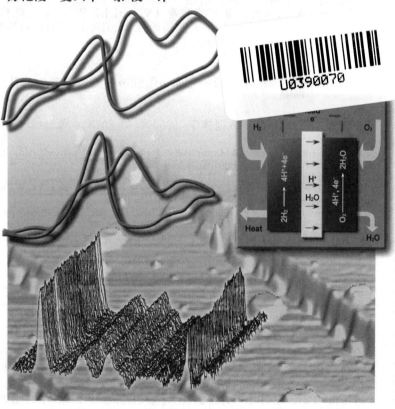

化学工业出版社

·北京·

本书为 Wiley-VCH 公司出版的经典教科书《电化学》第二版。为了将现代电化学的概貌和前沿呈现给读者，作者对原著第一版进行了全面和彻底的更新。本书介绍了物理化学的基本概念及其在不同科研领域中的延伸和拓展，例如半导体、生物电化学、电催化、新溶剂和新材料、新的理论研究方法以及电化学振荡体系等。贯穿本书的中心思想是突出电化学在当代工业中的最新应用，例如燃料电池、锂电池、超级电容器和实用型电催化剂等。

本书全面而深入地介绍了电化学的各种研究方法，包括传统的电化学技术以及现代的光学、谱学、质谱和扫描探测技术。因此，本书可以作为化学、化工、材料学和物理学专业学生和科研工作者的参考资料。

图书在版编目（CIP）数据

电化学：第 2 版. /［德］哈曼（Hamann，C. H.），［英］哈姆内特（Hamnett，A.），［德］菲尔施蒂希（Vielstich，W.）著；陈艳霞，夏兴华，蔡俊译. —北京：化学工业出版社，2010.1（2024.11重印）
书名原文：Electrochemistry
ISBN 978-7-122-07045-6

Ⅰ. 电…　Ⅱ.①哈…②哈…③菲…④陈…⑤夏…⑥蔡…　Ⅲ. 电化学
Ⅳ. O646

中国版本图书馆 CIP 数据核字（2009）第 202814 号

Electrochemistry, Second Completely Revised and Updated edition/by Carl H. Hamann, Andrew Hamnett, Wolf Vielstich
ISBN 978-3-527-31069-2
Copyright © 2007 by WILEY-VCH Verlag GmbH & Co. KGaA, Weinheim. All rights reserved.
Authorized translation from the English language edition published by WILEY-VCH Verlag GmbH & Co. KGaA, Weinheim.
本书中文简体字版由 WILEY-VCH Verlag GmbH & Co. KGaA Weinheim 授权化学工业出版社独家出版发行。
未经许可，不得以任何方式复制或抄袭本书的任何部分，违者必究。

北京市版权局著作权合同登记号：01-2008-1689

责任编辑：成荣霞	文字编辑：刘志茹
责任校对：陈　静	装帧设计：韩　飞

出版发行：化学工业出版社（北京市东城区青年湖南街 13 号　邮政编码 100011）
印　　装：北京建宏印刷有限公司
710mm×1000mm　1/16　印张 26¼　字数 517 千字　2024 年 11 月北京第 1 版第 14 次印刷

购书咨询：010-64518888　　　　　售后服务：010-64518899
网　　址：http://www.cip.com.cn
凡购买本书，如有缺损质量问题，本社销售中心负责调换。

定　　价：128.00 元　　　　　　　　　　　　　　　版权所有　违者必究

译 者 前 言

本书为英文原著"Electrochemistry"第二版的中文翻译稿。原著第一版于1998年由 Wiley-VCH 公司出版,内容涉及了电化学基本概念、基本原理与研究方法、电催化、固体电解质、工业电化学过程、化学电源以及电分析等十分广泛的领域。2008年,原作者根据第一版发行后读者的意见并结合电化学近年来的飞速发展,对许多章节进行了重新撰写而出版了该书的第二版,基本涵盖当前国际电化学最前沿发展的状况,例如谱学电化学、电分析、现代工业生产技术、化学电源/燃料电池、微/纳米技术等。本书最大的特点是简明扼要又通俗易懂地介绍了电化学的基本概念、基本原理和研究方法;在介绍电化学的有关应用时将着重点放在人们普遍关注的能源技术应用方面,不但深入浅出地将电化学的基本原理和方法贯穿其中,而且引用了很多最新的研究成果。可以帮助读者在掌握电化学的基本方法和原理的同时,又能了解到电化学领域的近期研究热点,在国际电化学界很受欢迎。该书对大学三、四年级本科生或研究生以及电化学专业研究人员来说,是一本很好的电化学教材和参考书。

受原作者之一,德国电化学界的资深专家 Vielstich 教授的邀请,我们从2006年秋季开始翻译原著的第一版,本书的翻译过程中,Vielstich 教授等又对原著第一版进行了进一步的修改和扩展,我们又根据修订的第二版进行了重新审议。译者在翻译过程中遇到的一些不明之处或有不同意见之处都及时与 Vielstich 教授进行讨论和交流,以保证译稿的准确性,在此译者谨向 Vielstich 教授致以诚挚的谢意。但由于我们水平有限,书中难免会有疏漏之处,欢迎各位读者提出宝贵意见和建议。

本译著第一、二章由南京大学的夏兴华教授,第三至十章由中国科学技术大学陈艳霞和蔡俊分别负责翻译,蔡俊还负责了第三至十章全部插图的绘制和中文标注工作。日本北海道大学催化研究中心的叶深准教授、中国科学技术大学的王文楼副教授以及谱学电化学实验室的全体同学认真、仔细地阅读了本译著的初稿,并提出了宝贵的修改意见,在此对他们致以诚挚的谢意。本书的责任编辑等工作人员为提高本书的编辑出版质量做出了大量细致的工作,在此译者也对他们的支持和努力表示衷心的感谢。

译者

二〇〇九年九月

中译本序

我们三人合著的电化学专业教科书"Electrochemistry"自从 1998 年由 Wiley-VCH 出版以后,受到了读者的广泛好评。在此基础上,我们又对原著进行了改进,于 2007 年出版了该书的第二版。我们非常高兴地看到,该书最新版的中译本,在我们的好友和同事陈艳霞教授、夏兴华教授以及蔡俊教授的不懈努力下,今天终于能和中国读者见面了。希望该书在帮助中国相关专业的广大科研工作者和学生们在掌握电化学基本原理的同时,也能够快速了解现代电化学在工业生产以及日常生活中的广泛应用。

在电化学理论发展日臻完善的今天,电化学学科的发展已大大超越了传统电化学的研究范畴。现代电化学侧重于利用各种原位的谱学电化学研究方法,从原子、分子层面上获取电化学界面的结构、电极反应机理及动力学的有关信息;另外,现代电化学发展的一个重要趋势是通过电化学理论和研究方法与生命科学、材料科学、能源科学等研究领域的结合,衍生出一批新兴交叉学科领域。

本书在概述了电化学基本原理的基础上,详细阐述了各种原子、分子水平的电化学研究方法,重点介绍了电化学清洁能源技术,尤其是燃料电池的基本原理以及当今发展动态,另外,也尽可能多地介绍了上述各交叉领域的最新研究成果。全书共分 10 章,内容包括组成电化学体系的溶液和电极的基本性质、电极/溶液界面结构和性质、电极过程动力学、电化学研究方法,特别是最近建立起来的电化学研究方法和固态电化学体系的基本性质,以及应用电化学的基本原理、电极过程和基于电化学原理的各种化工技术,诸如化学电源、工业电解、金属电沉积、表面处理与防护以及电分析化学等应用领域。

我们谨以此书献给广大的中国读者,并希望该书能够为中国电化学及其相关领域(包括能源、材料和生命等领域)科研工作者以及学生们提供一些帮助和支持!

Carl H. Hamann
Andrew Hamnett
Wolf Vielstich
2009 年 8 月

第 二 版 序

本书第二版的出版距离第一版的发行时间已近十年，在此期间，电化学前沿又扩展到了更广泛的科学领域，并得到了飞速的发展。现代电化学所涉及和影响的领域离传统电化学关注的焦点已越来越远，所以，这就要求当代的电化学家们必须将他们的专业知识范围及时扩展到这些新的领域，例如，二三十年前，除了某些光学技术，光谱学与电化学基本没有什么交叉，如今光谱学却在电化学领域中起着极其重要的作用，这方面的内容也占据了本书很大的篇幅。在电化学基础理论领域，利用量子力学从头算的方法，我们已经可以计算出电极表面附近分子的基元过程并提供这些分子有关行为的直接信息，在不久之前这方面的研究中我们还只能以较粗糙的近似法来建立相关模型。扫描隧道显微镜的发明使我们有能力研究表面上的原子和分子的结构，以及界面结构是如何随电势和电解质溶液而变化的。另外，它也为我们研究诸如腐蚀这类与电极表面晶体结构上的非均一性密切相关的电化学过程提供了新的信息。一些为其他目的开发的新型材料也让我们开发了很多电化学新技术，例如低温固体燃料电池，反过来，电化学家开发的新材料，如电活性聚合物，也将对其他很多学科领域及技术产生广泛而深远的影响。

我们在本版改编过程中尝试将这些新的热点内容增加进来。同时，为了避免新增内容影响本书整体的简洁性，我们对前一版在内容上进行了必要的调整，删除了一些过时的材料，并保证其不会对阅读和理解本版内容造成困难。与前一版相比，本版前几章的主要更新在于引进了基于量子力学从头算的理论方法的一些新思想。这是一个崭新及重要的领域，且已取得了一些令人激动的成果。第四和第五章在保持物理化学核心思想的同时，增加了许多能够反映当代技术、方法的新内容，并新增了一节生物电化学，突出了与长程电荷传递相关的电化学行为特性。第六章有关机理方面的内容经过了重写，例如，对甲醇和CO的电氧化机理方面的解释基本体现了该领域一些最新研究成果。另外，我们还增加了电化学聚合反应和电化学振荡等内容。第七章新增了当代电池中常用的固体电解质膜的最新研究进展，还简要介绍了室温熔融盐研究领域的一些重要成果。第八、九、十章更新了前一版中介绍的各种电化学技术，融入了这些技术的新进展。我们非常关注生物电化学领域的成果对未来各种传感器研制方面的深远影响，同时，我们也坚信电化学科学必将对其他学科的进一步发展提供可靠的支持和帮助。

本书第一版的英文版本是由 A. Hamnett 翻译和修订了由 C. H. Hamann 和 W. Vielstich 撰写的德文《电化学》第三版，这两个语言版本均于 1998 年出版发行。C. H. Hamann 负责了该书德文第四版的编撰工作，该版本于 2005 年出版，

W. Vielstich 和 A. Hamnett 负责了本书英文第二版的编撰工作。所以，这两个语言版本在内容上有所差异。

作者感谢所有为本书提供帮助的人们，并特别感谢 Teresa Iwasita 和 Paul Christensen 教授，他们无私地抽出宝贵时间阅读了本书许多章节，并提出了宝贵的意见。感谢 Cordoba 大学的 Velia Solis 教授对生物电化学一节的帮助，同样也感谢 Hamilton Valera 博士、Demetrius Profeti 博士、Roberto Batista de Lima 博士、Bruno Carreira Batista 博士和 Eduardo Ciapina 博士的帮助。最后，我们还要感谢本书第一版读者的批评指正。

Carl H. Hamann

Andrew Hamnett

Wolf Vielstich

2007 年 1 月

目　　录

书中采用的符号和单位

符号

a_i	活度
A	面积
A_v	单位池体积的电极表面积
c	浓度
C	电容
C_D	双电层电容
C_d	微分电容
C_S^{th}	理论比电容
e_0	元电荷
E	电势
E_0	开路电势
E^0	标准电势
E_r	静电势
E_{PZC}	零电荷电势
E_c	池压
$E_{c,0}$	开路电压,EMF
E_c^0	热力学池压
E_D	分解电压
$\boldsymbol{E}$	电场
F	法拉第
F	法拉第常数
$\boldsymbol{F}$	力
G	摩尔自由能
$\Delta_f G$	反应的摩尔自由能
$\Delta_f G^0$	反应的标准摩尔自由能
i	电流
i_0	交换电流
$\boldsymbol{I}$	离子强度
j	电流密度
j_0	交换电流密度

j_0^0	标准交换电流密度
k_r, k_d	速率常数
k_B	玻耳兹曼常数
L	电导,膜厚
m	质量摩尔浓度
m^0	标准质量摩尔浓度
M	摩尔质量
N_A	阿伏加德罗常数
Q	电荷
q_i	粒子荷电
r	半径
$\boldsymbol{r}$	矢量
R	摩尔气体常数
R	电阻
R_i	内阻
R_E	电解(质、液)电阻
R_e	外阻
R_{CT}	电荷转移电阻
RF	粗糙因子,实际表面
RHE	可逆氢电极(采用与研究体系相同的溶液作为氢电极的溶液)
S	熵
SCE	饱和甘汞电极
SHE	标准氢电极
t^+, t^-	迁移数
U	相互作用能
u	迁移率
v	速度
z	电荷数
Z	阻抗
α	解离度
β	传递系数(非对称参量)
δ_N	能斯特扩散层
δ_{Pr}	普朗特层
δ_R	反应层
ε_r	相对介电常数

ε_0	真空介电常数
κ_I	离子电导率
κ^{-1}	离子云半径
Λ	摩尔电导率
Λ_0	极限摩尔电导率
Λ_{eq}	当量电导率
λ^+,λ^-	离子电导率
λ_0^+,λ_0^-	当量离子电导率
μ_i	化学势
$\widetilde{\mu}_i$	电化学势
$\mu_i^{0\dagger}$	具有标准质量摩尔浓度为 m^0 的离子间无相互作用的假想溶液的化学势
ν	运动黏度
ν_i	反应物的化学计量数
φ	内电势
φ_S	溶液内电势
φ_M	金属内电势
φ_{OHP}	外 Helmholtz 面电势
φ_{mix}	混合电势
$\Delta\varphi$	内电势差
$\Delta\varphi_{diff}$	扩散电势
$\Delta\varphi_H$	Helmholtz 层电压降
$\Delta\varphi_S$	液接电势
$\Delta\varphi_{SC}$	外加反向电压下半导体的内电压降
γ	表面张力
γ_i	活度系数
η	超电势
η_r	反应的超电势
η	黏度
ρ	电阻率
ρ	密度
θ	吸附物的覆盖度

单位

力＝质量×加速度	$1N=1kg \cdot m/s^2$
能量＝力×距离＝功	$1V \cdot A \cdot s=1W \cdot s=1J=1N \cdot m=10^7 erg$
	$1eV=1.602 \times 10^{-19}J$

	1cal＝4.1868J
压力	$1Pa＝1N/m^2$
	$1bar＝10N/cm^2＝10^5N/m^2＝10^5Pa$
	$1atm＝1013mbar＝760Torr$
电荷	$1C＝1A \cdot s$
电容	$1F＝1A \cdot s/V$

基础物理常数

真空中的光束	$c＝2.99792\times10^8 m \cdot s^{-1}$
基本电荷	$e_0＝1.60218\times10^{-19}C$
阿伏加德罗常数	$N_A＝6.022\times10^{23}mol^{-1}$
法拉第常数	$F＝N_A e＝0.964853\times10^{15}C \cdot mol^{-1}$
玻耳兹曼常数	$k_B＝1.38065\times10^{-23}J \cdot K^{-1}$
气体常数	$R＝N_A k_B＝8.31447J \cdot K^{-1} \cdot mol^{-1}$
真空介电常数	$\varepsilon_0＝8.85419\times10^{-12}A \cdot s \cdot V^{-1} \cdot m^{-1}$
25℃(298.15K)温度下	$RT/F＝k_B T/e＝25.693mV$
	$2.303RT/F＝59.16mV$
	$k_B T＝4.116\times10^{21}J$
	$RT＝N_A k_B T＝2.478kJ \cdot mol^{-1}＝592cal \cdot mol^{-1}$
一个单层的原子数	$Au(111)＝1.5\times10^{15}$ 原子 $\cdot cm^{-2}$
常用数学关系	$e＝2.71828$
	$e^{ix}＝\cos x＋i\sin x$
	$e^x＝1＋x＋x^2/2!＋x^3/3!＋\cdots$
	$\pi＝3.14159$
	$\dfrac{dx^n}{dx}＝nx^{n-1}; \dfrac{d\ln x}{dx}＝\dfrac{1}{x}; \dfrac{d(e^{ax})}{dx}＝ae^{ax}$

第1章 基础、定义和概念

1.1 离子、电解质和电荷的量子化

在固态离子晶体中，如 NaCl，电荷通常被束缚在晶体的晶格位点上。晶格位点不是由中性原子所填充，而是由带正电荷的钠离子和带负电荷的氯离子所占据（见图 1.1，左边部分），正、负电荷间的静电作用力（库仑定律）维持该类离子晶体稳定存在。电荷为 q_1 和 q_2 的两点电荷在相距 r 时的相互作用能为：

$$U_{12} = \frac{q_1 q_2}{4\pi\varepsilon_r\varepsilon_0 r} \tag{1.1}$$

式中，ε_r 为两电荷间介质的相对介电常数；ε_0 为真空的介电常数。带相同符号的两点电荷 q_1 和 q_2 间的作用能为正（静电排斥）；带相反符号的两点电荷间的作用能为负（静电吸引）。两点电荷间的作用力为一沿两粒子间 r 轴方向上的矢量，因此相同符号荷电粒子间的排斥力 $\boldsymbol{F}_{12}$ 为：

$$\boldsymbol{F}_{12} = -\frac{\partial U_{12}}{\partial r} = \frac{q_1 q_2}{4\pi\varepsilon_r\varepsilon_0 r^2} \frac{\boldsymbol{r}}{r} \tag{1.1a}$$

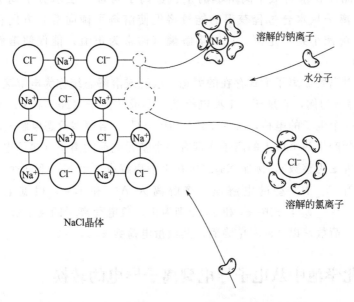

图 1.1 NaCl 离子晶体在水中的溶剂化过程（二维描述）

一般来说，这种库仑作用力很强，使带相反电荷的离子相互靠近，当两者的距

离小到短程排斥力起作用时，在一平衡距离处库仑吸引力和短程排斥力相等。由于库仑作用力较强，需要较大的能量才能破坏离子晶体的晶格，因而，离子晶体普遍具有较高的熔点。如果离子排斥作用力可以用某些解析形式描述，那么就可以计算完全破坏离子晶体的晶格的能量。离子排斥作用力 R_{12} 通常用公式表达为 $R_{12}=B/r^n$（B 与化合价及核-电子云相关）。离子对间的总作用能可表示为 $E_{12}=U_{12}+R_{12}$，将晶格中所有离子对的作用能加和，就可计算出晶体的总晶格能。一般来说，该加和式中包含许多数值接近的正项及负项，会相互抵消，因此，直接的计算通常较为困难。然而，对于简单的立方晶体如 NaCl 的晶体总作用能可表达如下：

$$E=-\frac{MN_A|q|^2}{4\pi\varepsilon_0 r}\left(1-\frac{1}{n}\right) \tag{1.2}$$

式中，N_A 为阿伏加德罗（Avagadro）常数（$6.203\times10^{23}\,mol^{-1}$）；$M$ 为马德隆（Madelung）常数，对 NaCl 结构此值为 1.7476。因为晶格中离子间可看成由真空隔开，故方程式(1.1)中视 ε_r 为 1。

如将 NaCl 晶体置于溶剂（如水）中，因体系的介电常数从 $\varepsilon_{真空}=1$ 变到 $\varepsilon_{水}=78.3$（25℃，均相体系），使得正、负离子间的静电引力变得足够弱，使 NaCl 溶解于水中，形成自由运动的 Na^+ 和 Cl^-，即盐离解成了自由离子。

事实上，水相体系中正、负离子间静电引力的减弱还不足够溶解 NaCl 晶体。溶剂水分子在晶体溶解过程中起了决定性的作用，因水分子的偶极特性能够通过溶剂化过程结合到离子周围，对于溶剂水体系，该过程称为水合作用。如图 1.1 所示，晶体在水溶液中离解成的正、负离子均被一层水分子偶极层（水化层）包围，离子从水合过程获得的能量将促使溶解平衡向溶解方向移动，或至少可使溶解焓减小到一定值，此时溶解熵（通常为正值）能促使溶解平衡向溶解方向移动。

化合物以离解成离子形式存在的固态、液态或溶解态统称为电解液（电解质）。以 NaCl 电解液为例，它属于 1-1 型电解液，形成的离子（Na^+ 和 Cl^-）各带一个基元电荷（一个电子的电荷，$e_0=1.602\times10^{-19}\,C$）。溶解多价态电解质时，每一个溶质分子可能产生两个以上的离子或带有多个基元电荷的离子（离子电荷为 $\pm ze_0$，这里的离子价 z 为整数），例如 Na_2SO_4 在水中离解成 2 个 Na^+ 和 1 个 SO_4^{2-}。

对于具有 $A_{\nu_+}B_{\nu_-}$ 型的电解质，将解离为 A^{z+} 和 B^{z-}，根据电中性原理，$z_+\nu_+=z_-\nu_-=z_\pm\nu_\pm$，式中 z_+ 和 z_- 分别为正、负电荷离子的离子价，$z_\pm\nu_\pm$ 为电解质的当量电荷数，以 Na_2SO_4 为例，其当量电荷数 $z_\pm\nu_\pm=2$。

1.2　电化学池中从电子导电到离子导电的转换

施加一外加电场（电场强度为 E）于离子化的电解液，根据定义 $E=F/q$（F 为电场对电荷的作用力，q 为电荷），电场对自由离子所产生的驱动力为：

$$F = ze_0 E \qquad (1.3)$$

这种电场驱动力将使溶液中带正、负电荷的离子向电场的方向或与电场相反的方向运动。这种离子的运动相当于溶液中电荷的传输，从而使电流流过电解质溶液（离子导体）。

实验中，将两个电子导体（含自由电子的固体或液体，如金属、碳、半导体等）插入电解液中，通过与之相连的直流电源对电解液施加电场，所采用的电子导体称为电极。

如图 1.2 所示，一个完整的电解池由一直流电源、一个电阻、一个电流计以及与电极相连的导线组成，直流电源电场作用下产生的电流则通过上述导电元件从一个电极流向另一个电极。图中的电解液为 $CuCl_2$ 水溶液（离解成 1 个 Cu^{2+} 和 2 个 Cl^-），电极为铂等惰性金属材料。

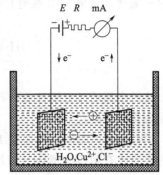

图 1.2　电解 $CuCl_2$ 水溶液的
电解池示意图
E—直流电源；R—电阻；
mA—测量电流的电流计

当电流流过电解池时，带负电的氯离子向正极移动，而带正电的铜离子则向负极移动，到达离子导体和电子导体界面的离子最终通过获得或释放电子而发生转化，如到达负极的铜离子从电极得到两个电子而形成金属铜：

$$Cu^{2+} + 2e^- \longrightarrow Cu^0 \qquad (1.4)$$

同时，到达正极的氯离子则给出电子到电子导体，按反应式(1.5)形成氯气：

$$2Cl^- \longrightarrow Cl_2 + 2e^- \qquad (1.5)$$

可以发现，电解液中通过离子迁移传输电荷和电子导体中通过电子运动传输电荷有着本质区别：电子导体传输过程导电体（如金属线）不发生任何变化，即电子导体本身不发生任何化学变化；而离子导体传输电荷使电解液发生明显的变化。如图 1.2 所示，电流流过电解池时，铜离子将从右向左迁移，而氯离子从左向右迁移，从而在溶液中形成浓度梯度；另一方面，铜离子和氯离子因在电极/溶液界面进行电极反应而从溶液中消失，使得电解液的总浓度变小。将反应(1.4)和反应(1.5)相加得到总电池反应方程式(1.6)：

$$电极反应 \begin{cases} Cu^{2+} + 2e^- \longrightarrow Cu^0 \\ 2Cl^- \longrightarrow Cl_2 + 2e^- \end{cases}$$

$$电池反应 \quad Cu^{2+} + 2Cl^- \longrightarrow Cu^0 + Cl_2 \qquad (1.6)$$

值得注意的是：恒定直流电流能持续通过离子导体的前提是，在图 1.2 电子回路中的电子导体和离子导体在两相界面上发生电极反应，且所进行的电极反应必须允许在两相间能够进行电子交换；相反，对于恒定交流电流而言，即使没有电极反应发生，它也能通过离子导体（参见 2.1.2 节）。

1.3 电解池与原电池：分解电势与电动势（emf）

如在图 1.2 电解池中加入的是 HCl 水溶液，而不是 $CuCl_2$ 水溶液，此时水溶液中的 HCl 将离解成水合氢离子（质子）H_3O^+ 和氯离子 Cl^-。当电流流过电解池时，氯离子在正极被氧化成氯气放出，而质子 H_3O^+ 则相应地在负极得到电子被还原成氢气，这里 HCl 被电化学分解成相应的组分：

$$
\begin{aligned}
2Cl^- &\longrightarrow Cl_2 + 2e^- \\
2H_3O^+ + 2e^- &\longrightarrow H_2 + 2H_2O \\
\hline
2HCl &\longrightarrow H_2 + Cl_2
\end{aligned}
\tag{1.7}
$$

这种电流通过电解池使一种物质通过电化学分解的方法称作电解，对应着电能转化为化学能的过程。

只有当两电极间的电势差 E（电池电势）超过一定值（分解电势 E_D）时，电解池的电流才有明显的增加。对浓度为 1.2mol/L 的 HCl 水溶液，在 25℃时的分解电势为 1.37V（见图 1.3）。其他电解液的分解电势一般在 1.0~4.0V 间。

实验中，当突然断开外电源与电解池中两个电极间的连接使电解结束时，会观测到两电极间电势差约为 1V，此时如在回路中连接一个电阻和一个电流计，则在电子回路中能观测到有电流流过。此电流的产生是电池反应式(1.7)的逆过程所致，其中氢气在电极上放电形成水合质子，在电极上释放的电子通过外电路流到另一个电极，使氯气还原成氯离子。实际上，因电解时产生的氢气和氯气在水中的溶解度很小，电解反应所产生的气体将很快从水溶液中溢出，所以观测到的电流将很快变为零。但是，如果在两个电极附近持续通氢气和氯气（见图 1.4），则可观测到流过电解池的电流将保持不变，在这种情况下，可持续地通过电解池将化学能转化成电能。

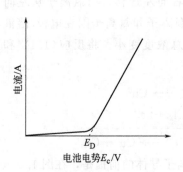

图 1.3 电解电流与电池电势
E 间的函数关系
（其中 E_D 为分解电势）

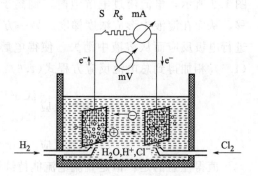

图 1.4 基于 H_2/Cl_2 的原电池
mV—电位计；mA—电流计；
R_e—外电阻；S—电路开关

在电极上电化学反应自发进行而供给电流的电化学池称为原电池（也称伽伐尼电池），能将化学能直接转化为电能。如在电子回路中使用很大的外电阻，使电流无法通过时（或流过电化学池的电流很小），则在伽伐尼电池两电极间测得的电势差称作静态电势 E_r，在平衡条件下，该值与电池的电动势 E_0（或 emf）相等，它与整个电池反应的自由能相关联（相关的热力学处理见第 3 章）。

不管是电解池还是原电池，将电子注入电解质溶液的电极（发生还原反应）都称为阴极，阴极附近电解质溶液中出现负电荷（如 $Cl_2 + 2e^- \longrightarrow 2Cl^-$）或在电解液中的正电荷消耗（$Cu^{2+} + 2e^- \longrightarrow Cu$），在这两种情况下，阴极均将电子传给电解质溶液中的反应剂，Cu^{2+} 和 Cl_2，使它们发生还原反应。而发生相反过程的电极称为阳极，正电荷进入溶液，消耗电极附近电解液中的负电荷（$2Cl^- \longrightarrow Cl_2 + 2e^-$），或出现正电荷（$2H_2O + H_2 \longrightarrow 2H_3O^+ + 2e^-$），即阳极从电解液中的反应物获得电子，而反应物则发生氧化反应。

在前面所举的电解池例子中，阴极上放出氢气；而在原电池中，阴极上氯气被还原成氯离子。电解中，向阴极迁移的正电离子称为阳离子；而向阳极迁移的负电离子称为阴离子。电化学池中的靠近阴极区和阳极区的电解液分别称作阴极电解液和阳极电解液。

在图 1.4 的原电池装置中，电流和电势差可同时检测。实验发现，两个电极间测得的电势差（原电池）E，随着流过电解池的电流的升高而下降，如图 1.5 所示。该电势差由电池内阻 R_i 和电流回路中的外电阻 R_e 上的分压组成：

$$E_0 = iR_i + iR_e$$
$$E = E_0 - iR_i \qquad (1.8)$$

原电池的输出功率 P 为电流和电势的乘积：

$$P = iE = i(E_0 - iR_i) \qquad (1.9)$$

在 $i = E_0/2R_i$ 和 $E = E_0/2$ 时，原电池的输出功率最大。

在电流通过电解池时，必须同时考虑电池内电阻产生的电压降 iR_i 与电解池的分解电势 E_D：

$$E = E_D + iR_i \qquad (1.10)$$

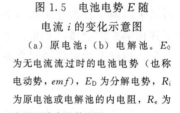

图 1.5　电池电势 E 随电流 i 的变化示意图

（a）原电池；（b）电解池。E_0 为无电流流过时的电池电势（也称电动势，emf），E_D 为分解电势，R_i 为原电池或电解池的内阻，R_e 为电子回路中的外电阻

1.4　法拉第定律

如每一个离子的电荷为 $\pm ze_0$，外电路中流过的电流为 i_e，其值等于电解池中正、负离子的流量所载电流 i_1，那么，在任何一个电极上发生化学变化的物质的质

量与通过离子导体和电子导体间流过的总电量成正比。电量 Q 是电流与时间的乘积（$Q=i_et$），电极上发生电子交换而转化的物质的质量 m 为：

$$m=KQ=Ki_et \tag{1.11}$$

式中，K 为常数。对具有基元电荷 e_0 的离子（1 价离子）来说，在电极上通过氧化或还原 1mol 物质时所需的电量 $Q_M=N_Ae_0$，其中 N_A 为阿伏加德罗常数；而在电极上转化 1mol 多价（z）离子所需的电量应是 $Q_M=zN_Ae_0$，其中 N_Ae_0 的乘积在数值上等于 $96485 C \cdot mol^{-1}$，该值称为法拉第常数，用符号 F 表示。因而，在电极上通过 1C 电量将转化 $M/(96485z)$g 物质，其中 M 为转化物质的摩尔质量。举例来说，金属银可从 $AgNO_3$ 溶液中沉积到阴极上，电极上通过 1C 电量将在阴极沉积 $107.88/96485=1.118$mg 金属银。

同理，在两电极上转化的物质 1 和物质 2 的质量比则有如下的关系（以下标 1 和 2 表示）：

$$m_1/m_2=(M_1/z_1)/(M_2/z_2) \tag{1.12}$$

式中，M/z 为离子当量的摩尔质量。式（1.12）表明，通过相同电量的两个电极上转化的物质的质量比与它们的离子当量的摩尔质量比相等。

方程式（1.11）和式（1.12）的关系式是由法拉第（Faraday）在 1833 年首次报道的，分别称为法拉第第一和第二定律。法拉第定律只是由 Faraday 根据很多次实验结果进行归纳总结而得，属经验定律。在此基础上，亥姆霍兹（Helmholtz）推断出存在一个电荷基本单位，以此从理论上可推导出法拉第定律。

根据法拉第发现的定量定律，可以在电子回路中插入一适当的电解池，通过测量电解过程中沉积的物质的量可以测定出通过电子回路的总电量。常用的测量方法是测量金属离子在惰性阴极（如铂电极）上以镀层形式的金属沉积量或在汞阴极上以汞齐化形式的金属沉积量，通过测得物质的沉积量 m 和所沉积物质的电化学离子当量，根据下式求得通过电解池的电量：

$$Q=\frac{m}{M/zF} \tag{1.13}$$

在电量的实际测量中，通常使用所谓的银库仑计来测定电量。如图 1.6 所示的银库仑计由一个含 30％$AgNO_3$ 溶液的铂坩埚和浸在溶液中的一根银棒组成，铂坩埚与电解池的负极相接，而银棒则与电解池的正极连接，当电解池通过电量后，银在铂坩埚阴极内壁析出，形成银沉积层；同时，银从银棒阳极溶解成银离子。在两个电极上发生的电极反应是：

铂坩埚阴极： $Ag^+ + e^- \longrightarrow Ag^0$

银棒阳极： $Ag^0 \longrightarrow Ag^+ + e^-$ (1.14)

为避免银阳极溶解过程中可能产生的金属颗粒掉进铂坩埚而导致测量误差，实验中常在银阴极附近加一个收集网袋（图 1.6）。通过仔细称量铂坩埚电解前后的质量变化，电解过程中通过电解池的电量可以精确测定，$Q(/C)=m(/mg)/1.118$。

另一类特别适合于测量很小电量（痕量分析）的库仑计燃气库仑计。在此库仑计中以 Na_2CO_3 为电解质，水在两个铂电极上发生电解分解，其电极反应如下：

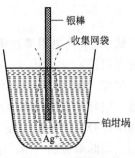

图 1.6 测定电量的银库仑计示意图

阴极：$2H_2O + 2e^- \longrightarrow H_2 + 2OH^-$

阳极：$2OH^- \longrightarrow H_2O + \frac{1}{2}O_2 + 2e^-$

总电池反应：$H_2O \longrightarrow \frac{1}{2}O_2 + H_2$ (1.15)

反应生成的氢气和氧气混合物通常称为"燃气"，其量可通过体积法进行测定。

显然，物质在电极表面沉积或转化的量只依赖于通过的电流随时间的积分，所以在测量过程中通过电解池的电流不需恒定。采用现代的电子设备进行测量时，仪器会对精确测量电流进行积分（$Q = \int i dt$）后直接给出或显示通过电解池的电量。

库仑计是通过称量法或体积法测定电极上转化的物质来测量电量的一种分析技术，在库仑测定法中，精确的电荷测量是首要的。更详细的内容可参见第 10 章。

1.5 量度单位制

电化学研究中测量的参数通常包括电流、电量和电势（电路中两点间的电势差），其中，电流常使用电流密度代替，电流密度定义为单位面积电极上通过的电流。

从前面的讨论可知，通过法拉第定律可将电流、电量与质量、时间联系起来，基于此，建立了"实用国际电磁学测量系统"，其中安培（A）定义为银库仑计中每秒沉积 1.118mg 金属银的电流值；电势的单位是伏（V），是相对于 4.11 节中的韦斯顿标准电池（Weston cell，一种很容易制备的原电池）的电势来确定，定义 20℃ 条件下韦斯顿标准电池的电势差为 1.01830V；电场强度的单位是 V/cm，定义为任一点的电势梯度。电场强度为一矢量，而电势则为一标量。

通过一导体的电流 I 与施加在导体两端的电势（V）符合欧姆定律：

$$V = IR \tag{1.16}$$

式中，R 为电阻，其值由导体的性质所决定。电阻的单位是欧姆（Ohm，$1\Omega = 1V \cdot A^{-1}$），该值通过水银的电阻来定义，即温度为 0℃ 和 1atm（即 101325Pa）下，截面积为 $1mm^2$，长为 106.300cm 水银柱的电阻为 1Ω。因为任何材料的电阻不仅取决于电极的内在本质，也取决于导体的形状，所以明确定义导体的截面积和长度是必要的。具有均一截面积 A 和长度为 l 导线的电阻 R 有如下关系：

$$R = \rho \frac{l}{A} \tag{1.17}$$

式中，ρ 为电阻率，单位为 $\Omega \cdot cm$，定义为横截面积为 $1cm^2$、长 $1cm$ 导体材料的电阻。

尽管"实用国际电磁学测量系统"中各种不同单位体系本质上是内在一致的，但是，国际专业机构和学术刊物都建议采用电流单位为安培（A），质量、长度和时间单位分别为公斤（kg）、米（m）和秒（s）的国际通用单位体系。国际上普遍使用的国际单位制（SI）中的基本单位列于表 1.1。尽管 SI 单位是科学出版物优先采用的单位体系，但在实际应用中还常用以 g 为质量单位和 cm 为长度单位的老单位体系，故本书中使用了这两种单位体系，下面描述两种体系间的相互关系。

表 1.1　国际量度单位制

量　度	单　位	符　号	定　义
长度	米	m	米是 1/299792458s 的时间间隔内光在真空中行程的长度
质量	千克	kg	保存在塞夫勒的一片 Pt-Ir 的质量
时间	秒	s	1s 为铯 133 原子基态的两个超精细能级间跃迁辐射 9192631770 周所持续的时间
电流	安培	A	处于真空中相距 1m 的两无限长、而圆截面可忽略的平行直导线之间产生的力在每米长度上等于 $2 \times 10^{-7} N$
热力学温度	开尔文	K	1K 等于水三相点温度的 1/273.15
物质的量	摩尔	mol	物质含有和 $12g^{12}C$ 所含的 C 原子数相同的基元微粒（如原子、分子、离子等）

在 SI 国际单位体系中，电势的单位仍然为伏（V），但其依据能量（J 或 kg·$m^2 \cdot s^{-2}$）和电流的单位（A）来定义：$1V = 1J/(1A \cdot s)$；与之相类似，电阻的单位定义为 $1\Omega = 1V/1A$，因此，电阻率的单位应为 $\Omega \cdot m$。然而，老文献中普遍使用的是 $\Omega \cdot cm$，因此，文献引用时应特别注意。

在严格的国际 SI 单位制中还同时使用两种浓度单位。在使用浓度 c 单位为 $mol \cdot m^{-3}$ 的同时，以升为体积单位的浓度单位 $mol \cdot dm^{-3}$ 也允许使用，以符号 M 表示溶液的摩尔浓度，当然，该浓度表示方式（M）现在多采用国际 SI 单位体系中的 $mol \cdot m^{-3}$。

浓度的另一表示方式为质量摩尔浓度（$mol \cdot kg^{-1}$），表示每千克（kg）溶剂中溶质的物质的量，这种浓度的表示方式因与温度无关，所以特别适用于溶液的热力学性质分析，然而从实用层面上来说，这种浓度的表示方式不是很有用。对于 25℃ 的极稀水溶液，$x \, mol \cdot kg^{-1}$ 的溶液在数值上非常接近 xM 或 $1000x \, mol \cdot m^{-3}$。对于其他溶剂的极稀溶液，$x \, mol \cdot kg^{-1}$ 的溶液在数值上将对应浓度为 $\rho_s x \, mol \cdot m^{-3}$（$\rho_s$ 为溶剂密度，单位为 $kg \cdot m^{-3}$）。

为了确保涉及反应物和产物浓度的平衡常数没有单位，在速率方程中的所有浓度项均采用相对于一标准值的标准摩尔浓度（c^0）或标准质量摩尔浓度（m^0），m^0

的选择很直观，总取为 $1mol \cdot kg^{-1}$；c^0 的选择较为困难，因为 $1mol \cdot m^{-3}$ 或 $1mol \cdot dm^{-3}$ 均可使用，传统上使用的 $1mol \cdot dm^{-3}$ 容易导致混淆，为此，本书将采用 $M(mol \cdot dm^{-3})$ 为主要的浓度单位，其他量如电解质电导，则采用体积相关的单位。

参 考 文 献

最有用的基础知识是基础物理和基础物理化学，本章提供的文献是想让读者获得更多关于电学和电子测量方面的知识。

较好的物理学基础书籍：

R. Muncaster："'A'-level Physics"，3rd Edition，Stanley Thornes（Publishers）Ltd，1989.

高级物理学书籍：

D. Halliday，R. Resnick and K. S. Krane："Physics"，Volume2，4th Edition，John Wiley and Sons Inc.，1992.

最好的物理化学基础书籍：P. W. Atkins："Introduction to Physical Chemistry"，Oxford University Press，1993.

第 2 章　电导率和离子间的相互作用

2.1　电解质基础

2.1.1　电解质导电的基本概念

电解质溶液导通电流的能力是基于电解质溶液中荷电溶剂化离子在电场作用下于两电极间发生的定向电迁移。电荷为 ze_0 的离子受电场强度（E）的作用发生电迁移时，也将受溶液环境介质的摩擦阻力（F）的作用；离子运动速度（v）越快，其所承受的摩擦阻力越大。对于半径为 r_1 的简单球形离子来说，运动离子所产生的摩擦力可用斯托克斯方程表示：$F = 6\pi\eta r_1 v$，其中，η 为离子所处介质的黏度。所以，离子运动速度在经过了一个曲线上升过程后将达到一个极限值 v_{max}，此时离子所受的电场作用力与摩擦力相等[❶]

$$ze_0 \mid E \mid = 6\pi\eta r_1 v_{max} \tag{2.1}$$

溶剂化离子的最终运动速度为

$$v_{max} = \frac{ze_0 \mid E \mid}{6\pi\eta r_1} \tag{2.2}$$

对于给定的 η 和 $\mid E \mid$ 值，每种离子均有与其自身的电荷和溶剂化离子半径相关的特征传输速度，而其电迁移方向则取决于离子本身所带电荷的符号。

下面的讨论中，将同时考虑含有阴离子和阳离子的电解质溶液。如阳离子的最终速度为 v_{max}^+（单位为 cm/s），单位体积（cm^3）内电荷为 z^+e_0 的阳离子总数为 n^+，它们的乘积 $An^+ v_{max}^+$ 对应于单位时间（s）内通过垂直于流向的面积为 $A(cm^2)$ 的正离子总流量；同理，$An^- v_{max}^-$ 则对应于单位时间内通过垂直于流向的面积为 A（cm^2）的负离子总流量，正离子和负离子的流动方向相反，则单位时间内通过面积为 A 的电量 Q（也就是说，电流强度 $i = dQ/dt$）或电流可表示为：

$$i = i^+ + i^- = \frac{dQ^+}{dt} + \frac{dQ^-}{dt} = Ae_0(n^+ z^+ v_{max}^+ + n^- z^- v_{max}^-) \tag{2.3}$$

如溶液中存在多种阴离子和阳离子时，方程（2.3）必须为所有荷电物种的总和。

---

❶　方程（2.1）左边各参数的单位：E 的单位是 $V \cdot m^{-1}$，e_0 的单位为 C；它们的乘积单位为 $C \cdot V \cdot m^{-1} \equiv J \cdot m^{-1} \equiv kg \cdot m \cdot s^{-2} \equiv N$（N 为力的单位，牛顿）。该方程右边各参数的单位：$r_1 \cdot v_{max}$ 乘积的单位为 $m^2 \cdot s^{-1}$，则黏度的单位为 $kg \cdot m^{-1} \cdot s^{-1}$。

按方程(2.2)，离子的运动速度 v_{max}^+ 和 v_{max}^- 与电场强度 E 成正比。因此，对于一几何面积固定的电极体系来说，离子的运动速度只与两个电极间施加的电势差 ΔV 成正比。定义离子迁移率（为一标量）u 为：

$$u = v_{max}/|E| \tag{2.4}$$

如方程(2.2)中对离子的最终传输速度描述有效，则 $u = ze_0/6\pi\eta r$；显然，u 的单位为 $m^2 \cdot V^{-1} \cdot s^{-1}$。将离子迁移率代入方程(2.3)，可得到单位面积的电流为：

$$i = Ae_0(n^+z^+u^+ + n^-z^-u^-)|E| \tag{2.5}$$

如果两电极间的电势差为 ΔV，间距为 l，则电场强度 $|E| = \Delta V/l$，可以得到：

$$i = L\Delta V \tag{2.6}$$

式中，L 为面积为 A 的电解质的电导，由下式表示：

$$L = (A/l)e_0(n^+z^+u^+ + n^-z^-u^-) \tag{2.7}$$

方程(2.7)中对应的 L 也可以分解成 L^+ 和 L^- 两个组分。从方程(2.7)可以看出，电导与离子的性质（电荷 z 和离子半径 r）、离子的浓度（n^+ 和 n^-）、电解质溶液的黏度 η、温度 T 以及电解池的尺寸（电极面积 A 与两电极的分离距离 l）等参数有关。比较方程(1.16)可知，电解质溶液的电导是其电阻的倒数，单位为西门子（Siemens），用 S 或 Ω^{-1} 表示（$1\Omega^{-1} = 1S$）。

2.1.2　电解质溶液电导的测量

由方程(2.6)可知，通过一电导池的电流与两个电极的电势差呈线性关系，也就是说，电解质溶液的电阻可视为一个欧姆电阻，遵守欧姆定律。但是，如图1.3所示，通常情况下电解池的电流与电势的关系曲线并不呈线性关系，只有施加在两个电极上的电势差超过分解电势 E_D 后，溶液电阻才迅速下降至一相对稳定值，此时的电流随电势差的增强而增加。图1.3的这种关系与在电极/溶液相界面上的电荷传输有关（4.2节将对此进行详细的描述）。

因为在低电势区内，电解池的电阻主要由与较小的溶液电阻相串联的两电极/电解质界面上很大的非欧姆电阻决定，所以即使通过添加大量电解质量（如 NaCl）的方法来显著提高电解液的电导，在低电势区电解池的电导也几乎不变，即提高溶液电导几乎不会改变低电势区的电流-电势曲线。显然，在溶液电阻的实际测量中，这些很大的电极/电解质界面的非欧姆电阻必须消除。如可使用交流电流技术进行测量的方法来消除非欧姆电阻。当在电化学池中的两个电极上施加一直流电势 ΔV 时，溶液中的离子将电迁移到与之电荷相反的电极表面，形成如图2.1的双电层。此时，在上述两个电极上再施加一交流电势时，电极表面的双电层将与电容器一样随交流电压的变化规律进行充电或放电（见图2.2）。在电容器相应的充电-放电循环中，不需电极/界面电荷的传输就能在由外电源、导线、界面电极阻抗以及电解质电阻组成的电子回路中产生交变电流。

在描述施加交流电势的电解池行为时，可以将电解池简化成如图2.3所示的等

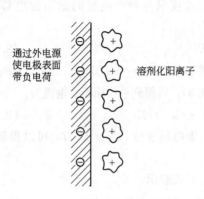

通过外电源使电极表面带负电荷

溶剂化阳离子

图 2.1 电极-电解质溶液界面双电层示意图

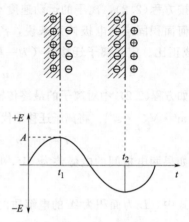

图 2.2 双电层在交流电势（$E_c = A\sin\omega t$；$\omega = 2\pi f$，f 为交流电势的频率）作用下进行的充放电示意图和电极电势 E 随时间 t 的变化规律

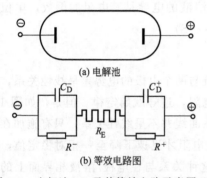

(a) 电解池

(b) 等效电路图

图 2.3 电解池(a)及其等效电路示意图(b) R_E 为溶液电阻；R^-、C_D^- 和 R^+、C_D^+ 分别为阴极和阳极的界面电阻和双电层电容

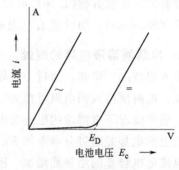

图 2.4 电解电流 i 与电池电势（V）的关系（～）为交流电势；（=）为直流电势；E_D 为电化学分解电势

效电路。在此等效电路图中，每个电极由一个描述电极界面电荷转移的非线性电阻 R 和一个与之并联的双电层电容 C_D 所构成的电阻-电容（RC）回路表示，两个电极的 RC 回路再与电解质溶液电阻 R_E 串联。

在两电极间施加一交流电势为 $A_S\sin\omega t$，其中 $\omega \equiv 2\pi f$，f 为交流电势的频率。当交流电势振幅 $A_S \ll E_D$（E_D 为图 1.3 中的分解电势）时，则非线性的界面电阻 R^+ 和 R^- 将很大，因此流过电解池的法拉第电流很小；假如当角频率 $\omega \gg$ （$1/R_D^+ C_D^+$）或（$1/R_D^- C_D^-$）时，那么两个电极的界面电阻将远小于电解质溶液电阻，此时的等效电路可简化成一个简单的电阻，通过电解池的交流电流只由电解质溶液电阻决定，如图 2.4 所示，电流-电势曲线呈线性关系。

在实际操作中，可使用高频电势或用双电层电容值很大的方式使阴极和阳极界面电阻（电化学电阻）尽可能小。但是，测量中使用的交流电势频率不应超过 50kHz，否则会因高频产生的电感信号（电感电阻正比于交流电势的 ω）使实验结果不可信。因此，在精确测量过程中，人们通常采用改变测量频率，随后将实验结果外推到频率无穷大的方法来获得电解质溶液电阻，如图 2.5 所示。增大电极的真实面积可以获得很大的双电层电容值，如通过精确控制沉积电势或电流在光滑电极表面电沉积一层精细的铂黑层来增大电极的真实面积；另一种增大双电层电容值的方法是使两个表面积大的电极间的电解质溶液很薄。

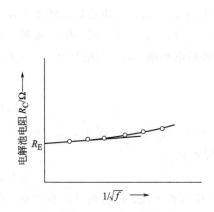

图 2.5　电解池电阻 R_C 与交流电势频率间的关系　图 2.6　测量电解质电阻的惠斯登电桥示意图
　　　将频率外推到无穷大 $f \to \infty$，可获得准确的 R_E 值　　　　利用放大器和示波器进行平衡调节

　　测定电解质溶液的真实电阻也可采用物理中常用的如图 2.6 所示的惠斯登电桥（Wheatston bridge）法。在此电桥电路中，因电池中有电阻和电容两部分组成，因此在调节臂中除了一个可变电阻外，还需要一个可变电容。当调节臂的阻抗调到与测量电池阻抗一致时，电桥达到平衡，电桥对角线 A-B 点的交流电势为零。在电桥平衡过程中使用合适的放大器和示波器可提高测量精确度。

　　只有要求测量精度大于 0.1% 时，才会采用同时调节可变电阻和可变电容使电桥达到完全平衡，但要真正调到电桥对角线 A-B 点的交流电势为零非常麻烦。所以，在大多数情况下，人们一般是选择电池的电容不太大，这样只需调节可变电阻使电桥对角线 A-B 点的交流电势到达最小就可以了，或简单地找到电桥对角线电势符号的变化点即可。在精确测量溶液电阻过程中，还需注意其他一些影响因素，如在稀电解质溶液电导（$L = 1/R$）的测量中可能会因离子在铂黑电极表面的吸附而出现误差。

　　在所有的阻抗测量中，精确控制电解池温度是很有必要的，例如，水电解质溶液在室温附近每改变一度，其黏度就变化 3%。另外，对于高精密阻抗测量，还需考虑一系列的因素，在测量稀溶液的电导时，溶剂可能会有少量可离解的盐杂质，因此必须扣除溶剂的电导。此外，溶液离子在电极表面吸附的影响也应校正，这种影响可通过仔细选择镀铂条件进行消除。电解质溶液中的二氧化碳（CO_2）也会影响电导的测定，所以，精确测量中必须在惰性气氛（氮气或氩气）中进行。关于这一方面更详细的实验描述可参阅 Robinson and Stokes 编著的教科书。

交流阻抗值的测定也可在带有频率发生器的自动电桥上完成，可直接显示每一频率下阻抗的积分值，依据阻抗和频率的函数关系，双电层电容可完全得到校正。

2.1.3 电导率

材料的电阻只与其几何尺寸有关，而材料的电阻率则是材料的一个特性，与其尺寸无关。因此，可同样定义电解质溶液的电导率来描述电解质溶液的电性质，它与电解质溶液的几何尺寸无关。类似于前面电阻率的定义，电解质溶液的电导率定义为单位立方厘米体积电解质溶液的电导。对于一截面积（A）均一的电解池，插入溶液中的两个电极的距离为 l，则电解质溶液的电导率（κ_I）与电导（L）的关系可用下式表示：

$$\kappa_I = \frac{l}{A} L \tag{2.8}$$

从式中可以知道，电导率的单位是欧姆$^{-1}$·厘米$^{-1}$（$\Omega^{-1} \cdot cm^{-1}$ 或 $S \cdot m^{-1}$）。从方程(2.8) 和方程(2.7) 可知，电导率值为：

$$\kappa_I = e_0 (n^+ z^+ u^+ + n^- z^- u^-) \tag{2.9}$$

理论上，电导率的测量可以在一个已知电极面积 $A(m^2)$ 和电极间距 $l(m)$ 的电池中完成。但是，在实际测量中，需采用许多复杂的校准以消除电池的边界效应。为了避免每次测量中复杂的校准步骤，通常采用一种简单测量电导率 κ 的方法，具体办法是预先用已知电导率的电解质溶液进行测量，获取电池的参数 $l/A = K_{cell}$，实验装置如图 2.7 所示。利用相同的装置，测量其他未知电解质溶液的电导，再通过该电解池的电池常数（K_{cell}）进行校正，可以获得未知电解质溶液的绝对电导率。

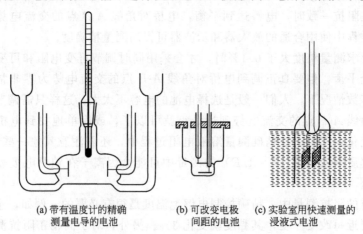

(a) 带有温度计的精确　　(b) 可改变电极　　(c) 实验室用快速测量的
　　测量电导的电池　　　　间距的电池　　　　浸液式电池

图 2.7　测量电解质溶液电导用的一些电池

最常用的标准体系是 25℃时的 KCl 水溶液，不同浓度的电导率能很容易地从各种标准手册中查到，如对于 $0.01\mathrm{mol} \cdot \mathrm{dm}^{-3}$ 的 KCl 水溶液，其电导率为 $0.1413\Omega^{-1} \cdot \mathrm{m}^{-1}$，如实际测得 $0.01\mathrm{mol} \cdot \mathrm{dm}^{-3}$ KCl 水溶液的电导为 $L(\Omega^{-1})$，则电池的电池常数为 $K_{\mathrm{cell}} = 0.1413/L$。

2.1.4　电导率值

由方程(2.9)可知，溶液浓度对实验测定的电解质溶液电导率有明显的影响，对于能完全解离的电解质溶液，浓度越大，溶液的电导率就越大；而对于解离度很小的电解质，溶液的电导率很小。由于溶剂本身可能有一定的解离度，或是含有少量高解离度的杂质，使得大多数溶剂具有一定的电导率，但是它们的电导率一般都很小。表 2.1 列出了一些具有代表性的溶剂以及电解质溶液的电导率。

表 2.1　一些溶剂和电解质溶液的电导率（熔融电解质、金属和固体电解质电导率）

体　系	$T/℃$	$\kappa_1/\Omega^{-1} \cdot \mathrm{m}^{-1}$	电导率的起因
纯苯 C_6H_6	20	5×10^{-12}	苯中微量水解离成 H^+ 和 OH^-
纯甲醇 CH_3OH	25	$(2\sim7) \times 10^{-7}$	解离成非常少量的 CH_3O^- 和 $CH_3OH_2^+$
纯乙酸 CH_3COOH	25	约 4×10^{-7}	形成非常少量浓度的 CH_3COO^- 和 $CH_3COOH_2^+$
纯水 H_2O(Millipore)	25	约 5.5×10^{-6}	解离成极微量的 H_3O^+ 和 OH^-
蒸馏水	ca.	$10^{-3}\sim10^{-4}$	溶解 CO_2 的解离
饱和氯化银水溶液 AgCl	25	1.73×10^{-4}	难溶 AgCl 所解离出的少量 Ag^+ 和 Cl^-
$1.0\mathrm{mol} \cdot \mathrm{dm}^{-3}$醋酸水溶液	25	0.13	醋酸的部分解离成 CH_3COO^- 和 H_3O^+
$1.0\mathrm{mol} \cdot \mathrm{dm}^{-3}$LiCl 甲醇溶液	20	1.83	LiCl 在甲醇溶剂中解离成水合 Li^+ 和 Cl^-
$1.0\mathrm{mol} \cdot \mathrm{dm}^{-3}$LiCl 水溶液	18	6.34	水溶液中的 LiCl 解离成 Li^+ 和 Cl^-
$1.0\mathrm{mol} \cdot \mathrm{dm}^{-3}$NaCl 水溶液	18	7.44	解离成 Na^+ 和 Cl^-
$1.0\mathrm{mol} \cdot \mathrm{dm}^{-3}$MgSO₄ 水溶液	18	4.28	几乎完全解离成 Mg^{2+} 和 SO_4^{2-}
饱和 NaCl 水溶液(约 $5.0\mathrm{mol} \cdot \mathrm{dm}^{-3}$)	18	21.4	几乎完全解离成 Na^+ 和 Cl^-
$1.0\mathrm{mol} \cdot \mathrm{dm}^{-3}$KOH 水溶液	18	18.4	解离成 K^+ 和 OH^-
$1.0\mathrm{mol} \cdot \mathrm{dm}^{-3}$H₂SO₄ 水溶液	18	36.6	解离成 H_3O^+ 和 SO_4^{2-}
$3.5\mathrm{mol} \cdot \mathrm{dm}^{-3}$H₂SO₄ 水溶液	18	73.9	解离成 H_3O^+，HSO_4^- 和 SO_4^{2-}
85%ZrO_2·15%Y_2O_3	1000	5.0	O^{2-} 在氧化物晶格中的迁移
NaCl 熔融液	1000	417	完全解离成 Na^+ 和 Cl^-
水银/汞(Hg)	0	1.063×10^6	电子导体
铜(Cu)	0	6.452×10^7	电子导体

注：数据取自 Landolt-Bornstein；Numerical Values and Functions，Ⅱ7，Springer-Verlag，1960。

从方程(2.9)还可以看出，对于相同离子浓度的溶液，离子的电荷越高，溶液的电导率越大。但是，如果比较 $1.0\mathrm{mol} \cdot \mathrm{dm}^{-3}$ 的 NaCl 与 $1.0\mathrm{mol} \cdot \mathrm{dm}^{-3}$ MgSO₄

水溶液的电导率可以明显看出，事实并非如此。其原因是，高电荷的离子将结合更多的偶极水分子，使得水合离子的半径增大，使其在溶液中的离子迁移率变小［方程(2.2)］，所以 $MgSO_4$ 的电导率小于 $NaCl$ 的电导率。上述两种效应的共同作用使人们很难对 1-1 和 2-2 型强电解质溶液的电导率进行比较。下一章将会详细讨论电解质溶液电导率与溶液浓度的关系。

2.2 电解质电导率的经验定律

2.2.1 电导率与浓度的关系

强电解质的解离度与浓度无关，根据方程(2.9)，其电导率将与电解质浓度呈线性关系，但是这种线性关系只对稀溶液体系才成立（见图2.8）。随着电解质溶液浓度的增加，离子间距离变小，离子间的静电作用迅速增大，使高浓度电解质溶液的电导率只随浓度的增加而缓慢增加，从而使溶液的电导率值偏离稀溶液时的线性关系。从方程(1.1a)可知，静电作用力与离子间距离的平方成反比，带相反电荷离子间的强静电作用将阻碍离子在溶液中的运动，因此高浓度条件溶液的电导率将偏离线性。同理，也能解释为什么 $1\,mol \cdot dm^{-3}$ $MgSO_4$ 的电导率比 $1\,mol \cdot dm^{-3}$ $NaCl$

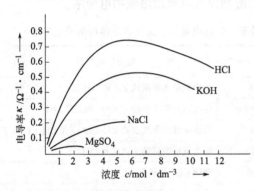

图 2.8　18℃条件下电解质溶液电导率随浓度的变化关系

图中数据取自 Zahlenwerte und Funkionen〔Landolt-Börnstein (edit.), Vol. Ⅱ, 7th part, Springer-Verlag 1960〕

的小。依据方程(1.1a)，对于 $MgSO_4$ 电解质来说，其静电作用力是 $NaCl$ 电解质的四倍，因此高浓度条件下 $MgSO_4$ 电解质溶液的电导率偏离线性的程度更加明显（见图2.8）。

对于浓度很高的电解质溶液，离子间的距离变得非常小，正、负离子间强的库仑作用使离子发生缔合，形成中性粒子，这些中性粒子对溶液电导率没有贡献。因此，在电解质溶液浓度达到一定值后，其电导率不是随着浓度的增加而增大，而是随浓度的增加而下降。

2.2.2 摩尔电导率和当量电导率

如方程(2.9)，电解质溶液的电导率为：

$$\kappa_I = e_0 (n^+ z^+ u^+ + n^- z^- u^-) \tag{2.9}$$

式中，n 和 u 的单位分别为 m^{-3} 和 $m^2 \cdot V^{-1} \cdot s^{-1}$。如果电解质浓度 c 的单位

为mol·m^{-3}，电解质的分子式为 $A_{\nu+}B_{\nu-}$，可解离成 A^{z+} 和 B^{z-}，根据电中性原则，$\nu^+z^+=\nu^-z^-=\nu_{\pm}z_{\pm}$，因整个溶液体系为电中性，所以：

$$n^+z^+=n^-z^-=\nu_{\pm}z_{\pm}cN_A \tag{2.10}$$

式中，N_A 为阿伏加德罗常数。将方程(2.10)代入方程(2.9)，可得：

$$\kappa_I=\nu_{\pm}z_{\pm}cN_Ae_0(u^++u^-) \tag{2.11}$$

从方程(2.11)可以明显看出，电导率 κ 与浓度 c 呈正比关系。如果方程(2.11)两边同除以电解质溶液浓度，则得到摩尔电导率 Λ，它的单位是 Ω^{-1}·mol^{-1}·m^2，有以下的表达式：

$$\Lambda=\nu_{\pm}z_{\pm}N_Ae_0(u^++u^-) \tag{2.12}$$

在较早的书本中，通常还将摩尔电导率除以当量数 $\nu_{\pm}z_{\pm}$，则得到当量电导率 Λ_{eq}，其表达式为：

$$\Lambda_{eq}=N_Ae_0(u^++u^-)=F(u^++u^-) \tag{2.13}$$

尽管当量电导率在较早的教科书和手册中常采用，但是它与摩尔电导率非常相似，所以现代教科书不再建议使用当量电导率。

2.2.3　科尔劳施定律和强电解质极限电导率的测定

从方程(2.12)可知，如忽略离子间的相互作用，则强电解质溶液的摩尔电导率与浓度无关，但正如前面提到的，离子间的强相互作用使电解质溶液的电导率 κ_I 与浓度 c 呈现明显的非线性关系，表明了摩尔电导率 Λ 也与电解质溶液的浓度有关。

表2.2和图2.9分别给出了25℃条件下 NaCl 水溶液的电导率和摩尔电导率的实验值随浓度的变化关系，但如果将摩尔电导率对浓度的平方根 $\sqrt{c/c^0}$（其中 c^0 是电解质溶液的标准浓度，取 1.0mol·dm^{-3}）作图，则在低电解质溶液浓度时表现为线性关系，如图2.9所示。这一关系对所有强电解质体系都适用，1900年科尔劳施（Kohlrausch）首先对其进行了阐述，故称其为科尔劳施定律，其表达式为：

$$\Lambda=\Lambda_0-k\sqrt{c/c^0} \tag{2.14}$$

式中，Λ_0 为无限稀溶液的摩尔电导率。Λ_0 的重要性非常明显：在无限稀溶液中，方程(1.1a)中离子间距 r 趋于无穷大，因此离子间的静电作用不会对摩尔电导率有任何贡献，即 Λ_0 不包含离子相互作用的贡献。显然，因为无限稀溶液中没有粒子的移动，因此 Λ_0 不可直接测定。但是，可以根据科尔劳施定律将实验得到的 Λ 值外推至浓度为零，即可得到无限稀溶液的摩尔电导率 Λ_0。

表 2.2　25℃时各种浓度的 NaCl 水溶液电导率（κ_I）和摩尔电导率（Λ）

c/mol·dm^{-3}	κ_I/Ω^{-1}·m^{-1}	$\Lambda/10^{-4}\Omega^{-1}$·mol^{-1}·m^2
0		126.45
0.0005	6.2250×10^{-3}	124.5
0.001	1.2374×10^{-2}	123.74
0.005	6.0325×10^{-2}	120.65
0.01	1.1851×10^{-1}	118.51

续表

$c/\text{mol} \cdot \text{dm}^{-3}$	$\kappa_I/\Omega^{-1} \cdot \text{m}^{-1}$	$\Lambda/10^{-4}\Omega^{-1} \cdot \text{mol}^{-1} \cdot \text{m}^2$
0.02	2.3152×10^{-1}	115.76
0.05	5.5530×10^{-1}	111.06
0.1	1.0674	106.74

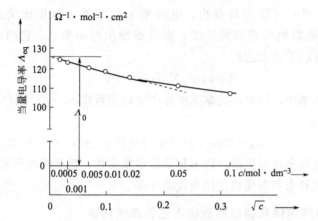

图 2.9　25℃条件下 NaCl 水溶液的当量电导率随电解质浓度

($\sqrt{c}$) 的变化关系（数据取自表 2-2）

表 2.3 列出几种电解质在不同浓度（包括无限稀溶液）时的当量电导率，对应的图 2.10 显示了这些电解质的摩尔电导率随 $\sqrt{c/\nu_\pm z_\pm}$ 的变化关系。由图 2.10 可以看出，当浓度降低时，方程 (2.14) 中的各个 k 值变化程度不同，离子电荷数高的 H_2SO_4 和 $CuSO_4$ 的 k 值随浓度变化较大，这是因为当浓度改变时，对高价离子之间的静电引力影响较大，所以 k 值变化大。

表 2.3　25℃时一些电解质溶液在不同浓度时的 $\Lambda/\nu_\pm z_\pm$ 值

$(c/\nu_\pm z_\pm)/$ mol $\cdot$ dm^{-3} $\nu_\pm z_\pm$	$(\Lambda/\nu_\pm z_\pm)/10^{-4}\Omega^{-1} \cdot \text{mol}^{-1} \cdot \text{m}^2$							
	HCl(1)	H$_2$SO$_4$(2)	NaOH(1)	KCl(1)	NaCl(1)	CuSO$_4$(2)	CH$_3$COONa(1)	CH$_3$COOH(1)
0	426.16	429.8	247.8	149.86	126.45	133.6	91.0	390.57
0.0001114								127.71
0.0005	422.74	413.7	245.6	147.81	124.5	121.6	89.2	
0.001	421.36		244.7	146.95	123.74	115.26	88.5	
0.001028								48.13
0.005	415.8	390.8	240.8	143.35	120.65	94.07	85.72	
0.005912								20.96
0.01	412.0		238.0	141.27	118.51	83.12	83.76	
0.0125		327.5						
0.01283								14.37
0.02	407.24			138.34	115.51	72.20	81.24	11.56
0.05	399.09	273.0		133.37	111.06	59.05	76.92	7.36
0.1	391.32	251.2		128.96	106.74	50.58	72.80	5.20

2.2.4　自由离子独立迁移定律和弱电解质摩尔电导率的测定

醋酸的摩尔电导率随浓度的变化关系示于表 2.3 和图 2.10。醋酸在水溶液中是一个典型的弱电解质，在水溶液中仅部分醋酸分子发生解离，其解离度定义为解离的醋酸分子数与总醋酸分子数的比值。与强电解质不同，弱电解质醋酸的解离度与醋酸浓度密切相关，即使在非常稀的水溶液中，弱电解质醋酸的解离度仍然非常小，只有在无限稀释的水溶液中，醋酸分子才可能全部解离。图 2.10 表明醋酸的摩尔电导率随醋酸浓度的变化关系主要取决于醋酸的解离度，因此，醋酸的摩尔电导率 Λ 与 $\sqrt{c}$ 不呈线性关系。

对于弱电解质，依据方程（2.14），要精确地将实验结果外推至浓度为零不太可能，也就是说，很难从实验值直接求出弱电解质的极限摩尔电导率（Λ_0）。但从科尔劳施第二定律则可以

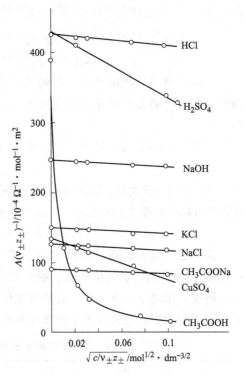

图 2.10　25℃条件下一些电解质在水溶液中的摩尔电导率随电解质浓度（$\sqrt{c/\nu_z}$）的变化关系（数据取自表 2.3）

间接地解决这个问题。科尔劳施第二定律认为，在理想的稀溶液中离子间的相互作用可以完全忽略，每一种离子在电场作用下的迁移运动不受其他离子的影响，因此弱电解质的极限摩尔电导率（Λ_0）可认为是阴、阳离子的极限摩尔电导率（$\lambda_0^{\pm}$）之和，用公式表示为：

$$\Lambda_0 = \nu_+\lambda_0^+ + \nu_-\lambda_0^- \tag{2.15}$$

方程（2.15）和方程（2.12）的本质区别在于迁移率（u^+ 和 u^-）是与两种离子的自身性质及其浓度相关的，因此，在 $0.1\,mol \cdot dm^{-3}$（$100\,mol \cdot m^{-3}$）KCl 和 $0.1\,mol \cdot dm^{-3}$ KNO$_3$ 溶液中 K$^+$ 的迁移率不同。然而，在极稀溶液中，离子运动互不干扰，同种离子的迁移率和极限摩尔电导率为一定值，并且与对离子的种类无关。

通过比较无限稀电解质溶液中相同阳离子或阴离子的极限摩尔电导率的差值，可以证明，在无限稀电解质溶液中，离子独立迁移定律中的淌度项（离子的迁移率）的确具有加和性［见方程（2.15）］是正确的。因此，根据离子独立迁移定律可以用强电解质的极限摩尔电导率来计算弱电解质的极限摩尔电导率，表达式为：

$$\Lambda_0^{CH_3COOH} = \lambda_0^{H_3O^+} + \lambda_0^{CH_3COO^-}$$

$$\equiv \lambda_0^{H_3O^+} + \lambda_0^{CH_3COO^-} + \lambda_0^{Na^+} - \lambda_0^{Na^+} + \lambda_0^{Cl^-} - \lambda_0^{Cl^-} \quad (2.16)$$

$$\equiv \Lambda_0^{HCl} + \Lambda_0^{CH_3COONa} - \Lambda_0^{NaCl}$$

式中，第三项是通过重组得到的。将表 2.3 中 HCl、CH_3COONa 和 NaCl 等强电解质的极限摩尔电导率值代入式(2.16)，可得到弱电解质醋酸的极限摩尔电导率：

$$\Lambda_0^{CH_3COOH} = (426.16 + 91.0 - 126.45) \times 10^7 - 4 = 390.71 \times 10^{-4} \, \Omega^{-1} \cdot m^2 \cdot mol^{-1}$$

$$(2.17)$$

注：值得注意的是，即使溶液不是无限稀释的，或者不是理想的溶液，其摩尔电导率仍然可以像方程(2.12)那样，表示为单独阳离子和阴离子的摩尔电导率之和。

$$\Lambda = (\nu_+ \lambda^+ + \nu_- \lambda^-) \quad (2.18)$$

这里必须强调的是：因离子间相互作用不能忽略，正、负离子的淌度 u^+ 和 u^- 互相关联，同时也与溶液的总浓度相关，因此，λ^+ 和 λ^- 值也与对离子的种类相关。例如，阳离子的电导率是电解质浓度和与其相匹配的阴离子种类的函数，同时它将受到溶液中其他共存离子的浓度和种类的影响。

表 2.4　25℃时电解质水溶液的极限摩尔电导率（Λ_0）

电解质	$\Lambda_0/10^{-4}$ $\Omega^{-1} \cdot m^2 \cdot mol^{-1}$	$\Delta\Lambda_0 = \lambda_0^{K^+} - \lambda_0^{Na^+}$	电解质	$\Lambda_0/10^{-4}$ $\Omega^{-1} \cdot m^2 \cdot mol^{-1}$	$\Delta\Lambda_0 = \lambda_0^{Cl^-} - \lambda_0^{NO_3^-}$
KCl	149.86	23.4	KCl	149.86	4.9
NaCl	126.46		KNO_3	144.96	
KI	150.4	23.4	LiCl	115.25	4.3
NaI	127.0		$LiNO_3$	111.0	
KOH	271.0	23.2	NH_4Cl	149.9	4.6
NaOH	247.8		NH_4NO_3	145.3	

注：$\Delta\Lambda_0$ 表明了理想稀溶液下独立离子迁移定律的正确性。

2.3　离子迁移率和希托夫传输

从以上分析可以看出，只有在无限稀电解质溶液中才能完全忽略离子间的相互作用，因此电解质溶液的摩尔电导率为个别离子的极限摩尔电导率之和。但是，从表 2.4 仅能得到测量的离子极限摩尔电导率的差值，因此，为测定每种离子的摩尔电导率，还需进行额外的实验。如，为使 Λ_0 能分离成 λ_0^+ 和 λ_0^- 项，必须测量每种离子的迁移数。

2.3.1　迁移数以及离子极限电导的测定

电解质溶液的正、负离子共同承担着电流的传导。如方程(2.3)所示，电解质

的总电流 i 是阳离子输送的电流 i^+ 和阴离子输送的电流 i^- 之和。可定义阳离子的迁移数为阳离子输送的电流与总电流之比：

$$t^+ = \frac{i^+}{i^+ + i^-} \tag{2.19}$$

类似地，阴离子的迁移数定义为阴离子输送的电流与总电流之比：

$$t^- = \frac{i^-}{i^+ + i^-} \tag{2.20}$$

从迁移数定义可知，式（2.19）和式（2.20）中 $t^+ + t^- = 1$，且阳离子和阴离子的迁移数和浓度相关。实际上，结合式（2.5）和式（2.12），可以推出：

$$t^+ = \frac{u^+}{u^+ + u^-} \tag{2.21}$$

$$= \frac{\nu_+ \lambda^+}{\nu_+ \lambda^+ + \nu_- \lambda^-} \tag{2.22}$$

以及

$$t^- = \frac{\nu_- \lambda^-}{\nu_+ \lambda^+ + \nu_- \lambda^-} \tag{2.23}$$

以此可以看出，离子的迁移数越大，对总的电导的贡献也就越大。从式（2.22）和（2.23）可以推出：

$$\lambda^+ = \frac{t^+ \Lambda}{\nu^+} \tag{2.24}$$

$$\lambda^- = \frac{t^- \Lambda}{\nu^-} \tag{2.25}$$

于无限稀溶液中

$$\lambda_0^+ = \frac{t_0^+ \Lambda_0}{\nu_+} \tag{2.26}$$

$$\lambda_0^- = \frac{t_0^+ \Lambda_0}{\nu_-} \tag{2.27}$$

由此可知，如果能够测定无限稀溶液的极限摩尔电导率 Λ_0 和阴、阳离子的迁移数，则可由式（2.26）和式（2.27）计算出阳离子和阴离子的极限摩尔电导率 λ_0^+ 和 λ_0^-。

离子迁移数的实验测定将在 2.3.2 节描述，但是这种测定只能在一定浓度的溶液中进行。由于 λ_0^+ 和 λ_0^- 随溶液浓度的增大发生同样的变化，正如前面所述，离子迁移数本身随浓度的变化非常小。实际上，在德拜-休克尔（Debye-Hückel）区域内，当溶液浓度低于 $0.001 \mathrm{mol \cdot dm^{-3}}$ 时，t_0^+ 与 t^+ 及 t_0^- 与 t^- 之间的差异非常微小，即用 t^+ 和 t^- 代替 t_0^+ 与 t_0^- 时的误差可以忽略。

如果两种以上的离子存在于电解质溶液中，则任一离子 i 的迁移数可定义为：

$$t_i = \frac{i_i}{\sum_i i_i} \tag{2.28}$$

结合式(2.5)，可以推导出：

$$t_i = \frac{|z_i|c_iu_i}{\left(\sum_i |z_i|c_iu_i\right)} \tag{2.29}$$

这个公式将在 3.2.4 节中使用。

2.3.2 离子迁移数的实验测定

早在 1853～1859 年，希托夫（Hittorf）首先通过实验研究了电解质溶液中阴、阳离子在电荷传输中所承担的份额。Hittorf 使用的实验装置如图 2.11 所示，其中阳极和阴极均为铂片，电解质为 HCl 水溶液。当电流通过该电解池时，在阴极和阳极分别放出氢气（H_2）和氯气（Cl_2）。当电池通过电量为 1F 时，Hittorf 池的阳极室和阴极室将分别发生如表 2.5 中列出的变化。

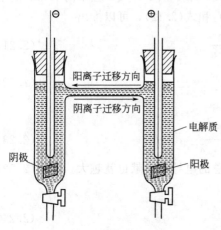

图 2.11　Hittorf 迁移池

总的结果是，在电解池的阳极室和阴极室分别消耗 t^+ mol 和 t^- mol 的 HCl。通过定量分析电解池通过一定电量前后阳极室和阴极室中电解质溶液成分的变化，可测定离子的迁移数。Hittorf 方法的原理同样适用于其他已知电解质成分和电极反应体系中离子迁移数的测定。但是，实际测量中必须保证，电池通过电流后，在两极室所产生的溶液浓度变化不受反向扩散或两个电极上产生气体扰动的影响。通过加长阳极和阴极室间的扩散距离和缩短实验时间的方法解决反向扩散问题，以多孔玻璃分隔阴、阳极室可消除溶液扰动问题。在更为精细的测量中，还需对因离子水合数不同而引起的水分子迁移量所造成的浓度变化加以校正。Hittorf 方法同样适用于非水、熔融态和固态电解液体系中离子迁移数的测定。

表 2.5　1F 电量通过 HCl 溶液后，Hittorf 池中阴极室和阳极室成分的变化

阳极室	阴极室	过程
$-t^+$ molH$^+$	$+t^+$ molH$^+$	由阳极池向阴极池运动的阳离子所运输的电荷对总电荷的贡献为 t^+ F
$+t^-$ molCl$^-$	$-t^-$ molCl$^-$	由阴极池向阳极池运动的阴离子所运输的电荷对总电荷的贡献为 t^- F
-1molCl$^-$	-1molH$^+$	$1/2$molH$_2$ 和 Cl$_2$ 分别在阴极和阳极生成
(t^--1)molCl$^-$	(t^+-1)molH$^+$	过程的总结果
$-t^+$ molH$^+$	$-t^-$ molCl$^-$	
$=-t^+$ molHCl	$=-t^-$ molHCl	

2.3.3　迁移数和离子极限电导的数值

如果两种离子对整个电荷传输的贡献相等，则阴、阳离子的迁移数相等；如果整个电荷传输主要由其中一种离子承担，则阴、阳离子的迁移数将明显不同。这两种情况的一些离子迁移数列于表 2.6。

表 2.6　25℃时由外推法求得的一些阴、阳离子在所选电解质水溶液中的迁移数

电解质	t_0^+	$t_0^-\ (=1-t^+)$	电解质	t_0^+	$t_0^-\ (=1-t^+)$
KCl	0.4906	0.5094	NaCl	0.3962	0.6038
NH_4Cl	0.4909	0.5091	CH_3COONa	0.5507	0.4493
HCl	0.821	0.179	CH_3COOK	0.6427	0.3573
KOH	0.274	0.726	$CuSO_4$	0.375	0.625

依据定义，一种离子的迁移数取决于其反离子的性质。

如已知离子的迁移数和电解质的极限摩尔电导率 Λ_0，由式（2.26）和式（2.27）可以分别求出所有离子的极限摩尔电导率。表 2.7 列出由不同资料汇编的一些典型离子的极限摩尔电导率值。

表 2.7　25℃时水溶液中一些离子的极限摩尔电导率 λ_0

离　子	$\lambda_0^+, \lambda_0^- / 10^{-4}\,\Omega^{-1} \cdot mol^{-1} \cdot m^2$	离　子	$\lambda_0^+, \lambda_0^- / 10^{-4}\,\Omega^{-1} \cdot mol^{-1} \cdot m^2$
H^+	349.8	Li^+	38.68
OH^-	197	$[Fe(CN)_6]^{4-}$	440
K^+	73.5	$[Fe(CN)_6]^{3-}$	303
NH_4^+	73.7	CrO_4^{2-}	166
Rb^+	77.5	SO_4^{2-}	161.6
Cs^+	77	I^-	76.5
Ba^{2+}	126.4	Cl^-	76.4
Ca^{2+}	119.6	NO_3^-	71.5
Mg^{2+}	106	CH_3COO^-	40.9
Ag^+	62.2	$C_6H_5COO^-$	32.4
Na^+	50.11		

由表 2.7 可见，无机酸和简单的无机碱具有很高的离子导电性，这可以归因于 H^+ 和 OH^- 的异常高的离子电导率。相反，其他离子的极限摩尔电导率较小。此外，如表 2.7 左栏所示，将二价阳离子的电荷归一化后，其离子是极限摩尔电导率小于一价阳离子的极限摩尔电导率；而由表 2.7 右栏所示，多价阴离子的极限摩尔电导率则大于一价阴离子的极限摩尔电导率。最后，可由方程（2.15）的加和性来计算实验无法测量的弱电解质的极限摩尔电导率。

2.3.4　离子水化作用

由方程（2.12）和方程（2.15）可知，离子的极限摩尔电导率与其极限迁移率成正比。实际上，

$$\lambda_0^+ = z^+ F u_0^+ \tag{2.30}$$

$$\lambda_0^- = z^- F u_0^- \tag{2.31}$$

如果斯托克斯定律成立，则结合方程(2.1) 和方程(2.4)，可将离子的极限迁移率近似表达为

$$u_0 = \frac{z e_0}{6 \pi \eta r_1} \tag{2.32}$$

现在比较具有不同电荷的离子的极限迁移率，如在元素周期表中相邻的 K^+ 和 Ca^{2+}。从表2.7可计算相应离子的当量电导率：K^+ 的当量电导率值为 73.5×10^{-4} $\Omega^{-1} \cdot N^{-1} (dm^3 \cdot mol^{-1}) \cdot m^2$，而 Ca^{2+} 的当量电导率为 $(119.6/2) = 59.8 \times 10^{-4} \Omega^{-1} \cdot N^{-1} (dm^3 \cdot mol^{-1}) \cdot m^2$，显然，$Ca^{2+}$ 具有较小的离子迁移率［见方程(2.30)］。然而，方程(2.32) 显示，由于 Ca^{2+} 有较小的半径，因此 Ca^{2+} 应有较大的离子迁移率。这个矛盾的结论是由于离子的水化作用，这些水合的水分子随离子一起移动。由于 Ca^{2+} 的高电荷，Ca^{2+} 比 K^+ 更易与水分子作用，能键合更多的水分子，相应地具有更大的水化层和更大的水合离子半径。如果使用 Ca^{2+} 的水合离子半径，方程(2.32) 计算得出的结论与观察到的 Ca^{2+} 有小的离子迁移率的结论是一致的。

依据水合分子模型也能解释同价态阳离子（如同价态碱金属阳离子）间极限摩尔电导率的差异（$\lambda_0^{K^+} = 73.5 \times 10^{-4} \Omega^{-1} \cdot mol^{-1} \cdot m^2$，$\lambda_0^{Na^+} = 50.11 \times 10^{-4} \Omega^{-1} \cdot mol^{-1} \cdot m^2$，$\lambda_0^{Li^+} = 38.68 \times 10^{-4} \Omega^{-1} \cdot mol^{-1} \cdot m^2$）。从原子物理可知，裸碱金属离子的半径大小次序为 $Li^+ < Na^+ < K^+$。但阳离子吸引水分子偶极的作用力将随水分子与阳离子电荷中心距的减少而迅速增加，因此碱金属离子的水合离子半径大小次序为 $K^+ < Na^+ < Li^+$。

不同离子的水合化程度可由离子键合的水分子数量来测定。一种简便的测定方法是添加电解质（如 LiCl）到含有蔗糖水溶液的 Hittorf 池中，一旦电流通过，强水合的 Li^+ 水合离子将从阳极池迁移到阴极池，同时弱水合的 Cl^- 水合离子则将向阳极池移动，因为蔗糖是电中性的，不会产生电迁移现象，所以 Hittorf 池中总的结果是：Cl^- 水合离子和 Li^+ 水合离子的不同迁移速度造成蔗糖在阳极区的浓度略有增加。蔗糖浓度的变化可由化学分析法测定，或通过测定蔗糖旋光度的变化来确定。在水合离子中水分子随阳离子或阴离子的迁移而迁移，因而使用这种测定方法可确定水合离子数。实验测得 Mg^{2+} 的水合水分子数为 $10 \sim 12$，K^+ 的水合水分子数为 5.4，Na^+ 的水合水分子数为 8.4，Li^+ 的水合水分子数为 14，这与由斯托克斯定律推导的结果几乎一致。同样，该法的测定值与利用大的有机阴离子（假定其没有水合水分子）标定后测定的结果也相一致。

相反，阴离子通常具有较弱的水合能力，由方程(2.32) 可知，阴离子电荷的增加也将增加其离子迁移率和离子极限摩尔电导率。有机阴离子具有相对大的半径（即使考虑水合效应，其水合离子半径仅仅略大于其离子半径），因此它们的电导率

非常小。

需要指出的是，这种离子半径相关的关系式仅仅是一个经验关系式。方程（2.32）的使用条件是，描述通过液体介质的球体所受摩擦力的斯托克斯定律在分子尺度上也成立。因为使用宏观的物理量（黏度等）来描述分子相互作用的微观过程仅仅是一种近似的表达方式，因此方程（2.32）不可能是一个非常精确的表达式。

2.3.5　质子异常的电导率，H_3O^+ 的结构和质子水合数

质子和氢氧根离子与金属离子的水合方式相似，并且其水合离子半径与水合金属离子半径相近，因此质子和氢氧根离子与水合金属离子的迁移率以及极限离子摩尔电导率应该相近。然而，表 2.7 显示，质子和氢氧根离子具有异常大的离子迁移率，因此必须寻找合适的机理来解释这种异常的现象。首先，对水溶液中水化质子的详细结构的描述将有利于理解质子的导电机制。

图 2.12 显示，水分子具有一非线性的结构，H—O—H 键夹角为 104.5°，因此，水分子具有很大的瞬间偶极。水分子结构的非线性特点使其分子内正、负电荷中心不能抵消，因此水分子具有偶极。水溶液中单个自由质子（H^+）不可能独立存在：因为质子（H^+）具有极小的离子半径，所带的电荷将在其周围产生一个巨大的电场，足以极化处在其周围的任何分子，因而水溶液中的质子（H^+）会立刻和水分子中的氧原子结合形成 H_3O^+。在水合质子（H_3O^+）的结构中，三个氢原子是等价的，其结构与 NH_3 分子相似（已得到 NMR 实验证实，见图 2.13），因而，水合质子的正电荷不是处于水分子中的一个氢原子上，而是均匀分布在三个氢原子上。

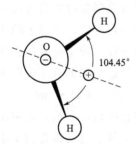

图 2.12　带有正、负电荷中心的
　　　　　H_2O 分子结构示意图

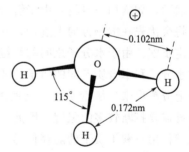

图 2.13　水合质子 H_3O^+ 的结构

假设质子从图 2.12 的左侧接近水分子，在形成水合质子（H_3O^+）后，单位正电荷均匀分布在水合质子（H_3O^+）的三个氢原子上。如果相反方向的右侧氢原子作为质子从水分子上脱离，可视为质子将在等于水分子直径的距离上发生传递，而不是通过质子本身在溶液中的物理迁移。事实上，这种质子传递方式起源于键合电子的重排，在该过程中键合电子可由分子的一侧移动到另一侧。

由图 2.14 可以理解质子在水溶液中的移动机理。如果与水合质子（H_3O^+）

邻近的水分子可以作为质子受体，则水合质子（H_3O^+）中的一个质子将会脱离。图 2.14 显示，在质子传递前，作为质子受体的水分子必须以合适的方向接近水合质子（H_3O^+），一旦到达一个有利取向，质子将通过隧穿方式快速传递。在这一量子力学效应中，如果这种质子传递有效，则具有低质量的质子将实现非经典的能垒翻越。这种隧穿过程和粒子的质量以及隧穿距离密切相关。水合质子（H_3O^+）和水分子的相对取向是非常关键的，它决定了质子能够发生传递的频率。

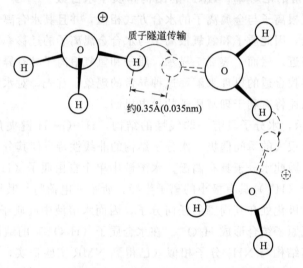

图 2.14　水溶液中质子通过水分子传递机理的示意图

如图 2.14 所示，通过隧穿方式的质子传递不会在任何方向上产生任何电荷转移。然而，如施加一电场，由于键合电子密度的重排以及隧穿过程自身特征，质子传递将会优先在电场方向上进行，并产生电流。在这个过程中，水分子的重排是速率决定步骤。由于水分子之间的氢键相互作用，水分子在溶液中是局部有序的，在受体水分子和水合质子间的质子传递前，水分子必须从这个局部有序体中邻近水合质子上分离出来。尽管水分子之间的氢键作用较弱（$10\sim40\text{kJ}\cdot\text{mol}^{-1}$），但水分子重排需要打断较多的氢键，因此，其累积效应仍然很明显，显然，这种水分子间的氢键作用不利于质子的隧穿传递，但水合质子所产生的静电场将有利于水分子的重排。从上面分析可以看出，质子具有异常大的电导率主要与水合质子 H_3O^+ 及水分子的结构相关，因而可以预期，也有实验发现，水合质子 H_3O^+ 在非水溶剂中会表现出与具有相似离子半径的水合阳离子相近的离子迁移率。

迁移率的温度效应实验证实了上面所述的质子在水溶液中的传递机理。实验发现，质子的离子迁移率在 150℃ 达到最大值（测量在高压下进行），这是因为高温减弱了抑制水分子重排的氢键作用能，但过高的温度下，水分子明显的热运动降低了质子的隧穿概率。

质子在水溶液中的传递机理同样适用于解释水合氢氧根离子具有异常大的离子

迁移率。质子从水分子隧穿到 OH^- 的同时形成一个 OH^-，但是 OH^- 的迁移方向与 H^+ 的迁移方向正好相反。

质子的水化层由处于中心的水合质子 H_3O^+ 及与其缔合的水分子构成。质谱研究表明，质子在水溶液中和四个水分子缔合形成 $H_9O_4^+$。质子在水溶液中的传递机理不涉及水合离子的移动，因此，希托夫法不能测定质子键合的水分子数。

2.3.6 离子迁移速率和离子半径的测定：瓦尔登法则

依据方程(2.30)和方程(2.31)，可以计算出阴、阳离子的迁移率，例如，在表 2.7 中，Na^+ 的极限离子摩尔电导率为 $50.11 \times 10^{-4} \, \Omega^{-1} \cdot mol^{-1} \cdot m^2$，相应地，其离子迁移率为 $u_0^+ = \lambda_0^+/F = 5.19 \times 10^{-8} \, m^2 \cdot V^{-1} \cdot s^{-1}$，该值表明在 $100 V \cdot m^{-1}$ 的电场强度下，Na^+ 在 1h 内将移动大约 2cm 的距离，其他离子的迁移率也在这一数量级范围内（$4 \sim 8 \times 10^{-8} \, m^2 \cdot V^{-1} \cdot s^{-1}$），但质子是一个例外，它的迁移率几乎比其他离子约大一个数量级，达到 $3.63 \times 10^{-7} \, m^2 \cdot V^{-1} \cdot s^{-1}$，这也反映了上面所述的质子传递机理的特殊性。

离子间的相互作用随浓度增加而变得显著，因此，离子迁移率随浓度增加而减小。由表 2.2 和表 2.7 可知，Na^+ 对 $0.1 mol \cdot dm^{-3}$ 的 NaCl 的电导率的贡献为 $106.7 \times 10^{-4} \times 0.396 \equiv 42.2 \times 10^{-4} \, \Omega^{-1} \cdot mol^{-1} \cdot m^2$，其离子迁移率为 $4.37 \times 10^{-8} \, m^2 \cdot V^{-1} \cdot s^{-1}$。

离子的迁移率可通过实验直接测定。实验中将含有一种共同离子的两种电解质溶液（反离子可以不同）小心地放入细长的迁移管中，使两种溶液之间形成一个明显的界面，然后施加电场使电荷流动，形成电流，从而观察到界面的移动（借助于溶液折射率的不同）。这一方法简称为"界面移动法"，其实验装置如图 2.15 所示。

利用离子的迁移率值，用公式(2.32)可计算离子的半径。将纯水的黏度值 $0.00089 kg \cdot m^{-1} \cdot s^{-1}$（通常使用稀溶液的电导率值）代入式(2.32)，可计算 Li^+ 的半径为 $2.38 \times 10^{-10} \, m$（$\equiv 2.38 \text{Å}$），这明显不同于 Li^+ 的晶体离子半径（0.78Å），这种差

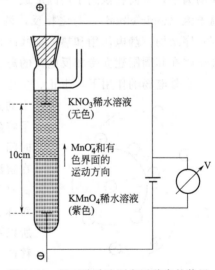

KNO₃稀水溶液
（无色）

MnO_4^- 和有色界面的运动方向

10cm

KMnO₄稀水溶液
（紫色）

图 2.15　界面移动法测定迁移率的装置

异说明了水溶液中离子水合层的存在，迁移测量结果是 Li^+ 的水合分子数为 14。

从方程(2.32)可推导瓦尔登法则（Walden's rule），该法则表明：无限稀溶液中，离子迁移率和纯溶剂的黏度值的乘积为一常数，即：

$$u_0 \eta = \frac{ze_0}{6\pi r_1} = 常数 \tag{2.33}$$

式中，$\lambda_0 \eta =$ 常数，$\Lambda_0 \eta =$ 常数。该公式可以使我们简单地通过黏度的变化值来估计 u_0 和 λ_0 随温度和溶剂变化而产生的变化值。

这里必须强调：瓦尔登法则只有在斯托克斯方程能够有效描述离子间摩擦力的条件下才能适用。因此，瓦尔登法则不适用于 H_3O^+ 和 OH^-，也不适用于离子半径随温度或溶剂的改变而显著变化的那些离子（尽管可以通过使用仅能略微溶剂化的大分子来减小这种变化）。显然，瓦尔登法则特别适用于大的有机离子。

2.4 电解质电导理论（稀电解质溶液的德拜-休克尔-昂萨格理论）

2.4.1 模型描述：离子氛、弛豫效应和电泳效应

1923 年，德拜和休克尔提出一个简单的模型来解释电解质溶液与理想溶液性质的偏差。进而，他们运用该理论计算了溶液中离子的迁移率，随后，昂萨格又进一步发展了该理论。该理论称为德拜-休克尔-昂萨格电导理论（Debye-Hückel-Onsager theory），现在简要介绍该理论的基本思想。

在溶剂中的溶剂化离子在两个相反的作用力下发生重排，达到一个平衡状态。离子间的静电作用使得溶液中的每一个离子吸引带相反电荷的离子，排斥带相同电荷的离子，从而在该离子周围形成一个由相反电荷离子构成的局部有序的中心对称离子氛（ionic cloud）；与之相反，两种离子的随机热运动将破坏这种离子氛的局部有序结构。静电作用和热运动共同作用的结果如图 2.16 所示，溶液中的每一个离子将在其周围建立带相反电荷的离子氛。

在外电场的作用下，带正、负电荷的离子做加速的逆向迁移，使得如图 2.16 中的离子氛平衡受到严重破坏。迁移过程中的离子将建立新的离子氛，建立新离子氛需要一定的时间，这个时间称为弛豫时间。因而，中心离子在溶液中迁移的过程中，其位置总是与带相反电荷离子氛的中心有一定的偏离，离子氛也变得不对称。因为离子氛的运动方向与中心离子的相反，所以不对称的离子氛将对中心离子在溶液中的迁移产生阻力，称为弛豫效应（relaxation effect）或不对称效应。显然，这种弛豫效应将随溶液中离子间距离的减小而增大，也就是说，离子浓度越

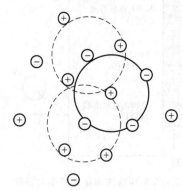

图 2.16 溶液中离子氛的示意图

高，弛豫效应越大。

除弛豫效应外，德拜-休克尔-昂萨格电导理论也考虑了由前面讨论的斯托克斯定律引起的第二种效应，即在溶液中迁移的每一个离子将受到由液体黏度产生的摩擦阻力。因为，随溶液浓度的增加，带有相反电荷的溶剂化层相遇的概率增加，因

此，这种摩擦力本身与电解质浓度有关。溶剂化分子同中心离子一同运动，因此，单个中心离子的移动还将受到一个额外的来自于相反电荷溶剂化层中溶剂化分子的阻力，称为电泳效应（electrophoretic effect）。

2.4.2　计算中心离子和离子氛产生的电势：离子强度、离子半径和离子云

计算电解质溶液中离子间静电相互作用时，首先需要考虑中心离子和离子氛之间的电势 φ 是如何随其相对位置发生变化的。首先，考虑没有外电场条件下该体系在平衡态时的势能，随后，将该电势引入德拜-休克尔-昂萨格电导理论的推导中。

电荷密度 $\rho(\mathrm{C \cdot m^{-3}})$ 和电场强度 $E(\mathrm{V \cdot m^{-1}})$ 的基本关系式为：

$$\mathrm{div}\boldsymbol{E} = \frac{\rho}{\varepsilon_0 \varepsilon_r} \tag{2.34}$$

式中，$\boldsymbol{E}$ 为与位置有关的矢量；ε_r 为介质的相对介电常数；ε_0 为真空的绝对介电常数（$8.854 \times 10^{-12} \mathrm{F \cdot m^{-1}}$）。

$$\mathrm{div}\boldsymbol{E} = \frac{\partial \boldsymbol{E}}{\partial x} + \frac{\partial \boldsymbol{E}}{\partial y} + \frac{\partial \boldsymbol{E}}{\partial z} \tag{2.35}$$

电场和电势间的关系具有如下表达式：

$$\boldsymbol{E} = -\mathrm{grad}\varphi \equiv -\frac{i}{\partial x}\frac{\partial \varphi}{\partial x} - \frac{j}{\partial y}\frac{\partial \varphi}{\partial y} - \frac{k}{\partial z}\frac{\partial \varphi}{\partial z} \tag{2.36}$$

式中，i，j，k 为 x，y，z 方向上的单位向量。

结合式(2.34) 和式(2.36)，可得

$$\mathrm{div}\,\mathbf{grad}\varphi \equiv \frac{\partial^2 \varphi}{\partial x} + \frac{\partial^2 \varphi}{\partial y} + \frac{\partial^2 \varphi}{\partial z} = -\frac{\rho}{\varepsilon_0 \varepsilon_r} \tag{2.37}$$

方程(2.37) 以笛卡儿坐标表示，考虑到中心离子和离子氛均具有球形对称性，故将方程(2.37) 以球面坐标表示，此时，只需考虑电势 ϕ 的径向变量，而不需考虑电势 φ 的角变量，式(2.37) 可简化为简单的微分方程：

$$\frac{1}{r^2}\frac{\mathrm{d}}{\mathrm{d}r}\left(r^2 \frac{\mathrm{d}\varphi}{\mathrm{d}r}\right) = -\frac{\rho(r)}{\varepsilon_r \varepsilon_0} \tag{2.38}$$

式中，$\rho(r)$ 为中心离子外围的离子氛的电荷密度，为离子氛到中心离子距离的函数。

式(2.38) 中含有 $\varphi(r)$ 和 $\rho(r)$ 两个未知数，可利用电场中带有 $z_i e_0$ 电荷的离子的势能将这两个变量关联，结合式(2.38) 获解这两个变量。如果处于电场中某一点的电势为 $\varphi(r)$，则将具有 $z_i e_0$ 电荷的离子从溶液的无穷远处移动到中心离子附近 r 处所做的功为 $z_i e_0 \phi(r)$。如果，$z_i < 0$ 和 $\varphi(r) > 0$，则表示荷正电的中心离子将吸引荷负电的离子。和引力作用相反的是可用玻耳兹曼方程式表示的热效应为

$$n_i(r) = n_i^0 \exp\left[-\frac{z_i e_0 \varphi(r)}{k_B T}\right] \tag{2.39}$$

式中，$n_i(r)$ 为距中心离子 r 处的单位体积内具有 $z_i e_0$ 电荷的离子的离子浓

度；n_i^0 为此种离子在本体溶液中的浓度。某点 r 处的电荷密度显然是离子所带电荷乘以它的浓度的总和。

$$\rho(r) = \sum_i z_i e_0 n_i(r) = \sum_i z_i e_0 n_i^0 \exp\left[-\frac{z_i e_0 \varphi(r)}{k_B T}\right] \quad (2.40)$$

式中，加和项中也包括中心离子。从式(2.40)可以看出，如果 $T \to \infty$，则表达式 $\exp[-z_i e_0 \varphi(r)/k_B T] \to 1$ 和 $\rho(r) \to \sum_i z_i e_0 n_i^0 \equiv 0$。由电中性原理可知，溶液中电荷离子的电荷总和为零。

将方程(2.40)代入方程(2.38)，获得泊松-玻耳兹曼方程：

$$\frac{1}{r^2}\frac{d}{dr}\left(r^2\frac{d\varphi}{dr}\right) = -\sum_i\left(\frac{z_i e_0 n_i^0}{\varepsilon_r \varepsilon_0}\right)\exp\left[-\frac{z_i e_0 \varphi(r)}{k_B T}\right] \quad (2.41)$$

该方程是一个非线性微分方程，方程求解和数学变换处理非常困难，静电学中线性叠加原理表明，如果体系内的电荷多一倍，相应的电势也会加倍，而事实上，方程(2.41)并不遵守这一线性叠加原理。起初，德拜-休克尔通过使用稀溶液解决了这一问题。稀溶液中离子间的相互作用远小于 $k_B T$，在此条件下，指数项可展开成级数，当 $x \ll 1$，$e^{-x} \approx (1-x)$，有

$$\sum_i\left(\frac{z_i e_0 n_i^0}{\varepsilon_r \varepsilon_0}\right)\exp\left[-\frac{z_i e_0 \varphi(r)}{k_B T}\right] \approx \sum_i\left(\frac{z_i e_0 n_i^0}{\varepsilon_r \varepsilon_0}\right)\left[1-\frac{z_i e_0 \varphi(r)}{k_B T}\right] =$$

$$\sum_i\left(\frac{z_i e_0 n_i^0}{\varepsilon_r \varepsilon_0}\right) - \sum_i\left(\frac{z_i e_0 n_i^0}{\varepsilon_r \varepsilon_0}\right)\left[\frac{z_i e_0 \varphi(r)}{k_B T}\right]$$

$$(2.42)$$

依据电中性原理，方程(2.42)中的第一个加和项为零，合并方程(2.41)和方程(2.42)可得线性泊松-玻耳兹曼方程

$$\frac{1}{r^2}\frac{d}{dr}\left(r^2\frac{d\varphi}{dr}\right) = \frac{e_0^2}{\varepsilon_r \varepsilon_0 k_B T}\sum_i z_i^2 n_i^0 \varphi(r) \quad (2.43)$$

这里，考虑方程(2.43)中各参数的单位将有利于对该方程的理解。$(e_0^2/\varepsilon_r\varepsilon_0 k_B T)$ 的单位是 m，n 的单位为离子数 m^{-3}；方程(2.43)右侧的单位为 $V \cdot m^{-2}$，这与方程(2.43)的左侧单位相同。当离子浓度以质量摩尔浓度表示，m（$mol \cdot kg^{-1}$），且第 i 种离子的质量摩尔浓度为 m_i，则 $n_i^0 = m_i \rho_s N_A$，式中 N_A 为阿伏伽德罗常数，ρ_s 为溶剂密度（单位为 $kg \cdot m^{-3}$），此时，方程(2.43)可表达为：

$$\frac{1}{r^2}\frac{d}{dr}\left(r^2\frac{d\varphi}{dr}\right) = \frac{e_0^2 \rho_s N_A}{\varepsilon_r \varepsilon_0 k_B T}\sum_i z_i^2 m_i \varphi(r) \quad (2.44)$$

离子强度 I 定义为：

$$I = \frac{1}{2}\sum_i z_i^2\left(\frac{m_i}{m^0}\right) \quad (2.45)$$

式中，用离子的质量摩尔浓度 m 除以离子的标准质量摩尔浓度 m^0，以确保 I

为量纲为 1 的物理量。在这里的体系中，$m^0 = 1 \text{mol} \cdot \text{kg}^{-1}$，并定义

$$\kappa^2 = \frac{2e_0^2 N_A \rho_s m^0}{\varepsilon_r \varepsilon_0 k_B T} I \tag{2.46}$$

可将方程（2.44）写成

$$\frac{1}{r^2} \frac{d}{dr} \left(r^2 \frac{d\varphi}{dr} \right) = \kappa^2 \varphi(r) \tag{2.47}$$

显然，式中 κ 的单位为长度的倒数（m^{-1}）。方程（2.47）为线性方程，可直接求解，具体的求解过程参见数学专著，该方程的边界条件为：

（1）$r \rightarrow \infty$ 时，$\varphi(r) \rightarrow 0$；

（2）假定离子半径为 a_0，当 $r < a_0$，方程的解应符合

$$\frac{1}{r^2} \frac{d}{dr} \left(r^2 \frac{d\varphi}{dr} \right) = 0 \tag{2.48}$$

假定离子内部没有电荷，离子的电荷均位于离子表面，解方程（2.47）和方程（2.48）可得在离子表面 $r = a_0$ 处电势为

$$\varphi(a_0) = \frac{z_0 e_0}{4\pi \varepsilon_r \varepsilon_0 a_0 (1 + \kappa a_0)} \tag{2.49}$$

式中，$z_0 e_0$ 为中心离子的电荷，对于 $r \geq a_0$ 的完整解为：

$$\varphi(r) = \frac{z_0 e_0}{4\pi \varepsilon_r \varepsilon_0 r} \left(\frac{e^{\kappa a_0}}{1 + \kappa a_0} \right) e^{-\kappa r} \tag{2.50}$$

式中，认为所有离子的半径都相同。

在这里，很有必要回顾一下方程（2.50）有效的限定性条件，其中使方程（2.41）成为线性方程是最大的限定条件；一般来说，要满足 $z_i e_0 \phi(r) \ll K_B T$ 的条件原则上就限制了水溶液中离子的摩尔浓度必须低于 $0.01 \text{mol} \cdot \text{dm}^{-3}$（$\equiv 10 \text{mol} \cdot \text{m}^{-3}$）。但是，忽略展开级数中高指数项的近似处理很适合对称电解质体系（即能离解成正、负离子电荷相等的电解质），这是因为方程（2.43）展开式中 z_i 的奇数次项均为零，这也包括展开式中的第二项。因此，对于对称电解质来说，展开式中至 z_i 的四次方项实际上还是正确的。然而，这种简化处理不适用于非对称电解质，并且使方程（2.50）成立的浓度限定更加严格。

方程（2.50）中的电势由中心离子和其离子氛产生的电势构成，并符合电势叠加原理。由中心离子产生的电势可由基础静电学导出

$$\varphi_0(r) = \frac{z_0 e_0}{4\pi \varepsilon_r \varepsilon_0 r} \tag{2.51}$$

离子氛产生的电势为

$$\varphi_c(r) = \frac{z_0 e_0}{4\pi \varepsilon_r \varepsilon_0 r} \left[\left(\frac{e^{\kappa a_0}}{1 + \kappa a_0} \right) e^{-\kappa r} - 1 \right] \tag{2.52}$$

因此，方程（2.50）的电势为方程（2.51）和方程（2.52）电势的加和。显然，方程（2.52）是电解质溶液偏离理想溶液的量度。理想溶液中，中心离子周围的电

势符合方程(2.51)，从方程(2.52)可以看出，随浓度（也即离子强度）的减小，$\kappa \rightarrow 0$，相应地，$\varphi_c(r) \rightarrow 0$，方程（2.52）简化为方程（2.51），从而证实了方程（2.52）确实反映了电解质溶液偏离理想溶液的值。

因为在距离中心离子为 $r_c = 1/\kappa$ 距离时，在中心离子周围的离子氛的电荷密度达到最大值，故此值通常可近似作为离子氛的半径。在电荷密度的表达式(2.40)中，在 $z_i e_0 \phi(r) \ll K_B T$ 的条件下，可使方程(2.40)线性化为：

$$\rho(r) \approx -\sum_i \frac{z_i^2 e_0^2 n_i^0 \varphi(r)}{k_B T} \equiv -\sum_i z_i^2 e_0^2 n_i^0 \frac{z_0 e_0}{4\pi \varepsilon_r \varepsilon_0 r k_B T}\left(\frac{e^{-\kappa a_0}}{1+\kappa a_0}\right)e^{-\kappa r} \quad (2.53)$$

设距离中心离子 r 处，一厚度为 dr 的球壳，此球壳的体积 $dV = 4\pi r^2 dr$，分布在球壳内的电荷总数目为：$q(r) = $ 常数 $\times 4\pi r^2 dr \rho(r) \equiv$ 常数 $\times 4\pi r e^{-\kappa r} dr$，常数项包括了所有电荷和浓度因子，将电荷密度项 $q(r)$ 对距离进行微分，可知在 $r = r_c = 1/\kappa$ 处，电荷密度有极大值，即 $\dfrac{dq(r)}{dr} = 0$。

因此，在电解质理论中，κ 值具有重要的意义，它的倒数 κ^{-1} 通常称作德拜屏蔽长度（Debye screening length），当距中心离子的距离大于 κ^{-1} 时，由方程(2.51)可以得出，中心离子的电势值降到原值的 $1/e(e = 2.718)$，至少可以近似地说，当离子间距离大于 κ^{-1} 时，离子间的静电相互作用将变得非常小。

根据 κ 的真实定义，在 25℃ 水溶液条件下（$\varepsilon_r = 78.54$；$\rho_s = 997\text{kg} \cdot \text{m}^{-3}$），$\kappa$ 值为

$$\kappa^{-1}/\text{m} = \frac{3.046 \times 10^{-10}}{(I)^{1/2}} \quad (2.54)$$

式中，I 值参照单位摩尔浓度的标准溶液。由式(2.54)可知，电解质浓度（离子强度）越小，离子氛半径（德拜屏蔽长度）越大。表2.8列出了一些离子氛的半径值。

表 2.8　25℃ 时水溶液中不同类型和浓度电解质的离子氛半径 $/10^{-10}\text{m}$

质量摩尔浓度	电解质类型		
$/\text{mol} \cdot \text{kg}^{-1}$	1-1	1-2 或 2-1	2-2
10^{-4}	304	176	152
10^{-3}	96	55.5	48.1
10^{-2}	30.4	17.6	15.2
10^{-1}	9.6	5.5	4.8

2.4.3　适用于稀电解质溶液电导的德拜-昂萨格方程

电解质电导和浓度相互关系的定量计算可从方程(2.50)中由中心离子及离子氛产生的电势开始。在2.4.1节中介绍的弛豫效应是由于中心离子迁移过程中偏离离子氛的中心而使离子氛出现不对称性造成的。当离子开始运动时，离子受到与施加电场方向相反、大小由离子迁移率决定的有效电场 E_{rel} 的影响。昂萨格认为离子氛影响中心离子运动的第二个原因是中心离子在溶液中的迁移会受到额外阻力，这

个额外阻力来自于其周围带相反电荷的离子氛溶剂化分子的运动，这个电泳效应取决于液体的黏度，结合弛豫效应和电泳效应的影响，得到如下的德拜-休克尔-昂萨格电导公式：

$$\Lambda = \Lambda_0 - \Lambda_0 \left(\frac{z^+ z^- e_0^2}{24\pi\varepsilon_r\varepsilon_0 k_B T} \right) \left(\frac{2q\kappa}{1+\sqrt{q}} \right) - \frac{N_A e_0^2 (z^+ + z^-)\kappa}{6\pi\eta} \tag{2.55}$$

式中

$$q = \frac{z^+ z^-}{z^+ + z^-} \left(\frac{\lambda_0^+ + \lambda_0^-}{z^- \lambda_0^+ + z^+ \lambda_0^-} \right) \tag{2.56}$$

对于一个完全电离的 1-1 型电解质，$q = 0.5$。κ 值可以用质量摩尔浓度或摩尔浓度表示，当以摩尔浓度表示时，方程(2.46) 可写成

$\kappa^2 = \left(\frac{e_0^2 N_A c^0}{\varepsilon_r \varepsilon_0 k_B T} \right) \sum_i z_i^2 (c_i/c^0) = \left(\frac{e_0^2 N_A c^0}{\varepsilon_r \varepsilon_0 k_B T} \right) \sum_i z_i^2 \nu_i (c/c^0)$，因而，以摩尔浓度表示的方程(2.55) 可写成：

$$\Lambda = \Lambda_0 - (B_1 \Lambda_0 + B_2)\sqrt{c/c^0} \tag{2.57}$$

式中，B_1 和 B_2 分别是弛豫效应和电泳效应引起的电导的降低值，与浓度无关。此式与 2.2.3 节中提及的科尔劳施经验式 [方程(2.14)] 完全相同。因方程(2.55) 由方程(2.50) 推导得出，故方程(2.50) 的假设对方程(2.55) 同样有效。需要特别注意的是，为使方程(2.42) 能有效展开，离子浓度必须足够低；对于对称电解质，其浓度必须低于 $0.01\,\mathrm{mol \cdot dm^{-3}}$，而对于不对称电解质，其浓度必须更低。实际上，我们还是可以利用方程(2.55) 对高浓度电解质的摩尔电导进行有用的估算，对于一价的 1-1 型对称电解质，即使浓度高达 $0.1\,\mathrm{mol \cdot dm^{-3}}$，利用方程(2.55) 对其摩尔电导率估算值的误差也只在百分之几之内，但对多价态对称电解质（$z^+ = z^- \neq 1$），由于离子对的形成，即使浓度为 $0.01\,\mathrm{mol \cdot dm^{-3}}$，估算的摩尔电导会有很大的偏差。

水溶液中，B_1 和 B_2 可直接计算。如果 Λ 的单位为 $\mathrm{m^2 \cdot \Omega^{-1} \cdot mol^{-1}}$，$c^0$ 取 $1\,\mathrm{mol \cdot dm^{-3}}$，当 $z^+ = |z^-| = 1$ 时，水溶液的温度为 298K，则 $B_1 = 0.229 \times 10^{-3}$ $\mathrm{m^2 \cdot \Omega^{-1} \cdot mol^{-1}}$，$B_2 = 6.027 \times 10^{-3}\,\mathrm{m^2 \cdot \Omega^{-1} \cdot mol^{-1}}$；当水溶液温度为 291K 时，$B_1$ 和 B_2 则分别为 $0.229 \times 10^{-3}\,\mathrm{m^2 \cdot \Omega^{-1} \cdot mol^{-1}}$ 和 $5.15 \times 10^{-3}\,\mathrm{m^2 \cdot \Omega^{-1} \cdot mol^{-1}}$。表 2.9 列出了一些 1-1 型电解质的数据，从中可以看出，实验结果与由昂萨格电导公式计算的值非常吻合。

表 2.9 291K 条件下几种盐水溶液的 $B_1\Lambda_0 + B_2$ 的实验值和理论值

盐	实验值 $(B_1\Lambda_0 + B_2)/\mathrm{m^2 \cdot \Omega^{-1} \cdot mol^{-1}}$	计算值 $(B_1\Lambda_0 + B_2)/\mathrm{m^2 \cdot \Omega^{-1} \cdot mol^{-1}}$
LiCl	7.422×10^{-3}	7.343×10^{-3}
NaCl	7.459×10^{-3}	7.569×10^{-3}
KCl	8.054×10^{-3}	8.045×10^{-3}
LiNO₃	7.236×10^{-3}	7.258×10^{-3}

对于不能完全解离的弱电解质，解离度 α 定义为：

$$\alpha = \frac{离解的电解质量}{溶解的电解质总量} \tag{2.58}$$

弱电解质的昂萨格电导公式为

$$\Lambda = \alpha[\Lambda_0 - (B_1\Lambda_0 + B_2)\sqrt{\alpha c/c^0}] \tag{2.59}$$

显然，为了使用该公式，变量 α 和 c 必须已知，进一步的详细讨论见 2.6 节。

2.4.4 交流电场和强电场对电解质电导的影响

当电解质浓度低于 $0.01\text{mol} \cdot \text{dm}^{-3}$ 时，方程(2.57)可给出较为精确的值，对于 1-1 型电解质，即使浓度高达 $0.1\text{mol} \cdot \text{dm}^{-3}$，方程(2.57)仍可给出较为有效的结果，由此说明通过方程(2.55)推导而得的方程(2.59)也极可能正确，而其正确性也得到了下面两个实验结果的支持。

在昂萨格（Onsager）方程的基础上，德拜（Debye）和法尔肯哈根（Falkenhagen）首先认为，如果电解质电导在具有足够高频率（f）的交流电场下测量，不对称的离子氛不会形成（离子氛的弛豫时间的倒数 $\tau^{-1} < f$），则电解质的电导率将会增加，在交流电频率高于 $10^7 \sim 10^8\text{Hz}$ 时，实验上观察到这一结果，这种效应称为德拜-法尔肯哈根效应（Debye-Falkenhagen effect）。在此基础上，可以估计中心离子的离子氛的弛豫时间约为 10^{-8}s。

第二个实验证据是离子在强电场下的运动速度明显加快，此时，中心离子穿越其离子氛直径所需的时间小于离子氛的弛豫时间。在这种情况下，离子氛尚未形成，它对中心离子迁移率的抑制作用消失。例如，取 $\kappa^{-1} \approx 10^{-8}\text{m}$，$\tau \approx 10^{-8}\text{s}$，则离子的运动速度需达 $1\text{m} \cdot \text{s}^{-1}$。假定离子迁移率为 $5 \times 10^{-8}\text{m}^2 \cdot \text{V}^{-1} \cdot \text{s}^{-1}$，则电场强度需达到 $2 \times 10^{-7}\text{V} \cdot \text{m}^{-1}$ 才可满足上述条件。

实验中的确观察到了这一现象，当电场强度高于 $10^7\text{V} \cdot \text{m}^{-1}$ 的临界电场强度时，离子迁移率的确增加；且正如上述模型预示，临界电场强度值随电解质浓度升高而降低。这种在高电场强度下电解质离子迁移率加速的现象称为 Wien 效应。

2.5 电化学中的活度概念

2.5.1 活度系数

前面已经看到，一定浓度的稀溶液中，离子将在其周围建立带有相反电荷的离子氛。在电极表面或溶液中的中心离子发生反应前，其周围的离子氛必须首先剥离，这个过程需要一定的额外能量，损耗体系的能量，使离子的自由能以及反应活性比自由溶液中的粒子低。由于电解质溶液浓度越高，离子氛的密度越大，因此，随溶液浓度的增大，离子的自由能和反应活性的降低会变得更加明显。

为了准确描述溶液中溶解离子的电化学和热力学性质，采用简单的浓度如质量摩尔浓度 m 是不够的，因此引入离子的有效质量摩尔浓度或活度 a_i：

$$a_i = \gamma_i \frac{m_i}{m^0} \tag{2.60}$$

式中，γ_i 为活度系数，表示实际溶液偏离理想溶液的程度。定义理想溶液在活度系数 $\gamma_i = 1$ 时，$a_i = \frac{m_i}{m^0}$，如式（2.46），则其标准摩尔质量浓度 m^0 为 1mol·kg^{-1}。在水溶液中，此值与以前文献中常用的浓度标准 1mol·dm^{-3} 相近。从上面的讨论可以清楚看出，如式（2.45）定义的一样，溶液中离子的活度系数 γ_i 是离子强度 I 的函数：

$$\gamma_i \equiv \gamma_i(I) \tag{2.61}$$

无限稀溶液中，离子间相互作用不存在，即：

$$\lim_{I \to 0} \gamma_i = \lim_{I \to 0} \left\{ \frac{a_i}{m_i/m^0} \right\} = 1 \tag{2.62}$$

在非理想溶液中，从前面的讨论中可知，离子的活动系数将随浓度的增加而减小，即 $\gamma_i < 1$。

由于单种离子的电解质溶液不能独立存在，因此不能获得单种离子的活度和活度系数，只能得到整个溶液的性质，所以定义电解质溶液中阴、阳离子的平均活度 $a_\pm$ 和平均活度系数 $\gamma_\pm(I)$，对于 1-1 型的电解质溶液，平均活度和活度系数定义为阴、阳离子对应值的几何平均值：

$$a_\pm = (a_+ a_-)^{1/2} = \gamma_\pm \left(\frac{m_i}{m^0} \right) = \left(\gamma_+ \gamma_- \left[\frac{m}{m^0} \right]^2 \right)^{1/2} \tag{2.63}$$

对于能解离出 ν_+ 个阳离子和 ν_- 个阴离子的电解质，相应的等式为：

$$a_\pm = (a_+^{\nu_+} a_-^{\nu_-})^{\frac{1}{(\nu_+ + \nu_-)}}; \gamma_\pm = (\gamma_+^{\nu_+} \gamma_-^{\nu_-})^{\frac{1}{(\nu_+ + \nu_-)}} \tag{2.64}$$

例如，K_2SO_4 溶液的活度为：

$$a_\pm = (a_{K^+}^2 a_{SO_4^{2-}})^{1/3} = \gamma_\pm (m_{K^+}^2 m_{SO_4^{2-}})^{1/3} / m^0 \tag{2.65}$$

2.5.2 计算浓度依赖的活度系数

由于中心离子为相反电荷的离子氛所包围，使得其势能比初始状态低，降低的势能随离子氛的形成而释放，同时也必须再次提供给中心离子，使其不受离子氛的束缚。

如果将被带相反电荷离子氛包围的中心离子 i 的化学势写成 μ_i^{real}，它是不存在离子氛时中心离子的化学势 μ_i^{ideal} 与带相反电荷离子氛的势能 U 之和（$\mu_i^{real} = \mu_i^{ideal} + U$），因此如果假定实际溶液和理想溶液的区别仅仅由离子间的相互作用所致，计算出离子氛的势能就可以计算实际溶液和理想溶液的化学势的差值。

根据化学势定义，理想溶液的化学势可表达为：

$$\mu_i = \mu_i^0 + RT\ln x_i \tag{2.66}$$

式中，x_i 是离子 i 在溶液中的摩尔分数，定义为：

$$x_i = n_i/(n_i + n_s) \tag{2.67}$$

式中，n_i 为离子 i 的物质的量；n_s 为溶剂的物质的量。然而，这个等式的难点是如何定义 μ_i^0 值，理论上，它的值对应于一种仅由单种离子组成的虚拟体系中离子 i 的自由能，此时 $n_s=0$，对于稀的离子溶液来说不可能存在，因为这种标准与我们试图描述的物理状态相差太远，因此，即使对式(2.66)进行修正，也难以写出单个离子的化学势。

为了克服上述困难，将一理想溶液中离子 i 的化学势写成：

$$\mu_i \approx \mu^{0+} + RT\ln(m_i/m^0) \tag{2.68}$$

式中，m^0 是标准质量摩尔浓度，可以取为 $1\text{mol} \cdot \text{kg}^{-1}$；$\mu^{0+}$ 是质量摩尔浓度为 m^0 的虚拟溶液体系中离子 i 的化学势，在这种虚拟的溶液体系中离子-离子间的作用力可以忽略。当 $m_i \to 0$ 时，这种无限稀释的溶液中只存在离子与溶剂间的相互作用，等式(2.68)趋于极限状态，可以看出，μ^{0+} 只包含了离子-溶剂间的相互作用。假设溶液足够稀，以致离子和溶剂间的作用力不会随离子浓度的变化而改变，则在较高浓度情况下化学势偏离式(2.68)必然只是由离子间作用所致。综上所述，可以将上述讨论的实际溶液与理想溶液化学势的偏差用公式表示：

$$\mu_i^{\text{real}} \equiv \mu_i^{0+} + RT\ln a_i \tag{2.69}$$

$$\equiv \mu_i^{0+} + RT\ln(m_i/m^0) + RT\ln\gamma_i \tag{2.70}$$

$$\equiv \mu_i^{\text{ideal}} + RT\ln\gamma_i \tag{2.71}$$

$$\equiv \mu_i^{\text{ideal}} + N_A U \tag{2.72}$$

式中，已经将离子氛的势能 U 乘上了阿伏伽德罗常数 N_A。如果离子半径为 a_0，所带电荷为 $z_i e_0$，将该离子充电到电势为 $\phi(a_0)$ 所需的势能为 $\frac{1}{2}z_i e_0 \phi(a_0)$。结合式(2.52)，则有：

$$U = \frac{1}{2}z_i e_0 \phi(a_0) = z_i e_0 \left(\frac{z_i e_0}{8\pi\varepsilon_r\varepsilon_0 a_0}\right)\left[\left(\frac{e^{\kappa a_0}}{1+\kappa a_0}\right)e^{-\kappa a_0} - 1\right] = \frac{-z_i^2 e_0^2 \kappa}{8\pi\varepsilon_r\varepsilon_0(1+\kappa a_0)} \tag{2.73}$$

从中可以看出，等式(2.73)的值永远为负，这是由于离子在溶液中是被带相反电荷的离子氛所包围。比较式(2.71)和式(2.73)最终可以得到

$$-RT\ln\gamma_i = \frac{N_A z_i^2 e_0^2 \kappa}{8\pi\varepsilon_r\varepsilon_0(1+\kappa a_0)} \tag{2.74}$$

在无限稀释溶液中，离子氛的半径 κ^{-1} 远大于中心离子半径 a_0，即 $a_0\kappa \ll 1$。将式(2.46)的 κ 代入式(2.74)，可得：

$$\ln\gamma_i = -Az_i^2\sqrt{I} \tag{2.75}$$

上式 I 为相对于 $1\text{mol} \cdot \text{kg}^{-1}$ 标准浓度的离子强度；A 为仅与溶剂有关的常数，在 25℃ 的水溶液中，A 值约为 1.172，则

$$\ln\gamma_i = -1.172z_i^2 I \tag{2.76}$$

如果离子的平均直径约为 0.2nm，式(2.76)对于 1-1 型电解质的质量摩尔浓

度的有效范围最大可高达 $10^{-2}\,\mathrm{mol\cdot kg^{-1}}$，而对于高价态离子型电解质溶液，则约为 $10^{-3}\,\mathrm{mol\cdot kg^{-1}}$。

式(2.74) 和式(2.76) 中的离子活度系数只考虑了单个离子；事实上，只有平均活度系数是实验可测量的，其定义如式(2.63)，因此，可将平均活度系数直观地用代数式表达为：

$$\ln\gamma_{\pm}=-1.172|z^{+}z^{-}|I \tag{2.77}$$

这就是德拜-休克尔极限定律 (Debye-Hückel limiting law) 标准方程。依据式(2.77)，可以很容易地在公式适用范围内计算出水溶液的平均活度系数。

根据式(2.77) 可知，对于相同电荷的不同电解质，其平均活度系数 $\gamma_{\pm}$ 值相同；换句话说，极限定律并没有考虑离子大小或离子其他方面性质的差别。对 1-1 型的电解质，在合适的浓度范围内极限定律比较精确；而对于高价的电解质溶液，即使在 $10^{-3}\,\mathrm{mol\cdot kg^{-1}}$ 这样稀的浓度下，极限定律的精确度仍然比较差。表 2.10 收集了利用式(2.77) 计算的一些简单电解质的平均活度系数，并与一些实际测得的活度系数值进行了比较。图 2.17 反映了 1-1 型电解质的 $\gamma_{\pm}$ 与 $\sqrt{I}$ 曲线以突显偏离极限定律的情况，即只有当溶液浓度趋于无穷稀释时（即 $\sqrt{I}\to0$），实验结果趋近于理论曲线，这也进一步从实验验证了德拜-休克尔离子互吸理论的正确性。

表 2.10　25℃ 下，不同浓度的电解质溶液分别由式(2.77) 计算和实验测得的平均活度系数

1-1 型电解质

$m/\mathrm{mol\cdot kg^{-1}}$	I	$\gamma_{\pm}$			
		式(2.77)计算值	HCl	KNO₃	LiF
0.001	0.001	0.9636	0.9656	0.9649	0.965
0.002	0.002	0.9489	0.9521	0.9514	0.951
0.005	0.005	0.9205	0.9285	0.9256	0.922
0.010	0.010	0.8894	0.9043	0.8982	0.889
0.020	0.020	0.8472	0.8755	0.8623	0.850
0.050	0.050		0.8304	0.7991	
0.100	0.100		0.7964	0.7380	

1-2 或 2-1 型电解质

$m/\mathrm{mol\cdot kg^{-1}}$	I	$\gamma_{\pm}$		
		式(2.77)计算值	H₂SO₄	Na₂SO₄
0.001	0.003	0.8795	0.837	0.877
0.002	0.006	0.8339	0.767	0.847
0.005	0.015	0.7504	0.646	0.778
0.010	0.030	0.6662	0.543	0.714
0.020	0.060		0.444	0.641
0.050	0.150			0.536
0.100	0.300		0.379	0.453

2-2 型电解质

$m/\mathrm{mol \cdot kg^{-1}}$	I	$\gamma_{\pm}$		
		式(2.77)计算值	CdSO$_4$	CuSO$_4$
0.001	0.004	0.7433	0.754	0.74
0.002	0.008	0.6574	0.671	
0.005	0.020	0.5152	0.540	0.53
0.010	0.040	0.432	0.432	0.41
0.020	0.080	0.336	0.336	0.315
0.050	0.200	0.277	0.277	0.209
0.100	0.400	0.166	0.166	0.149

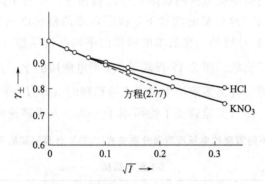

图 2.17 25℃下，1-1 型电解质根据式(2.77) 计算的和实验测得的平均活度
系数随$\sqrt{I}$的变化曲线（实验数据来自表 2.10）

由实验所得，式(2.77) 的最重要结论是活度系数仅与离子强度有关。有两种
电解质同时存在的溶液体系，如果其中一种电解质浓度过量，那么不管另一种离子
的浓度是多少，只要第一种离子的浓度保持不变，则整个溶液的活度系数保持不
变。所以，应使用过量的支持电解质，以保持溶液体系的离子强度恒定，稀的电解
质将呈现准理想的行为，这可大大简化很多分析过程。

2.5.3 浓电解质溶液的活度系数

目前处理离子溶液的方法需要解决如下问题：
① 溶剂本身的性质以及在溶剂中发生的相互作用；
② 溶剂中离子型电解质的溶解过程发生变化；
③ 电解质溶液的宏观和微观方面的研究。

2.5.3.1 溶剂本身的计算

即使仅描述溶剂本身也会面临着很多重要的理论问题。在气相中，分子间的平
均距离表明可以用微扰理论来描述分子间的作用力；对于固体而言，可以以耦合振
动方式来描述分子运动，这样就可以用固体的平移对称性来简化对固体的分析；而

对液体而言，上述两种简化都不适用，而需要考虑液体分子的所有可能的排列，并计算每种排列的势能，通过合适的玻耳兹曼因子对所有的排列进行加权求和，得到液体的配分函数和相关的热力学性质。这种处理方法显然不适合于宏观的液体样品，而需要寻求简化的处理方法。大体来说，目前有两种办法来进行简化分析步骤：寻找一种至少能够做成对比表的解析近似法（analytical approximations）和一种通过计算模拟由相对少量分子构成的系综的行为来反映宏观体系行为的计算近似法（computational approximations）。

液体的解析近似法和计算近似法都引入了成对密度函数 $g(r)$（pairwise density function），将它定义为第二个分子在距离中心分子 r 处出现的概率，即为 $\rho g(r)$ $r dr \sin\theta d\theta d\phi$，其中，$\rho$ 是液体的密度，对角变量进行积分得到距离中心分子为 r 的球壳内分子的数目：

$$N(r)dr = 4\pi r^2 \rho g(r)dr \tag{2.78}$$

函数 $g(r)$ 与粒子间的势能密切相关，并可以通过中子或 X 射线衍射进行测定，所以该函数在现代液体理论中就显得非常重要。对液体测得的实验结果表明：$g(r)$ 有一系列的最大值和最小值，当 $r < \sigma$ 时（即两个液体分子最接近时），$g(r)$ 值降为 0；对大多数液体而言，其最大值出现在 $r = \sigma$ 处。图 2.18a 显示了水溶剂体系的径向分布函数图，可以看出函数 $g(r)$ 的最大值出现在 $r = \sigma = 0.282nm$ 处，与四面体结构的水分子间距非常接近；对于与氩（Ar）（水的等电子分子），函数 $g(r)$ 的最大值出现在 $r = \sigma = 0.34nm$ 处，相当于氩原子球体密堆积的原子间距，函数 $g(r)$ 的第二个峰出现在约第一个峰的两倍处（0.68nm），相当于同心分子球体的分子间距。然而，对于水的径向分布函数 $g(r^*)$ 的第二个峰出现在 $r^* = 1.6$ 处，这刚好对应于冰结构中次邻分子的距离（约 0.45nm），这也有力地证明了水的结构在短距离内和冰相似，这一点将在后面详述。水的刚性结构模型事实上也预示了水分子具有异常的物理化学性质。

根据函数 $g(r)$，原则上可以计算液体的所有热力学性质相关的参数值或一级近似解。在解析近似法中，函数 $g(r)$ 既是两个分子间直接作用力的函数［可从分子间势能 $u(r)$ 求得］，也是整个体系中所有其他分子引起的间接作用力的函数。从图 2.18 可以清楚地看出，径向分布函数 $g(r)$ 对距离具有较大的适用范围，而分子间的势能 $u(r)$ 通常只是短程内起作用，所以对这个理论的改进方法可以将 $g(r)$ 分成短程直接相关函数 $c(r)$ 项和包括间接贡献的第二项两部分，但这种方法将使径向分布函数 $g(r)$ 方程变得复杂化，即使是球形对称的分子也一样，所以需要引入许多简化步骤以求解该方程，具体内容可参阅本章所列的参考文献。对于水分子体系，情况要复杂得多，因为分子间的势能不仅包括短程排斥的贡献，还包括长程的多极静电相互作用，以及在 $0.24 \sim 0.4nm$ 的中间距离内氢键作用的贡献。如果将水分子看作是由三个点电荷构成的体系，其点电荷集中在原子中心，也可以不在原子中心，用这种结构来描述水分子的偶极或四极结构，则可以对上述的作用

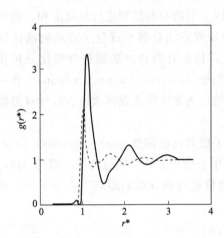

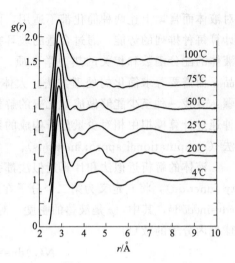

图 2.18a 水（虚线，4℃，1atm）
和液体氩（实线，85.25K，0.71atm）
的径向分布函数 $g(r^*)$ 随相对距离
$r^* = r/\sigma$ 的变化曲线图

其中 σ 为原子或分子的直径；r 为原子或
分子间距（摘自 A. Ben-Naim, "Statistical
Thermodynamics for Chemists and Biologists",
Plenum Press，London，1992)

图 2.18b 水的 $g(r)$ 随温度的变
化曲线图（摘自 A. Ben-Naim，其余
同上，$1\text{Å}=10^{-10}$ m）

项做进一步的近似处理。这个模型可以扩展到包括分子的极化能力以描述分子的内部几何构型对分子间强作用力的响应。

氢键作用使水分子具有稳定的刚性结构，从理论上讲，这种结构可以用单个水分子与其邻近水分子形成的平均氢键的数目来定义，对于通常的冰结构的平均氢键数目为 4，可以预期水在冰点温度附近的氢键数也接近 4，但也可直观地预计氢键数目会随温度的升高而降低，这可以从水分子的径向分布函数 $g(r)$ 随温度的变化曲线中（见图 2.18b）得以见证，从图中可以清楚看出，在较高的温度下，$g(r)$ 的第二个最大值会消失，因此水分子的结构应该看成是一个动态结构，它将随氢键的不断生成和断裂以及在不断的流动情况下水的聚合等发生变化。

在过去的二十年，随着计算机成本的快速下降和计算机技术的快速发展，文献中出现了另一种计算机模拟计算 $g(r)$ 的计算方法来替代准解析法，近年来这个方法越来越受到人们的重视。其中，Monte-Carlo 法可能是目前使用最普遍的一种计算方法，它实际上是基于定义一个 Monte-Carlo 的路径来计算配分函数的。所有建立的 Monte-Carlo 集合可产生 N 个分子（N 的数量从几百到几千不等）坐标的随机值，从而可以计算配分函数。该技术的关键在于选取能代表主要形态的最大概率分布，或者至少要减少耗时的对具有高能态组分加和的完整计算。为达到这个目的，可以将一个粒子随机地从当前分布（i）移开，计算这种移动所产生的势能差 $\Delta U = U_{i+1} - U_i$。如果 $\Delta U < 0$，说明这个新产生的分布是合理的；如果 $\Delta U > 0$，此

时 $\exp|-\beta\Delta U|$ 和第二随机数 ξ 的数值相当（$0<\xi<1$），当 $\exp|-\beta\Delta U|>\xi$ 时，说明新产生的分布也是合理的，否则排除该分布，继续产生单个粒子的移动。Monte-Carlo 方法的另一个局限性是在现有的计算条件下所能处理的粒子数相对较小，除非有大量的计算能力才能提高处理的粒子数。在计算能力有限的情况下，边界效应就显得非常重要，必须引入周期性的边界条件，就是任何粒子从一个表面离开后，只能从其相对面再进入系统，从而使体系的粒子数保持不变。Monte-Carlo 技术的详细处理首先由 Metropolis 和他的合作者完成。通过与上述积分方法处理结果相比，Monte-Carlo 方法在模拟实际的粒子相互作用势能方面和模拟系统势能方面均表现出强大的功能。

另一种模拟方法是基于分子动力学的计算，从概念上讲，它比 Monte-Carlo 方法更加简单。在分子动力学计算方法中，首先建立一个含有 N 个分子系统的运动方程，对于第 k 个分子的运动方程是：

$$m_k \frac{\mathrm{d}^2 r_k}{\mathrm{d}t^2} = \sum_{j=1,j\neq k}^{j=N} F(r_k - r_j) = -\sum_{j=1,j\neq k}^{j=N} \nabla_k U(r_k - r_j) \qquad (2.79)$$

同时也引入周期性边界条件，通过对离散的时间间隔 δt 进行积分可以对整个系统的势能平衡和传输特性进行数值估计（关于分子动力学模拟的详细内容参考本章最后列出的参考文献）。在模型建立时须考虑系统内、外分子运动的时间尺度的差别，然而对水体系来说则很难考虑，除非假定水分子具有刚性结构以忽略高频振动，否则必须保证计算的时间步长足够短。和 Monte-Carlo 方法一样，受计算机处理能力的局限，分子动力学模拟中分子的数量也是有限的，所以，在模拟电解质溶液体系时，只能模拟较高离子浓度的溶液，因为较低浓度的溶液中离子的数量不足以研究离子间相互作用的细节。

2.5.3.2 离子溶剂化的研究

从本质上来说，时间是唯一影响分子动力学和 Monte-Carlo 方法的准确性和预测能力的参数，对于水体系来说，尽管现在精确模拟水已成为可能，但是由于其结构上的特性，数值计算水的实际势能是一项非常艰难的工作，在推导水的解析理论时仍然存在一些理论问题（而这类高极化溶剂往往在电化学中经常遇到），所以通常认为将这个理论延伸来解析描述离子溶液是基本不可能的，然而，通过消除溶剂分子的影响，减少其对如溶剂介电常数 ε_s 平均值的影响可以将问题大大简化，这种简化至少对于稀溶液是适用的。这个观点在 McMillan-Mayer 的溶液理论中得到了发展，他们将溶液相互作用势能分成三部分：溶剂分子本身的相互作用势能、溶剂和溶质相互作用势能及分散于溶剂中的溶质分子间的相互作用势能。在推导等式（2.69）时已经用过这个方法。

在推导式（2.69）的过程中，将稀溶液的能量分离出来，这样离子与溶剂分子间的作用就可以纳入单位质量摩尔浓度的理想溶液（虚构的）的标准自由能中，在这种理想溶液中不存在离子间相互作用，所以只需考虑离子与溶剂分子的相互作用。然而，在推导式（2.69）时还没有考虑离子与溶剂水分子或其他溶剂分子间的相互作用本质。

离子水化的基本模型如图 2.19 所示。该模型中存在一内水化层，其中的水分子定向完全取决于中心离子产生的电场，内水化层水分子的数量取决于中心离子的大小和它的化学性质，例如对 Be^{2+} 有 4 个水分子，对于 Mg^{2+}、Al^{3+} 及第一排过渡金属离子有 6 个水分子。在这个内水化层的外面还有第二水化层，由通过与内水化层水分子氢键作用吸附的水分子组成，其结构比较疏松，水分子的定向取决于氢键作用力的大小，这个现象最初是由离子淌度测量间接推出，近年来 X 射线衍射和散射以及 IR 光谱的研究进一步证实了第二水化层的存在。在第二水化层外还可能存在由更自由的水分子组成的第三水化层，为自由水分子向上述以氢键键合的水分子间的一个过渡层。如前面讨论的，当考虑水化离子在电场作用下迁移时，中心离子将带动至少部分水化层分子随其一起迁移，因此处于电场中运动的中心离子的水化层结构应该是一动态结构，而如图 2.19 中所示的完整的内水化层结构主要在高价态离子如 Cr^{3+} 体系中才观察到。

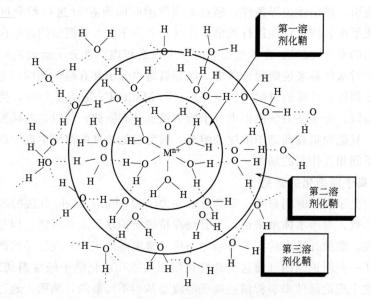

图 2.19　水溶液中水合金属阳离子的局部结构图

假设金属离子的水合数为 6

[摘自 D. T. Richens："The Chemistry of Aqua-ions"；Wiley, Chichester, 1997]

阳离子溶剂化的焓主要取决于中心离子的价态和有效离子半径 [为 Pauling 离子半径和水中氧原子的半径（0.085nm）之和]，比较合理的近似式为：

$$\Delta_{hyd} H^0 = -695 z^2 / (r_+ + 0.85) kJ \cdot mol^{-1} \qquad (2.80)$$

一般而言，阴离子的水合能力比阳离子的要小得多，但是中子衍射数据表明，即使在卤素离子的周围也存在第一水化层，对于 Cl^- 而言，其第一水化层包含 4～

6 个水分子，而第一水化层中确切的水分子数目主要取决于浓度和相应阳离子的性质。

至今，光谱、散射和衍射技术都被用来研究金属离子的水合结构，但是由于利用这些技术测量时的时间尺度不同，所以它们给出的金属离子的水合结构并不完全相同，有如下三种不同的测量方法：

① 用中子和 X 射线散射与衍射方法可以获得水化层的平均结构图像；

② 用 NMR 和准弹性的散射技术可揭示溶化水分子的动态结构性质；

③ 用 IR、拉曼和热力学等研究方法可揭示不同水合层和体相中具有能量差别的水分子结构。

利用一阶差分中子散射方法研究较高浓度的阴、阳离子溶液结果显示有明显的 M—O 键合的长寿命的第一水合层结构，同时还观察到比较疏松的第二水化层的存在，其研究结果还表明，内水化层中的水分子为非共平面取向，如 Ni^{2+}，其 H—O—H…Ni^{2+} 并不是共平面的，这种非共平面的程度和浓度密切相关，当 $NiCl_2$ 的浓度低于 $0.1mol \cdot dm^{-3}$ 时，内水化层水分子的倾角变为 0，这主要由阳离子周围第二水化层中水分子间的氢键作用所致。大角度的 X 射线衍射（LAXS）研究第二水化层的结果表明，对于 Cr^{3+}，在距离中心离子大约 $0.42nm \pm 0.02nm$ 的第二水化层包含 13 ± 1 个水分子。从理论上讲，EXAFS 技术更加适合这方面的研究，这种技术对中心离子有很好的选择性，并且研究的浓度范围比中子和 X 射线衍射的要低得多，所以也被用来研究阴、阳离子周围的局部水分子结构，尽管如此，这个技术依赖于所得到的数据量来分辨不同的结构模型，所以有可能得到与 EXAFS 光谱相似的结果，另外，这种技术在研究原子核距离大于 $0.25nm$ 的体系时的灵敏度不是很理想。

振动光谱也被用来研究第二水化层结构。尽管该方法得到阳离子水合的水分子的数目比中子衍射和 LAXS 法所得的数据要小，但对高价阳离子，例如 Al^{3+}、Cr^{3+}、Rh^{3+} 的体系，振动光谱谱图中可以观察到第一和第二水化层中整体水分子谱峰的频移。另外，比较 Sc^{3+} 溶液的拉曼光谱和中子散射谱的数据可以得出，溶液中存在 $[Sc(H_2O)_7]^{3+}$ 结构，二聚的 $[Sc_2(OH)_2]^{4+}$ 的 X 射线结构中有五角双锥配位结构的存在也说明了这一点。

同位素标记的 ^{18}O 质谱也用来研究更加惰性的离子水合作用。在实验中采用富含 ^{18}O 的水溶剂溶化溶质，待中心离子水化层中建立并达到动态平衡后，迅速将阳离子萃取出来用质谱进行分析。这种方法实际上分析的是在萃取的时间段内氧原子交换的数目，已经被用来确定水溶液中 $[Mo_3O_4]^{4+}$ 的稳定存在。

研究水合情况的最好的办法是核磁共振（NMR）法，^1H 核磁共振谱（^1HNMR）和 ^{17}O 核磁共振谱（$^{17}ONMR$）两种方法都已采用。使用顺磁性物质例如 Co^{2+} 和 Dy^{3+}（它们可以改变本体水分子的峰位置），用 ^1HNMR 研究了三价阳离子的水化作用；采用 $^{17}ONMR$ 可以通过改变温度来研究水分子交换动力学。用

NMR 法测得的是水化层中的水合分子数目，Be^{2+} 的内水化层的水分子数为 4，其他的二价和三价阳离子的内水化层的水分子数为 6，一价碱金属离子的内水化层的水分子数约为 3，这些结果与前面用其他方法得到的相同。

2.5.3.3 Debye-Huckel 方法的延伸

我们知道，当电解质溶液的质量摩尔浓度 $m \geqslant 0.001 \text{mol} \cdot \text{kg}^{-1}$ 时，尽管等电荷类电解质的离子活度关系式 [见式(2.77)] 与电解质类型无关（见表 2.10），离子活度系数的式(2.77) 将变得越来越不精确，特别是对不对称电解质溶液会更不精确，所以在推导等式(2.77) 时忽略 κa_0 因子是不合理的。如上所述，可以通过考虑中心离子的有限的尺寸效应（此时不视离子为点电荷，而视为有一定的尺寸）对 Debye-Huckel（DH）理论进行修正，得到如下的表达式：

$$\ln\gamma_{\pm} = -\frac{|z_+ z_-|e_0^2\kappa}{8\pi\varepsilon\varepsilon_0 k_B T(1+a_0\kappa)} = -\frac{A|z_+ z_-|\sqrt{I}}{(1+Ba_0\sqrt{I})} \tag{2.81}$$

式中，参数 B 也只与溶剂的性质有关，对 25℃ 的水溶剂，B 值为 $3.28 \times 10^9 \text{m}^{-1}$；参数 a_0 是一个可调的参数，通常情况下 Ba_0 的乘积接近 1。式(2.81) 的问题在于：尽管推导该等式时引入了确定的中心离子尺寸效应，但还是没有考虑中心离子周围的离子尺寸的影响，因此可以预期，这个等式也不能准确描述高浓度电解质溶液体系。有关这种方法的详情可以参考本章后附的由 Outhwaite 写的综述文章。

采用更加复杂的统计热力学计算方法可以计算电解质溶液浓度高达 2mol · dm^{-3} 的溶液体系的性质，这里利用了离子间势能公式 $u_{ij}(r) = u_{ij}^*(r) + \dfrac{q_i q_j e_0^2}{4\pi\varepsilon_0\varepsilon_r}$，式中，$u_{ij}^*$ 是短程的离子间势能。令人奇怪的是，这个方法适合于描述相变临界温度以上的熔融盐体系，但是对于很高浓度的电解质水溶液体系则不适用。

上面讨论的 Debye-Huckel 理论和利用离子间势能进行计算的比较先进的统计热力学方法在处理特别是高价态电解质水溶液时失败的原因在于忽略了如离子对效应的影响，这一离子对效应首先由卜耶隆（Bjerrum）提出。在 Bjerrum 的初始理论中，他假设了处于 $q_+ q_- e_0^2 / 8\pi\varepsilon_r\varepsilon_0 k_B T$ 距离内的所有电荷相反的离子都成对，而其余的离子仍然为自由粒子，可以用 Debye-Huckel 理论处理。随后产生了更加完整的理论。迈尔（Mayer）首先认为电解质溶液的维里展开可以重新加和来消除库仑电势的长程特性引起的离散。尽管 Mayer 的理论只在维里展开级数收敛的半径内是准确的，且二阶理论可以定性描述离子对和封闭体积效应，但求解高阶系数的困难限制了 Mayer 理论的应用。

尽管上述种种理论都有它们的局限性，甚至有时使用了极端的近似，但是利用这些理论计算的结果往往是令人满意的。如果有溶剂和离子的准确势能数据，在较大的溶液浓度范围内用解析法和用 Monte-Carlo 法计算得到的结果相当吻合，在低浓度时所得的结果表明了 Debye-Hückel 极限定律的准确性，而且，这两种计算方法因封闭体积效应会使活度系数随浓度的升高而变大。

　　尽管在使用各种近似的处理方法后能得到比较令人鼓舞的结论，但等式(2.81)在浓度高于 0.1mol·dm^{-3} 时就不再适用。图 2.20 给出了 NaCl 和其他电解质溶液的平均活度系数随浓度的变化，清楚地显示了在较高浓度情况下（如＞1.0mol·dm^{-3}），所有电解质的活度系数开始上升，且常常会超过 1，这种活度系数随溶液浓度升高而增加的原因除了封闭体积效应和离子对效应，还有其他的如离子-溶剂的相互作用能变化的贡献。因为在较高浓度的电解质溶液中，固定在中心离子的溶剂化层中的溶剂分子数将占所有溶剂分子数的很大部分，以硫酸为例，假设每个质子需要 4 个水分子来溶剂化，且能估计每个硫酸根离子需要 1 个水分

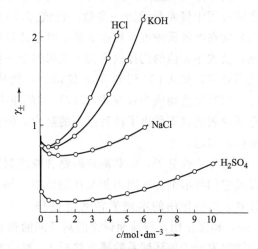

图 2.20　高浓度电解质溶液活度系数的变化规律

子来溶剂化，则 1mol 硫酸的溶剂化需要 9mol 水分子。1kg 水含有约 55mol 水分子，所以 1mol·kg^{-1} 硫酸溶液只有 46mol 自由水分子。所以，电解质溶液的有效浓度会比分析的值要高，这种趋势在高浓度时变得更加明显。在较高的浓度下，另一种影响的作用也变得重要：在前面讨论的所有方法中均假设离子溶剂化的自由能是浓度的函数，再以硫酸为例，当其浓度 $m > 6$mol·kg^{-1} 时，显然所有的水分子都在离子的溶剂化层内！当然，在这里发生的实际情况是离子的溶剂化程度发生了变化，从而降低了离子的稳定性，但是这个过程又使 McMillan-Mayer 方法失去有效性，此时，至少需通过选择平均力场势能才能用该方法描述溶化能的变化。

　　希契科克（Hitchcock）建议，在等式(2.81)的右边加入一个线性式浓度项后则得到进一步修正的半经验公式：

$$\ln\gamma_{\pm} = -\frac{A\,|z_{+}z_{-}|\sqrt{I}}{(1+Ba_{0}\sqrt{I})} + bI \tag{2.82}$$

　　式中，b 是一个调节参数。该式确实能很好地解释高浓度时活度系数的升高，但是参数 b 的半经验性质和缺乏对其的合理解释使式(2.82)只能用于解释实验现象。

　　罗宾森（Robinson）和斯托克司（Stokes）[R. A. Robinson and R. H. Stokes；"Electrolyte Solutions"，Butterworths，London，1959]采用了一种明显不同的方法，其中他们强调：如果溶质离解成 v 个离子，共需 h 个水分子对所有的离子进行溶剂化，那么溶液的真实浓度应该仅根据本体溶剂水来计算。罗宾森和斯托克司根据这些想法推导得下面的活度系数公式：

$$\ln\gamma_{\pm}=\frac{A\,|\,z_+z_-\,|\sqrt{I}}{(1+Ba_0\sqrt{I})}-\frac{h}{v}\ln a_A-\ln[1+0.001M_A(v-h)m] \tag{2.83}$$

其中，a_A 是溶剂的活度，M_A 和 m 分别是溶液的摩尔质量和质量摩尔浓度。实际应用中将 h 假设为一参数，在式（2.83）广泛应用于各种电解质计算中发现，该公式在电解质浓度至超过 2 质量摩尔浓度的很大范围内符合得很好。不太理想的是，公式中 h 值的选择只是为了结果符合一些明显的变化趋势，以及一些非常不直观的效应，如从 Cl^- 到 I^- 时 h 值增大；此外，溶液中阴、阳离子的 h 值没有加和性，所有这些均成为解释式（2.83）时的重大疑问。因此，尽管为了找到其他更为合适的表达式而做出了种种巨大的努力，但这些表达式在物理意义上均存在这样或那样的问题。

对于中性分子，即非离解的物种或溶剂分子而言，如果中性分子间的相互作用以及它们与溶剂分子间的相互作用性质已知，那么在理论上它们的活度系数也可以计算。这些作用的本质通常属范德华（van der Waals）和偶极-偶极（dipole-dipole）相互作用，与前面讨论的离子间的相互作用相比明显弱很多。实验结果表明中性溶质分子的活度系数通常接近 1；对溶剂本身来说，只要它大大过量，且结合在溶剂化层中的溶剂分子的量与自由溶剂分子的量相比可以忽略，形式上，这一条件等同于需满足溶剂的摩尔分数 $x_s\gg\sum_j x_j$（x_j 为第 j 个溶解物种的摩尔分数），则溶剂的活度系数也应接近 1。

2.6 弱电解质性质

2.6.1 奥斯特瓦尔德稀释定律

弱电解质的性质可以通过引入某分子解离成相应离子的平衡常数这一概念进行理解，以弱有机酸的解离为例：

$$R-COOH+H_2O \Longleftrightarrow R-COO^-+H_3O^+ \tag{2.84}$$

或者简写成：

$$HA+H_2O \underset{k_r}{\overset{k_d}{\rightleftharpoons}} A^-+H_3O^+ \tag{2.85}$$

式中，k_d 和 k_r 分别为电离过程中离子化和分子化反应的速率常数。

根据电离平衡条件可以得到：

$$k_d c_{HA}c_{H_2O}-k_r c_{A^-} c_{H_3O^+}=0 \tag{2.86}$$

此时 HA 电解质在溶液中分子化和离子化反应速率相等。如果用质量摩尔浓度来表示物质的量浓度，且溶剂水的质量摩尔浓度是一个常数。对于稀溶液，可以将溶剂水的质量摩尔浓度引入 k_d，将等式（2.86）整理，得：

$$\frac{m_{A^-}m_{H_3O^+}}{m_{HA}}=\frac{k_d}{k_r}=K'_m \tag{2.87}$$

式中，K'_m 是酸的电离常数，或者按经典说法称"酸度系数"。实际上，式 (2.87) 中的速率常数是浓度的函数，所以 K'_m 也应是电解质浓度的函数。由于对质量摩尔浓度定义时没有引入任何标准，所以一般情况下 K'_m 是有单位的。将相应的酸的热力学解离常数 K_a 定义成：

$$K_a = \frac{a_{A^-} \, a_{H_3O^+}}{a_{HA}} = \frac{(m_{A^-}/m^0)(m_{H_3O^+}/m^0)}{(m_{HA}/m^0)} \frac{\gamma_{\pm}^2}{\gamma_{HA}} \approx K_m \gamma_{\pm}^2 \tag{2.88}$$

上式中定义了用质量摩尔浓度来表示的解离常数：

$$K_m = (m_{A^-}/m^0)(m_{H_3O^+}/m^0)/(m_{HA}/m^0) \tag{2.89}$$

假设 $\gamma_{HA} \approx 1$，此时 K_m 为量纲为 1 的质量摩尔浓度的比值，所以 K_m 本身也是一个量纲为 1 的量。虽然 K_a 和 K_m 的量纲为 1，但是它们的数值取决于 m^0 的选取。从浓度依赖的 $\gamma_{\pm}$ 项可以知道，K_m 仍然是浓度的函数。在低离子浓度情况下，K_a 和 K_m 基本相等；但是当电解质的质量摩尔浓度高于 $0.01\,\mathrm{mol \cdot kg^{-1}}$ 时，K_a 和 K_m 间的偏差将会达到 20%，此时必须使用活度系数代替浓度。活度系数的计算可使用式(2.77) 或者式(2.81)～式(2.83)，并取 m^0 为 $1\,\mathrm{mol \cdot kg^{-1}}$。

奥斯特瓦尔德（Ostwald）最先阐明了溶液中弱电解质平衡特性和电导率间的关联。如果 m 是 1-1 型弱电解质的化学计量的质量摩尔浓度，α 是解离度，则：

$$m_{A^-} = m_{H_3O^+} = \alpha m \text{ 和 } m_{HA} = (1-\alpha)m \tag{2.90}$$

将这些值带入式(2.89) 后有：

$$K_m = \frac{\alpha^2 (m/m^0)^2}{(1-\alpha)(m/m^0)} = \left[\frac{\alpha^2}{(1-\alpha)} \right] (m/m^0) \tag{2.91}$$

如果 $a \ll 1$，则有：

$$\alpha \sqrt{\frac{m}{m^0}} \approx \sqrt{K_m} \tag{2.92}$$

由式(2.91) 可以得到：在无限稀释的溶液中弱电解质将完全电离，这一结果可以理解成：在无限稀释的溶液中，离子间很大的分离距离有效地抑制了分子化反应；还可以得出，无限稀释溶液的当量电导率相当于完全电离的电解质的当量电导率，但随着浓度的增加，电离度 α 减小，因而弱电解质的当量电导率急剧下降，这一结论很容易从下式理解：

$$\alpha = \frac{\Lambda}{\Lambda_0} \tag{2.93}$$

这个公式可以直接从 Λ 的定义式(2.12) 推导而得，其条件是实验测得的电导率以弱电解质的化学计量浓度 C_{HA}（单位为 $\mathrm{mol \cdot m^{-3}}$）表示。式(2.93) 也暗示了阴、阳离子的迁移率与浓度无关，这仅仅是个近似，因为酸中离子的真实浓度比酸的分析总浓度小得多。

如果将式(2.93) 代入到式(2.91) 可以得到 K_m 的表达式。如果所有的假设都成立，则 K_m 将是个常数，从表 2.11 列出的结果可以看出，这一结论的确在较大的浓度范围内是相当准确的。

事实上，如果忽略活度系数和迁移率随浓度变化的影响，上述的结论还是准确的。弱电解质溶液的离子强度很小，对醋酸来说，即使在浓度 $0.1 mol \cdot kg^{-1}$ 时，它的离子强度也只有约 0.003，在这么小的离子强度下，估计的 K_m 值比实际值小 10% 左右，但从表 2.11 的最后一列的实验结果比预计的还好，其原因是：尽管忽略离子迁移率随离子强度变化的影响，将会使 α 的值高估，但是这种误差几乎全部被活度系数随浓度变化的影响所产生的误差抵消，至少在乙酸体系中是这样的。

表 2.11 25℃下，醋酸水溶液的电导率 Λ、解离度 α 及酸解离常数 K_m

m/m^0	$\Lambda/10^{-4}\Omega^{-1} \cdot mol^{-1} \cdot mL^2$	$\alpha = \Lambda/\Lambda_0$	$K_m = a^2(m/m_0)/(1-\alpha)$
0	390.59	1	
0.0001114	127.71	0.327	1.774×10^5
0.001028	48.13	0.123	1.774×10^5
0.005912	20.96	0.0537	1.804×10^5
0.01283	14.37	0.0368	1.804×10^5
0.02000	11.56	0.0296	1.814×10^5
0.05000	7.36	0.0188	1.804×10^5
0.1000	5.20	0.0133	1.794×10^5

2.6.2 电离受电场的影响

在较高的外加电场作用下，弱酸电解质溶液的当量电导率出现明显增大，其增大值比前面讨论的弛豫效应和电泳效应协同影响的值还大 ［参见式(2.59)］，所以这种现象可归属于弱酸电解质的电离度 α 的增大。

事实上，外加电场将拉伸和削弱酸根阴离子和质子间的化学键，从而使离子化反应速率常数 k_d 增大；相反，外加电场不影响质子和酸根阴离子间的分子化反应动力学的速率，所以整个净效应使外加电场是电离度 α 增大。昂萨格给出了外加电场作用下 k_d^E 值的计算表达式：

$$k_d^E = k_d^0 \left[1 + \frac{z_+^2 z_-^2}{z_+\lambda_0^+ + z_-\lambda_0^-} \frac{(\lambda_0^+ + \lambda_0^-)}{} \frac{1.211|E|}{4\pi\varepsilon_r T^2} \right] \tag{2.94}$$

式中，E 的单位是 $V \cdot m^{-1}$；ε_r 是溶剂的相对介电常数。这个效应也称为第二维恩效应（Wien Effect），具有特别的电化学意义。在电化学体系中，电极表面的电双层内电场为 $10^8 \sim 10^9 V \cdot m^{-1}$，根据式(2.94)，如此强的电场强度足以使进入双电层的弱电解质分子的 k_d 值增加一个数量级，这种效应在旋转圆盘电极的研究中得到了证实（参见 4.3.5）。

2.7 pH 值的定义和缓冲溶液

现在标准 pH 值定义的制定经历了三个阶段。Sörensen 是第一个提出 pH 值概念的人，他指出，对于质子浓度跨度非常大的水溶液（如，从 $10 mol \cdot dm^{-3}$ 到

$10^{-15}\,\mathrm{mol\cdot dm^{-3}}$），引入一个浓度的对数标度是非常理智的。为此，他定义 pH 值为质子浓度的负对数，而质子浓度以 $1\,\mathrm{mol\cdot dm^{-3}}$ 或者 $1000\,\mathrm{mol\cdot m^{-3}}$ 为标准：

$$\mathrm{pH}_c \equiv -\lg\left(\frac{c_{\mathrm{H_3O^+}}}{c^0}\right) \tag{2.95}$$

显然，对于稀的水溶液，这个公式可以近似处理为 $\mathrm{pH}_m \equiv -\lg\left(\frac{m_{\mathrm{H_3O^+}}}{m^0}\right)$，$m^0$ 为 $1\,\mathrm{mol\cdot kg^{-1}}$，但重要的是，与很多溶液性质相关的不是溶液浓度，而是溶液的活度，从而提出了采用活度定义的 pH 值：

$$\mathrm{pH}_a \equiv -\lg a_{\mathrm{H_3O^+}} \equiv -\lg\gamma_{\mathrm{H_3O^+}}\left(\frac{\mathrm{H_3O^+}}{m^0}\right) \tag{2.96}$$

遗憾的是，如以前的讨论，即使在理论上讲，单个离子的活度是一个不可测的量，因此为了能找到一个与实验相匹配的 pH 值的定义，引入了标准、惯用的 pH 值定义，在 3.6.6 节中作了详细的讨论。这一浓度尺度中的个别 pH 值由已知 pH 值的标准缓冲溶液标定，而标准缓冲溶液的制备与 pH 值测量均采用标准的方法与程序。

上述 pH 值的定义是一个很好的方法，依据式(2.96)对所标定的各个 pH 值之间进行插值，可获得完整的 pH 值范围。需要强调的是，虽然绝大多数的测试是在水溶液中进行，但式(2.96)不仅适用于水溶液，也适用于其他溶剂的溶液。目前，水和其他溶剂的标准缓冲溶液均存在，它们可对各种溶剂溶液的 pH 值进行标定。水溶液中有如下的电离平衡：

$$2\mathrm{H_2O} \Longrightarrow \mathrm{H_3O^+} + \mathrm{OH^-} \tag{2.97}$$

由于方程（2.97）的平衡常数很小，所以未电离的水的浓度保持不变，则有：

$$a_{\mathrm{H_3O^+}}\, a_{\mathrm{OH^-}} = K_w^{\mathrm{H_2O}} \approx \left(\frac{m_{\mathrm{H_3O^+}}}{m^0}\right)\left(\frac{m_{\mathrm{OH^-}}}{m^0}\right) \tag{2.98}$$

式中，$K_w^{\mathrm{H_2O}}$ 是水的离子积。在 25℃时，其值为 1.0084×10^{-14}（相对于标准浓度 $1\,\mathrm{mol\cdot kg^{-1}}$），所以根据 pH 值定义可得下式：

$$\mathrm{pH} \equiv -\lg K_w^{\mathrm{H_2O}} - \lg a_{\mathrm{OH^-}} \equiv 13.9965 - \mathrm{pOH} \tag{2.99}$$

此公式中，pOH（类似 pH）定义为 $\mathrm{OH^-}$ 活度的负对数。即使水中还存在其它离他的平衡或是其他物种时，公式(2.99)仍然成立。在水溶液的中性点（25℃，pH＝7）时，溶液的 pH 和 pOH 在数值上相等。在实际测量中，水溶液的 pH 范围为 $-1\sim+14$。

缓冲溶液是一种 pH 值非常稳定的电解质溶液体系，对缓冲溶液的稀释或添加少量的酸或碱都不会改变体系的 pH 值。这种稳定性是通过在溶液中同时存在较高浓度的弱酸（弱碱）和相对应的能完全电离的弱酸盐（弱碱盐）来实现的，例如，一弱酸与水的反应平衡可写成：

$$\mathrm{HA} + \mathrm{H_2O} \Longrightarrow \mathrm{A^-} + \mathrm{H_3O^+} \tag{2.100}$$

当向溶液中引入或取走质子时，反应平衡分别向左或右移动。如果 HA 的质量摩尔浓度接近于所加的弱酸的分析浓度 m_{acid}，A^- 的质量摩尔浓度接近于所加盐的浓度 m_{salt}，则从电离平衡式(2.100)可得：

$$a_{H_3O^+} = K_a \left(\frac{a_{HA}}{a_{A^-}}\right) \approx K_a \left(\frac{m_{HA}}{m_{A^-}}\right)\left(\frac{1}{\gamma_{A^-}}\right) \approx K_a \left(\frac{m_{acid}}{m_{salt}}\right)\left(\frac{1}{\gamma_{A^-}}\right) \quad (2.101)$$

式中，假设未电离酸的活度系数为 1 后，并且将所加弱酸和相应能完全电离的盐的质量摩尔浓度来代替 HA 和 A^- 的质量摩尔浓度。

如果定义 $pK_a \equiv -\lg K_a$，对式(2.101)两边取对数得：

$$pH = pK_a + \lg(m_{salt}/m_{acid}) + \lg\gamma_{A^-} \quad (2.102)$$

从该式可以看出，缓冲溶液的 pH 值仅是式(2.100)中平衡常数和弱酸及其相应盐的相对浓度的函数，如果忽略离子活度系数变化的影响，则 pH 值也不会随溶液的稀释而发生改变。从方程（2.100）可以看出，如果 HA 和 A^- 的浓度远远大于质子的浓度，加入或移走质子会有相应数量弱酸的形成或电离，以维持整个电离平衡。只要加入缓冲溶液中质子的浓度远小于酸和其相应盐的浓度（也就是说，质子的浓度只要不超过缓冲溶液的缓冲容量），则质子的浓度也基本保持不变。

对弱酸的分析可以直接用到弱碱体系，对应的方程式为：

$$B + H_2O \Longrightarrow BH^+ + OH^- \quad (2.103)$$

对应式(2.102)，可得：

$$pOH = pK_b + \lg(m_{BH} + m_{base}) + \lg\gamma_{BH^+} \quad (2.104)$$

表 2.12 列出 0~95℃下一些标准的缓冲溶液的 pH 值（并用质量摩尔浓度来表示浓度）。

表 2.12 具有相同的质量摩尔浓度酸和其阴离子的标准缓冲溶液

温度/℃	草酸 ($c=0.05\text{mol}\cdot\text{dm}^{-3}$)	酒石酸（饱和，在 25℃时）	邻苯二甲酸 ($c=0.05\text{mol}\cdot\text{dm}^{-3}$)	KH_2PO_4 ($c=0.025\text{mol}\cdot\text{dm}^{-3}$) Na_2HPO_4 ($c=0.025\text{mol}\cdot\text{dm}^{-3}$)	四硼酸 ($c=0.01\text{mol}\cdot\text{dm}^{-3}$)
0	1.67		4.01	6.98	9.46
5	1.67		4.01	6.95	9.39
10	1.67		4.00	6.92	9.33
15	1.67		4.00	6.90	9.27
20	1.68		4.00	6.88	9.22
25	1.68	3.56	4.01	6.86	9.18
30	1.69	3.55	4.01	6.85	9.14
35	1.69	3.55	4.02	6.84	9.10
40	1.70	3.54	4.03	6.84	9.07
45	1.70	3.55	4.04	6.83	9.04
50	1.71	3.55	4.06	6.83	9.01

续表

温度 /℃	草酸 ($c=0.05\,mol \cdot dm^{-3}$)	酒石酸 (饱和,在 25℃时)	邻苯二甲酸 ($c=0.05\,mol \cdot dm^{-3}$)	KH_2PO_4 ($c=0.025\,mol \cdot dm^{-3}$) Na_2HPO_4 ($c=0.025\,mol \cdot dm^{-3}$)	四硼酸 ($c=0.01\,mol \cdot dm^{-3}$)
55	1.72	3.56	4.08	6.84	8.99
60	1.73	3.57	4.10	6.84	8.96
70		3.59	4.12	6.85	8.92
80		3.61	4.16	6.86	8.88
90		3.64	4.20	6.86	8.85
95		3.56	4.22	6.87	8.83

由于 K_a 和 γ 是温度的函数,所以 pH 值会随温度的改变而发生改变。在配制缓冲溶液时,必须使用最纯的化学物质,溶剂水采用经过石英冷凝器获得的二次蒸馏水,且要除去其中的 CO_2。缓冲溶液要保存在有盖的聚乙烯瓶中,以防空气中 CO_2 的进入,并且所有的溶液存放两个月后必须重新配制。

2.8 非水溶液

非水液体往往是比水更好的溶剂,特别是有机和金属有机化合物。一些在水中很惰性的物质,在其他溶剂中往往能发生很彻底的反应,与之相反的是碱金属却只能在非水溶液中稳定存在。此外,很多非水溶液比水有更高的分解电势,可为电化学研究提供好几伏的电势窗。近年来,非水溶液引起了科学与技术界的格外重视,特别在有机电合成和锂离子电池领域。

2.8.1 非水溶剂中的离子溶化作用

卜耶隆 (Bjerrum) 和佛斯 (Fuoss) 认为离子可以看做是连续相中的荷电硬球,基于这一假设,可以计算处在相对介电常数为 ε_r 的溶剂中离子间的相互作用。如上所述,两个荷电离子间静电作用力可以表示为:

$$F=\frac{q_1 \cdot q_2}{4\pi\varepsilon_r\varepsilon_0 r^2}\frac{r}{r} \tag{2.105}$$

式中,r 是离子间的分离距离;ε_r 为介质的相对介电常数,ε_0 是真空介电常数(其近似值为 $8.854\times10^{-12}\,C \cdot V^{-1} \cdot m^{-1}$)。表 2.13 列出了一些物质的介电常数和偶极矩,其中的偶极矩表示中心物质中电荷分离状况。

处于电场中的溶剂分子将以其偶极朝向电场方向发生排列,因而,偶极矩是一个很重要的参数。所以,溶剂的极性起两个重要的作用:削弱离子间的相互作用;决定离子存在时溶剂的定向及有序化程度。表 2.14 列出了一些溶剂的 ε_r。总的来说,非水溶液的介电常数比水的小,这将在很多程度上限制了导电盐的选择。在非

表 2.13   不同溶剂的偶极矩 μ 和相对介电常数 ε_r

溶　剂	$\mu/10^{-30}$ C·m	ε_r	温度/℃
二氧化碳	0	1.6	−5
苯	0	2.24	20
氨水	4.90	14.9	24
甲醇	5.70	31.2	20
水	6.17	81.1	18

表 2.14   一些重要的相对介电常数

溶　剂	缩　写	温度/℃	相对介电常数
水		25	78.3
丙酮		25	20.7
乙腈	ACN	25	36.0
氨水		−34	22.0
1,2-乙二醇二甲醚	DME	25	7.2
N,N-二甲基甲酰胺	DMF	25	36.7
二甲亚砜	DMSO	25	46.6
二氧杂环己烷		25	2.2
乙醇		25	24.3
碳酸乙烯酯	EC	40	89
甲酸甲酯	M	20	8.5
硝基甲烷	NM	25	35
碳酸丙烯酯	PC	25	64
吡啶		25	12.0
三氯氧磷（$POCl_3$）		25	13.7
亚硫酰氯（$SOCl_2$）		22	9.1
磺酰氯（SO_2Cl_2）		22	9.2
硫酸（H_2SO_4）		25	101

水溶剂中具有很好电离性质的电解质有碱金属的高氯酸盐、$NaBF_4$、LiCl、$LiAlCl_4$ 和 $LiAlH_4$ 以及一些如季铵盐类有机电解质。

2.8.2　非水溶液电解质的电导率

2.4.3 节中德拜-休克尔-昂萨格电导理论同样适用于稀非水溶液电解质，图 2.21 给出了甲醇溶剂中碱金属硫氰化物的摩尔电导率 Λ 对 $\sqrt{c/c^0}$ 的线性关系曲线。与水溶液中一样，方程（2.55）分母项中的介电常数和溶液黏度是影响曲线斜率的主要变量，但是非水溶剂中电解质的摩尔电导率比水溶剂中电解质的摩尔电导率随电解质浓度的变化更明显，与水溶液相比，非水溶剂中电解质的摩尔电导率 Λ 随电解质浓度的增加而减小得更快。

图 2.22 显示了不同介电常数的水-二氧杂环己烷混合溶剂中电解质的摩尔电导率 Λ 随浓度的变化关系，溶剂效应非常明显；同时图中结果还显示，对介电常数 ε_r 较小的溶剂来说，这种浓度效应更加明显，所以非水溶剂中电解质的摩尔电导率显著低于其在水溶剂中的摩尔电导率，至少是在感兴趣的实际浓度范围内。然而，无限稀释溶液中，同种离子在不同溶剂中的摩尔电导率值都在同一数量级。

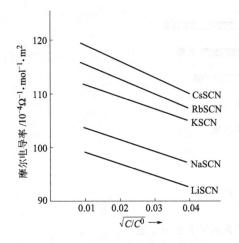

图 2.21　甲醇溶剂中碱金属硫氰化物
的摩尔电导率和浓度的关系曲线

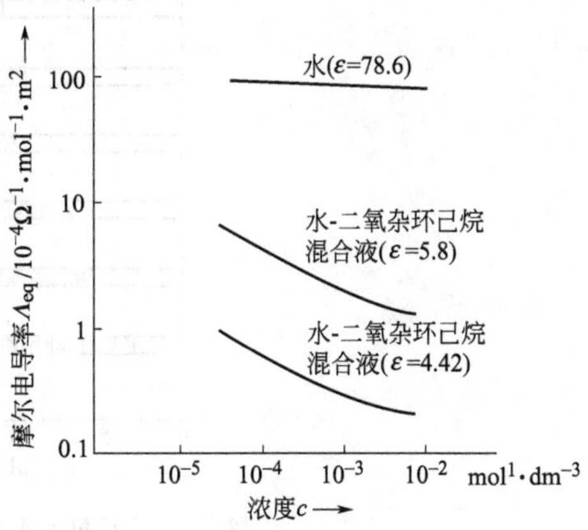

图 2.22　硝酸四异戊基铵电解质在不同
介电常数的溶剂中的摩尔电导率
和电解质浓度的关系曲线

与在水溶液中的一致（2.3.4 节），碱金属硫氰化物
（从 Cs^+ 到 Li^+）的摩尔电导率随浓度增加而减小

2.8.3　含质子非水溶液的 pH-标度

HL 形式的无水质子溶剂，其如下的电离平衡总是存在的：

$$2HL \rightleftharpoons L^- + LH_2^+ \tag{2.106}$$

液氨是一个典型的例子，它的电离平衡方程为：

$$2NH_3 \rightleftharpoons NH_4^+ + NH_2^- \tag{2.107}$$

在这样的非水溶剂中，可使用水溶液中 pH 值的定义：

$$pH_{aq} = -\lg a_{H_3O^+} \tag{2.108}$$

可将其拓展为如下的通式：

$$pH_p = -\lg a_{LH_2^+} \tag{2.109}$$

式中下标 p 表示质子

当平衡方程（2.106）生成的两种离子的活度相等时，此质子溶剂具有中性 pH_p 值，如甲酸的平衡解离常数 K_f 为：

$$K_f = a_{HCOO^-} \cdot a_{HCOOH_2^+} \tag{2.110}$$

式中，$K_f = 10^{-6.2}$。在中点 pH_p 值下，$HCOO^-$ 和 $HCOOH_2^+$ 的活度均为 $(K_f)^{1/2}$，则 pH_p 值为 3.1。尽管同一无水质子溶剂在自身或其他无水质子溶剂中的 pH_p 值相近，不同无水质子溶剂的 pH_p-标度的中点值确实不同。为比较，图 2.23 列出不同无水质子溶剂的中点 pH_p 值。

用玻璃电极测量（见 3.6.7 节）结果表明，这种电极即使对非水溶剂中质子化物种的活度也有灵敏的响应，这一重要结果使得人们可以在冰醋酸中进行滴定。

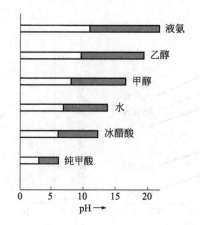

图 2.23　不同无水质子溶剂的中点 pH_p 值

2.9　电导率测量的应用

2.9.1　水的离子积的测定

水能按如下方程发生微弱的电离

$$2H_2O \Longrightarrow H_3O^+ + OH^- \tag{2.111}$$

如 H_3O^+ 和 OH^- 的质量摩尔浓度都为 m mol·kg^{-1}，则由方程（2.11）和方程（2.12）可近似计算水的摩尔电导率：

$$\Lambda = \frac{\kappa_{H_2O}}{\rho_s m} \tag{2.112}$$

式中，ρ_s 为水的密度，kg·m^{-3}；κ_{H_2O} 为纯水的离子电导率。从式（2.112）可得：

$$m = \frac{\kappa_{H_2O}}{\rho_s \Lambda} \tag{2.113}$$

由于水自身电离程度非常小，因此，可用水的离子极限摩尔电导率（$\Lambda_0 = \lambda_0^{H_3O^+} + \lambda_0^{OH^-}$）代替水的摩尔电导率（$\Lambda$）。

$$m = \frac{\kappa_{H_2O}}{\{\rho_s (\lambda_0^{H_3O^+} + \lambda_0^{OH^-})\}} \tag{2.114}$$

由表 2.1 和表 2.7 的实验数据代入，得：

$$m = \frac{5.5 \times 10^{-6}}{\{\rho_s (349.8 + 197) \times 10^{-4}\}} = 1.00 \times 10^{-7} \text{mol·kg}^{-1} \tag{2.115}$$

由此可直接计算水的离子积：

$$K_w = \left(\frac{m_{H_3O^+}}{m^0}\right)\left(\frac{m_{OH^-}}{m^0}\right) = 1.00 \times 10^{-14} \tag{2.116}$$

式中，m^0 取 $1\text{mol} \cdot \text{kg}^{-1}$。在如此低的浓度范围内，$\gamma_{\pm}=1$，所以水的离子积也应该是它的活度积或者热力学活度积。此值非常接近于由热力学的推导值，将在 3.6 节进行详尽讨论。

2.9.2　难溶盐溶度积的测定

将难溶盐，如 AgCl 添加到水中，仅少部分以完全电离的离子形式进入溶液，而大部分仍旧以固体沉淀形式存在。因此，所测难溶盐稀溶液的电导率 κ_{M}，主要来自溶解部分的贡献，$\kappa_{\text{S}} \equiv \kappa_{\text{M}} - \kappa_{\text{H}_2\text{O}}$，使用上节中相同的处理方式可计算难溶盐的饱和质量摩尔浓度：

$$m_{\text{s}} = \frac{\kappa_{\text{s}}}{[\rho_{\text{s}}(\nu_+ \lambda_0^+ + \nu_- \lambda_0^-)]} \tag{2.117}$$

取表 2.1 和表 2.7 的实验数据中，对于 25℃饱和 AgCl 溶液的 $\kappa_{\text{S}} = 1.73 \times 10^{-4} - 5.74 \times 10^{-6} = 1.675 \times 10^{-4} \Omega^{-1} \cdot \text{m}^{-1}$，$\nu_+ = \nu_- = 1$，则：

$$m_{\text{s}} = \frac{1.675 \times 10^{-4}}{[\rho_{\text{s}}(62.2 + 76.4) \times 10^{-4}]} = 1.21 \times 10^{-5} \text{mol} \cdot \text{kg}^{-1} \tag{2.118}$$

难溶盐溶度积的定义可得：

$$K_{\text{S}}^{\text{AgCl}} = \left(\frac{m_{\text{Ag}^+}}{m^0}\right)\left(\frac{m_{\text{Cl}^-}}{m^0}\right) = 1.46 \times 10^{-10} \tag{2.119}$$

难溶盐的饱和溶液中的离子浓度很低，因此，此值接近于热力学活度积（1.78×10^{-10}）。

2.9.3　难溶盐溶解热的测定

难溶盐的溶解度非常小，其溶解热，$\Delta_{\text{sol}} H_{\text{m}}$ 很难用常规的量热法测量。热力学理论显示饱和溶液中离子活度和溶液温度的关系式为：

$$a_{\text{s}} = 常数 \times \exp\left(\frac{\Delta_{\text{sol}} H_{\text{m}}}{RT}\right) \tag{2.120}$$

其中，const. 是常数。对于极稀溶液，a_{s} 可用（m_{s}/m^0）代替。假定使用相应温度下的 λ_0 值，则可通过测定饱和溶液的电导率随温度的变化来测定 m_{s} 随温度的变化，溶解热（$\Delta_{\text{sol}} H_{\text{m}}$）就可由 $\ln m_{\text{s}}$ $1/T$ 曲线的斜率求得。

2.9.4　弱电解质热力学电离平衡常数的测定

在 2.6.1 节中，已经讨论了从 Λ/Λ_0 与解离度 α 间表达式来求解经典的平衡常数。如要求解热力学平衡常数，则必须使用 $\gamma_{\pm}$ 校正的 K_{m}，其表达式为：$K_{\text{a}} = K_{\text{m}}\gamma_{\pm}^2$，由此可得：

$$\lg K_{\text{m}} = \lg K_{\text{a}} - 2\lg \gamma_{\pm} \tag{2.121}$$

使用德拜-休克尔极限定律中 $\gamma_{\pm}$ 表达式，可得：

$$\lg K_{\text{m}} = \lg K_{\text{a}} + 1.018|z_+ z_-|\sqrt{I} \tag{2.122}$$

对于 1-1 型电解质，$I = \alpha(m/m^0)$，代入式(2.122)，得：

$$\lg K_m = \lg K_a + 1.018 \sqrt{\alpha(m/m^0)} \qquad (2.123)$$

将 $\lg K_m$ 对 $\sqrt{\alpha(m/m^0)}$ 作图应得一直线，其截距为 $\lg K_a$。从这里可以看出，问题的关键是找到一种合理的方法测定 α 值。而从测量的电导率，可得

$$\Lambda = \alpha[\Lambda_0 - (B_1\Lambda_0 + B_2) \sqrt{\alpha(m/m^0)}] \qquad (2.124)$$

与 2.4.3 节的处理方式一样，用质量摩尔浓度代替浓度。则对 25℃ 的水，可将式(2.124) 变换成：

$$\Lambda = \alpha[\Lambda_0 - (0.229\Lambda_0 + 60.20 \times 10^{-4}] \sqrt{\alpha(m/m^0)}] \qquad (2.125)$$

从式中可获得 α 和 $\alpha(m/m^0)$ 值，将其代入方程(2.123)，可求得 K_a 值。

2.9.5 电导滴定原理

电解质溶液的电导率取决于离子的浓度和类型，电导测量能灵敏地监测溶液相中化学反应过程中离子浓度的变化。

一个很好的反应例子是将 $Ba(OH)_2$ 溶液加入 $MgSO_4$ 溶液生成 $Mg(OH)_2$ 和 $BaSO_4$ 沉淀，随着 $Ba(OH)_2$ 溶液的不断加入，所有的离子反应生成沉淀，使溶液中离子浓度不断减少，溶液电导也随之逐渐减小。

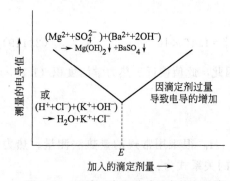

图 2.24 沉淀反应和酸碱反应的电导滴定曲线

E 为滴定终点或化学计量点，为了清楚地从两条直线的交叉处获得 E 点，滴定剂的体积应尽可能小，否则，获得电导滴定曲线为曲线而非直线

如果反应过程中有一种离子被转化成另一具有更高或更低电导率的离子，即使反应过程中溶液的总离子浓度不发生变化，该反应过程仍可由电导测量进行监测。在强碱（KOH）滴定强酸（HCl）的中和反应的例子中，随着反应进行，电导率较大的 H_3O^+ 被电导率较小的 K^+ 取代，因此整个溶液的电导将随 KOH 的加入逐渐变小。

以上两例中，电导池溶液中初始存在的离子在滴定终点时完全被消耗，此时继续添加无论是 $Ba(OH)_2$ 溶液还是 KOH 溶液，均将引起溶液离子电导的增加。如图 2.24 所示，由溶液电导随滴定剂溶液体积的变化情况可准确地确定滴定终点，这个电导滴定图对沉淀反应和酸碱反应都适用。

电导滴定也适用于氧化还原反应终点的确定，如用 Ce^{4+} 氧化 Fe^{2+} 的反应。电导滴定的优点在于：①其滴定终点的确定不受溶液颜色和浊度的干扰；②可适用于极稀溶液。

实际测量中，大多数的电导滴定测量使用交流电桥法（见图 2.6）和简单的电导池［见图 2.7(c)］。使用现代仪器，这一滴定过程可实现自动化。更为细致的描

述超出了本书的讨论范围，如对测量细节感兴趣，可参阅相关专著。一些电导滴定的例子中，滴定终点的确定不是很容易，例如，在强碱滴定弱酸的例子中，滴定终点仅是略有不同斜率的两条直线的交叉点。

参　考　文　献

有关电解质溶液电阻的测量、活度系数及其测定方面深入的讨论请参阅：

Robinson R. A., Stockes R. H., *Electrolyte Solutions*, Butterworth, London, 1959.

Bockris J. M., Reddy A. K. N., *Modern Electrochemistry*, Plenum Press, New York, 1970

Levine I. N., *Physical Chemistry*, MC. Graw Hill Inc., New York 1978.

电解质溶液电导的简介请参阅：

Landolt-Bornstein, *Zahlenwerte und Funktionen*, Ⅱ. Band, 7. Teil. Springer-Verlag, Berlin, 1960.

Conway B. E., *Electrochemical Data*. Elsevier, Amsterdam, 1952.

活度系数的热力学处理的背景知识请参阅：

Denbigh K. G., *The principles of Chemical Equilibrium*. Cambridge University Press, 1971.

液体和电解质溶液的理论介绍请参阅：

Ben-Naim A., *Statistical Thermodynamics for Chemists and Biologists*, Plenum Press, London, 1992.

Rasaiah J. C., *Statistical mechanics of strongly interacting systems: liquids and solids*, in Moore J. H. and Spencer N. D. (eds.), *Encyclopaedia of Chemical Physics and Physical Chemistry*, vol. I: *Fundamentals*, Institute of Physics Publ., Bristol, 2001.

Lee L. L., *Molecular Thermodynamics of Non-ideal Fluids*, Butterworths, Boston, 1988.

Outhwaite C. W., "*Equilibrium theories of electrolyte solutions*"; *Specialist Periodical Reports Chem. Soc. Vol.* 1, 1974.

Mayer J., *Theory of Ionic Solutions*. J. Chem. Phys. 18 (1950) 1426.

Hirata F. (ed.), *Molecular Theory of Solvation*, Kluwer Academic Publishers, Dordrecht, 2003.

模拟方法方面的参考书：

Metropolis N. A., Rosenbluth A. W., Rosenbluth M. N., Teller A. H. and Teller E., J. Chem. Phys. 21 (1953) 1087.

Binder K. and Heermann D. W., *Monte Carlo Simulation in Statistical Physics. An Introduction*, 3rd Edition, Springer, Berlin, 1997.

Heermann D. W., *Computer Simulation Methods in Theoretical Physics*, 2nd Edition, Springer-Verlag, Berlin, 1990.

Fraankel D. and Smit B., *Understanding Molecular Simulation*, Academic Press 2002.

第3章 电极电势和相边界的双电层结构

3.1 电极电势及其与浓度、气体压力和温度的关系

3.1.1 电池的电动势和化学反应的最大可用能量

电池放电通常是由两个在空间上分开的电化学半反应（称为电极反应）构成的化学过程。这两个电化学半反应可合并为一个电中性的总反应，称为电池反应。

为了使得总反应达到计量平衡，在两个半反应中交换的电子数 n 必须相等，这可通过选择合适的计量系数来实现。因此，通常有［式(1.7) 就是一个简单的例子]

$$n_1 S_1 + \cdots + n_i S_i + ne^- \rightleftharpoons n_j S_j + \cdots + n_k S_k$$

$$\frac{n_1 S_1 + \cdots + n_m S_m \rightleftharpoons n_n S_n + \cdots + n_p S_p + ne^-}{n_1 S_1 + \cdots + n_m S_m \rightleftharpoons n_j S_j + \cdots + n_p S_p} \tag{3.1}$$

在原电池中如果使与反应计量系数等摩尔的反应物转化为产物，例如在 1.3 节所示的例子中假设有 1mol 氯气和 1mol 氢气反应，那么在外电路能产生的最大电功为 $nFE_{c,0}$，其中 $E_{c,0}$ 是在开路电势下两电极的电势差。该电功相应于反应(3.1) 的最大电池电压，如图 1.5 所示，该电压为零电流电压 $E_{c,0}$。也就是说，只有在反应以无穷小的速度进行时才能获得的电池电压（见图 1.5，$i \rightarrow 0$，$E \rightarrow E_{c,0}$）。

在等温等压下，最大电功一定等于能从体系变化获得的最大非膨胀功。在 1.3 节的例子中，最大电功相当于氯气和氢气化合生成氯化氢且溶于水并生成盐酸的整个过程［方程(1.7)］可获得的最大非膨胀功。对转换 1mol 的反应物，该最大电功相当于该反应的摩尔自由能变化（$\Delta_r G$），其数值可从热力学数据表中查到。电池放电所做的功一定是正值，而在热力学中通常将体系对环境做功定义为负的。因此有如下的基本关系式：

$$\Delta_r G = -nFE_0 \tag{3.2}$$

在 1.3 节已经知道，如果因为发生化学反应而导致电流流过（即电池以原电池的形式放电时），那么 $E_c^{galv} < E_0$，因此当有电流流过体系，下面的不等式必须成立：

$$\Delta_r G + nFE_c^{galv} < 0 \tag{3.3}$$

同样当电流往相反的方向流动时，即发生电解反应使 HCl 分解生成 H_2 和 Cl_2，那么驱动该电解池的电势 $E_c^{elec} > E_0$，并满足下面的不等式：

$$\Delta_r G + nFE_c^{elec} > 0 \tag{3.4}$$

如果在发生反应的温度下，反应物和产物都处于标准状态，即气体的压力为一个标准大气压，而溶解的物质为单位平均活度，那么自由能的变化称为标准自由能 $\Delta_r G^0$，得到下述已知的表达式：

$$\Delta_r G^0 = -nFE^0 \tag{3.5}$$

3.1.2　电极电势的本质，Galvanic 电势差和电化学势

在第 2 章混合物中 i 组分的化学势定义为：

$$\mu_i = \mu_i^{0\dagger} + RT \ln a_i \tag{3.6}$$

式中，a_i 是 i 组分的活度；而 $\mu_i^{0\dagger}$ 是单位活度时的化学势，其中符号"†"表示该标准态不是纯物质。化学势可以认为是将 1mol 的 i 物质添加到大量混合物（以至于所有物质的摩尔分数都不发生变化）中所产生的自由能变化，或者也可把化学势当作一个微分量来处理：

$$\mu_i = \left(\frac{\partial G}{\partial n_i}\right)_{n_j \neq n_i, p, T} \tag{3.7}$$

在求偏微分时，所有其他组分 j 的量维持恒定。这两个定义是等价的，显然 $\mu_i^{0\dagger}$ 是该混合物的温度和压力的函数。

混合物的总自由能可以表达为：

$$G = \sum_i n_i \mu_i \tag{3.8}$$

如果混合物发生如式(3.1)描述的反应，其中相应计量数的 $S_1 \cdots S_m$ 被消耗，同时生成 $S_j \cdots S_p$，假设反应在混合物大量过剩以致反应物和产物的摩尔分数没受到明显影响的条件下进行，那么该反应的自由能变化可由下式给出：

$$\Delta_r G = \sum_i \nu_i \mu_i \tag{3.9}$$

式中，反应物的计量系数 ν_i 定义为负值。在平衡条件下，$\Delta_r G$ 应为零，否则式(3.1)中的反应将向左或右进行而降低自由能。这样可得到在平衡条件下化学反应的基本表达式：

$$\sum_i \nu_i \mu_i = 0 \tag{3.10}$$

如果两种混合物或溶液相互接触，并在这两相之间建立了化学平衡，那么对两相中的每一组分有

$$\mu_i(\mathrm{I}) = \mu_i(\mathrm{II}) \tag{3.11}$$

如果不满足这一条件，反应将自发地发生直至达到平衡，可通过使 i 组分从一相向另一相的迁移而降低自由能直至使得式(3.11)成立。

如果将一种金属（如铜），置于含有同种金属离子的溶液中，譬如硫酸铜水溶液，那么将建立如下平衡：

$$Cu^0(Cu) \Longleftrightarrow Cu^{2+}(aq) + 2e^-(M) \tag{3.12}$$

式中，M 代表金属。当金属刚开始与溶液接触时，并不满足式 (3.11) 中的平衡条件。为了满足该条件，根据相应的能量关系，必须发生某些化学反应，或者是铜离子在金属铜上沉积或者是金属铜溶解于溶液中。然而，从式 (3.12) 可以看到，不能把铜的沉积或溶解当成单相中的一个简单化学反应来处理，因为该过程必须生成或消耗电荷，同时伴随着在两相间产生电势差。如果金属中铜的化学势比溶液中的铜离子和金属中电子的化学势高，那么将发生金属的溶解，即在金属表面留下多余的电子，而靠近金属表面的溶液层将带有正电荷，也就是说形成了所谓的双电层，其具体细节将在本章稍后介绍。这里最重要的一点是电势差的形成将阻止金属的进一步溶解。类似地，如果溶液中的铜离子和金属中电子的化学势高于金属铜本身的化学势，那么金属铜将在电极上沉积，并在界面区建立相反符号的电势差，来阻止铜离子的进一步沉积。这两种情形表示在图 3.1 中。

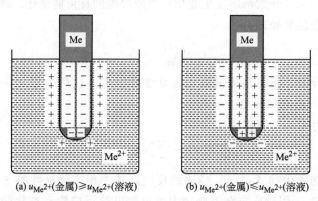

(a) $u_{Me^{2+}}$(金属)$\geqslant u_{Me^{2+}}$(溶液)   (b) $u_{Me^{2+}}$(金属)$\leqslant u_{Me^{2+}}$(溶液)

图 3.1　电极和溶液间的电势差起源于在金属与电解质溶液的相边界形成双电层

显然必须将由这类电势差造成的影响引入相关的热力学方程。如果将 1mol 的 z 价离子从无穷远处的地方移到具有电势 φ 的溶液内部，那么移动所做的功是 $zF\varphi$。根据 z 的符号的不同，必须在自由能 μ 中添加或减去做功这一项。位于具有不同电势 $\varphi(\text{I})$ 和 $\varphi(\text{II})$ 的两相中的 i 组分达到平衡的条件是：

$$\mu_i(\text{I}) + zF\varphi(\text{I}) = \mu_i(\text{II}) + z_iF\varphi(\text{II}) \tag{3.13}$$

式中，$\varphi(\text{I})$ 和 $\varphi(\text{II})$ 是相 (I) 和相 (II) 内部的电势，称为 Galvani 电势。而 $\mu_i + z_iF\varphi$ 称为电化学势 $\widetilde{\mu}_i$。于是有：

$$\widetilde{\mu}_i = \mu_i + z_iF\varphi = \mu_i^{0\dagger} + RT\ln a_i + z_iF\varphi \tag{3.14}$$

那么电化学平衡的条件是：

$$\sum_i \nu_i \widetilde{\mu}_i = 0 \tag{3.15}$$

在平衡式右边物种的计量系数 ν_i 取正值，而在左边的为负值。这里应该强调的是，电化学平衡条件本质上是动态的。在上述铜浸入硫酸铜溶液的例子中，当金属铜的溶解与铜离子的沉积速度相等时就达到了平衡。此时，在电极和溶液之间将无法检测到净电流流过，该结果可作为定量研究电极动力学的基础。

3.1.3　电极电势以及金属与含该金属离子的溶液间的平衡电势差的计算——Nernst 方程

两相间的内电势差称为 Galvani 电势差，对没有净电流流过的平衡态的情形，其值是可以直接计算的。可分别用 φ_M 和 φ_S 来表示金属和溶液的内电势。根据式（3.15）、式（3.12）中的反应在达到平衡时其电化学势可写为：

$$\tilde{\mu}_{Cu}(M) = \tilde{\mu}_{Cu^{2+}}(aq.) + 2\,\tilde{\mu}_{e^-}(M) \tag{3.16}$$

假设金属中的铜原子是中性的，因此 $\tilde{\mu} = \mu$，那么有：

$$\mu^0_{Cu}(M) + RT\ln a_{Cu}(M) = \mu^0_{Cu^{2+}} + RT\ln a_{Cu^{2+}} + 2F\varphi_S$$
$$+ 2\mu^0_{e^-}(M) + 2RT\ln a_{e^-} - 2F\varphi_M \tag{3.17}$$

金属铜中的铜原子和电子的浓度基本保持不变，因此可忽略这两项的活度，式（3.17）经过重排，最终得到

$$\Delta\varphi \equiv \varphi_M - \varphi_S = \frac{\mu^0_{Cu^{2+}} + 2\mu^0_{e^-} - \mu^0_{Cu}(M)}{2F} + \left(\frac{RT}{2F}\right)\ln a_{Cu^{2+}} \equiv \Delta\varphi^0 + \left(\frac{RT}{2F}\right)\ln a_{Cu^{2+}}$$

$$\tag{3.18}$$

式中，$\Delta\varphi^0$ 是当 $a_{Cu^{2+}} = 1$ 时电极和溶液的 Galvani 电势差，称为标准 Galvani 电势差。在 298K 下，金属离子的活度每改变 1 个数量级，Galvani 电势差将改变 $(RT/zF)\ln 10 \equiv (0.059/z)V$，这里 z 是溶液中金属离子的价态。

尽管 $\Delta\varphi$ 和 $\Delta\varphi^0$ 都无法通过实验测定，如果向溶液中引入 Galvani 电势差 $\Delta\varphi'$ 为恒定值的第二个电极，那么工作电极相对于这一电极的电势 E 是可测定的，$E = \Delta\varphi - \Delta\varphi'$。而且由于单位活度时的标准电势 $E^0 = \Delta\varphi^0 - \Delta\varphi'$，因此，$E - E^0 = \Delta\varphi - \Delta\varphi^0$。在 3.1.11 节和 3.1.12 节中将进一步讨论有关建立一个合适的参比电极系统的实际问题。假设可以实现这一点，那么与含金属离子 M^{z+} 的溶液接触的金属（M）电极的电势写成：

$$E = E^0 + \left(\frac{RT}{zF}\right)\ln a_{M^{z+}} \tag{3.19}$$

这一平衡电势与溶液中离子的活度之间的关系式称为 Nernst（能斯特）方程。

3.1.4　氧化还原电极的 Nernst 方程

除了金属与含其相应离子的溶液相接触的体系外，其他的情况下也可能在两相间形成 Galvani 电势差。例如将一惰性电极，譬如铂电极（通常是与封在玻璃管内的铂丝相连的铂片），浸入含有物质 S 的溶液，该物质可通过从电极得失电子而以氧化态或还原态形式存在。在最简单的情形里有：

$$S_{Ox} + ne^- \Longrightarrow S_{Red} \tag{3.20}$$

式中，S_{Ox} 和 S_{Red} 是一个氧化还原对相应的氧化态和还原态的组分。这类氧化还原反应的一个简单的例子就是：

$$Fe^{3+} + e^- \Longrightarrow Fe^{2+} \tag{3.21}$$

正如上述金属离子-电极体系那样，对所有这类反应，应该强调的是电子交换

发生在溶液相与电极之间，而不是发生在溶液相中的离子之间。从式(3.20)和式(3.21)可清楚地看到电子可直接在电极与氧化还原对之间转移，但是任何情形都不能将在溶液中的电子视为自由的。虽然在某些溶剂譬如液氨中溶剂化电子具有相对较长的寿命，利用放射性方法可以产生溶剂化电子，但是其寿命通常相当短（毫秒量级）。通常这类溶剂化电子可以作为非常强的还原剂使用。

原则上，可用上述同样的方法处理式(3.20)中的氧化还原反应并得到平衡时的电极电势。达到平衡时，一旦形成双电层并建立 Galvani 电势差，则可写出

$$\tilde{\mu}_{Ox} + n\tilde{\mu}_{e^-}(M) = \tilde{\mu}_{Red} \tag{3.22}$$

为了满足电中性的条件，氧化态（Ox）上的正电荷必须比还原态（Red）上的多 $|ne^-|$，那么方程(3.22)可写成：

$$\mu_{Ox}^{0\dagger} + RT\ln a_{Ox} + nF\varphi_S + n\mu_{e^-}^0 - nF\varphi_M = \mu_{Red}^{0\dagger} + RT\ln a_{Red} \tag{3.23}$$

由此得出：

$$\Delta\varphi = \varphi_M - \varphi_S = \frac{\mu_{Ox}^{0\dagger} + n\mu_{e^-}^0 - \mu_{Red}^0}{nF} + \frac{RT}{nF}\ln\left(\frac{a_{Ox}}{a_{Red}}\right) = \Delta\varphi^0 + \frac{RT}{nF}\ln\left(\frac{a_{Ox}}{a_{Red}}\right) \tag{3.24}$$

式中，标准 Galvani 电势差定义为当氧化态和还原态的活度都等于 1 时的 Galvani 电势差。与金属-离子电极的情形类似，必须借助于一个参比电极才能通过实验测量 Galvani 电势差。假设这点也可以实现，金属电极自身的电极电势可以写为：

$$E = E^0 + \frac{RT}{nF}\ln\left(\frac{a_{Ox}}{a_{Red}}\right) \tag{3.25}$$

同样可以看到通过改变氧化/还原态的活度之比可以改变电极电势。事实上，与前面的情形类似，当氧化/还原态的活度比改变 10 倍时，电极电势 E 将改变 $0.059/n$V。而且可以看到，如果氧化/还原态的活度比恒定，电极电势与氧化态/还原态活度的大小无关。

对更为复杂的氧化还原反应，更具有一般性的 Nernst 方程可以通过与推导方程(3.25)类似的方法得到。如果考虑下述类型的计量反应：

$$n_1 S_1 + \cdots + n_i S_i + ne^- \Longrightarrow n_j S_j + \cdots + n_k S_k \tag{3.26}$$

该反应可写为如下的简化形式：

$$\sum_{Ox} n_{Ox} S_{Ox} + ne^- \Longrightarrow \sum_{Red} n_{Red} S_{Red} \tag{3.27}$$

直接处理可得到 Nernst 方程式的一般形式为：

$$E = E^0 + \frac{RT}{nF}\ln\left(\frac{\Pi_{Ox} a_{Ox}^{n_{Ox}}}{\Pi_{Red} a_{Red}^{n_{Red}}}\right) \tag{3.28}$$

其中

$$\Pi_t a_t^{n_t} \equiv a_{S_1}^{n_1} a_{S_2}^{n_2} \cdots a_{S_i}^{n_i} \tag{3.29}$$

例如，在酸性溶液中高锰酸根的还原反应按下式进行

$$MnO_4^- + 8H_3O^+ + 5e^- \Longrightarrow Mn^{2+} + 12H_2O \tag{3.30}$$

假设在中性溶液中水的活度为 1，浸入同时含有高锰酸根（MnO_4^-）和 Mn^{2+} 溶液的铂电极的电势可以由下式给出

$$E = E^0 + \left(\frac{RT}{5F}\right) \ln \left(\frac{a_{MnO_4^-}\, a_{H_3O^+}^8}{a_{Mn^{2+}}}\right) \tag{3.31}$$

3.1.5　气体电极的 Nernst 方程

表示氧化还原电极的平衡电势与溶液中物种活度之间关系的 Nernst 方程对在电极-电解质溶液界面参加电子交换反应的不带电气体分子也同样成立。对氯气还原这一具体的平衡过程

$$Cl_2 + 2e^- \Longleftrightarrow 2Cl^- \tag{3.32}$$

相应的 Nernst 方程可写为

$$E = E^0 + \frac{RT}{2F} \ln \left(\frac{a_{Cl_2}\,(aq)}{a_{Cl^-}^2}\right) \tag{3.33}$$

式中，a_{Cl_2} 是溶解于水中的氯气的活度。如果含氯气的溶液是与氯气分压为 p_{Cl_2} 的气相处于平衡，那么

$$\mu_{Cl_2}(gas) = \mu_{Cl_2}(aq) \tag{3.34}$$

假设

$$\mu_{Cl_2}(gas) = \mu_{Cl_2}^0(gas) + RT \ln \left(\frac{p_{Cl_2}}{p^0}\right) \tag{3.35}$$

和

$$\mu_{Cl_2}(aq) = \mu_{Cl_2}^0(aq) + RT \ln a_{Cl_2}(aq) \tag{3.36}$$

其中，p^0 为标准大气压（$\equiv 101325 Pa$），那么很明显

$$a_{Cl_2}(aq) = \left(\frac{p_{Cl_2}}{p^0}\right) \exp \left[\frac{\mu_{Cl_2}^0(gas) - \mu_{Cl_2}^0(aq)}{RT}\right] \tag{3.37}$$

而且可写出

$$E = E^{0\dagger} + \frac{RT}{2F} \ln \left(\frac{p_{Cl_2}}{p^0 a_{Cl^-}^2}\right) \tag{3.38}$$

其中，$E^{0\dagger}$ 是在标准条件下，即 $p_{Cl_2} = p^0$ 和 $a_{Cl^-} = 1$ 的 Galvani 电势差
对氢电极而言，

$$2H_3O^+(aq) + 2e^- \Longleftrightarrow H_2 + 2H_2O \tag{3.39}$$

类似地，有

$$E = E^{0\dagger} + \frac{RT}{2F} \ln \left(\frac{a_{H_3O^+}^2}{p_{H_2}/p^0}\right) \tag{3.40}$$

3.1.6　电极电势和电池电动势的测定

电极和电解质溶液之间的 Galvani 电势差是不能直接测量的，因为任何用来测量该电压的装置将同时和这两相接触。探针与溶液相的任何接触都将导入第二个金

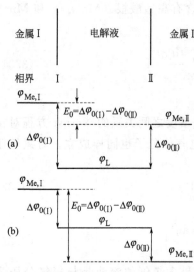

图 3.2　原电池的电动势，即两电极的
平衡 Galvani 电势差

(a)　$\Delta\varphi(\text{I})>0$，$\Delta\varphi(\text{II})>0$；

(b)　$\Delta\varphi(\text{I})>0$，$\Delta\varphi(\text{II})<0$

属和溶液间的相边界，在该相边界处会建立电化学平衡并形成第二个平衡 Galvani 电势差，因此用该仪器测得的总电势差实际上是在两个界面处的 Galvani 电势差 $\Delta\varphi(\text{I})$ 和 $\Delta\varphi(\text{II})$ 的差值（见图 3.2）。

图 3.2 表明存在两种可能性，其中一种可能是溶液的 Galvani 电势 φ_S 位于 $\varphi(\text{I})$ 和 $\varphi(\text{II})$ 间，另一种可能是 φ_S 可（同时）低于（相等，或者高于）金属的 Galvani 电势。这里应该强调的是图 3.2 仅是示意性的，在实际情况下，相边界处溶液一侧的电势首先随离开表面的距离呈线性减小，然后呈指数形式的降低，这一点将在这章的后面部分介绍。另外一点是假设 φ_S 在两个电极间的区域是恒定的，该假设只有在两电极浸入同一种溶液而且没有电流通过时才成立。

从图 3.2 可清楚地看到两金属之间的电势差 E，即所谓的电动势，可由下式给出

$$E=\Delta\varphi(\text{II})-\Delta\varphi(\text{I})=\varphi(\text{II})-\varphi(\text{I}) \tag{3.41}$$

这里采取下面将详细描述的书写惯例，即电池的电动势总是等于图中右边金属的电势减去图中左边金属的电势。因此，一旦知道其中一个电极的 Galvani 电势，至少在原理上可以测定其他所有电极的电势。在实际操作中，因为不知道任何单一电极的 Galvani 电势，电化学界采用的方法是任意选择一个电极并指定它的 Galvani 电势，这一点将在 3.1.10 中详细讨论。

在实际测量电动势时将尽可能在体系没有任何电流流过的条件下进行，以免破坏所建立的电化学平衡。通常，对尝试性的测量，使用简单的万用表就足够了，但是对高精确的测量，必须使用具有高输入阻抗的电压计。后者的输入阻抗极高（$>10^{12}\,\Omega$），这样可使得测量能在非常接近理想的条件下（零电流）进行。这类电压计的最大优点是能保证在长达数小时内对电池的评价测量中误差极小。

3.1.7　原电池的示意表示

下面来考虑图 3.3 中的电池，其中两个电极由同种金属制成，但是与其接触的两种溶液具有不同的离子活度。两溶液之间由多孔玻璃隔开，该多孔玻璃能保证两溶液接触但是阻止其扩散。这样一个电池可称为浓差电池，其电动势可用下式表达

$$E=E^0+\frac{RT}{zF}\ln a_{\text{M}^{2+}}(\text{II})-E^0-\frac{RT}{zF}\ln a_{\text{M}^{2+}}(\text{I}) \tag{3.42}$$

$$E = \frac{RT}{zF}\ln\left[\frac{a_{M^{2+}}(\text{II})}{a_{M^{2+}}(\text{I})}\right] \tag{3.43}$$

方程式(3.43)表明两种溶液的离子活度比改变 10 倍将使该电池的电动势改变 $0.059/z$V。

为进一步处理，必须建立一个表示电池（诸如上述浓差电池）的书写规则。该规则必须明确地标示不同相之间存在的相边界，而且表明总电极反应是什么。现在标准写法是利用竖线"｜"表示相边界，比如固-液相之间或者是两种不相混溶的液体之间。两种可相混溶的液体之间的界面可用多孔玻璃来维持，用单根竖直的虚线"┆"来表示，而两根竖直的虚线"┇"用来表示两个液相通过适当的盐桥连接而消除了液接电势的情形（3.2 节）。

如果电化学池是以原电池的形式工作，即通过在两个电极上的化学反应产生电能，在电池的表达式中通常把阴极写在右侧。从外面电路的连接来看，阴极表现为正极端，因为来自溶液中的反应物的电子从阳极出发，经过外电路到达阴极，最后又回到电解质溶液中（详细情形参见 4.1 节）。这样一个电池的电动势即是右边与左边电极的 Galvani 电势差。由此，图 3.3 中的浓差电池可表达为 M｜M^{z+}（I）┆M^{z+}（II）｜M。

溶液中含氧化还原对或气体电极如 Cl$_2$/Cl$^-$ 或 H$_2$/H$^+$ 的体系，需要一个惰性电极，如铂等，来实现电子转移。该金属也应该包含在电池的表达式中。因此，氢气/氯气电池

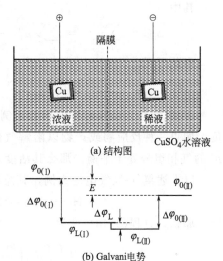

图 3.3　浓差电池

可表示为 Pt｜H$_2$(g)｜H$_3$O$^+$(aq)，Cl$^-$(aq)｜Cl$_2$(g)｜Pt，注意同一溶液中的物质用逗号隔开。对这个电池，其反应如下：

$$H_2 + 2H_2O \longrightarrow 2H_3O^+ + 2e^- \qquad (\text{阳极})$$
$$Cl_2 + 2e^- \longrightarrow 2Cl^- \qquad (\text{阴极})$$

$$\overline{H_2 + 2H_2O + Cl_2 \longrightarrow 2H_3O^+ + 2Cl^-} \qquad (\text{总反应})$$

Nernst 方程可写为阴极和阳极的电势差［参考式(3.38) 和式(3.40)］

$$E_c = E(Cl_2/Cl^-) - E(H_2/H^+)$$

$$= \left[E^{0\dagger}_{Cl_2/Cl^-} + \frac{RT}{2F}\ln\left(\frac{p_{Cl_2}}{p^0 a^2_{Cl^-}}\right)\right] - \left[E^{0\dagger}_{H_2/H^+} + \frac{RT}{2F}\ln\left(\frac{a^2_{H_3O^+}}{p_{H_2}/p^0}\right)\right]$$

$$= E^{0\dagger} - \frac{RT}{F}\ln a_{H_3O^+} a_{Cl^-} + \frac{RT}{2F}\ln\left[\left(\frac{p_{Cl_2}}{p^0}\right)\left(\frac{p_{H_2}}{p^0}\right)\right] \tag{3.44}$$

其中，$E^{0\dagger}$电池的标准电动势，也就是当 H$_3$O$^+$ 和 Cl$^-$ 的活度为 1 而且 H$_2$ 和

Cl_2 的压力是标准大气压 p^0 时的电动势。与此类似，可以把两个任意电极间的电动势写为其标准电动势之差加上与活度及气体压力有关的项。

3.1.8 从热力学数据计算电池的电动势

电池电压也可通过总反应的热力学数据计算得出。从方程(3.5) 可得到标准的电池电动势

$$E_c^0 = -\Delta_r G^0/nF \qquad (3.45)$$

式中，$\Delta_r G^0$ 是溶液中所有离子为单位活度而所有气体具有标准压力的条件下得到的。具有任意离子活度和气体压力的原电池的电动势由下式给出

$$E_c = -\Delta_r G/nF \qquad (3.46)$$

其中

$$\Delta_r G = \sum_i \nu_i \mu_i = \sum_i \nu_i \mu_i^{0\dagger} + \sum_i \nu_i RT\ln a_i = \Delta_r G^0 + \sum_i RT\ln a_i \qquad (3.47)$$

由此可得

$$E = E^0 - \frac{RT}{nF}\sum_i \nu_i \ln a_i \qquad (3.48)$$

在式(3.48) 的求和中使用的惯例是产物的 ν_i 符号为正，而反应物的 ν_i 符号为负。如果一种反应物或产物以溶解气体的形式存在于溶液中，并与其相应分压为 p_i 的气相组分处于平衡，那么其活度 a_i 必须用 (p_i/p^0) 项来取代。

以上述氯气-氢气电池为例，其总反应可写为：

$$H_2 + Cl_2 \rightleftharpoons 2H^+(aq) + 2Cl^-(aq) \qquad (3.49)$$

那么，方程(3.48) 变为

$$E = E^0 + \frac{RT}{2F}\ln\left[\left(\frac{p_{H_2}}{p^0}\right)\left(\frac{p_{Cl_2}}{p^0}\right)\right] - \frac{RT}{F}\ln(a_{H^+} a_{Cl^-}) \qquad (3.50)$$

该式与方程(3.44) 完全相同。

由此可见对 E 的理论计算也就可简化为求解式(3.45) 中的 E_c^0，这可利用热力学数据表实现。由关系式

$$\Delta_r G^0 = \Delta_r H^0 - T\Delta_r S^0 \qquad (3.51)$$

得知，$\Delta_r G^0$ 可从反应物和产物的标准生成焓和熵变计算得到。通常对形如式(3.1) 给出的反应我们有

$$\Delta_r H^0 = \sum_{R,P}(\nu_P \Delta_f H_P^0 - \nu_R \Delta_f H_R^0) \qquad (3.52)$$

$$\Delta_r S^0 = \sum_{R,P}(\nu_P S_P^0 - \nu_R S_R^0) \qquad (3.53)$$

其中，下标 P 代表产物，而 R 代表反应物。在 298K 下某些物质的标准生成焓和标准熵给出在表 3.1 中。从表中可看出，在标准状态下元素的标准生成焓定义为 0，因为生成焓定义为在标准态下的组分于一个大气压和预定的温度下生成该物质所发生的焓变。在表 3.1 中也可注意到，在 298K 下溶剂化质子的标准生成焓及其

标准熵也设为 0。所有其他离子都以此为基准。

对方程式(3.49) 表达的氯气-氢气电池，可直接从表 3.1 中的数据计算电池反应的自由能如下：

$$\Delta_r H^0 = 2\Delta_f H^0_{H^+} + 2\Delta_f H^0_{Cl^-} - \Delta_f H^0_{H_2} - \Delta_f H^0_{Cl_2} = -335.08 \text{kJ} \cdot \text{mol}^{-1}$$

$$\Delta_r S^0 = 2S^0_{H^+} + 2S^0_{Cl^-} - S^0_{H_2} - S^0_{Cl_2} = -243.57 \text{J} \cdot \text{K}^{-1} \cdot \text{mol}^{-1}$$

由此可得

$$\Delta_r G^0 = \Delta_r H^0 - T\Delta_r S^0 = -262.27 \text{kJ} \cdot \text{mol}^{-1} \tag{3.54}$$

应该强调的是，摩尔自由能是一个状态函数，即其值只与反应物与产物的化学本质有关，而与经过何种途径将反应物转化为产物无关。因此如果先计算过程 $H_2 + Cl_2 \longrightarrow 2HCl(g)$ 的自由能，随后再计算过程 $2HCl(g) \longrightarrow 2H^+ (aq) + 2Cl^- (aq)$ 的自由能，应得到与上述电极反应同样的自由能 $\Delta_r G^0$，这一点可通过直接用表 3.1 中的数据计算确认。

将从方程(3.54) 中得到的数据代入方程(3.45) 并取 $n=2$，可得到

$$E^0_c = -[-262.270/(2 \times 96.485)] = 1.36 \text{V} \tag{3.55}$$

表 3.1 某些元素或化合物在 298K 下的生成焓或生成熵

物　　质	状　　态	$\Delta_f H^0_{298}/\text{kJ} \cdot \text{mol}^{-1}$	$S^0_{298}/\text{J} \cdot \text{K}^{-1} \cdot \text{mol}^{-1}$
H_2	气体(g)	0	130.74
Cl_2	气体(g)	0	223.09
H^+	活度为 1 的水溶液	0	0
Cl^-	活度为 1 的水溶液	-167.54	55.13
O_2	气体(g)	0	205.25
H_2O	液体(l)	-285.25	70.12
Zn	固体(g)	0	41.65
Zn^{2+}	活度为 1 的水溶液	-152.51	-106.54
HCl	气体(g)	-92.35	186.79
C(石墨)	固体(s)	0	5.69
CO	气体(g)	-110.5	198.0

3.1.9 电动势与温度的关系

从反应自由能与电池电压的表达式 $E = -\Delta_r G/nF$，结合热力学的基本关系式对该式直接求微分，可计算电动势与温度的函数关系

$$\left(\frac{\partial E}{\partial T}\right)_p = -\frac{1}{nF}\left(\frac{\partial \Delta_r G}{\partial T}\right)_p = \frac{\Delta_r S}{nF} \tag{3.56}$$

从式(3.56) 可看出，在电池反应中如果熵减小，亦即随着反应的进行，体系的有序度增加时，电池的电压将随着温度的升高而降低。由表 3.1 中的数值能容易地计算氯气-氢气电池的电动势与温度的关系

$$\left(\frac{\partial E^0}{\partial T}\right)_p = \frac{2S^0_{H^+} + 2S^0_{Cl^-} - S^0_{H_2} - S^0_{Cl_2}}{2 \times 96485} = -1.2 \text{mV} \cdot \text{K}^{-1} \tag{3.57}$$

如上述情形，如果在反应中气相中的分子数降低，那么通常反应的熵变是负值，而且 $\left(\dfrac{\partial E^0}{\partial T}\right)_p < 0$。

另一个非常具有实际意义的例子是氢-氧燃料电池，其电池反应如为：

$$H_2 + \frac{1}{2}O_2 \longrightarrow H_2O \tag{3.58}$$

对该反应，由表 3.1 可容易验证 $E_C^0 = 1.23V$，而且 $\left(\dfrac{\partial E^0}{\partial T}\right)_p = -0.85mV \cdot K^{-1}$。

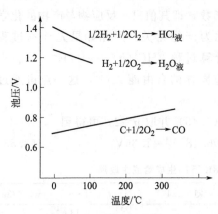

图 3.4　氢-氯、氢-氧和碳-
一氧化碳电池的电压与温度的关系

一个在反应中熵增加的例子是碳部分氧化生成 CO 的情形，也可由表 3.1 得到验证。

$$C + \frac{1}{2}H_2O \longrightarrow CO \tag{3.59}$$

上述 3 个电池反应的电动势与温度的函数关系给出在图 3.4 中；前两个电池反应温度范围仅限于水的沸点以内。由图可见如果反应的熵变是正的，那么不但反应的焓变可转化为电能，而且从环境获得的相应于 $T\Delta_r S$ 的热能也能用来发电（见第 9 章）。从上述的讨论可知，通过测量电动势也可以反过来确定热力学数据（$\Delta_r G$、$\Delta_r H$ 和 $\Delta_r S$）。

3.1.10　电池电动势与压力的关系——水溶液电解时的残余电流

对电动势与压力的关系，可得

$$\left(\frac{\partial E}{\partial p}\right)_T = -\frac{1}{nF}\left(\frac{\partial \Delta_r G}{\partial p}\right)_T = -\frac{\Delta_r \overline{V}}{nF} \tag{3.60}$$

式中，$\Delta_r \overline{V}$ 是反应引起的摩尔体积变化。由于液体和固体因压力变化导致的体积变化很小，通常只需考虑电池反应中的气体组分的压力影响。

体积变化 $\Delta_r \overline{V}$ 可写为

$$\Delta_r \overline{V} = \sum_j \nu_j \frac{RT}{p_j} \tag{3.61}$$

式中，p_j 是 j 组分的分压，而且如果假设参与反应的气体遵循理想气体定律，那么有

$$\left(\frac{\partial E}{\partial p}\right)_T = -\sum_j \nu_j \frac{RT}{nFp_j} \equiv \sum_j \left(\frac{\partial E}{\partial p_j}\right)_T \tag{3.62}$$

将其积分可得

$$E = E^0 - \sum_j \nu_j \left(\frac{RT}{nF}\right) \ln\left(\frac{p_j}{p^0}\right) \tag{3.63}$$

式中，E^0 定义为各分压为一个大气压时的电动势，与上面定义的 E^0 相同。在 298K 下，式(3.63) 可简化为

$$E = E^0 - \sum_j \nu_j \left(\frac{0.059}{n}\right) \lg\left(\frac{p_j}{p^0}\right) \tag{3.64}$$

以氯气-氢气电池为例，对式(3.49) 表示的电池反应，当 H^+（aq）和 Cl^-（aq）的活度为 1 时，有

$$E = E^0 + \frac{1}{2} \times 0.059 \lg\left[\left(\frac{p_{H_2}}{p^0}\right)\left(\frac{p_{Cl_2}}{p^0}\right)\right] \tag{3.65}$$

从式(3.65) 和式(3.55) 可知，如果同时将工作气体氢气和氯气的压力由 1bar 升高到 10bar，电池电动势将升高到 $E^0 = 1.42V$，相反如果将氢气和氯气的压力同时由 1bar 降低到 1mbar，则电池的电动势将降低到 $E^0 = 1.18V$。

如果电极反应处于平衡，方程(3.65) 以及基本方程式(3.46) 都适用。对原电池，可通过将两种工作气体维持在一定的压力而实现，通常通过对电解质溶液通入气体，有必要时还可采取惰性气体稀释的办法。如果从原电池变成电解池（即对体系施加外加电压），且没有连续地向体系通入气体，那么将通过发生电解反应来维持在该电压下的气体压力。如果将阳极和阴极都浸入装有活度为 1 的盐酸溶液的电解池并施加 1.18V 的电压，那么在两个电极上将分别产生压力为 1mbar 的 H_2 和 Cl_2。

为了维持上述压力，必须同时发生电解反应。因此，将电极浸入活度为 1 的盐酸溶液，而且在两电极上施加 1.18V 的电压，一开始观察到较大电流后，随着在两个电极上平衡压力的建立，该电流值迅速降低并达到一近似稳态的值。这一小电流称为残余电流，其作用是补偿在电极上产生后并向电解液本体扩散损失的氢气和氯气，以维持两个电极附近氢气和氯气的压力为 1mbar。上述体系中的残余电流的大小约为 $10^{-6} A \cdot cm^{-2}$。

随着加在电解池上的电压接近分解电压 E_D（1.3 节里定义），显然所需的气体压力以及残余电流都必须升高才能维持稳态。一旦平衡气压达到 1atm 和在溶液中含有单位活度的盐酸的条件下时，对应的 $E_C = E_C^0 = E_D^0$，此时将在电极上大量析出气体并同时产生很大的电流。当电势高于分解电压时，如图 1.3 所示电流与气体析出速度将随着电压的升高而迅速增加。

对上述电解池，图 1.3 中电流-电压曲线中在 $E > E_D$ 部分的斜率，对应的是电池的内阻。将该直线延伸至与电压轴相交，所得的数值即是分解电压 E_D。用这种方法确定的 E_D 值，只在少数情况下与通过热力学数据计算得出的数值相等。对大部分的情形，由于电极反应本身的动力学限制，分解电压都大于 E_0。E_0 和实测的分解电压的差值，称作反应的活化过电势，这一概念将在第 4 和 8 章中进行详细讨论。

残余电流的大小与电极的面积以及相关反应物、产物离开电极的速度有关。很

显然，如果搅拌电解液，那么将需要更大的电流来维持电极上气体的平衡压力。

3.1.11 参比电极与电化学序列

正如 3.1.6 节讨论的，电极与电解质溶液内部之间的 Galvani 电势差是无法通过实验直接测量的。因此，也不能使用溶液电势 φ_S 作为参考点来列出各体系的标准电势。

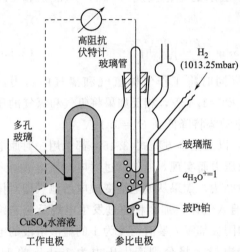

图 3.5 一个简单的标准氢参比电极的示意图
该电极非常坚固和稳定，但是由于多孔玻璃
与电解质溶液的衔接处存在小的电势降，
因而不适合精确测量

基于此，可借助高输入阻抗的电压计测量浸入同一电解质溶液或者两种相互接触的溶液中的两电极之间的电势差，并巧妙地通过任意选择其中一个电极作为参比电极而给出另一个电极的电动势。也可人为地将所选的参比电极的 Galvani 电势差定义为 0V，并且在制作一系列不同的原电池时，都将将该参比电极作为其共有的一个电极分别与其他电极相连，这样其他所有电极的电势都可以通过同一参比电极为基准来表示。

选定的参比电极是标准氢电极，该电极由 1atm 的氢气以及与之平衡且含有活度为 1 的 H^+(aq) 的水溶液以及浸入该溶液铂黑片构成。其电极反应如下

$$2H^+(aq) + 2e^- \rightleftharpoons H_2 \tag{3.66}$$

而其 Galvani 电势差或者单电极电势可以写成如下形式

$$E^{HE} = E^{0,SHE} + \frac{RT}{F}\ln\frac{a_{H^+}}{\sqrt{p_{H_2}}} \tag{3.67}$$

根据定义，式(3.67) 的标准电势 $E^{0,SHE}$ 设为 0。与许多其他的电极系统相比，标准氢电极具有很多优点：例如它可以很快地达到平衡、重现性好以及电势长期稳定性高等，使其非常适合作为参比电极。图 3.5 给出一个标准氢电极的示意图以及用来测量铜电极电势的一个简单装置。

一旦确定了参比电极，所有其他电极体系的电势都可相对于该参比电极的电势列表，这些电势值称为标准电极电势。

下面通过讨论两个电池而进一步阐述这一使用参比电极的规则

$$Pt\,|\,H_2\,|\,H_3O^+,SO_4^{2-}\,\|\,Cu^{2+},SO_4^{2-}\,|\,Cu \tag{3.68}$$

$$Pt\,|\,H_2\,|\,H_3O^+,SO_4^{2-}\,\|\,Zn^{2+},SO_4^{2-}\,|\,Zn \tag{3.69}$$

式(3.68) 中的电池体系的电池反应为

$$H_2 + 2H_2O \longrightarrow 2H_3O^+ + 2e^- \qquad 阳极 \qquad (3.70)$$

$$Cu^{2+} + 2e^- \longrightarrow Cu \qquad 阴极 \qquad (3.71)$$

假设所有离子的活度为 1 而且氢气的压力为 1atm，其电动势为

$$E^0 = E^{0,铜} - E^{0,SHE} \equiv E^{0,铜} \qquad (3.72)$$

事实上，如果按照式(3.68)中的电池体系连接，那么实验中会测到铜电极的电势比标准氢电极的电势更正，如表 3.2 所 $E^0 = 0.3402V$ 示。其总反应为

$$H_2 + 2H_2O + Cu^{2+} \longrightarrow 2H_3O^+ + Cu \qquad (3.73)$$

而该反应的标准自由能为

$$\Delta_r G = -nFE^0 = -2F \times 0.3402 = -65.66 \text{kJ} \cdot \text{mol}^{-1} \qquad (3.74)$$

因为 $\Delta_r G < 0$，反应将按式(3.73)所写的方式自发地进行，由此，可立即看出正的电动势表示电池反应是热力学上可行的（可自发进行的）。

式(3.69)的电池体系的电池反应是

$$H_2 + 2H_2O \longrightarrow 2H_3O^+ + 2e^- \qquad 阳极 \qquad (3.75)$$

$$Zn^{2+} + 2e^- \longrightarrow Zn \qquad 阴极 \qquad (3.76)$$

其电动势由下式给出

$$E^0 = E^{0,Zn} - E^{0,SHE} \equiv E^{0,Zn} \qquad (3.77)$$

从表 3.2 可看出，Zn 的标准电极电势值为 $-0.7628V$。总电池反应可写为

$$H_2 + 2H_2O + Zn^{2+} \longrightarrow 2H_3O^+ + Zn \qquad (3.78)$$

其反应自由能为

$$\Delta_r G = -nFE^0 = -2F \times 0.7628 = +147.21 \text{kJ} \cdot \text{mol}^{-1} \qquad (3.79)$$

因此，按式(3.78)所写的电池的电动势为负值，也就是说该电池反应在热力学上是不可行的。如果把电池反应反过来写为

$$Zn \mid Zn^{2+}, SO_4^{2-} \vdots H_3O^+, SO_4^{2-} \mid H_2 \mid Pt \qquad (3.80)$$

这时电池反应是

$$Zn + 2H_3O^+ \longrightarrow H_2 + 2H_2O + Zn^{2+} \qquad (3.81)$$

电动势是

$$E^0 = E^{0,SHE} - E^{0,锌} = -E^{0,锌} = +0.7628V \qquad (3.82)$$

这时反应自由能的变化是 -147.2kJ/mol，表明其过程在热力学上是可行的。表 3.2 收集了各种半电池的标准电极电势。表中给出电势相当于下述电池的电动势

$$H_2 \mid Pt \mid H_3O^+ (a_\pm = 1) \vdots M^{z+} (a_\pm = 1) \mid M \qquad (3.83)$$

或者更一般地写为

$$H_2 \mid Pt \mid H_3O^+ (a_\pm = 1) \vdots Ox(a_\pm = 1), Red(a_\pm = 1) \mid Pt \qquad (3.84)$$

应该指出的是，对上述各种电池，从热力学数据计算得到的电极电势并不是都能从实验上得到验证。由于电化学反应动力学太慢或者发生副反应等缘故，观察到的表观电势通常不同于用热力学数据计算得出的数值。而且，对许多有机的氧化还原过程，尤其是那些在非水溶液中发生的反应，很多尚没有现存的热力学数据，因

此很难将其电极电势列表给出，通常只能在表中列出所观测到的分解电压。

利用表 3.2 中所给出的标准电极电势，可计算不同组成的原电池或电解池的电动势以及推断各电极的极性。例如，对 Daniel 电池，Zn│Zn^{2+}，SO$_4^{2-}$‖Cu^{2+}，SO$_4^{2-}$│Cu，假设所有的电解质溶液为单位平均活度，计算得到的电池电动势为 $+0.3402-(-0.7628)=+1.1030$V。

表 3.2 25℃下不同金属离子、气体以及氧化还原电极相对于标准氢电极的电极电势

半电池	电极过程	电势/V
Li$^+$│Li	Li$^+$+e$^-$ ⟶ Li	−3.045
Rb$^+$│Rb	Rb$^+$+e$^-$ ⟶ Rb	−2.925
K$^+$│K	K$^+$+e$^-$ ⟶ K	−2.924
Ca^{2+}│Ca	Ca^{2+}+2e$^-$ ⟶ Ca	−2.76
Na$^+$│Na	Na$^+$+e$^-$ ⟶ Na	−2.7109
Mg^{2+}│Mg	Mg^{2+}+2e$^-$ ⟶ Mg	−2.375
Al^{3+}│Al	Al^{3+}+3e$^-$ ⟶ Al	−1.706
Zn^{2+}│Zn	Zn^{2+}+2e$^-$ ⟶ Zn	−0.7628
Fe^{2+}│Fe	Fe^{2+}+2e$^-$ ⟶ Fe	−0.409
Cd^{2+}│Cd	Cd^{2+}+2e$^-$ ⟶ Cd	−0.4026
Ni^{2+}│Ni	Ni^{2+}+2e$^-$ ⟶ Ni	−0.23
Pb^{2+}│Pb	Pb^{2+}+2e$^-$ ⟶ Pb	−0.1263
Cu^{2+}│Cu	Cu^{2+}+2e$^-$ ⟶ Cu	+0.3402
Ag$^+$│Ag	Ag$^+$+e$^-$ ⟶ Ag	+0.7996
Hg$_2^{2+}$│2Hg	Hg$_2^{2+}$+2e$^-$ ⟶ 2Hg	+0.7961
Au$^+$│Au	Au$^+$+e$^-$ ⟶ Au	+1.42
Pt│H$_2$│H$_3$O$^+$	2H$_3$O$^+$+2e$^-$ ⟶ H$_2$+2H$_2$O	0.0000
Pt│H$_2$│OH$^-$	2H$_2$O+2e$^-$ ⟶ H$_2$+2OH$^-$	−0.8277
Pt│H$_2$│Cl$^-$	Cl$_2$+2e$^-$ ⟶ 2Cl$^-$	+1.37
Pt│O$_2$│H$_3$O$^+$	1/2O$_2$+2H$_3$O$^+$+2e$^-$ ⟶ 3H$_2$O	+1.229
Pt│O$_2$│OH$^-$	1/2O$_2$+H$_2$O+2e$^-$ ⟶ 2OH$^-$	+0.401
Pt│F$_2$│F$^-$	F$_2$+2e$^-$ ⟶ 2F$^-$	+2.85
Pt│Co(CN)$_6^{3-}$，Co(CN)$_6^{3-}$	Co(CN)$_6^{3-}$+e$^-$ ⟶ Co(CN)$_6^{3-}$+CN$^-$	−0.83
Pt│Cr^{3+}，Cr^{2+}	Cr^{3+}+e$^-$ ⟶ Cr^{2+}	−0.41
Pt│Cu^{2+}，Cu$^+$	Cu^{2+}+e$^-$ ⟶ Cu$^+$	+0.167
Pt│Fe(CN)$_6^{3-}$，Fe(CN)$_6^{4-}$	Fe(CN)$_6^{3-}$+e$^-$ ⟶ Fe(CN)$_6^{4-}$	+0.356
Pt│Fe^{3+}，Fe^{2+}	Fe^{3+}+e$^-$ ⟶ Fe^{2+}	+0.771
Pt│Au^{3+}，Au$^+$	Au^{3+}+2e$^-$ ⟶ Au$^+$	+1.29
Pt│Mn^{3+}，Mn^{2+}	Mn^{3+}+e$^-$ ⟶ Mn^{2+}	+1.51
Pt│PbO$_2$，Pb^{2+}，H$_3$O$^+$	PbO$_2$+4H$_3$O$^+$+2e$^-$ ⟶ Pb^{2+}+6H$_2$O	+1.69
Pt│MnO$_4^-$，Mn^{2+} H$_3$O$^+$	MnO$_4^-$+8H$_3$O$^+$+5e$^-$ ⟶ Mn^{2+}+12H$_2$O	+1.491
Pt│Cr$_2$O$_7^{2-}$，Cr^{3+}，H$_3$O$^+$	Cr$_2$O$_7^{2-}$+14H$_3$O$^+$+6e$^-$ ⟶ 2Cr^{3+}+21H$_2$O	+1.36
Pt│ClO$_3^-$，Cl$^-$，H$_3$O$^+$	ClO$_3^-$+6H$_3$O$^+$+6e$^-$ ⟶ Cl$^-$+9H$_2$O	+1.45

对具有重要应用意义的氢-氧燃料电池 Pt│H$_2$│H$_3$O$^+$($a_\pm$=1)│O$_2$│Pt，其半反应为：

$$H_2+2H_2O \longrightarrow 2H_3O^+ +2e^- \tag{3.85}$$

$$\frac{1}{2}O_2 + 2H_3O^+ + 2e^- \longrightarrow 3H_2O \tag{3.86}$$

而总反应

$$H_2 + \frac{1}{2}O_2 \longrightarrow H_2O \tag{3.87}$$

电池的标准电动势为 $+1.229-0.0=+1.229V$。由表 3.2 还可看出，在碱性溶液 $[Pt|H_2|OH^-(a_\pm=1)]$ 中，该电池的电动势值也是 1.229V，因为这时 $EMF=+0.401-(-0.8277)=1.229V$。这是因为不管所用的电解质溶液是酸性还是碱性，式(3.87) 中的总电池反应是相同的，因此其对应的反应自由能也必须是相同的。近年来一致认为，在作为宇宙飞船以及未来环境友好的能源方面，基于式(3.87) 的燃料电池意义重大。不幸的是，氧电极就是反应动力学很慢的一个典型例子，在铂电极上通常只能观察到 1.1V 的电池电压，而不是式(3.86) 中预期的 1.229V，而且该电池电压的数值对电解液中的杂质非常敏感。在碱性溶液中也存在类似的问题，测量到的电极电势一般比理论值低 0.1～0.2V。

3.1.12　第二类参比电极

因为标准氢参比电极（见图 3.5）能快速可逆地达到平衡电势而且重现性好，所以它非常适合电极电势的测量。然而，它也有一些缺点：配置电解质溶液时，H_3O^+ 的活度必须非常准确，氢气必须是经过纯化（尤其是必须除去氧气），所用的铂电极必须经常进行铂黑化处理等，因为溶液中的杂质吸附在电极表面将降低其电势的重现性，即发生了所谓的"毒化"效应。

一种对杂质不那么敏感而且容易操作的氢电极可以按如下方法制作：首先通过将铂黑网置于一玻璃试管的中部，并在试管中装满电解质溶液，然后将试管倒过来，使试管的密封端朝上。在该电极上加一个负电势，使氢气在铂电极上析出，直至试管的上半部分充满氢气，使铂网的上半部分与氢气接触，而下一半仍然浸在溶液中。这时铂网的开路电势就接近于标准氢电极的电势。

尽管有多种普通氢电极的设计方式，但是它的一些缺点还是使得电化学家们去寻找更容易制造、容易达到平衡电势而且重现性好的第二类参比电极。第二类参比电极中最重要的一类是金属离子电极，其中电极电势的决定因素是溶液相中金属离子的活度，$a_{M^{z+}}$。一般通过调控与含 M^{z+} 的难溶盐接触的溶液离子的浓度（X^{z-}）来控制 M^{z+} 的活度，这类电极称为第二类参比电极。

以银离子为例，对银电极有

$$E_{Ag|Ag^+} = E^0_{Ag|Ag^+} + \frac{RT}{F}\ln a_{Ag^+} \tag{3.88}$$

现在如果溶液中有难溶的 AgCl 盐存在，那么就有下述平衡

$$AgCl \rightleftharpoons Ag^+ + Cl^- \tag{3.89}$$

由此可得到

$$a_{\text{Ag}^+} a_{\text{Cl}^-} = K_S^{\text{AgCl}} \tag{3.90}$$

而且对 Ag-AgCl 半电池 Ag｜AgCl｜Cl⁻ 的平衡电势，有

$$E_{\text{Ag}|\text{AgCl}|\text{Cl}^-} = E_{\text{Ag}|\text{Ag}^+}^0 + \frac{RT}{F}\ln K_s^{\text{AgCl}} - \frac{RT}{F}\ln a_{\text{Cl}^-} \tag{3.91}$$

显然可将 $E_{\text{Ag}|\text{Ag}^+} + \dfrac{RT}{F}\ln K_S^{\text{AgCl}}$ 作为 Ag-AgCl 电极的标准电势，最后得到

$$E_{\text{Ag}|\text{AgCl}|\text{Cl}^-} = E_{\text{Ag}|\text{AgCl}|\text{Cl}^-}^0 - \frac{RT}{F}\ln a_{\text{Cl}^-} \tag{3.92}$$

通过已知的 $E_{\text{Ag}|\text{Ag}^+}^0$（参见表 3.2，其值为 +0.7996V），以及 AgCl 产物的溶度积 $K_S^{\text{AgCl}} = 1.784 \times 10^{-10}$，可得出相对于标准氢参比电极，$E_{\text{Ag}|\text{AgCl}|\text{Cl}^-}^0$ 的值为 +0.2224V。显然该特定二类参比电极的实际电势仍然与溶液中形成难溶盐的阴离子的活度有关，这可通过加入含有同种阴离子的易溶盐，例如 KCl 来控制。如果 KCl 溶液的浓度为 1mol/dm³（其中 $a_{\text{Cl}^-} < 1$），那么在 25℃ 时，Ag｜AgCl 电极的平衡电势是 0.2368V。

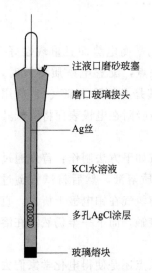

图 3.6 银-氯化银电极的结构图

银线首先在含氯离子的溶液中电解，并在其外表面上沉积上一层红紫色 AgCl，以保持银与氯化银之间的很好接触

图 3.6 给出的是一种常用的银-氯化银电极的结构。该电极各部分可很容易组装起来，而且装好后马上就可以使用，并可直接插入电化学池中使用。其便于使用的优点使得电化学家常常用它或其他二类参比电极来代替氢参比电极。显然，使用不同参比电极测量的电势数值是不同的，因此要求在给出所测量的电势数据时一定注明是相对于何种参比电极而言的。

另一种常用的参比电极是所谓的甘汞电极，决定其电势的反应是 $\text{Hg}_2^{2+} + 2e^- \longrightarrow 2\text{Hg}$。这里甘汞（$\text{Hg}_2\text{Cl}_2$）是难溶盐，它以糊状的形式涂布在汞液滴的上面。$\text{Hg}_2\text{Cl}_2$ 微溶于溶液并解离为 Hg_2^{2+} 和 Cl⁻。按照处理银-氯化银电极类似的方法，可得到

$$E_{\text{Hg}|\text{Hg}_2\text{Cl}_2|\text{Cl}^-} = E_{\text{Hg}|\text{Hg}_2\text{Cl}_2|\text{Cl}^-}^0 - \frac{RT}{F}\ln a_{\text{Cl}^-} \tag{3.93}$$

其标准电势相对于氢参比电极是 +0.2682V。

通常甘汞电极使用不同浓度的 KCl 溶液制作，如 $0.1\text{mol} \cdot \text{dm}^{-3}$、$1\text{mol} \cdot \text{dm}^{-3}$（NCE）或饱和的 KCl 溶液（SCE）。从这三种溶液中 Cl⁻ 的活度，可得到在 25℃ 下其相应的电势值分别为 +0.3337V、+0.2807V 和 +0.2415V（相对于标准氢参比电极）。饱和甘汞电极的制备最为简便，因为不需要调整任何气体的压力、称量任何物质的质量或者为确定溶液浓度进行任何滴定操作。但是饱和甘汞电极的一个缺点是 KCl 的溶解度随温度的变化很大，从而导致该参比电极的电势随温度变化（SCE 电极电势的温度系数大约为 1mV/℃，与之相比，NCE 电极电势的温

（图中标注，自上而下）注液口磨砂玻塞、磨口玻璃接头、Ag 丝、KCl 水溶液、多孔 AgCl 涂层、玻璃熔块

度系数为 0.1mV/℃)。

　　图 3.7 给出了甘汞电极的实际结构图。表 3.3 给出的是一系列第二类参比电极的电势值。

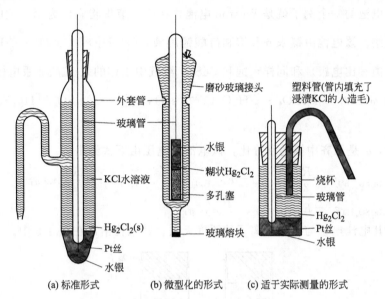

图 3.7　参比电极的各种形式

表 3.3　25℃ 下某些第二类参比电极相对于标准氢电极的电极电势

半电池	环　　境	电极过程	电势/V
Ag|AgCl|Cl⁻ (银-氯化银电极)	$a_{Cl^-}=1$	$AgCl+e^- \longrightarrow Ag+Cl^-$	0.2224
	饱和 KCl		0.1976
	KCl($c=1.0$mol·dm⁻³)		0.2368
	KCl($c=0.1$mol·dm⁻³)		0.2894
Hg|Hg₂Cl₂|Cl⁻ (甘汞电极)	$a_{Cl^-}=1$	$Hg_2Cl_2+e^- \longrightarrow 2Hg+2Cl^-$	0.2682
	饱和 KCl		0.2415
	KCl($c=1$mol·dm⁻³)		0.2807
	KCl($c=0.1$mol·dm⁻³)		0.3337
Pb|PbSO₄|SO₄²⁻ (硫酸铅电极)	$a_{SO_4^{2-}}=1$	$PbSO_4+2e^- \longrightarrow Pb+SO_4^{2-}$	−0.276
Hg|Hg₂SO₄|SO₄²⁻ (硫酸亚汞电极)	$a_{SO_4^{2-}}=1$	$Hg_2SO_4+2e^- \longrightarrow 2Hg+SO_4^{2-}$	0.6158
	H₂SO₄($c=0.5$mol·dm⁻³)		0.682
	饱和 K₂SO₄		0.650
Hg|HgO|OH⁻ (氧化汞电极)	$a_{OH^-}=1$	$HgO+H_2O+2e^- \longrightarrow 2Hg+2OH^-$	0.097
	NaOH($c=1.0$mol·dm⁻³)		0.140
	NaOH($c=0.1$mol·dm⁻³)		0.165

　　注：各电极过程中都包含了微溶盐的解离反应。汞-硫酸（硫酸盐）以及汞-氧化物类参比电极与图 3.7 中甘汞电极制备的非常类似，而铅-硫酸盐参比电极与图 3.6 中的银-氯化银电极的制备类似。关于参比电极的更详细的信息可参考 D. J. G Ives，J. Janz. *Reference Electrodes*. Academic Press，New York，1961。

如果一个原电池由两个第二类参比电极组成，其电势由同种阴离子决定，那么改变该阴离子的活度对这类电池的电动势的影响将非常小。即使使用饱和溶液温度对其电动势的影响也很小，这样总电池电压几乎不受温度变化的影响。

这类电池的一个例子就是 Weston 电池，在 1.5 节里将它作为第二类电势标准进行过介绍。该电池由镉汞齐和饱和硫酸镉溶液，$Cd(Hg) \mid CdSO_4 \cdot \frac{8}{3} H_2O$（它也是第二类参比电极）和同样在饱和 $CdSO_4$ 溶液中工作的汞-硫酸亚汞电极组成：

$$Cd(Hg, \omega = 12.5) \mid CdSO_4 \cdot \frac{8}{3} H_2O \mid Cd^{2+}(sat), Hg_2^{2+}(sat), SO_4^{2-} \mid Hg_2SO_4 \mid Hg$$

(3.94)

式中，ω 是汞齐中镉的百分比，该电池的电压由下式给出

$$E = E^0_{Hg \mid Hg_2SO_4 \mid SO_4^{2-}} - \frac{RT}{2F} \ln a_{SO_4^{2-}} - E^0_{Cd(Hg) \mid Cd_2SO_4 \cdot \frac{8}{3} H_2O \mid SO_4^{2-}} + \frac{RT}{2F} \ln a_{SO_4^{2-}} \quad (3.95)$$

$$\equiv E^0_{Hg \mid Hg_2SO_4 \mid SO_4^{2-}} - E^0_{Cd(Hg) \mid Cd_2SO_4 \cdot \frac{8}{3} H_2O \mid SO_4^{2-}} \quad (3.96)$$

显然其电池电压与硫酸根离子的活度无关。其结构给出在图 3.8 中。

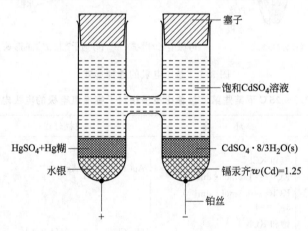

图 3.8 Weston 电池

3.1.13 非水溶剂中的电化学序列

用与水溶液体系类似的方法，半电池也可在非水溶剂体系中建立，通过进行相互比较而在各溶剂体系建立自身的电化学序列。当然，人们也会问，这样一个电化学序列中的电势是否可以与在水溶液体系获得电势进行比较？由于存在扩散电势的问题（参见下文），不能直接测量半电池在两种不同溶剂中的电势差。但是如果知道某种电活性物种在非水溶剂和水溶液间迁移的自由能变化，则能够将两种不同溶剂体系中的电化学序列关联起来，并且可将在非水溶剂中的半电池电势换算成相应于水溶液中的标准氢参比 $E_{H_2 \mid H^+}$ 的电势。此外，其他所有在水和该非水溶剂间发生迁移的电活性物种的自由能变化也可通过比较同一电极在水和相应的非水溶剂中的半电池电势而获得。

　　不幸的是，不可能计算出半电池中迁移单一电活性物种的自由能，为此必须知道单个离子的溶剂化能，然而从热力学数据却只能知道阴离子和阳离子的溶剂化能之和。

　　Pleskov 首先提出了一种克服这种困难的方法。作为第一级近似，假设铷离子（Rb^+）在各种溶剂中的溶剂化能相同。因为 Rb^+ 半径很大，可认为它在任何溶剂中溶剂化程度都很低。这样假设 Rb^+ 从水溶液向其他任何溶剂迁移的自由能 $\Delta_r G$（Rb/Rb^+）为零，即 $E^0_{Rb|Rb^+}(S) = E^0_{Rb|Rb^+}(H_2O)$ 也不会产生什么误差。

　　假设在所有溶剂中 $E^0_{Rb|Rb^+} = -2.92V$ 的前提下，图 3.9 比较了几种不同溶剂中的电化学序列。显然，该图正确地重现了从一种溶剂切换到另一种溶剂所引起的标准电势变化的大致趋势。

　　使用铷电极（以铷汞齐与 Rb^+ 接触的形式）实验方法的一个缺点是在非水溶剂中汞表面氢析出以及金属氧化的过电势往往比水溶液中的低，因此易发生腐蚀作用并干扰电势的测量（参见 4.7 节和 8.1.4 节）。

　　Strehlow 提出了另一种关联在不同溶剂间电势的方法，对于体积相对较大且近似球形并具有中性分子/阳离子（A/A^+）形式的氧化还原体系，如二茂铁/二茂铁离子体系，$(C_2H_5)Fe/(C_2H_5)Fe^+$，或者类似的钴化合物 $(C_2H_5)Co/(C_2H_5)Co^+$，他假定其阳离子和中性分子从一种溶剂到另一种溶剂迁移的自由能变化是相等的。在这种情形下（如上述的例子），可以比较所有溶剂中的标准电极电势。从

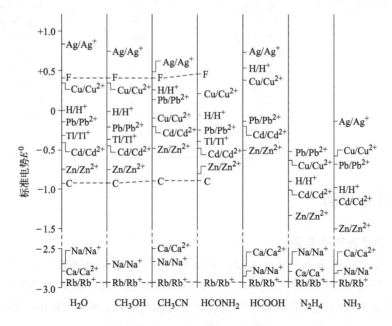

图 3.9　不同溶剂中的电化学序列

假设在所有溶剂中相对于标准氢参比电极 $E^0_{Rb|Rb^+} = -2.92V$，在其中某些溶剂中也给出了二茂铁/二茂铁离子（F）或二茂钴/二茂钴离子（C）体系的电对，其电势也可似为近似恒定

图 3.9 可以看出，这一假设与铷电极在各种溶剂中的电势恒定吻合，图 3.9 的虚线给出二茂铁和二茂钴氧化还原对在不同溶剂中的电极电势的连线都近似地与铷电极体系的电势连线平行。

3.1.14 非水溶剂的参比电极以及工作的电势范围

即使是在非水溶剂中，最常用的参比电极还是通过一盐桥与非水体系相连的水溶液饱和甘汞电极。如果不允许有任何水分与溶剂接触，那么所用的连接盐桥必须包含合适的非水电解质溶液。

在这类测量中，为了降低扩散电势，最好在参比电极里也采用同一种溶剂。然而，可能会遇到一些新的困难，譬如在乙腈中氯化亚汞将发生歧化反应，因此在乙腈溶液中必须使用不同的参比电极，例如 Ag/Ag^+ 电极。对在那些能维持阴极析氢反应的溶剂体系中的测量，使用氢参比电极将是理想的选择。

正如已经在引言中介绍的，使用非水溶剂的优点之一是其工作电压范围远大于水溶液体系。表 3.4 给出了实践中非常重要的两种非水溶剂，乙腈（ACN）和二甲亚砜（DMSO），以及各种能溶于这类溶剂的盐。与水溶液体系类似，电势范围主要取决于工作条件，尤其是所使用的电极材料。

表 3.4 乙腈和二甲亚砜溶剂中可工作的电势范围

溶 剂	电 解 质	电极材料	电势区间(vs. SCE)/V
ACN	$NaClO_4$	Hg	$-1.7 \sim +0.6$
ACN	$NaClO_4$	Pt	$-1.5 \sim +0.8$
ACN	$Et_4N^+ClO_4^-$	Hg	$-2.8 \sim +0.6$
ACN	$But_4N^+I^-$	Hg	$-2.8 \sim -0.6$
DMSO	$NaClO_4$	Hg	$-1.90 \sim +0.25$
DMSO	$Et_4N^+ClO_4^-$	Hg	$-2.80 \sim +0.25$
DMSO	$NaClO_4$	Pt	$-1.85 \sim +0.70$
DMSO	$Et_4N^+ClO_4^-$	Pt	$-1.85 \sim +0.70$
DMSO	$But_4N^+ClO_4^-$	Hg	$-3.00 \sim +0.70$
DMSO	$But_4N^+I^-$	Hg	$-2.85 \sim -0.41$

3.2 液接电势

3.2.1 液接电势的起源

在 3.1 节中可看到在电解池和原电池中，除了电极和电解质溶液之间的相边界之外，不同的电解质溶液之间，譬如在阳极和阴极电解液之间也会产生相边界。阳极和阴极电解液可能含有具有不同组成及浓度的电解质。例如 Daniel 电解池：

$$Zn\,|\,ZnSO_4（稀）\,|\,CuSO_4（浓）\,|\,Cu \qquad (3.97)$$

如果两个电极相同，一种简单一点儿的情形是液-液接界两侧的电解质溶液的组成相同，但是其浓度不同，即所谓的浓差电池，例如

$$Cu \mid CuSO_4(稀) \mathbin{\Vert} CuSO_4(浓) \mid Cu \tag{3.98}$$

其中双虚线表示两种溶液之间有一盐桥相连，而且在两溶液间不发生迁移。在讨论具体该怎么设计这类盐桥之前，首先要考虑一个包含有简单且能发生迁移的液-液界面的电解池。为了防止阳极和阴极电解液之间的混合，可以通过非常小心地将两种溶液添加到一毛细管中，或者通过隔膜来分开，所制备的电化学池可由下式表达：

$$Cu \mid CuSO_4(稀) \mid CuSO_4(浓) \mid Cu \tag{3.99}$$

这类浓差电池必须与电极浓差电池区分开，后者是将同一电极浸入同一种电解质溶液中，但是其"电极活性"不同。这类电池的一个例子是浸于同一种酸溶液中的两个具有不同氢分压的氢电极，可表示为 $Pt \mid H_2(p_2) \mid HCl(a_\pm) \mid H_2(p_1) \mid Pt$，其电动势 $E = (RT/2F)\ln\{p_2/p_1\}$。第二类电极浓差电池的一个例子是浸于同一电解质溶液中的两个含锌量不同的锌汞齐电极构成的 $(Hg)Zn(a_2) \mid ZnSO_4(a_\pm) \mid Zn(a_1)$ (Hg) 电池，其电动势 $E = (RT/2F)\ln(a_2/a_1)$。

为了找出在液-液界面处的电势变化的起源，现在来更详细地研究浓差电池中稀和浓电解质溶液之间的相边界。在该相边界的两侧，溶解的离子具有不同的化学势，$\mu_i = \mu_i^{0\dagger} + RT\ln(m_i/m^0) + RT\ln\gamma_i$。在这种环境下，离子将受到一个指向稀溶液方向的扩散驱动力，导致了离子流动

$$J_i = -\frac{D_i c_i}{RT}\mathbf{grad}\mu_i \tag{3.100}$$

式中，J_i 是每秒通过单位面积迁移的物质的量；D_i 是离子 i 的扩散系数，而梯度（**grad**）由式(2.36)定义。假设在相边界两侧的活度系数 γ_i 相同，那么式(3.100)可简化为熟悉的 Fick 第一扩散定律。在这样情形下，假设摩尔浓度 m_i 可以近似为浓度 c_i

$$J_i = -\frac{D_i c_i}{RT}\mathbf{grad}[D_i^{0\dagger} + RT\ln(m_i/m^0) + RT\ln\gamma_i] = -D_i\mathbf{grad}c_i \tag{3.101}$$

其中通过平面膜的一维扩散方程如下

$$J_i = -D_i\left(\frac{\mathrm{d}c_i}{\mathrm{d}x}\right) \tag{3.102}$$

起初，阴离子和阳离子将各自扩散，而且通常由于它们的扩散系数不同，扩散速度也不同。如第二章定义的，离子的扩散系数与其迁移率 u_i 之间具有一定的函数关系，即所谓 Nernst-Einstein 方程：

$$D_i = u_i k_B T \tag{3.103}$$

式中，k_B 是玻耳兹曼常数，其值为 R/N_A，N_A 是阿伏加德罗常数。在图 3.3 给出的例子中，迁移速度大的硫酸根离子将超前于铜离子，最后导致在相边界处沿扩散方向稀溶液侧阴离子过剩，相反地在膜的另一侧阳离子过剩，这就是跨膜电势差 Δn_{diff} 的起源。相应的电场 $E \equiv -\mathbf{grad}n$，将加速滞后的阳离子的运动以及抑制超前的阴离子的前进。在稳态时，液接或扩散电势 Δn_{diff} 的值刚好使得两类离子以相

同的速度迁移。电池内部的扩散电势也将对测量到的电池总电动势产生影响，其符号将取决于两类离子的电迁移率。而且，相应两类载流子电迁移率的差别越大，扩散电势也随着增大。

3.2.2 扩散电势的计算

前面已经讲到扩散电势（$\Delta\varphi_{diff}$）起源于两相中各种载流子迁移能力的不同。扩散电势 $\Delta\varphi_{diff}$ 的计算可从考虑正负离子的流量与化学势梯度 **grad**μ 和电势梯度 **grad**φ 的函数关系出发，二者对扩散电势的影响刚好相反。但是，完整的处理相当地繁琐；可从 Onsager 推导的唯象经验关系开始，各个单个离子的性质可通过迁移数 t_i 来表达。经过一系列地计算，可得到

$$\Delta\varphi_{diff} = \int \sum_i \frac{t_i}{z_i F} \times \frac{\partial \mu_i}{\partial x} dx \tag{3.104}$$

这里不推导该方程式，而是给出一个简单基于热力学关系的计算方法。假设原电池在接近于可逆热力学极限条件下工作，即在 $i \to 0$ 的条件下体系流过 nF 的电量，那么从方程式(3.2) 得

$$E = -\frac{\Delta_r G}{nF} \tag{3.105}$$

式中，$\Delta_r G$ 是电池反应引起的自由能变化。在某浓差电池中，如果其电池反应包含离子 i 从化学势为 μ_i（Ⅰ）的区域通过相边界到化学势为 μ_i（Ⅱ）区域的迁移过程，可以想像相边界是一个化学势 μ_i 连续变化的区域。假设 $d\mu_i$ 是离子 i 在相边界处迁移无穷小的距离 dx 所产生的化学势的变化，那么有关的自由能变化为

$$d\Delta_r G = \sum_i \nu_i d\mu_i \tag{3.106}$$

而对整个边界层的积分可得到

$$\Delta_r G_{diff} = \sum_i \int_{\mu_i(Ⅰ)}^{\mu_i(Ⅱ)} \nu_i d\mu_i \tag{3.107}$$

为帮助理解，这里再重新考虑式(3.99) 中的浓差电池，Cu｜CuSO₄（稀）｜CuSO₄（浓）｜Cu。如果迁移数与化学势 μ_i 无关，在该电池中通过 2mol 的电荷将导致如下变化：

① 1mol 的 Cu^{2+} 将在阴极上以 Cu^0 的形式沉积（右边的电极）；

1mol 的金属 Cu 将在阳极上离解（左边的电极）；

t^+ mol 的 Cu^{2+} 将从阳极电解质溶液迁移到阴极电解质溶液（即由稀硫酸铜溶液迁移到浓硫酸铜溶液）

t^- mol 的 SO_4^{2-} 将由阴极电解质溶液迁移到阳极电解质溶液（净结果是阳极电解质溶液中净增 t^- mol 的 CuSO₄，而阴极电解质溶液损失相应的量）。

因此，在方程式(3.107) 中，如式中所给出的特定方向积分，$\nu^+ = +t^+$，而 $\nu^- = -t^-$。事实上，对任何浓差电池，都可写出，$\nu_i = t_i n / z_i$，其中 z_i 是代数离子

电荷数（其单位是电子电荷），对正电荷其符号为正，而对负电荷符号为负。因此，式(3.107)可写为：

$$\Delta_r G_{diff} = \sum_i \int_{\mu_i(\text{I})}^{\mu_i(\text{II})} n(t_i/z_i) d\mu_i \qquad (3.108)$$

由此得出的扩散电势为

$$\Delta\varphi_{diff} = -\frac{\Delta_r G_{diff}}{nF} = -\sum_i \int_{\mu_i(\text{I})}^{\mu_i(\text{II})} \frac{t_i}{z_i F} d\mu_i \equiv -\frac{RT}{F} \sum_i \int_{a_i(\text{I})}^{a_i(\text{II})} \frac{t_i}{z_i} d\ln a_i \quad (3.109)$$

因为 $\mu_i = \mu_i^{0+} + RT\ln a_i$，电池中的总自由能变化 $\Delta G'$ 就是式(3.109)中的自由能变化与两电极上的自由能变化的代数和。

$$\Delta G' = \Delta G_{electrodes} + \Delta_r G_{diff} = -nFE - nF\Delta\varphi_{diff} \qquad (3.110)$$

其中 E 由方程式(3.43)给出。如果 t_i 与 D_i 无关，可立即对式(3.109)积分得出

$$\Delta_r G_{diff} = t^+[\mu^+(\text{II}) - \mu^+(\text{I})] - t^-[\mu^-(\text{II}) - \mu^-(\text{I})] \qquad (3.111)$$

其中（II）指的是阴极较浓的电解质溶液，而（I）指的是较稀的阳极电解质溶液。从（II）中还原沉积了 1mol 的铜离子来自于（I）中金属铜的离解，由电极反应可得出

$$\Delta G_{electrodes} = \mu^+(\text{I}) - \mu^+(\text{II}) \qquad (3.112)$$

由此可得

$$\Delta G' = t^-[\mu^+(\text{I}) - \mu^+(\text{II})] + t^+[\mu^-(\text{I}) - \mu^-(\text{II})] \qquad (3.113)$$

它确实对应于从较浓的硫酸铜溶液（区域 II）迁移了 t^- mol 的 Cu^{2+} 和 SO_4^{2-} 到较稀的硫酸铜溶液（区域 I）。

3.2.3　有或没有迁移的浓差电池

如果相边界两边的电解质溶液的浓度差别不大，从 2.3.1 节知道在任何情形下迁移数与浓度的关系不大，因此在第一近似下可认为迁移数与活度 a_i 无关。由此对 zz 型溶液，其中 $z = z^+ = |z^-|$，并假设平均活度为 $a_\pm$（II）和 $a_\pm$（I）通过积分方程式(3.109)，得到阳离子从 I 相到 II 相迁移的扩散电势差为

$$\Delta\varphi_{diff} = -\left(\frac{RT}{zF}\right)(t^+ - t^-)\ln[a_\pm(\text{II})/a_\pm(\text{I})] \qquad (3.114)$$

阳离子和阴离子间的差异越大，扩散电势也就越大。以盐酸（HCl）为例，其 $t^+ = 0.821$，$t^- = 0.179$，而 $z = 1$，阳极和阴极电解液的活度每相差 10 倍，将造成 37.9mV 的扩散电势。相反地，如果 $t^+ \approx t^- \approx 0.5$，扩散电势将很小。其中的一个例子就是 KCl 溶液，其 $t^+ = 0.4906$，$t^- = 0.5904$，电解质溶液活度相差 10 倍时仅产生 +1.1mV 的扩散电势。对上述的硫酸铜浓差电池而言，其 $t^+ = 0.375$，$t^- = 0.625$，每 10 倍的活度差可以产生 7.4mV 扩散电势。

显然，在这种情形下，扩散电势是可以测量，因为从 3.110 节中可看出，该扩

散电势是浓差电池的电动势的一部分。对一般的浓差电池，有

$$E = (RT/zF)\ln[a_\pm(\text{II})/a_\pm(\text{I})] \tag{3.115}$$

所测量的电动势 E' 可以由下式给出

$$E' = E + \Delta\varphi_{\text{diff}} = \left(\frac{RT}{zF}\right)(1 - t^+ + t^-)\ln[a_\pm(\text{II})/a_\pm(\text{I})]$$

$$= 2t^-\left(\frac{RT}{zT}\right)\ln[a_\pm(\text{II})/a_\pm(\text{I})] \tag{3.116}$$

因为 $t^+ + t^- = 1$，由上式可清楚地看到如果阴离子的迁移数大于 0.5，那么有迁移比相应的没有迁移的浓差电池的电动势要大，后者的值由方程式(3.43)给出，即 $E = \left(\frac{RT}{zF}\right)\ln[a_\pm(\text{II})/a_\pm(\text{I})]$。如果 $t^- < 0.5$，则反之。

3.2.4　Henderson 方程

现在来考虑更为一般的情况，也就是具有不同离子组成的体系的扩散电势。很明显，当跨越相边界时某物种 i 的浓度从一恒定值下降为零时却认为其迁移数恒定的假设是不正确的，因此必须寻找一个更符合实际的表达式。

为了对式(3.109)积分，必须找出在离开界面 x 处 t_i 的函数表达式。将式(2.29)里的浓度项近似地用活度来取代，那么

$$t_i \approx \frac{a_i u_i \mid z_i \mid}{\sum_i a_i u_i \mid z_i \mid} \tag{3.117}$$

假设离子的迁移能力与活度无关（该假设显然是不可能完全成立的），还进一步假设穿过膜的离子的活度随跨膜的微小距离 x 发生线性变化

$$a_i(x) = a_i(\text{I}) + [a_i(\text{II}) - a_i(\text{I})]x \tag{3.118}$$

由此得到

$$t_i \approx \frac{a_i(\text{I})u_i \mid z_i \mid + [a_i(\text{II}) - a_i(\text{I})]u_i \mid z_i \mid x}{\sum_i \{a_i(\text{I})u_i \mid z_i \mid + [a_i(\text{II}) - a_i(\text{I})]u_i \mid z_i \mid x\}} \tag{3.119}$$

将其代入方程（3.109）得出

$$\Delta\varphi_{\text{diff}} = -\frac{RT}{F}\int_0^1 \sum_i \frac{[a_i(\text{II}) - a_i(\text{I})]u_i \mid z_i \mid}{z_i} \cdot$$

$$\frac{\mathrm{d}x}{\sum_i a_i(\text{I})u_i \mid z_i \mid + [a_i(\text{II}) - a_i(\text{I})]u_i \mid z_i \mid} \tag{3.120}$$

对上式积分就得出所谓的 Henderson 方程

$$\Delta\varphi_{\text{diff}} = -\frac{RT}{F} \times \frac{\sum_i \dfrac{[a_i(\text{II}) - a_i(\text{I})]u_i \mid z_i \mid}{z_i}}{\sum_i [a_i(\text{II}) - a_i(\text{I})]u_i \mid z_i \mid} \ln\left\{\frac{\sum_i a_i(\text{II})u_i \mid z_i \mid}{\sum_i a_i(\text{I})u_i \mid z_i \mid}\right\} \tag{3.121}$$

原则上，可利用式(3.121)计算任意液-液界面体系的扩散电势。在两相中离子对相同的条件下，$z=z^+=|z^-|$，$a_+(\text{I})=a_-(\text{I})=a_\pm(\text{I})$，$a_+(\text{II})=a_-(\text{II})=a_\pm(\text{II})$，同时考虑到 $(u^+-u^-)/(u^++u^-)=t^+-t^-$，那么式(3.121)可约化为式(3.114)。

式(3.121)所基于的假设是在计算迁移数的方程中浓度和活度是可以互换的，且活度随离开界面的距离呈线性变化，且离子的淌度与活度无关。虽然包含这些近似，对于某些简单体系，Henderson 方程预期的结果与实验结果非常吻合。例如，对于各自含有 KCl 和 HCl 的两个液相，二者的平均离子活度均为 0.1，从 Henderson 方程可得出扩散电势如下

$$\Delta\varphi_{\text{diff}}=-\frac{RT}{F}\times\frac{0.1(u^{K^+}-u^{Cl^-})-0.1(u^{H^+}-u^{Cl^-})}{0.1(u^{K^+}+u^{Cl^-})-0.1(u^{H^+}+u^{Cl^-})}\times\ln\frac{0.1(u^{K^+}+u^{Cl^-})}{0.1(u^{H^+}+u^{Cl^-})} \quad (3.122)$$

式中，称盐酸为相 I 而 KCl 为相 II。利用极限电迁移率值，$u^{K^+}=7.61\times10^{-8}$ $m^2\cdot V^{-1}\cdot s^{-1}$，$u^{Cl^-}=7.91\times10^{-8}$ $m^2\cdot V^{-1}\cdot s^{-1}$，$u^{H^+}=3.63\times10^{-7}$ $m^2\cdot V^{-1}\cdot s^{-1}$，可算出扩散电势为 26.85mV，与 0.1mol·dm^{-3} 溶液（相当于 0.1mol·kg^{-1}）中的实验值 28mV（见表 3.5）非常接近。事实上，尽管 Henderson 方程中还有其他假设，至少对于 1:1 电解质水溶液是可以用浓度或摩尔浓度来替代活度的。表 3.5 给出了扩散电势的实验值与浓度的关系，所有的值都与 Henderson 方程将活度用浓度替代后预期的结果十分接近。

表 3.5　扩散电势的实验值

溶液（I）	溶液（II）	$\Delta\varphi_{\text{diff}}$/V	溶液（I）	溶液（II）	$\Delta\varphi_{\text{diff}}$/V
HCl(0.1mol·dm^{-3})	KCl(0.1mol·dm^{-3})	0.028	HCl(0.01mol·dm^{-3})	KCl(0.1mol·dm^{-3})	0.010
HCl(0.1mol·dm^{-3})	KCl(0.05mol·dm^{-3})	0.053	NaCl(0.1mol·dm^{-3})	KCl(0.1mol·dm^{-3})	0.005
HCl(0.1mol·dm^{-3})	LiCl(0.1mol·dm^{-3})	0.035	KCl(0.2mol·dm^{-3})	KBr(0.2mol·dm^{-3})	0.004
HCl(0.1mol·dm^{-3})	LiCl(0.05mol·dm^{-3})	0.058	NaCl(0.2mol·dm^{-3})	NaOH(0.2mol·dm^{-3})	0.019
HCl(0.1mol·dm^{-3})	LiCl(0.01mol·dm^{-3})	0.091			

3.2.5　扩散电势的消除

扩散电势的值（通常为几十毫伏）至少比原电池的电动势小一个数量级，然而它们还是会干扰高精度的测量，尤其是对那些以确定热力学数据为目的的测量（见第 2 章）。

原则上，可根据上述方程通过直接计算来估算扩散电势的影响，但是由于这些方程不是很精确，因此如果可能的话，最好能通过实验的方法来消除两溶液间的扩散电势。根据式(3.121)设计出的一种实验方案是：如果含有某种电解质如 HCl 的溶液，与另一种阴、阳离子迁移能力接近的溶液如 KCl 接触，那么对数前面的那一项的值将减小。即使 KCl 的浓度远大于 HCl 的浓度并致使对数项增大了，但对数前面一项的减小将比对数项的增加大得多，其净结果还是使扩散电势值 $\Delta\varphi_{\text{diff}}$ 进一步减小。例如，0.1mol/L HCl 与饱和的 KCl 溶液（约 3.3mol dm^{-3}）之间的

扩散电势仅为几毫伏。

我们也可利用这一效应将两种溶液的直接接触改为通过一填充了具有相近的迁移率的阴、阳离子的某种高浓度盐的盐桥相连（见图 3.10）。这时，将具有很高的扩散电势的单一液-液界面用两个低液接电势的界面取代。而且，在图 3.10 的例子中，这两个界面的扩散电势符号相反，导致整个体系的扩散电势小于 1mV。图 3.10 中的电池可表示如下

$$Pt \mid H_2(p=1atm) \mid HCl_{浓溶液} \mid KCl_{浓溶液} \mid HCl_{稀溶液} \mid H_2(p=1atm) \mid Pt$$

通常用 ‖ 取代其中的盐桥 | KCl_{conc} |，表示已经消除了扩散电势，或者至少已经降得很低。因此可将该浓差电池写为

$$Pt \mid H_2(p=1atm) \mid HCl_{浓溶液} \parallel HCl_{稀溶液} \mid H_2(p=1atm) \mid Pt$$

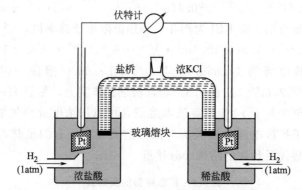

图 3.10　在一个实际的浓差电池中用盐桥来消除扩散电势

降低扩散电势的另一种可能方法是向两种电解质溶液中加入过剩的、具有相等迁移率的阴、阳离子且与体系无关的电解质。这时，大部分的电荷由所添加的第三种电解质的离子负载，其他离子的迁移数很小，从式(3.122)也可看出，这时的扩散电势一定很小，因为那些活度差别很大的项才对扩散电势具有决定意义，但是在这种情形下，这些项却要乘上一个很小的电迁移率，所以其影响变得很小。

3.3　膜电势

如果两溶液中的离子由半透膜隔开，并由此导致某些离子不能自由地跨膜扩散，那么将建立电化学渗析平衡并产生跨膜电势。与此类似，如果溶液中的离子与同溶液接触的膜中的离子处于平衡，因为发生了离子交换，在膜与溶液界面也可产生电势差。

如果考虑第一种情形，相对直接地得出膜电势大小的定量数据是可能的。如图 3.11 所示，如果一膜将处于左边的纯无机 NaCl 溶液与右边的含有胶体阴离子溶胶及 Na^+ 的溶液隔开。一旦建立平衡，可预期一些 Cl^- 已经透过膜抵达了右侧，而膜上的浓度梯度将决定一些 Na^+ 可能向左侧或右侧扩散。胶体阴离子是不能通过

扩散透过膜的。达到平衡时，假设左边和右边的电势分别为 φ^{I} 和 φ^{II}：

对 Na^+ 而言：
$$\mu_{Na^+}^{\mathrm{I}} + F\varphi^{\mathrm{I}} = \mu_{Na^+}^{\mathrm{II}} + F\varphi^{\mathrm{II}}$$

对 Cl^- 而言：
$$\mu_{Cl^-}^{\mathrm{I}} - F\varphi^{\mathrm{I}} = \mu_{Cl^-}^{\mathrm{II}} - F\varphi^{\mathrm{II}}$$

由此可得

$$\mu_{Na^+}^{\mathrm{I}} + \mu_{Cl^-}^{\mathrm{I}} = \mu_{Na^+}^{\mathrm{II}} + \mu_{Cl^-}^{\mathrm{II}} \tag{3.123}$$

一般说来，根据式（2.69）对各种离子有 $\mu_i = \mu_i^0 + RT\ln a_i$，由此可见

$$a_{Na^+}^{\mathrm{I}} + a_{Cl^-}^{\mathrm{I}} = a_{Na^+}^{\mathrm{II}} + a_{Cl^-}^{\mathrm{II}} \tag{3.124}$$

这就是所谓的道南（Donnan）分布。由电中性条件得出的体相溶液中的边界条件是

$$c_{Na^+}^{\mathrm{I}} = c_{Cl^-}^{\mathrm{I}} \text{ 和 } c_{Na^+}^{\mathrm{II}} = c_{Cl^-}^{\mathrm{II}} + c_{coll^-} \tag{3.125}$$

本质上来说，阴离子和阳离子的扩散将在膜的两侧形成空间电荷区，其中 Cl^- 扩散到膜的右侧，并在膜表面附近形成过量的负电荷，同时在膜的左边留下过量的正电荷（见图 3.11）。总的跨膜电势差 $\Delta\varphi$ 称为 Donnan 电势，由下式给出

$$\Delta\varphi = \Delta\varphi^{\mathrm{II}} - \Delta\varphi^{\mathrm{I}} = \frac{RT}{F}\ln\left(\frac{a_{Na^+}^{\mathrm{I}}}{a_{Na^+}^{\mathrm{II}}}\right) = \frac{RT}{F}\ln\left(\frac{a_{Cl^-}^{\mathrm{II}}}{a_{Cl^-}^{\mathrm{I}}}\right) \tag{3.126}$$

如果胶体粒子带正电荷，那么该电势的符号将相反。

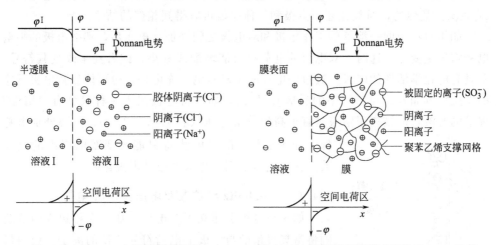

图 3.11　Donnan 电势起源的图示　　　图 3.12　阳离子交换膜表面的 Donnan 电势

也可将上述理论应用到离子交换膜体系，例如 $R\text{-}SO_3^- \ Na^+$ 的聚合物磺酸膜上，其中磺酸根被固定在膜上，而 Na^+ 至少在小范围内可自由扩散。图 3.12 描述了这一情况，图中的虚线表示膜与溶液的边界。同样，将在溶液和膜内部建立空间电荷区，并在界面产生 Donnan 电势，尽管这里简化后只需考虑阳离子的平衡，其计算方法与上面讨论的基本相同。如果离子交换膜将两种具有不同活度 $a_{Na^+}^{\mathrm{I}}$ 和 $a_{Na^+}^{\mathrm{II}}$ 的溶液隔开，那么在第一个界面区的膜电势具有如下形式

$$\Delta\varphi^{(\mathrm{I})} = \frac{RT}{F}\ln\left(\frac{a_{\mathrm{Na}^+}^{\mathrm{I}}}{a_{\mathrm{Na}^+}^{\mathrm{II}}}\right) \tag{3.127}$$

其中，$a_{\mathrm{Na}^+}^{\mathrm{II}}$ 是膜中 Na^+ 的活度，而跨过整个膜的电势即所谓的渗透压可由下式给出

$$\Delta\varphi_{\mathrm{dial}} = \Delta\varphi^{(\mathrm{II})} - \Delta\varphi^{(\mathrm{I})} = \frac{RT}{F}\ln\left(\frac{a_{\mathrm{Na}^+}^{\mathrm{II}}}{a_{\mathrm{Na}^+}^{\mathrm{I}}}\right) \tag{3.128}$$

它与半透膜的情形得到的表达式(3.126)非常类似。

3.4　双电层和电动力学效应

如果金属电极与含有相应金属离子 M^{z+} 的溶液接触时，那么能在电极表面发生下述反应

$$\mathrm{M}^{z+} + z e^- \Longrightarrow \mathrm{M} \tag{3.129}$$

其反应可以正向或逆向反应为主。如果逆向反应起主导作用，那么电极将失去电子而带正电荷。由于金属内部的电导率高，不允许在其内部建立大范围的空间电荷区，该正电荷必须位于电极表面，而且它将吸引阴离子到电极表面附近，并建立本章前面已经讨论过的双电层。其结果是金属内部和溶液相将处于不同的电势，即 $\varphi_{\mathrm{M}} \neq \varphi_{\mathrm{S}}$。类似的，对氧化还原电极和气体电极可以得到相似的结论。

如果对浸于同一溶液的工作电极和对电极之间外加一电压后，那么电极的平衡电势将发生变化。这时，双电层的电荷有可能增加或减小，或者甚至改变其符号。对具有电化学活性的电极，流过的电流除了对双电层充电外，也可能导致电极反应的发生 [例如式(3.129) 中的反应]。然而，如果将电极浸入一种只含有"惰性"离子的溶液，即该离子溶液具有很高的分解电压（参见 2.2.2 节），只要外加电势低于分解电压，改变电势将只能改变双电层内的电荷数。在此电压范围，称该电极是可极化的。

3.4.1　Helmholtz 和扩散双电层：Zeta-电势

如果在电极上建立了双电层，那么在相边界的溶液侧将富集过量的与电极上电荷符号相反的离子。设想最简单的相边界应该是这些离子与电极尽可能靠近，双电层由两平行的电荷层构成，其中一层是金属表面，另一层是与电极紧密接触的阴离子层（见图 3.13）。如果将双电层的电极一侧定义为金属表面，而溶液一侧定义为所存在的过剩离子（很可能是溶剂化的离子）的电荷中心所处的平面，那么两电荷层之间的距离可认为是离子本身（可能是溶剂化的）直径 a 的一半。这种最简单的

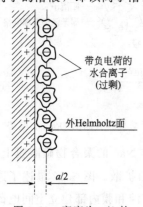

带负电荷的水合离子（过剩）

外Helmholtz面

$a/2$

图 3.13　宽度为 $a/2$ 的 Helmholtz 双电层

其中 a 是溶液中溶剂化离子的直径

模型被 Helmholtz 称为紧密双电层，即熟知的 Helmholtz 双电层模型。显然 Helm-holtz 双电层与两平板间距为 $a/2$ 的双层平板电容器的行为一致，穿过离子的电荷中心的平面则称为 Helmholtz 平面。

空间电荷密度与电势之间的关系可由 Poisson 方程给出式(2.37)；对一维的问题，有

$$\frac{\mathrm{d}^2 \varphi}{\mathrm{d} x^2} = -\frac{\rho}{\varepsilon_r \varepsilon_0} \qquad (3.130)$$

其中 x 的方向垂直于电极表面。进一步将离子作为点电荷来近似处理，这允许假设电极与 Helmholtz 平面之间的电荷密度为零，因此

$$\frac{\mathrm{d}^2 \varphi}{\mathrm{d} x^2} = 0 \qquad (3.131)$$

积分该式得到 $\dfrac{\mathrm{d}\varphi}{\mathrm{d}x}$ = 常数。如图 3.14 所示，在 $0 \leqslant x \leqslant a/2$ 之间的区域再一次积分得到

$$\varphi = \frac{\varphi_M - 2(\varphi_M - \varphi_S) x}{a} \qquad (3.132)$$

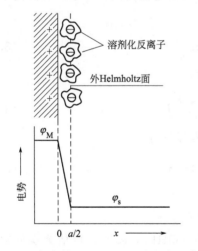

图 3.14 电极与外 Helmholtz 面之间的电势分布

φ_M—金属电势；

φ_S—电解质溶液在外 Helmholtz 层的电势

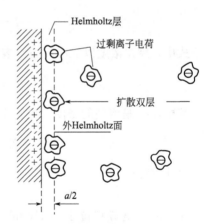

图 3.15 在电极/电解质溶液界面由 Helmholtz 层以及 Gouy-Chapman（扩散）层组成的双电层

Helmholtz 模型无疑是不全面的，因为它没有考虑可导致离子离开紧密层的热运动。Gouy 和 Chapman 两人首先考虑了热运动对在电极附近离子的影响。他们的模型却完全没有考虑到有内 Helmholtz 层的存在，他们提出了由分散在电极表面附近较大范围的由正负离子组成的扩散双电层的构造：其中与电极具有相反电荷的离子过量存在，而与电极具有相同电荷的离子其浓度比体相低。最为现实的模型是由 Stern 提出的，认为双电层应该是 Helmholtz 双电层模型与扩散双电层模型的组合，

如图 3.15 所示。Stern 提出的重要的一点是，Helmholtz 平面的位置将随被吸引到电极表面的离子种类的变化而变化，某些离子可失去其溶剂化层而非常靠近电极表面，而其他离子则只能抵达由其溶剂化壳层决定的距离。这样定义的两种平面称为"内"和"外"Helmholtz 平面，用 a 来表示最大的溶剂化离子的直径，其中心构成外 Helmholtz 平面。

可直观地对 Gouy-Chapman 模型即扩散层模型进行定量处理。假设 n_i^0 是体相电解质溶液中第 i 类离子在平衡条件下的数量，那么

$$n_i = n_i^0 \exp\left[-\frac{z_i e_0 \varphi(x)}{k_B T}\right] \tag{3.133}$$

我们可预期方程（3.133）只当 $x \geqslant a/2$ 时成立，因为这是离子能靠近电极表面的最小距离。这里可通过用变量 ξ（其中 $\xi = x - a/2$）取代变量 x 来简化讨论。也可预期，在靠近电解液本体的一侧，其 $\varphi(x) \to \varphi_S$，有 $n_i \to n_i^0$，因此，式（3.133）可写为

$$n_i = n_i^0 \exp\left\{-\frac{z_i e_0 [\varphi(\xi) - \varphi_S]}{k_B T}\right\} \tag{3.134}$$

对方程（3.134）进一步处理与 2.4.2 节里的过程类似。考虑所有的离子都存在于溶液中，且离子的强度可定义为

$$I = \frac{1}{2} \sum_i z_i^2 \frac{m_i}{m^0} \tag{3.135}$$

式中，摩尔浓度以 $mol \cdot kg^{-1}$ 表示，而且

$$k^2 = \frac{2e_0^2 \rho_S N_A m^0}{\varepsilon_r \varepsilon_0 k_B T} I \tag{3.136}$$

其中，ρ_S 是溶剂的密度。可将 Poisson 方程写为

$$\frac{d^2\varphi}{dm^2} = \kappa^2 [\varphi(\xi) - \varphi_S] \tag{3.137}$$

解此方程得到

$$\varphi(\xi) - \varphi_S = 常数\ e^{-\kappa\xi} \tag{3.138}$$

在 $\xi = 0$，电势将位于外 Helmholtz 平面（OHP），φ_{OHP}，可估算积分常数并得出

$$\varphi(\xi) - \varphi_S = (\varphi_{OHP} - \varphi_S) e^{-\kappa\xi} \tag{3.139}$$

从式（3.139）可见，从 Helmholtz 平面向电解质溶液内部电势将以指数形式降低或增加。电极内部与电解质溶液内部之间的总 Galvani 电势差可分为两个部分的贡献：

$$\Delta\varphi = (\varphi_M - \varphi_{OHP}) + (\varphi_{OHP} - \varphi_S) = \Delta\varphi_H + \Delta\varphi_{diff} \tag{3.140}$$

式中，$\Delta\varphi_H$ 是 Helmholtz 双层电势降，而 $\Delta\varphi_{diff}$ 是扩散双电层的电势降，后者就是熟知的 Zeta-电势 ζ，而 $\Delta\varphi = \Delta\varphi_H + \zeta$。在分散层中某处的电势是外 Helmholtz 平面与溶液间总电压差的 $1/e$，外 Helmholtz 平面到该位置的距离 $\xi = 1/\kappa$ 定义为双

电层的厚度。图 3.16 给出了溶液侧的
电势与所处的双电层的位置之间的关
系以及总双电层结构的示意图。

　　双电层的厚度主要与溶液的离子
强度 I 有关［参见式（2.136）］。从表
2.8 中的数据可以看到，在稀溶液中的
扩散双电层的厚度可达 10nm 以上；但
是在 $0.1mol \cdot dm^{-3}$ 的溶液中，其双电
层的厚度仅比 Helmholtz 双层略厚一
点（如 2.3.6 节里描述的，对 $c =$
$0.1mol \cdot dm^{-3}$，从表 2.8 可知，κ^{-1}
$<$1nm，且 $d/2 \approx 0.1$nm）。对高离子
强度，扩散层将非常薄以至可以忽略，
所有的电压降几乎都加在 Helmholtz
双层上，此时，ζ 可以忽略。

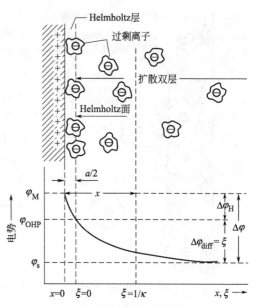

图 3.16　在整个双电层的电势分布
$\Delta\varphi_H$ 是在 Helmholtz 的电压降，
而 $\Delta\varphi_{diff}$ 是在扩散层的电压降。
在数值上 Zeta 电势与 $\Delta\varphi_{diff}$ 相同

3.4.2　离子、偶极和中性分子的吸附——零电荷电势

　　离子、溶剂分子以及中性分子
（有或没有偶极）都可在电极表面吸附，这些粒子与带电表面的相互作用包括范德
华或者库仑作用力或者通过化学吸附成键等形式与带电表面作用。通常吸附作用可
通过改变施加在电极上的电势而增强或减弱。但是由于阴离子倾向于通过范德华作
用在表面发生特性吸附，即使电极表面带负电荷，它们也可以在电极表面吸附，因
此这类阴离子必须脱去其溶剂化层或者至少是脱去在金属表面一侧的溶剂化层才能
在表面发生特性吸附。一个一般的规律就是阴离子的溶剂化程度越弱，其特性吸附
越强。如上面所述，吸附的阴离子能比阳离子更接近于电极表面，从而导致内
Helmholtz 平面的存在。电化学双电层的完整图像给出在图 3.17 中，其中内、外
Helmholtz 平面是针对带负电荷的电极表面标示的。

　　一个电极在其表面没有任何过剩的自由电荷（无论是特性吸附的离子或扩散双
电层中带任意电荷的离子）时的电势称为零电荷电势 φ_{PZC}。电极表面溶剂分子的
存在会导致附加电压降而使得 φ_{PZC} 与溶液内部的 φ_S 不同。零电荷电压 E_{PZC}（在零
电荷时的电势相对于某一标准参比电极的电势差）的确定将在 3.4.5 节中讨论。

3.4.3　双电层电容

　　电化学双电层可最简单地视为由两片平行的平板构成的电容器。对这样的电容
器，其平板上的电荷 Q 与两平板之间的电势差 $\Delta\varphi$ 成正比，其比例常数就是电容 C

$$Q = C\Delta\varphi \tag{3.141}$$

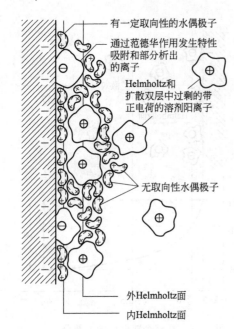

有一定取向性的水偶极子

通过范德华作用发生特性吸附和部分析出的离子

Helmholtz和扩散双层中过剩的带正电荷的溶剂阳离子

无取向性水偶极子

外Helmholtz面

内Helmholtz面

图 3.17　双层内离子和水的分子结构图示
详细的讨论参见正文

对双层的情形，Q 是相应于界面区溶液侧的过剩电荷，而 $\Delta\varphi$ 是金属和溶液内部的 Galvani 电势差。然而，还有一个细节：已经指出即使当 $Q=0$ 时，由于溶剂偶极层在电极表面的排布，金属和溶液间还是会有电势差的。这一点没有明确地包含在式（3.141）中，但是如果假设这一偶极层不随电势发生强烈变化，如果把电势差 $\Delta\varphi$ 写成 $E-E_{PZC}$，仍然还能保留式（3.141）。因为 $\Delta\varphi-\Delta\varphi_{PZC}=E-E_{PZC}$，其中 E 是相对于某一标准参比电极的测量值

$$Q=C(E-E_{PZC}) \qquad (3.142)$$

它确保在零电荷电势时电荷 Q 的值为零。

电容 C 的实验测量可通过测量将电势从零电荷电势阶跃至某一合适电势时的流过电极的总电量而得出。但是在这类实验中必须保证没有任何电化学反应同时对所测的电量起贡献，或者说电容的测量必须在电极可极化的电势区间内工作。第二种方法就是使用交流阻抗法，将在本书的 5.2.2 节里进行介绍。

只有当电化学双电层非常接近 Helmholtz 模型的描述（即在高浓度的电解质溶液）时，将电化学双电层与平板电容器类比才确切。然而，由于改变电势可能导致溶剂偶极层的重新取向以及离子的特性吸脱附，它们将在电极表面与扩散层之间起到屏蔽与去屏蔽的作用。因此，通常预期过剩电荷与电势差之间不是简单的线性关系。事实上因改变电荷 δQ 伴随的电极电势微小变化 δE 自身就是电势的函数，因此，dQ/dE 比电容 C 本身更好地反映双层充电的过程。因为 dQ/dE 也具有电容的单位，它通常称为微分电容 C_d，以将其与上面计算得出的积分电容区分开来。

$$C_d=\frac{dQ}{dE} \qquad (3.143)$$

C_d 的测量非常直接。因为 $i=dQ/dt$，对双层充电电流 i_C 有

$$i_C=\frac{dQ(E)}{dt}=\left(\frac{dQ}{dE}\right)\left(\frac{dE}{dt}\right)=C_d\,\frac{dE}{dt} \qquad (3.144)$$

因此，为测量 C_d，在电极上施加一个随时间线性增加的电势就足够了。对平整的金属表面，C_d 的值在 $0.05\sim0.5\mathrm{F\cdot m^{-2}}$ 之间，其值与金属的类型、电解液的组成、离子的强度、温度以及电极电势有关。粗糙的电极表面如铂黑电极，其微分电容值可比平滑铂电极表面高几千倍。

微分电容值随电势的变化规律曾经是很多研究的主题，因为它提供了非常直接的测量双层结构的方法。图 3.18 给出了 Hg 电极在不同浓度的 NaF 溶液中的微分电容值随电势的变化。在没有离子的特性吸附的情况下，微分电容的极小值出现在零电荷电势。

3.4.4　电化学双电层的一些数据

在浓电解质溶液中已经看到，其双层电容与 Helmholtz 模型预期的结果非常接近，因此该双电层的积分电容可非常容易地通过下式计算得出

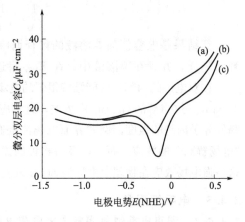

图 3.18　25℃时，Hg 电极在 (a) 0.1mol·dm^{-3}、(b) 0.01mol·dm^{-3} 和 (c) 0.001mol·dm^{-3} NaF 溶液中的微分电容曲线

$$C = \frac{\varepsilon_r \varepsilon_0}{l} \qquad (3.145)$$

式中，l 是两平板之间的距离。如果将 $l = d/2 \approx 0.2$nm（这是水合阳离子半径的典型值），及水在 25℃时的 $\varepsilon_r = 80$ 代入式(3.145)，得到积分电容的值约为 3.5F·m^{-2}，即 350μF·cm^{-2}。该数值比实验值（0.05～0.5F·m^{-2}）高得多，其原因在于选择的 $\varepsilon_r = 80$ 太大，该值对应于水分子偶极能在电场影响下任意自由旋转的情形，但是对靠近电极表面的水分子，该假设显然是不成立的。事实上，在内 Helmholtz 层的水分子受到电场与化学力的作用，金属表面的电荷将决定其优先取向。而且，在内、外 Helmholtz 平面之间，水分子的运动是受到限制的。计算表明，对内 Helmholtz 层水分子其 ε_r 值为 6 左右，而内、外 Helmholtz 平面之间的水分子其 ε_r 值为 30 左右。为了将这些数值并入计算，必须将双电层分为两层，它们以串联的形式排列。在这种排列方式下，总电容 C_H 可由下式给出

$$\frac{1}{C_H} = \frac{1}{C_{dipole}} + \frac{1}{C_{IHP} - C_{OHP}} = \frac{d_{H_2O}}{\varepsilon_0 \varepsilon_{dipole}} + \frac{d_{ion}}{2\varepsilon_0 \varepsilon_{IHP-OHP}} \qquad (3.146)$$

式中，d_{H_2O} 是水分子的直径，而 d_{ion} 是最大的溶剂化离子的直径。由上述表达式计算得出的 C_d 值与实验结果非常靠近。从式(3.146)得出的第二个重要的结果是 C_d 的值事实上主要由第一项决定，而离子直径的影响相对较小，实验结果也证实的确如此。然而，式(3.146)还是不完整，因为双层电容与金属的类型有关，而上述方程中并没有体现这种依赖关系。事实上，将电极的金属性质并入再考虑 C_H 的研究是目前令人瞩目的研究课题之一。

在稀溶液中，必须考虑扩散层的电容。其电容值由下式给出

$$C_{扩散} = \kappa \varepsilon_r \varepsilon_0 \qquad (3.147)$$

在决定总双层电容时这一项随着 κ 的降低而越加重要，

$$\frac{1}{C_D} = \frac{1}{C_H} + \frac{1}{C_{扩散}} \tag{3.148}$$

其结果是电容值随着溶液的稀释而降低。完全的计算也表明微分电容随溶液稀释而降低，并且在稀溶液中，在 E_{PZC} 附近出现电容的极小值（见图 3.18）。

在双电层的内部，可能维持很强的电场。对浓的电解质溶液，双电层的厚度大约是 0.1nm，对 0.1V 的 Galvani 电势差，这相应于 $10^9 \text{V} \cdot \text{m}^{-1}$ 的电场强度。该场强大得足够降低分子内键的强度，例如界面电场能提高弱酸在双电层中的离解常数，该作用称为"电场解离"的效应。而且，吸附物种的振动频率和强度也受双层中电场强度的影响。这一强电场效应在物理学中称为 Stark 效应，可通过原位红外光谱在电极表面观察到。

3.4.5 电毛细现象

3.4.5.1 利用电毛细曲线确定零电荷电势的方法

在空间电荷层中具有同类符号的电荷之间会互相排斥，如果在电子和离子导体的相边界形成一个双电层，电极表面离子间的相互作用将倾向于使电极的表面积尽可能变大。对可变形的电极表面，这类作用是肉眼可见的。如图 3.19 所示，如果一滴汞表面被一层稀硫酸覆盖，那么将在金属汞和电解质溶液界面形成双电层，并产生相应的 Galvani 电势，离子间的相互排斥导致汞滴表面展平。

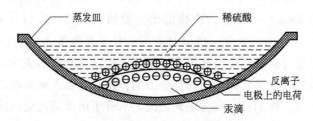

图 3.19　汞滴表面形成双电层时的表面展平现象
图中给出的是表面带负电荷的情形

上述作用对应于汞滴的表面张力降低，该作用与 Galvani 电势的符号无关。如果汞与电解质溶液间的电势差可通过外加电压的形式改变，那么在零电荷的那一点将对应于最大表面张力，为测定零电荷电势提供了一种直接的方法。实验可按图 3.20 所示的方式进行：使汞滴以一定的速度通过毛细管滴下，在离开毛细管以前汞滴能达到的重量与汞滴本身的表面张力直接相关。因为汞滴滴落的时间很容易测量，由此可测量表面张力。汞滴的电势可直接通过装于三角瓶的汞池里的参比电极而测量，该参比电极就是一个饱和甘汞电极。

如图 3.21 所示将表面张力 γ 对电势的作图而得到的曲线称为电毛细曲线。对所有在汞表面不吸附的阴离子，如 NO_3^-、ClO_4^- 和 SO_4^{2-} 的溶液体系，其电毛细曲线的形状基本上是相同的。可从图 3.21 看出，在 $1\text{mol} \cdot \text{dm}^{-3}$ KNO_3 溶液可以得到几乎完美的抛物线形状，该曲线的最大值在 -0.52V（相对于普通甘汞电极，NCE）就是零电荷电势。然而，如果阴离子在表面吸附，那么表面张力将受电

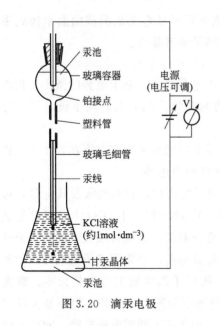

图 3.20　滴汞电极

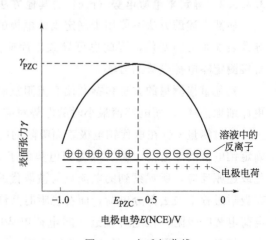

图 3.21　电毛细曲线

E_{PZC}—零电荷电势；γ_{PZC}—在零电荷电势时的表面张力

极表面过剩离子电荷的影响。此时，电毛细曲线带正号的那半支（右侧）将降低。此外，因为阴离子将只在电势负于 $-0.52V$ 时才脱附，零电荷电势的位置将向负移，而且电毛细曲线的形状将变得不对称。

可定量地处理电毛细现象：考虑一带有电荷 q_M 的表面，如果让跨过该表面的电势改变一无穷小的值，dE，那么在单位面积上所做的功是 $q_M dE$，而且在平衡时，这必将刚好被单位面积上的自由能变化抵消。后者就是 $d\gamma$，因此

$$q_M dE + d\gamma = 0 \tag{3.149}$$

由此得到 Lippmann 方程

$$\frac{d\gamma}{dE} = -q_M \tag{3.150}$$

由于 $q_M = C(E - E_{PZC})$，其中 C 是单位面积上的积分电容，假设 C 为常数，积分式(3.150) 得到

$$\gamma_{PZC} - \gamma = \frac{-C(E - E_{PZC})^2}{2} \tag{3.151}$$

其中，γ_{PZC} 是在零电荷电势的表面张力。从式(3.151) 可看出该函数是抛物线形状的，如果不发生离子的特性吸附，而且离子强度相对较高（$>0.1\text{mol} \cdot \text{dm}^{-3}$）时，$\gamma$ 和 E 之间将非常精确地满足上述关系式。

将 Lippmann 方程对电势求微分，并根据式(3.143) 得到

$$\frac{d^2\gamma}{dE^2} = -\frac{dq_M}{dE} = -C_d \tag{3.152}$$

式中，C_d 是单位面积上的微分电容，由该方程可从电毛细曲线的曲率得到汞滴表面的微分电容，其值与用其他实验测得的结果非常接近。

3.4.5.2 确定零电荷电势（pzc）的其他方法

显然上述的方法不能用来确定固体电极的零电荷电势。基于电势的微小变化将导致表面张力的变化，因此也可导致表面应力的变化，Sato 及其同事设计了一种直接测定零电荷电势的方法。

其他直接测量的方法包括利用交流阻抗测量电极的微分电容（将在 5.2.2 节里更详细地描述），而电容值最小时的电势对应于零电荷电势。

通过测量 CO 在取代铂电极表面吸附的阴离子时产生的暂态电流及其电量，可确定铂电极的零电荷电势。因为当电势低于 0.4V（NHE）时，CO 本身不发生氧化或还原反应，所观察到的电流只与被取代的物种有关。发生特性吸附的阴离子可在吸附过程中失去部分电荷，而在脱附时又恢复其电荷。通常阴离子在电势正于零电荷电势时吸附，在电势接近于零电荷电势时阴离子的脱附电流也将为零。事实上，如 Weaver 提出的，该方法能得到当总电荷密度为零时的电势，而不是金属的自由电荷为零时的电势。严格地说，后者才是真正意义上的零电荷电势，而前者应该称为总零电荷电势。该方法要求对电势做一个小的校正，因为电子效应 CO 本身将使铂的零电荷电势发生移动。

所有用来确定固体电极的零电荷电势的技术都有着不同的技术难点。因此对同一电极材料，文献报道的零电荷电势值不同也就不足为奇了。对多晶铂，可在文献中找到其零电荷电势在 0.11～0.27V（相对于 SHE）之间。值得关注的是，金属的零电荷电势与其电子功函有一定的关系。因为后者与金属表面的结构有关，因此单晶电极的不同晶面具有不同的零电荷电势值。

3.4.6 电动力学效应——电泳、电渗析、Dorn 效应以及离子流电压

即使固体不是电子导体，也可以在其固液相边界产生双电层。例如在阳离子交换膜的表面，阳离子可自由地从膜向溶液中迁移，而阴离子基团则被紧紧地固定在膜内。上述结论也适用于诸如玻璃等无机材料，其中某些离子也能向溶液中迁移。然而，无论是在有机或无机的基底上，双电层形成的主要原因是离子的特性吸附。此时，过剩电荷不是处于固体内部，而是位于其表面，以及来自溶液本身位于紧密双电层与扩散双电层的对离子（见图 3.22）。

利用同样的方法，也可以讨论悬浮的固

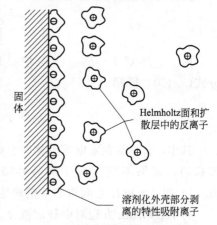

固体

Helmholtz面和扩散层中的反离子

溶剂化外壳部分剥离的特性吸附离子

图 3.22 通过离子特性吸附而形成的双电层

体颗粒或胶体分散材料。然而，对胶体颗粒，由于吸附电荷与粒子质量之比是如此之大，因此在电场中粒子将会发生运动，而对离子将沿相反的方向运动，该过程就是熟知的电泳过程（见图 3.23）。通常这类胶粒与普通离子的电迁移率差不多，因为其所带的大量电荷至少在某种程度上抵消其大的粒径给电迁移率带来的负面效应。此外，由于阴离子胶粒是水溶液中的主要物质，通常所观察到的胶粒大多向正极方向迁移。

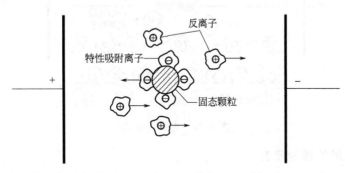

图 3.23　带电粒子在电场中的迁移——电泳

　　胶粒上吸附的电量与胶粒本身的性质有关。因此，不同的胶粒将以不同的速度迁移，这就提供了一种分离方法，该方法已广泛用于分离生物大分子方面。在工业上，电泳被广泛地用于沉积粒子涂料和从水溶液微乳中分离高岭土（电泳干燥）。如果胶粒在电解质溶液中受超声波等外力而运动，那么由于胶粒上所带电荷的迁移将导致在沿胶粒运动的方向产生电势差。这就是电泳效应的逆过程，称为 Dorn 效应。

　　如果胶粒在其表面吸附了等量的正负电荷，那么电场将不会使其产生运动。这类胶粒中一个重要的例子就是可同时吸附 H_3O^+ 和 OH^- 的胶体氧化物颗粒。通常，在某一个 pH 值下，整个表面的总电荷密度为零，该 pH 值称为"等电点"，或在有关胶体的文献中称为'零 Zeta 电势点'，后一名词来自于一种常用来确定等电点的技术。

　　当离子在电场中迁移的同时，其水合层中的水分子也跟着迁移。如果对一带固定电荷的固体表面施加电场，扩散层中的对离子将沿着电场的方向运动，而吸附在表面的离子则不能，其结果是在沿着表面的方向产生离子流。该效应也可通过使用多孔固体而放大，跨越该固体的电场将导致对离子在孔隙中的运动，该效应以产生电渗透压的形式表现出来，并称为电渗析效应（见图 3.24）。当其反向工作时，例如迫使离子流通过毛细管或多孔电极，将会产生被称为离子流电压的电势差。

　　从统一的观点来看，所有上述现象均可借助不可逆热力学的理论来处理，参见本章末列出的有关参考文献。

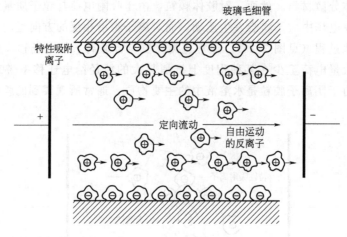

图 3.24　电渗析电流

3.4.7　双电层的理论研究

在 2.5.3 节里，已看到用分子模拟的方法已经在理解有或者没有离子存在时水或其他溶剂分子的结构方面取得了重大的进展。近年来这些模型也用来研究双电层，并获得了一些重要的结果。

早期的研究将金属视为没有原子结构而只有一定介电常数的固相，且其边界位置非常靠近金属表面，但却不必刚好在金属表面处。在这类计算中，介电边界的位置至关重要。因为，在没有电解质溶液相的屏蔽时，将通过极化电子云的方式将带 ze_0^+ 电荷的物种吸引到金属表面。静电学方面的基本计算表明，这一吸引作用可通过引入带相反符号且位于金属内部的虚拟"镜像电荷"而准确地模拟，后者位于真实电荷以介电不连续的平面为镜面反射的镜像位置。不少学者都将金属模拟成被自由电子气围绕的固定正电荷的集合体，即"jellium"模型来计算寻找该镜面的位置。这类计算表明，至少是对电极带负电荷的情形，介电不连续的平面的位置向溶液一侧移了 $0.5 \sim 1\text{Å}$（$1\text{Å}=10^{-10}\,\text{m}$），可是对电极带正电荷的情形该平面位置可以移向电极内部。

也已经发展了更为接近实际的"化学"模型，在这类模型中使用有规律排列的原子来模拟金属电极并通过局部的电势函数与溶液相互作用。"jellium"模型通过镜像电荷模型来处理与电子云的长程库仑作用。通常采用不同精度的量化计算得到金属原子与溶剂分子间的局域电压对。与金属表面的总相互作用能将反映出该金属表面的波纹状结构，在这些计算中通常允许其表面原子在其相应于孤立金属中的位置附近振动（弛豫）。

电化学体系的一个更为复杂因素是表面处电场的存在，这在最初通过并入单一的电场来模拟。这一方法未考虑电解质溶液的屏蔽作用，尽管后者在原则上可通过 Goüy-Chapman 理论来模拟，在高浓度的电解质溶液体系中该理论不适用，而且很难将溶剂分子同时受到离子的平均电场和局域溶剂化作用的影响考虑进去。最近的方法通常在电极上放置均一的表面电荷密度，并改变溶液中的离子数，使其满足电中性的条件。

迄今为止，纯水与各种不同电极之间的界面已被仔细地研究过，理论研究得出的一些结论如下。

(1) 即使在金属表面没有施加任何表面电荷，位于第一层的水结构非常有序且水分子的密度轮廓线上表现出明显的极大值。在第二层的水分子的密度最大值也清晰可见，尽管相对第一层强度较弱，而在第三层密度轮廓线上的极大值信号更弱。而在第三层以外，水分子的密度轮廓线明显地显示出体相水的信号。与之相应的第一层以外的水的横向结构已变得很弱。第一层水在金属表面有序排布主要是受局部电场的作用所致，水分子间的氢键相互作用使得其结构化程度随离开金属表面距离的增大而迅速降低。该结论与在稀 NaF 溶液中用 X 射线反射测量的结果一致（*Nature*，1994，368，444）。

(2) 相对于一般的固体金属/水界面，在液体金属（尤其是汞）/水界面水的结构大为削弱，主要是由于金属表面本身波浪形原子结构的减弱。

(3) 当考虑表面电荷的作用时，若表面电子电荷密度小于 $10\mu C \cdot cm^{-2}$，垂直于表面的水的电荷密度将不会受到很大的影响，但是当表面的电荷密度大于该数值时，水分子层开始显示更加长程有序的结构，强的界面电场将使所有水分子的偶极按同一方向排列（类似于铁磁体在磁场中的有序排列）。

(4) 在没有表面电荷时，金属表面水分子的偶极在伸向溶液侧并可在很大角度范围内取向，其 H—H 矢量通常平行于表面，但是也有极少数的分子其偶极垂直于表面，尽管孤立的水分子将优先以 O 端吸附于电极表面。这是因为吸附层中的水分子倾向于在吸附层中形成能生成最多氢键的结构，而且堆积力也倾向于使每一吸附层中的水分子数目最大化。分析也表明，在界面区的水分子具有两种或更多不连续的取向是很不现实的。当引入表面电荷后，可预期水分子的取向将发生很大的变化，特别是当偶极相互作用能与氢键能相当的时候，该变化尤其明显。当电极带正电时，偶极的最大取向分布逐渐地向垂直于电极表面的方向转化且其分布范围也逐渐变窄；当电极带负电荷时，最初的平均取向变得更平行于电极表面，然后转变为以氢端靠近电极表面的宽范围分布。第二溶剂层也在某种程度上保持这一首选的取向分布，但是随着离开电极表面距离的变大，该优选取向逐渐消失。

(5) 这类偶极取向的变化对吸附层中的电场有很强的影响，在第一、第二吸附层的某些局部区域，甚至可以改变其电场的方向。而且，最靠近表面的吸附层的结构大大降低水分子的运动能力，尤其是最紧密吸附层的水只能主要以振动的形式运动，且其重新取向动态过程也变缓慢了，从而形成一种似冰的结构。

(6) Car-Parrinello 计算方法将电子结构根据量子力学理论来计算，而对水分子则采用经典的运动方程进行描述，在这些框架下的计算表明第一层水有其明显的首选取向，某些最近的计算也提出第一层中的水可再分为两个可区分的亚层，这是早期的 UHV 实验提出的一个模型 (*Surf. Sci.*，1982，123，305)。然而大部分的模拟没有给出这类结果。

用理论方法也对电极边界处的离子溶液开展了研究。可以公平地说，上述假设可清楚地区分为在电极表面特性吸附的离子以及离表面最近距离为外 Helmholtz 平面的水合离子的简单模型，并没有被有关理论计算（甚至是那些较为完全的计算）重现。这类计算认为吸附能的主要贡献是从表面移走一个水分子并形成一个给离子吸附的'空穴'位需要的能量。Spohr 等开展的对 NaCl 水溶液的分子动力学计算（参见 *Electrochimica Acta*，2003，49，23 及其参考文献）表明电极附近水的层状结构也影响其离子电荷分布，而离子的密度也没表现出由 Goüy-Chapman 理论预期的单调降低。如果电极是带电的，也许可预期将对离子的密度给出更大的最大值，然而，离子（尤其是对较浓的溶液）倾向于"过补偿"表面的电荷，导致在第二水层中出现与电极上所带电荷符号相同的离子。这类模拟得到的一个意外的结果是在离子向电极表面吸附的过程中，离子水合数首先大约维持在与本体水溶液接近的值 6 左右，然后随着离子靠近表面并且遇到更有序的水层时一开始表现出增加，该趋势对那些半径大的离子尤其明显。只有当离子注入第一吸附层时，其水合数才减小。如电极表面的水分子一样，离子一旦进到第一、二吸附层，其横向的运动能力就大大地降低了。

将这些定性的结论转化为定量的结论的最大难题是如何确定金属电极与离子间的真实相互作用能。如果仅考虑纯粹的静电作用力，同时引入一合适的排斥项，那么阳离子将先于阴离子而吸附，因为吸附较小的阳离子需挤走的水分子数比吸附较大的阴离子的要少。这与上面描述的实验结果不相符，表明需要更为精确的模型来描述电子相互作用，这也许可通过发展 Car-Parrinello 方法实现。目前离子-电极之间的相互作用只能用半经验的电势来描述，离子的定性行为可通过调整电势参数来研究。我们可以期待今后数年内这一领域将会有重要的进展。

3.5　半导体电极的电势及相边界行为

半导体与金属的电化学性质差别很大。要理解这些不同，需要开发一个比目前用于金属的模型更为详细的描述半导体的固态成键模型。

3.5.1　金属导体、半导体和绝缘体

由于存在大量可以在金属晶格中自由运动的电子，金属的特征是具有很高的电子导电性。这些电子源于晶格中原子的一部分，形成具有明显非经典型的物质状态。电子运动起源于晶格中邻近原子间的强相互作用。在这些晶格位上的原子轨道互相重叠并形成一准连续的能级称为"能带"，该能带中电子的动能可由零到很高

的值。在经典的系统中，所有的电子将占据最低几个能级，并形成所谓的 Boltzmann 分布（见图 3.25）。升高温度将会使高能态也被占据，但是大多数的电子仍然处于能量最低的状态。

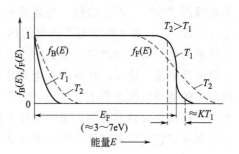

图 3.25　两个不同温度 T_1 和 T_2 下的 Fermi 和 Boltzmann 分布

（E_F 是费米能级）

事实上，电子分布并不遵循玻耳兹曼定律，因为每个能级的占据程度受 Pauli 不相容原理限制，其最简单限制就是在同一个轨道只能填充两个自旋相反的电子。结果之一就是迫使电子占据更高能级的轨道，如图 3.25 所示，0K 时已占轨道的能级显示出长方形分布。在 0K 下的最高占据的能级称为费米能级，它比能带中最低能态的能量高 E_F。在高温时，靠近费米能级的一小部分电子被热激发，并分布在该能量区域。然而除非温度升得很高，否则大部分电子将不受温度升高的影响。

如果能带只被部分占据，在有电场存在时有些电子可被激发到沿电场方向优先运动的能级，其净结果是产生电流。注意，这只发生在能带被部分占据的情形中。

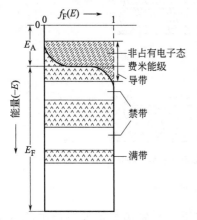

图 3.26　金属电子的能带示意图与占据密度

典型的金属能带结构如图 3.26 所示，可看到有好几个能带，而且它们之间被未占的能级区分开。几个能带的存在通常是源于分立的原子能级在能量上通常能很好地分开，即使邻近的原子的各原子轨道发生重叠，使能带展宽也不足以覆盖整个能谱范围。一个熟悉的例子就是金属钠的 2p 原子轨道形成了一个与对导电起主导作用的 3s 轨道能带充分分离的能带。

由图 3.26 可见，决定材料电子导电性的关键特征是其最高的能级。在有限的温度下，该能级中只有图中用影线表示的部分被电子占据。如果重叠足够大，该部分占据能级将产生所谓的电导率。应该强调的是，并不是所有被部分占据的轨道都能产生高电导率。如果轨道的重叠度很低，例如过渡金属氧化物中的部分占据的 d 轨道能带，因为不足以克服电子运动时遇到的排斥力，其电子实质上是被定域在某些特定的位置上。具有这类行为的有名的例子包括 NiO 和 CoO，事实上它们表现出半导体的行为。

半导体和金属的最大区别就是二者能带的占据程度。与金属不同的是，半导体中的能带，至少在 0K 时，要么是全被占据要么是全空，因此在 0K 时其导电性非常低。在一定的温度下，有两种机理可大大提高其导电性。如果完全占据能带的最高能级即"价带"的上边缘，与最低未占轨道即"导带"的下边缘之间的能量差很小（<1.0V），那么在室温下固有的热激发可以使电子由价带向导带跃迁。此时位于导带的电子是可运动的。由上面给出的机理可知，当有电场存在时它们也能维持一定的净电流。此外，从价带移走部分电荷后也将形成一个部分填充的能带，因为价带中的空位可视为带正电荷的"空穴"在固定电子的海洋中运动，因此也能维持电流。这些空穴的运动能力通常与处于价带中最高能级的电子类似，但是其假想的电荷意味着它们将沿着导带中电子运动相反的方向迁移。

显然，对第一种本征导电机理，通过热激发生成的电子和空穴的数量一定相同。另外通过向晶格中引入不同价态的原子，可形成另一种外来的导电机理。例如，如果将磷原子引入硅的晶格中，这时磷掺杂的硅将比正常态的硅具有更多的价电子，其中的磷能很容易地失去其价电子（迁移到导带上去）而剩下一个带正电荷的磷离子。这里的磷原子称为给体，但因为所生成的离子是不能运动的，这时电子占优势，形成所谓的"n-型"导电性。类似地，也可向硅晶格中引入价电子数比硅少的原子，例如硼。硼将有效地从价带上捕捉一个电子，产生一个空穴并产生所谓的"p-型"导电性。

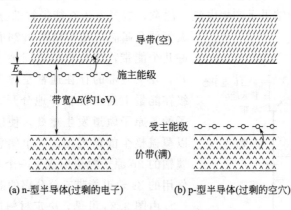

(a) n-型半导体(过剩的电子)　　(b) p-型半导体(过剩的空穴)

图 3.27　掺杂的半导体的能带图

可通过图 3.27 更清楚地了解上述机制：给体的能级比导带能级的下边缘低 E_a，在 0K 时，该能级是全充满的。在较高的温度下，将发生电子激发，例如硅中的磷，当温度低于 100K 时就已完全离子化。因此在室温下，所有这些给体位置都是空的，而导带中的电子数目就等于给体位置的数目。该数值可在很大范围内变化：现在能制备非常纯的硅，甚至当给体浓度为 $10^{13}\,\text{cm}^{-3}$（相当于 10 亿个硅原子中有一个磷原子）时就可以检测出杂质对硅的电导率的影响。通常掺杂水平在 $10^{15} \sim 10^{18}\,\text{cm}^{-3}$ 之间，其电导率要比金属低 $10^7 \sim 10^4$ 倍。半导体中的 Fermi 能级位于导带和价带之间。对本征半导体（即那些仅依赖于直接由价带向导带发生热激发的半导体），其 Fermi 能级位于价带和导带的中间位置，但对掺杂的半导体，常常发现其 Fermi 能级靠近其中一个能级的边缘。对 n-型半导体，其 Fermi 能级通常只略低于导带的下缘，但是对较高掺杂水平的半导体，其 Fermi 能级还有可能进入导带中。类似地，对 p-型掺杂的半导体，其 Fermi 能级通常位于受体能级与价带的上边缘之间（见图 3.27）。

3.5.2　半导体电极的电化学平衡

由于半导体中可导电的自由电子数目有限，其双电层区具有与金属电极完全不同的电势分布，当控制电势使得在电极表面的主载流子数目降低时，这一点变得尤为显著。金属电极的双电层特征地显示其电势降主要发生在溶液侧，且电解质溶液中带不同电荷的离子分布不均。而在金属侧，与该分布相关联的净电荷完全由位于金属表面的电子电荷所补偿。半导体中的载流子浓度不仅比金属的要低，而且也比电解质溶液中的离子浓度低。半导体中的这种低电荷密度意味着没有从表面电子状态生成的局域表面电荷，在界面区的大部分电压降将位于半导体的内部，而只有小部分电压降位于在溶液侧 [Possion 方程，式(3.130)]。

图 3.28 给出的是将半导体与电解质溶液放到一起时界面区相应的电荷分布状态，选用的例子是 n-型半导体硅电极与含有 H_2/H^+ 电对的电解质水溶液。如果电极是金属，那么 H_2/H^+ 电对的动力学将足够快并对平衡起主导作用，金属的电势将在 0V 附近。如果金属的 Fermi 能级相当于其能带中的最高已占轨道，那么电化学平衡可被视为使得界面两侧电子的化学势相等：

$$\widetilde{\mu}_{e^-,M} = \widetilde{\mu}_{e^-,S} \tag{3.153}$$

这同时表明能带中最高已占能级的电子必须与氧化还原对的自由能相等。这里有一个概念问题，因为固体的 Fermi 能级通常是相对于"真空能级"来定义的，即在静态零电势能时将电子从固体移到无穷远处所需的能量，而氧化还原对的能级是相对于标准氢电极来定义的。如在 3.1 节里讲述的，不能在溶液里测量氧化还原对相对于真空能级的绝对能量，但是从热力学角度估算该能量还是有一定的可信度的，一般认为标准氢电极的 Fermi 能级比真空能级约低 4.5eV 该能量还是有中等的可信度。因为通过光电子光谱研究硅中电子能带的绝对位置已经完全确定，因此使得我们能以同样的基准来给出固体和液体的能量尺度 [见图 3.28(a)]。

如果半导体向溶液中的 H_2/H^+ 电对转移电子是起主导作用的动力学过程，将硅与电解质溶液接触时，同样也预期半导体的 Fermi 能级将等于 H_2/H^+ 电对的能级。该过程给出在图 3.28(b) 中，因为 $E_F(Si) > E_F(H^+/H_2)$，为了使 Fermi 能级相等，对于溶液一侧，半导体必须带正电荷。如前所述，这时的界面电势分布将延伸到半导体内部的很大空间范围，即"空间电荷层"。而且对这个理想化的例子，能很好地近似认为在表面处的导带电子的能量不随半导体电极的电势变化而变化。因为半导体内部的 Fermi 能级必须恒定，从图 3.28 可立即看出 $\Delta\varphi_{sc}$ 的电势变化必须发生在半导体内部，否则将发生电子迁移直至 Fermi 能级相等为止。因此在表面处 Fermi 能级与导带的能级差（上述例中）将比半导体体相的相应能级差大

$e_0\Delta\varphi_{\rm sc}$，其中 $\Delta\varphi_{\rm sc}$ 称为"空间电荷电势"。

最后，明显存在一个通常称为平能带电势（$V_{\rm fb}$）的电势，在该电势下半导体内部将没有电压降，其值能通过交流阻抗技术测出，其意义在于所有的电势可以此平能带电势为参考，并可以确定半导体中的绝对电压降。

应该指出的是，如果在 n-型半导体电极上施加负电荷或者当在动力学上控制的氧化还原对的 Nernst 电势位于导带能级之内，那么图 3.28 中的电势分布将不成立。这是因为这时表面上或在表面附近的电子浓度可以达到由导带电荷密度决定的高水平，这已经与金属中的自由电荷密度不相上下。在物理方面的文献中将这种情形称为"正向偏压"，此时半导体电极在界面处的电压分布与金属的情形十分类似。

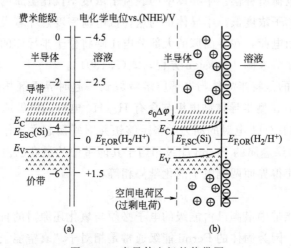

图 3.28　半导体电极的能带图

（a）半导体与电解质溶液相未接触时的情形；（b）半导体与电解质溶液接触后发生的能带弯曲。
$E_{\rm F,SC}$ 是半导体的 Fermi 能级，$E_{\rm F,OR}$ 是溶液中的氧化还原对的 Fermi 能级，
$E_{\rm C}$ 和 $E_{\rm V}$ 是导带和价带的能级

3.6　电势差测量的应用

3.6.1　标准电势与平均活度系数的测定

通过对标准电动势的实验测量，可以得到一系列的物理化学和热力学参数，例如溶度积、酸碱离解常数和活度系数等，下面以银-氯化银电极为例来展示如何通过这类测量得出上述热力学数据：

$$AgCl+e^- \Longrightarrow Ag+Cl^- \tag{3.154}$$

该反应可在下述的电池中进行研究

$$Pt\,|\,H_2\,|\,HCl\,|\,AgCl\,|\,Ag \tag{3.155}$$

银-氯化银电极和氢电极的电势由下面的方程给出

$$E_{\rm Ag|AgCl|Cl^-} = E^0_{\rm Ag|AgCl|Cl^-} - \left(\frac{RT}{F}\right)\ln a_{\rm Cl^-} \tag{3.156}$$

且（对 $p_{H_2}=1atm$）

$$E_{H_2|H^+}=E^0_{H_2|H^+}+\left(\frac{RT}{F}\right)\ln a_{H_3O^+} \tag{3.157}$$

将银-氯化银电极和氢电极放入同一溶液时将不形成扩散电势，被测的电池电压 E 为

$$E=E_{Ag|AgCl|Cl^-}-E_{H_2|H^+}=E^0_{Ag|AgCl|Cl^-}-E^0_{H_2|H^+}-\frac{RT}{F}\ln[a_{Cl^-}a_{H_3O^+}] \tag{3.158}$$

从 3.1 节中关于标准电势的讨论可知道，$E^0_{H_2|H^+}$ 定义为 0V，因此最后有

$$E=E^0_{Ag|AgCl|Cl^-}-\frac{RT}{F}\ln[a_{Cl^-}a_{H_3O^+}] \tag{3.159}$$

或者从盐酸溶液的平均离子活度的定义得到 $a^2_\pm=a_{H_3O^+}a_{Cl^-}$，所以

$$E=E^0_{Ag|AgCl|Cl^-}-\frac{2RT}{F}\ln a^{HCl}_\pm \tag{3.160}$$

使用方程式 $a^{HCl}_\pm=\gamma^{HCl}_\pm m_{HCl}/m^0$，最后得到在 298K 下

$$E+0.051361\ln\left(\frac{m_{HCl}}{m^0}\right)=E^0_{Ag|AgCl|Cl^-}-0.051361\ln\gamma^{HCl}_\pm \tag{3.161}$$

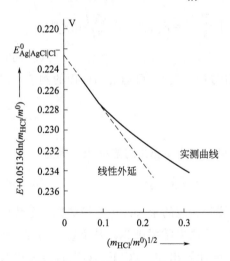

图 3.29　通过测量 Ag｜AgCl(s) ｜HCl｜H_2｜Pt｜的电势来确定银-氯化银参比电极的标准电势
盐酸的浓度为 $0.0025\sim0.01mol\cdot dm^{-3}$ 之间

从 Debye-Huckel 极限定律［式 (2.77)］可知，$\ln\gamma_\pm$ 与 $\sqrt{m/m^0}$ 成正比。在不同盐酸浓度下测量电池的电压，如果实验中有部分测量选取的盐酸浓度足够低并满足 Debye-Huckel 定律，通过如图 3.29 所示的 $E+0.051361\ln(m_{HCl}/m^0)$ 对 $\sqrt{m_{HCl}/m^0}$ 作图，在低浓度区求得的斜率和在纵轴上的截距可确定 $E^0_{Ag|AgCl|Cl^-}$。用这种方法得出的 $E^0_{Ag|AgCl|Cl^-}$ 值相对于标准氢参比电极为 0.2224V。如果也考虑高浓度时的数值，需要采用比 Debye-Huckel 极限定律更为精确的关系式［见式 (2.81) 或式(2.82)］。

通过同样的分析可测定平均活度系数。将方程式(3.161) 进行变形可得到

$$0.051361\ln\gamma^{HCl}_\pm=E^0_{Ag|AgCl|Cl^-}-E-0.051361\ln\left(\frac{m_{HCl}}{m^0}\right) \tag{3.162}$$

如果已经确定了 $E^0_{Ag|AgCl|Cl^-}$，那么测量电池电压 E 就可确定平均活度系数 $\gamma^{HCl}_\pm$。实验中所得出的一些 $\gamma^{HCl}_\pm$ 的值已经列出在表 2.10 中，只要电池中具有一个

阳离子响应电极和一个阴离子响应电极，上述方法可进一步拓展到用来测量这类体系的电解质溶液的活度系数。

在很多种情形下，如果不使用盐桥，不能在普通氢电极和要研究的电极之间构建电池。如 $Cu \mid Cu^{2+}$ 电极，氢电极不能直接放入含铜离子的溶液中，因为在该电极上 Cu^{2+} 会被还原为金属铜。此时，考虑到测量中液接电势导致的误差，必须使用另一个已经准确知道其相对于标准氢电极标准电势的电极作为参比电极。因此对 $Cu \mid Cu^{2+}$ 电极，可使用下面的电池

$$Ag \mid AgCl(s) \mid CuCl_2(aq) \mid Cu \tag{3.163}$$

其电动势为

$$E = E_{Cu \mid Cu^{2+}} - E_{Ag \mid AgCl \mid Cl^-}$$

$$= E^0_{Cu \mid Cu^{2+}} - E^0_{Ag \mid AgCl \mid Cl^-} + \frac{RT}{2F} \ln a_{Cu^{2+}} + \frac{RT}{F} \ln a_{Cl^-}$$

$$= E^0_{Cu \mid Cu^{2+}} - E^0_{Ag \mid AgCl \mid Cl^-} + \frac{3RT}{2F} \ln a^{CuCl_2}_{\pm} \tag{3.164}$$

因为，从 2.5.1 节可知 $(a^{CuCl_2}_{\pm})^3 = a_{Cu^{2+}} (a_{Cl^-})^2$。

根据表达式 $a^{CuCl_2}_{\pm} = \gamma^{CuCl_2}_{\pm} [(m_{Cu^{2+}}/m^0)(m_{Cl^-}/m^0)^2]^{1/3}$，最后得到

$$E + E^0_{Ag \mid AgCl \mid Cl^-} - \frac{3RT}{2F} \left\{ \left[\left(\frac{m_{Cu^{2+}}}{m^0} \right) \left(\frac{m_{Cl^-}}{m^0} \right)^2 \right]^{1/3} \right\} = E_{Cu \mid Cu^{2+}} + \frac{3RT}{2F} \ln \gamma^{CuCl_2}_{\pm} \tag{3.165}$$

在满足式(2.81) 或式(2.82) 浓度范围内进行实验，可通过与前面的例子类似的方法由上式作图可求出 $E_{Cu \mid Cu^{2+}}$。

3.6.2 难溶盐的溶度积

从式(3.156) 知道，通过测量标准电势可以确定 AgCl 的溶度积，因为

$$\frac{RT}{F} \ln K^{AgCl}_S = E^0_{Ag \mid AgCl \mid Cl^-} - E^0_{Ag \mid Ag^+} \tag{3.166}$$

事实上，如果用作第二类电极的任何金属盐相应的金属离子电极的标准电势已知，那么可通过测量其标准电势的方法来确定其热力学溶度积。从 $E^0_{Ag \mid AgCl \mid Cl^-} = 0.2224V$ 和 $E^0_{Ag \mid Ag^+} = 0.7996V$ （表3.2），可计算出在 25℃ 下 AgCl 的溶度积为 1.784×10^{-10}。

3.6.3 水的离子积的确定

水的离子积

$$K_W = a_{H_3O^+} a_{OH^-} \tag{3.167}$$

可通过下述的电池来确定

$$Pt \mid H_2 (p = 1atm) \mid KOH(a_{OH^-}), KCl(a_{Cl^-}) \mid AgCl \mid Ag \tag{3.168}$$

该电池的电动势 E 可由下式给出

$$E=E_{\mathrm{Ag|AgCl|Cl^-}}-E_{\mathrm{H^+|H_2}}=E^0_{\mathrm{Ag|AgCl|Cl^-}}-\frac{RT}{F}\ln a_{\mathrm{Cl^-}}-\frac{RT}{F}\ln a_{\mathrm{H_3O^+}} \quad (3.169)$$

由 K_W 的定义有

$$E=E^0_{\mathrm{Ag|AgCl|Cl^-}}-\frac{RT}{F}\ln a_{\mathrm{Cl^-}}+\frac{RT}{F}\ln a_{\mathrm{OH^-}}-\frac{RT}{F}\ln K_W \quad (3.170)$$

由此可得

$$\frac{F}{RT}\left(E-E^0_{\mathrm{Ag|AgCl|Cl^-}}\right)+\ln\left[\frac{(m_{\mathrm{Cl^-}}/m^0)}{m_{\mathrm{OH^-}}/m^0}\right]=-\ln K_W-\ln\frac{\gamma_{\mathrm{Cl^-}}}{\gamma_{\mathrm{OH^-}}} \quad (3.171)$$

将上式的左侧对右边的离子强度作图，得到其截距，即可算出 K_W 的值，因为当 $I\rightarrow0$ 时，右侧的对数项将迅速趋近于零。在 25℃ 下，得出的 $K_W=1.008\times10^{-14}$，与前面提到的通过对纯水的残余电导测量得到的数值非常接近。

3.6.4　弱酸的解离常数

一些弱酸的解离常数可通过测量具有如下形式的电池的电动势获得

$$\mathrm{Pt|H_2}(p=1\mathrm{atm})\mathrm{|HA,NaA,NaCl|AgCl|Ag} \quad (3.172)$$

其中决定氢电极电势的氢离子由酸的离解提供，氯离子的活度决定银-氯化银电极的电势。测到的电池电动势 E 由下式给出

$$\begin{aligned}E&=E_{\mathrm{Ag|AgCl|Cl^-}}-E_{\mathrm{H^+|H_2}}\\&=E^0_{\mathrm{Ag|AgCl|Cl^-}}-\frac{RT}{F}\ln a_{\mathrm{Cl^-}}-\frac{RT}{F}\ln a_{\mathrm{H_3O^+}}\\&=E^0_{\mathrm{Ag|AgCl|Cl^-}}-\frac{RT}{F}\ln[\gamma_{\mathrm{H_3O^+}}\gamma_{\mathrm{Cl^-}}(m_{\mathrm{H_3O^+}}/m^0)(m_{\mathrm{Cl^-}}/m^0)]\end{aligned} \quad (3.173)$$

根据酸的离解常数 K_a^{HA} 的定义

$$K_a^{\mathrm{HA}}=\frac{\gamma_{\mathrm{H_3O^+}}\gamma_{\mathrm{A^-}}[m_{\mathrm{H_3O^+}}/m^0(m_{\mathrm{A^-}}/m^0)]}{[\gamma_{\mathrm{HA}}(m_{\mathrm{HA}}/m^0)]} \quad (3.174)$$

通过对式(3.173)重排并把式(3.174)并入，得到

$$E-E^0_{\mathrm{Ag|AgCl|Cl^-}}+\frac{RT}{F}\ln\left[\frac{(m_{\mathrm{HA}}/m^0)(m_{\mathrm{NaCl}}/m^0)}{(m_{\mathrm{NaA}}/m^0)}\right]=-\frac{RT}{F}\ln K_a^{\mathrm{HA}}-\frac{RT}{F}\ln\left[\frac{\gamma_{\mathrm{Cl^-}}\gamma_{\mathrm{HA}}}{\gamma_{\mathrm{A^-}}}\right]$$

$$(3.175)$$

其中假设对弱酸 $m_{\mathrm{A^-}}=m_{\mathrm{NaA}}+m_{\mathrm{H^+}}\approx m_{\mathrm{NaA}}$，且 m_{HA} 是最初加入的弱酸的浓度。式(3.175)的右侧显示出由于离子半径 $\mathrm{Cl^-}$ 和 $\mathrm{A^-}$ 不同而产生的对离子强度微弱依赖关系。当溶液很稀时，事实上右边与离子强度无关，可直接外推到 $I\rightarrow0$。该电池，在文献中有时称为 Harned 电池，曾广泛地用于测量弱酸的解离常数 K_a^{HA}。例如直接忽略活度系数项并在约 $0.05\mathrm{mol\cdot kg^{-1}}$ 的摩尔浓度下，测量到的醋酸的 $K_a^{\mathrm{HA}}=1.729\times10^{-5}$。当外推到离子强度为零时，其值为 1.754×10^{-5}，与用电导率测量的结果非常吻合。该电池也可用于像甲酸之类的强酸，但是要注意此时的假设 $m_{\mathrm{A^-}}\approx m_{\mathrm{NaA}}$ 不再成立，必须采用进一步的近似。

该类电池也可用来确定 NH_4^+ 的酸解离常数:

$$NH_4^+ \Longrightarrow NH_3 + H^+ \; ; \; K_a^{am} = a_{H^+} \frac{a_{NH_3}}{a_{NH_4^+}}$$

电池 $Pt|H_2(p=1atm)|NH_4Cl(m_1)$, $NH_3(m_2)$, $KCl(m_3)|AgCl|Ag$ 的电动势如下

$$E = E_{AgCl|Ag|Cl^-}^0 - \frac{RT}{F}\ln(a_{H^+}a_{Cl^-})$$

$$= E_{AgCl|Ag|Cl^-}^0 - \frac{RT}{F}\ln[\gamma_{H^+}\gamma_{Cl^-}(m_{H^+}/m^0)(m_{Cl^-}/m^0)]$$

$$= E_{AgCl|Ag|Cl^-}^0 - \frac{RT}{F}\ln K_a^{am} - \frac{RT}{F}\ln\left[\frac{(m_{NH_4^+}/m^0)(m_{Cl^-}/m^0)}{(m_{NH_3}/m^0)}\right] - \frac{RT}{F}\ln\frac{\gamma_{NH_4^+}\gamma_{Cl^-}}{\gamma_{NH_3}}$$

$$= E_{AgCl|Ag|Cl^-}^0 - \frac{RT}{F}\ln K_a^{am} - \frac{RT}{F}\ln\left(\frac{(m_1/m^0)[(m_1+m_3)/m_0]}{(m_2/m^0)}\right) - \frac{RT}{F}\ln\frac{\gamma_{NH_4^+}\gamma_{Cl^-}}{\gamma_{NH_3}}$$

在摩尔浓度为 $0.01\sim0.1mol \cdot kg^{-1}$ 的区间,Guggenheim 公式(2.82)成立时,通过测量并将离子强度外推至零能得到非常准确的 K_a^{am} 值。

3.6.5 热力学状态函数($\Delta_r G^0$、$\Delta_r H^0$ 和 $\Delta_r S^0$)以及化学反应相应的平衡常数的确定

从 3.1 节中知道,一个化学反应的标准自由能与具有同样总化学反应的原电池的电动势之间的联系是

$$\Delta_r G^0 = -nFE^0 \tag{3.176}$$

其中反应在其反应物和产物都为标准态时进行(气体压力为 1 个大气压,单位平均离子活度)。

类似地,反应的熵变从具有同样总化学反应的原电池的电动势得到

$$\Delta_r S^0 = nF\left(\frac{\partial E^0}{\partial T}\right)_p \tag{3.177}$$

对标准反应生成焓 $\Delta_r H^0$,由关系式 $\Delta_r G = \Delta_r H^0 - T\Delta_r S^0$,可得出

$$\Delta_r H^0 = -nF\left[E^0 - T\left(\frac{\partial E^0}{\partial T}\right)_p\right] \tag{3.178}$$

另外,一个化学反应的热力学平衡常数 K_{eq} 也可通过测量相应的化学电池的电动势来确定,因为

$$\Delta_r G^0 = -RT\ln K_{eq} \tag{3.179}$$

可得到

$$K_{eq} = \exp\left(\frac{nFE^0}{RT}\right) \tag{3.180}$$

下面用一个特殊的电池,即 Daniell 电池为例来做具体说明。

$$Zn|Zn^{2+}(aq)||Cu^{2+}(aq)|Cu \tag{3.181}$$

其中相应的电极反应为

$$Cu^{2+} + 2e^- \longrightarrow Cu^0$$

$$Zn^0 \longrightarrow Zn^{2+} + 2e^-$$

$$\overline{\phantom{Cu^{2+} + Zn^0 \longrightarrow Cu^0 + Zn^{2+}}} \tag{3.182}$$

$$Cu^{2+} + Zn^0 \longrightarrow Cu^0 + Zn^{2+}$$

按照 3.6.1 节里描述的方法，可得到该电池的标准电动势为 1.103V，由此可计算反应 $Cu^{2+} + Zn^0 \longrightarrow Cu^0 + Zn^{2+}$ （$n=2$）的自由能

$$\Delta_r G^0 = -2 \times 96485 \times 1.103 = -212.846 \text{kJ} \cdot \text{mol}^{-1} \tag{3.183}$$

在 25℃附近测量到的 Daniell 电池的标准电动势与温度的关系为 -0.83×10^{-4} $\text{V} \cdot \text{K}^{-1}$，由式(3.177) 式可得到

$$\Delta_r S^0 = 2 \times 96485 \times (-0.83 \times 10^{-4}) = -16.02 \text{J} \cdot \text{K}^{-1} \cdot \text{mol}^{-1} \tag{3.184}$$

而从式(3.178)，对 $\Delta_r H^0$ 有

$$\Delta_r H^0 = \Delta_r G^0 + 298 \times \Delta_r S^0 = -212867 - 4774$$

$$= -217641 \text{J} \cdot \text{mol}^{-1} \equiv -217.641 \text{kJ} \cdot \text{mol}^{-1} \tag{3.185}$$

最后平衡常数由下式给出

$$K_{eq} = \exp[2 \times 96485 \times 1.103 / (8.314 \times 298)] = 2.041 \times 10^{37} \tag{3.186}$$

3.6.6　用氢电极来测量 pH 值

pH 值的概念已经在第二章中简要地介绍了。现在希望拓展其定义并更仔细地来考虑 pH 标度中固有的问题。如果某个原电池的总化学平衡中出现 H_3O^+ 的活度项，那么至少在原理上可使用该电池的平衡电势来测量 pH 值。一种最简单而且十分重要的反应平衡是氢电极 $Pt|H_2|H_3O^+$，其电极反应如下

$$H_3O^+ + e^- \rightleftharpoons 1/2H_2 + H_2O \tag{3.187}$$

在一个大气压下，氢电极的平衡电势 $E^0_{H^+|H_2}(\text{vsSHE}) = 0$

$$E_{H^+|H_2} = \frac{RT}{F} \ln a_{H_3O^+} \tag{3.188}$$

$$\equiv -0.0591 \text{pH} \quad (298\text{K}) \tag{3.189}$$

其中定义 $\text{pH} = -\lg a_{H_3O^+}$。

为了使用这类电极来确定未知溶液的 pH_x 值，需要将该电极与另外一个合适的参比电极结合并组成一个完整的电池。如果使用 $Hg|Hg_2Cl_2|Cl^-$ （饱和 KCl 溶液）作为参比电极，那么相应的电池具有下面的形式

$$Hg|Hg_2Cl_2|KCl(饱和溶液) \| 溶液 \ \text{pH} \ 值 = \text{pH}_x|H_2|Pt \tag{3.190}$$

显然在这个电池中的参比电极的溶液与待测 pH 值的溶液之间存在很高的液接电势 $\Delta\varphi_{diff}$。可用 3.2 节里给出的方法来减小该液接电势值，用式(3.190) 中的 $\|$ 来表示，相应的电池示意图给出在图 3.30 中。式(3.190) 的电动势

$$E = E_{H^+|H_2} - E_{SCE} - \Delta\varphi_{diff} = -0.0591\text{pH}_x - E_{SCE} + \Delta\varphi_{diff} \tag{3.191}$$

而且

$$\text{pH}_x = -\frac{E + E_{SCE} - \Delta\varphi_{diff}}{0.0591} \tag{3.192}$$

例如，如果测量的电动势为 $-0.8627\mathrm{V}$，E_{SCE} 取 $0.2415\mathrm{V}$（见表 3.3），而液接电势差降低到 $2\mathrm{mV}$，那么

$$\mathrm{pH}_x = -(-0.8627+0.2415\pm0.002)/0.0591 = 10.51\pm0.03 \qquad (3.193)$$

表观上其结果似乎还是令人满意的，但是这一方法还是有许多实际问题需要讨论。定义

$$\mathrm{pH} \equiv -\lg a_{\mathrm{H_3O^+}} \qquad (3.194)$$

显然是纯概念上的，因为实验上无法确定单个离子的活度。而且，在实际 pH 值的测量过程中为避免使用 E_{SCE}，在测量未知溶液的 pH 值之前，由下面的电池

$$\mathrm{Hg \mid Hg_2Cl_2 \mid KCl_{aq} 标准缓冲溶液 \mid H_2 \mid Pt} \qquad (3.195)$$

组成的图 3.30 中的装置首先需利用一种或数种已知 pH 值的标准缓冲溶液进行校正。假设 pH 值每增加一个单位，电势降低 $59.1\mathrm{mV}$，通过相对于该标准缓冲溶液的电势差即可计算得出未知溶液的 pH 值。现在该测量过程通常是通过使用一高输入阻抗电压计直接校正 pH 值而实现了自动化。其校正通常采用标准缓冲溶液（pH≈2～12），不同工作温度的影响可以很容易地通过仪器上的校正刻度盘的补偿而考虑进去。

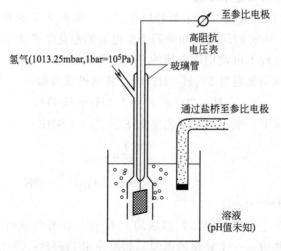

图 3.30 用氢电极测量 pH 值

如果标准缓冲和未知溶液的活度系数非常接近（当标准和未知溶液具有类似的离子组成和浓度时就会这样），液接电势差会相互抵消，那么测量值将相应于工作的 pH 值，这是因为该值是在电池工作时测定的。然而这一方法仍然有个问题：测量时该如何连接标准缓冲溶液与未知 pH 值的溶液呢？

为了解决上述问题，必须引入一些规则来排除单离子活度的问题。首先回到3.6.4 节里讨论过的 Harned 电池，该电池实际上包含了缓冲溶液和一种含有已知摩尔浓度的 $\mathrm{Cl^-}$ 的溶液。如果将电池写成如下形式

$$\mathrm{Ag \mid AgCl \mid KCl, HA, KA \mid H_2 \mid Pt} \qquad (3.196)$$

那么其电动势具有下面的形式

$$E = -E^0_{Ag|AgCl|Cl^-} + \frac{2.303RT}{F}\lg(a_{H_3O^+}\, a_{Cl^-})$$

$$= -E^0_{Ag|AgCl|Cl^-} - \frac{2.303RT}{F}pH + \frac{2.303RT}{F}\lg(m_{Cl^-}/m^0)\gamma_{Cl^-} \qquad (3.197)$$

$$= -E^0_{Ag|AgCl|Cl^-} - 0.0591pH + 0.0591\lg(m_{Cl^-}/m^0)\gamma_{Cl^-}$$

在 298K 下，$2.303RT/F = 0.0591V$。在式(3.197)中，除了 pH 值外，唯一未知的量就是 γ_{Cl^-}。根据 Bates 和 Guggenheim 理论，若离子半径已知，就可使用 Debye-Huckel 的扩展表达式［见式(2.81)］来计算该活度系数。参考式(2.81)，显然可写出

$$\ln\gamma_{Cl^-} = -\frac{AI^{1/2}}{1 + Ba_0 I^{1/2}} \qquad (3.198)$$

式中，A 和 B 是常数，而 a_0 是离子半径。根据 Bates-Guggenheim 理论，Cl^- 的 Ba_0 取值为 1.5。因此，在使式(3.198)成立的离子强度区（$\leqslant 0.1$），可测定一系列缓冲溶液的 pH 值，并可设计出基于 Bates-Guggenheim 理论 pH 值非常准确的标准溶液。

因此，现在再回过头来看式(3.190)中的电池，可以发现测量溶液的 pH 值包括以下步骤：①配制标准缓冲溶液，通过 Harned 电池的测量并结合 Bates-Guggenheim 规则计算得出其 pH 值；②测量式(3.190)中含标准溶液的电池的电动势 E_s，其中标准溶液的 pH 值（pH_s）应尽量接近未知溶液值；③测量用未知溶液取代（$pH = pH_x$）标准溶液后的电池电动势 E_x。然后根据：

$$E_s = -0.0591pH_s - E_{SCE} + \Delta\varphi_{diff} \qquad (3.199)$$

$$E_x = -0.0591pH_x - E_{SCE} + \Delta\varphi'_{diff} \qquad (3.200)$$

以及考虑到对两种溶液，其 $\Delta\varphi_{diff}$ 和 $\Delta\varphi'_{diff}$ 非常接近，可得到

$$pH_x = pH_s + (E_s - E_x)/0.0591 \qquad (3.201)$$

上式涵盖了如何确定 pH 值的操作步骤。

式(3.190)中的氢电极可在整个 pH 值范围内用作 pH 值传感器。然而，它并不能在所有的溶液中都令人满意地工作。例如在含 CN^-、H_2S 或 As（Ⅲ）的溶液中，这些物种可通过毒化电极而干扰 pH 值的测量。而且在高度分散的金属铂表面，（如在铂黑电极表面），某些重金属离子、硝酸根或有机物可被氢还原，该还原过程将改变电极附近溶液的 pH 值。然而，如果充分注意到上述问题，通过频繁地铂黑化（重新在铂表面沉积新鲜的铂粒）和精确地控制测量的温度，用氢电极可在许多水溶液中可获得可靠而重现的测量结果。

除了氢电极之外，还有许多氧化还原电极或第二类电极可用作 pH 传感器。在碱性溶液中可利用汞-氧化汞电极对 pH 值敏感性测量 pH 值

$$HgO + H_2O + 2e^- \longrightarrow Hg + 2OH^- \qquad (3.202)$$

其 $E^0 = +0.097V$ (vs. SHE)（参见表 3.3）。

主要用于酸性溶液的是氢醌电极：$Pt \mid C_6H_4O_2, C_6H_4(OH)_2 \mid H_3O^+$，其电极反应为

$$O = \langle\!\rangle = O + 2H_3O^+ + 2e^- \longrightarrow HO - \langle\!\rangle - OH + 2H_2O$$

其标准电势 $E^0 = +0.899V$ (vs. SHE)。

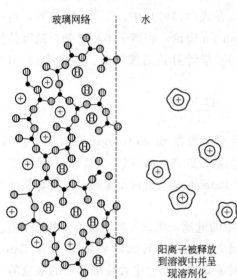

图 3.31　水和质子在玻璃膜
表面区的交换示意图
带阴影的圆代表氧；实心圆代表硅；
⊕代表玻璃或溶剂中未溶剂化的阳离子

然而在日常实验或工业生产中，上述各种电极，甚至氢电极本身都不再使用，所有这类应用几乎全部被"玻璃 pH 电极"所取代，该电极将在下一节描述。

3.6.7　用玻璃电极测量 pH 值

如果将玻璃（例如由 SiO_2-CaO-Na_2O 组成的玻璃）浸入水中，与氧化硅网络相连的某些阳离子将表面附近的 H_3O^+ 发生交换。这就是如图 3.31 所示的所谓的"膨润"过程，所生成的"膨润层"称为 Haugaard 层（HL），一般在 $24 \sim 48h$ 内达到平衡，其厚度为 $5 \sim 500nm$。如果将该膨润层与含 H_3O^+ 的溶液接触，两相中（膨润层和液相中）的氢离子的活度 $a_{H_3O^+}$ 及其化学势 $\mu_{H_3O^+}$ 将不同。从 3.3 节了解到，膨润层和液相中将发生 H_3O^+ 交换直至满足式

(3.15)，也就是说直到两相中的电化学势相等为止

$$\tilde{\mu}_{H_3O^+}^{HL} = \tilde{\mu}_{H_3O^+}^{sol} = \mu_{H_3O^+}^{0^*,HL} + RT\ln a_{H_3O^+}^{HL} + F\varphi^{HL} \tag{3.203}$$
$$= \mu_{H_3O^+}^{0^*,sol} + RT\ln a_{H_3O^+}^{sol} + F\varphi^{sol}$$

如果 $\mu_{H_3O^+}^{HL} = \mu_{H_3O^+}^{sol}$ 且不随溶液的改变而变化，那么膨润层和溶液相之间的电势差可写为

$$\Delta\varphi = \varphi^{sol} - \varphi^{HL} = \frac{RT}{F}\ln\left(\frac{a_{H_3O^+}^{HL}}{a_{H_3O^+}^{sol}}\right) \tag{3.204}$$

从式（3.204）可以看出，在 25℃ 时氢离子活度每改变 10 倍，$\Delta\varphi$ 改变 59.1mV。

这一效应可用来确定未知的 pH 值。在厚度约为 0.5mm 的玻璃薄膜两侧都形成了膨润层后，可用它将一种 pH 值未知的溶液（Ⅱ）与另一种 pH 值恒定的溶液（Ⅰ）隔开，如图 3.32 所示。玻璃膜的两个表面之间的电接触是通过玻璃内的离子

电导率来实现的。当离子在两边的迁移达到平衡时，可得出

$$\Delta\varphi_0(\text{I}-\text{II})=\frac{RT}{F}\ln\left[\frac{a_{\text{H}_3\text{O}^+}(\text{HL},\text{I})}{a_{\text{H}_3\text{O}^+}(\text{I})}\right]-\frac{RT}{F}\ln\left[\frac{a_{\text{H}_3\text{O}^+}(\text{HL},\text{II})}{a_{\text{H}_3\text{O}^+}(\text{II})}\right] \quad (3.205)$$

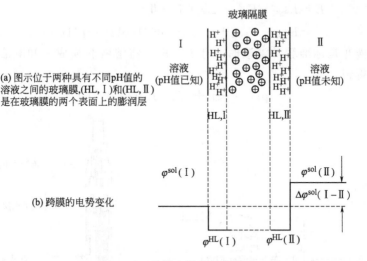

图 3.32　玻璃电极的工作原理

将 $\lg a_{\text{H}_3\text{O}^+}(\text{I})=-\text{pH}_\text{I}$ 和 $\lg a_{\text{H}_3\text{O}^+}(\text{II})=-\text{pH}_\text{II}$ 代入

$$\Delta\varphi_0(\text{I}-\text{II})=\frac{RT}{F}\ln\left[\frac{a_{\text{H}_3\text{O}^+}(\text{HL},\text{I})}{a_{\text{H}_3\text{O}^+}(\text{I})}\right]+0.0591(\text{pH}_\text{I}-\text{pH}_\text{II}) \quad (3.206)$$

在式(3.206)中出现的项 $\frac{RT}{F}\ln\left[\frac{a_{\text{H}_3\text{O}^+}(\text{HL},\text{I})}{a_{\text{H}_3\text{O}^+}(\text{I})}\right]$ 称为不对称电势 $\Delta\varphi_\text{as}$，如果有必要可将溶液II换成溶液I，从而使得 $\text{pH}_\text{I}=\text{pH}_\text{II}$，并在两溶液中使用完全相同的参比电极来测出其值。此时 $\Delta\varphi_0(\text{I}-\text{II})$ 可以约化为 $\Delta\varphi_\text{as}$。不对称电势起源于在制备中造成膜两侧的氧化硅骨架中的机械张力和化学组成的不同。取决于玻璃的类型、膜的形式（平板形或弧形）以及前处理的历史（如制备工艺、处理温度、曾经与之相接触过的溶液等），通常的 $\Delta\varphi_\text{as}$ 值在 0～50mV 之间。

在实际测量中使用直径为 1cm 的球形膜并将其封入一厚玻璃管的下端，加满 pH 值已知的缓冲溶液（见图 3.33）。通常，内缓冲溶液的 pH=7，为使得能在内电极上建立稳定的电势差，通常在缓冲溶液中溶有 KCl。其内电极常使用银-氯化银、饱和甘汞或 Thalamid® 电极，后者也属于第二类参比电极，由 Tl(Hg)|TlCl|Cl⁻ 构成。当氯离子的浓度为 1.000mol·dm⁻³ 时，其电势差相对于标准氢参比电极是 -0.555V。内电极、玻璃膜与缓冲溶液一起称为玻璃电极。将该玻璃电极依次浸入含有已知和未知 pH 值的溶液中，测量两种情形相对于浸入同一溶液中的外部参比电极的电势差，这样即可测出溶液的 pH 值。

可形象地将这种组合表示为：

$$Hg\,|\,Hg_2Cl_2\,|\,饱和\,KCl\,\|\,溶液\,II\,|\,玻璃\,|\,溶液\,I\,,KCl\,|\,AgCl\,|\,Ag$$

如果饱和甘汞及银-氯化银电极的标准电势为 E_{SCE} 和 E_{SSE}，那么上述电池的电动势为

$$E = E_{SSE}^0 - E_{SCE} + \Delta\varphi_0(I-II)$$
$$= E_{SSE}^0 - E_{SCE} + \Delta\varphi_{as} + 0.0591(pH_I - pH_{II}) \qquad (3.207)$$

当溶液 II 是标准缓冲溶液时，有 $E = E_s$，将溶液 II 换成未知溶液时 $E = E_x$，又一次可得到

$$pH_x = pH_s + (E_s - E_x)/0.0591 \qquad (3.208)$$

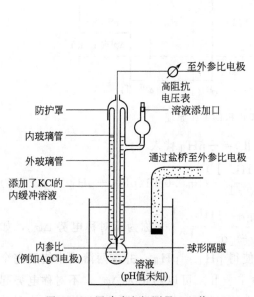

图 3.33　用玻璃电极测量 pH 值

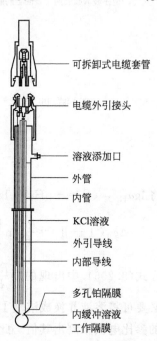

图 3.34　复合 pH 电极和参比电极
该电极可在除离子浓度很高或很低的
溶液之外的任何溶液进行 pH 测定

用玻璃电极可在很宽的 pH 值范围内测量，不过在碱性溶液中，与膨化层的阳离子交换将导致所谓"碱性误差"。该误差也可通过使用特殊的玻璃而最小化，并使得能在 pH1～14 的范围内进行准确的测量。当 pH<1 时，也有很小的"酸误差"，在精确测量中必须考虑。

在精确的测量中，因为 $\Delta\varphi_{as}$ 随时间而变化，每天都必须用标准缓冲溶液校正玻璃电极。强碱性的溶液及氢氟酸溶液会腐蚀玻璃膜并破坏电极。此外，如果让膜干燥，膜的性能将受到严重的影响，因此电极在不用时必须浸入蒸馏水中。而且，因为玻璃膜本身具有很高的阻抗（$10^8\,\Omega$），即使流过膨润层中的电流很小，也可能破坏该膨润层与溶液之间所建立的平衡，pH 值的测量中须使用具有很高的输入阻

抗（$10^{11} \sim 10^{12}\,\Omega$）的电压计测量电池的电动势。由于使用了高阻抗系统，必须非常小心地将导线屏蔽以防引入杂散噪声。

图 3.34 给出的是更先进的玻璃电极，它将玻璃电极与外参比电极合并到一个玻璃管中。对特殊用途的测量问题，人们已经开发了一系列特殊类型的玻璃电极；它们包括用于土壤测量的防振锥形膜，确定诸如奶酪等固体样品 pH 值的平板膜以及用于生物活体检测的微型针式系统。

3.6.8　电势滴定的原理

如果在一个化学反应中离子 i 的活度发生了变化，而且其活度变化可通过适当的电极来监测，那么就可通过跟踪电势变化来了解反应的进展。也就是说，与电导率的测量一样，电动势的测量也可用来确定滴定的终点。常规电极和离子选择电极等（在 10.3.3 节里介绍）都能用来跟踪反应过程。

例如，可以用氢电极或对 pH 敏感的玻璃电极作为指示电极来跟踪酸碱滴定过程。在两种情况下，随着滴定的进行，例如通过向酸溶液中滴加碱溶液，H_3O^+ 的活度每降低 10 倍，电势差会降低 59.1mV。只要酸过剩，那么在加碱时 pH 值将只发生微小的变化；然而在滴定终点附近 $a_{H_3O^+}$ 快速降低，电势差也跟着快速降低，直到碱过量电势变化又不明显了。因此，所测到的电势差将显示如图 3.35 所示的阶跃式行为，其中 pH 电极的电势变化是通过计算用 $0.1\,mol \cdot dm^{-3}$ 的强碱来滴定 $100\,mL\,0.01\,mol \cdot dm^{-3}$ 的强酸得到的。滴定的终点相当于电势差变化最快的那一点。可通过对该滴定曲线求微分的方法更为准确地找出滴定终点的位置，这已经用虚线表示在图 3.35 中，由图可见，在滴定终点时存在一尖锐的最大值。

在沉积、络合或氧化还原滴定中电势的变化也与图 3.35 所示的非常类似。沉积滴定的一个例子是用硝酸银来确定 Cl^- 的活度：

$$Ag^+ + Cl^- \longrightarrow AgCl(s) \tag{3.209}$$

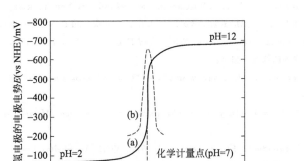

图 3.35　酸碱电势滴定

(a) 用强碱滴定体积为 100mL 浓度为 $0.01\,mol \cdot dm^{-3}$ 的强酸的滴定曲线；

(b) 添加滴定剂时电势的微分变化，其峰位置就相当于滴定终点量

这时，可监测 $Ag|Ag^+$ 的平衡电势随所加滴定剂的体积的变化。在滴定刚开始时，溶液中银离子的浓度可有效地通过氯化银的溶度积来确定，而在滴定终点，随着最后剩余的 Cl^- 被沉积，Ag^+ 的浓度将急剧上升。如果滴定是在水和丙酮的混合液中进行的，其中 AgCl 的溶度积更低，电势阶跃的高度将进一步增大。

与电导滴定类似，电势滴定具有很大的优点是在浑浊的、有颜色的或很稀的溶液中都可进行。电势滴定的另一个优点是滴定的终点非常尖锐而且易于自动化，并且已经有了很多商品化的仪器。其应用范围非常广，对很多电分析过程包括测定恒量有机溶剂中的痕量水等，都已经开发了精确的测量方法。

<h1 align="center">参 考 文 献</h1>

有关电化学的书籍：

"Encyclopedia of Electrochemistry", Eds. A. J. Bard and h. Stratmann, Wiley-VCH, Weinheim, 2003

J. O' M. Bockris and A. K. N. Reddy：*"Modern Electrochemistry"*, 2nd Ed. Vol 2A Plenum Press, New York, 2000

A. J. Bard and L. R. Faulkner：*"Electrochemical Methods"*, John Wiley and Sons, 2001

R. A. Robinson and R. H. Stokes：*"Electrolyte Solutions"*, Butterworth, London, 1959

讨论参比电极及其结构的书籍：

D. I. G. Ives and G. J. Janz, *"Reference Electrodes"*, Academic Press, New York, 1961

D. T. Sawyer and J. L. Roberts：*"Experimental Electrochemistry for Chemists"*, John Wiley and Sons, 1974

有关电极电势的列表可在以下书籍中找到：

A. J. Bard, R. Parsons and J. Jordan：*"Standard Potentials in Aqueous Solution"*, Dekker, New York, 1985

A. K. Covington and T. Dickinson：*"Physical Chemistry of Organic Solvents"*, Plenum Press, New York, 1973

有关电极/电解质溶液的结构的更为详细的讨论可在下面的书中找到：

"Comprehensive Treatise of Electrochemistry", vol. 1, eds. J. O'M. Bockris, B. Conway and E. Yeager, Plenum Press, New York, 1980

R. Parsons, *"The Metal-Liquid Electrolyte Interface"*, Solid State Ionics 94 (1997) 91

"Interfacial Electrochemistry" ed. A. Wieckowski, Marcel Dekker, New York, 1999

"Adsorption of Molecules at Metal electrodes", ed. J. Lipkowski and P. N. Ross, VCH, Weinheim, 1992

E. Spohr in *"Advances in Electrochemical Science and Engineering"*, vol. 6, Wiley-VCH, Weinheim, 1999

半导体电化学更详细的描述可参阅：

A. Hamnett：*"Semiconductor Electrochemistry"*, in *"Comprehensive Chemical Kinetics"*, ed. R. G. Compton, Elsevier, 1987

S. R. Morrison：*"Electrochemistry at Semiconductor and Oxidised Metal Electrodes"*, Plenum, New York, 1980

R. Memming, *"Semiconductor Electrochemistry"*, Wiley-VCH, Weinheim, 1999

有关胶体现象的详细论述可参阅：

R. J. Hunter, *"Foundations of Colloid Science"*, 2 vols., Oxford University Press, Oxford, 1987

D. H. Everett, *"Basic Principles of Colloid Science"*, Royal Society of Chemistry, London, 1988

第4章 电势与电流

前面几章主要讨论了电解质溶液内部以及电解质溶液和电极的相边界处于电化学平衡时的情形，这一章主要讨论当有电流流过电解池而导致偏离电化学平衡时的情形。这类电流流动不仅在电解质溶液中产生欧姆电势降 IR_E（其中 R_E 是电极间电解质溶液的内阻），而且可以使不同的电极表现出完全不同的电流-电势行为。一般来说，这两种效应都将影响电解池的总电势。

4.1 流过电流时的电池电压与电极电势的概述

图 4.1 给出了一个流过电流时的电化学电解池，同时图中也显示了相应的电池内阻。电解液的电阻 R_E 是欧姆电阻，它与流过的电流的大小和方向无关，因此由它引起的电势降与所通过的电流成比例，而电阻 R_I 和 R_{II} 为非欧姆性电阻，它们与电流的大小和方向都有关。

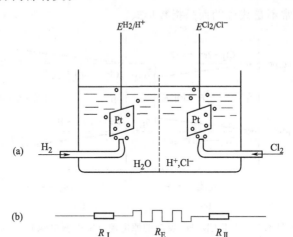

图 4.1 一个电解池的例子（a）和简单的等效电路（b）

在理想的情形下，电极的稳定电势 E_r 以及电解池在平衡时的电动势，即两个电极的稳定电势之差，可通过热力学数据获得。根据这类数据表中相应化学反应的标准 Gibbs 自由能 $\Delta_f G^0$，可以计算出电解池的标准电动势 E^0，同时，利用能斯特方程还可以计算出反应物和产物在任意浓度时电解池的电动势。

当有电流流过时，所有的电极电势值将发生移动。在图 4.1 所给出的例子中，电解池中装有盐酸溶液，并由半透膜隔为两个腔室，其中一个腔室有溶解的氢气，而另一腔室则有溶解的氯气，电极通常为金属 Pt。在本例中，开路条件下决定电极电势的电极反应为：

$$Cl_2 + 2e^- \rightleftharpoons 2Cl^- \tag{4.1}$$

和

$$H_2 \rightleftharpoons 2H^+ + 2e^- \tag{4.2}$$

如果盐酸的平均活度为1，而氢气和氯气的平衡压力为1atm，根据标准热力学数据，可得到其标准电动势为 $E^{0,Cl_2|Cl^-} - E^{0,H^+|H_2} = +1.37V$，其中氯电极是正极。

如果通过一个电阻将两个电极连接起来而作为电池工作，电子将由氢电极流向氯电极，并将破坏在电极连通前所建立的平衡。随着下述反应的发生，氢电极的电势将向正方向移动：

$$H_2 \longrightarrow 2H^+ + 2e^-$$

该反应相应于电子从溶液相移动到电极，在这种条件下，该电极称为阳极。同时，相应的氯电极的电势将随着氯气的还原而降低，该电极称为阴极。

$$Cl_2 + 2e^- \longrightarrow 2Cl^-$$

图 4.2(a) 显示了这两种效应。从该图中，可容易看出电解池的总电势将随着电流的增加而降低。应该注意的是，图 4.2 只是示意性的，下面将要进一步讨论的电流-电势曲线通常不是线性的而呈指数形式。

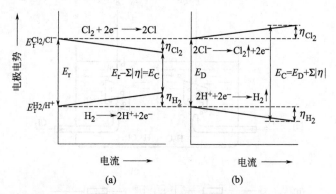

图 4.2 基于 Cl_2 / H_2 反应的原电池（或燃料电池）(a)
和利用盐酸作为电解质溶液的电解池的电势随电流变化的示意图（b）

如果不是以电池的形式工作，而是通过对其施加高于平衡电动势的电势使该电池以电解的模式工作，那么两个电极反应将向相反的方向进行。现在阳极将变成氯电极，其电极反应如下：

$$2Cl^- \longrightarrow Cl_2 + 2e^- \tag{4.3}$$

而阴极则是氢电极，其相应的反应是：

$$2H^+ + 2e^- \longrightarrow H_2 \tag{4.4}$$

在这种情形下，电解池的电势将随着电流的增加而增加，其中氢电极的电势将更负，而氯电极的电势将更正，如图 4.2(b) 所示。

4.1.1　超电势的概念

阳极或阴极的电势偏离平衡电势 E_r 的大小称为超电势，定义如下：

$$\eta = E - E_r \tag{4.5}$$

显然，超电势的符号取决于电极电势及其平衡电势的相对大小。图 4.2 中已给出了超电势 η 的值。

当电流很小时，电极电势随电流改变的速率与电荷穿越电极（电子导体）和电解质溶液（离子导体）的相边界的极限速率有关，称为电荷转移超电势。在一定超电势下，电荷转移速率取决于参与反应的物种、电解质溶液以及电极本身（如金属的化学特性）的性质。在较高电流密度下，电荷转移速率通常不再是决速步骤，这时的反应速率由相对较慢的反应物从溶液到电极或产物从电极到溶液的传质速率（扩散超电势），或由与电荷转移步骤相偶合的慢化学反应（反应超电势）来决定。

反应超电势还包括参与反应的物质的吸脱附过程或在电荷转移反应前后发生的化学反应。例如在弱酸溶液中氢的析出反应：溶液中酸的解离反应必须先于反应 (4.4) 发生：

$$HA \rightleftharpoons H^+ + A^- \tag{4.6}$$

4.1.2　超电势的测量：单电极的电流-电势曲线

从前面的讨论可知，在标准条件下，可以很容易地利用图 4.1 给出的实验装置通过使用高阻抗的电势计测量出电池的电动势而得到氯电极的平衡电势（或称为稳定电势），$E^{0,Cl_2|Cl^-}$，因为习惯上将氢电极作为参比电极的基准零点（参见第 3 章）。但是，当有电流流过时，氯电极的电势 E 的测量就比较麻烦了，因为测量到的电池电压包含了来自氯电极和氢电极两方面超电势的影响。

通常，一个有电流通过的电极（工作电极）的电势是不能相对于电解池中另一个也流过电流的对电极而进行测量的，而是需要在电解池里引入第三个电极（参比电极）来提供基准电势。在第 3 章里，已对这类电极进行过讨论，在实际测量中，人们通常使用第二类参比电极（如 Ag-AgCl 或饱和甘汞电极），这种电极可通过盐桥与电解池的电解液相连接 [见图 4.3(a)]。氯电极和这一参比电极之间的电势差可用来确定纯粹来自于工作电极的超电势。很显然，为减小参比电极对超电势测量的影响，该参比电极上不能有电流流过，这一点可通过使用具有高阻抗的电势计来实现 [见图 4.3(b)]。除了电解池电势完全是由工作电极决定的，即源自溶液内阻和对电极的贡献皆可以忽略不计的情况（这时可使用如很多分析工作所经常采用的两电极体系进行测量）外，所有电极特性的测量都必须用到这种三电极体系。

上面所述的测量方法中一个重要的误差来源是电解质溶液的欧姆电势降。参比电极测量的是电解池中盐桥末端的电势，因为电流由工作电极流向对电极，显然盐桥的末端应该尽可能地靠近工作电极的表面。而且盐桥末端的形状应尽可能是确定的，通常被拉伸成毛细管形状并称为鲁金毛细管。对具有一定溶液内阻的电流-电势曲线的校正将在下面进一步讨论。

上述所测量的电流随电势的变化关系称为电极的电流-电势（伏安）特性曲线，图 4.4 给出了在上述氯电极上测量的伏安特性曲线。显然，图中 I-E 曲线只在电势偏离平衡电势几毫伏的区间内才保持近似的线性关系。

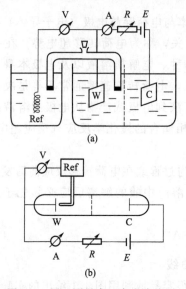

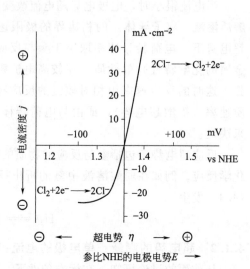

图 4.3　用于测量有一定电流流过
时电极电势的实验装置（a）和
相应的简单电路示意图（b）
W 代表工作电极，C 代表对电极，
Ref 代表参比电极

图 4.4　铂电极（面积为 $1cm^2$）在通入
氯气的盐酸水溶液（$p_{Cl_2}=$
$1bar$；$a_{HCl}=1$）中的伏安曲线
图中同时给出了阳极和阴极电流
（$1bar=10^5 Pa$）

4.2　伏安曲线中的电荷转移区

在诸多影响电流-电势曲线的因素中，例如电荷转移、传质和化学反应等，电荷转移速率的影响是不可避免的。特别是在平衡电势附近，其影响尤为显著。现在来讨论在一般情形下，电荷转移速率对电极电流-电势特性曲线的影响。

对一般的反应过程：

$$Ox+ne^- \rightleftharpoons Red \tag{4.7}$$

在平衡状态下，正向（阴极）和逆向（阳极）反应过程必须以同一速率进行。其反应速率通常不为零，它处于一种动态的平衡状态。

如果这时在电极上施加一超电势，要么是阳极反应速率增加而阴极反应速率降低，要么反之。其结果是在电极上发生净的化学转换过程，相应地就会有净电流流过外电路。在电子和离子导体相边界发生的实际电荷转移过程通常是通过量子力学隧道效应进行的。在阴极反应中，电子从金属的导带直接转移到吸附于电极表面或是位于双电层中离子或中性分子的未占分子轨道上；阳极过程则与之相反，电子由位于双电层中或者吸附于电极表面的离子或中性分子的已占分子轨道转移到金属导带的空能级上。

4.2.1　借助 Arrhenius 方程来理解电荷转移控制下的电流-电势曲线

首先，来讨论金属电极在含高浓度盐的电解质溶液中的情形。在此条件下，电极和电解质溶液之间的电势变化基本上只限于 Helmholtz 层内部。半导体电极的电势降主要发生在电极内部（3.6 节），而在低浓度电解质溶液中电势改变的区域可伸展到 Helmholtz 层以外的溶液区（第 2 章），对这两种情形，下面所推导的方程在未加修改前都不能直接使用。

当电极的电势由 E_1 改变为 E_2 时，在上述条件下，电势分布的主要变化将发生在双电层以内；可假设溶液内部的电势不发生变化，金属电极上的电势将发生变化，但其体相各处电势保持一致。值得注意的是，该电势的变化将会影响金属和双电层内所有的带电粒子，例如对一个 ze_0 电荷而言，与电极电势 E 相对应的电能是 ze_0E。

现在考虑 A＋B→产物的化学过程。根据活化的络合物理论，A 和 B 之间的反应可表达为通过一个活化的络合物中间体 $(AB)^{\ddagger}$，$(AB)^{\ddagger}$可认为与反应物 A 和 B 处于平衡，并以一定的速率分解为产物，该速率由对应的成键弛豫过程确定。如果初始反应物 A＋B 和活化络合物 $(AB)^{\ddagger}$之间的自由能之差是 $\Delta G_f^{\ddagger}$，则其正向反应的速率常数可写成 $k_f = k_f^0 \exp(-\Delta G_f^{\ddagger}/RT)$，同时，总反应的速率由下式给出：

$$v = k_f^0 c_A c_B \exp(-\Delta G_f^{\ddagger}/RT) \quad (4.8)$$

式中，浓度 c_A 和 c_B 原则上是指反应物 A 和 B 在电极表面上的浓度，在很低电流密度下它们与体相浓度相差不大。$\Delta G_f^{\ddagger}$ 的任何改变都将影响反应速率；如果 $\Delta G_f^{\ddagger}$ 降低，反应速率将增加；反之，反应速率将减小。

图 4.5 形象地描述了电势变化将如何影响反应自由能 $\Delta G_f^{\ddagger}$，该图显示了在两个不同的电势 E_1 和 E_2 下，氧化还原体系的能量变化与反应坐标之间

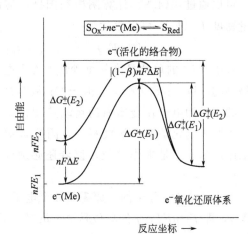

图 4.5　一个电子从电极向溶液中某个合适的氧化还原对转移及其逆过程中自由能变化的示意图

图中从 E_1 到 E_2 的电势变化对应于电势负移

的函数关系，其中 E_2 比 E_1 更负。图的左侧是式（4.7）左侧，即 $Ox + ne_M^-$ 的自由能，而该图的右侧则是还原物 Red 的自由能。假设电荷转移过程是一个外层过程，即 Ox 和 Red 都未吸附在电极表面，Ox 和 Red 都没有进入电势变化的界面区。在这种情况下，改变金属的电势带来的唯一变化是金属内部电子自由能的变化，其变化值对每个电子为 $(-e_0)(E_2 - E_1)$，对 n mol 电子来说，则是 $-nF \cdot \Delta E$。

因为电势的改变将不影响式（4.7）右边的自由能（见图 4.5），所以 ΔG 所有的这些变化并不都将在活化络合物中表现出来。为简化起见，通常假定总自由能变化中只有一部分 $(1-\beta)|nF \cdot \Delta E|$ 会实际表现在活化络合物中。因此，对如图 4.5 所示的阴极反应，其活化能写为 $\Delta G^{\pm}$，另外必须注意图中的 $\Delta E < 0$：

$$\Delta G^{\pm}(E_2) = \Delta G^{\pm}(E_1) + \beta nF \cdot \Delta E \tag{4.9}$$

对阳极反应：

$$\Delta G^{\ddagger}(E_2) = \Delta G^{\ddagger}(E_1) - (1-\beta)nF\Delta E \tag{4.10}$$

式中，β 称为不对称因子，自由能曲线相应于反应物和产物越不对称，β 值将会更小或更大。只有当曲线非常对称时，β 值将接近于 0.5［需要指出的是，用 $(1-\beta)$ 来表征阴极反应，而用 β 来表征阳极反应的表达方式也常使用。不过现在的教科书通常采用式（4.9）和式（4.10）中的表达形式，读者在文献中看到有关不对称因子的数据时，应该仔细确认文中采用的是哪种表达方式］在图 4.5 给出的示例中，$E_2 < E_1$，式（4.10）预期阳极反应的活化能将增加（因为 $\Delta E < 0$），而式（4.9）预期阴极反应的活化能将减小。

可以通过式（4.8）计算阴极和阳极反应的速率；在电势 E_1 时，Ox 在表面的流量密度 $J^-(E_1)$ 可以表达为

$$J^-(E_1) = -c_{Ox}k_0'^- \exp[-\Delta G^{\pm}(E_1)/RT] \tag{4.11}$$

式中，J^- 的单位是摩尔每秒每平方米电极面积，$mol \cdot s^{-1} \cdot m^{-2}$；$c_{Ox}$ 是氧化态物种的浓度，$mol \cdot m^{-3}$，由于 Ox 从溶液到表面的快速迁移，可认为其浓度是恒定的。因为电子在金属内的运动速度很快，所以认为金属中电子的浓度是恒定的，可并入电化学速率常数 k_0' 中，因此 k_0' 单位就是 $m \cdot s^{-1}$（在早期的文献中，多数采用厘米而不是米作单位，读者还必须注意通常习惯使用的浓度单位为 $mol \cdot dm^{-3}$）。

因为每个 Ox 分子的还原需要 n 个电子，根据物质的流量可计算出相应的电流密度 j，即 $j = nFJ$；j 的单位是 $A \cdot m^{-2}$。阴极的电流密度则由下式给出：

$$j^-(E_1) = -nFc_{Ox}k_0'^- \exp[-\Delta G^{\pm}(E_1)/RT] \tag{4.12}$$

式中，负号表示电子由电极流向溶液中物种。当电势由 E_1 变化到 E_2 时，可有

$$j^-(E_2) = -nFc_{Ox}k_0'^- \exp\left[\frac{-\Delta G^{\pm}(E_1) + \beta nF\Delta E}{RT}\right] \tag{4.13}$$

如果电势 E_1 设为实验中用到的参比电势的零点，由于参比电极与诸如 c_{Ox} 等因素无关，那么 $\exp[-\Delta G^{\pm}(E_1)/RT]$ 可视为常数，而并入速率常数中，该处理并不影响其普遍性。用任一电极电势 E 取代 E_2 和 ΔE，最后得到

$$j^-(E) = -nFc_{Ox}k_0^- \exp(-\beta nFE/RT) \tag{4.14}$$

显然，在上面的电流表达式中的电化学速率常数与所选择的电势零点即所用参比电极的电势有关。

同样，也可以得到阳极电流密度的方程式如下：

$$j^+(E_2) = nFc_{Red}k'^+_0 \exp\left[-\frac{\Delta G^{\pm}(E_1) - (1-\beta)nF\Delta E}{RT}\right] \tag{4.15}$$

其中电流的符号是正的，同样，如果选择参比电极的零电势为实验的零电势，可得出

$$j^+(E) = nFc_{Red}k_0^+ \exp\left[+\frac{(1-\beta)nFE}{RT}\right] \tag{4.16}$$

式(4.14) 和式(4.16) 描述的是在任意电势下的两个具有不同代数符号的部分电流密度。在平衡电势 E_r 时，净电流是零，这两个部分电流密度在数值上应该相等，其大小就是所谓的交换电流密度 j_0。如上面已反复强调过的，平衡电势对应的是一个动态的平衡而不是零反应活性。这一点可很容易地通过实验而得到证实，比如将银电极浸入含有具有放射活性的银离子的溶液中。尽管没有净电流通过银电极，在更换溶液后，会发现有些具有放射活性的银原子已经进入了金属银电极。在平衡电势时，

$$j^-(E_r) = -j_0 = -nFc_{Ox}k_0^- \exp(-\beta nFE_r/RT) \tag{4.17}$$

和

$$j^+(E_r) = +j_0 = +nFc_{Red}k_0^+ \exp\left[+\frac{(1-\beta)nFE_r}{RT}\right] \tag{4.18}$$

因为它们是相等的，经过一些重排可以得出

$$E_r = \frac{RT}{nF}\ln\frac{k_0^-}{k_0^+} + \frac{RT}{nF}\ln\frac{c_{Ox}}{c_{Red}} \tag{4.19}$$

如果将 $E^0 = \frac{RT}{nF}\ln\frac{k_0^-}{k_0^+}$ 代入，显然它就是在第 3 章得到的能斯特方程，注意在整个推算中使用了过量的电解质盐，在此条件下，Ox 和 Red 的活度系数与其浓度无关。

如果将实际的电极电势 E 写成 $E_r + \eta$，其中 η 是超电势，而 E_r 是上面定义的平衡电势，那么从式(4.14) 和式(4.16) 可以得到下面两个方程式：

$$j^-(E) = -nFc_{Ox}k_0^- \exp\left(-\frac{\beta nFE_r}{RT} - \frac{\beta nF\eta}{RT}\right) \tag{4.20}$$

和

$$j^+(E) = +nFc_{Red}k_0^+ \exp\left[+\frac{(1-\beta)nFE_r}{RT} + \frac{(1-\beta)nF\eta}{RT}\right] \quad (4.21)$$

根据式(4.17)和式(4.18)中关于交换电流密度的定义,可以得出

$$j^-(E) = -j_0 \exp\left(-\frac{\beta nF\eta}{RT}\right)$$

$$j^+(E) = j_0 \exp\left[\frac{(1-\beta)nF\eta}{RT}\right] \quad (4.22)$$

净电流是阳极和阴极电流的代数和:

$$j = j^+ + j^- = j_0 \left\{ \exp\left[\frac{(1-\beta)nF\eta}{RT}\right] - \exp\left[-\frac{\beta nF\eta}{RT}\right]\right\} \quad (4.23)$$

该式就是著名的 Butler-Volmer 方程。

4.2.2 交换电流密度 j_0 与不对称因子 β 的意义

式(4.22)和式(4.23)表明,部分电流密度将随超电势呈指数形式增加,其增加或减小的幅度与不对称因子 β 有关。当 $\beta = 0.5$ 时,总电流的阳极和阴极分支呈对称形状,而当 β 接近于 1 时,阴极电流的增加将比阳极电流要快得多(见图 4.6 中点线);而对 β 接近 0 的情形(见图 4.6 虚线),情况刚好相反。实验上观测到的 β 值一般在 0.4~0.6 之间。

与 β 不同的是,交换电流密度 j_0 是一个乘积因子,它同等地影响阳极和阴极的电流密度。将平衡条件下正向和逆向反应的活化自由能代入式(4.12)~式(4.14)可得出交换电流密度的表达式为:

$$j_0 = nFc_{Ox}k_0'^- \exp\left[-\frac{\Delta G^{\ddagger}_-(E_r)}{RT}\right] = nFc_{Red}k_0'^- \exp\left[-\frac{\Delta G^{\ddagger}_+(E_r)}{RT}\right] \quad (4.24)$$

交换电流密度值显然与参与反应的物质浓度以及在平衡电势下的活化自由能有关,它是电化学中一个极为重要的基本量,特别是,所谓电化学反应被催化就是指 j_0 值的增加。

对 $|\eta| \gg RT/nF$(25℃时为 25.7/n mV),则较小的阳极或阴极电流部分对总电流的贡献可被忽略。因此,对阴极反应,$\eta < 0$,且如果 $|\eta| \ll -RT/nF$,总电流可很好地近似表达为:

$$j = -j_0 \exp\left(-\frac{\beta nF\eta}{RT}\right) \quad (4.25)$$

对该式以 10 为底取对数,得到

$$\eta = \left(\frac{2.303RT}{\beta nF}\right)\lg j_0 - \left(\frac{2.303RT}{\beta nF}\right) \cdot \lg|j| \quad (4.26)$$

它具有如下的形式:

$$\eta = A + B\lg|j| \quad (4.27)$$

该半对数方程就是所谓的 Tafel 方程,B 就是所谓的 Tafel 斜率,其值为 $-2.303RT/\beta nF$。当 $\beta = 0.5$ 和 $n = 1$ 时,在 25℃下其值为 -118mV。方程(4.26)

的表达可变换为下面的形式

$$\lg|j| = \lg j_0 + \frac{\beta nF}{2.303RT}|\eta| \tag{4.28}$$

这样当用 $\lg|j|$ 对 $|\eta|$ 作图时,可以直接从电势轴的截距和斜率分别获得 j_0 以及 β 的值。

在高的阳极超电势下,$\eta \gg RT/nF$,如果反应电流仍然完全由电荷转移速率所控制,这时有

$$j = j_0 \exp\left[\frac{(1-\beta)nF\eta}{RT}\right] \tag{4.29}$$

通过处理可得到

$$\eta = -\frac{2.303RT}{(1-\beta)nF}\lg j_0 + \frac{2.303RT}{(1-\beta)nF}\lg j \tag{4.30}$$

或

$$\lg j = \lg j_0 + \frac{(1-\beta)nF}{2.303RT}\eta \tag{4.31}$$

阳极和阴极的电流电势曲线都给出在图 4.7 中。

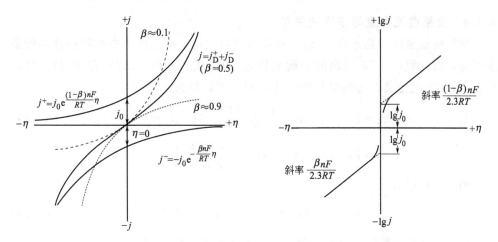

图 4.6 式(4.22) 和 Butler-Volmer
方程 [式(4.23)] 的图示表达

图 4.7 Tafel 方程的图示 (当 $\beta = 0.5$ 时)
图中的电流为对数形式

当超电势很小 ($\eta < 10\text{mV}$) 时,Butler-Volmer 方程中的指数部分将很小,因而可以扩展指数项,如果 x 足够小,由 $e^x \approx 1+x$,可得

$$j = j_0\left\{1 + \left[\frac{(1-\beta)nF\eta}{RT}\right] - \left(1 + \frac{\beta nF\eta}{RT}\right)\right\} \tag{4.32}$$

$$= j_0\frac{nF\eta}{RT} \tag{4.33}$$

也就是说,在 $|\eta| \leqslant 10\text{mV}$ 的区间里,电流-电势之间呈线性关系,其斜率只与 j_0 有关而与 β 无关。因此,j_0 的值可仅由低超电势下的电流来确定。而且,在方

程(4.33) 中 j 具有电流密度的单位，η 具有电势的单位伏特，因此 $(RT/j_0 nF)$ 的单位一定是 $\Omega \cdot m^2$，因而通常称为电荷转移电阻。

交换电流密度的值可在非常大的范围内变化，如铂电极上的氧分子还原反应，$\frac{1}{2} O_2 + 2H^+ + 2e^- \longrightarrow H_2O$，其 j_0 值为 $10^{-9} A \cdot cm^{-2}$，而银的溶解反应 $Ag^+ + e^- \longrightarrow Ag^0$，$j_0$ 值为 $1 A \cdot cm^{-2}$。事实上由于电流-电势曲线仅在 $|\eta| < 10mV$ 的范围内呈线性，电流测量的实际误差表明当 $j_0 < 10^{-5} A \cdot cm^{-2}$ 时，则不能用这种方法来测量了。

比较图 4.4 和图 4.6 可发现，氯电极的电流-电势曲线的阳极部分与 Butler-Volmer 方程预期的特性完全相似，但在较负的电势下，其阴极电流值比方程 4.25 预期的要小。通常，当超电势足够大时，电流-电势曲线都出现这类偏离，正如已经讨论过的，在足够高的电流密度下，其他的限制因素对总反应速率的影响变得显著了。因此，在这些高电流密度区，式(4.28) 和式(4.31) 的对数图也不能用来计算 j_0 和 β 的值。为了计算这些参数，其他效应如传质的影响等必须予以校正，或者在消除传质影响的前提下进行实验。有关这些内容将在下面进一步讨论。

4.2.3 交换电流密度与浓度的关系

交换电流密度 [见方程(4.17) 和式(4.18)] 是平衡条件下电荷转移速率的量度指标。将方程(4.19) 给出的平衡电势 E_r 的值代入方程(4.17) 和方程(4.18)，根据上述 E^0 的定义，为简单起见假设 $n=1$，可以得到：

$$j_0 = Fc_{Red} k_0^+ \exp \left[\frac{(1-\beta) FE^0}{RT} + (1-\beta) \ln \frac{c_{Ox}}{c_{Red}} \right] \tag{4.34}$$

$$= Fk_0^+ (c_{Ox}^{1-\beta} c_{Red}^{\beta}) \exp \left[\frac{(1-\beta) FE^0}{RT} \right] \tag{4.35}$$

而对阴极电流

$$-j_0 = -Fk_0^- (c_{Ox}^{1-\beta} c_{Red}^{\beta}) \exp \left(-\frac{\beta FE^0}{RT} \right) \tag{4.36}$$

令式(4.35) 与式(4.36) 相等，得到下述重要关系

$$Fk_0^+ \exp \left[\frac{(1-\beta) FE^0}{RT} \right] = Fk_0^- \exp \left(-\frac{\beta FE^0}{RT} \right) \equiv Fk_0 \tag{4.37}$$

其中 k_0 由式(4.37) 定义，因此可得出

$$j_0 = Fk_0 (c_{Ox}^{1-\beta} c_{Red}^{\beta}) \tag{4.38}$$

如果在单一步骤中有 n 个电子转移，那么 $j_0 = nFk_0 (c_{Ox}^{1-\beta} c_{Red}^{\beta})$。标准交换电流密度 j_0^0 定义为反应物和产物的浓度都处于标准态时的交换电流密度。如果 Ox 和 Red 二者都处于溶液中，那么其浓度均为单位摩尔浓度。如果其中任何一种是气体，其浓度就是在相应温度下一个大气压的标准条件，而对固体，其浓度与活度一样认定是 1。表 4.1 列出了一些反应体系的交换电流密度。

表 4.1　一些反应体系的交换电流密度

体　系	电解液	温度/℃	电极	j_0 /A·cm^{-2}	j_0^0 /A·cm^{-2}	β
Fe^{3+}/Fe^{2+} (0.005mol·dm^{-3})	1mol·dm^{-3} H_2SO_4	25	Pt	2×10^{-3}	0.4	0.42
$K_3Fe(CN)_6/K_4Fe(CN)_6$(0.02mol·dm^{-3})	0.5mol·dm^{-3} K_2SO_4	25	Pt	5×10^{-2}	5	0.51
$Ag/10^{-3}$mol·dm^{-3} Ag^+	1mol·dm^{-3} $HClO_4$	25	Ag	1.5×10^{-1}	13.4	0.35
$Cd/10^{-2}$mol·dm^{-3} Cd^{2+}	0.4mol·dm^{-3} K_2SO_4	25	Cd	1.5×10^{-3}	1.9×10^{-2}	0.45
$Cd(Hg)/(1.4\times10^{-3}$mol·dm^{-3} Cd^{2+})	0.5mol·dm^{-3} Na_2SO_4	25	Cd(Hg)	2.5×10^{-2}	4.8	0.2
$Zn(Hg)/(2\times10^{-2}$mol·dm^{-3} Zn^{2+})	1mol·dm^{-3} $HClO_4$	0	Zn(Hg)	5.5×10^{-3}	0.1	0.25
Ti^{4+}/Ti^{3+} (10^{-3}mol·dm^{-3})	1mol·dm^{-3} 醋酸	25	Pt	9×10^{-4}	0.9	0.45
H_2/OH^-	1mol·dm^{-3} KOH	25	Pt	10^{-3}	10^{-3}	0.5
H_2/H^+	1mol·dm^{-3} H_2SO_4	25	Hg	10^{-12}	10^{-12}	0.5
H_2/H^+	1mol·dm^{-3} H_2SO_4	25	Pt	10^{-3}	10^{-3}	0.5
O_2/OH^-	1mol·dm^{-3} KOH	25	Pt	10^{-6}	10^{-6}	0.7
O_2/H^+	1mol·dm^{-3} H_2SO_4	25	Pt	10^{-6}	10^{-6}	0.75

4.2.4　涉及多电子连续转移的电极反应

对总反应 $S_{Ox}+ne^-\rightleftharpoons S_{Red}$ 来说，只有当 S_{Ox} 是金属离子而其低价氧化态不稳定时，几个电子的同时转移才有可能发生。然而，如果其低价氧化态很稳定，通常电荷转移将以几个连续的步骤进行，一个例子就是 Cu（Ⅱ）的还原，它可通过如下步骤进行：

$$Cu^{2+}+e^-\longrightarrow Cu^+$$
$$Cu^++e^-\longrightarrow Cu^0$$

常见的多电子转移过程一般是通过单电子转移步骤一步一步进行的，这类过程可分为两种情形：第一种情形是所有的基元电荷转移步骤具有同样的 j_0 和 β，而第二种则是各个步骤具有不同的 j_0 和 β。

（1）情形 A　n 个电子的总反应过程经过 p 个完全相同的步骤，每步转移 $m=n/p$ 个电子，通常最可能的是 $m=1$。一个例子就是在酸性溶液中，水的电化学还原生成氢气的反应，其中一种被广泛接受的机理是：

$$H^++e^-\longrightarrow H_{ads}$$
$$H^++e^-\longrightarrow H_{ads} \tag{4.39}$$
$$2H_{ads}\longrightarrow H_2$$

显然，在这种情形下，$p=2$，$n=2$，而 $m=1$。

通常，对这一情形，电荷转移关系具有如下的形式

$$j=j_0\left\{\exp\frac{(1-\beta)(n/p)F\eta}{RT}-\exp\left[-\frac{\beta(n/p)F\eta}{RT}\right]\right\} \tag{4.40}$$

当超电势较小时，

$$j=\frac{nF}{pRT}j_0\eta \tag{4.41}$$

情形 A 的一个具有代表性的例子就是肼（N_2H_4）在碱性电解液中在铂电极上的氧化。其净反应为：

$$N_2H_4 + 4OH^- \longrightarrow N_2 + 4H_2O + 4e^- \tag{4.42}$$

显然该反应的 n 为 4。在室温及非稳态条件下（在排除了吸附的反应产物的干扰后），测得其 Tafel 斜率为 118mV，表明如果 β 值接近 0.5，方程(4.40) 中 n/p 的值为 1。反过来，该结果可理解为四个连续的等同单电子反应，其中肼中的四个氢原子以如下方式被连续地氧化：

$$(N_2H_4)_{ads} \longrightarrow (N_2H_3)_{ads} + H_{ads}$$

$$H_{ads} + OH^- \longrightarrow H_2O + e^-$$

$$\vdots$$

然而，当电流达到稳态下测到的 Tafel 斜率值却是 28mV，相应于 $n/p=4$。但这后一种解释的正确的可能性很小，因为它意味着四个电子和四个 OH^- 被同时转移，这是一个不太可能的结论。事实上，很可能是四个电子转移过程中没有任何一个电子的转移反应是决速步骤，而决速步骤是电荷转移后的化学反应步骤。这种情形下，事实上其决速步骤是化学吸附的氮气的脱附。

（2）情形 B　总反应包含一系列不同的电荷转移步骤：

$$S_{red} \rightleftharpoons S_{int,1} + e^-$$

$$S_{int,1} \rightleftharpoons S_{int,2} + e^- \tag{4.43}$$

$$S_{int,2} \rightleftharpoons S_{int,3} + e^-$$

$$\vdots$$

各自具有不对称因子 $\beta_1, \beta_2, \beta_3 \cdots$，交换电流密度 $j_{0,1}, j_{0,2}, j_{0,3} \cdots$，以及平衡电势 $E_1^0, E_2^0, E_3^0 \cdots$。对这一类反应而言，通常只有当中间产物是吸附在电极表面或被后续的反应快速消耗，而不扩散到体相溶液中时，才能用简单的数学方法进行分析。

最简单的情形是两个连续的一电子过程：

$$S_{red} \rightleftharpoons S_{int} + e^-$$

$$S_{int} \rightleftharpoons S_{Ox} + e^- \tag{4.44}$$

（例如，$Tl^+ \rightleftharpoons Tl^{2+} + e^-$；$Tl^{2+} \rightleftharpoons Tl^{3+} + e^-$）。假设流过的总稳态电流密度为 j，那么对应的每个单电子基元步骤的电流密度有 $j_1(E)=j_2(E)=0.5j$。从式(4.14) 和式(4.16)，可以得到每个单电子反应的电流密度如下：

$$0.5j = Fc_{Red}k_{0,1}^+ \exp\left[\frac{(1-\beta_1)FE}{RT}\right] - Fc_{int}(E)k_{0,1}^- \exp\left(-\frac{\beta_1 FE}{RT}\right) \tag{4.45}$$

$$0.5j = Fc_{int}(E)k_{0,2}^+ \exp\left[\frac{(1-\beta_2)FE}{RT}\right] - Fc_{Ox}k_{0,2}^- \exp\left(-\frac{\beta_2 FE}{RT}\right) \tag{4.46}$$

假设，c_{Ox} 和 c_{Red} 恒定，或者说电荷转移是决速步骤，而 $c_{int}(E)$ 是电势的函数。在平衡电势下，c_{int} 的值为 c_{int}^0，通过与方程(4.20) 和方程(4.21) 类似的数学

运算，有

$$0.5j=j_{0,1}\left\{\exp\left[\frac{(1-\beta_1)F\eta}{RT}\right]-\frac{c_{\mathrm{int}}(\eta)}{c_{\mathrm{int}}^0}\exp\left(-\frac{\beta_1 F\eta}{RT}\right)\right\} \tag{4.47}$$

$$0.5j=j_{0,2}\left\{\frac{c_{\mathrm{int}}(\eta)}{c_{\mathrm{int}}^0}\exp\left[\frac{(1-\beta_2)F\eta}{RT}\right]-\exp\left(-\frac{\beta_2 F\eta}{RT}\right)\right\} \tag{4.48}$$

从方程式中消除 $[c_{\mathrm{int}}(\eta)/c_{\mathrm{int}}^0]$ 可得到：

$$j(\eta)=\frac{2j_{0,1}j_{0,2}\left\{\exp\left[\frac{(2-\beta_1-\beta_2)F\eta}{RT}\right]-\exp\left[-\frac{(\beta_1+\beta_2)F\eta}{RT}\right]\right\}}{j_{0,2}\exp\left[\frac{(1-\beta_2)F\eta}{RT}\right]+j_{0,1}\exp\left(-\frac{\beta_1 F\eta}{RT}\right)} \tag{4.49}$$

在阳极或阴极超电势很高的条件下，该表达式可进一步简化。对阳极电势较高的情形，正指数项起主要贡献，其电流密度可约化为：

$$当\ \eta\gg\frac{RT}{F}时，j(\eta)=2j_{0,1}\exp\left[\frac{(1-\beta_1)F\eta}{RT}\right]$$

或

$$\lg j=\lg 2j_{0,1}+\frac{(1-\beta_1)F\eta}{2.303RT} \tag{4.50}$$

在阴极电势下，当 $\eta\ll-\dfrac{RT}{F}$ 时，$j(\eta)=2j_{0,2}\exp\left(-\dfrac{\beta_2 F\eta}{RT}\right)$

或

$$\lg|j|=\lg 2j_{0,2}+\frac{\beta_2 F\eta}{2.303RT} \tag{4.51}$$

在这种情形下，显然由阳极或阴极的 Tafel 方程外推得出的交换电流密度，以及由其斜率得出的不对称因子 β_1 和 β_2 通常会不一致，因为它们来自不同的反应。

4.2.5　偶合化学平衡的电荷转移：电化学反应级数

如下式所示在很多的情况下，除了反应物种 S_{Red} 和 S_{Ox} 以外，总的电化学反应还可能有另外的物种 S_1，$S_2\cdots$参与

$$S_{\mathrm{Red}}+\nu_1 S_1+\nu_2 S_2 \Longleftrightarrow \nu_m S_m+\nu_j S_j+S_{\mathrm{Ox}}+ne^- \tag{4.52}$$

式中，ν_i 称为反应的计量系数。例如在氰酸溶液中银的阳极溶解过程：

$$Ag+3CN^-\Longleftrightarrow [Ag(CN)_3]^{2-}+e^-$$

在该反应中，实际的电荷转移反应前后都伴随着化学平衡，因此在 CN^- 浓度较高时，其还原过程的反应机理为：

$$[Ag(CN)_3]^{2-}\Longleftrightarrow [Ag(CN)_2]^-+CN^-$$

$$[Ag(CN)_2]^-+e^-\Longleftrightarrow [Ag(CN)_2]^{2-} \tag{4.53}$$

$$[Ag(CN)_2]^{2-}\Longleftrightarrow Ag^0+2CN^-$$

从式(4.53)可以看出，参与整个电极反应的物种的计量系数与构成总反应的几个平衡的计量系数有所不同。参与生成 S_{Ox} 和 S_{Red} 的计量系数称为电化学反应级

数，因为这些参数出现在速率方程中。为了帮助理解，可考虑下述平衡：

$$S_{Ox} \Longleftrightarrow \sum_{j=1}^{m} z_j^{Ox} S_j \tag{4.54}$$

和

$$S_{Red} \Longleftrightarrow \sum_{j=1}^{m} z_j^{Red} S_j \tag{4.55}$$

S_{Ox} 的浓度显然是由方程(4.54) 的平衡常数决定。如果忽略其活度系数，有

$$c_{Ox} \Longleftrightarrow K_{Ox} \prod c_j^{z_j^{Ox}} \tag{4.56}$$

和

$$c_{Red} \Longleftrightarrow K_{red} \prod c_j^{z_j^{Red}} \tag{4.57}$$

反应 $S_{Ox} + me^- \Longleftrightarrow S_{Red}$ 的速率可通过将这些表达式的第一项代入方程(4.14) 中获得：

$$j^-(E) = -mFK_{Ox}\left(\prod c_j^{z_j^{Ox}}\right)k_0^- \exp\left(-\frac{\beta mFE}{RT}\right) \tag{4.58}$$

由此可得出

$$\frac{\partial \ln|j^-|}{\partial \ln c_k} = z_k^{Ox} \tag{4.59}$$

用类似的方法也能得出

$$\frac{\partial \ln j^+}{\partial \ln c_k} = z_k^{Red} \tag{4.60}$$

式中的偏微分代表电极电势 E 和其他物种的浓度保持恒定的前提条件。因此电化学反应的反应级数可通过测量在电流-电势曲线的电荷转移控制区的电流随反应物浓度的变化而确定。

在复杂的电化学反应中，由于电化学反应的级数对确定其反应机理非常重要，因此对这个值的准确测量就非常必要。第二种方法是将 Tafel 斜率外推至平衡电势来确定交换电流密度。由式(4.58) 可知

$$\ln j_0 = \ln mFK_{Ox}k_0^- + \ln\prod c_j^{z_j^{Ox}} - \frac{\beta mFE_r}{RT} \tag{4.61}$$

这一表达式可对任何 c_j 求微分，但是这里应该注意的是平衡电势 E_r 本身可能是 c_j 的函数。式(4.52) 的总反应的能斯特方程可以写为

$$E_r = E^0 + \frac{RT}{nF}\sum_{j=1}^{m} \nu_j \ln c_j \tag{4.62}$$

将其并入方程式(4.61) 并对 c_j 求微分，可以得到

$$\frac{\partial \ln j_0}{\partial \ln c_k} = z_k^{Ox} - \beta(m/n)\nu_k \tag{4.63a}$$

同样也可得出

$$\frac{\partial \ln j_0}{\partial \ln c_k} = z_k^{\text{Red}} + (1-\beta)(m/n) \cdot \nu_k \tag{4.63b}$$

因为 β、m、n 和 ν_k 的值可以分别独立确定，由交换电流密度与浓度的关系可确定任何组分的反应级数。根据上述推导，通过测定不同 CN^- 浓度下的 j_0，可以推断式(4.53)的还原反应机理。在此情况下，假使 $m=n=1$，可以将式(4.63a)和式(4.63b) 写成：

$$\frac{\partial \ln j_0}{\partial \ln c_{\text{CN}^-}} = z_{\text{CN}^-}^{\text{Ox}} - \beta \nu_{\text{CN}^-} = z_{\text{CN}^-}^{\text{Red}} + (1-\beta)\nu_{\text{CN}^-}$$

其中来自于净电化学反应 $[Ag(CN)_3]^{2-} + e^- \longrightarrow Ag + 3CN^-$ 的 ν_{CN^-} 值可以根据能斯特方程得到：

$$\nu_{\text{CN}^-} = \frac{F}{RT} \times \frac{\partial E_0}{\partial \ln c_{\text{CN}^-}} = -3$$

在高浓度下，$\dfrac{\partial \ln j_0}{\partial \ln c_{\text{CN}^-}} = +0.44$，这与前面的机理相符，并且，很显然地有 $z_{\text{CN}^-}^{\text{Red}} = 2$，$z_{\text{CN}^-}^{\text{Ox}} = -1$，$\beta \approx 0.48$。在 CN^- 的浓度低于 $0.2 \text{mol} \cdot \text{dm}^{-3}$ 时，$\dfrac{\partial \ln j_0}{\partial \ln c_{\text{CN}^-}} = -0.25$，反应机理发生明显的变化。与之对应的 $z_{\text{CN}^-}^{\text{Red}} = 1$，$z_{\text{CN}^-}^{\text{Ox}} = -2$，$\beta \approx 0.58$，因此，此时的反应机理应为：

$$[Ag(CN)_3]^{2-} = [AgCN] + 2CN^-$$
$$[AgCN] + e^- = [AgCN]^-$$
$$[AgCN]^- = Ag + CN^-$$

*4.2.5.1 偶合反应的系统处理分析

4.2.4 节和 4.2.5 节中讨论的结果显示，Tafel 斜率和反应级数测定对反应机理的理解十分重要，因此目前已开发了一整套对复杂的电化学和化学偶合反应的理论分析方法，并且获得了关于复杂体系的一些具有一般性的结果。因为反应级数（z_k^{Ox}，z_k^{Red}）和 Tafel 斜率等数据对推断机理非常关键，实际中为研究某些特定反应的机理，最好能先利用比较简便的方法获得这些数值。在下文中我们将介绍 Oldham 和 Ryland 最先提出的一种处理方法（Fundamentals of Electrochemical Science，AcademicPress，1994），该方法允许对任意电化学反应进行动力学分析。按照下述简单规则，可写出前几节中讨论的电化学反应机理的一般形式：

（1）如果某个电化学步骤为决速步骤，可将其表达为：

$$R + \beta e^- \longrightarrow S - (1-\beta)e^-$$

当然，如果决速步骤为纯化学反应，那么可表达为：

$$R \longrightarrow S$$

（2）将决速步骤之前的所有步骤中涉及的物质列出在反应式的左侧，并相应地调整计量系数的符号。类似地，决速步骤之后的所有反应步骤中涉及的物质均列在反应式的右侧，同时相应地调整其计量系数的符号。

（3）接下来，用尽可能小的整数来与这些反应式相乘或相除，这样，使这一系列反应式相加时，又能得到总反应式，而所有反应前后形成的中间产物的项皆消失。

（4）根据总反应式两侧的"电子"浓度系数推出的 Tafel 斜率，以及各物种的计量系数为其浓度的指数，可得到总反应的速率方程。

下面列举几个例子来帮助理解上述内容。对前面讨论过的 Ti^{3+} 还原的反应过程，如果第一步为决速步骤，则有：

$$Tl^{3+}+\beta_2 e^- \longrightarrow Tl^{2+}-(1-\beta_2)e^-$$
$$= Tl^+ - e^- - Tl^{2+}$$

两式相加后，消除包含 Tl^{2+} 的项，得到：

$$Tl^{3+}+\beta_2 e^- = Tl^+ - (2-\beta_2)e^-$$

其电流为：

$$i_T = Fk[c_{Tl^+(aq)} e^{(2-\beta_2)F\eta/RT} - c_{Tl^{3+}(aq)} e^{-\beta_2 F\eta/RT}]$$

当然，如果第二步为反应的决速步骤，且其不对称因子为 β_1，那么：

$$i_T = Fk[c_{Tl^+(aq)} e^{(1-\beta_1)F\eta/RT} - c_{Tl^{3+}(aq)} e^{-(1+\beta_1)F\eta/RT}]$$

很明显，在较高的阳极电势下，第二步为反应的决速步骤（因其指数较小），同理，在较高的阴极电势下，第一个步骤必然是决速步骤，这与上面的分析相符。

水溶液中 I_3^- 的还原反应也是一个很好的例子：

$$I_3^-(aq) = I_2(ads) + I^-(aq)$$
$$I_2(ads) = 2I(ads)$$
$$I(ads) + e^- \longrightarrow I^-(ads)$$

按照上述规则可写出：

$$I_3^-(aq) - I_2(ads) - I^-(aq) =$$
$$I_2(ads) - 2I(ads) =$$
$$I(ads) + \beta e^- \longrightarrow I^-(aq) - (1-\beta)e^-$$

现在，通过将前两个式子乘上 1/2 并抵消反应中间物 I_2（ads）和 I（ads），得到：

$$\frac{1}{2}I_3^-(aq) - \frac{1}{2}I^-(aq) + \beta e^- \longrightarrow I^-(aq) - (1-\beta)e^-$$

注意，式中等式两边保留了 $I^-(aq)$，电流的最终表达式为：

$$i_T = Fk\left[c_{I^-(aq)} e^{(1-\beta_1)F\eta/RT} - c^0 \sqrt{\frac{c_{I_3^-(aq)}}{c_{I^-(aq)}}} e^{-\beta F\eta/RT}\right] = Fk c_{I_3^-(aq)}^{\frac{(1-\beta)}{2}}\left[e^{\frac{(1-\beta)F\eta'}{RT}} - e^{-\frac{\beta F\eta'}{RT}}\right]$$

与前面一样，c^0 的存在可以保持最后的单位正确；η 是相对于能斯特电势 E^0 的超电势，这里的 E^0 是相对于单位摩尔浓度而不是单位活度的能斯特电势，η' 是相对于开路电势 E_r 的超电势。事实上，采用这种方法所得到的结果更接近于实测值，虽然有些意外，β 值只有 0.21，而不是预期的 0.5 左右。

与此类似，可以分析从 $[Ag(CN)_3]^{2-}$ 的沉积银的过程；在氰化物浓度较高时，其反应机理为：

$$[Ag(CN)_3]^{2-} - [Ag(CN)_2]^- - CN^- =$$

$$[Ag(CN)_2]^- + \beta e^- \longrightarrow [Ag(CN)_2]^{2-} - (1-\beta)e^-$$

$$= Ag + 2CN^- - [Ag(CN)_2]^{2-}$$

通过相加除去式中的两项氰基配合物中间体，得到：

$$[Ag(CN)_3]^{2-} - CN^- + \beta e^- \longrightarrow Ag + 2CN^- - (1-\beta)e^-$$

即有：

$$i_T = Fk\left[\left(\frac{c_{CN^-}}{c^0}\right)^2 e^{(1-\beta)F\eta/RT} - \left(\frac{c_{CN^-}}{c^0}\right)^{-1} e^{-\beta F\eta/RT}\right]$$

它与上面的情况相同，其中的 η 为相对于表观能斯特电势 $E^{0'}$ 的超电势。

下面将简要介绍金属钯上的析氢反应，与一般体系不同的是，该还原反应的 Tafel 系数为 2，考虑下述反应机理：

$$H^+(aq) + e^- = H(ads)$$

$$2H(ads) \longrightarrow H_2(aq)$$

可以将其写成：

$$H^+(aq) + e^- - H(ads) = \qquad\qquad (1)$$

$$2H(ads) \longrightarrow H_2(aq) \qquad\qquad (2)$$

通过将式（1）乘以 2，在与式（2）相加以去除与中间产物 H（ads）有关的项之后，可以得到：

$$2H^+(aq) + 2e^- \longrightarrow H_2(aq)$$

由此推出的相关反应速率关系式为：

$$i_T = Fk\left[c_{H_2(aq)} - \frac{c^2_{H^+(aq)}}{c^0} e^{-2F\eta/RT}\right]$$

这个式子同样重现了 Pd 上的析氢行为，其中 η 为单位活度的反应物和产物时相对于能斯特平衡电势的实测超电势。

上述分析基于下面这个假设，即任何吸附物的活度仅为覆盖度的函数，同时，任何吸附物的反应活性都与覆盖度无关，因此仅以 θ 或（$1-\theta$）形式出现在浓度项中。因此，对前面的析氢反应而言，从 H^+ 形成的 H_{ads} 的正向和逆向步骤的反应速率可表达为：

$$v_{+1} = k_1 c_{H^+}(1 - \theta_H) e^{-\beta_1 F\eta/RT}$$

$$v_{-1} = k_{-1}\theta_H e^{(1-\beta_1)F\eta/RT}$$

但对许多吸附物来说，由于吸附物之间的相互作用导致其吸附熵与其覆盖度有关，经常可以用下面这个线性关系式来反映它们之间的关系：

$$\Delta H_\theta = \Delta H_0 + \gamma\theta$$

由此可以导出 Temkin 吸附等温线（见第 4.5.1 节中详细讨论）。一般仅在覆盖度为 0.2～0.8 的范围内才能得到这类等温线，但在这个覆盖度范围内吸附物种的行为对反应动力学具有显著的影响，因为形成吸附层的活化能本身将受到覆盖度影响。因此，可预期吸附物的覆盖度从 θ 再增加时所需的活化能为：

$$U_\theta = U_0 + \zeta\gamma\theta$$

式中，ζ 起到的作用与不对称因子 β 类似。为了弄清楚它对动力学图像的影响可考虑下述简单放电过程：

$$X^+ + e^- = X_{ads}$$

$$2X_{ads} \longrightarrow X_2$$

这个反应正向和逆向的速率应为：

$$v_{+1} = k_1(1-\theta_X)c_{X^+}e^{-\beta F\eta/RT}e^{-\zeta\gamma\theta/RT}$$

$$v_{-1} = k_{-1}\theta_X e^{(1-\beta)F\eta/RT}e^{(1-\zeta)\gamma\theta/RT}$$

假设第二个反应为决速步骤，那么第一个反应的正向和逆向的反应速率应处于准平衡状态，则有：

$$\gamma\theta_X/RT = -F\eta/RT + \ln(k_1/k_{-1}) + \ln[(1-\theta_X)/\theta_X] + \ln c_{X^+}$$

现在，如果 γ 值不是太小，那么 $\gamma\theta/RT$ 项的变化将远大于 $\ln[(1-\theta_X)/\theta_X]$ 项的变化，这一点至少在覆盖度为 0.2～0.8 区间时成立，于是有：

$$\gamma\theta_X/RT \approx -F\eta/RT + \ln(k_1/k_{-1}) + \ln c_{X^+}$$

假设覆盖度可以根据上面的近似结果得到，该机理中决速步骤的反应速率：$v_2 = k_2\theta_X^2 e^{2\zeta\gamma\theta/RT}$，那么阴极电流为：

$$i_{cath} = 2Fk_2\theta_X^2 e^{2\zeta\gamma\theta/RT} \approx 2Fk_2' e^{-2\zeta\gamma\theta/RT}c_{X^+}^{2\zeta}$$

通常使用 Langmuir 等温线得到的阴极电流为：

$$i_{cath} = 2Fk_2\theta_X^2 = Fk_2' e^{-2F\eta/RT}c_{X^+}^2$$

可以看出，如果 $\zeta = \dfrac{1}{2}$，在 Temkin 条件下，Tafel 斜率将增大一倍，同时，X^+ 的浓度指数项将减半。这一结论基于如下事实，即，Temkin 项的存在充分地抑制了由覆盖度 θ 值的改变所带来的变化，弱化了电流随电势的变化，同时，也减弱了由浓度改变所带来的影响。

该分析的重要性在于：即使对相对简单的情形，它也会导致浓度项指数为分数。如果考虑下述简单机制：

$$X^+ + e^- = X_{ads}$$

$$X_{ads} + e^- \longrightarrow Y$$

同时也假定 X_{ads} 的吸附遵从 Temkin 等温线，那么根据上面的分析，可以得到的电流表达式为：

$$i_{cath} = 2Fk_2\theta_X e^{\zeta\gamma\theta/RT} \approx 2Fk_2' e^{-\zeta\eta F/RT}c_{X^+}^\zeta$$

对 $\zeta \approx 0.5$ 而言，可得出 Tafel 斜率为 120mV，很明显，它与假设第一步为限速步骤相符，但电流值取决于 X^+ 浓度的平方根。甲醇在铂电极上的氧化中已有这类行为的报道。

4.2.6　有关电荷转移问题的进一步理论考虑

目前，基于活化络合物理论或量子力学第一性原理，已经可以比较可靠地计算出简单化学反应的速率，而发展能够预期电极-电解液界面的简单电荷转移反应速率的有关理论也成为当今许多研究的主题。迄今为止，这类理论不过是一些仅考虑了溶液中的离子和惰性金属电极表面之间相互作用的极为简化的模型。没有考虑电活性物种的特性吸附，而电荷转移反应认为仅仅发生在位于外 Helmholtz 层的溶剂化离子与金属电极之间。电荷转移过程本身只能通过量子力学的形式理解，因为电子转移是一种隧道效应，经典力学中是不存在的。

上节中的初步处理只考虑了总活化自由能 ΔG 与电势的关系。考虑到双电层的物理特征，该活化自由能可认为是围绕离子的溶剂壳层的重组能。把这个概念应用到强溶剂化的 Fe^{3+}/Fe^{2+} 氧化还原离子对的情形，并把配体和离子的间距变化作为电荷转移过程中的重要反应变量。

4.2.6.1　配体-离子的临界距离 x_s 的计算

在水溶液中，Fe^{2+}/Fe^{3+} 的氧化还原可被认为是具有如下形式的两个水合络合物的反应：

$$[Fe(H_2O)_6]^{2+} = [Fe(H_2O)_6]^{3+} + e_M^- \tag{4.64}$$

这些水合络合物中的水分子组成了离子的内溶剂化壳层，而这些水分子也被外溶剂化壳层中的部分未配位的水分子所包围，并成为连续水体的一部分（参见第 2 章）。由于溶剂化能的不同，Fe^{3+} 的水合络合物的半径比 Fe^{2+} 的要小，这意味着在其平衡点振动的水分子之间的平均距离在电荷转移过程中将发生改变。同样地，在电荷转移中外溶剂化壳层也必须发生变化，也就是说溶剂化壳层本身将抑制电荷转移的发生。这一来自内或外溶剂化壳层的抑制作用可通过活化自由能 ΔG 来体现。

由于隧道过程本身不需要活化能，而只有当围绕离子的溶剂具有某种特定的构型时，才发生隧穿过程。因此，上述的整个活化能一定与配体和溶剂的运动有关。而且，根据 Frank-Condon 原理，电子隧穿过程应比核运动快得多，因此在电子隧穿过程中配体和溶剂可认为是静止不动的。

下面先考虑上述的水合络合物，假设中心离子与内溶剂化壳层中的某一水分子的质量中心间的距离为 x。这些水分子与中心离子之间的键合作用使其在围绕平衡点 x_0 附近以频率为 $f = \omega/2\pi$ 振动。假设该过程为谐振子振动，与配体振动相关的势能变化将具有抛物线的形式（见图 4.8）：

$$U_{pot} = \frac{1}{2}M\omega^2(x-x_0)^2 + B + U_{el} \tag{4.65}$$

其中，M 是配体的质量；B 是配体的结合能；U_{el} 是离子-电极体系的电能。该体系的总能量也包含配体的动能，$p^2/2M$，其中 p 是分子在振动中的动量：

$$U_{tot} = \frac{p^2}{2M} + \frac{1}{2}M\omega^2(x - x_0)^2 + B + U_{el} \tag{4.66}$$

对初态 i（对应于还原态的水合络合物 $[Fe(H_2O)_6]^{2+}$），以及终态 f（对应于氧化态的水合络合物，假设失去的电子位于金属电极内部），可以根据上式分别写出能量的表达式。例如，初态的能量表达式为

$$U_{tot}^i = \frac{p^2}{2M} + \frac{1}{2}M\omega^2(x - x_0^i)^2 + B^i + U_{el}^i \tag{4.67}$$

终态 f 的相应方程也类似，这里假设水合络合物的初态和终态的振动频率不变。在电荷转移时，如图 4.9 所示，系统从平衡位置 x_0^i 沿着抛物线 U_{pot}^i 运动到 x_s 并在该处发生电荷转移。接下来，系统将沿着抛物线 U_{pot}^f 运动到 x_0^f 的位置。

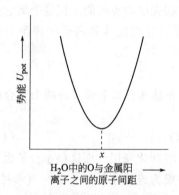

图 4.8　满足谐振子近似条件下，水合络合物中水分子与中心金属离子间结合能的抛物线形势能曲线

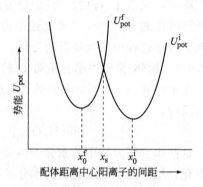

图 4.9　氧化还原体系中，势能与配体-金属离子间距之间的关系曲线

电荷转移发生的那一点显然满足 $U_{pot}^i = U_{pot}^f$。使方程（4.67）的始态和终态相等，可得出：

$$x_s = \frac{B^f + U_{el}^f - B^i - U_{el}^i + (M\omega^2/2)([x_0^f]^2 - [x_0^i]^2)}{M\omega^2(x_0^f - x_0^i)} \tag{4.68}$$

4.2.6.2　重构能和电化学速率常数

活化能 E_{act} 的定义是：在一个化学反应中使系统由初态变为终态所需要的高于零点能的最小附加能。根据式（4.67），在 $x = x_s$ 时的初始反应物能量为：

$$U^i = \frac{p^2}{2M} + \frac{M\omega^2}{2}(x_s - x_0^i)^2 + U_{el}^i + B^i \tag{4.69}$$

其中 $U_{el}^i + B^i$ 是初始态的零点能。达到 x_s 点所需的最小能量显然相应于 $p = 0$。用式（4.68）的 x_s 取代后，得到：

$$U_{act} = \frac{M\omega^2}{2}(x_s - x_0^i)^2 = \frac{(U_s + U_{el}^f - U_{el}^i + B^f - B^i)^2}{4U_s} \tag{4.70}$$

式中，U_s 的值为 $\dfrac{M\omega^2}{2}(x_0^f - x_0^i)^2$，称为重构能，对应于将络合物的金属离子-配体间距由初态 x_0^i 变化至终态值 x_0^f 时所需要的附加能量。常用 λ 表示 U_s，模型计算表明，对最简单的氧化还原过程而言，U_s 的值通常约为 $1\text{eV}(10^5\text{J} \cdot \text{mol}^{-1})$。

在简单模型中，式(4.70) 中所表达的情形仅考虑了中心离子和第一溶剂化层中配体之间的相互作用满足全对称振动条件的氧化还原过程的活化能。实际上，电荷转移也经常受外溶剂化壳层中的分子运动以及内溶剂化壳层中分子的其他振动模式所影响。如果这些运动可用简单的谐振子近似表示，这些因子可并到模型中去。那么系统的总能量将包括所有原子运动的动能以及每种振动自由度所具有的势能。这时图 4.9 的一维跨越势垒的模型将不能再用来描述其运动，因为总能量是描述整个系统运动的众多正则坐标的函数。取而代之，对氧化还原系统的初态和终态有两个势能面，其交叉处描述反应的超曲面。反应将通过鞍点进行，该点是满足 $U_{pot}^i = U_{pot}^f$ 条件的总势能的最小值。

这是一个标准的问题，其结果实质上与式(4.70) 中的结果相同，除了这里 B^i 和 B^f 现在是初态和终态的中心离子的所有结合能之和，U_s 由下式给出之外：

$$U_s = \sum_j \frac{M_j \omega_j^2}{2}(x_{j,0}^f - x_{j,0}^i)^2 \qquad (4.71)$$

式中，M_j 为第 j 振动模式的有效质量；w_j 是相应的振动频率，这里仍然近似地认为这些振动频率在初态和终态完全一致。

引入 U_s 后，下述反应：

$$[\text{Fe}(\text{H}_2\text{O})_6]^{2+} \longrightarrow [\text{Fe}(\text{H}_2\text{O})_6]^{3+} + e_M^- \qquad (4.72)$$

的速率常数的表达式可写为：

$$k_f = k_f^0 \exp\left(-\frac{U_{act}}{k_B T}\right) = A\exp\left[-\frac{(U_s + U_{el}^f - U_{el}^i + B^f - B^i)^2}{4U_s k_B T}\right] \qquad (4.73)$$

式中，A 就是所谓的频率因子，其决定因素将在下面给出，e_M^- 对应金属中的一个电子。将式(4.73) 中的上标 i 和 f 互换，就得到逆反应的速率常数。在这些情形下，可发现 U_s 保持不变，这样可以得到：

$$k_b = A\exp\left[-\frac{(U_s + U_{el}^i - U_{el}^f + B^i - B^f)^2}{4U_s k_B T}\right] \qquad (4.74)$$

4.2.6.3　交换电流密度和电流-电势曲线

现在要从式(4.73) 来推导交换电流密度的表达式。为简单起见，以反应式(4.72) 为例，且 Fe^{2+} 和 Fe^{3+} 具有相同的浓度 c。

如必须在式(4.73) 和式(4.74) 中将电极和外 Helmholtz 层之间的电势差 $\Delta\varphi$ 的影响考虑进去，可通过将 $\text{Fe}^{3+} + e_M^-$ 体系的电子能量加入一个与电势有关的项：

$$U_{el}^f = U_{el,0}^f - e_0 \Delta\phi \qquad (4.75)$$

式中的负号来自于电子的负电荷。将该项插入式(4.73) 和式(4.74) 中得到

$$j^+ = FAc\exp\left[-\frac{(U_s + U_{el,0}^f - U_{el}^i + B^f - B^i - e_0\Delta\phi)^2}{4U_s k_B T}\right] \tag{4.76}$$

$$j^- = -FAc\exp\left[-\frac{(U_s + U_{el}^i - U_{el,0}^f + B^i - B^f + e_0\Delta\phi)^2}{4U_s k_B T}\right] \tag{4.77}$$

在平衡电势 $\Delta\phi_0$ 下，这两个反应的速率相等，这意味着当 $\Delta\phi = \Delta\phi_0$ 时两个方程的方括号中的项也应该相等。由此可看到：

$$e_0\Delta\phi_0 = U_{el,0}^f - U_{el}^i + B^f - B^i \tag{4.78}$$

如果引入超电势 $\eta = \Delta\phi - \Delta\phi_0$，有：

$$j^+ = FAc\exp\left[-\frac{(U_s - e_0\eta)^2}{4U_s k_B T}\right] \tag{4.79}$$

$$j^- = -FAc\exp\left[-\frac{(U_s - e_0\eta)^2}{4U_s k_B T}\right] \tag{4.80}$$

由此得到交换电流密度如下：

$$j_0 = FAc\exp\left(-\frac{U_s}{4k_B T}\right) \tag{4.81}$$

可以看出，交换电流密度的活化能为 $U_s/4$。如果超电势很小，以致 $e_0\eta \ll U_s$（记住 U_s 约为 1eV 以内），如果忽略 η^2 项，式(4.79) 和式(4.80) 的二次项可以展开，由 $\frac{e_0}{k_B} = \frac{F}{R}$，得到：

$$j = j^+ + j^- = FAc \cdot \exp\left(-\frac{U_s}{4k_B T}\right)\left[\exp\left(\frac{F\eta}{2RT}\right) - \exp\left(-\frac{F\eta}{2RT}\right)\right] \tag{4.82}$$

这就是人们熟悉的 Butler-Volmer 方程（当对称因子 $\beta = 1/2$ 时）。这一结果是根据上面所用的非常简化的分子模型得出，尤其是假设体系中氧化态以及还原态的所有正则振动模式 ω_j 的值相同。如果对该假设放宽，将导致 β 值偏离 1/2。

当超电势较高时，在推导式(4.82) 所用的近似不再有效，必须使用式(4.79) 和式(4.80) 的完整形式，其中 $\lg j$ 不再与 η 成正比。事实上，这类方程的完全形式很难被实验验证，就像下面将要讨论的内容一样，在高电流密度下，电活性物种到电极表面的传质过程往往会成为决速步骤。直到最近，在高超电势区获得实验数据才令人信服地证实式(4.79) 和式(4.80) 是正确的。

4.2.7 活化参数的确定以及电化学反应与温度的关系

式(4.24) 中的交换电流密度可写成如下的形式：

$$j_0 = nFc_{Ox}k_0^{'-}\exp\left[-\frac{\Delta H_- (E_r)}{RT}\right]\exp\left[\frac{\Delta S_-(E_r)}{R}\right]$$

如果假设指数项前面的参数以及 ΔH_- 和 ΔS_- 与温度无关，可得出：

$$\frac{\partial\ln j_0}{\partial(1/T)} = -\frac{\Delta H_-}{R}$$

通过将 $\ln j_0$ 对 $1/T$ 作图，可确定活化焓。从式(4.24)，用同样的假设有

$\dfrac{\partial \ln j_0}{\partial (1/T)} = -\dfrac{\Delta H_+}{R}$，由此可明显看出 $\Delta H_-(E_r) = \Delta H_+(E_r)$。

即使对在不同电极上进行的同一电化学反应，活化焓的实验值相差很大；例如，对氢电极反应来说，在汞电极上活化焓为 $70\text{kJ} \cdot \text{mol}^{-1}$，而在镍电极上其值为 $25\text{kJ} \cdot \text{mol}^{-1}$。十分重要的一点是在某些固定超电势下由所测得的电流密度而得到的活化能将不一定与通过测量交换电流密度而得到的结果一致，正如从方程(4.29)看到的，由 $\left[\dfrac{\partial (\ln j)}{\partial (1/T)} \right]_\eta$ 所得的表观活化焓要比真实的 ΔH 小 $\beta n F \eta$。当 $n = 1$ 和 $\beta = 0.5$，大约相当于 $50\text{kJ} \cdot \text{mol}^{-1} \cdot \text{V}^{-1}$，在高超电势时其校正值相当大。

最后，应该记住对很多电化学反应，尤其在高超电势时，决速步骤很可能是物质的传质过程而不是电荷转移过程。在水溶液中的扩散系数比普通化学反应的温度依赖性要小得多，温度升高 1K 时扩散系数仅增加 $2\%\sim3\%$，从而使得在扩散控制区的电化学反应对温度的变化很不敏感。

4.3 浓差超电势——物质的传质对伏安曲线的影响

在 4.1 节里知道任一电化学反应的进程取决于在电极上的电荷转移、电活性物质的传质以及与可能发生的偶合化学反应之间的相互作用。在讨论完电荷转移效应后，现在来讨论在简单的电极反应中传质过程对电极反应过程的影响。

一旦引发一个电化学反应，在电极/电解液界面参与反应的物种的浓度将高于或低于其在体相溶液中的浓度。图 4.10 显示了在铜电镀过程中铜离子的浓度与电极表面的距离之间的关系曲线，这里只有扩散传质作用，但是扩散却不足以补充由于电镀所消耗的铜离子。在更为复杂的情形中，还必须考虑强制的或自然对流，前者来自于溶液的搅拌，而后者是由于溶液中的密度梯度引起的。如果电活性物种对

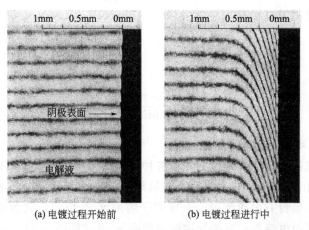

(a) 电镀过程开始前   (b) 电镀过程进行中

图 4.10 从 $0.05\text{mol} \cdot \text{dm}^{-3}$ $CuSO_4$ 溶液中向阴极沉积铜的过程中
所形成的阴极扩散层的干涉图

溶液的离子导电也起着显著的作用（大于几个百分点），还必须考虑在电极表面或其附近电迁移的贡献。

4.3.1 浓差超电势与 Butler-Volmer 方程式的关系

除了电流密度很低的情况外，常遇到的一个重要问题就是参与整个电化学反应过程的物种向/离开电极表面的传质速率太慢，因而不足以使其在电极表面的浓度与体相的浓度保持一致。假设一反应物的体相浓度为 c^0，而在电极表面的浓度为 c^s；如果传质速率比电荷转移更快的话，那么 c^0 和 c^s 的差别将很小，但是当有很大的电流流过时，通常发现 $c^s < c^0$。这样为了维持所设定的电流密度，必须提高反应的超电势，这一增加的超电势称为浓差超电势。总超电势可写为：

$$\eta_{tot} = \eta_{el} + \eta_{co} \tag{4.83}$$

式中，η_{el} 是前一节讨论过的电荷转移超电势，而 η_{co} 是浓差超电势。

为简单起见，假设具有很大的正超电势，因此，$j \approx j^+$，如果 $n = 1$，从式（4.21）可以得到：

$$j(\eta) = F c_{Red}^s k_0^+ \exp \left[\frac{(1-\beta)FE_r}{RT} + \frac{(1-\beta)F\eta}{RT} \right] \tag{4.84}$$

引入交换电流密度，当 $c_{Red}^s = c_{Red}^0$ 时，根据式（4.18）有：

$$j(\eta) = j_0 \frac{c_{Red}^s}{c_{Red}^0} \exp \frac{(1-\beta)F\eta}{RT} \tag{4.85}$$

该式可改写为：

$$\eta = \frac{RT}{(1-\beta)F} \left(\ln \frac{j}{j_0} + \ln \frac{c_{Red}^0}{c_{Red}^s} \right) \tag{4.86}$$

将该式与式（4.83）对比，可发现浓差超电势可写为

$$\eta_{co} = \frac{RT}{(1-\beta)F} \ln \frac{c_{Red}^0}{c_{Red}^s} \tag{4.87}$$

类似的，对阴极过程有

$$\eta = -\frac{RT}{\beta F} \left(\ln \frac{|j|}{j_0} + \ln \frac{c_{Ox}^0}{c_{Ox}^s} \right) \tag{4.88}$$

和

$$\eta_{co} = -\frac{RT}{\beta F} \ln \frac{c_{Ox}^0}{c_{Ox}^s} \tag{4.89}$$

4.3.2 扩散超电势与扩散层

为了进行定量处理，必须分别考虑各种可能的传质过程，下面首先讨论扩散过程。图 4.11 给出的是电沉积发生后，金属离子的浓度与离开电极表面的距离之间的函数关系。如果没有电流流过，金属离子的浓度 c^0 恒定，其浓度梯度曲线是一条水平线。当接通电流后，其表面浓度降低到 c^s 值（见图 4.11，曲线 2）。由此造成的浓度梯度可伸展至离电极表面距离为 δ_N 的溶液内部，δ_N 称为 Nernst 扩散层

厚度。δ_N 的大小可由电极表面的浓度梯度曲线的切线与水平的浓度线 c^0 的交点决定，δ_N 随时间而变化，并随着所通过的电量而增大，直至达到所谓的静态扩散层厚度（见图 4.11，曲线 2a）。然而，在未加搅拌的溶液中，因没有任何确定的流体力学控制，δ_N 的值通常是很不确定的，随着电解过程的进行，将产生密度梯度，并由此产生微观的对流效应。这样，静态的 δ_N 值通常小于

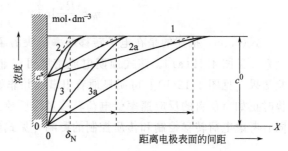

图 4.11　在无搅拌溶液中发生电沉积的过程中，电化学活性物质的浓度分布曲线

图中的 c^0 为起始浓度，同时也给出了不同时间段内两个不同的表面浓度 c^s，其中后一个 c^s 值已接近于零（曲线 3）

0.5mm，一般需要经过大约 1min 才能达到稳态。如果溶液得到很好搅拌，那么 δ_N 会具有非常确定的数值，其数量级为 10^{-4} cm，其大小与电极的自身特性有关，而且通常在 1s 内就能达到稳态值。

当超电势足够高时，c^s 将降低到一个非常小的数值，电流密度将不再由电荷转移控制，而完全转变为由扩散所控制。根据 Fick 第一定律，$j = nFJ$（其中的 j 为电极表面上的电活性物质的流量）：

$$j = nFD \left(\frac{\partial c}{\partial x} \right)_{x=0} = nFD \frac{c^0 - c^s}{\delta_N} \tag{4.90}$$

当 $c^s \to 0$ 时，它显然变为一个与时间无关的极限值。该值称为极限扩散电流密度，由下式给出：

$$j_{\lim} = nFD \frac{c_0}{\delta_N} \tag{4.91}$$

相应的电势区间称为极限电流区。

利用式(4.90)，可以计算扩散超电势 η_d。下面讨论金属电沉积这样一个简单的反应。如果反应达到热力学平衡，那么金属离子 M^{z+} 的表面浓度可通过下式与电极电势相关联：

$$E = E^0 + \frac{RT}{zF} \ln(c^0) \tag{4.92}$$

如果电化学反应速率很快，那么 Nernst 平衡态将保持，显然有

$$\eta_d = \frac{RT}{zF} \ln \frac{c^s}{c^0} \tag{4.93}$$

从式(4.90) 和式(4.91) 看到

$$\frac{j}{j_{\lim}} = 1 - \frac{c^s}{c^0} = 1 - \exp \left(\frac{zF\eta_d}{RT} \right) \tag{4.94}$$

其中

$$\eta_d = \frac{RT}{zF}\ln\left(1-\frac{j}{j_{lim}}\right) \tag{4.95}$$

式(4.95) 描述的是在电子转移速率极快的条件下的超电势与电流密度之间的关系 [见图 4.12(a)]。该式预期电流密度可以非常接近极限值，但是从典型的实验结果 [见图 4.12(b)] 可明显地看出事实并非如此，除了例外的情形，在低超电势时正如所预料的反应速率受电荷转移过程所控制。在超电势中等的电势区，必须同时考虑电荷转移控制和传质控制的影响 [见式(4.86)~式(4.89)]。

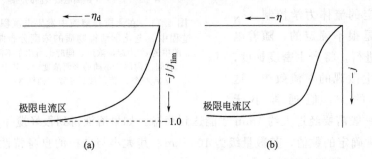

图 4.12　归一化后的阴极电流密度 j/j_{lim} 与扩散超电势 η_d 之间的关系曲线（a）
及电荷转移与扩散控制的影响同时存在时的实测伏安曲线（b）

4.3.3　在恒电势和恒定表面浓度 c^s 下的电流-时间关系

如果电化学反应能满足上一节最后所描述的条件，即电荷转移速率将非常快，并且 c^s 的值由 Nernst 方程决定并与时间无关，那么在建立由微观的对流传质控制的稳态之前，δ_N 将随着时间而逐步增加，而电流密度却降低。为定量地描述这些变化，需要用到 Fick 第二定律，它具有如下的形式：

$$\frac{\partial c}{\partial t}=D\frac{\partial^2 c}{\partial x^2} \tag{4.96}$$

如前面所述，其中 x 是离电极表面的距离，而边界条件是：

$$t=0, x\geqslant 0, c=c^0;$$
$$t>0, x\to\infty, c=c^0; t>0, x=0, c=c^s$$

用这章最后的参考文献给出的标准方法来求解式(4.96)，可得到：

$$c(x,t)=c^0-(c^0-c^s)(1-erf\{x/\sqrt{4Dt}\}) \tag{4.97}$$

式中 erf $\{y\}$ 称为误差函数标准的数学函数（参考例如 M. Abramovitch/Stegu 的《数学函数手册》，Dover，纽约，1965）。当 $x/(4Dt)^{1/2}$ 数值较小的时，有：

$$c(x,t)=c^0-(c^0-c^s)(1-x/\sqrt{\pi Dt}) \tag{4.98}$$

由此可看出浓度梯度曲线在 $x=0$ 处的斜率为：

$$\left(\frac{\partial c}{\partial t}\right)_{x=0}=\frac{c^0-c^s}{(\pi Dt)^{1/2}} \tag{4.99}$$

从式(4.90) 可以得到:

$$\delta_N = (\pi Dt)^{1/2} \tag{4.100}$$

该式在扩散层不受自然对流影响（通常 $30 \sim 60s$ 的时间范围内）时成立。从式 (4.90) 可明显看出

$$j = nF \left(\frac{D}{\pi}\right)^{1/2} \frac{c^0 - c^s}{t^{1/2}} \tag{4.101}$$

如图 4.13 所示。在方程(4.96) 的解有效的前提下，j 和 $t^{-1/2}$ 之间将呈线性关系。如果在 $c^s \to 0$ 的电势区测量，该直线的斜率可用来计算扩散系数 D。应该指出的是式(4.101) 在极短的时间内显然是不成立的，其原因是在电势阶跃后的很短的时间内，浓度曲线的斜率非常大，从物理学上讲，电流在一开始时是不可能由扩散控制的。在这么很短的时间内，电荷转移过程将是决速步骤。建立极限扩散区通常需要不到 1s 的时间。

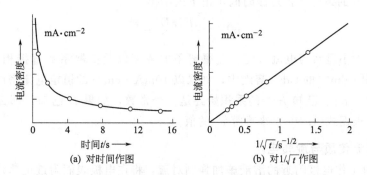

图 4.13 在电极电势恒定的情况下，电流密度随时间的变化关系曲线

4.3.4 在恒电流条件下的电势-时间关系：恒电流电解法

在扩散控制反应电流的情形下，电流将保持一定，因此斜率 $(\partial c/\partial x)_{x=0}$ 也应该是恒定的。式(4.96) 的边界条件为:

$$t=0, x \geqslant 0, c=c^0 ;$$

$$t>0, x \to \infty, c=c^0 ; t>0, \left(\frac{\partial c}{\partial x}\right)_{x=0} = \frac{j}{nFD}$$

其中，j 是流过的恒定的电流密度。对电沉积反应，求解该方程可以得到如图 4.14 所示的结果。在该图中不同时间观测的浓度变化曲线是相互平行的。随着电解过程的进行，在经过某一特定的时间（过渡时间 τ）后，在电极表面反应物的浓度实际上降为零。超过这一时间后，纯的电沉积反应不能再维持设定的电流值，电极电势必须阶跃至另一电势以使其他反应（典型的如溶剂的分解反应等）发生。图 4.15 给出了从溶液电沉积 Cd^{2+} 的电势-时间实验曲线，其中第二个反应是氢的析出反应。

在恒电流条件下，式(4.96) 的解是:

$$c^s(t) = c^0 - \frac{2j}{nF} \cdot \left(\frac{t}{\pi D}\right)^{1/2} \tag{4.102}$$

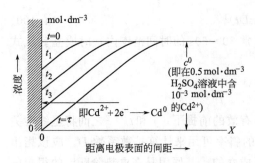
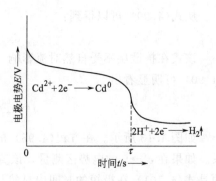

图 4.14　恒电流条件下，在无搅拌溶液中电
沉积过程中电化学活性物质的浓度分布曲线
图中 τ 代表过渡时间

图 4.15　对应图 4.14 中的恒电流电解时，
电极电势随时间的变化行为

在 $c^s = 0$ 的条件下，过渡时间可由下式给出：

$$j\tau^{1/2} = \frac{nF(\pi D)^{1/2} c^0}{2} \tag{4.103}$$

τ 值的大小显然与电流密度、金属离子的浓度以及扩散系数直接相关。例如，在 $10^{-3}\,\mathrm{mol \cdot dm^{-3}}$ 的 Cd^{2+} 溶液中，如果以 $10\,\mathrm{mA \cdot cm^{-2}}$ 的恒定电流密度沉积金属镉时，$\tau \approx 3.1\mathrm{ms}$。已知 $j\tau^{1/2}$ 的乘积始终是一个常数，如果 D 已知，那么可以通过改变 j，并根据式（4.103）来推算 c^0 的值。

4.3.5　对流传质与旋转电极

如果对工作电极附近的溶液施加强制对流，将在电极表面附近迅速建立具有一定扩散层厚度 δ_N 的稳态。当电势处于极限电流区以外时，即与电荷转移速率相比传质效应可被忽略的电势区间时，则对流越强，扩散层的厚度 δ_N 值将越小。强烈对流可通过不同的方式，例如利用从电极表面析出的气泡的搅拌作用或用一种更可控的方式将电极固定在金属棒的末端，然后高速旋转金属棒来实现。

随着电流的增加，对流传质的影响将变得更为明显，因此需要能将传质过程的影响从总电流-电势曲线中剔除出去的更为严格的方法。要精确地计算 δ_N，需要知道对流的类型及其量级，对于下面将要讨论的旋转圆盘-环电极的 δ_N，人们已经进行了精确的计算。然而，在具体解这些方程以前，为帮助对这个问题的理解，首先讨论一种简单的情况，即在一个具有任意形状的电极上，溶液的流动方向将保持与电极表面平行并与扩散方向垂直。如果液体是层流（即没有涡流存在），而且在远离电极表面的区域其流速为 v_∞，那么由于摩擦力的存在，溶液在电极表面的流速将为零。由此可绘制出如图 4.16 所示的流速梯度曲线，其特征长度 δ_{Pr} 称为 Prandtl 层厚度，流速的变化将只在离电极 δ_{Pr} 的距离以内发生。该厚度与扩散层厚度 δ_N 不同，在稳态条件下 $\delta_N \approx \delta_{Pr}(\nu D)^{-1/3}$，其中 ν 是运动黏度（即普通的黏度 η 与溶液的密度 ρ 的比值）。对水，其 $\eta \approx 10^{-3}\,\mathrm{kg \cdot m^{-1} \cdot s^{-1}}$，$\rho = 10^3\,\mathrm{kg \cdot m^{-3}}$，扩散系数通常为 $10^{-9}\,\mathrm{m^2 \cdot s^{-1}}$，得到 $\delta_N \approx 10^{-1} \delta_{Pr}$。

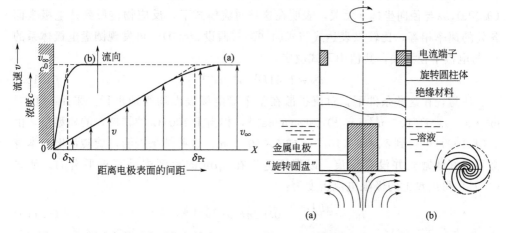

图 4.16　层流条件下在平板电极表面：（a）流速和（b）浓度分布与离开电极表面距离之间的关系

图 4.17　旋转圆盘电极的结构以及电极旋转过程中液流基本流向示意图（a）与电极旋转过程中圆盘上的溶液流动方向示意图（b）

4.3.5.1　旋转圆盘和环盘电极

一个对电化学研究具有非常重要意义的体系是旋转圆盘电极（见图 4.17），该电极在溶液里以角速度 ω 旋转，使液体沿着旋转轴输送到电极表面，然后沿电极径向甩出。使用一般方程式可以对在电极表面所建立的对流模式进行定量地计算：

$$\frac{\partial c}{\partial t} = D\,\mathrm{div}\,\mathbf{grad}(c) - v\,\mathbf{grad}(c) \tag{4.104}$$

式中，v 是液体的矢量流速，$\mathbf{grad}(c) \equiv \mathbf{i}\,\partial c/\partial x + \mathbf{j}\,\partial c/\partial y + \mathbf{k}\,\partial c/\partial z$，$\mathbf{i}$，$\mathbf{j}$，$\mathbf{k}$ 是在 x、y、z 方向的单位矢量，而 div $\mathbf{grad}(c) \equiv \partial^2 c/\partial x^2 + \partial^2 c/\partial y^2 + \partial^2 c/\partial z^2$。将其转换为柱坐标，并忽略径向扩散项，在 $\partial c/\partial t = 0$ 稳态条件下，有：

$$D\,\frac{\partial^2 c}{\partial z^2} = v_r\,\frac{\partial c}{\partial r} + v_z\,\frac{\partial c}{\partial z} \tag{4.105}$$

式中，v_r 和 v_z 是液体流速的轴向分量和径向分量。为解这个方程，需要有 v_r 和 v_z 的表达式以及合适的边界条件。边界条件十分直观，如果电极反应快速地消耗了反应物，那么在 $z = 0$ 时，$c = 0$，而对 $z \rightarrow \infty$，$c \rightarrow c^0$。对流模式已由 Cochran 求出（参见参考文献中 Riddiford 的论文），他的结果表明，在圆盘电极附近（即 z 值很小的情形下）：

$$v_z \approx -az^2 \tag{4.106}$$

$$v_r \approx arz \tag{4.107}$$

式中，$a = 0.510\omega^{3/2}\nu^{-1/2}D^{-1/3}$。把这些关系式代入式（4.105）中，并假设 $c(z=0) = 0$（即处于极限电流区）并求解浓度 c，在电极表面的物质的流量为：

$$\left(\frac{\partial c}{\partial z}\right)_{z=0} = 0.602D^{-1/3}\nu^{-1/6}\omega^{1/2}c^0 \tag{4.108}$$

式中，c^0 是体相溶液中电活性物种的浓度，如前所述，ν 是运动黏度。注意 $(\partial c/\partial z)_{z=0}$ 与径向坐标 r 无关，表明在这种对流模式下，反应物传质到达电极表面各处的速率相等。比较该表达式与式（4.90）（假设 $c^s = 0$），可发现圆盘电极体系的 δ_N 与电极半径无关，其值由下式决定：

$$\delta_N = 1.61 D^{1/3} \nu^{1/6} \omega^{-1/2} \qquad (4.109)$$

注意，在这些条件下，对流扩散在整个盘电极表面均等地进行。采用 $\nu(10^{-6} \, m^2 \cdot s^{-1})$，$D(10^{-9} m^2 \cdot s^{-1})$ 和 $\omega(628 s^{-1}$，相当于 $100\,Hz$ 的转速）的典型值，由式（4.109）可得到 $\delta_N \approx 6 \times 10^{-6} m$ 或 $6 \times 10^{-4} cm$。这些结果表明，旋转盘电极本身必须很好地抛光并没有划痕，以保证电极在 $6\mu m$ 的范围内是真正平滑的。从式（4.91）得出盘上的极限电流密度为：

$$j_{\lim} = \frac{nFDc^0}{\delta_N} = 0.62 nFD^{2/3} \nu^{-1/6} \omega^{1/2} c^0 \qquad (4.110)$$

根据该方程，将 $j_{\lim}$ 对 $\omega^{1/2}$ 作图，可获得 D 或 c^0 的值；并可获得线性的曲线（见图 4.18）以及不同转速下，电流密度随电势的总变化关系。在后一情形中，在低电流密度下，可以看出电流满足 Butler-Volmer 方程，而随着超电势的升高，出现一过渡区，其中电荷转移和传质同时起作用，而在扩散电流区，只有传质过程是决速步骤。

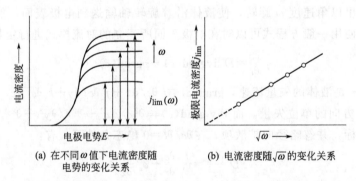

(a) 在不同 ω 值下电流密度随
电势的变化关系

(b) 电流密度随 $\sqrt{\omega}$ 的变化关系

图 4.18 以角速度 ω 旋转的旋转圆盘电极上的极限电流密度

对过渡区可直接进行分析。如果有一个可逆的电化学过程，那么实验电流密度可写成如下的形式：

$$j(\eta) = nF(k^+ c_{Red}^s - k^- c_{Ox}^s) \qquad (4.111)$$

其中，$k^+ \equiv k_0^+ \exp\left[\frac{(1-\beta)\, nF\eta}{RT}\right]$，$k^- \equiv k_0^- \exp\left(-\frac{\beta nF\eta}{RT}\right)$。如果传质过程不是决速步骤，那么表面浓度 c^s 将与体相浓度的 c^0 一致。在这一条件下所获得的电流密度，相当于旋转圆盘电极的转速无穷大，因此反应完全由电荷转移过程控制时的电流密度，可表示如下：

$$j_\infty(\eta) = nF(k^+ c_{Red}^0 - k^- c_{Ox}^0) \qquad (4.112)$$

当然电流密度应该与物质在表面的流量相关，事实上：

$$j = -\frac{nFD_{Ox}(c_{Ox}^0 - c_{Ox}^s)}{\delta_{N,Ox}} = \frac{nFD_{Red}(c_{Red}^0 - c_{Red}^s)}{\delta_{N,Red}} \tag{4.113}$$

其中，如上所述，$\delta_{N,Ox} = 1.61 D_{Ox}^{1/3} \nu^{1/6} \omega^{-1/2}$ 而 $\delta_{N,Red}$ 也有类似的表达式。令 $A_{Ox} = 1.61 D_{Ox}^{1/3} \nu^{1/6}$，类似也可写出 A_{Red} 的表达式，则可清楚地看到：

$$\frac{1}{j(\eta)} = \frac{1}{j_\infty(\eta)} \left[1 + \frac{\left(\dfrac{k^+ A_{Red}}{D_{Red}} + \dfrac{k^- A_{Ox}}{D_{Ox}} \right)}{\omega^{1/2}} \right]$$

或等效地

$$\frac{1}{j(\eta)} = \frac{1}{j_\infty(\eta)} + \frac{1}{j_\infty(\eta)} \cdot \frac{常数}{\omega^{1/2}} \tag{4.114}$$

从上式可以看出，在过渡区，$1/j$ 与 $\omega^{-1/2}$ 之间呈线性关系，如图 4.19 所示可从一系列不同的电势下所观测到的直线在纵轴的截距计算 j_∞。根据这些值，可通过式(4.29) 的 Tafel 方程估算 β 和 j_0。对几何上更复杂的环-盘电极，其中半径为 r_1 的中心盘被内半径为 $r_2 (>r_1)$ 外半径为 r_3 的环包围，中间还夹一层绝缘层 $(r_1 < r < r_2)$，这时，环电极上的 δ_N 值是 r 的函数，并具有如下的形式：

$$\delta_N = \frac{1.61 D^{1/3} \nu^{1/6} \omega^{-1/2} (r_3^3 - r_2^3)^{1/3}}{r}; r_2 \leqslant r \leqslant r_3 \tag{4.109a}$$

环电极上极限电流（不是电流密度）必须通过电流密度 j_{lim} 对整个环电极的面积进行积分而获得。其最终结果具有如下的形式：

$$i_{lim,R} = 0.62 \pi n F D^{2/3} \nu^{-1/6} \omega^{1/2} c^0 (r_3^3 - r_2^3)^{2/3} \tag{4.115}$$

因为 $i_{lim,D} = (2\pi r_1^2) \cdot j_{lim,D}$，其中 $j_{lim,D}$ 为圆盘上的极限电流密度，可发现：

$$\frac{i_{lim,R}}{i_{lim,D}} = \frac{(r_3^3 - r_2^3)^{2/3}}{r_1^2} \tag{4.116}$$

该比值只与系统的几何结构参数有关。下面将进一步讨论环-盘电极的应用。

4.3.5.2　利用具有平滑表面的旋转膜来研究多孔金属电极表面的反应

上面推导的这些关系式基于下面三个假设：①位于圆盘电极边缘处传质的微小变化可以忽略；②旋转圆盘电极置于离开电解池壁足够远的地方，池壁的存在对液流和旋转圆盘电极的运动没有影响；③旋转圆盘电极表面足够平滑。下面，将探讨利用旋转圆盘来研究多孔膜电极上的反应，在这类电极上，将不再满足上述的第三点假设。

借助旋转圆盘来研究和测量多孔催化剂层（纳米颗粒结构）是有可能实现的，例如可在多孔电极表面覆盖上一薄层的 Nafion 膜，从而使电活性物质的传质可通过扩散（而不是对流）而实现。由于 Nafion 膜的表面是平滑的，因此，可利用前面的关系式来处理到膜表面的传质过程。

为了考虑通过 Nafion 膜的扩散传质过程，必须将式(4.114) 进行一些修改：

$$1/j(\eta) = 1/j_\infty(\eta) + [1/j_\infty(\eta)] \left(\frac{常数}{\omega^{1/2}} \right) + 1/j_{diff,f} \tag{4.114b}$$

该式右侧的第一项代表电荷转移动力学过程,第二项对应于电解液中的传质过程,而第三项则相应于在 Nafion 膜中进行的扩散传质过程:

$$j_{\text{diff,f}} = nFD_f c_f / L \tag{4.114c}$$

式中,D_f 为物质在 Nafion 膜中的扩散系数;c_f 表示位于膜-电解液界面上的物质浓度;L 为膜厚。当 $\omega \to \infty$,Nafion 膜中的传质过程将成为决速步骤,利用 $1/j$ 对 $\omega^{-1/2}$ 作图,它在 y 轴上的截距为 $1/j = 1/j_{\text{diff,f}} = L/nFD_f c_f$。

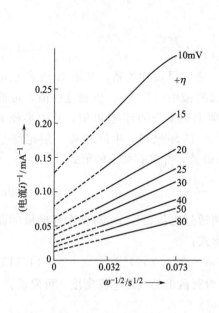

图 4.19 半径为 3.5mm 的旋转圆盘电极的伏安曲线的上升区中不同的电极电势下电流的倒数与 $1/\sqrt{\omega}$ 之间的变化关系

其中电解液为 $0.01\text{mol} \cdot \text{dm}^{-3}$ $[\text{Fe(CN)}_6]^{3-}/[\text{Fe(CN)}_6]^{4-}$-$0.5\text{mol} \cdot \text{dm}^{-3}\text{K}_2\text{SO}_4$

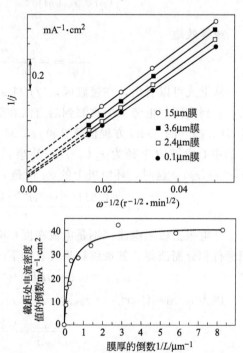

图 4.19a 200mV$_{\text{RHE}}$ 时的 H$_2$ 分子的氧化反应

催化剂采用 Pt/活性炭粉电极,并以 Nafion 为黏合剂涂在旋转圆盘上,然后再在其表面上覆盖不同厚度的 Nafion 膜。Pt 的担载量为 $7\mu g \cdot \text{cm}^{-2}$,电解液为 $0.5\text{mol} \cdot \text{dm}^{-3}$ H$_2$SO$_4$,温度控制在 298K。上图:Frumkin-Tedoradse 图;下图:电流密度相对于 Nafion 膜厚倒数 $1/L$ 的关系曲线

图 4.19a 显示了 H$_2$ 分子在 Pt 电极上的氧化反应,该电极的制备方法如下:将 Pt 分散在活性炭上并用 Nafion 作为黏合剂将这些纳米颗粒黏结到一起,然后在 Pt/C 纳米电极上覆盖具有不同厚度(L)的 Nafion 薄层。与预期一致,实验结果表明:Frumkin-Tedoradse 线在 $1/j$ 轴上的截距与 L 值成比例(见图 4.19a),但是当膜厚小于 $1\mu m$ 时,该结论不成立。图 4.19a 中下面的图给出的是极限电流密度的倒数与膜厚的倒数之间的关系曲线,从该图可以看出,在膜厚为 $0.5\mu m$ 时,电

流密度已趋向于极限值。当膜厚小于该值时，扩散过程已变得很快，因而它不再是决速步骤，此时，电极动力学过程开始成为决速步骤。从该实验可看出，在200mV（相对于 RHE）下，极限电流密度为 40mA·cm^{-2}，这个值已经非常接近在相同超电势下在平滑 Pt 电极上的观测值（60mA·cm^{-2}）。这类实验可有助于测量氢-氧燃料电池最大可获得的比质量电流密度。例如，实验结果显示在 Pt 的担载量为 7μg·cm^{-2} 时，Pt 纳米催化剂上氢分子的氧化的比质量电流密度可高达 1A·mg^{-1} [参见：T. J. Schmidtetal.，*J. Electrochem. Soc.*，145（1998）2354]。

4.3.6 通过电迁移的传质过程：Nernst-Plank 方程

到目前为止，还尚未考虑离子的电迁移过程的影响，因为只有当支持电解质的浓度为零，或者其最大浓度仅与被迁移的电活性物种的量相当时，电迁移才会对整个的传质过程有明显的贡献。为简单起见，首先考虑处于电场 $E = -i\,\partial V/\partial x$ 中的电荷为 $z_i e_0$ 离子 i 以 v_i 的速率进行电迁移时，其电迁移电流密度由下式给出：

$$j_{i,M} = z_i F c_i v_i = -z_i F c_i u_i \frac{\partial V}{\partial x} \tag{4.117}$$

在这里使用了第 2 章所定义的离子的电迁移率。与之相比，扩散电流密度的值为：

$$j_{i,D} = -z_i F D_i \frac{\partial c_i}{\partial x} \tag{4.118}$$

因此，总电流值为：

$$j_i = j_{i,M} + j_{i,D} = -z_i F \left(c_i u_i \frac{\partial V}{\partial x} + D_i \frac{\partial c_i}{\partial x} \right) \tag{4.119}$$

这是 Nernst-Planck 方程的一种表达形式，它清楚地表明电迁移和扩散是可以分离的，也清楚地表明只有当电势梯度足够大时，方程中的第一项才对电流有显著贡献。在大多数的实际情况中，并不满足该条件，因为电化学系统所使用的溶液的电导率都很高，所以电流通常都是由扩散过程控制的，甚至达到带负电的离子都可以扩散到阴极的程度。代表后一行为的一个很好的例子就是在含 [Ag(CN)$_2$]$^-$ 的溶液中电沉积银。

当定量地考虑一种含 0.1mol·dm^{-3} 电活性物质的溶液，并向其中添加支持电解质使其总电导率为 0.2Ω^{-1}·cm^{-1}（这相当于大约 5mol·dm^{-3} 的 NaCl），假设 $\delta_N \approx 10^{-2}$cm，那么其极限扩散电流密度为 $FDc^0/\delta_N \approx 10$mA·cm^{-2}。在此电流密度下，在电导为 0.2Ω^{-1}·cm^{-1} 的溶液中，其电势梯度是 0.01A·cm^{-2}/(0.2Ω^{-1}·cm^{-1}) = 0.05V·cm^{-1}。假设离子的迁移率为 5×10^{-4}cm^2·V^{-1}·s^{-1}，由式（4.117）得到 $j_M \approx 0.025$mA·cm^{-2}，它仅为极限扩散电流值的 2.5%。该结果显示如果希望忽略电迁移效应，那么支持电解质的量必须过剩 100 倍以上。

4.3.7 球形扩散

当曲率半径为 r_0 的曲面的 r_0 远远大于扩散层厚度 δ_N 时，其 δ_N 可通过平板电极推导的公式［式(4.100)］来近似计算而又不会引入很大的误差，但是如果 r_0 值减小，则该近似不再有效。为了理解这一结论，需要求解具有球形几何形状的电极的扩散方程；在边界条件为 $c^s = 0$ 的条件下，在半径 r 及时间 t 时的浓度 $c(r, t)$ 由下式给出：

$$c(r,t) = c^0 \left\{ 1 - \frac{r_0}{r} \mathrm{erfc} \left[\frac{r - r_0}{(4Dt)^{1/2}} \right] \right\} \tag{4.120}$$

式中，$\mathrm{erfc}\{z\}$ 是式(4.97)定义的余误差函数，即 $\mathrm{erfc}\{z\} = 1 - \mathrm{erf}\{z\}$。当电极电势阶跃到扩散控制区后，比较平面和球形（$r_0 = 10^{-4}$ cm）两种扩散条件下电活性物种的浓度梯度变化曲线（图 4.20）发现，球形扩散能更快达到静态电流密度。事实上，在 $r = r_0$ 处对式(4.120)求微分可得：

$$j_{\mathrm{lim,sph}} = nFDc^0 \left[\frac{1}{(\pi Dt)^{1/2}} + \frac{1}{r_0} \right] \tag{4.121}$$

当 t 很小时，该式可约化为方程(4.101)且 $c^s = 0$。而当 t 很大时：

$$j_{\mathrm{lim,sph}} \approx \frac{nFDc^0}{r_0} \tag{4.122}$$

由此得出：

$$\frac{j_{\mathrm{lim,sph}}}{j_{\mathrm{lim,plan}}} \approx 1 + \frac{(\pi Dt)^{1/2}}{r_0} \tag{4.123}$$

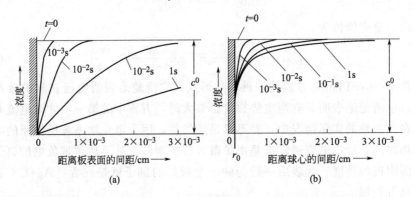

图 4.20 在不同形状的电极上电活性物质浓度随时间的变化曲线

(a) 平板电极；(b) 球形电极（$r_0 = 10^{-4}$ cm）。在 $t = 0$ 时，电势阶跃至传质控制的极限电流区。初始浓度为 c^0，扩散系数为 10^{-5} cm$^2 \cdot$ s^{-1}

当 r_0 很大时，平面和球形的极限扩散电流的比值将接近于 1，而在 $r_0 = 10^{-4}$ cm 和 $t = 1$s 时其比值约为 50（对应的 $D = 10^{-5}$ cm$^2 \cdot$ s^{-1}）。因为电极面积小，实际测量到的电流也很小。例如，对球半径为 10^{-4} cm，极限电流仅为 1nA 左右。这么小的电流在测量上的一大优点就是可以使用两电极体系，因为在如此小的电流下各种参比电极的极化都小得可以忽略。这导致了基于使用微或超微（$r_0 \leqslant 20 \mu$m）电极并以两电极工作形式的新一代传感器的诞生。

4.3.8　微电极

微电极定义为：电极的几何结构中至少有一个维度的尺寸在微米量级，通常是将直径为数微米的电极包封在一绝缘材料如热固性树脂内，然后将树脂的尖端抛光以露出电极表面［见图 4.21(a)］。这类电极的重要性在于：①通过的电流小，可用于高内阻的电解质溶液；②电极尺寸小，使之可用于分析测量微量体积的物质；③随着测量时间的延长，扩散过程由线性扩散变为球形扩散［见图 4.21(b) 和 4.21(c)］。如上面指出的，球形扩散曲线不但有较大的传质速率，而且具有在较长的时间后出现静态扩散的特征。因此，在循环伏安的测量中，当扫描速率较高时，循环伏安曲线容易给出正常的形状，而当扫描速度较低时，则容易出现与电活性物种浓度成比例的极限电流。

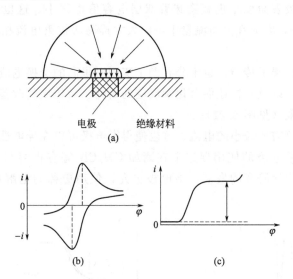

图 4.21　微电极上反应物的传输以及电流-电势曲线

(a) 当电势在更宽的电势范围内变化时，扩散过程将从线性扩散向球形扩散的转变；(b) 在快速电势扫描下的 CV（$0.5\sim100\mathrm{V\cdot s^{-1}}$）；(c) 电势扫描速率较慢时的 CV 图（$5\sim100\mathrm{mV\cdot s^{-1}}$）

4.3.8.1　微电极上的电流与时间的关系

根据式(4.121)，假设电化学反应动力学很快，平板电极可近似为半球形电极，总电流 i 可通过将式(4.121) 与半球面积 $2\pi r^2$ 相乘来得到：

$$i=-nFc^0D\left[2r^2\left(\frac{\pi}{Dt}\right)^{1/2}+2\pi r\right] \tag{4.124}$$

当 $t\to\infty$ 时，中括号中的第一项可忽略，即

$$i=-2\pi nFrc^0D \tag{4.124a}$$

如果以电流密度来表达，因为 $j=i/2\pi r^2$，所以：

$$j=-\frac{nFc^0D}{r} \tag{4.124b}$$

从式(4.124)，当 $2r^2(\pi/Dt)^{1/2} < 2\pi r$，也就是当

$$t > \frac{r^2}{\pi D} \tag{4.124c}$$

成立时，式(4.124)的第一项小于第二项。对半径为 $10\mu m$ 的微电极来讲，当 $t > 0.1s$ 时，这一点确实成立。

4.3.8.2 微电极的其他优点

将微电极安装在一个微型三维操控器上，并控制该微电极与另一大的平板电极之间距离一定（大约数微米），那么可以测量平板电极上的电流分布。这一装置称为扫描电化学显微镜，该方法首先由 Bard 提出，并已证实对研究电极表面反应速率不均匀的反应（如腐蚀过程）非常有用。

微电极的电极表面积小也就意味着双层电容值也很小。这也就使得电解池的 RC 时间常数很小，因而在分析测量中可以大大提高法拉第电流相对于双层充电电流的大小。

由于微电极改善了传质，也十分有助于实现对很高的交换电流密度和电荷转移速率常数的测量，以及对快速偶合化学反应的研究。对传质的改善也用来提高电分析测量的检测极限（见图 4.22）。

由于微电极只需要较小的电流，这也使得微电极可以在导电性差的弱电解液中进行有效测量。微电极的使用促进了在诸如 CH_2Cl_2 等有机溶剂或者甚至在 CO_2 的超流体中的电化学研究的发展。微电极也允许使用更稀的电解质溶液，图 4.23

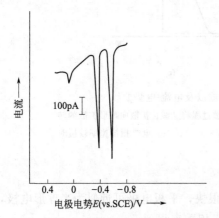

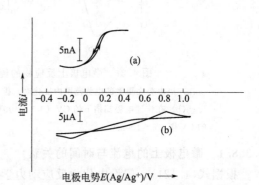

图 4.22 利用反向极谱测定半径为 $7\mu m$ 的汞滴微电极在 $-0.8V$（vs. SCE）预沉积的 $8.7 \times 10^{-8} mol \cdot dm^{-3} Pb^{2+}$ 和 $1.6 \times 10^{-7} mol \cdot dm^{-3} Cd^{2+}$

扫描速率为 $50mV \cdot s^{-1}$［引自 S. Pons and M. Fleischman, *Anal. Chem.*, **59** (1987) 1391A］

图 4.23 $1.1mmol \cdot dm^{-3}$ 二茂铁在乙腈溶液中（加入 $0.01mol \cdot dm^{-3}$ 四丁基铵过氯酸作为支持电解液）氧化时的 CV

电极为：（a）半径为 $6.5\mu m$ 的金微电极；（b）半径 $0.4mm$ 的铂盘［引自 R. M. Wightman and D. O. Wipf, *"Voltammetry at Ultramicroelectrodes"* Electroanal. Chem. **15**, ed. A. J. Bard, Marcel Dekker, New York］

比较了在乙腈溶液中，在金微电极以及正常大小的铂圆盘电极上二茂铁的氧化行为。

4.4　同时发生的化学过程对伏安曲线的影响

除了电荷转移以及传质对电化学反应速率的影响外，在电荷转移之前或之后发生的化学平衡也将影响反应的速率，尤其是在电荷转移和传质过程都非常快的那些电势区间。这类化学反应可以是均相反应或异相反应，前者主要在电极表面附近的薄层液体中进行，而异相反应主要发生在电极表面的吸附层。

电荷转移过程发生前存在化学平衡的一个具体例子就是弱酸 HA 解离的化学平衡，解离生成的 H^+ 将参与下一步电荷转移并最后生成氢气的反应中。整个过程由下述的一系列基元步骤组成：

① 存在于本体溶液的 HA 通过对流和扩散过程向电极表面厚度为 δ_R 的反应层的传质；

② HA 在反应层里的解离，并生成质子和阴离子，以补偿由于电化学还原而消耗的质子（见下面第三步）：

$$HA \longrightarrow H^+ + A^-，速率常数 k_d$$

应该强调的是由于 HA 的解离过程以一定的速率进行，H^+ 的浓度总是低于没有电化学过程发生时的浓度。此外，虽然原则上水解离也可以维持 H^+ 的浓度，但这一过程通常很慢，因此可忽略。

③ 电荷向位于双电层里的 H^+ 转移，它被还原成氢原子并吸附在电极表面

$$H^+ + e^- \longrightarrow H_{ads}$$

④ 通过

$$H^+ + e^- + H_{ads} \longrightarrow H_2$$

或者

$$2H_{ads} \longrightarrow H_2$$

吸附的 H_{ads} 进一步反应生成氢气。如果提高反应物的传质，或者提高反应的超电势，第二步反应的速率将逐渐起决定性作用。

4.4.1　反应超电势、反应极限电流和反应层厚度

如果某同时进行的化学反应使得一些参与电化学反应的物种 S 的浓度减小，那么将有一个对应于浓度从 c^0 降低至 c^s 而引起的超电势，称为反应超电势 η_r。如果该物种的计量系数是 ν，可从 Nernst 方程推导出 η_r 的表达式。与推导式 (4.93) 类似，有

$$\eta_r = \frac{\nu RT}{nF} \ln \frac{c^s}{c^0} \tag{4.125}$$

下面再来看一下弱酸解离的例子，并分析电极表面附近物种 S 的浓度梯度关

系。反应层可定义为任何从 HA 解离生成的 H^+ 将向电极运动并在电极表面放电，值得注意的是其发生电荷转移的速率远大于与 A^- 重新复合的速率。该反应层的厚度比普通扩散层的厚度要薄得多。在电极附近的区域，弱酸 HA 的浓度由于解离失去 H^+ 而减小，并建立厚度为 δ_N^{HA} 的扩散层，其厚度与 H^+ 的 $\delta_N^{H^+}$ 相当。在图 4.24 中，如果酸是弱酸性的，且反应层很薄，可假设在该反应层里 HA 的浓度 c_{HA}^s 是恒定的。而在反应层里从 δ_R 位置到电极表面氢离子的浓度 c_{H^+} 由 $c_{H^+}^{\delta_R}$ 降低为 0。

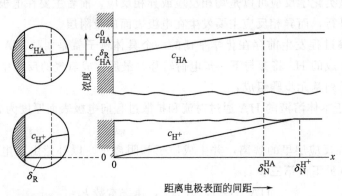

图 4.24　弱酸的阴极析氢过程中，质子与未解离酸的浓度与表面的距离之间的关系

显然，极限电流可以由下式给出：

$$j_{\lim, r} = nFD_{HA} \frac{c_{HA}^0 - c_{HA}^{\delta_R}}{\delta_N^{HA}} \tag{4.126}$$

这是 HA 到电极区的极限流量，这里假设所有放电的 H^+ 来自于 HA。显然，极限电流也可由下式给出

$$j_{\lim, r} = \frac{nFD_{H^+} c_{H^+}^{\delta_R}}{\delta_R} \tag{4.126a}$$

通过求解化学动力学项修正的扩散方程，可计算出扩散层的厚度。在稳态下：

$$\frac{\partial c_{HA}}{\partial t} = D_{HA} \frac{\partial^2 c_{HA}}{\partial x^2} - k_f c_{HA} + k_b c_{A^-} \cdot c_{H^+} = 0 \tag{4.127}$$

式中，k_f 是酸解离过程的速率常数，而 k_b 是 H^+ 和 A^- 的复合速率常数。对 H^+ 可得到类似的表达式：

$$\frac{\partial c_{H^+}}{\partial t} = D_{H^+} \frac{\partial^2 c_{H^+}}{\partial x^2} + k_f c_{HA} - k_b c_{A^-} \cdot c_{H^+} = 0 \tag{4.128}$$

其边界条件是：

$$x = 0, c_{H^+} = 0, \frac{\partial c_{HA}}{\partial t} = 0; x = \delta_R, c_{HA}^{\delta_R} = c_{HA}^s \tag{4.129}$$

$$x > \delta_R, c_{H^+} = \frac{k_f c_{HA}}{k_b c_{A^-}}$$

这些条件中的最后一项相应于在反应层区间以外，H^+ 的平衡浓度由弱酸的离解和复合反应来维持。

做如下取代

$$c' = \frac{k_f c_{HA}}{k_b c_{A^-}} - c_{H^+} \tag{4.130}$$

式中，c' 是本体中质子的平衡浓度与其反应层中的浓度差。显然当 $x=0$ 时，$c' = \frac{k_f c_{HA}}{k_b c_{A^-}}$，而当 $x > \delta_R$ 时，$c' = 0$。代入式（4.127）和式（4.128），得到在 $x < \delta_R$ 区内 c' 的微分方程：

$$\frac{\partial^2 c'}{\partial x^2} = \left(\frac{k_f}{c_{A^-} D_{HA} k_b} + \frac{1}{D_{H^+}} \right) k_b c_{A^-} \cdot c' \tag{4.131}$$

因为对弱酸，有 $k_f/c_{A^-} k_b \ll 1$，可以将该式进一步简化为

$$\frac{\partial^2 c'}{\partial x^2} \approx \frac{k_b c_{A^-} \cdot c'}{D_{H^+}} \tag{4.132}$$

因为在 $x < \delta_R$ 区内，c_{A^-} 是一个常数，该方程很容易求解，得到

$$c' = \left(\frac{k_f c_{HA}^s}{k_b c_{A^-}} \right) \exp \left[- \left(\frac{k_b c_{A^-}}{D_{H^+}} \right)^{1/2} x \right] \tag{4.133}$$

随着 x 的增加，显然 c' 将以指数形式减小并最后趋近于 0。可将 δ_R 定义为式（4.133）的指数项中的 x 的系数，因为当 $x > (D_{H^+}/c_{A^-} k_b)^{1/2}$，$c'$ 迅速趋近于零，因此：

$$\delta_R = \left(\frac{D_{H^+}}{c_{A^-} k_b} \right)^{1/2} \tag{4.134}$$

对醋酸，从已知的数据：$D_{H^+} \approx 10^{-8} \, \text{m}^2 \cdot \text{s}^{-1}$，$c_{A^-} \approx 0.1 \, \text{mol} \cdot \text{dm}^{-3}$，$k_b \approx 10^{10} \, \text{mol} \cdot \text{s}^{-1}$ 可以得出 $\delta_R \approx 3 \times 10^{-9} \, \text{m}$，该值比具有强制对流条件下的 δ_N 大约小三个数量级。

容易看出式（4.134）给出的是到电极表面的距离，在该区间内质子扩散到电极表面的速度大于其复合的速度。在阴离子 A^- 的浓度为 c_{A^-} 的电解液中，质子的半衰期是 $\tau_{H^+} = (\ln 2)/(k_b c_{A^-})$，而在这段时间内它扩散的距离是 $(2D_{H^+} \tau_{H^+})^{1/2} = 1.2(D_{H^+}/k_b c_{A^-})^{1/2} = 1.2\delta_R$。

将其代入流量方程，在旋转圆盘上的极限电流可表示如下

$$\frac{i_{\lim}}{\sqrt{\omega}} = \frac{i_{\lim, \text{diff}}}{\sqrt{\omega}} - \frac{D^{1/6}(c_{A^-})^{1/2} i_{\lim}}{1.62 \nu^{1/6} K_{eq} \sqrt{k_b}}$$

式中，K_{eq} 是酸解离的平衡常数（$= k_f/k_b$），$i_{\lim, \text{diff}}$ 是没有化学反应的动力学限制（$k_f \to \infty$）的前提下的极限扩散电流。$i_{\lim}/\sqrt{\omega}$ 对 $i_{\lim}$ 作图能使人们通过 K_{eq} 来计算 k_f 或 k_b。这一点已经在醋酸中得到确认，并得到其 k_f 为 $5.4 \times 10^5 \, \text{s}^{-1}$。

总之，如果选择合适的电势和对流传质范围，可使得反应主要是由偶合的化学过程所控制，对均相化学反应，可容易地通过这些反应对电流的影响而加以研究。

用这种方法来表征异相反应则困难得多，部分原因是由于任何表面吸附过程对诸如表面的前处理状况（历史）以及电解液中存在的痕量杂质等条件非常敏感。当有偶合的异相反应存在时，如果不是非常小心，通常电流测量的重现性会很差，下面来具体讨论这类过程。

4.5 吸附过程

到现在为止，主要讨论了发生在电极表面与位于外 Helmholtz 平面的物种之间的简单氧化还原反应，除此之外，很多电化学过程包含了反应物或产物在电极表面的化学或物理吸附过程。所有的电催化反应均属于这一范畴，在电催化反应中，吸附是先决条件。一个典型的例子就是氢分子的氧化反应，每个到达电极表面的氢分子将解离并化学吸附在电极表面，该过程所需要的自由能来自于分子的吸附熔。从微观的观点来说，电极表面是很不均一的，吸附往往包括了分子与电极表面的活性位，例如在平滑表面的孤立的原子簇或表面晶格缺陷位等之间的相互作用。这类表面位在吸附动力学中起着非常重要的作用。

通常，电极表面所吸附的物质的量与该物质在溶液中的浓度 c^0 之间存在着一定的关系。该关系随温度而变化，如果该关系是在同一温度下测得的，则称为在该温度下的吸附等温线。人们发现吸附等温线的形状同时取决于吸附物种之间的相互作用以及吸附物种与电极表面之间的相互作用，因此吸附等温线的形状因吸附物种的状态，如原子、分子或离子的变化而变化。但是实践发现理论预期的这些差别通常很小，而且很难在实验中测量到，Langmuir 或 Frumkin 等提出的近似处理就已经足够准确了。

4.5.1 吸附等温线的几种形式

为简化数学处理，通常假设只吸附一个单分子层。如果进一步假设表面上的每一个吸附位是等同的而且在任一点的吸附熔不受邻近的吸附位是否被占据的影响，这就是最简单的 Langmuir 吸附模型。从热力学上来说，如果某物质吸附态时的电化学势与其在溶液中的电化学势相等，则平衡会建立：

$$\widetilde{\mu}_{ads} = \widetilde{\mu}_{sol} \tag{4.135}$$

忽略由于内 Helmholtz 层与溶液间的电势差的影响，可用化学势来代替电化学势，但是该近似对离子或强偶极分子的吸附将引起较大的误差，需要使用更复杂的等温线。溶液的化学势由下式给出：

$$\mu_{sol} = \mu_{sol}^0 + RT \ln \frac{c^0}{c^*} \tag{4.136}$$

（其中 c^* 是标准浓度，通常是 $1 \text{mol} \cdot \text{dm}^{-3}$），根据上述假设，很容易得到吸附物的化学势为

$$\mu_{\mathrm{ads}}=\mu_{\mathrm{ads}}^{0}+RT\ln\frac{\theta_{0}}{1-\theta_{0}} \tag{4.137}$$

式中，θ_0 是吸附物的平衡覆盖度，定义为被吸附物实际所覆盖的表面位与可能发生吸附的总吸附位的比值。令式（4.140）和式（4.141）相等，得到

$$\frac{\theta_{0}}{1-\theta_{0}}=\frac{c^{0}}{c^{*}}\exp\left(-\frac{\mu_{\mathrm{ads}}^{0}-\mu_{\mathrm{sol}}^{0}}{RT}\right) \tag{4.138}$$

因为 $\Delta G_{\mathrm{ads}}^{0}=\mu_{\mathrm{ads}}^{0}-\mu_{\mathrm{sol}}^{0}$，上式可改写为

$$\frac{\theta_{0}}{1-\theta_{0}}=\frac{c^{0}}{c^{*}}\exp\left(-\frac{\Delta G_{\mathrm{ads}}^{0}}{RT}\right) \tag{4.139}$$

该式称为 Langmuir 吸附等温线。如果把该方程重排，将 θ_0 作为 (c^0/c^*) 的函数来表达，则有

$$\theta_{0}=\frac{(c^{0}/c^{*})\exp(-\Delta G_{\mathrm{ads}}^{0}/RT)}{1+(c^{0}/c^{*})\exp(-\Delta G_{\mathrm{ads}}^{0}/RT)} \tag{4.140}$$

由该式可看到，如果 (c^0/c^*) 很小时，θ_0 将随着 c^0 而线性地增加，但当高浓度时，覆盖度 θ_0 将趋近于 1（见图 4.25）。

Langmuir 吸附等温线的推导过程中最不充分的假设是第三点，即假设吸附焓与邻近的吸附位是否被占据无关。当覆盖度很小或很高时该假设还勉强成立，但对中间覆盖度（$0.2<\theta<0.8$）该假设往往不成立。对 Langmuir 吸附模型的一级近似修正就是让 ΔG_{ads} 与覆盖度呈线性关系：

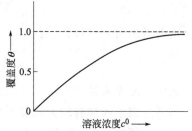

图 4.25　Langmuir 吸附等温线：覆盖度 θ 与溶液浓度 c^0 之间的关系

$$\Delta G_{\mathrm{ads}}=\Delta G_{\mathrm{ads}}^{0}+\gamma\theta_{0} \tag{4.141}$$

其中 $\gamma>0$ 意味着 ΔG_{ads} 随着吸附物之间排斥力的增加而增加。将该式代入方程（4.140）得到 Frumkin 型吸附等温线：

$$\frac{\theta_{0}}{1-\theta_{0}}=\frac{c^{0}}{c^{*}}\exp\left(-\frac{\Delta G_{\mathrm{ads}}^{0}}{RT}-\frac{\gamma\theta_{0}}{RT}\right) \tag{4.142}$$

当 $\theta_0\approx0.5$ 时，因 $\theta_0/(1-\theta_0)$ 接近于 1，上式可进一步简化。对方程（4.142）取对数，得到

$$RT\ln\frac{c^{0}}{c^{*}}\approx\gamma\theta_{0}+\Delta G_{\mathrm{ads}}^{0} \tag{4.143}$$

该式称为 Temkin 型吸附等温线。

吸附速率 v_{ads}，也可通过 Langmuir-Temkin 理论算出。根据 Langmuir 理论

$$v_{\mathrm{ads}}=k_{\mathrm{ads}}c^{0}(1-\theta)=k_{\mathrm{ads}}^{0}c^{0}(1-\theta)\exp\left(-\frac{\Delta G_{\mathrm{ads}}^{\ddagger}}{RT}\right) \tag{4.144}$$

脱附速率 v_{des} 也可类似地表达。当 v_{ads} 和 v_{des} 相等时，在 $\Delta G_{\mathrm{ads}}=\Delta G_{\mathrm{des}}^{\ddagger}-\Delta G_{\mathrm{ads}}^{\ddagger}$ 的条件下，可得到的平衡覆盖度 θ_0 将与方程（4.140）完全一致。因为

$$\frac{\mathrm{d}\theta}{\mathrm{d}t} = v_{\mathrm{ads}} - v_{\mathrm{des}} = k_{\mathrm{ads}} c^0 \left(1 - \frac{\theta}{\theta_0} \right) \tag{4.145}$$

对此积分得到

$$\theta = \theta_0 \left[1 - \exp \left(-\frac{k_{\mathrm{ads}} c^0 t}{\theta_0} \right) \right] \tag{4.146}$$

对 Frumkin 吸附，可得到非常类似的吸脱附速率表达式。例如，

$$v_{\mathrm{ads}} = k_{\mathrm{ads}}^0 c^0 (1-\theta) \exp \left(-\frac{\Delta G_{\mathrm{ads}}^{\ddagger} + \beta' \gamma \theta}{RT} \right) \tag{4.147}$$

其中，β' 是不对称因子（$0 < \beta' < 1$），γ 是上面定义的相互作用参数。类似地

$$v_{\mathrm{des}} = k_{\mathrm{des}}^0 \theta \exp \left[-\frac{\Delta G_{\mathrm{des}}^{\ddagger} - (1-\beta') \gamma \theta}{RT} \right] \tag{4.148}$$

使 $v_{\mathrm{ads}} = v_{\mathrm{des}}$ 也可得出式（4.142）。但现在对速率方程的积分不那么简单明了了，如果假设吸附速率较慢而脱附速率更慢，那么 $\theta_0 \to 1$，那么对中等覆盖度，可近似地写出

$$\frac{\mathrm{d}\theta}{\mathrm{d}t} \approx k_{\mathrm{ads}} c^0 \exp \left(-\frac{\beta' \gamma \theta}{RT} \right) \tag{4.149}$$

由此得出当 $t \to \infty$ 时，有

$$\theta = K + \left(\frac{1}{\beta' \gamma} \right) \ln t \tag{4.150}$$

式中，K 是常数。

当考虑离子或具有较大偶极的分子的吸附时，不能再忽略电极电势对吸附自由能的影响，同时 ΔG_{ads} 随覆盖度的线性变化的简单假设也不再成立。在这种情况下，可做出的最简单的假设是离子的覆盖度随着电极上相反电荷密度 q_{M} 的增加而增加，当然此时也应该考虑离子间的相互排斥作用，当镜像效应可以忽略时，计算得到的吸附自由能与 $\theta^{1/2}$ 成正比，如果考虑镜像效应，则吸附自由能与 $\theta^{3/2}$ 成正比。考虑这两项后得到下面一般形式的吸附等温线：

$$\ln \left[\frac{\theta}{1-\theta} \right] \approx K + \ln c^0 + A q_{\mathrm{M}} - B \theta^{\gamma} \tag{4.151}$$

式中，A 是一个与离子物种的特性吸附所赢得的静电能相关的常数；B 与吸附物和电极表面之间的偶极相互作用有关。对中性偶极分子，B 取决于偶极矩的大小，而 γ 可以在 $3/2 \sim 5/2$ 之间取值。不管 q_{M} 的符号如何，A 的取值对吸附都是不利的，因为用体积大的偶极分子取代水分子十分困难。这就是经常观察到在电极表面中性分子最大的表面覆盖度出现在 $q_{\mathrm{M}} = 0$（即零电荷电势）附近这类现象的原因所在。

4.5.2 吸附焓和 Pauling 公式

一级近似中，可以将化学吸附作为化学键的生成来处理，这样就可以用简单的键能公式如 Pauling 公式来估算吸附焓。一个具体的例子就是氢的吸附过程

$$H_2 \rightleftharpoons 2H_{ads} \tag{4.152}$$

其吸附焓 ΔH_{ads} 由下式确定

$$\Delta H_{ads} = D_{HH} - 2D_{MH} \tag{4.153}$$

式中，D_{HH} 是解离 H_2 所需的能量（>0），而 D_{MH} 是打断表面的金属-氢键所需的能量。后者可通过 Pauling 公式来近似估算：

$$D_{MH} \approx \frac{D_{MM} + D_{HH}}{2} + 97000(\chi_M - \chi_H)^2 \tag{4.154}$$

式中，χ_M、χ_H 是金属和氢的 Pauling 电负性的数值，而 D_{MM} 是单个金属-金属键的解离能，它与金属的晶格结构有关，是金属的升华能的 $1/6 \sim 1/4$，在这里所有能量值的单位都是 $J \cdot mol^{-1}$。

将式（4.154）代入式（4.153），得到

$$\Delta H_{ads} \approx -D_{MM} - 97000(\chi_M - \chi_H)^2 \tag{4.155}$$

4.5.3 电流-电势行为和吸附极限电流

考虑如下的电化学过程，其中化学吸附过程发生在电荷转移过程之前

$$S_{Ox} \underset{k_{des}^{Ox}}{\overset{k_{ads}^{Ox}}{\rightleftharpoons}} S_{Ox}^{ads}$$
$$S_{Ox}^{ads} + e^- \rightleftharpoons S_{Red} \tag{4.156}$$

如果由溶液到电极表面的传质很快，并假设反应（4.156）足够快可以维持 S_{Ox}^{ads} 的平衡覆盖度 θ_0，那么电流密度将由下式给出

$$j = j^+ + j^- = F(1-\theta_0)c_{Red}^0 k_0^+ \exp\left(\frac{\beta F \eta}{RT}\right) - F\theta_0 k_0^- \exp\left[-\frac{(1-\beta)F\eta}{RT}\right] \tag{4.157}$$

式中第一项中的因子 $(1-\theta_0)$ 表示电极表面的部分反应位 θ_0 已经被覆盖，不能再接受其他 S_{Ox} 的吸附。如果 θ_0 是由相应的吸附等温线给出，式（4.157）给出的是总反应电流，但是随着 S_{Ox} 的还原超电势的增加，S_{Ox} 的吸附速率可能不足以维持 θ_0 处于平衡值；这时将出现限制电流的吸附超电势。显然，在这种条件下，S_{Ox} 的覆盖度将变得非常小，如果吸附速率由 $k_{ads}c_{Ox}^0$ 给出 ［即可假设 $(1-\theta_0)\approx 1$］，那么阴极极限电流将是 $-Fk_{ads}c_{Ox}^0$。阳极电流也将受到限制，因为在这些情形下，S_{Ox} 的脱附速率将是决速步骤。事实上，很明显阳极极限电流将是 Fk_{des}，这一行为给出在图4.26中。

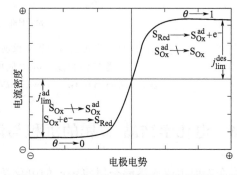

图 4.26 包含了电荷转移和吸附步骤的电化学反应的电流密度-超电势之间的关系曲线 图中也给出了与对流无关的吸附和脱附极限电流

4.5.4 交换电流密度与吸附焓的关系，火山曲线

从气相催化研究中人们已经熟知，如果反应中间物的吸附焓太高，总反应的速率将不会很快，而最快的反应的反应中间物应具有中等的吸附焓值。其原因是如果吸附焓太小，吸附过程将为决速步骤，但如果吸附焓太高，反应中间物将稳定地吸附在表面，从而降低其后续反应的速率。在电化学反应中，由于通常吸附脱附步骤和电荷转移步骤是相互影响的，这一效应使得观察到的交换电流值 j_0 变得很小。因此，如果将 j_0 对一系列电极或电催化剂的 $|\Delta H_{ads}|$ 作图，这类曲线通常在中等的 ΔH_{ads} 值时给出 j_0 的最大值，因此这类曲线通常称为"火山型"曲线。图 4.27中给出了一个例子是析氢反应的交换电流密度 j_0 与不同金属与氢原子之间的结合能 D_{MH}（该值对应于氢原子在金属上的吸附焓）之间的相互关系。从这个图中，可以看出火山形的曲线形状与上述模型非常吻合。

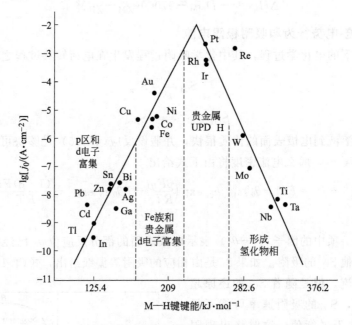

图 4.27 不同金属上析氢反应的交换电流密度与金属与
氢的结合能 D_{MH} 之间的火山型关系曲线

[引自 B. E. Conway, G. Jerkiewicz, *Electrochim. Acta.* **45** (2000) 4075]

4.6 电化学结晶-金属的沉积与溶解

在表面生成或溶解金属覆盖层的电化学过程称为电化学结晶。由于这类过程包括跨越双电层的电荷转移以及物质交换，其行为可能十分复杂。

通常金属电极是多晶的，其中一些小微晶以特定的晶面朝向溶液。多晶电极长程无序，晶间区可能出现一系列的缺陷，如颗粒边界、严重的晶格缺陷、嵌入、吸

附分子或者甚至氧化物层等。这类缺陷在腐蚀过程中起着关键作用，这将在 4.7 节里进一步讨论。在这一节，将集中考虑有关金属沉积的一些简单但是非常重要的基元过程。

4.6.1　金属沉积的简单模型

下面考虑具有以下总反应式的平衡过程

$$Me(晶格)+mX \rightleftharpoons [Me^{z+}X_m](溶液)+ze^- \tag{4.158}$$

式中，X 为能够使金属离子 Me^{z+} 溶剂化的中性偶极分子或与之生成络合物的阴离子。总沉积过程是反应（4.158）的逆反应，在单晶表面它将以图 4.28(a) 或 4.28(b) 所给出的两种反应机理之一进行。第一种机理 A，金属离子在外赫姆霍兹平面放电并生成一个吸附原子，该吸附原子尽管已经定域在表面，但是它继续保持部分的电荷和溶剂化壳层。这类离子将比完全放完电的物质更容易移动，如图所示，它能够很快地扩散到表面的阶梯位。表面将随着这些阶梯位的扩展而生长。在第二种可能的机理 B 中，金属离子优先在电极表面的阶梯位上放电，Me^{z+} 的扩散是在溶液中横向地进行，而阶梯通过还原金属离子而直接生长。

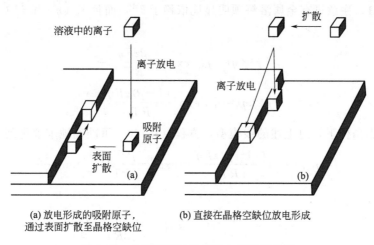

(a) 放电形成的吸附原子，　　　(b) 直接在晶格空缺位放电形成
　通过表面扩散至晶格空缺位

图 4.28　金属沉积过程的基本步骤示意图

这些阶梯位的可能来源也可归因于两种过程：第一，在一个非常平整的表面发生二维成核而产生一阶梯位，它可通过上述两种机理之一继续扩展。另一种可能将要在 4.6.2 节里看到，阶梯位的生长来自于可能发生的螺旋位错，它将沿着螺旋形缺陷一直向上生长而不消失。

4.6.1.1　通过表面扩散的电化学沉积过程

当电流流过时，表面吸附原子的浓度是该吸附原子与邻近表面阶梯位之间距离 x 的函数。下面，介绍一个可用来预测通过表面扩散的电沉积行为的简单模型，即这类阶梯位在表面形成一系列具有线密度为 L_S 单原子层边缘。这些阶梯位之间的平均距离大约是 $1/L_S$，从任意阶梯位到该吸附原子的最远距离是 $1/2L_S \equiv x_0$。因此，当通过机理 A 进行电化学沉积时，吸附原子的最大覆盖度将在 $x=x_0$ 处出现。类似地，如果金属溶解以机理 A 逆向进行，即在溶解前金属原子先离开阶梯位，并变成一个吸附在平整基底表面的原子，那么其浓度将随着远离阶梯位边缘而降低。通常，在没有电流时，吸附原子在表面将有一个平衡覆盖度 θ_0^M，如果表面扩散是决速步骤，θ_0^M 将与生长或溶解边界位上的吸附原子的覆盖度相同。在距离 x 十分接近 x_0 处，沉积或溶解的覆盖度不是 θ_0^M 而是 $\theta_{x=x_0}^M$，与之相对应的电结晶超电势具有如下的形式：

$$\eta_C = \frac{RT}{zF} \ln \left(\frac{\theta_0^M}{\theta_{x=x_0}^M} \right) \tag{4.159}$$

对电沉积过程来说，其中 $\theta_{x=x_0}^M > \theta_0^M$，$\eta_C$ 将为负值。

根据扩散动力学方程，可以设计合适的模型定量计算在任一距离 x 处的 θ^M

$$\frac{\partial \theta^M}{\partial t} = D_{ad} \frac{\partial^2 \theta^M}{\partial x^2} + \frac{j^-(\eta)}{zF} - \frac{j^+(\eta)\theta^M}{zF\theta_0^M} \tag{4.160}$$

式中，右侧的第二项是吸附原子的沉积速率，而最后一项是其溶解速率，这里假设 $\theta^M \ll 1$。注意只有金属溶解项明显地依赖于 θ^M，而且 $j^-(\eta)$ 和 $j^+(\eta)$ 有如下的形式

$$j^-(\eta) = j_{0,c} \exp \left(-\frac{\beta zF\eta}{RT} \right) \tag{4.161}$$

$$j^+(\eta) = j_{0,c} \exp \left[\frac{(1-\beta)zF\eta}{RT} \right] \tag{4.162}$$

在稳态条件下，对上述的线模型，方程（4.160）可准确地求解得到

$$j = j_{0,c} \left\{ \exp \left[\frac{(1-\beta)zF\eta}{RT} \right] - \exp \left(-\frac{\beta zF\eta}{RT} \right) \right\} \frac{\lambda_0}{x_0} \tanh \frac{x_0}{\lambda_0} \tag{4.163}$$

其中

$$\lambda_0 = \left(\frac{zFD_{ad}\theta_0^M}{j_{0,c}} \right)^{1/2} \exp \left[-\frac{(1-\beta)zF\eta}{2RT} \right] \tag{4.164}$$

λ_0 具有长度单位。如果 $\lambda_0 \gg x_0$，$\tanh(x_0/\lambda_0) \to x_0/\lambda_0$，那么式（4.163）中的 x_0 和 λ_0 将消失，这时在表面位上的简单沉积过程成为决速步骤。反之，如果 $\lambda_0 \ll x_0$，在 x_0 附近将出现 θ^M 的平台，这时表面扩散过程是决速步骤。当 (x_0/λ_0) 的比值很大时，$\tanh(x_0/\lambda_0) \to 1$，根据 x_0 的定义有

$$j \to j_{0,c} \times 2L_s\lambda_0 \left\{ \exp \left[\frac{(1-\beta)zF\eta}{RT} \right] - \exp \left(-\frac{\beta zF\eta}{RT} \right) \right\} \tag{4.165}$$

这里可看到电流密度与电极表面缺陷的线密度有关。

4.6.1.2 在线性缺陷上的直接放电过程

机理 B 认为电极表面吸附的金属离子在台阶缺陷上的放电速率要比在平整表面上快得多。相应的电流密度具有如下形式：

$$j \rightarrow j_{0,L} L_s \left\{ \exp\left[\frac{(1-\beta)zF\eta_D}{RT}\right] - \exp\left(-\frac{\beta z F \eta_D}{RT}\right) \right\} \tag{4.166}$$

该式在形式上与式(4.165)类似，但是必须将在台阶缺陷上的放电与在平整表面的放电区别对待，且记住 $j_{0,L}$ 的单位是 $A \cdot cm^{-1}$ 或 $A \cdot m^{-1}$。注意在这两种情形中，电流密度都与台阶边缘的线密度 L_S 成比例。

4.6.1.3　二维成核过程

如果单原子层沉积物的生成受成核位密度低所限，那么反应的决速步骤将变为新的表面成核位的生成过程。通常需要降低电势来引发其生长，在较小的超电势时，可在电极表面附近积蓄热力学过剩的离子浓度。例如，在银的电沉积过程中，该超电势相当于几毫伏，一旦超电势继续增加时将更容易地通过电流。

如果电沉积以恒电流的形式进行，那么一旦引发成核，随着核边缘的生长，超电势将迅速降低。当这些核融合为一个新的单原子层时，超电势必须再次升高以开始另一层新核的生长。在这类实验中电极电势表现出特征的振荡。

我们可以比较容易地定量研究这类二维膜的生长过程。其基本思路是：在一个完全平滑的表面上成核是十分困难的，当电势负于热力学沉积电势时体相沉积金属都十分稳定，但当平滑表面晶核中的原子数较少时，其表面自由能要大于金属体相的自由能。究其原因，假设存在一个半球形原子团簇，在比沉积电势更负的电势区间，它所具有的自由能应为 $\Delta G = Nze_0\eta + \gamma a N^{2/3}$，其中 N 代表晶核中的原子数，η 为超电势（负值），γ 为表面能，a 为几何指数。ΔG 的最大值为 $\dfrac{4(\gamma a)^3}{27(ze_0\eta)^2}$，对应于成核所需的活化自由能。显然，如果 η 很小，那么成核所需的活化自由能将会很大，因此，只能形成少量的晶核。对二维成核而言，利用类似的分析，可以得出其成核的活化自由能为 $\Delta G_c = \dfrac{(\gamma a)^2}{4ze_0 |\eta|}$（参考下文）。实际上，很难制作满足这种模型要求的完全平整的电极平面，但 Budewski 等［Electrochim. Acta. **11**（1966）1697］成功地制备了非常平的 Ag（100）表面，并在其上的每个单元子层上通过单成核机理进行了银原子的沉积研究，他们的结论是一旦形成了一个晶核，它将沿表面铺展成长，因为形成第二个晶核的概率较小。

众所周知，一般表面远谈不上平滑，其上分布着各种缺陷。需要强调的是，与平整表面相比，在这些表面缺陷位的某些地方将会优先成核，这些位置称为活性位，如果在这些位置的成核占据主导地位并且伴随着聚集生长，那么，晶核生长的数目将与表面的活性位总数相关。为简化起见，假设所有的活性位完全相同，单位表面积上存在 M_0 个这样的活性位，k_N 代表每个活性位上成核的速率常数，那么在时间 t 时，晶核生长的数目 $M(t)$ 将可由下面的一级速率方程给出：

$$M(t) = M_0(1 - e^{-k_N t}) \tag{4.167}$$

有两种极端情况：当 $k_N t \gg 1$ 时，那么将在所有的活性位上同时成核；当 $k_N t \ll 1$

时，那么在起始阶段，$M(t) \approx k_N M_0 t$。

为进一步推导，可以假设所有晶核生长最后得到圆形的单原子层。在时间 t，某一单原子层的半径为 $r(t)$，晶核仅通过向圆形单原子层外围以固定速率常数 k 添加原子来生长。如果晶核中的原子数为 $N(t)$，那么有：

$$\frac{dN(t)}{dt} = k \times 2\pi r(t)$$

如果以 ρ 代表晶核中单位面积内的原子数，用 S 代表晶核面积，假设圆形的单原子层可无限生长，则有 $N(t) = \rho S = \pi r^2 \rho$，$r(t) = kt/\rho$。

在实际体系中，晶核生长最终必然会发生晶核的相互融合，因此，需要找出晶核生长过程中晶核的实际覆盖面积与晶核无限制生长晶核的面积之间的关系。Avrami［J. Chem. Phys. **9**（1941）177 及所引文献］首次提出了这种关系，他认为实际覆盖面积率 S 与可能覆盖面积 S_{ext} 之间存在着下述关系：

$$S = 1 - \exp(-S_{ext})$$

这个等式称为 Avrami 关系式，当完全覆盖时，$S = 1$。

对瞬间成核模型，在 t 时刻，有：

$$S_{ext}(t) = M_0 \pi r^2(t) = \frac{\pi M_0 k^2}{\rho^2} t^2$$

根据 Avrami 原理：

$$S(t) = 1 - \exp\left(-\frac{\pi M_0 k^2}{\rho^2} t^2\right)$$

并且，电流密度 $j(t) = ze_0 \dfrac{dN}{dt} = ze_0 \rho \dfrac{dS}{dt} = \dfrac{2\pi z e_0 M_0 k^2}{\rho} t \exp\left(-\dfrac{\pi M_0 k^2}{\rho^2} t^2\right)$。

对连续成核过程，假设晶核出现的时间为 t_b，那么在 $t > t_b$ 时，晶核的半径应为 $r(t) = k(t - t_b)/\rho$，该晶核的面积为 $A(t) = \pi \dfrac{k^2}{\rho^2}(t - t_b)^2$。为得到总的晶核生长面积 S_{ext}，可通过对 $0 \sim t$ 时间内的所有 t_b 值进行积分，得到：

$$S_{ext}(t) = k_N M_0 \frac{\pi k^2}{3\rho^2} t^3$$

最后得到的电流密度的表达式如下：

$$j = ze_0 k_N M_0 \pi \frac{k^2}{\rho} t^2 \exp\left(-k_N M_0 \frac{\pi k^2}{3\rho^2} t^3\right)$$

对上述两种成核模型可很容易地通过实验测定电沉积过程的电流密度随时间的演变规律而加以区分，这个理论已广泛地应用于表面上二维膜的生长过程的研究。

4.6.2 螺旋位错存在下的晶体生长

如图 4.29 所示，当螺旋位错存在时，晶体表面可以在不成核条件下连续生长，并在表面上产生金字塔形状的结构。在实际中，大多数基底具有相当数量的这类位

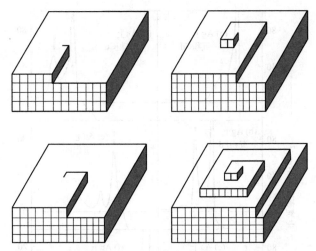

图 4.29　存在螺旋位错时晶体表面的生长（金字塔形螺旋生长）的模型

错，由于位错导致生长点处金属沉积的超电势较低，因而使表面变得粗糙。特别是在低离子浓度或在极化率很低的溶剂中，这类效应将尤其明显，导致针状结晶生长（树枝状结晶）。相反，在浓的高导电溶液中，特别是当存在防止位错蔓延的强吸附的抑制剂时，电沉积可产生比较平滑的表面。

4.6.3　欠电势沉积

人们常常发现，某种金属 M 可以在另一金属 M′ 的表面，在其热力学平衡电势以正的电势下，沉积一个单原子层：

$$M^{z+} + ze^- \longrightarrow M \tag{4.168}$$

该效应称为欠电势沉积。从热力学考虑，这一行为源于单层内金属的化学势 μ_{ML}，低于其体相的化学势位 μ_M^0：

$$\mu_M^0 > \mu_{ML} = \mu_{ML}^0 + RT\ln a_\theta \tag{4.169}$$

式中，a_θ 是覆盖度为 θ 时金属层 M 的活度。

当电极反应 $M^{z+} + ze^- \longrightarrow M(\theta)$ 处于平衡时，假设 $E^0(M)$ 是反应 (4.168) 的平衡电势，我们有：

$$E_{ML} - E^0(M) = \frac{\mu_M^0 - \mu_{ML}^0}{zF} - \frac{RT}{zF}\ln[a_\theta] \tag{4.170}$$

因为 $a_\theta < 1$，显然式 (4.169) 为正值。

欠电势沉积过程可通过缓慢地将电极电势由正电势向 $E^0(M)$ 扫描而从实验上观察到。在欠电势沉积区，亚单层的金属 M 的沉积过程表现为在金属 M 的体相沉积前出现一个或多个电流峰值。当改变电极扫描的方向时，将相继发生本体溶解以及表面溶解的逆过程。如图 4.30 所示的金属 Cd、Pb 和 Tl 在 Ag 和 Au 电极表面的欠电势沉积过程。实验发现，当用单晶电极取代多晶电极后，欠电势沉积的电流峰宽大大变窄和变尖。

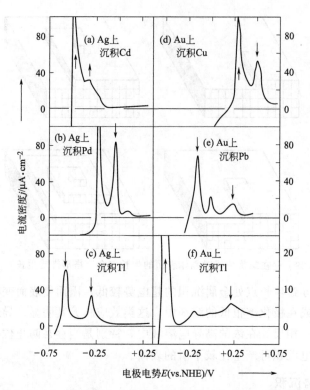

图 4.30 在 $1mol \cdot dm^{-3}$ Na_2SO_4（pH＝3）（a）和（c）和 $1mol \cdot dm^{-3}$ NaClO₄
（pH＝3）（b），（d），（e）和（f）溶液中，在 Ag 和 Au 电极表面
上欠电势沉积不同金属单层后的阳极伏安曲线

各图中的二价金属离子浓度均为 $0.2mmol \cdot dm^{-3}$，扫描速率为 $20mV \cdot s^{-1}$

〔引自 D. M. Kolb, M. Prasnysk, H. Gerischer,
J. Electroanal. Chem. **54** (1977) 25〕

大量研究表明，$\Delta E \equiv E_{ML}^0 - E^0(M)$ 的值与金属 M 和 M′ 的性质有关，最大可以达到 1V，相应于较大的能量差（约 $100kJ \cdot mol^{-1}$）。对不同的金属 M/M′ 的 ΔE 的系统研究表明，ΔE 与两金属的电子功函差 $\Delta \varphi$ 密切相关：

$$\Delta E \approx 0.5\Delta \varphi \tag{4.171}$$

4.6.4 金属溶解与钝化的反应动力学

与上述的电沉积过程的机理 A 和 B 相对应，金属的溶解也有两种机理。第一，电沉积过程 A 机理的逆过程，阶梯位的原子向电极表面平整区的扩散而生成吸附原子，随后发生电荷转移并生成溶剂化的 M^{z+}。如上所述，这将产生具有如下形式的溶解超电势

$$\eta_D = \frac{RT}{zF} \cdot \ln \frac{\theta_0^M}{\theta^M} \tag{4.172}$$

其中，$\theta_0^M > \theta^M$，且 $\eta_D > 0$。第二，电沉积过程的 B 机理的逆过程相当于金属在阶梯位的直接溶解，在这种情况下，电荷转移与金属溶解的反应动力学紧密相

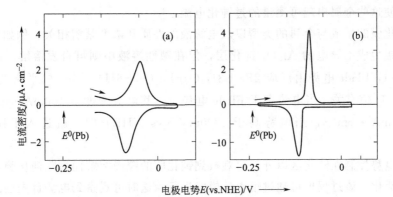

图 4.31 多晶银电极 (a) 和单晶 Ag (111) 电极在含 $2\times10^{-4}\,mol\cdot dm^{-3}\,Pb^{2+}$ 的
$0.5\,mol\cdot dm^{-3}\,HClO_4$ (pH=2) 溶液中进行 Pb 的欠电势沉积时的阳极伏安曲线 (b)
扫描速率为 $1\,mV\cdot s^{-1}$ [引自 D. M. Kolb, M. Prasnysk, H. Gerischer,
J. Electroanal. Chem. **54** (1977) 25]

关（见图 4.31）。在这两种情形中，由于扩散速度有限，电极表面的金属离子 M^{z+} 的浓度都将大于其在溶液体相的浓度。在推导金属的溶解速率时必须把这一点考虑进去。一般而言，金属溶解电流具有如下的形式：

$$j_{ME}=j_{0,ME}\left\{\frac{\theta^M}{\theta_0^M}\exp\left[\frac{(1-\beta)zF\eta}{RT}\right]-\frac{c_{M^{z+}}^s}{c_{M^{z+}}^0}\exp\left(-\frac{\beta zF\eta}{RT}\right)\right\} \tag{4.173}$$

式中，$c_{M^{z+}}^0$ 和 $c_{M^{z+}}^s$ 分别是金属离子在本体溶液中和在电极表面的浓度。

如果金属的溶解速率超过一定的临界值后，电极表面附近的金属离子的局部浓度可能会超过金属氢氧化物或金属氧化物的溶解度而在电极表面沉积一单层或多层的沉淀不溶物，从而大大地降低了阳极的电流密度，该过程称为钝化。钝化过程发生的电势称为 Flade 电势，图 4.32 给出了在这些情形下观测到的电流-电势曲线。以铁为例，当电势高于 Flade 电势时，仅有很小的氧化电流流过，该电流来自于铁电极表面的 Fe^{3+} 穿越主要由水合的 γ-Fe_2O_3 组成的钝化层再达到氧化物/电解液界面，它可能参与钝化膜的缓慢生长过程或直接溶解到溶液中去。

如图 4.32 所示，在很正的电势下，电流密度的增加主要不是由于金属的进一步溶解，而是来自于另一新的电极过程，通常是来自于在氧化物表面水的氧化反应而导致的氧析出。该过程要求钝化过程所形成的氧化膜至少有一定的电子导电性，在铁、镍、钴和锌上的情形确实如此。铝、钛和钽的氧化膜的导电性非常小，因此没观察到过钝化区，必须外加很大的电

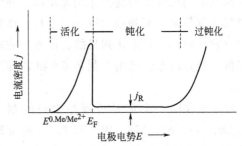

图 4.32 金属的溶解过程及随后钝化层
形成过程的伏安曲线

E_F 代表 Flade 电势，j_R 为钝化区的残余电流密度

势才能使这些金属出现可测量的过钝化电流。

钝化膜的生成与金属的类型以及电解液的性质和浓度紧密相关。例如在中性溶液中，铝生成不导电的 Al_2O_3 钝化层，但在碱性溶液中则可自发溶解。铁在微酸性溶液中，Flade 电势由反应 $2Fe + 3H_2O \rightarrow Fe_2O_3 + 6H^+ + 6e^-$ 的平衡电势决定，因而与 pH 值有关。当电势高于 Flade 电势时，其电流密度由 $100mA \cdot cm^{-2}$ 降低至几个 $mA \cdot cm^{-2}$，当电势高于 1700mV（vs. NHE）时，就进入了铁的过钝化区。

将电势控制在钝化区以外，可观察到钝化膜的缓慢溶解而去除钝化膜，该过程称为再活化。该过程也可通过恒电流模式进行，这时可观察到电势首先逐渐降低到 Flade 电势，然后很快地降低到金属的溶解电势。这一再活化过程也可通过加入活化络合物如氯离子而进行，这些物质在腐蚀中起着重要的作用。

4.6.5 电化学材料科学与电化学表面技术

4.6.5.1 金属粉末的制备

上面讨论了金属的电沉积机理，尤其是在单晶电极表面上的成核速率与超电势的关系。当超电势很低时，由于反应速率很慢，可以生成具有较大晶面的大微晶，在实际生产条件下可生成粗大的晶体。然而如果提高超电势，成核速率也将随之升高，将产生更细小的晶体。当进一步提高反应的超电势时，可电沉积生成一层细小分布的粉末薄膜，可非常容易地从基底表面刮拨下来。

以铜为例，该条件可通过升高超电势使电流刚好达到极限扩散电流而获得。该电势与溶液的传质条件密切相关。有关试验已经证实，电沉积铜粉可在自然的对流受到抑制而且未加搅拌的溶液中（例如，在 $0.3mol \cdot dm^{-3}$ Cu^{2+} 溶液中，以 $0.5mA \cdot cm^{-2}$ 的电流密度电解）获得，而在旋转圆盘电极上，则必须在较大的电流密度下（例如，$0.34A \cdot cm^{-2}$ 在 $2000r \cdot min^{-1}$ 时）才能实现。

金属是否以粉末状态沉积的条件取决于结晶能、吸附原子的表面扩散系数以及电荷转移速率等因素。然而即使不生成金属粉末，也能通过降低超电势使氢析出反应同时发生利用气泡的搅拌作用而获得海绵状的金属沉积物。而且，可通过往溶液中添加抑制剂来抑制晶核的进一步生长，该方法主要是通过吸附在晶体表面高能量位置（譬如阶梯位）来达到目的。该方法的缺点是即使在很高的超电势下电流密度也很低，但是该方法已用于制备 Cd 和 Zn 的粉末，其所使用的抑制剂是各种胶体材料。

已工业化的一个重要过程是铜粉的制备，用电沉积也制备了 Fe、Zn、Sn、Cd、Sb、Ag、Ni、Mn、W、Ti 和 Ta 的金属粉末。这些金属粉末具有枝状无规则的外表，细小的颗粒尺寸以及很高的纯度，非常适合于用来制造冶金工业用的模具或烧结物，如齿轮或自润滑的衬套等。因为这些金属粉末具有多重晶格缺陷以及高能吸附位，人们也探索着将这类粉末用作催化剂。

4.6.5.2　电化学加工与抛光

如果紧挨着放置两个金属电极（其间距为 $0.1\sim0.5mm$），并用泵抽吸使浓电解液（如 KNO_3 或 KCl）不断地流过该间隙，那么在一定的电势下，可达到很高的金属溶解电流密度（例如当电势差为 $5\sim30V$ 可达 $500mA\cdot cm^{-2}$ 的阳极电流密度）。电解液的流速必须足够快，以移去在阳极附近产生的金属阳离子以及在阴极附近产生的氢气（因而防止任何逆向反应），同时可以将过剩的焦耳热带走，通常使用的流速是 $5\sim50m\cdot s^{-1}$。对那些钝化的金属，如果氧析出不是主要的过程，也可以在过钝化区电势工作，或者先在适当的电解液中除去钝化层后再进行反应。

金属从电极表面的溶解速度 v 与电流密度 j 相关

$$v=\frac{Mj}{\rho zF} \tag{4.174}$$

式中，ρ 是金属的密度，例如对铁来说，当 $j=90A\cdot cm^{-2}$ 时，其溶解速度是 $2mm/min$，当 $j=540A\cdot cm^{-2}$ 时，铁的溶液速度是 $12mm/min$。但是必须连续地调整阴极的位置以保持很小的电极间距，才能维持该反应速率，这就是所谓的电化学加工，图 4.33 给出其基本原理。在阳极和阴极的间距最小的部位金属的溶解速度最快，该特点导致被加工的阳极的形状是以阴极的形状为母板的翻模形式。该方法的优点可在很小的材料张力下制备许多复杂形状的材料：如由硬质工具钢锤锻汽车机轴，由锆合金制核反应器的燃料棒配件，以及涡轮转子等。

电化学加工之所以可行是因为阳极表面的任何突起，由于它们与阴极的距离最近，从而具有最小的欧姆电阻，所以首先溶解掉。

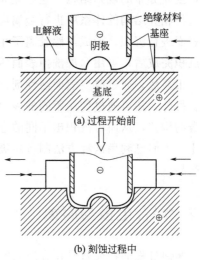

(a) 过程开始前

(b) 刻蚀过程中

图 4.33　电化学刻蚀的原理

事实上该方法也可用来抛光表面：通常在使用较小的电流密度（$0.01\sim0.5A\cdot cm^{-2}$）以及电极间距离至少为 1cm 以得到最好的效果。用于电抛光的电解液通常是浓酸。

4.6.5.3　电铸

电铸是在预制的模板上通过金属的电沉积来制备金属构件的一种技术。基底可由任何容易加工的材料制成，不导电的基底材料则可通过掺杂石墨粉而提高导电性后使用。该技术尤其在制备中空的结构时非常有用，例如通过在石蜡/碳模板上沉积铜，随后通过熔化而去除石蜡。在历史上，小汽车的散热器就是通过这种方法制造的。

显然，该技术要求在基底上沉积一层无孔、光滑而且足够厚的金属镀层，有关实验在上文中已经阐述过：低溶液浓度、高电流密度以及添加诸如白明胶的抑制剂。无论如何，都必须防止生成金属粉末亦或因为氢析出同时进行而生成的海绵状金属镀层。大量的专利文献报道了如何获得这样的反应条件，其中往往使用了多种不同的抑制剂或增亮剂。可通过使用金属络合物替代自由金属阳离子，以降低溶液中的自由金属离子的浓度，通过选择适当的络合物可以沉积非常精细的晶体镀层。

4.6.5.4 感胶离子相中的电沉积

最近，Bartlett 等提出了一种独特的方法来电沉积制备具有特定结构的金属层 [Science **278**（1997）838]。作者将适当的金属盐和高浓度的非离子型表面活性剂的混合液作为感胶电镀液。在高浓度表面活性剂溶液中，表面活性剂会自发地组装成聚集物或胶束，并且亲水基朝外面向水溶液一侧，疏水基朝内。这些聚集物的几何尺寸一般在 2～10nm 之间。在感胶离子相中，这些胶束进一步聚集，形成具有特定空间分布的规则结构，这些结构之间被间距 2～10nm 水溶液层隔离。当在具有这种相界结构的体系中进行金属离子的电沉积时，金属将在胶束之间的水溶液相的表面进行沉积，形成与感胶离子相本身的构架相对应的周期性纳米多孔结构。当电沉积完成后，可用水冲洗掉表面活性剂，而剩下结构规则的介孔膜。

很显然，通过改变表面活性剂，或通过添加诸如庚烷等膨化剂可以调控孔间壁厚。另外，还可通过使用不同的表面活性剂、镀液组成或温度等来改变感胶离子相本身的构架，从而可沉积出不同的金属、合金、金属氧化物和半导体材料。到目前为止，人们已利用这种方法制备超级电容器和电池的电极、过滤器和催化型传感器等产品。

4.7 混合电极与腐蚀

腐蚀过程的特征就是在金属表面同时发生的两个不同的电化学过程，分别产生阳极和阴极部分电流。而总的电流-电势曲线由这两部分电流构成，而每一电流具有各自的不对称因子和交换电流密度。显然有这样一个电动势，在该电动势下这两部分电流大小相等而方向相反。在这些条件下，尽管没有净电流流过表面，该电动势不是一个平衡电势而是一个静止电势，且即使在静止电势下，反应物向产物的转换仍然在表面发生。这类的电极称为混合电极，而相应的静止电势称为混合电势。

最简单的混合电极是将金属（如锌）与含有更为惰性的金属（如铜）的阳离子溶液接触。其部分电流曲线则相应于金属锌的溶解以及铜的沉积。在腐蚀过程中，阳极部分的反应通常是金属的氧化过程，而阴极部分的电流可能是来自于 H^+ 还原为 H_2（酸腐蚀）或 O_2 还原为水或氧化物的过程（生锈）。

4.7.1 酸腐蚀的机理

酸腐蚀的一个广为人知的例子就是锌汞齐在酸性水溶液中的腐蚀过程，其净反应为：

$$Zn(Hg) + 2H^+ \longrightarrow Zn^{2+} + H_2(气) \tag{4.175}$$

该过程包含两个部分电化学反应

$$Zn(Hg) \longrightarrow Zn^{2+} + 2e^- \text{ 和 } 2H^+ + 2e^- \longrightarrow H_2(g) \tag{4.176}$$

这两个反应在汞齐表面的不同部位同时而独立地进行，图 4.34 给出了每一过程的部分电流（为简单起见，图示为电势的线性函数）及总电流。当没有净电流流过表面时，腐蚀中的汞齐电极必须调整其电势至混合电势 E_M，在该电势下 $j_{H_2} = j_{Zn}$。显然 E_M 必须处于 $Zn \mid Zn^{2+}$ 和 $H_2 \mid H^+$ 电对的标准电极电势之间，通常称为腐蚀电势。在 E_M 下的 j_{Zn} 值通常来衡量金属腐蚀反应的速率，并称为腐蚀电流密度 j_{corr}。

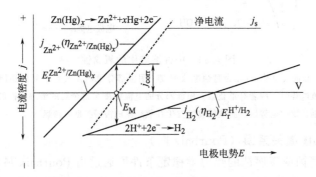

图 4.34　锌汞齐在酸性水溶液中的腐蚀反应

图中 E_M 为混合电势；j_{corr} 为腐蚀电流密度

为证实上述的反应机理，需要分别测量氢析出和金属溶解的电流-电势曲线。在锌汞齐上的测量结果与上述机理非常吻合。分别确定两个部分反应的电流十分重要，例如仅从 $Zn \mid Zn^{2+}$ 和 $H_2 \mid H^+$ 的 E^0 值，金属锌可在酸性和中性溶液中发生腐蚀的，但事实上，在中性溶液中金属锌非常稳定，这是因为纯锌上氢析出反应被严重地抑制了。在这种情况下，当某些杂质阳离子（譬如铜离子）沉积在锌表面上时，在这些反应位上，氢析出反应可迅速进行，从而大大提高了金属锌的溶解速度。

4.7.2　氧腐蚀

在金属发生腐蚀时，氧还原反应可代替氢析出反应并通过下面的反应进行：

$$\frac{1}{2}O_2 + H_2O + 2e^- \longrightarrow 2OH^- \tag{4.177}$$

一个重要的实例就是铁的生锈过程，上述反应生成的氢氧根离子与 Fe^{2+} 反应生成铁锈的前驱体，即固态的氢氧化亚铁，铁锈生成所必须的水通常来自于大气中水汽的凝聚。在绝对干燥的环境，铁是根本不会生锈的。

氧还原反应的热力学电势由 $E^{0,O_2 \mid H_2O} = 1.23 - 0.059 pH$（vs NHE）确定，图

4.35 给出了铁和铜在含氧气（空气）的气氛中腐蚀的部分电流-电势曲线。显然，在空气中铁比铜的腐蚀快得多，而且在中性溶液中，铁的氧腐蚀要比酸腐蚀严重得多。同时从该图也可看出铁腐蚀的混合电势处于氧还原过程的传质控制电势区。到达铁表面的氧分子将被立即还原，该速率决定铁的腐蚀电流 j_{corr} 的大小。

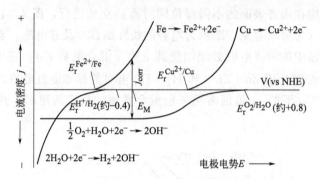

图 4.35 中性溶液中的氧腐蚀

图中 E_M 为混合电势，j_{corr} 为腐蚀电流密度。阴极部分电流曲线包括氧的还原与氢的析出，在较负电势时，两者有重叠区。阳极部分的电流密度来自金属的溶解，铜的溶解发生在氧还原刚开始的电势区，而铁的腐蚀发生在氧还原的极限扩散电流区

4.7.3 电势-pH 值关系图（Pourbaix 图）

金属对酸腐蚀或氧腐蚀的热力学稳定条件可通过由 Pourbaix 最初提出的电势-pH 值关系图准确地描述。图 4.36 给出了锌的电势-pH 值关系图，该图考虑锌/水体系的所有可能反应，从该图中可以知道，在酸性溶液中锌溶解主要生成 Zn^{2+}，

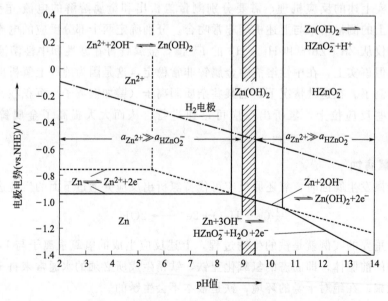

图 4.36 25℃时锌/水体系的 Pourbaix 图（电势-pH 值关系图）

而在碱性溶液中生成 $HZnO_2^-$。只有在中性的 pH 值范围内，固态的氢氧化锌才是稳定的。

在图 4.36 中，水平的实线对应于溶液中 Zn^{2+} 的活度为 $10^{-6}\,mol\cdot dm^{-3}$，而虚线则相应于锌离子的活度为 $1\,mol\cdot dm^{-3}$。垂直的实线代表下述反应在各溶液物种的活度为 $10^{-6}\,mol\cdot dm^{-3}$ 时的平衡点

$$Zn^{2+}+2OH^- \longrightarrow Zn(OH)_2 \text{ 和 } Zn(OH)_2 \longrightarrow HZnO_2^- + H^+$$

垂直的虚线则代表上述第一个反应在 Zn^{2+} 活度为 $1\,mol\cdot dm^{-3}$ 的平衡点。如图所示锌在酸性溶液中的溶解显然与 pH 值无关，但是对锌溶解并生成 $Zn(OH)_2$ 的过程，有

$$Zn^{2+}+2OH^- \longrightarrow Zn(OH)_2 + 2e^-$$

pH 值每升高 1 个单位，电势将负移 59mV（图 4.36，虚点线），这与 H_2/H^+ 的情形相同。因为在所有 pH 值下，该线都处于锌的溶解线的上方，表明在任何 pH 值的溶液中，在热力学上锌都是不稳定的，因而会发生溶解。Pourbaix 图通常也给出 O_2/H_2O 的线，它位于 H_2/H^+ 线上面的 1.23V 处。很明显，氧腐蚀的驱动力要远大于氢腐蚀。

4.7.4　腐蚀防护

易腐蚀的金属通常可以通过在其表面沉积一层不易腐蚀的金属薄层而得以保护，例如在铁表面上镀金、银、铜或镍等金属。在所有这些情形中，所镀的金属在电化学序列中必须位于基底金属的右侧，也就是说金属被镀上一层更为"惰性"的金属防护层。另外，也可通过镀上一层更"活泼"的金属层，通过抑制阴极腐蚀的部分反应或者抑制阳极反应，从而达到保护金属的目的，其中一个例子就是在铁上镀锌（一般所谓的白铁皮或马口铁）。这两种镀层，都要求控制电沉积条件，从而形成无针孔的细小晶体镀层，这类条件已在前面描述过。

为理解保护膜是怎么工作的，现在来考虑金属膜覆盖的铁质材料，假设这层金属膜被一层水或中性电解液所覆盖。该"电极"的混合电势位于金属膜的溶解电势以及氧的还原电势之间。如果保护层被破坏后，将因镀层金属比基底铁更为惰性或活泼而表现出不同的行为。

对更为惰性的金属膜如铜，一旦其表面被破坏，基底铁将暴露于溶液中，且其电势将与其上所镀的铜膜相同。其电势将大大超过反应 $Fe \longrightarrow Fe^{2+}+2e^-$ 的溶解电势，因此铁的溶解反应将在铜膜破损的地方迅速地进行，而对应的阴极反应将是在（更大面积的）铜表面进行的氧还原反应。非常具有破坏性的是，铁的腐蚀将从铜膜破损的地方开始，并不断扩展直至大面积的表面剥落，这种现象在镀铜或镀镍的铁表面经常发生。

当使用更为活泼的金属来进行腐蚀保护时其情形则完全不同，因为实际上镀层膜的混合电势比铁的溶解电势更负，例如在铁基上镀锌。在这样的条件下，一旦镀

层被破坏，阴极反应将是在暴露的小面积铁上的氧还原，与其平衡的阳极反应是在更大面积的镀层锌上金属锌的溶解。

4.7.4.1 阴极腐蚀防护

通过控制铁的电势使阴极反应只能是氧还原或氢析出从而抑制金属溶解的方法，称为阴极保护法。这类阴极保护可通过在同一溶液中插入一根通过导线与铁相连的锌棒或镁棒而实现。这时的反应是在大面积铁上的氧还原反应以及 Zn/Mg 棒的溶解反应，后者作为牺牲阳极使用。该方法已被用于保护轮船的外壳和北海油田的钻探设备。

类似的保护也可通过将铁质部件作为阴极，并将其与一直流电源相连而实现，该过程用于海洋或潮湿环境中管道工程的保护：阳极反应可使用氧气的析出反应或者废铁的氧化。对钢筋混凝土也可实施阴极保护，在混凝土受损害后暴露的钢筋处发生腐蚀反应；酸雨或铺沙路上盐水的腐蚀性也会很强。同样，通过牺牲金属阳极来抑制铁本身的腐蚀。

最后，对那些可生成钝化膜的金属，可借助恒电势仪将其电势限制在金属钝化区而实施阳极保护。该方法已用于保护钢制储存罐的内侧表面。

4.7.4.2 通过成膜来抑制腐蚀

防制腐蚀的最简单的方法是在易腐蚀的金属基底上镀一层有机或无机膜，通过防止水接近金属表面而达到防腐的目的。包括油漆、蜡、清漆或油膜涂层，或通过将金属浸入合适的溶液中而形成包护层。后一情形的一个简单例子是铁表面的磷酸化处理：当将铁电极浸入磷酸锌 $Zn(H_2PO_4)_2$ 溶液中时，在铁电极上的酸腐蚀将导致析氢反应和 Fe^{2+} 的生成，电极表面 pH 值也会升高。pH 值的升高导致生成难溶的 $Zn_3(PO_4)_2$ 并覆盖在铁表面，从而强烈地抑制了铁的进一步腐蚀。通过下述反应，铁也并入了这层膜中：

$$3Zn(H_2PO_4)_2 + 2Fe \longrightarrow Zn_3(PO_4)_2 + 2Fe(H_2PO_4)_2 + 2H_2 \qquad (4.178)$$

类似的过程也可用来生成铝的持久保护层：铝表面是被一薄层氧化物所保护的，在湿润的空气中其厚度大约是 $0.1\mu m$，如果在大约 $10mA \cdot cm^{-2}$ 和 50V 的电势下对铝进行阳极氧化，其厚度可增加至 $1\mu m$ 左右。

从更狭义的观点来说，腐蚀抑制可定义为通过物理或化学吸附在金属表面的添加物质来实现腐蚀保护，可使用各种无机离子（如亚硝酸盐或铬酸盐）、无机分子（如 As_2O_3、CS_2、H_2S 或 CO）或有机物（例如苯酚、醇类或胺类）。如果这类物质的作用是阻塞金属溶解的活性位，则称为阳极抑制剂。类似地，阴极抑制剂的作用是增加氢析出或氧还原的超电势。这类抑制剂，即使其浓度仅为 10^{-5} mol·dm^{-3}，也可将腐蚀电流密度值降低好几个数量级。

4.7.4.3 金属表面的电泳涂装

在金属的电泳涂装中，金属可作为阳极或阴极从溶液中镀上一层高分子膜。高分子单元可通过下述离子化过程而溶于水

$$R^B COOH + R_3 N \longrightarrow R^B COO^- R_3 NH^+ \tag{4.179}$$

或者

$$R^B NR_2 + RCOOH \longrightarrow R^B NR_2 H^+ RCOO^- \tag{4.180}$$

式中，R^B 是高分子连接基团，而 R 是烷基，物种 $R^B COOH$ 和 $R^B NR_2$ 是不溶于水的，目标就是将这些高分子聚合物以薄膜的形式沉积在金属表面。在氧析出电势附近，因为 pH 值降低，利于生成为离解的酸，反应（4.179）可以逆向进行。类似地，在析氢电势附近反应（4.180）也可向相反方向进行，因为这时溶液的 pH 值增大，利于自由胺的生成。阳离子和阴离子的电迁移可通过电泳来实现，通常需要很高的电场强度。该方法的一大优点就是最后可以形成非常光滑的涂层：虽然最初在角落或边缘沉积，但是因为膜一旦生成它就变得不导电，电场梯度转移到沉积在能量上不利的那些反应位。此外，尽管电流密度很低，涂覆过程却进行得相当快，一般在几分钟内就能生成 $10 \mu m$ 的涂层。

最初主要使用的是阳极电泳涂装，但由于阴极涂装具有很多重要的优点，如金属表面附近的 pH 值为碱性而不是酸性，其腐蚀性会更小一些，以及不会由于金属的溶解而将金属离子嵌入保护层等，现在阴极电泳涂装保护的使用更普遍，例如用于汽车工业的腐蚀防护。

4.8 半导体电极上的电流

在 3.5 节里，我们证实了在半导体/电解液界面的电势分布与通常的金属电极差别很大；尤其是当半导体施加了反向偏压时，或者半导体固有的费米能级处于禁带中间位置附近时，半导体电极上的电势变化可能不是发生在 Helmholtz 层里，而是在表面附近的半导体内部。从原理上讲，半导体表面至少需要考虑四个部分电流密度：导带的电子流 j_C^+ 和 j_C^- 以及价带上的空穴流 j_V^+ 和 j_V^-。

以图 4.37 中的 H^+/H_2 体系为例，在这里有如下的电流流动：

$$H_{ads} \longrightarrow H^+ + e_C^- ; \, j_C^+$$

$$H^+ + e_C^- \longrightarrow H_{ads} ; \, j_C^-$$

$$H_{ads} + p_V^+ \longrightarrow H^+ ; \, j_V^+$$

$$H^+ \longrightarrow H_{ads} + p_V^+ ; \, j_V^-$$

式中，e_C^- 是位于导带的电子，p_V^+ 是位于价带的空穴。当半导体电极上的电势由平衡电势 E_0 变为一新的电势 E 时，其中 $\eta = E - E_0$，如果满足上述条件，该电势变化将全部发生在空间电荷区。这时，半导体表面的电子能级几乎不变，电势改变的主要作用表现为能带间费米能级位置的变化（见图 4.38）。在图 4.38 中，在与氧化还原电对 O/R 相接触的 n 型半导体电极上施加了正电势。假设电势变化不是很大，那么费米能级将与导带或价带相交叉；也就是说费米能级相应于表面能

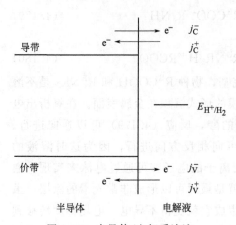

图 4.37 半导体/电解质溶液
界面的部分电流

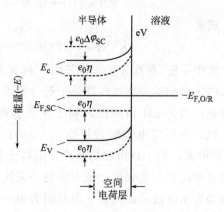

图 4.38 与含氧化还原电对（O/R）的溶液相接
触的半导体的费米能级 $E_{F,SC}$ 的移动以及
界面附近的价带和导带能级的弯曲
(a) 平衡态（实线）；(b) 施加超电势 η 的情况（虚线）

带移动的主要作用就是改变价带中的空穴或导带中电子的表面密度。

当超电势为正时（$\eta > 0$），即图 4.38 中的费米能级下移，根据 3.5 节里所描述的 Boltzmann 分布，导带的电子密度呈指数减小，而空穴的密度则增加。如果预期电流大小与载流子的密度直接相关，其中这些载流子被转移到氧化还原对 O/R，但是载流子的密度十分低，因此电子可被自由地注入导带而空穴被自由地注入价带而不受任何占据态的限制，可有：

$$j_C = j_C^+ + j_C^- = j_C^0 - j_C^0 \exp\left(-\frac{e_0\eta}{k_BT}\right) = j_C^0\left[1 - \exp\left(-\frac{e_0\eta}{k_BT}\right)\right] \quad (4.181)$$

$$j_V = j_V^+ + j_V^- = j_V^0 \exp\left(+\frac{e_0\eta}{k_BT}\right) - j_V^0 = j_V^0\left[\exp\left(+\frac{e_0\eta}{k_BT}\right) - 1\right] \quad (4.182)$$

总电流为

$$j = j_C + j_V = j_C^0\left[1 - \exp\left(-\frac{e_0\eta}{k_BT}\right)\right] + j_V^0\left[\exp\left(+\frac{e_0\eta}{k_BT}\right) - 1\right] \quad (4.183)$$

特别是当氧化还原对 O/R 的能级与导带或者价带能级十分接近时，电子和空穴的交换电流密度将完全不同，观测到的电流将主要由导带或者价带一方所支配。掺杂半导体就属于这种情况，其中少数载流子（如 n-型材料中的空穴）的密度变得非常小。

4.8.1 半导体上的光效应

在半导体表面可以观察到以下三类光过程。

（1）电解质溶液中的电子给体受到激发，电子被激发到更高的量子态能级，如果该能级比导带能级 E_C 还高，那么可能发生该电子向半导体导带的转移。

（2）电解液里的电子受体受到激发，电子被激发到高能级而留下一空位或空穴。如果该空穴的能级比价带能级 E_V 低，那么可能发生由价带向空位的电荷转移。

（3）半导体价带的电子被激发到其导带，在导带产生一个电子的同时在价带产生一个空穴。该过程显然需要有能量大于半导体的带隙宽度的光子的参与，如果电子和空穴在半导体的内部生成，它们可能发生复合反应或者其中之一或者两者扩散到半导体材料的表面，并在这里参与电荷转移反应（见图 4.39）。

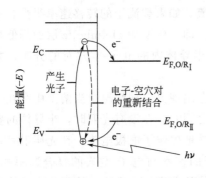

图 4.39　当照射光子能量大于半导体的带宽
时，电子- 空穴对产生过程示意图

图中同时给出了界面上的电荷转移状况，氧化
还原电对 O/R_I 通过捕获电子而发生还原反应，氧
化还原电对 O/R_{II} 通过捕获空穴而发生氧化反应
（即电子从 R_{II} 转移半导体的空穴位置）

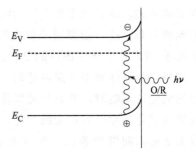

图 4.40　n-型半导体在负偏压下受到
光照时的状况示意

耗散层中的电子和空穴在电场作用下各自向相
反方向移动，空穴（此处属少数载流子）被输送
至表面，并在那里氧化溶液中的氧化还原电对 $O/$
R 中的还原态物种 R

当半导体表面存在耗散层时，内部电场的作用使光诱导产生的电子-空穴对发生分离，使电子向一个方向移动而空穴向相反方向移动。从图 4.40 中可以看出，当 n-型半导体被一种能量大于禁带宽度的光照射后，空穴被驱策到半导体表面，而电子则向半导体内部移动。这时，如果电路通过连接一个对电极而接通，而且溶液中有合适的氧化还原对存在时，显然会有一定的光电流流过，氧化还原对中的还原态物种可被到达电极表面的空穴所氧化，而其氧化态物种将在对电极上被还原。当有两个不同的氧化还原对存在时，光化学反应可能通过如下方式进行：

$$R_I + h^+ (半导体) \longrightarrow O_I$$
$$O_{II} + e^- (对电极) \longrightarrow R_{II}$$

最终的净反应为 $R_I + O_{II} \longrightarrow R_{II} + O_I$，例如，乙酸的光化学氧化过程：

$$CH_3COOH + 2H_2O + 8p_V^+ \longrightarrow 2CO_2 + 8H^+$$
$$2O_2 + 8e^- + 8H^+ \longrightarrow 4H_2O$$

其中乙酸光降解为二氧化碳和水。该过程在消除废水中的有机杂质时十分有用，在后面章节里还将对这一点进行更详细的描述。

4.8.2　光电化学

在上一节中已经看到，当半导体/电解液界面被光照时，将在半导体电极与对电极之间产生光电流，该过程称为光电化学过程。光电流的大小通常与所使用的电极材料、入射光波长、电极电势以及电解液的组成有关。其中最重要的就是在半导体内部生成的电子-空穴对。当入射光的能量大于半导体的禁带宽度时，就会产生电子-空穴对。如果半导体内部存在耗尽层，那么多数载流子将向电极内部迁移，而少数载流子则会迁移到电极表面。根据上一节的讨论，这时半导体电极界面的反应将取决于电解液的组成，如果载流子能容易地与能级位于半导体的禁带之间的氧化还原对之间发生电荷转移，则会产生光电流。如果载流子的转移速率很慢，将在电极表面富集，从而改变界面区的电势分布，即主要增加 Helmholtz 层而降低耗尽层的电势分布。这一能带展平效应将会抑制半导体内的电子-空穴对的分离，并有利于电子-空穴在半导体内部的复合。

如果将半导体置于开路电势时，那么将会出现另一种情况。当溶液中存在一个快速的氧化还原电对，并且其能级位于禁带之间时，在没有光照时，半导体的费米能级将与氧化还原电对的能级相等，由此有效地确定了电极电势。在光照射时，少数载流子将流向电极表面，直至光生载流子的速率与电子-空穴的复合速率相等。这一过程也会导致能带展平效应，并使半导体的费米能级升高，体现为半导体的电势变化（光电势）。

光电流和光电势的产生具有非常重要的商业和技术意义，可能的应用有太阳能光电转换、太阳能驱动的电合成，以及在供水中经常使用的太阳能和紫外线消毒杀菌过程等，这些应用将在下面进一步阐述。

4.8.3 光伏电池

就最简单的情形而言，光伏电池可以用下述方法实现：如果将 n-型半导体浸入含有氧化还原电对的电解液中，该氧化还原电对的能级为 $e_0 E^0$（与半导体能级测量使用同一参比），位于半导体的导带和价带之间，那么光照时，空穴将迁移到表面并氧化该氧化还原电对中的还原态物种。当该半导体通用导线与浸入同一电解液的对电极相连，半导体上光照生成的电子将转移至该对电极并还原氧化还原电对中的氧化态物种。

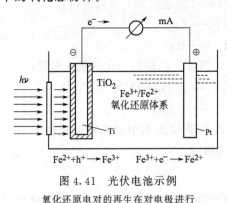

图 4.41 光伏电池示例
氧化还原电对的再生在对电极进行

该设计的具体装置如图 4.41 所示。半导体采用 n-TiO_2，氧化还原电对为 Fe^{3+}/Fe^{2+}。在酸性溶液中该电对的氧化还原电势是 0.77V，n-TiO_2 导带的能量接近于 0V（相对于标准氢参比）。在没有光照时，TiO_2 的费米能级接近于 0.77V，对电极的电势也相同，因此实际上是零光电势。当光照射时（假设在每个电极上的传质和电荷转移动力学都很快），如果用导线连接 n-TiO$_2$ 和对电极，将会有光电流流过，这时半导体作为阳极，而对电极是阴极。如果将一个电阻 R_{pc} 接入外电路，阳极上的电势将降低到 $0.77 - i_{photo} R_{pc}$。跨越电池的光电势将达到 $i_{photo} R_{pc}$，而产生的功率为 $(i_{photo})^2 R_{pc}$。为简单起见，假设费米能级非常接近体相半导体的导带边缘（高掺杂半导体时的情况），那么能带的弯曲也将是 $0.77 - i_{photo} R_{pc}$，即 $i_{photo} R_{pc}$ 的最大值将是 $0.77V$。在该值时，半导体内部将没有能带弯曲，光电流将降为零。i_{photo} 与能带的弯曲之间的函数关系使光电池有最大的输出功率，其最大值与上述参数有关。

光伏电池已经研发了近 30 年。光伏电池的总能量效率可定义为输出功率与输入的太阳能功率的比值，显然对特定的禁带宽度它有最大值存在。在禁带宽度较大时，如在 TiO$_2$ 中的（大约 3.0eV），可以被吸收利用的太阳光很少。然而如果带隙太窄，结果则是从该电池获得的电势很小，相应地输出功率也很小。最佳的带隙宽度为 $1.4 \sim 1.6$eV。诸如 MoS$_2$ 和 Cd（Se$_{1-x}$S$_x$）等材料已经被用于这类电池，其总能量效率可以达到 $2.5\% \sim 12\%$。

4.8.4 太阳光能的捕获利用

光解水是太阳能电池可能获得应用的最重要的方向之一。在这种电池中，通过在水中加入合适的电解质，如 KOH，即可提供唯一的氧化还原电对。参照图 4.41，当 Fe^{3+}/Fe^{2+} 氧化还原电对不存在时，电极表面可能发生的空穴位反应只有：$4p_v^+ + 4OH^- \rightarrow O_2 + 2H_2O$。半导体内部产生的电子被传送到对电极，并在此处通过 $4e_C^- + 4H_2O \rightarrow 2H_2 + 4OH^-$ 过程产生氢气。该电解过程的总反应为：$2H_2O \rightarrow 2H_2 + O_2$。很显然，这一过程非常具有诱惑力，如果太阳光中的可见光能量可以这样清洁地利用来生成氢气和氧气，并且这两者再通过合适的燃料电池过程复合为水，那么就具备了可持续的氢经济的基础。但事与愿违，图 4.41 所示的光伏电池无法这样工作；虽然通过水与空穴位反应可以产生氧气，但导带能级还是不足以驱动析氢反应，因此，必须对电解池外加一个偏压。很显然，要想避免施加该偏压，可以选用导带能级更负的氧化物半导体，但这类半导体的禁带宽度过大，将显著降低对太阳能的捕获效率。事实证明寻找这样一种合适的材料非常困难，因为对它必须满足以下三个要求，即①对氧析出过程稳定，且能够驱动这一过程；②具有足够低的电子亲和力以驱动析氢反应；③禁带宽度位于可见光波段。

综上所述，利用光解过程直接将光能转化为化学能存在一定的难度。为了提高光能转化效率，有必要对 4.8.3 节所述的简单光伏电池进行改进，可采用的办法如下：利用高度可逆的电化学对吸收太阳能然后利用上述光伏电池在合适的电解液中进行水的光解。人们发现这类装置的制备简单，而且能量效率也可大于 10%，其效率与固态的 p-n 结电极相差不多，但是其长期稳定性尚待提高。

近年来，人们已经尝试了好几种方法来解决上述问题，其中一种重要的方法之一就是使用宽带固体氧化物半导体电极与一种被称为光敏剂的材料联用。这些光敏剂一般都是染料，多数是为照相工业而开发的。图 4.42 显示了半导体与光敏剂的作用模式：当光照射时，染料分子吸收入射光子，并同时将其最高已占轨道（HOMO）上的电子激发到最低未占轨道（LUMO）。如果该 LUMO 刚好位于半导体的导带边缘的上方，那么电子将被注入半导体，使得其表面的染料分子处于氧化的状态。如果溶液中存在动力学过程很快的氧化还原电对，该氧化态的染料分子可被重新还原，而同样氧化还原电对可在阴极重复再生，因此可使得上述过程循环往复进行。这类系统成功运行的一个要素是染料分子必须特别稳定，目前最成功的例子是将 Ru 基的染料分子吸附在 TiO_2 胶体膜电极的表面，而制备的非常高效的太阳能转换装置。Graetzel 等于 1991 年首先制备了这类装置，他们使用的典型染料分子是二羧基联吡啶的二价钌盐 [cis-X_2bis（2,2'-bipyridyl-4,4'-dicarboxylato）Ru（Ⅱ）]，其中 $X=Cl^-$、Br^-、I^-、CN^- 或者 SCN^-。当 $X=SCN^-$ 时，其太阳能转换效率超过 10% 而且其量子电流效率接近于 1。最近对这类染料与 TiO_2 膜电极的组成和结构的进一步优化，可用于制备在整个可见光区到近红外区（约 920nm）都能实现有效全色敏化 TiO_2 纳晶太阳能电池（见图 4.43）。在 400～700nm 的波长范围内，实际光电流的效率达到了 100%。

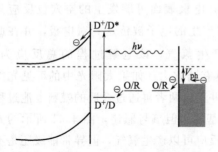

图 4.42 附着于宽带半导体（诸如 TiO_2、D、
D^*、D^+）表面上的染料光敏剂的作用模式
（基态、光激发态和氧化态）示意图
图中 O/R 表示溶液中氧化还原对，V_{ph} 表示
实验条件下所需的光电势

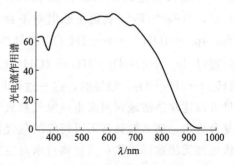

图 4.43 染料敏化作用
如文中所述在 TiO_2 膜电极表面涂覆一种
特殊结构的染料分子时的光电流作用谱
[M. K. Nzaeeruddin, P. Pechy, M. Graetzel,
Chem. Commun., 1997, 1705-1706]

这类光伏电池的相对成功并没有阻止电化学家的梦想，即创造能够在单个电池中实现光电解。随着人们对自然界中的光合成过程认识的加深，人们发现用单一光子能量同时实现太阳能的转换和电解的目标，因为太困难在自然界根本没被采用。相反，大自然利用双光子过程，一个光子用于制备氢（或者更准确地说，将 CO_2 还原为碳水化合物），而另一个光子驱动氧气的析出。已经提出了几种可能的装置，采用分别照射两种不同的半导体或染料敏化电极的设计，然而其效率还是低得让人失望。最近 Khaselev 和 Turner 将带隙宽度较高（1.83eV）的半导体 p-GaInP₂ 粘

接到基于 GaAs（带隙宽度为 1.42eV）的 p-n 结，制备了一个简单的单片装置 [Science，280（1998）425]。当逆向偏压不太高时（要不然可能发生复杂的化学反应并导致活性的不可逆降低），氢气将在 p-GaInP$_2$/电解质溶液界面生成，而能量小于 1.83eV 光子将穿过 GaAsp-n 结并生成能量足以氧化金属/溶液界面的水的空穴（见图 4.44）。这是第一个效率高于 12％的光电解装置，尽管目前商业开发成本很高，但是仍然是非常有吸引力的装置。

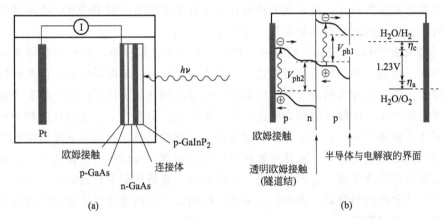

图 4.44　双光子光电化学分解水的装置示意图（a）及其工作原理（b)

[O. Khaselev and J. A. Turner，Science 280（1998）425]

4.8.5　利用光电化学技术消毒

虽然在受光照射的半导体（如 TiO$_2$）表面氧气的生成机理目前还不清楚，第一步很可能是空穴被表面的 OH$^-$ 所俘获：

$$h^+（固体）+OH^- \longrightarrow OH^* \tag{4.184}$$

随后进一步生成 Ti-过氧键，最后则生成氧气。

水的消毒通常可通过使用 ClO$^-$ 等氧化剂来实现，而 ClO$^-$ 可通过电化学反应现场制备（参见 8.4.1 节）。该方法的缺点是许多有机物可能与 ClO$^-$ 反应生成有毒的氯碳化合物，最理想的情况下，需要能与多种有机物种反应的广谱氧化剂以将有机物完全转化为 CO$_2$、H$_2$O 和 HCl 等无机化合物。这类广谱的氧化剂有 OH·自由基，它可通过 H$_2$O$_2$ 和 Fe^{3+} 的化学反应产生（Fenton 反应），或者由 O$_3$ 和/或 H$_2$O$_2$ 与紫外线通过光化学反应而产生，但它也可在上述的受光照射的 TiO$_2$ 表面通过光化学产生。利用 OH·自由基的清洁化学特性，近年来开发了很多消毒过程，称为"先进的氧化过程"，与均相化学过程相比，异相化学过程有很多优点，其中尤其是二氧化钛引起了人们的广泛关注。

当把有机基质和 TiO$_2$ 置于电解池中，并用大于 TiO$_2$ 的禁带宽度的光照射时，在 TiO$_2$ 表面产生的 OH·自由基进攻有机基质，首先产生多羟基物种，随着羟化反应的进行而进一步降解，直至最后完全转化为 CO_2。显然由于 $OH·$ 自由基寿命短，欲被分解的有机物离电极表面越近越好，最好是直接吸附在电极表面。反应动力学研究表明，较弱的光照射时能获得最佳的效率。电解池可通过两种形式使用。最简单的是电极处在开路电势并向电解池中通入氧气。这时电子迁移到 TiO_2 表面并同时发生氧的还原。该过程的优点是部分还原的物种如超氧阴离子自由基 $O_2^-·$ 也是氧化剂，缺点是电子和空穴必须一起迁移到电极表面，导致该过程的量子效率很低。尽管存在这些缺点，由于在开路条件下工作操作简便，使用 TiO_2 悬浊液并用光照射进行去污的方法很快就实现了商品化。

当将平板 TiO_2 电极放在电解池中并控制在一个正偏压下，则可以获得更高的量子效率。但是，为了使反应有效进行，溶液必须具有一定的导电性，因此必须加入电解质。而且这种含稀溶液的反应器中的传质问题比悬浊液反应器里的要严重得多，到目前为止，还没有这类光电化学反应器商品。但事实上，此类反应器中所需的电解质含量并不多，在室温条件下对某些表面化学而言，即使是从环境中吸附到表面的水就足以满足需求。就其可能的应用领域而言，可以列出很长的名单，包括光催化室内空气净化器、光催化车内空气净化器、光催化厨卫自清洁陶瓷制品、光催化自清洁室内照明灯罩、光催化自清洁百叶窗，以及高速公路隧道内使用的光催化自清洁灯玻璃罩等。

事实上，TiO_2 膜的功效并不仅限于处理有机物，它还可以有效地杀死细菌和其他微生物，世界各国在这方面的研究和开发同样非常积极，包括对大肠杆菌的杀菌作用和对大肠杆菌内毒素的解毒作用。由于发生了好几起由于 O157 内毒素引起的致命性的食物中毒事件，人们特别关注 TiO_2 膜在这方面的应用可能性。现已证实，镀有 TiO_2 薄膜的玻璃对细菌同样具有显著的杀菌和消毒作用。

与此相关的话题还有，日本主要的日用陶瓷生产商，TOTO 公司正在积极开发一种在医院，特别是手术室内使用的灭菌陶瓷。手术室面临的一个很大问题是抗药性金黄色葡萄球菌的存在问题，这种细菌对新青霉素和相关的抗生素已产生了耐药性。要消灭这些细菌，必须使用大量的消毒剂，但这些消毒剂只能获得短暂的杀菌作用。与之相比，只要存在光照，镀有 TiO_2 膜的瓷砖将具有持续的杀菌活性。最近，利用光催化法在 TiO_2 膜表面沉积上微小的银粒子，已新开发出黑暗环境下仍具有的灭菌活性的功能 TiO_2 膜。

4.9 生物电化学

近些年来，人们对利用电化学方法驱动生化反应的兴趣明显增加。许多生化过程涉及电子或氢原子的传递，针对这种反应的特异性，人们已开发出了新一代高选择性传感器来检测诸如葡萄糖之类的生物活性物质。生物反应的特异性源于高选择催化剂，即酶。酶由多肽序列组成并具有特定的三维结构。这种酶结构通常包含一个活性位，并且对能接近活性位的底物具有高度的选择性，理想情况下，只有唯一的一种分子底物能与该活性位作用。底物分子一般先吸附在活性位上，然后经历转化过程，生成产物，最后被释放。由于酶的专一性，虽然细胞中可以共存数种氧化还原酶，且每种酶将只能催化一种或一类底物的转化。但从电化学角度来看，如何让底物接近这些活性位是一个在常规的电化学中尚未遇到的非常棘手的问题。

根据式 (4.12)，可以用 $k'\exp[-\Delta G(E_1)/RT]$ 来描述电荷转移的速率常数，同时，根据式 (4.79)，ΔG 可以用 $(U_S \pm e_0\eta)^2/4U_s kT$ 来表达，式中的 U_s 为弛豫能，为实现电荷转移，反应物必须发生一定的变形，以使反应物和产物的势能曲线相交，弛豫能的大小反映了反应物的初始几何形变的程度。k_0' 则是发生几何形变后的电荷隧穿速率的常数，对小分子而言，当必要的分子形变发生时，k_0' 很少能成为决速因子；小分子的慢电荷转移过程几乎都源于 U_s 值较大。因为一般情况下，小分子至少可以到达电极表面的外 Helmholtz 平面。另外，隧穿过程则与隧穿距离密切相关，隧穿概率随着距离的增加而呈指数下降。假设用 d_H 来代表外 Helmholtz 平面到电极表面的距离，那么从较远的距离 d（$d > d_H$）发生电荷转移的相对概率为 $e^{-\alpha(d-d_H)}$，式中 α 的取值可以变化较大，但在水溶液中，其值的范围一般为约为几个 $Å^{-1}$，这意味着当 $d \sim 2d_H$ 时，电荷转移的概率仍然会是一个非常低的值。这种对距离的极度敏感性是扫描隧道显微镜技术的基础，利用这种技术，将可以在原子分辨的水平上来研究电极表面形貌（参见 5.4.6 节）。

但是，对生物分子来说，这种对距离的敏感性带来了很棘手的问题，因为酶的复杂三维结构，决定了除特定分子外其他所有分子都不能与其活性位接触，结果造成对众多的生物催化剂而言，从电极表面到酶活性位的直接电荷传递要么不可能发生，要么电极表面必须经过特殊的处理。对较小氧化还原活性分子，例如细胞色素 c（Cytochrome c 或者简写为 Cyt c，一种有氧化还原活性的蛋白质分子）而言，接近其活性位通常较为容易，但必须有特定的分子取向；通过对 Cyt c 及相关物质的可逆电荷传递过程的研究，可以找到它在电极表面的分子取向，从而保证其活性位直接暴露于距电极表面很近的位置，而不至于造成蛋白质分子链的展开（意味着蛋白质分子失去生物活性）。对 Cyt c 而言，可以利用吡啶对电极表面进行化学修饰而实现对 Cyt c 分子的有利取向，修饰在电极表面的吡啶基中的 N 指向溶液一侧，并与 Cyt c 分子相互结合，这样就可保证 Cyt c 分子的取向有利于其活性中心与电极表面之间的电荷转移过程的发生。

4.9.1 一种典型的氧化还原酶：葡萄糖氧化酶的生物电化学

酶是一种非常大的有机单元，其相对分子质量常常大于 100000。例如，用来作为葡萄糖氧化反应［参见式(4.185)］的催化剂葡萄糖氧化酶是一种总相对分子质量约为 160000 的二聚体。该二聚体的每个单体都有一个紧密结合的黄素腺嘌呤二核苷酸（简称 FAD）粒子。FAD 能够参与双电子双质子还原过程，在生化过程中十分重要。图 4.45 给出了从 FAD 到 $FADH_2$ 的还原过程，以及 $FADH_2$ 通过与 O_2 的再氧化反应生成 H_2O_2 的过程。

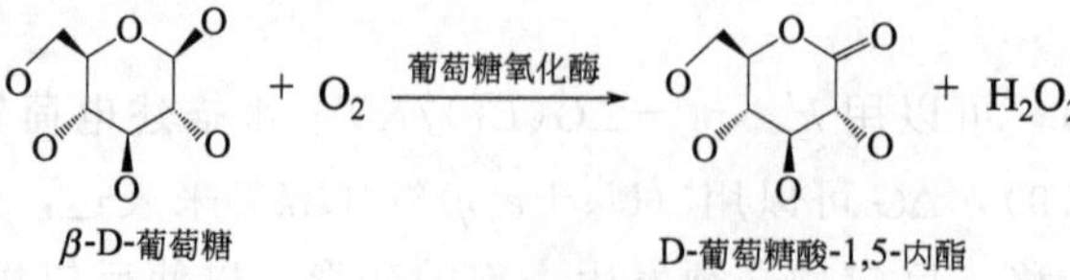

$$\beta\text{-D-葡萄糖} + O_2 \xrightarrow{\text{葡萄糖氧化酶}} \text{D-葡萄糖酸-1,5-内酯} + H_2O_2 \tag{4.185}$$

葡萄糖氧化酶（简称 GO_x）

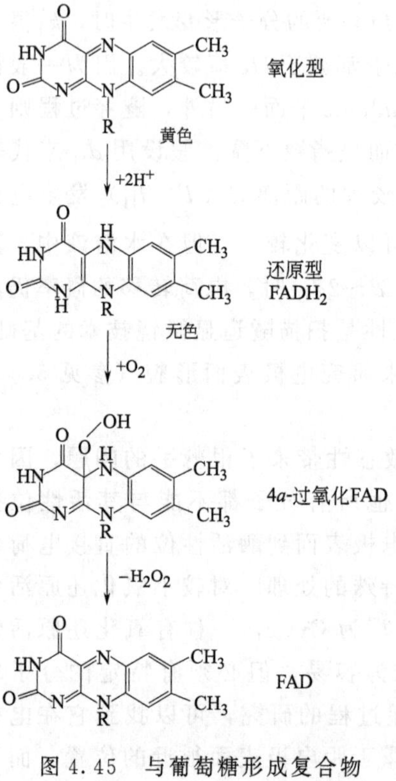

图 4.45　与葡萄糖形成复合物时，FAD 单元的可能反应模式

每个单体中黄素单元位于分子形成的空腔底部，需要通过一个很大而且很深呈漏斗形的通道才能接近，而它的另一面为二聚体中的另一个单体。从图 4.46 的分子整体结构图中可以明显看出，通过电化学方法实现与 FAD 的电荷转移强烈地受立体位阻的影响。

一般认为，酶的作用模型包括下述步骤：葡萄糖首先与酶的氧化态紧密结合形成一种复合物，该过程中两个氢原子从葡萄糖转移到 FAD 单元。葡萄糖转化成葡萄糖酸内酯后从复合物中分离，然后水解为葡萄糖酸。接着 $FADH_2$ 化学吸附 O_2 分子（有可能以桥式构型），然后两个氢原子转移到 O_2 而形成 H_2O_2（见图4.45）。上述过程是体内葡萄糖氧化酶的再氧化反应的路径。但实验结果表明，$FADH_2$ 还可以再被许多单/多电子体系氧化，例如对苯二胺和一系列二茂铁衍生物等。这些衍生物可将葡萄糖氧化酶的化学和电化学反应关联起来。

4.9.2　几种生化物质的电化学研究

葡萄糖氧化酶无法在电极表面上直接进行可逆的电荷转移。但是某些促进剂，例如对分子量相对较小的氧化还原蛋白质分子，如果能在电极表面上合适地取向，那么就可实现可逆的电荷转移。也就是说，可以驱动溶液中具有高度选择性的酶促反应的发生。例如 Cyt c 的还原反应，Cyt c 可以将乳糖酶还原，而该反应又会使 O_2 还原成 H_2O。更为复杂的反应过程也是可能的，例如，虽

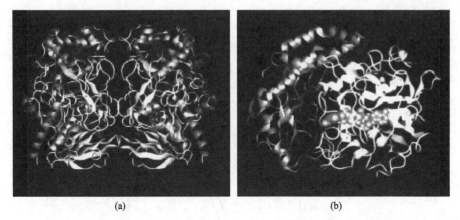

图 4.46　葡萄糖氧化酶的总体形貌（a）及葡萄糖氧化酶的亚结构单元（b）
其中 FAD 单元用球棍模型表示

然 Cyt c 无法再还原细胞色素氧化酶（简称 CO_x），但是，如果加入第二个中继物质 Cyt c_{551}，那么电极上 Cyt c 的还原过程将会与氧的还原过程发生直接偶合，图 4.47 给出了其电流-电势曲线（参见 5.2 节）。很显然，只有当全部的与各个步骤的反应有关的中继物质都存在的情况下，才会观察到明显的阴极电流。与此类似，也可以在酶催化过程中偶合氧化过程，例如乳酸脱氢酶可驱动 L-乳酸菌（L-lactate）的氧化，氧化态 Cyt c 又可将还原态乳酸脱氢酶重新氧化。氧化态 Cyt c 可用来再生 $NADP^+$，然后用这种 $NADP^+$ 来连接任何需要 $NADP^+$ 的酶。这一点十分重要，因为这些酶的品种数目繁多，而 $NADP^+$ 因其重组能很高，其电化学可逆性极差。最后，通过利用带负电的促进剂，例如 ω-硫代羧酸，将带正电的 Cyt c 分子以静电相互作用吸附到电极表面，这样可确保所有的氧化还原过程能够在电极上发生，从而实现 Cyt c 分子在整个过程中的催化作用。

为了提高生物分子的电化学活性，人们设计出了低分子量仿 Cyt c 物质，如微过氧化酶-11，其氧化还原电势为-0.4V（vs. SCE）。这样，就可以在金电极表面自组装上这种物质单层膜，并且让它在结构上与 Cyt c 尽量接近，以提供该单层膜与血红蛋白及细胞色素有关的酶之间的亲和作用力。例如，通过制备微过氧化酶-11 的单层膜与和天然的细胞色素有关的硝酸盐还原酶的复合物，可以制备硝酸盐电流传感器（参见第 10 章）。

但是，如上所述，大多数酶与电极之间进行直接电荷转移基本上无法实现，而且，即使能够做到这一点，所需条件也很苛刻，而且往往很难重现出同样的电极表面修饰状态。对 GO_x 和类似的以黄素为基的酶而言，其 E^0 值介于 $-0.49 \sim 0.19$ V（vs. SCE）之间，因此，人们已对大量的具有快速电极动力学特性的有机和无机小分子的电荷转移中介问题展开了广泛的研究，并意外地找到了单电子和双电子的氧

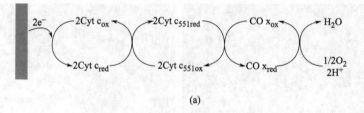

(a)

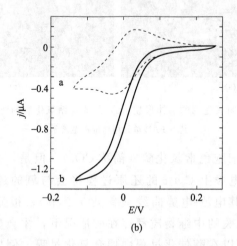

(b)

图 4.47　利用 CO$_x$ 对 O$_2$ 进行生物电催化还原的多步骤电荷
转移过程，催化剂为 Cyt c 和 Cyt c$_{551}$（a）；促进剂修饰的 Au 电
极在（a）只有（5.3mg・mL^{-1}）细胞色素 C 时，（b）加入
0.74mg・mL^{-1} 细胞色素 C-551（Cyt c$_{551}$）和 770nmol・dm^{-3}
CO$_x$ 之后的循环伏安图（CVs）

　　CVs 的记录条件为：0.02mol・dm^{-3} 磷酸缓冲液，pH7.0，扫描速率
为 1mV・s^{-1}，溶液中有氧气存在（摘自 http://chem. ch. huji. ac. il/~
eugeniik/electrochemical_bio_tutorials. htm）

化剂，这样可以利用半醌中间物设计出能实现酶再氧化的简单易行的反应路径。到目前为止，已发现的最好的中介分子是二茂铁衍生物。这类物质最突出的优点是可以很容易地通过单个或两个环戊二烯基上的取代反应来对其性质进行精细地调制，同时，所有二茂铁的 E^0 值均大于 0.2V（vs. SCE），因此能够再氧化还原态的 GO$_x$，故此可以得到图 4.48 中所示的由中继酶调控的催化反应路径。图 4.49 展示了二茂铁中继物存在时，GO$_x$ 对葡萄糖的生物催化氧化过程，证实了二茂铁中介分子调控的催化反应路径的有效性。图中的 CV 曲线（见图 4.49 中线 a）表现出典型的可逆氧化还原对特征，E^0 值约为 0.29V（vs. SCE）。从图中可以很清楚地看出，二茂铁被 GO$_x$ 快速还原后，再一次进入氧化循环，根据这一特性，此反应系统完全可以进一步应用于葡萄糖传感器。

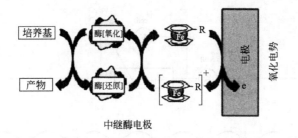

图 4.48　利用二茂铁衍生物作为 GO_x 和其他氧化酶的电荷转移中继物
（图片来源与图 4.47 相同）

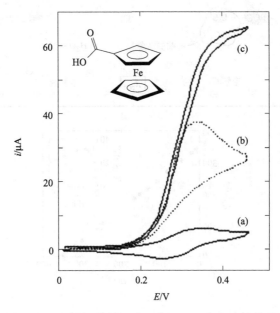

图 4.49　以二茂铁甲酸（$0.5mmol \cdot dm^{-3}$）为中继介质，
GO_x（$38\mu mol \cdot dm^{-3}$）催化的葡萄糖氧化过程的循环伏安曲线

葡萄糖的浓度为（a）$0mmol \cdot dm^{-3}$，（b）$0.5mmol \cdot dm^{-3}$，　（c）
$2.5mmol \cdot dm^{-3}$，测量条件为：$0.085mol \cdot dm^{-3}$磷酸缓冲液，pH7.0，
氩气气氛，扫描速率为$5mV \cdot s^{-1}$（图片来源与图 4.47 相同）

　　生物电化学器件最主要的应用为生物传感器，由于其具有选择性高的特性，因此可以带来巨大的应用价值，这一点对医用样品而言尤为突出。当然，人们对其在生物反应器和生物燃料电池方面应用的兴趣也不断增加，图 4.50 给出了一种典型的生物燃料电池的结构示意图。我们在第 1 章已对燃料电池进行了概述，并将在第 9 章对其进行详细讲述。燃料电池的基本特性在于将反应的化学自由能转化为电能。图 4.50 中的反应为利用 H_2O_2 将葡萄糖氧化成葡萄糖酸，虽然目前这种反应的电流效率还较低（参见第 9 章），但人们正在基于这种原理寻找改进和提高的方法。

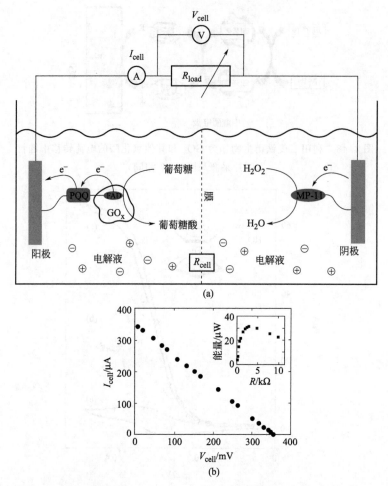

(a)

(b)

图 4.50　(a) 生物燃料电池结构示意图：其中燃料是葡萄糖，氧化剂是 H_2O_2，PQQ-
FAD 和 GO_x 重构的电极为阳极，MP-11 功能化的电极为阴极；(b) 在不同负载
时，这种生物燃料电池的伏安特性曲线，其中的小插图显示不同负载时电池的
电能输出情况（图片来源与图 4.47 相同）

参 考 文 献

更深入细致地介绍量子力学的专业书目

Landau and E. Lifschitz: *Quantum Mechanics*, Pergamon Press, Oxford, 1966

A. S. Davydov: *Quantum Mechanics*, Pergamon Press, Oxford, 1965

P. W. Atkins and R. S. Friedman: *Molecular Quantum Mechanics*, Oxford University Press, Oxford, 2004

R. D. Levine: *Molecular Reaction Dynamics*, Cambridge University Press, Cambridge, 2005

Baggott: *The Meaning of Quantum Theory*, Oxford University Press, 1992

有关量子力学在电极过程中应用方面更深入细致的书目、文献

Goodisman: Electrochemistry: *Theoretical Foundations*, John Wiley, New York, 1987

R. R. Doganadze: *Theory of Molecular Electrode Kinetics*, in **Reactions of Molecules at Electrodes**, Wiley Interscience, London, 1971, ed. N. S. Hush

R. A. Marcus: *Electron Transfer Reactions in Chemistry: Theory and Experiment*, in Rev. Mod. Phys. 65 (1993) 599 and references therein

Ulstrup: *Charge Transfer Processes in Condensed Media*, Springer-Verlag, Berlin, 1979

V. G. Levich: *Kinetics of Reactions with Charge Transfer*, in **Physical Chemistry**, vol. IXb, Academic Press, New York, 1970, ed. Eyring, Henderson and Jost.

Schmickler: *Interfacial Electrochemistry*, Oxford University Press, 1996

Interfacial Electrochemistry, ed. A. Wieckowski, Marcel Dekker, New York, 1999

Schmickler and W. Vielstich, *Electrochim Acta* 18 (1973) 883; ibid. 21 (1976) 161

Gerischer, *Z. Phys. Chem. (Frankfurt)* 26 (1960) 223, ibid. 26 (1960) 326, ibid. 27 (1961) 48

P. P. Schmidt and H. Mark, *J. Chem. Phys.* 58 (1973) 4290

Microscopic Models of Electrode-electrolyte Interfaces, eds. J. W. Halley and L. Blum; Proceedings volume 93-5, The Electrochemical Society, Pennington, NJ, 1993

有关电化学过程中溶液里的扩散方程方面更深入细致的书目、文献

Britz: *Digital Simulation in Electrochemistry*, 3rd Ed., Springer-Verlag, Berlin, 2005

J. O'M. Bockris and A. K. N. Reddy: *Modern Electrochemistry*, 2nd ed., Kluwer/Plenum Press, New York, 2000

Kreysig: Advanced Engineering Mathematics, John Wiley, New York, 1993

H. S. Carslaw and J. C. Jaeger: *Conduction of Heat in Solids*, Clarendon Press, Oxford, 1959

讨论复杂电化学反应方面的书目、文献

J. O'M. Bockris and A. K. N. Reddy: *Modern Electrochemistry*, 2nd ed., Kluwer/Plenum Press, New York, 2000

A. J. Bard and L. R. Faulkner: *Electrochemical Methods*, John Wiley, New York, 1980

P. A. Christensen and A. Hamnett: *Techniques and Mechanisms in Electrochemistry*, Blackie and Son, Edinburgh, 1995

表报数据摘自

B. E. Conway: *Electrochemical Data*, Greenwood Press, Westport (Connecticut) 1969

有关旋转圆盘电极方面的讨论摘自

V. G. Levich: *Physicochemical Hydrodynamics*, Prentice Hall, Englewood Cliffs, NJ, 1962

A. C. Riddiford, in **Advances in Electrochemistry and Electrochemical Engineering**, volume 4, ed. P. Delahay and C. W. Tobias, J. Wiley, New York, 1966

W. J. Albery and M. L. Hitchman: *Ring-Disc Electrodes*, Clarendon Press, Oxford, 1971

V. Pleskov and V. Yu. Filinovsky: *The Rotating Disc Electrode*, Consultants Bureau, New York, 1976

有关微球电极方面的讨论可参考

R. M. Wightman and D. O. Wipf: *Voltammetry at Ultramicroelectrodes*, in **Electroanalytical Chemistry**, vol. 15, ed. A. J. Bard, Marcel Dekker, New York, 1989.

有关电化学偶合和酸式离解过程方面的进一步讨论可参考

W. J. Albery: *Electrode Kinetics*, Clarendon Press, Oxford, 1975

有关吸附过程方面的进一步讨论可参考

B. B. Damaskin, O. A. Petrii and V. V. Baratrov, in **Adsorption of Organic Compounds in Electrodes**, ed. K. Schwabe, Akadamie Verlag, Berlin, 1975

B. N. W. Trapnell: *Chemisorption*, Academic Press, New York, 1955

J. O'M. Bockris and A. K. N. Reddy: *Modern Electrochemistry*, 2nd ed., Kluwer/Plenum Press, New York, 2000

I. M. Campbell: *Catalysis at Surfaces*, Chapman and Hall, London, 1988

H. R. Thirsk and J. A. Harrison: *A Guide to the Study of Electrode Kinetics*, Academic Press, New York, 1972

B. B. Damaskin and V. E. Kazarinov: *The Adsorption of Organic Molecules* in **Comprehensive Treatise of Electrochemistry**, *vol. 1: The Double Layer*, eds. J. O'M. Bockris, B. E. Conway and E. Yeager, Plenum Press, New York, 1980.

Adsorption of Molecules at Metal Electrodes, eds. J. Lipkowski and P. N. Ross, VCH, Weinheim, 1992

有关电化学结晶现象的进一步讨论可参考

Southampton Electrochemistry Group: *Instrumental Methods in Electrochemistry*, Ellis Horwood, Ltd., Chichester, 1985

Fleischmann and H. R. Thirsk, *Electrochim. Acta* 21 (1960) 22

Bosco and S. K. Rangarajan, *J. Electroanal. Chem.* 134 (1981) 213

Budievskii in **Comprehensive Treatise of Electrochemistry**, *vol. 7: The Double Layer*, eds. J. O'M. Bockris, B. E. Conway and E. Yeager and R. E. White, Plenum Press, New York, 1983.

Budevski, G. Staikov and W. J. Lorenz: *Electrochemical Phase Formation and Growth*, VCH Publications, Weinheim, 1996

Kinetics of Ordering and Growth at Surfaces, ed. M. G. Lagally, Plenum Press, New York, 1990

de. Levie in **Advances in Electrochemistry and Electrochemical Engineering**, eds. H. Gerischer and C. W. Tobias, Interscience, New York, 1985

有关电化学加工的进一步讨论可参考

A. E. de Barr and D. A. Oliver: *Electrochemical Machining*, MacDonald and Co. Publishers, London 1968

介绍腐蚀方面的读物

U. R. Evans: *The Corrosion and Oxidation of Metals*, Arnold, London, 1960

J. M. West: *Basic Corrosion and Oxidation*, 2nd. Ed., Ellis Horwood, Chichester, 1986

Pourbaix: *Atlas of Electrochemical Equilibria in Aqueous Solutions*, Pergamon Press, Oxford, 1966

Gerischer and C. W. Tobias (eds.): *Advances in Electrochemical Science and Engineering*, *vol. 3*, VCH, Weinheim, 1994

介绍半导体电化学方面的读物

Hamnett: *Semiconductor Electrochemistry* in **Comprehensive Chemical Kinetics**, vol. 27, ed. R. G. Compton, Elsevier, Oxford, 1987

S. R. Morrison: *Electrochemistry at Semiconductor and Oxidised Metal Electrodes*, Plenum Press, New York, 1980

Memming: *Semiconductor Electrochemistry*, Wiley-VCH, Weinheim, 2001

V. A. Myamlin and Yu. V. Pleskov: *Electrochemistry of Semiconductors*, Plenum Press, New York, 1967

Many, Y. Goldstein and N. B. Grover: *Semiconductor Surfaces*, North Holland Press, Amsterdam, 1965

太阳能的转化和利用方面的读物

Fujishima and K. Honda, *Nature* 238 (1972) 37

J. G. Mavroides, J. A. Kafalas and D. F. Kolesar, *Applied Phys. Lett.* 28 (1976) 241

Hamnett and P. A. Christensen in: **The New Chemistry**, ed. Nina Hall, Cambridge University Press, 2000

D. A. Tryk, A. Fujishima and K. Honda, *Electrochim. Acta* 45 (2000) 2363

M. R. Hoffmann, S. T. Martin, W. Choi and D. W. Bahnemann, *Chem. Rev.* 95 (1995) 69

M. K. Nazeeruddin，P. Pechy，M. Grätzel，*Chem. Commun.* (1997) 1705-1706

Fujishima，K. Hashimoto and T. Watanabe：*TiO₂ Photocatalysis*：*Fundamentals and Applications*，BKC，Tokyo，1999

V. M. Aroutiounian，V. M. Arakelyan and G. E. Shahnazaryan，*Solar Energy* 78（2005）581

生物电化学方面的读物

这是一个发展迅速的领域，以传统的书籍形式存在的文献较少，更多和许多有价值的信息源自互联网，例如下述网址：

http：//chem. ch. huji. ac. il/～eugeniik/electrochemical_bio_tuto rials . htm

http：//www-biol. paisley. ac. uk/marco/enzyme_electrode/Chapter 1/START. HTM

较为传统的参考书籍有：

Encyclopedia of Electrochemistry，*vol. 9*：*Bioelectrochemistry*，eds. A. J. Bard，M. Stratmann and G. S. Wilson，publ. Wiley-VCH，Weinheim，2002

J. M. Savéant：*Elements of Molecular and Biomolecular Electrochemistry*，John Wiey，Hoboken，New Jersey，2006

A. M. Kuznetsov：*Charge Transfer in Physics*，*Chemistry and Biology*：*Physical Mechanisms of Elementary Processes and an Introduction to the Theory*，Taylor and Francis，London，1995

Fry and S. E. M. Langley：*Ion selective Electrodes and Biological Systems*，Harwood Academic，Chichester，England，2001

Electroanalytical Methods for Biological Systems，eds. A. Brajter-Toth and J. Q. Chambers，publ. Marcel Dekker，New York，2002

J. O'M. Bockris and A. K. N. Reddy：*Modern Electrochemistry*：*Electrodics in Chemistry*，*Engineering*，*Biology and Environmental Science*，*vol. 2B*，Kluwer Academic/Plenum Press，New York，2001

R. A. Bullen，T. C. Arnot，J. B. Lakeman and F. C. Walsh：*Biofuel Cells and their Development in Biosensors and Bioelectronics* 21（2006）2015

这个领域有许多专业会议，包括近来的 Faraday Discussion（Vol. 116，2000），这些会议文集涉及许多最新的发现，读者可参阅这些文集

第 5 章　电极/电解液界面的研究方法

研究电极反应过程的方法很多，本章将讨论其中最重要的几种。利用这些方法得到的数据，将提供有关反应速率、反应机理、可能中间产物的种类及相关吸附过程等方面的信息。

对任何电极反应，通过分析在稳态或准稳态下获得的伏安曲线，我们即可大致地了解相关过程。然而，要精确地测量电极动力学过程，则不仅需要仔细地控制传质过程，还必须校正在通电时在工作电极和参比电极末端间产生的欧姆电压降。

这里需要强调的是：如果仅利用电化学方法研究吸附过程，能得到的有关电极膜或吸附的反应中间物的化学特性等信息往往十分有限。利用近年来发展的一系列新型光学技术（谱学技术，将在本章中介绍），大大促进了这方面的研究。然而，即使是对这些新型谱学技术，如果仅使用其中的任何一种，也同样很难得到非常明确的信息。这一点在研究复杂反应时尤为突出，因此，联合使用电化学和光谱技术十分重要。

5.1　稳态伏安曲线的测量

从原理上讲，可以使用 4.3 节中讨论的那种带有可变电阻 R 的装置来控制电流。通过改变电阻 R 的值，测量工作电极上的电流和电势就能得到伏安曲线。但当电流密度较低时，该方法费时费力，并且误差较大，所以在现代电化学研究中基本都采用恒电位仪。

5.1.1　恒电位仪

图 5.1 所示为恒电位仪的示意图，其核心电子部件是运算放大器（比较电路）。该部件具备三个功能：第一是它的两个电压输入端（E_d 和 E_m）具有非常高的阻抗，所以工作时仅会流过极小的电流。第二是它的输出电压 $E_{out} = -A\delta V$，其中 δV 表示两个输入端的电压差，A 代表放大增益。实际电路中采用的 A 值非常大，因此，运算放大器必须保持 δV 在一个极其微小的数值内，否则即意味着将输出很大的电压。第三是输出阻抗非常低，以保证电流可以自由流动。上述功能能够控制电化学池中的三个电极：在常规操作模式下，工作电极接地，在它和放大器的一个输入端间施加电压 E_d。放大器的另一个输入端连接到参比电极，放大器的功能是保证由外部信号发生器所施加的电压 E_d 和在电化学池中工作电极与参比电极间所测量到的电势差 E_m 完全一致，同时由于其具有高输入阻抗，因此将阻止在参比电

极上通过任何足以影响其测量精度的电流。放大器的输出端连接到对电极，由于输出阻抗很低，所以电流可以在工作电极与对电极间流动。通常只要前面提到的 δV 小到可以忽略的话，因为对测量对电极的电势不感兴趣，只希望能够监测流过对电极的电流，因此在电路上加上了一个电阻 R，并使用了另一种称为电流跟随器的运算放大器来测量电阻两端的电压降 E_i。典型的现代恒电位仪中采用的运算放大器能够在小于百万分之一秒内平衡两个输入端的电压，因此允许在输入的振荡电压频率高达 10kHz 情况下，仍能保证测量电流值的准确性。电压 E_d 和 E_i 通常连接到绘图仪的 x-y 输入端口，而对快速测量可连接到示波器上；当然也可利用计算机将其存储为数据文件。

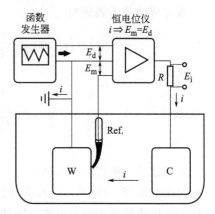

图 5.1　恒电位仪的基本电路

其中，W 表示工作电极，C 表示对电极，Ref 表示参比电极；E_d 表示外加电压，E_m 表示测量电压。恒电位仪通过反馈电流来平衡 E_d 和 E_m，电阻 R 将电流转换成电压 E_i，以达到测量电流的目的

5.1.2　利用电势阶跃法测量反应动力学数据

这类方法的原理是将电流或电势在微秒级或更短时间内突然从稳态阶跃到非稳态，在电势阶跃后极短的时间内，反应的决速步骤是界面的电荷转移步骤而不是扩散过程。在电势阶跃实验中所测量的暂态电流将提供有关电荷转移速率和电极表面物质扩散速率两方面的信息。

图 5.1a 给出了电势阶跃实验中电流和浓度随时间变化的示意图，为简化起见，假设只有电荷转移和电极表面物质扩散两个决定因素（即忽略吸附和解吸过程及其伴随的化学反应），对于电化学反应：$Ox + e^- \longrightarrow Red$，氧化物 Ox 和还原物 Red 的扩散方程可以描述为：

$$\frac{\partial c_{Ox}}{\partial t} = D_{Ox} \frac{\partial^2 c_{Ox}}{\partial x^2}; \quad \frac{\partial c_{Red}}{\partial t} = D_{Red} \frac{\partial^2 c_{Red}}{\partial x^2} \tag{5.1}$$

其电荷转移速率由与浓度有关的 Butler-Volmer 方程给出：

$$j(\eta) = j_0 \left\{ \left(\frac{c_{Red}^s}{c_{Red}^0} \right) \exp\left(\frac{\beta F \eta}{RT} \right) - \left(\frac{c_{Ox}^s}{c_{Ox}^0} \right) \exp\left[-\frac{(1-\beta)F\eta}{RT} \right] \right\} \tag{5.2}$$

从稳态（$\eta = 0$）阶跃到某超电势 η 时的边界条件为：

$$
\begin{aligned}
t = 0 \quad & x \geqslant 0 \quad c_{Red} = c_{Red}^0; \quad c_{Ox} = c_{Ox}^0 \\
t \geqslant 0 \quad & x \to \infty \quad c_{Red} = c_{Red}^0; \quad c_{Ox} = c_{Ox}^0 \\
t > 0 \quad & x = 0 \quad c_{Red} = c_{Red}^s; \quad c_{Ox} = c_{Ox}^s
\end{aligned}
\tag{5.3}
$$

$$j = -FD_{Ox} \left(\frac{\partial c_{Ox}}{\partial x} \right)_{x=0} = FD_{Red} \left(\frac{\partial c_{Red}}{\partial x} \right)_{x=0}$$

该方程的解可表达为：

$$j(\eta,t)=j_0\left\{\exp\left[\frac{(1-\beta)F\eta}{RT}\right]-\exp\left(-\frac{\beta F\eta}{RT}\right)\right\}e^{\lambda^2 t}(\lambda\sqrt{t}) \tag{5.4}$$

其中

$$\mathrm{erfc}(\lambda\sqrt{t})=1-\frac{2}{\sqrt{\pi}}\int_0^{\sqrt{t}}e^{-x^2}\mathrm{d}x,\lambda=\frac{j_0}{F}\left\{\frac{\exp[(1-\beta)F\eta/RT]}{c_{\mathrm{Red}}^0\sqrt{D_{\mathrm{Red}}}}+\frac{\exp(-\beta F\eta/RT)}{c_{\mathrm{Ox}}^0\sqrt{D_{\mathrm{Ox}}}}\right\}$$

$$\tag{5.5}$$

换句话说，电流 j 可以表达为 $j_e(\eta)\times g(t,\eta)$ 这两个函数的乘积，其中与时间无关的函数即当 $t\rightarrow 0$ 时，$g(t,\eta)$ 趋近于 1，$j_e(\eta)$ 相应于电荷转移极限电流。也就是说在电势阶跃瞬间，电流反映的纯粹由电荷转移速率控制时的反应速率。随着时间的延长，$g(t,\eta)$ 趋近于 $\frac{1}{\lambda\sqrt{\pi t}}$，即回复到反应速率纯粹由扩散控制的状态。在非常短的时间内（$\lambda\sqrt{t}\ll 1$），$e^{\lambda^2 t}(\lambda\sqrt{t})$ 趋近于 $1-2\lambda\sqrt{t/\pi}$，则有：

$$j(\eta,t)=j_0\left\{\exp\left[\frac{(1-\beta)F\eta}{RT}\right]-\exp\left(-\frac{\beta F\eta}{RT}\right)\right\}(1-2\lambda\sqrt{t/\pi})=j_e-2j_e\frac{\lambda}{\sqrt{\pi}}\sqrt{t}$$

$$\tag{5.6}$$

通过绘制 $j(\eta,t)$ 和 $\sqrt{t}$ 关系图，可以同时获得 β 和 j_0（参见图 6.17）。遗憾的是，当 $t<1\mathrm{ms}$ 时，由于双电层充电电流的干扰，将使法拉第电流 $j(\eta,t)$ 无法准确测出。由于 λ-j_0，这意味着电势阶跃法不能应用于交换电流密度大的电化学反应，其极限值为 $20\sim 50\mathrm{mA\cdot cm^{-2}}$。

除了电势阶跃法，在控制电流实验中，还可以采用电流阶跃法，即测量该过程中电极电势随时间的变化关系，采用类似于上述边界条件和假设，并假设 $c_{\mathrm{Ox}}^0=c_{\mathrm{Red}}^0=c^0$，那么可以近似得到：

$$E(j,t)=j\frac{RT}{F}\left[\frac{1}{j_0}+\frac{2}{\sqrt{\pi}Fc^0}\left(\frac{1}{D_{\mathrm{Ox}}^{1/2}}+\frac{1}{D_{\mathrm{Red}}^{1/2}}\right)t^{1/2}\right] \tag{5.7}$$

其中，E 是以开路电势为参比测得的电池电压；j 是恒电流阶跃值。当时间短于 0.1τ 时，上述方程有实解，τ 是过渡时间，其定义参见 4.3.4 节。与电势阶跃法相似，由于双电层充电的干扰，外推至极短时间所得的解无效。

5.1.3 有效控制传质条件下的测量

前面已经提到，在电流大情况下，总电流密度受制于物质传输到电极表面的速率。在未搅拌溶液中，由于存在浓度梯度、温度梯度等情况而引起自然对流，当电活性物质浓度为 $10^{-3}\mathrm{mol\cdot dm^{-3}}$ 时，电流密度一般低于 $10\mu\mathrm{A\cdot cm^{-2}}$。为获得更大电流，需要采用强制对流措施，例如可通过通入大量的气体，或采用如图 4.17 所示的具有很好重现性的旋转圆盘电极体系。

在 4.3.5 节中已经讨论了如何使用旋转圆盘电极测量电化学反应速率常数，在

4.4 节介绍了如何得到电荷转移步骤之前的
化学反应步骤的速率常数。但要探测电荷
转移之后的化学反应过程并识别电化学过
程中生成的中间产物，必须采用双环或多
环电极构造，其中最常采用的结构是环-盘
电极和环-环电极构型（见图 5.2a）。在这
类构型中，内侧电极上形成的物质通过径
向流动传输到外环电极，而传输过程中发
生的任何变化都可通过监测第二个电极而
获悉。当然，在此过程中，应消除来自原
始反应物的可能干扰，通常的方法是将外
环电极保持在一个使反应物失活，但反应
产物可以被迅速还原或氧化的电势。通过
将外环电极隔断为多个电极，还可以同时
监测几种反应产物。

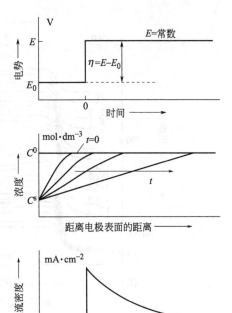

图 5.1a　电势阶跃过程中扩散层厚度
以及反应电流随时间的变化

　　定量计算得到的外环电极上流过的电
流表明，即使在反应产物不参与任何后
续反应的情况下，并不是所有的产物都
能在外环电极上检测到，原因在于其中
一些会扩散到体相溶液中去。理论计算表明，外环电极上只能监测到产物总量
一定比例，该比例系数与旋转速率无关。这个比例就叫做收集效率 N，N 仅与
系统的几何形状有关。例如，对旋转圆盘系统而言，N 是与圆盘的半径、环的
内、外径有关的一个函数。实际操作中，对一个特定的体系而言，人们通常是
通过一个已知的电化学过程来测量 N 值，而不是通过计算获得。例如利用圆
盘电极上 $[Fe(CN)_6]^{4-}$ 到 $[Fe(CN)_6]^{3-}$ 的氧化过程，该氧化产物可以在外环
电极上再一次还原。

　　图 5.2 给出了利用旋转环盘电极测量 $Cu^{2+}/Cu^{+}/Cu$ 体系的实验结果，在
10^{-3} mol·dm^{-3} $CuCl_2/0.5$ mol·dm^{-3} KCl 溶液中，大约+250mV（vs. SCE）电
势下，Pt 圆盘电极上 Cu^{2+} 开始还原为 Cu^{+}，当电势低于+150mV 时，该反应达
到扩散极限。只有当电势低于-250mV 时，Cu^{+} 才会进一步还原为 Cu，并在
-350mV 时达到第二个扩散极限。在+250～-250mV 之间，Pt 圆盘电极上生成
的 Cu^{+} 溶解到溶液中，它可以被 Pt 外环电极检测到，也就是说当保持该外环电极
电势为+400mV 时，Cu^{+} 可以再氧化成 Cu^{2+}。

　　如果在盘电极上的反应产物到达环电极之前，通过一个后续的化学反应而使其
浓度减少的话，那么将观察到环电极上的电流比预期值下降。如果 N_r 代表表观收
集效率，而 N 代表几何收集效率，那么 N_r 不仅将小于 N，而且它将是电极旋转

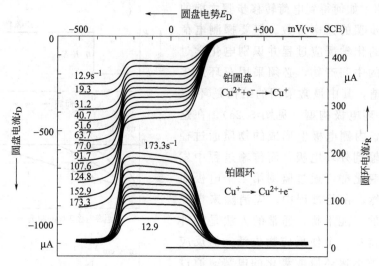

图 5.2 $10^{-3}\,mol \cdot dm^{-3}\ CuCl_2/0.5mol \cdot dm^{-3}\ KCl$ 溶液中

旋转环盘电极的伏安曲线

电极旋转频率标示在图中。圆盘电极的电势扫描速率为

$10mV \cdot s^{-1}$，环电极的电势保持在$+0.4V$（vs. SCE）

速度的函数。原因很简单，因为从盘电极传输到环电极的时间越长，则可观测到的产物将越少。假定这个化学反应不会导致某种电活性物质的产生，分析表明：

$$\frac{1}{N_r}=\frac{i_D}{i_R}=\frac{1}{N}+1.28\left(\frac{\nu}{D}\right)^{1/3}\frac{k/\omega}{N} \tag{5.8}$$

图 5.2a 环-环-双电极的照片

金属环间由绝缘环隔开

式中，k 代表盘电极产物的发生后续化学反应的速率常数（假设为一级反应）；ν 是溶液的运动黏度（参见 4.3.5 节）；D 是产物的扩散系数；i_D 是盘电极电流；i_R 是环电极电流。

此类分析的一个例子就是在含 H_2O_2 溶液中电致生成 Fe^{3+}。在盘电极上，有 $Fe^{3+}+e^- \longrightarrow Fe^{2+}$，而在环电极上为 $Fe^{2+} \longrightarrow Fe^{3+}+e^-$，同时根据式（5.1），在酸性溶液中氧化反应 $2Fe^{2+}+H_2O_2+2H^+ \longrightarrow 2Fe^{3+}+2H_2O$ 的速率常数是 $75dm^3 \cdot mol^{-1} \cdot s^{-1}$（参见 5.8 节）。

对快速反应而言，反应路径越短越好，因此可采用如图 5.2a 所示环-环-双电极构型。通过精心设计电极的几何构造，就可以测出寿命短至 $10^{-5}s$ 的产物。

5.1.4 利用湍流对快速反应进行稳态测量

前面所述的对流分析的前提假设条件是：以层流模型来解释液流形态，层流是一种有明确特征并可利用数值方法计算的流动模式。然而，当电化学池中液体的流速增至某一特定值时，液体的传质将不再是层流而代之以湍流。对运动黏度为 ν 的某种液体而言，以速度 v 流过长度为 l 的电极表面时，当流速达到特定值，即所谓的雷诺数 Re 时发生湍流，$Re \equiv vl/\nu$。湍流不仅在宏观上表现出存在旋涡现象，更重要的是在微观上存在具有不同流速的液体单元。例如，假设液流主要在 y 方向，并具有一个平均速度 $\overline{v_y}$，那么附加于其上将出现 x-、y-、z-方向上的瞬间速度波动。这些波动无论是对体相溶液中还是对电极表面上的传质都具有显著的贡献，但对任何固体而言，由于黏度效应，在界面上其速度降为零。接近界面时速度分量的降低与距离 δ_0 近似为线性关系（参见图 5.3a），且该距离远小于层流条件下对应的能斯特扩散层 δ_N。事实上，在一级近似的前提下，可以用类似于 4.3.5 节中讨论的层流公式来得出湍流公式，只要将其中的 δ_N 用 $\delta_{N,turb}$ 取代以及扩散系数 D 用 $(D+\varepsilon)$ 取代，式中 ε 代表湍流对传质的贡献，其值取决于离电极表面的距离。两种流动模式的基本方程的类似性表明湍流情况下的伏安曲线也可以显示出明确的极限电流，但其数值通常大于层流情况下观测到的极限电流值（见图 5.3b），并且这两种流动模式过渡区存在一个明显的过渡点。利用湍流非常适合对极快电化学反应过程的测量，但如果要采用图 5.3 中的旋转圆盘电极，则在操作上存在一定难度，原因在于很难达到纯粹湍流所需的角速度。相对而言，旋转圆环电极则具备一定的可能性，但要达到特定的旋转速度，电极将由于离心力而承受很大的机械负荷，同时，溶液中产生的泡沫也会对实验产生影响。

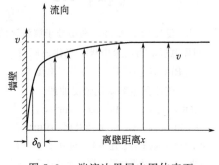

图 5.3a 湍流边界层内固体表面
附近的液体流速衰减

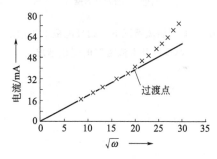

图 5.3b 从层流过渡到湍流时，旋转
圆环电极上极限电流的变化情况
（内径 50mm，外径 52mm）
其中的电化学反应为还原 $[Fe(CN)_6]^{3-}$ 到 $[Fe(CN)_6]^{4-}$

要克服上述问题可以采用一个中空管，在其内部安置一个圆环以构成工作电极（见图 5.4a）。当 Re 数值超过约 2300 时（$Re=vd/\nu$，其中 d 为管内径），进入管内的电解液将表现出湍流特性。要在实际应用中采用这种电极结构，还需要嵌入第二个环电极作为参比电极，同时在尽可能接近于中空管出口位置安置对电极。通常选用的 d 值为大约 0.2cm，在电解质水溶液中当流速为 400cm·s^{-1} 时，雷诺数可达到约 8000。金属圆环电极的厚度通常取在 100～200mm 之间。

可以通过对照阳极和阴极区伏安关系的实验值和计算机模拟值而直接估算一个特定的电化学反应的交换电流密度。将实验数据与计算机模拟获得的工作曲线做一个对比，即可估计出交换电流密度的数值。图 5.4b 给出了金电极上的 $[Ru(NH_3)_6]^{2+/3+}$ 氧化还原对实例，其标准交换电流密度高达 $98A \cdot cm^{-2}$。其对应的速率常数 k_0 约为 $1cm \cdot s^{-1}$，换言之，在金电极表面上每平方厘米每秒钟约有 7×10^{20} 个分子参与该氧化还原过程。假设金表面单位面积上存在大约 2×10^{15} 个原子，对这个反应速率极快的氧化还原对而言，在每个表面金原子上每秒将会发生 $3 \sim 4 \times 10^5$ 次电子交换反应（请对比 4.2.3 节）。

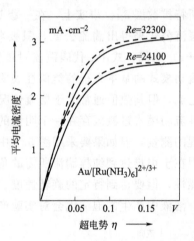

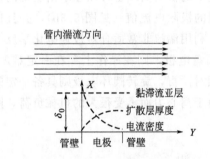

图 5.4a　湍流情况下，圆环电极上扩散层厚度以及电流密度的变化情况

图 5.4b　温度为 20℃时，利用处于湍流区的圆环电极取得的金电极上氧化还原对 $[Ru(NH_3)_6]^{2+/3+}$ 的稳态电流密度随电势变化情况曲线

其中，$c_{Ox} = 3.3 \times 10^{-4} mol \cdot dm^{-3}$，$c_{Red} = 2.8 \times 10^{-4} mol \cdot dm^{-3}$，作为对比，图中也给出了当假设电子转移速率无穷快时 j_{rev} 的理论曲线，由测定结果估算的该电子转移反应的交换电流密度值 $j_0 = 116A \cdot cm^{-2}$

5.2　准稳态测量方法

即使在最佳的反应条件下突然改变诸如电流、电势或浓度等参数，整个体系仍然需要一定的时间才能达到新的稳态。当然，如果扰动到产生效果需要较长的时间，那么体系将会像 5.1 节所述的那样接近稳态。但总是存在一个中间区域，例如当给电极施加一个变化不是很快的线性或正弦波型电压信号时，相应的电极将以某种的准稳态模式变化。

5.2.1　循环伏安法：研究电极吸附和电极过程的电化学谱学法

如图 5.5 所示，循环伏安法是在工作电极上施加一个三角波形的电压信号，并同时测量其电流响应。注意：在本图和以后的图形中，将约定俗成地将正电流称为阳极电流，而将负电流称为阴极电流。如前所述，电势通常由信号发生器产生，通过恒电位仪加到电化学池中。在低扫描速率下，可利用 X-Y 记录仪记录伏安曲线，但扫描速度范围较宽时，一般采用示波器或计算机记录。

在电解质水溶液中，正、负循环电势的上下限 E_t^a 和 E_t^c 通常选择在析氧和析氢电势之间，其优点是可通过氧化或还原过程移除可能会阻碍待研究电极过程的任何吸附杂质。在这两个上、下限之间进行电势扫描，对诸如铂、

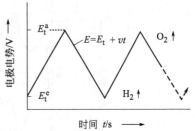

图 5.5　循环伏安法中使用典型的三角波电压扫描时，工作电极上的电压随时间变化的曲线

图中的 v 代表电势扫描速率，其符号在每个反转点发生变化

金、钯等固体金属电极可获得重现性很好的循环伏安曲线（CV）。但一般来说，循环伏安法的重现性还取决于一系列参数，包括电解液纯度、电极材料的均匀性、循环电势区间的选择和电势扫描速率。后者一般应大于 $10\mathrm{mV} \cdot \mathrm{s}^{-1}$；当扫描速率低于这个数值时，经常会观察到电极表面失活现象。

5.2.1.1　循环伏安法

在电解质水溶液中，如果在 E_t^c 和 E_t^a 的电势区间内没有氧化还原活性对存在，那么所观察到的伏安特性曲线将对应于电极表面上化学吸附的氢化物和氧化物层的生成和溶解。图 5.6 显示了铂电极在 $1\mathrm{mol} \cdot \mathrm{dm}^{-3}\mathrm{KOH}$ 中观测到的伏安特性曲线，其中电势均参照于同一溶液中的可逆氢电极（RHE），从热力学上讲，在 0V（RHE）时将发生析氢反应。

如果从 $+450\mathrm{mV}$ 起，将电势向阳极方向扫描时，那么在 $450\sim550\mathrm{mV}$ 之间，所观测到的电流只是为双电层充电（j_c），假设双电层的电容为 C_d，那么 $j_c = C_d \mathrm{d}E/\mathrm{d}t$；当 $C_d = 100\mu\mathrm{F} \cdot \mathrm{cm}^{-2}$，且扫描速率 $v = \mathrm{d}E/\mathrm{d}t = 100\mathrm{mV} \cdot \mathrm{s}^{-1}$ 时，$j_c = 10\mu\mathrm{A} \cdot \mathrm{cm}^{-2}$。

当电势高于 $550\mathrm{mV}$ 时，伴随氢氧化物的生成，开始了氧的化学吸附：

$$\mathrm{Pt} + \mathrm{OH}^- \longrightarrow \mathrm{Pt-OH} + \mathrm{e}^- \tag{5.9}$$

当电势高于 $800\mathrm{mV}$ 左右时，铂电极表面发生了进一步的氧化反应：

$$\mathrm{Pt-OH} + \mathrm{OH}^- \longrightarrow \mathrm{Pt-O} + \mathrm{H_2O} + \mathrm{e}^- \tag{5.10}$$

当电势高于 $1600\mathrm{mV}$ 左右时，铂电极表面开始发生析氧反应，当电势更高时，在铂表面将可能形成氧化物相（即其膜厚远大于单层厚度）。当电势开始向负方向扫描时，铂电极附近的氧气将与化学吸附的氧化物层一起被还原。不过近年来的研究表明，这种氧化物的还原将导致铂表面的粗糙化，并且达到平衡态表面形貌需要

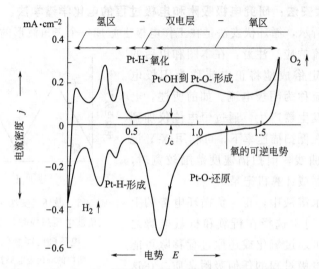

图 5.6　1mol·dm⁻³ KOH 中多晶铂电极上的循环伏安曲线

溶液中通入了氮气，测量是在 20℃ 和 100mV·s⁻¹ 的扫描速率下进行的

较长的时间。电势向负方向扫描时，电极上仍会出现一个窄的双电层的电势区间，紧接着发生电极表面氢的吸附：

$$Pt + H_2O + e^- \longrightarrow Pt - H + OH^- \qquad (5.11)$$

最后，当电势降至 H_2/H_2O 电对的热力学平衡电势时，铂电极上将会发生强烈析氢现象，此时，如果将电势向正方向扫描，那么生成的氢将会被重新氧化。图 5.7 给出的是酸性溶液中铂电极的循环伏安曲线，其具体说明可以参见 6.2 节。

如果电极达到平衡覆盖度的速率比电势扫描速率快，那么电极的微分电容 C^d（即电荷随着电势变化的速率）将与扫描速率无关。请注意这里的 C^d 与前面定义的双电层电容 C_d 不是一个概念。对这类电极，由于 $C^d = dQ/dE = j(dE/dt) \equiv j/v$，在循环伏安图中 j 与 v 呈线性关系。图 5.6 中给出的例子在当扫描速率小于 $0.5 V·s^{-1}$ 下就满足 C^d 不随扫描速率变化且电流随扫描速率线性增加的关系；当电势扫描速率高于这个数值时，j 的增加变慢，峰电流时的电压将偏向电势扫描方向。

在电势区间 ΔE 中，可以较容易地测量形成或移去吸附膜所需的积分电量：

$$Q_F = \int_{\Delta E} i \, dt = \int_{\Delta E} dQ(E) = \int_{\Delta E} C^d(E) dE \qquad (5.12)$$

这样可以测定吸附层的覆盖度 θ 或者通过对粗糙的金属电极做多次电势循环扫描或从溶液中沉积金属确定其实际面积。对铂电极这种方法常被使用，因为一般认为铂表面可完全被欠电势沉积的氢覆盖，故通过计算氢的吸脱附所消耗的总电荷数可求出表面裸露的铂原子数。

5.2.1.2　电极表面积的测定、电解液对循环伏安曲线的影响

应用循环伏安法通过氢吸附来测量铂电极实际表面积的实验方法基于以下两项

假设：① 每个铂原子吸附一个氢原子；② 在 $0 \sim E_{min}$ 之间吸附氢以实现满单层吸附所需电量荷已经由 E_{min} 以正电势区发生的析氢电流所补偿。

在平衡电势附近，上述第二点假设显然不成立。此外，由于传质条件的不同，两种电流（氢吸附和氢析出）的相对大小将取决于表面粗糙度。对光滑铂表面而言，Biegler 等建议估算 0.08V（vs. RHE）（E_{min}）以正电势区生成部分覆盖的氢原子所需电荷量（见图 5.6b），Breiter 的等温线测量得到其相应的氢覆盖度为 0.77。一般认为，铂电极上覆盖满氢单层所需的电量为 $210\mu C \cdot cm^{-2}$，这个值与理论计算得到的 Pt（100）表面所需电量非常接近（参见图 5.8）。

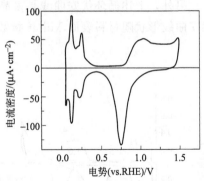

图 5.6a　$0.5mol \cdot dm^{-3} H_2SO_4$ 溶液中光滑多晶铂电极上的循环伏安曲线

测量条件为：20℃，溶液通 N_2，$v = 50mV \cdot s^{-1}$

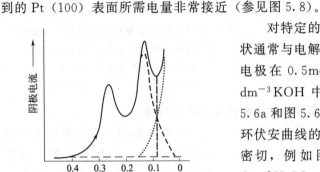

图 5.6b　稀硫酸溶液中多晶铂电极上的循环伏安曲线中的阴极区局部示意图

计算欠电势沉积氢的覆盖度的电势区间是 0.4 到 E_{min} 为 0.08V（vs. RHE），所选的 E_{min} 为 0.08V 时的电流。由氢的吸出和氢原子的吸附两部分的贡献：图中的实线代表总电流，虚线代表双电层充电电流（氢吸附），点线代表氢析出电流［参见：T. Biegler, D. A. J. Rand, R. Woods, Determination of Real Platinum Area by Hydrogen Adsorption, *J. Electroanal. Chem.*, 29 (1971) 269-277 和 M. Breiter, H. Kammermaier, C. N. Knorr, Z. *Elektrochem.*, 60 (1956) 37］。请注意图中 x 轴的电势方向，y 轴所示为阴极电流

对特定的金属，其循环伏安曲线的形状通常与电解液的性质关系不大（例如铂电极在 $0.5mol \cdot dm^{-3} H_2SO_4$ 和 $1mol \cdot dm^{-3} KOH$ 中的循环伏安曲线，参见图 5.6a 和图 5.6），但从图 5.7 可以看出，循环伏安曲线的形状与电极金属的材质关系密切，例如图 5.7 中所示的 $0.5mol \cdot dm^{-3} H_2SO_4$ 中金和铂电极的曲线形状相差很大。与图 5.6a 相比，铂电极的循环伏安曲线区别不大，而金电极的循环伏安曲线在氢的吸脱附区域则明显小很多，这意味着金电极表面具有更宽的双电层区，因此允许在更宽的电势区间内进行电化学研究，而不会导致氧化物或氢化物层的形成，后面将对此进行进一步讨论。

循环伏安法所面临的一个主要问题是对电极的溶解。恒电位仪强制使对电极流过与工作电极电量相同、但方向相反的电流，因此，少量对电极的金属可能被氧化溶解到电解液中，并可能在工作电极上再沉积。由于这个原因，在对金、铂等电极材料进行电化学研究时，一般要求工作电极和对电极采用相同材质。

　　另外，上述循环伏安曲线是多晶电极上的结果。如图 5.8 所示，单晶铂的循环伏安曲线形状随材料表面 Miller 指数的变化而变化，强烈依赖表面的晶面取向。

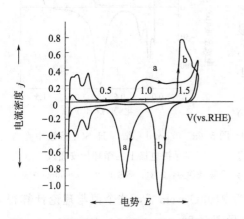

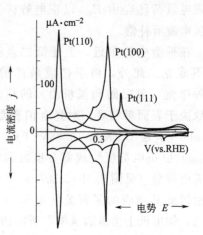

图 5.7　室温下铂（a）和金（b）在通 N_2 的 $0.5mol \cdot dm^{-3} H_2SO_4$ 溶液中以 $100mV \cdot s^{-1}$ 扫描时的循环伏安曲线

图 5.8　$0.5mol \cdot dm^{-3} H_2SO_4$ 溶液中，通 N_2 时单晶铂表面氢吸附区的循环伏安曲线扫描速率为 $50mV \cdot s^{-1}$ [引自 J. Clavilier, A. Rhodes and M. A. Zamakhchari, *J. Chim. Phys.*, 88（1991）1291]

5.2.1.3　电解液中存在电化学活性物质时的循环伏安曲线

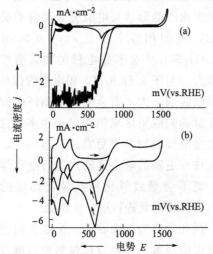

图 5.9　在通入氧气前后铂电极在 $0.5mol \cdot dm^{-3}$ H_2SO_4 溶液中循环伏安曲线

（a）慢速电势扫描（$v = 30mV \cdot s^{-1}$）时的情形；上线，通入氮气以除去溶解氧；下线，通入氧气下的准稳态氧还原电流；（b）快速电势扫描，$|v| = 1V \cdot s^{-1}$ 的情形；上线，通入氮气；下线，通入氧气

　　如果电解液中存在某种电化学活性物质，那么由于电极上吸脱附引起的电流将会与该物质发生电极反应所对应的伏安特性曲线叠加在一起。最简单的例子就是 $0.5mol \cdot dm^{-3} H_2SO_4$ 中氧在铂电极上的还原；如图 5.9 所示，在选择一定的扫描速率时，通氧前后及有或无氧还原时的循环伏安曲线有显著不同。在 $30mV \cdot s^{-1}$ 时，在通入氧气时溶液中可以观察到很大的氧还原电流，与之相比铂电极上氢的吸脱附电流几乎观察不到，这时得到的循环伏安曲线与准稳态情况下的氧还原伏安特性十分接近。而在更高的扫描速率下，铂电极表面物种例如

氢的吸脱附电流变得十分明显，而且发现氢的吸脱附过程的发生几乎不受氧还原影响。

对复杂电化学过程而言，循环伏安曲线将变得更加复杂，特别是在溶液无搅拌情况下则更显著。以有机物的氧化过程为例，如图 5.10 所示，循环伏安曲线的形状对电解液中电活性物质的种类、电解液以及电极材料的极度敏感。图中的多重峰一般代表着铂电极表面化学吸附抑制层的生成和溶解。图中显示了在铂电极表面形成的氧化物层对有机小分子氧化的抑制效应。通过与循环伏安技术联用的电化学微分质谱（DEMS）或电化学原位红外光谱技术（参见 5.4 节），可以进一步加深对循环伏安曲线所给出的信息的理解，其中 DEMS 能实时地检测出挥发性物种的质谱信号，原位红外光谱可以跟踪表面吸附物种随电势的变化。

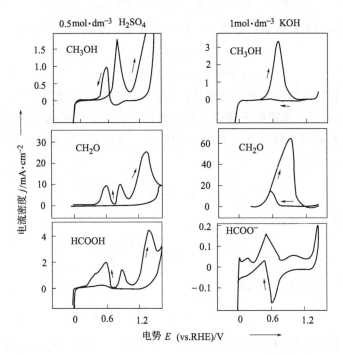

图 5.10　20℃温度下，$0.5mol \cdot dm^{-3} H_2SO_4$ 和 $1mol \cdot dm^{-3}$ KOH 溶液中 $1mol \cdot dm^{-3}$ 甲醇、$1mol \cdot dm^{-3}$ 甲醛和 $1mol \cdot dm^{-3}$ 甲酸在光滑铂电极上的循环伏安曲线
所有溶液均实施了通氮气除氧气

5.2.1.4　循环伏安理论 I：无搅拌溶液中的一次电势扫描

首先，讨论一个简单的电势扫描过程，其电流由反应物向电极的扩散过程和发生在电极表面的电子转移过程两个因素决定。一般来说，这两个因素的相互作用会产生一个电流峰值，因为一旦电势高于电子转移发生的电势，反应物的表面浓度 c^s 将随着电势的进一步提高而降低，即从等同于体相浓度 c^0 逐步降为 $c^s = 0$。c^s 的降低导致浓度梯度 $(c^0 - c^s)/\delta_N$ 的增加，并促进反应物向电极表面扩散。由于扩散层

厚度 $\delta_N = (\pi D t)^{1/2}$ 随时间的增加而增加,在较高电势下当电子转移速度很快时,当电流达到受传质决速的极限电流值 nFc^0/δ_N 时,δ_N 的增加将导致电流的减小。

为了进行定量的深入讨论,可考虑可逆反应:$S_{Red} \rightarrow S_{Ox} + ne^-$ 的正向扫描过程。首先,根据扩散方程:S_{Ox} 和 S_{Red} 的扩散可表述为:

$$\frac{\partial c_{Ox}}{\partial t} = D_{Ox}\left(\frac{\partial^2 c_{Ox}}{\partial x^2}\right) \tag{5.13}$$

$$\frac{\partial c_{Red}}{\partial t} = D_{Red}\left(\frac{\partial^2 c_{Red}}{\partial x^2}\right) \tag{5.14}$$

其边界条件为:

$$j = -nFD_{Ox}\left(\frac{\partial c_{Ox}}{\partial x}\right)_0 = nFD_{Red}\left(\frac{\partial c_{Red}}{\partial x}\right)_0 \tag{5.15}$$

在电势扫描的初始阶段,溶液中只有 S_{Red} 存在,因此:

$$t = 0,\ x \geqslant 0;\ c_{Red} = c_{Red}^0;\ c_{Ox} = 0 \tag{5.16}$$

$$t \geqslant 0,\ x \rightarrow \infty;\ c_{Red} = c_{Red}^0;\ c_{Ox} = 0 \tag{5.17}$$

根据电子转移速率的不同,可以对边界条件进行进一步细化。

(1)情况(一):快速电子转移 在此条件下,处于任何电势的电子转移速率都足够快,Nernst 方程均成立。如果 $v = dE/dt$,并且 $E = E_t + vt$,其中 E_t 代表转向或起始电势,则:

$$E = E_t + vt = E^0 + \left(\frac{RT}{nF}\right)\ln\left(\frac{c_{Ox}^s}{c_{Red}^s}\right) \tag{5.18}$$

在电极表面处,该式可以写成:

$$x = 0, t > 0; \left(\frac{c_{Ox}^s}{c_{Red}^s}\right) = \exp\left[\frac{nF(E_t + vt - E^0)}{RT}\right] \tag{5.19}$$

根据这个边界条件,电流为:

$$j = nF\left(\frac{nFD_{Red}}{RT}\right)^{1/2}c_{Red}^0 v^{1/2}P|(E - E^0)n| \tag{5.20}$$

其中的函数 $P|(E - E^0)n|$ 的计算结果给出在图 5.11 中。电流的最大值出现峰电势 E_p 处,这个电势与 v 无关,同时对 25℃时的单电子氧化反应而言,其值应比 E^0 高出大约 28.5mV。对应 P 的最大值为 0.4463,利用 Randles-Sevcik 方程可以得出电流的最大值为:

$$j_{max} = 2.69 \times 10^5 n^{3/2}(D_{Red})^{1/2}c_{Red}^0 v^{1/2} \tag{5.21}$$

其中 j_{max} 的单位为 $A \cdot cm^{-2}$,c_{Red}^0 为 $mol \cdot cm^{-3}$,D_{red} 为 $cm^{-2} \cdot s^{-1}$,v 为 $V \cdot s^{-1}$,显然,从理论上预测,j_{max} 随 $v^{1/2}$ 呈线性增加,这一结论已从实验中得到证实。

(2)情况(二):慢速电子转移 这种情况下,虽然扩散和电子转移的相互作用也会产生一个电流峰值,但阳极电流达到最大值时的峰电势不再是与扫描速率无

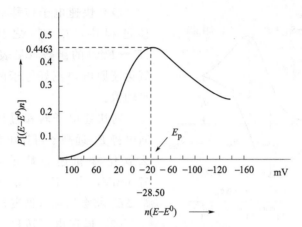

图 5.11　在电子转移非常快的条件下无搅拌溶液中，式(5.20) 中
$P|(E-E^0)n|$ 与 $(E-E^0)n$ 函数关系示意图

关，而是随扫描速率的增加向正电势移动。其原因在于：与情况（一）相比，电极表面 S_{Red} 浓度的降低速度变慢，因而浓度梯度的最大值要在更正的电势区间才能达到。定量而言，在任意时间 t，达到电极表面的物质量必须等同于电极反应的消耗量：

$$t>0,x=0;D_{Red}\Big(\frac{\partial c_{Red}}{\partial x}\Big)_0=c_{Red}^s k_0^+ \exp\Big[\frac{\beta nF(E_t+vt)}{RT}\Big] \tag{5.22}$$

式中，β 为不对称因子，由此可以得出电流的解为：

$$j=\Big(\frac{\pi\beta nFvD_{Red}}{RT}\Big)^{1/2} nFc_{Red}^0 Q\Big(\frac{\beta nFvt}{RT}\Big) \tag{5.23}$$

其中的函数 Q 与 P 具有相似的特性，其最大值为 0.282。温度为 25℃ 时出现的电流密度最大值为：

$$j_{max}=3.01\times10^5 n^{3/2}(\beta D_{Red}v)^{1/2} c_{Red}^0 \tag{5.24}$$

同前所述，阳极电流密度的最大值随 $v^{1/2}$ 线性增加，如果 $n=1$ 且 $\beta=0.5$，v 每增加 10 倍，峰电势也将正向移动约 30mV。

对于 $S_{Ox}+ne^-\longrightarrow S_{Red}$ 这样的阴极反应，可用同样的方法得到相似的方程。

5.2.1.5　循环伏安理论Ⅱ：循环电势扫描

假设溶液中最初仅含有 S_{Red}，在循环伏安从低电势开始正向扫描的过程中，将观察到阳极反应 $S_{Red}\longrightarrow S_{Ox}+ne^-$ 的氧化峰（见图 5.12）。接下来，当电势扫描方向反转时，会观察到一个对应于电势正扫时生成的 S_{Ox} 还原的电流峰。

虽然对于快速电子转移反应而且还原物与氧化物的扩散系数相等时，该氧化峰和还原峰的峰高应该完全一致，但是负方向扫描时的基线不太容易确定。如果选用零电流线作为基线，那么氧化峰和还原峰的峰高之比将不是 1∶1，其大小取决于转向电势 E_t 与可逆氧化还原电势 E_{rev} 之差。

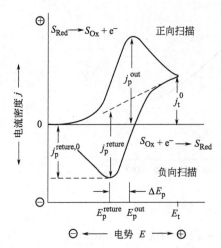

图 5.12　单三角波形电势扫描时，在无搅拌
溶液中可逆氧化还原反应的伏安曲线
对快速电子转移，峰间隔为 57mV

（1）快速电子转移　在快速电子转移过程中，i_p^-/i_p^+ 之比事实上仅为 $|E_t-E_{rev}|$ 的函数（见表 5.1）。而可逆氧化还原电势正好等于两个电流峰位的平均值。

对快速电子转移过程而言，如果转向电势 E_t 远高于可逆电化学势 E_{rev}，那么氧化峰和还原峰的峰位差大约为 57.0mV，当 $|E_t-E_{rev}|$ 降低时，峰间距 ΔE_p 将会增加（见表 5.2）。

（2）慢速电子转移　对慢速电子转移过程而言，式（5.18）已不成立。由式（5.23）可知其峰电势将发生移动，并导致氧化和还原的峰间距 ΔE_p 大于 57.0mV。根据这个间距，可以大致估算出电化学反应的速率常数。

式（5.20）与式（5.23）成立与否，或者说判断某反应是快速电子转移还是慢速电子转移，可以使用无量纲松因数（Matsuda number，Λ）来表示，其定义为：

表 5.1　还原峰与氧化峰电流之比与电势扫描上限与平衡电势的差值之间的关系

$|E_t-E_{rev}|$/mV	i_p^-/i_p^+	$|E_t-E_{rev}|$/mV	i_p^-/i_p^+
100	0.5727	400	0.7771
200	0.6894	500	0.8001
300	0.7439		

表 5.2　氧化还原峰电势差与电势扫描上限与平衡电势的差值之间的关系

$|E_t-E_{rev}|$/mV	ΔE_p	$|E_t-E_{rev}|$/mV	ΔE_p
71.5	60.5	271.5	57.8
121.5	59.2	∞	57.0
171.5	58.3		

$$\Lambda=\frac{k_0}{D^{1/2}(nF/RT)^{1/2}v^{1/2}} \tag{5.25}$$

式中，k_0 为异相电荷转移速率常数；D 为平均扩散系数，当 β 处于 0.3~0.7 之间时，如果：

$$\Lambda \geqslant 15 \text{ 或者 } k_0 \geqslant 0.3v^{1/2} \tag{5.26}$$

那么可以认为是快速电子转移过程（即保持了能斯特平衡），但是如果：

$$\Lambda \leqslant 10^{-3} \text{ 或者 } k_0 \leqslant 2\times 10^{-5}v^{1/2} \tag{5.27}$$

那么上述情况（二）成立，即实际发生的是不可逆电荷转移。当 Λ 处于中间

区，即

$$10^{-3} < \Lambda < 15 \tag{5.28}$$

那么反应体系处于准可逆状态。在这种情况下电流峰值随扫描速率而改变，而且对式(5.28)定义的区间而言，阳极和阴极峰的间距与松因数的相互关系见表 5.3。

表 5.3　电荷转移速率中等时松田数与氧化还原峰间距的关系

Λ	ΔE_p	Λ	ΔE_p
36	61	1.8	84
12	63	1.3	92
11	64	0.9	105
9	65	0.6	121
7	66	0.44	141
5.3	68	0.18	212
3.5	70		

根据峰间距（在最优精确度下应处于 $80 \sim 140\mathrm{mV}$ 之间），并利用式(5.25)和松因数，估算出 k_0 的大小。选用合适的扫描速率 v，即可得到峰间距值。但在实验中需要注意的是，较高的扫描速率将导致较大的电流，这就需要采取措施来避免由于电解液的欧姆电压降带来的误差。一个典型的例子是铂电极上氧化还原对 $[\mathrm{Fe(CN)_6}]^{4-}/[\mathrm{Fe(CN)_6}]^{3-}$ 的反应（见图 5.13），当扫描速率为 $164\mathrm{V \cdot s^{-1}}$、$103\mathrm{V \cdot s^{-1}}$ 和 $50\mathrm{V \cdot s^{-1}}$ 时，对应的峰间距分别是 $123\mathrm{mV}$、$106\mathrm{mV}$ 和 $91\mathrm{mV}$。根据 Λ 的计算值，可以估算出标准条件下的交换电流密度为 $17 \pm 1\mathrm{A \cdot cm^{-2}}$，该数值比表 4.1 给出的数值略高一点。

5.2.1.6　多重循环电势扫描以及利用单次循环伏安电势进行诊断分析

由于经常发现第一次和后续电势扫描结果之间会出现微小的偏差，因此在实验过程中倾向于采用稳态循环伏安曲线来分析。其中最简单的情况就是可逆单电子对体系，图 5.14 所示为 9,10-二苯基蒽（DPA）在乙腈/$0.1\mathrm{mol \cdot dm^{-3}}$ LiClO$_4$ 溶液中的氧化还原过程。根据表 5.1，它显然符合 $i_p^-/i_p^+ < 1$，氧化峰和还原峰的峰值随扫描速率而增加。峰间距明显与扫描速率无关，大约为 $57.0\mathrm{mV}$，其具体数值受反转电势（扫描电势上限）的影响（参见表 5.2）。

如果电子转移过程后续一个不可逆化学反应，那么如上面所述，反向扫描的峰高将会受到影响。如果这个化学反应速率很快，那么反向峰可能将消失，而如果该后续化学反应速率不太快的话，则反向电流峰只会减小，这时如果增加电势扫描速率，那么峰形又会变大。这些特点如图 5.15 所示，它反映了在图 5.14 所示的溶液中加入自由基清除剂 N-叔丁基盐酸羟胺后的变化情况。

如果整个电子转移过程中有几个电子依次转移的话，那么只要后续的 E_{rev} 的峰位差大于 $150\mathrm{mV}$，则这些电子转移过程将在循环伏安曲线中以独立峰的形式出现（见图 5.16）。在上述实验中，DPA 首先氧化成 DPA$^+$，然后再到 DPA^{2+}，

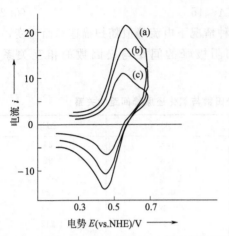

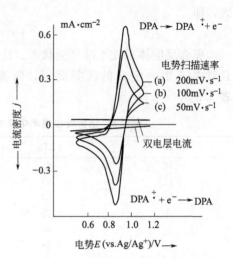

图 5.13 [Fe(CN)$_6$]$^{4-}$/[Fe(CN)$_6$]$^{3-}$氧化还原
对在铂电极上的循环伏安曲线

溶液浓度为 0.005mol·dm^{-3}，支持电解液为 0.5mol·dm^{-3}K$_2$SO$_4$，T=21℃；(a) |v|=164V·s^{-1}，ΔE_p=123mV；(b) |v|=103V·s^{-1}，ΔE_p=106mV；(c) |v|=50V·s^{-1}，ΔE_p=91mV

图 5.14 乙腈溶液中饱和 9,10-二苯基蒽
（DPA）在抛光铂电极上的循环伏安曲线

参比电极是浸于乙腈/0.1mol·dm^{-3}Li-ClO$_4$/0.01mol·dm^{-3}Ag$^+$溶液中的银丝

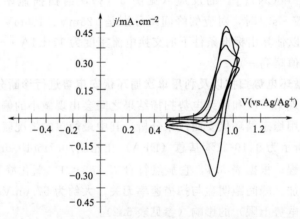

图 5.15 在图 5.14 体系中加入自由基清除剂 N-叔丁基盐酸羟胺后的循环伏安曲线

但有趣的是，在负向扫描时，很难发现二价阳离子的还原，似乎它已从溶液中消失了，其原因可能是与某些外来亲核试剂发生了反应。

通过定量地对循环伏安曲线进行研究，可以获得一系列的参数，诸如峰电流的相对大小和峰电势之差，以及这些参数与扫描速率的关系等，从而来判断反应的类型。如图 5.17 所示，这种定量分析需要仔细地确定一个合适的基线来测量电流。对正向扫描而言，可以使用零电流线作为基线，但对反向扫描来说，以反转电势处的电流的切线为基线则更为合适，在这里可以应用 Nicholson 经验公式：

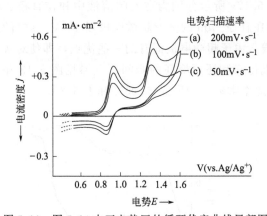

图 5.16　图 5.14 中正电势区的循环伏安曲线局部图
不同之处在于采用了更高的正反转电势，
负反转电势始终保持在 $-0.4\mathrm{V}(\mathrm{vs.}\ \mathrm{Ag/Ag^+})$

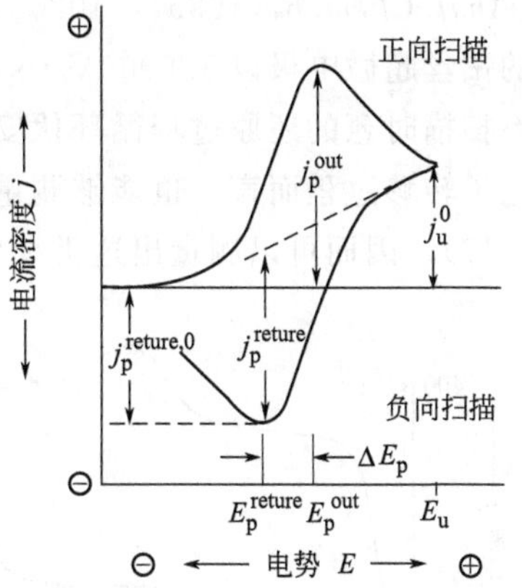

图 5.17　利用循环伏安曲线进行
诊断分析所涉及的主要参数

$$\frac{i_{\mathrm{p,back}}}{i_{\mathrm{p,forw}}}=\frac{i_{\mathrm{p,back}}^{0}}{i_{\mathrm{p,forw}}^{0}}+\frac{0.485i_{t}^{0}}{i_{\mathrm{p,forw}}}+0.086 \tag{5.29}$$

通过测量 $i_{\mathrm{p,back}}$ 和 $i_{\mathrm{p,forw}}$ 的数值，即可得到表 5.4 用于诊断分析。一些文献中，有人将表 5.4 中的参数进行进一步细分，例如，加入中间产物电荷转移速率、其他化学、电化学复合步骤等。但这些分类不是总能简单地进行，因此，往往需要更多的信息，例如，通过调整基本参数（如扩散系数、速率常数）或者借助于其他实验得到的结果来拟合这些偶合在一起的过程。

表 5.4　从循环伏安曲线得到的有关参数判断反应机理

机理	随 v 而移动的 ΔE_{p}	$\Delta E_{\mathrm{p}}/\mathrm{mV}$	$i_{\mathrm{p,forw}}/v^{\frac{1}{2}}$	$i_{\mathrm{p,back}}/i_{\mathrm{p,forw}}$	说明
快速电荷转移	无	$57/n$	常数	1	扩散控制
慢速电荷转移	有	$57/n$ 随 v 增加	常数	$1(\beta=0.5)$	电子转移控制
不可逆电荷转移	有	回扫无峰	常数		
电荷转移＋后续可逆化学步骤	有	无关	常数	低 v 为 1，但随 v 的增加而减小	EC 机制
电荷转移＋后续不可逆化学步骤	有	在 v 小时，回扫时峰消失	常数	低 v 为 <1，但随 v 的增加将趋向于 1	EC 机制
电荷转移＋前置不可逆化学步骤	向相反方向移动	无关	随 v 减小	低 v 为 1，但随 v 的增加而增加	CE 机制

5.2.1.7　快速扫描伏安法：超微电极的快高速循环伏安曲线（约 $10^{6}\mathrm{V}\cdot\mathrm{s^{-1}}$）

以极快的电势扫描速率而又不需要对数据进行大量的校正的实验必须满足下述要求：工作电极与连接到参比电极末梢的鲁金毛细管间的欧姆电压降必须非常小，并且工作电极的充电电流必须尽可能保持仅占总电流的很小一部分。后一项要求源于充电电流的增加正比于电势扫描速率 v，而法拉第电流随 $v^{1/2}$ 增加。

能够较好地满足这些要求的方法是采用直径在 $1\sim10\mu\mathrm{m}$ 的超微电极（参见 4.3.8 节，见图 4.21a）。Tschuncky 等已报道了具有良好电子屏蔽的电极设计

[*Anal. Chem.* 67(1995)，4020]。图 5.17a 所示分别为在乙腈溶液中和在直径 $2\mu m$ 的铂丝超微电极以 $120000\text{V}\cdot\text{s}^{-1}$ 和在直径 $5\mu m$ 的金丝超微电极以 $10^6\text{V}\cdot\text{s}^{-1}$ 的速率扫描时蒽的还原过程循环伏安曲线。由于超微电极固有的一些优点，即使对快速电子转移过程而言，也能够测量出氧化峰和还原峰间的峰间距（参见图 5.13 和图 5.17），因而可以测量出这类反应的速率常数 [参见式(5.25) 和表 5.3]。

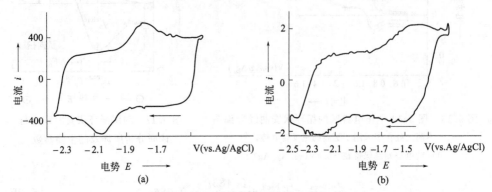

图 5.17a　25℃温度下，在乙腈溶液中蒽的氧化还原循环伏安曲线

支持电解液为 $0.4\text{mol}\cdot\text{dm}^{-3}$ TBAPF$_6$

(a) $v=120000\text{V}\cdot\text{s}^{-1}$，铂丝电极直径为 $1\mu m$，$c=0.008\text{mol}\cdot\text{dm}^{-3}$；

(b) $v=10^6\text{V}\cdot\text{s}^{-1}$，金丝电极直径为 $2.5\mu m$，$c=0.005\text{mol}\cdot\text{dm}^{-3}$

5.2.1.8　欧姆电压降的补偿

已经知道，如果忽略工作电极和参比电极间的电压降，那么超电势的数据将存在很大的误差。要定量了解该误差，需要将电化学池模拟为适当的等效电路，图 5.18 所示为一个简化的模型。欧姆电压降的修正值 $\Delta\varphi$ 即电极与毛细管末端间的电压降 [注意：由于恒电位仪的参比电极电路仅能流过微小的电流（$<10^{-12}\text{A}$），因此鲁金毛细管末端与参比电极间几乎没有电压降]。显然必须保证：①电解液的电导不因毛细管位置不同而发生变化；②电流分布均匀；③在扩散层内电解液无明显浓度梯度，这可通过使用高导电性的浓电解液来实现。另外，在实验中还必须注意避免生成气泡或在电极表面吸附毒化物或生成钝化层的干扰。

如果电流分布均匀，那么可以直接算出 $\Delta\varphi$ 的数值。假定电极面积为 A，电流为 i，电解液的导电性为 κ，电极到鲁金毛细管末端的距离为 d，那么：

$$\Delta\varphi=i\frac{d}{\kappa A}\equiv j\frac{d}{\kappa}\equiv jR_\Omega \tag{5.30}$$

式中，j 代表电流密度。在 $d=0.1\text{cm}$、$\kappa=0.1\Omega^{-1}\cdot\text{cm}^{-1}$ 的情况下，$R_\Omega=1\Omega\cdot\text{cm}^2$，当电流密度为 $0.1\text{A}\cdot\text{cm}^{-2}$ 时，$\Delta\varphi=0.1\text{V}$，这是一个相当大的误差值。不幸的是，无法通过减小 d 的值来完全消除这个误差，因为该过程中存在一个极限值：如果鲁金毛细管末端电极表面的距离仅为毛细管直径的 $1\sim3$ 倍，由于电极的屏蔽，电流分布将变得不均匀。

我们可以通过实验测出电压降的数值。早期采取的实验方法是连续改变毛细管末端到电极表面的距离，将所得结果绘制成图，然后外推至零间距。现代一般采用的是切断电流法，其原理很简单，当切断电流后，欧姆电压降立刻降为零，可是由于存在较大的双电层电容，电极电势的降低则相对缓慢得多（毫秒量级）。利用高速存储型示波器，或用恒电位仪加上适当的电路即可测量出这些电势变化；可以通过不同方式在电势控制中导入电压降补偿功能，从而得到自动校正的电极电势。

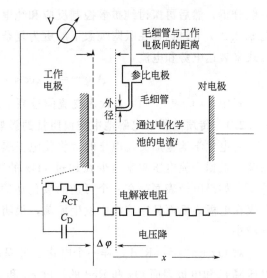

图 5.18　显示电化学池中各种电阻来源的示意图

除去在稳态测量过程中准确测量的要求外，在循环伏安扫描中，欧姆电压降可以显著地扭曲循环伏安曲线，在低导电性电解液中还会同时改变峰的位置和形状。峰形的改变源于：如果实际电极电势为 E，而信号发生器输出到恒电位仪的电势为 E_d，则 $E = E_d - \Delta\varphi$，且：

$$\frac{\mathrm{d}E}{\mathrm{d}t} = \frac{\mathrm{d}E_d}{\mathrm{d}t} - \frac{\mathrm{d}\Delta\varphi}{\mathrm{d}t} = \frac{\mathrm{d}E_d}{\mathrm{d}t} - R_\Omega \frac{\mathrm{d}j}{\mathrm{d}t} \tag{5.31}$$

从中可以看出，在峰的上升过程中实际电极电势的增速小于信号发生器的输出值，而在峰的下降过程中，则完全相反。这种峰位和峰形的扭曲对精确测定电化学反应的速率常数极为有害，因此实验中必须非常小心以确保观测到的峰位偏移是源于反应的速率常数而不是欧姆电压降。

5.2.2　交流（AC）测量法

电化学过程中的各组成步骤，如传质、化学反应、吸附过程、电荷转移等，都会对跨越电解池的总电压降有贡献，对直流电流而言，可以用像 R_E（电解液）或 R_{CT}（电荷转移）电阻来表示。但如果流过的是交流电时，则有必要区别纯欧姆电阻（例如 R_E）和通常与频率相关的非欧姆型复数电阻（一般称为阻抗）。通过细致研究这些阻抗与频率的关系，可以识别其对总电化学过程的贡献。借助现代测试仪器，这方面的研究已取得了很大的发展。这些研究不仅包括电极动力学、吸附速率的研究，还包含对更为复杂问题的研究，例如，腐蚀过程、电池性能、传感器的老化以及多孔结构电极的性能测试等。当然，研究此类复杂过程不可避免地需要设计同样复杂的等效模型电路，因此错误解释实验结果的可能性也增加。

通过对电化学池中的交流响应采用前面已讨论过的分析步骤，即首先给出一个一般分析，然后再探讨纯扩散控制反应和纯电化学控制反应这两类简单反应。最后在 5.2.2.7 节讨论存在吸附现象下的更为复杂的交流阻抗问题。下面用周期函数的形式来表达电势和电流：

$$A_0 e^{i\omega t} = A_0(\cos\omega t + i\sin\omega t) \tag{5.32}$$

式中，i 代表 $\sqrt{-1}$；ω 代表交流信号频率的 2π 倍。电流密度同样采用符号 j。

5.2.2.1 传质过程对电解池中交流阻抗的影响

对电化学池施加交流电压时，将使电极表面的电化学过程随外加电压的频率而振荡。根据交流电压频率至少在超过 1Hz 的频率时，可建立准稳态。在特殊的条件下，如果电极表面存在一个可逆的氧化还原对 Ox/Red，则 Red 和 Ox 的浓度将不仅在电极表面而且在溶液中发生振荡，很明显离电极距离越远，则浓度变化的幅度越小。

对 Ox+e$^-$ $\Longleftrightarrow$ Red 这样一个电化学过程，电流密度 j 通常是电极溶液界面的电压降 E 和电极表面 Ox 和 Red 的浓度 c_O^s 和 c_R^s 的函数：

$$j = j(E, c_O^s, c_R^s)$$

假设这些变量的变化十分微小，以至近似地按线性关系变化，那么 j 的微小变化可通过这些变量的变化来表示：

$$\delta j = \left(\frac{\partial j}{\partial E}\right)_{c_O^s, c_R^s} \delta E + \left(\frac{\partial j}{\partial c_O^s}\right)_{c_R^s, E} \delta c_O^s + \left(\frac{\partial j}{\partial c_R^s}\right)_{c_O^s, E} \delta c_R^s \tag{5.33}$$

如果能找到已知函数来表达这些偏微分式时，那么将有可能清楚地了解反应进程。首先，假定支持电解液的浓度足够高并能保证界面上的电压降完全发生在 Helmholtz 层内，因此 Ox 和 Red 的传质仅依靠扩散过程。那么 Red 和 Ox 的运动方程可以表达为：

$$\frac{\partial c}{\partial t} = D \frac{\partial^2 c}{\partial x^2} \tag{5.34}$$

式中，x 表示到电极表面的距离（假设电极表面的坐标为 $x=0$），沿 x 轴的正向，c 的通量为 $J = -D(\partial c/\partial x)$。

当存在正弦型微扰时，在任意 x 处 Ox 和 Red 的浓度为：

$$c_O = \bar{c}_O + \tilde{c}_O e^{i\omega t}$$
$$c_R = \bar{c}_R + \tilde{c}_R e^{i\omega t} \tag{5.35}$$

其中浓度符号 $\bar{c}_O$、$\tilde{c}_R$ 分别对应稳态电势 $\bar{E}$ 下的浓度值，并与时间无关。浓度与电势的微小变化可用与时间有关的项 $e^{i\omega t}$ 表达，其振幅分别为 $\tilde{c}_O$、$\tilde{c}_R$ 和电势 $\tilde{E}$，这里需要注意的是前两项可能会因与 $\tilde{E}$ 有相差而变成复数。以 Ox 为例，将这些变量的表达式(5.35)代入式(5.34)的扩散方程中得到：

$$i\omega \tilde{c}_O e^{i\omega t} = D_O \left(\frac{d^2 \bar{c}_O}{dx^2} + e^{i\omega t} \frac{d^2 \tilde{c}_O}{dx^2}\right) \tag{5.36}$$

为简化起见，假设只测量电化学池中的交流分量，那么可忽略式(5.36)的右侧括弧中与时间无关的第一项，再消去系数项 $e^{i\omega t}$，则有：

$$D_O\left(\frac{d^2 \tilde{c}_O}{dx^2}\right)=i\omega \tilde{c}_O \tag{5.37}$$

假设当 $x\to\infty$ 时，$\tilde{c}_O\to0$，同时在 $x=0$ 处，$\tilde{c}_O=\tilde{c}_O^s$，那么此扩散方程的解为：

$$\tilde{c}_O=\tilde{c}_O^s\exp\left[-\left(\frac{i\omega}{D_O}\right)^{1/2}x\right]$$

$$\tilde{c}_R=\tilde{c}_R^s\exp\left[-\left(\frac{i\omega}{D_R}\right)^{1/2}x\right] \tag{5.38}$$

这个表达式表明 O 和 R 的交流分量会随着离开电极表面距离而迅速衰减（见图 5.19）。电极表面上 $\tilde{c}_O$ 的流量的正弦分量 $\tilde{J}_O$ 显然与电流有关，因为正是由于电流的流过才导致氧化还原对浓度的波动。

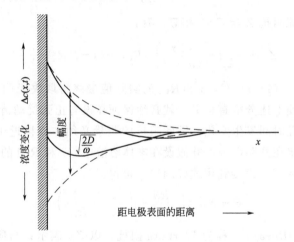

图 5.19　对扩散控制反应施加正弦交流电流后，反应物浓度变化 $Re\{\tilde{c}e^{i\omega t}\}$ 与离电极表面的距离 x 之间的函数关系示意图

图中显示了两种扩散时间曲线，虚线表示对应每个距离点

x 时浓度变化 $Re\{\tilde{c}e^{i\omega t}\}$ 的最大振幅

实际上，根据 Fick 第一定律，有：

$$\tilde{J}_O=D_O\left(\frac{\partial \tilde{c}_O}{\partial x}\right)_{x=0}=+D_O\left(\frac{i\omega}{D_O}\right)^{1/2}c_O^s \tag{5.39}$$

$$\tilde{J}_R=D_R\left(\frac{\partial \tilde{c}_R}{\partial x}\right)_{x=0}=+D_R\left(\frac{i\omega}{D_R}\right)^{1/2}c_R^s$$

对单电子反应电流正弦信号满足：$\tilde{j}=F\tilde{J}_O=-F\tilde{J}_R$。根据式(5.33)，用 $\tilde{j}$ 替代 δj，用 $\tilde{c}_O^s$、$\tilde{c}_R^s$ 的值取代 δc_O^s、δc_R^s，则有：

$$\tilde{j}\left\{1-\left[\frac{1}{F(i\omega D_O)^{1/2}}\right]\left(\frac{\partial j}{\partial c_O^s}\right)_{E,c_R^s}+\left[\frac{1}{F(i\omega D_R)^{1/2}}\right]\left(\frac{\partial j}{\partial c_R^s}\right)_{E,c_O^s}\right\}=\tilde{E}\left(\frac{\partial j}{\partial E}\right)_{c_O^s,c_R^s} \tag{5.40}$$

为进一步处理，需要把式(5.40)中的微分项用更直接的形式来表达，根据 Butler-Volmer 方程，可以写成浓度的函数形式：

$$j(\eta) = j_0 \left\{ \left(\frac{c_R^s}{c_R^0} \right) \exp \left[\frac{(1-\beta)F\eta}{RT} \right] - \left(\frac{c_O^s}{c_O^0} \right) \exp \left(-\frac{\beta F\eta}{RT} \right) \right\} \tag{5.41}$$

同前所述，式中 $\eta = E - E^0$。为使分析更有意义，可以有理由认为：与交流电势引起的电极表面 Ox 和 Red 浓度改变相比，直流电势引起的变化必定非常缓慢，也就是说 η 的值必须很小，否则因所施加的直流电压而发生的电化学过程将使得电极表面处电活性物质的浓度发生变化，这样就妨碍了稳态的建立。假设这些条件都成立，并将电荷转移电阻定义为 $R_{CT} = (1/(\partial j/\partial E)_{c_O, c_R})$，而且：

$$\sigma \equiv \frac{1}{F} \left\{ \left[\frac{1}{(2D_R)^{1/2}} \right] \left(\frac{\partial j}{\partial c_R^s} \right)_{E, c_O^s} - \left[\frac{1}{(2D_O)^{1/2}} \right] \left(\frac{\partial j}{\partial c_O^s} \right)_{E, c_R^s} \right\}$$

使测量的交流阻抗 Z 与 $\tilde{E}/\tilde{j}$ 相等，有：

$$Z = R_{CT} \left[1 + \frac{\sqrt{2}\sigma}{(i\omega)^{1/2}} \right] = R_{CT} + (1-i)R_{CT} \frac{\sigma}{\omega^{1/2}} \tag{5.42}$$

因为 $(1/i)^{1/2} = (1-i)/\sqrt{2}$，$\sigma$ 和 R_{CT} 的实际值最终将取决于测量交流阻抗时的电势；同时，为使上述分析有意义，就必须保证在没有正弦扰动情况下反应物和产物的浓度几乎不随时间发生变化，因此阻抗的测量必须在或接近于静电势时进行。如果直流电势固定在开路电势，并假设在本体溶液中 Ox 和 Red 的浓度相等，那么在 $\eta = 0$，$c_O^s = c_R^s = c^0$，直接利用式(5.41)，可得：

$$R_{CT} \cdot \sigma = \left(\frac{RT}{\sqrt{2}F^2 c^0} \right) \left(\frac{1}{D_R^{1/2}} + \frac{1}{D_O^{1/2}} \right) \tag{5.43}$$

式中，$(1-i)R_{CT}\sigma/\omega^{1/2}$ 称为 Warburg 阻抗，以 Z_W 表示；与所有的复数一样，它包含幅值和相位，其相位由下式给出：

$$\varphi = \tan^{-1} \left(\frac{虚部}{实部} \right)$$

同时，Z_W 的实部是 $R_{CT}\sigma/\omega^{1/2}$，虚部是 $-R_{CT}\sigma/\omega^{1/2}$，两者之比显然与频率无关，且相角为 $-45°$。另外，一个重要的特点是：随着频率的增加，Z_W 的幅值减小。其原因在于：处于更高频率时由于电极表面反应方向快速变换，Ox 和 Red 的浓度变化不会再延伸到体相溶液，因此由扩散引起的超电势消失。如果将 Z 分解成实部和虚部，可以更清楚地看到这一点：

$$Z(\omega) = \text{Re}[Z(\omega)] + i\text{Im}[Z(\omega)] = R_{CT} \left(1 + \frac{\sigma}{\omega^{1/2}} \right) - iR_{CT} \frac{\sigma}{\omega^{1/2}} \tag{5.44}$$

可以看出，当 $\omega \to \infty$ 时，$\text{Re}(Z) \to R_{CT}$ 且 $\text{Im}(Z) \to 0$，因此当频率足够高时，可以仅通过 R_{CT} 来研究电荷转移动力学。最后，如果电极设定在对应 $\eta = 0$ 的直流电势，那么超电势仅由交流分量 $\tilde{E}$ 决定，且满足 $\tilde{E} \ll RT/F$，根据 4.2.2 节可以将电荷转移电阻与交换电流联系起来：

$$\frac{1}{R_{CT}} = \left(\frac{\partial j}{\partial E}\right)_{c_O^s, c_R^s} = \frac{Fj_0}{RT} \tag{5.45}$$

为继续这方面的讨论，下面将引入电解池中电极的等效电路。

5.2.2.2　扩散控制的反应的电极等效电路

到目前为止，可以用来描述通过电极的交流电流的等效电路包含两个串联的元件：电荷转移电阻 R_{CT} 和 Warburg 阻抗。但在实际应用中，还必须将双电层电容 C_D（与 R_{CT} 和 Z_W 并联）和电解液电阻 R_E 包含进来。图 5.20 反映的就是这样一幅完整的等效电路图。

在阻抗技术发展的初始阶段，通常是一步一步地确定等效电路中各元件的数值。例如，首先使用铂黑电极来测量 R_E 值，然后利用不含氧化还原对的电化学池来测定 C_D 值，最后得到 $R_{CT} + |Z_W|$ 的数值并将 $R_{CT} + |Z_W|$ 对 $\omega^{-1/2}$ 作图（Randles 图，参见图 5.20a）。通过外推至高频的方法可以直接得到 R_{CT} 的数值，然后再利用式(5.45)即可算出 j_0 值。利用现代化的仪器，如频率响应分析仪（FRA）和相应的软件，只要给出等效电路的框架就可以自动测量电化学池的交流阻抗，并可以直接得出等效电路中各元件的数值。

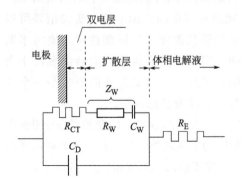

图 5.20　半电化学池对应的
交流等效电路（见正文）

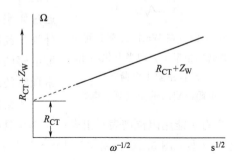

图 5.20a　包含电荷转移电阻
与 Warburg 阻抗的 Randles 图

R_{CT} 为电荷转移电阻；$Z_W = R_W + 1/i\omega C_W$ 为 Warburg
阻抗；R_E 为电解质溶液的电阻；C_D 为双电层电容

如果电子转移过程中伴随有均相或异相化学反应，那么 Randles 图中将偏离线性。例如在银离子的沉积实验中已发现这种变化，原因在于沉积过程后续了一个表面银原子从平面位置向台阶位置的迁移过程。

5.2.2.3　电荷转移为决速步骤的电极上的交流阻抗

在本节中，讨论一个特殊的情况，假设 Warburg 阻抗远小于 R_{CT}，那么其等效电路可以简化成图 5.21 中的形式，界面阻抗 Z_p 可用并联的 RC 电路来表示，电路的总阻抗 Z 可表示为：

$$Z = Z_p + R_E = \frac{1}{1/R_{CT} + i\omega C_D} + R_E \tag{5.46}$$

经过一些处理后，可以得到：

$$Z = R_E + \frac{R_{CT} - i\omega R_{CT}^2 C_D}{1 + \omega^2 R_{CT}^2 C_D^2} \tag{5.47}$$

Z 的实部 $\text{Re}(Z)$ 和虚部 $\text{Im}(Z)$ 分别为：

$$\text{Re}(Z) = R_E + \frac{R_{CT}}{1 + \omega^2 R_{CT}^2 C_D^2} ; \quad |\text{Im}(Z)| = \frac{\omega R_{CT}^2 C_D}{1 + \omega^2 R_{CT}^2 C_D^2} \tag{5.48}$$

根据式(5.47)，还可以得到下列极限值：

$$\omega \to 0; \qquad \text{Re}(Z) \to R_E + R_{CT}; \quad \text{Im}(Z) \to 0 \tag{5.49}$$

$$\omega \to \infty; \qquad \text{Re}(Z) \to R_E; \qquad \text{Im}(Z) \to 0 \tag{5.50}$$

$$\omega = \frac{1}{R_{CT} C_D}; \quad \text{Re}(Z) = \frac{R_E + R_{CT}}{2}; \quad \text{Im}(Z) = \frac{R_{CT}}{2} \tag{5.51}$$

根据这些极限值，人们发现最能有效地表达式(5.46)～式(5.48) 的方法莫过

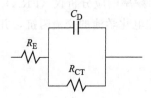

图 5.21　在 Warburg 阻抗可以
忽略的情况下，即当电化学池的
阻抗主要由电荷转移
电阻决定时的交流等效电路

于采用"阻抗谱"图或 Nyquist 图，即在选用的频率范围内以阻抗虚部 $|\text{Im}(Z)|$ 对于实部 $\text{Re}(Z)$ 作图。针对图 5.21 所示的等效电路，它的阻抗谱如图 5.22 所示呈现为一简单的半圆形状；实验结果可以通过频率响应分析仪测定。实际测绘中，要将半圆外推到高频端，但半圆的高频区可能会出现由于杂散电感的影响；另外，对较低频率的测量是一个非常耗时的过程，它涉及稳态问题。

还会发现一个有趣的现象，即完整的 Randles 电路也有可能用阻抗谱表示出来；只是在其高频区的半圆之外还伴随着一个低频段的线性区（参见图 5.24）；斜率为 1 的 Warburg 区对应于前面提到的相位为 45°的 Z_W。

5.2.2.4　对数或波特图表示

在阻抗谱中频率仅仅表现为一个隐含变量，为了更好地表达出 $\text{Re}(Z)$ 和 $\text{Im}(Z)$ 随频率的变化关系，可采用波特图（Bode Plot），也就是将 $\lg|Z|$、相角 α 对 $\lg\omega$ 作图。当电阻与频率无关时，$\lg|Z|$-$\lg\omega$ 应为一条水平直线，其相角在所有频率范围内均为零。对图 5.21 所示的等效电路来说，其对应的波特图给出在图 5.23 中。根据式(5.46)～式(5.48)，可以发现：在低频区，$\alpha \to 0$，$|Z| \to R_{CT} + R_E$；而在高频区，$\alpha \to 0$，$|Z| \to R_E$。处于中间频率范围内时，出现一个斜率为 -1 的线性区域，将其外推至 $\lg(\omega) = 0$，可以得到 $\lg(1/C_D)$。

相角将通过一极大值，其对应的角频率为：

$$\omega(\alpha_{\max}) = \frac{\left(1 + \dfrac{R_{CT}}{R_E}\right)^{1/2}}{R_{CT} C_D} \tag{5.52}$$

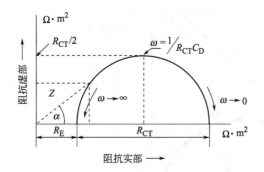

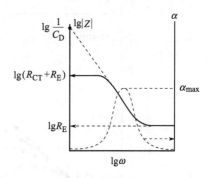

图 5.22　图 5.21 所示等效电路的 Nyquist 图
矢量 Z 表示对应于任意频率 ω 的复数阻抗

图 5.23　图 5.21 所示等效电路的波特图

5.2.2.5　混合控制下的电极反应

对混合控制的电极反应，可以划分为两个区域：高频区时扩散控制消失，所以阻抗谱中至少可以看到半圆的前半部分（参见图 5.22）。处于低频区时，扩散控制越来越重要，阻抗谱中将出现 Warburg 线（见图 5.24）。如果将低频区的半圆进行外推，可以估算出 $R_E + R_{CT}$ 的值。Warburg 线与阻抗实部的交点 R_N 是电解液浓度、扩散系数和双电层电容的函数。对快速电荷转移过程而言，阻抗谱中的半圆部分可能会变得很小，因而 Warburg 线在 x 轴上的截距约为 $R = R_E$。

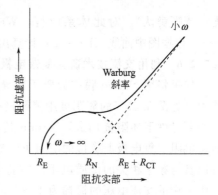

图 5.24　图 5.20 所示等效电路且反映混合控制效应的 Nyquist 图

对 $\omega \to 0$，由于电化学池直流电阻为有限值，原则上 Warburg 线应弯回到 x 轴（阻抗实部轴）。通过对一个简单的准可逆反应实例的研究表明，当 $R_{CT} \to 0$ 时，Warburg 线向 x 轴弯回并在极低频区形成第二个半圆。这个现象的原因在于：式(5.37) 中的边界条件 $x \to \infty$ 时，$\widetilde{c}_O \to 0$ 并不严格准确，更准确的形式是采用对流扩散条件下的边界条件，即当 $x \to \delta_N$ 时，$\widetilde{c}_O \to 0$，δ_N 表示 Nernst 边界层的厚度。该低频区半圆在 $\omega \to 0$ 时最终与 x 轴相交于 R_N（Nernst 电阻），外推 Warburg 线与 x 轴的交点为 R_E，R_N 的值为：

$$R_N = \frac{2RT\delta_N}{n^2 F^2 Dc^0} \tag{5.53}$$

对无搅拌溶液而言，Nernst 电阻 R_N 不太确定，但如果能通过圆盘电极的旋转来控制对流，那么 δ_N 和 R_N 可完全确定。以铂电极上的 $[Fe(CN)_6]^{4-/3-}$ 为例（见图 5.25），随着旋转速度的增加，第二个半圆开始变小（此例中，第一个半圆

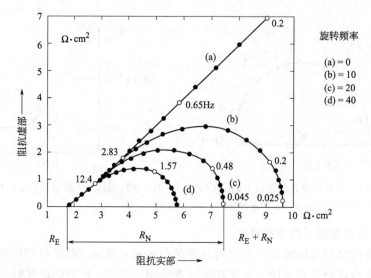

图 5.25　对流扩散条件下旋转圆盘电极 $2\times10^{-3}\,mol\cdot dm^{-3}$

$[Fe(CN)_6]^{4-}/[Fe(CN)_6]^{3-}/0.5mol\cdot dm^{-3}\,Na_2SO_4$ 溶液中的 Nyquist 图

无法清晰辨认）。对此体系而言，Warburg 线与 x 轴的交点为 $R=R_E=1.8\Omega\cdot cm^2$。根据图中曲线（b）～（d）计算出的 δ_N 值与 Levich 关系式预期的值很接近。

5.2.2.6　利用交流技术研究复杂电极反应示例：甲醇的氧化

如果将用 Nafion 膜作为质子传导电解质薄层直接甲醇燃料电池（DMFC）结构中（见图 5.27）的氧阴极用氢阴极取代，并用交流阻抗技术对该体系进行研究，则必须考虑下述阻抗构成：Nafion 膜的欧姆电阻、甲醇阳极上与电势相关的电荷转移电阻（氢电极上类似的电阻可忽略）、阳极/电解质界面与频率有关的双电层电容以及与频率相关的传质电阻。实验测量得到的阻抗谱如图 5.26(a) 所示，该测量中采用的交流电压的振幅为 10mV，频率变化范围为 65kHz～3MHz；从图中我们可以清楚地看到三个半圆。

图中第一个半圆（高频区）的直径随温度的升高而变小，很显然这个半圆由 Nafion 膜的电阻和双电层电容决定。中间半圆随阳极电势而剧烈变化 [参见图 5.26(b)]，显然它反映出了甲醇反应的动力学信息。该半圆由高频区的直线和低频区的半圆共同组成（请对比图 5.25），这种行为一般出现在受电荷转移和细孔内扩散等共同影响的情形 [H. Moreira et. al., *J. Electroanal. Chem.*, 29 (1971) 353]。

低频区半圆的直径强烈地依赖于燃料电池中甲醇的化学计量系数 [参见图 5.26(c)]，这个系数是甲醇的输入速率与按化学计量所消耗甲醇的速率之比。所以这个半圆显然受传质的影响。当甲醇浓度相同时，投料速率越低，则化学计量系数越低。对加载同样电流的电池而言，投料速率越低，阳极上积聚的 CO_2 产物浓度就越高，因而就会占据更多的催化活性位置（阻碍催化）。为避免这种效应，有必要采用更高的化学计量配比系数（如达到 5～10），以保证能够完全将 CO_2 从阳极移走；在化学计量系数较高的情况下，这个区域的低频特性明显受甲醇氧化动力学控制，低频区的直径随着电流密度的增加而明显地减小［图 5.27(a)］。

在本节讨论的甲醇氧化情形中，Nyquist 图扩展到了第四象限；也就是说，阻抗中又加入了感抗分量，Conway 等在反应途径中有吸附中间产物存在的情况下跟踪了这一过程［Electrochim. Acta，32（1987）1703］，将在 5.2.2.7 节对此作进一步讨论。甲醇氧化过程的反应途径之一确实是生成吸附一氧化碳。对薄层电池中的甲醇氧化而言，当化学计量配比系数达到 10 或更高时，可观察到如图

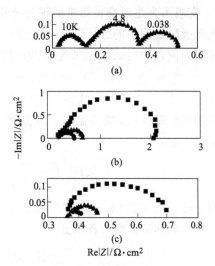

图 5.26　甲醇燃料电池中多孔 RtRu 阳极的 *Nyquist* 图
电池中通入 $1mol \cdot dm^{-3}$ 甲醇，以 Nafion 膜为质子传导电解质：(a) 直流电压约为 250mV（vs. RHE），交流电压的频率在 65kHz～3mHz 区间时的阻抗谱；(b) 在 (a) 图的中频区当电势分别为 200mV（■）、250mV（▲）和 300mV（●）时所对应的阻抗变化；(c) 在 (a) 图低频区，在相同的电流密度下甲醇的化学计量系数变化时对应的阻抗变化，其中甲醇的计量系数分别为 1.6（■）、2.0（▲）和 5.0（●）［J. T. Muller and P. M. Urban, J. *Power Sources*，75（1998）139］

5.27(b) 的等效电路。关于阻抗中的法拉第分量，这个电路给出的值为 $Z_{Faraday} = \{1/R_{\infty} + 1/[R_0(1+i\omega t)]\}^{-1}$。

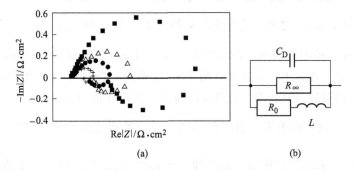

图 5.27　为完全反映出甲醇氧化的动力学特征，采用化学计量配比
系数为 10 时，图 5.26 中甲醇氧化的阳极阻抗谱
(a) 不同电流密度下的阻抗谱，500mA·cm^{-2}（+）；300mA·cm^{-2}（●）；200mA·cm^{-2}（△）；100mA·cm^{-2}（■）；(b) 等效电路：R_{∞} 和 R_0 为欧姆电阻，L 为电感，C_D 为双电层电容［J. T. Muller, P. M. Urban, and W. F. Holderich, J. *Power Sources*，84（1999）157］

5.2.2.7 有吸附发生时交流阻抗的理论分析

为理解吸附过程中的感抗效应，可进一步的拓展前面所作的分析。以一个二电子氧化过程为例，物质 A 经过吸附中间产物 B 而氧化成 P：

$$A \rightleftharpoons B_{ads} + e^-；电流 j_1$$
$$B_{ads} \rightleftharpoons P + e^-；电流 j_2$$

如果用 θ 来表示 B_{ads} 的覆盖度；那么由于 j_1 是 E、c_A 和 θ 的函数，采用类似前面的关系式，有：

$$\tilde{j}_1 = \left(\frac{\partial j_1}{\partial E}\right)_{c_A,\theta} \tilde{E} + \left(\frac{\partial j_1}{\partial c_A}\right)_{E,\theta} \tilde{c}_A + \left(\frac{\partial j_1}{\partial \theta}\right)_{E,c_A} \tilde{\theta}$$

这里，已取代了式(5.33)中的微分量，例如用小的正弦幅度 $\tilde{E}$ 来取代 δE。同前面一样，求解该扩散方程得到：

$$\tilde{j}_1 = F(i\omega D_A)^{1/2} \tilde{c}_A$$

消除两式中的 $\tilde{c}_A$，得到：

$$a_1 \tilde{j}_1 = \left(\frac{\partial j_1}{\partial E}\right)_{c_A,\theta} \tilde{E} + \left(\frac{\partial j_1}{\partial \theta}\right)_{E,c_A} \tilde{\theta}$$

其中 $a_1 = 1 - \frac{1}{F(i\omega D_A)^{1/2}}\left(\frac{\partial j_1}{\partial c_A}\right)_{E,\theta}$。

按同样的方法，得到 $\tilde{j}_2$ 的表达式为：

$$a_2 \tilde{j}_2 = \left(\frac{\partial j_2}{\partial E}\right)_{c_P,\theta} \tilde{E} + \left(\frac{\partial j_1}{\partial \theta}\right)_{E,c_P} \tilde{\theta}$$

其中，$a_2 = 1 + \frac{1}{F(i\omega D_P)^{1/2}}\left(\frac{\partial j_2}{\partial c_P}\right)_{E,\theta}$

因为通过电流 j_1 将导致 B_{ads} 覆盖度 θ 的提高，而通过电流 j_2 将导致 θ 的减小，显然，$\left(\frac{d\theta}{dt}\right)$ 和 $\tilde{j}_1$、$\tilde{j}_2$ 之间一定存在着某种关系。在 δt 时间内，$j_1\delta t/F$ mol 的 A 物种到达单位面积的电极表面，并转化为 B_{ads}，如果单位面积上 ξ mol 的 B 对应单位覆盖度 $(\theta=1)$，那么 B_{ads} 的覆盖度的增量 $\delta\theta$ 将为 $j_1\delta t/\xi F$。与此类似，在 δt 时间内，随着 j_2 的通过导致的 B_{ads} 的覆盖减少，其最终值为 $j_2\delta t/\xi F$，并且很显然存在 $\frac{d\theta}{dt} = (j_1-j_2)/\xi F$ 的关系。但我们知道，通过类比前面的式(5.35)，即 $\theta = \bar{\theta} + \tilde{\theta}e^{i\omega t}$，因此 $\frac{d\theta}{dt} = i\omega\tilde{\theta}e^{i\omega t}$，用 $\bar{j}_1+\tilde{j}_1e^{i\omega t}$ 和 $\bar{j}_2+\tilde{j}_2e^{i\omega t}$ 来代替 j_1 和 j_2，如前所述，约掉系数 $e^{i\omega t}$，可得到 $i\omega\tilde{\theta}=(\tilde{j}_1-\tilde{j}_2)/\xi F$，进一步替代掉正弦电流分量，得到：

$$i\omega\tilde{\theta}\xi F = \left[\left(\frac{1}{\alpha_1}\right)\left(\frac{\partial j_1}{\partial E}\right)_{c_A,\theta} - \left(\frac{1}{\alpha_2}\right)\left(\frac{\partial j_2}{\partial E}\right)_{c_P,\theta}\right]\tilde{E} + \left[\left(\frac{1}{\alpha_1}\right)\left(\frac{\partial j_1}{\partial \theta}\right)_{c_A,E} - \left(\frac{1}{\alpha_2}\right)\left(\frac{\partial j_2}{\partial \theta}\right)_{c_P,E}\right]\tilde{\theta}$$

不管这些乏味的数学公式给出怎样复杂的等效电路，总的交流电流可以简单明

了地用 $\tilde{j} = \tilde{j}_1 + \tilde{j}_2$ 表示，如果选择的工作频率足够高，使得 $\alpha_1 \approx 1$、$\alpha_2 \approx 1$（通常为几十 Hz）或者通过使用旋转圆环或其他流体力学的方法来控制传质，同样使 α_1 和 α_2 等于 1，那么就可以将上面的表达式简化为：

$$\tilde{j} = \left(\frac{1}{R_\infty}\right)\tilde{E} + \left[\frac{1}{R_0(1+i\omega\tau)}\right]\tilde{E}$$

其中

$$R_\infty = \left[\left(\frac{\partial j_1}{\partial E}\right)_\theta + \left(\frac{\partial j_2}{\partial E}\right)_\theta\right]^{-1}$$

$$R_0^{-1} = \left[\left(\frac{\partial j_1}{\partial \theta}\right)_E + \left(\frac{\partial j_2}{\partial \theta}\right)_E\right]\left[\left(\frac{\partial j_1}{\partial E}\right)_\theta - \left(\frac{\partial j_2}{\partial E}\right)_\theta\right]\left[\left(\frac{\partial j_2}{\partial \theta}\right)_E - \left(\frac{\partial j_1}{\partial \theta}\right)_E\right]^{-1}$$

$$\tau R_0 = \xi F\left[\left(\frac{\partial j_2}{\partial \theta}\right)_E - \left(\frac{\partial j_1}{\partial \theta}\right)_E\right]^{-1}$$

它对应的等效电路由电阻 R_0 和电感 $L \equiv \tau R_0$ 串联，然后再与电阻 R_∞ 并联组成 [请与图 5.27(b) 相比较]。这种方法已应用于诸如铂表面的析氯机理研究；Hillman 等已证明 [*Electrochimica Acta*，37（1992）2715]：与其交流阻抗数据相符的唯一反应机理具有下面这种简单的形式：

$$Cl^- \Longrightarrow Cl^\cdot_{ads} + e^-$$

$$2Cl^\cdot_{ads} \longrightarrow Cl_2$$

而不是包含诸如 $Cl^\cdot_{ads} + Cl^- \rightarrow Cl_2 + e^-$ 的 Heyrovsky 过程，或者涉及出现诸如 Cl^+_{ads} 或 OH_{ads} 一类物质的过程。很显然，这种方法可以应用于任何复杂的电化学反应中，但是同时其等效电路也变得异常复杂，需要拟和的各种参数也将变得越来越多，以至于目前的技术手段都无法获得清晰的答案。另外，有许多基本反应机理不同的反应可能会给出基本上相同的等效电路，而且不同的等效电路在某个有限频率区间会给出类似的阻抗谱。一般来说，现代实验方法一般会先利用不同的技术手段来勾画出可能的反应机理，然后再尝试对交流阻抗数据进行定量分析。

最后值得一提的是，前面有关交流技术的讨论都是基于一个基本假设为前提的，即在没有 AC 扰动的情况下，Ox 和 Red 的浓度不变，或者其变化速度比交流微扰慢很多。换种方式讲，即由于电势扫描或长期的扩散引起 Ox 和 Red 浓度改变的 Fourier 分量的频率必须低于外加交流电压信号的频率。如果不能满足这个要求，那么由于这两个因素在时间尺度上的相互重叠，将使分析问题的难度异常增加。

5.3　研究电极表面吸附层的电化学方法

很多电化学反应过程涉及吸附态反应物或中间产物的形成，而且这些吸附过程能够强烈地影响反应进程，在极端的情况下，可完全抑制整个电化学过程。因此，

吸附物的覆盖度 θ 是有助于理解反应机理的一个重要参数。但不幸的是,虽然人们期望通过测量每个吸附分子氧化或转化过程所需的电子数,并且利用电化学测量,还可以获得一些有关吸附分子构造的信息,但仅根据这些测量,很少能获取某个电化学过程中涉及的吸附物的明确无误的信息。不过,原位谱学技术的发展已大大改善了人们对这些吸附物构造的正确理解(参见 5.4 节)。

定量测量吸附物覆盖度的电化学方法可以分为两类:①测量完全氧化或还原吸附层所需的电量,利用法拉第定律或与在同样表面上的参比吸附物的比较来计算出表面覆盖度;②测量出双电层电容,并将其与同样条件下的"裸露"表面情形进行对比。

5.3.1 测量流过的电量

如果某电极表面吸附物的完全反应时所需的电量为 Q_B,而每个吸附分子所需的电子数为 n,那么很显然:

$$Q_B = nF\Gamma \qquad (5.54)$$

式中, Γ 为用摩尔数表达的表面覆盖度,如果某物质的最大表面覆盖度是 Γ_{max},对应的电量为 Q_B^{max},那么覆盖度 θ 则可按下式计算:

$$\theta = \frac{Q_B}{Q_B^{max}} \qquad (5.55)$$

必须指出,该式只是一个操作上的定义, Q_B^{max} 可能并不对应完全将表面覆盖时的吸附分子所需的电量。要将测量的 θ 值与实际表面积联系起来,至少对铂电极通常采取测量循环伏安曲线中氢的吸脱附区间氧化氢覆盖层时流过的电量。正如在 5.2.1.2 节中已经讨论过的,平滑多晶铂电极上从 $80 \sim 450mV$ (vs. RHE) 区间的积分电量 (Q_H) 大约为 $210\mu C \cdot cm^{-2}$,且该数值基本上与扫描速率无关。另外,如果电极表面已部分被其他物质覆盖,那么氢将只在未被覆盖的电极表面发生吸附,在此情况下,如果氢的氧化电量为 Q_H^F,则有:

$$\theta = \frac{Q_H - Q_H^F}{Q_H} \qquad (5.56)$$

图 5.28 具体给出了这种测量方法,其中的例子是铂电极在硫酸溶液中以及有和没有甲醇时的循环伏安曲线。图中斜线阴影区可以用来估计 $Q_H - Q_H^F$ 的数值,因此可根据式(5.56)估算出 θ 值,同时,也可以根据式(5.55)从水平线阴影区估算出 θ 值,并由此计算出 n 值。

虽然该实验方法比较简单直观,但必须注意,在实验开始时,必须对电极表面进行完全清洁处理,从而得到完全重现的电极表面,而且在吸附物生成过程中,电极电势必须一直处于控制之中。从原理上讲,可以在同一溶液中测量 Q_B 值,但这样溶液中的物种也很可能参与到反应中来。为避免该问题,必须设计合适的流动电解池,使得能够在保持电势控制的前提下方便地用不含吸附物的支持电解质溶液液来置换原吸附溶液。在吸附过程缓慢和不可逆的情况下,该方法没有问题,但一般电化学池的电解液切换速率有限，要对非常快的吸附过程进行测量，则必须进一步改进电解池的设计。

图 5.29 给出了一种能快速切换电解液的流动电解池，它采用电磁阀来控制含吸附物的溶液和支持电解液的依次进入。图中示意出两种溶液间的置换波面，要测量吸附时间，必须从溶液波面到达电极表面开始计时，而不能从回转阀门开启的时刻开始计时；这一点可以通过测量电解液电导率的变化来实现。这种设计可实现对吸附时间大于 0.5s 的体系进行测量。铂电极上芳香环体系分子的吸附过程大致处于这个时间量级上，图 5.30 给出了铂电极上苯酚分子吸附过程的实验结果。

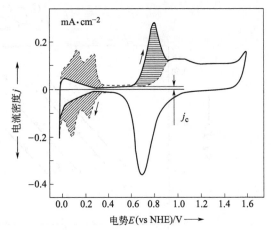

图 5.28 用来测定吸附物在电极表面覆盖度的循环伏安曲线 ($v=100\mathrm{mV \cdot s^{-1}}$)

虚线，在 $0.5\mathrm{mol \cdot dm^{-3}}$ H_2SO_4 支持电解液中的结果谱；实线，在 $0.5\mathrm{V}$ （vs. NHE）的电势下，快速切换到含 $0.25\mathrm{mol \cdot dm^{-3}}$ 甲醇 $+0.5\mathrm{mol \cdot dm^{-3}}$ H_2SO_4 中的测量结果（见正文）

在这个例子中，形成饱和覆盖度（约 0.6 个单分子层）所需的时间为 $10\sim100s$，由此得出的吸附速率常数大约为 $3000\mathrm{dm^3 \cdot mol^{-1} \cdot s^{-1}}$。

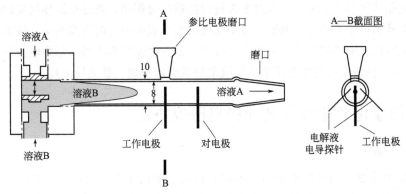

图 5.29 具有快速切换电解液功能的流动电解池
图中的长度单位为 mm

[G. Janoske et al., *Ber. Buns. Phys. Chem.* 95 (1991) 1187]

5.3.2 电容的测量

如果以 C_0 表示在没有吸附膜形成的情况下电解液双电层的电容，而以 C 表示吸附膜形成后的电容，那么一般来说 $C<C_0$，因为吸附层的存在将增加双电层的厚度。假设 $C-C_0$ 的值与吸附物的覆盖度成正比，$C_{\min}$ 是最大覆盖度时所测的电容，那么：

$$\theta = \frac{C_0 - C}{C_0 - C_{\min}} \tag{5.57}$$

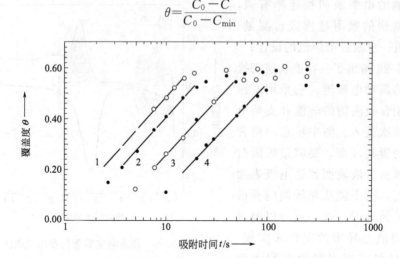

图 5.30　0.05mol · dm^{-3} H$_2$SO$_4$ 溶液中的铂电极上，不同浓度的
苯酚吸附时测量到的覆盖度 θ 随吸附时间的变化关系

吸附电势为 0.3V（vs. NHE），苯酚浓度为：1—10^{-4} mol · dm^{-3}；2—5×
10^{-5}mol · dm^{-3}；3—2.5×10^{-5}mol · dm^{-3}；4—10^{-5}mol · dm^{-3} [G. Janoske et al. ，
Ber. Buns. Phys. Chem. 95 (1991) 1187]

　　该实验方法也很简单：与上一节要求相同，电极表面必须清洁，并且表面的重现性必须很好，可以采用前面讨论的交流技术进行电容的测量，其中一种有效的方法就是交流循环伏安法。该方法在对电极进行扫描的过程中，通过在循环伏安的线性扫描电势上外加一个小的交流电压信号来实现对电极表面电容的连续测量；该方法可以实现实时跟踪在电势扫描过程中的吸附过程。该方法通常称为表面张力电量法（*Tensammetry*），在极谱研究中常用来鉴别吸附的表面活性剂（参见后文）。

5.4　谱学电化学及其他非经典研究方法

5.4.1　序言

　　本节中将要讨论的技术是利用不同波长的电磁波作为探测手段，来研究发生在电极表面或表面附近的分子间相互作用，包括监测电化学过程产生的吸附物结构和组成。使用的电磁波频谱范围涵盖了从 X 射线波段的同步辐射光到微波。在 X 射线波段可通过 EXAFS（Extended X-ray Absorption Fine Structure analysis）和衍射数据获得物质结构的信息，而在微波波段，可以通过研究自由基清除剂来鉴定自由基本身的特性，并据此推断电化学反应中自由基中间物的存在情况。谱学电化学方法中最重要的方法是使用红外光（波长范围为 $2.5 \sim 100 \mu m$，对应的波数范围为 $100 \sim 4000 cm^{-1}$）来鉴别电化学过程中在电极表面或表面附近生成的分子种类，尤其是灵敏地观察吸附在电极表面的物种。通过表面物种和溶液物种的红外吸收谱峰频率的移动，可以获得有关电极-吸附物间相互作用强度的重要证据。

这些技术手段对研究电极表面的吸附物以及成膜情况特别有用，能提供包含结构、组成、反应活性和分子取向等信息，而这些信息以前只能根据电化学测量间接获得。在研究电极表面成膜的各种方法中，椭圆偏振光谱是其中强有力的工具之一，它通常使用的波长范围为 300～800nm。该方法是将很宽波长范围内的线偏振光入射到电极表面（入射角一般为 45°），然后测量其偏振方向的变化，由此获得从数纳米到数微米之间的膜厚和光学特性方面的信息。它的灵敏度很高，例如，在测量铂电极上氧化膜的实验中，利用这种方法可以跟踪从大约 1.0V（vs. RHE）时的单层膜至 1.6V 时多层氧化膜的形成过程。

能否实现原位测量，即能否在恒电势或恒电流等正常电化学操作条件下对电极表面进行研究，是判断这些技术成功与否的关键所在。这些技术的一般实验设计是将一定频率的入射光照射到电极表面，然后对反射光束进行分析（见图 5.31）。对红外光谱研究而言，当进行原位研究时，在实验设计上会遇到电化学中常用的极性分子溶剂对红外入射光的强烈吸收问题，因此早期的原位研究主要使用拉曼光谱。因为拉曼光谱的入射光在可见光区，溶剂的吸收不会造成严重的问题，但由于拉曼效应通常很弱，而且只有几种金属具有较强的增强信号能足以分析表面吸附物，因此限制了其应用范围。即使对这几种金属而言，一般还需要通过表面粗糙处理才能获得表面增强信号，因而其行为可能并不能代表"正常"的电极表面。

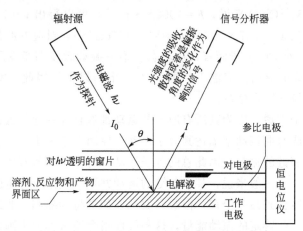

图 5.31　利用电磁波对电化学反应进行原位研究的基本实验设计图

图中 I_0 代表入射光强，I 代表反射光强，θ 为入射角

虽然对电化学反应进行原位研究能获得最有价值的结果，但在某些情况下，非原位研究也能提供很有价值的结果，这种研究是在可控条件下将电极转移至真空内进行分析检测。在高真空环境中，可以利用在液-固界面上无法应用的电子探针作为强有力的结构分析手段，这些方法对某些情况具有特殊的优势。例如，在金属欠电势沉积的研究中，因为金属原子的可移动性很小，可以确信在电极向真空转移过

程中不会发生表面重排。但使用这种方法有一定的限制，比如在研究铁的腐蚀层时就会遇到严重的问题，因为这种腐蚀层是水合氧化物，当把附着这种氧化物的电极转移至真空环境时脱水现象将是一个严重的问题。

在对这些技术进行逐个讨论之前，有一点必须引起注意：某种特定技术的灵敏度与所观测物质的存在状态密切相关。例如，红外反射光谱可以很容易地探测到垂直于电极表面吸附的物质，但如果同一物质平躺在电极表面时则可能完全检测不到。因此，不能过度依赖某个单一谱学电化学实验的结果，通常必须综合利用几种不同的研究测试手段，且只有当其结果与传统电化学手段测量的结果相符时，才能确保由此得出的信息完全可信。

5.4.2 红外谱学电化学

5.4.2.1 基本概念

谐振子的能级是量子化的，其能量为：

$$E = nh\nu \tag{5.58}$$

式中，n 可以为 1，2，…，对原子质量分别为 m_1 和 m_2 且力常数为 k 的双原子分子而言，其振动频率 ν 为：

$$\nu = \frac{1}{2\pi}\left(\frac{k}{\mu}\right)^{1/2} \tag{5.59}$$

式中，有效质量 $\mu = m_1 m_2/(m_1 + m_2)$，从中可以看出同位素分子间将会有不同的振动频率。对 $^{12}C^{16}O$ 来说，$k = 1902N \cdot m^{-1}$，可以得出 $\nu = 0.643 \times 10^{14} s^{-1}$，对应该频率的波长 $\lambda = 4.67 \times 10^{-6} m(\lambda\nu = 3 \times 10^8 ms^{-1})$，对应的波数，即波长的倒数为 $2143 cm^{-1}$。对 CO 分子而言，从基态到第一振动激发态激发所需的能量约为 $4.26 \times 10^{-20} J$，这个值比其室温下热能 $k_B T$ 大十倍以上。因此，室温下的绝大多数 CO 分子将以基态形式存在。

对多原子分子来说，因为其所有原子的运动都偶合在一起，因此通常无法用单一化学键的伸缩或弯曲振动来描述其分子振动。原因在于其中一个化学键中原子的运动将激发其相邻键的振动，因此总的分子运动应为分子中所有各单键的伸缩和弯曲振动的线性组合。一般来说，某个单键的运动并不对应某个特定能量，因为能量能从某个振动键转移到另一个键，但我们发现，如果将伸缩和弯曲运动线性组合起来，将会对应于一个特定的振动能量，这种线性组合通常称为正则模式。这些正则模式的频率可由类似式(5.58)和式(5.59)给出，对一个非线性分子而言，它存在着 $3N-6$ 种正则模式（线性分子有 $3N-5$ 种正则模式）。

并不是所有的振动模式都能吸收红外辐射能。一般来说，只有正则模式的激发会导致分子偶极矩改变的分子才有红外活性。例如同核双原子分子就不能吸收红外光，另外完全对称分子，如 CO_2 和 CH_4 等，也同样不能吸收红外辐射。除了这个选择定则外，还存在另外一个针对金属电极表面吸附物的选择定则，即所谓的表面选择定则。因为对电场矢量平行于金属表面的入射红外光（s 偏振光），其反射光

的位相将会发生 180°的偏转。这样电极表面处入射和反射电场相叠加后其净结果
为零，也就是说平行于表面的电场强度为零。只有电场矢量垂直于表面方向的红外
光分量才有意义，因此，只有当分子中在此方向上存在红外活性模式时才能发生红
外吸收，对平躺在金属表面上的分子而言，它将无法吸收红外光（至少在一级近似
时如此），换句话说，表面或表面附近的分子将无法吸收 s 偏振的红外光。

5.4.2.2　谱学电化学池

图 5.31a 给出的是红外光谱电解池最常用的构型。为最大程度地减小电化学实
验中使用的某些溶剂，特别是在中红外区有很强吸收带的水对入射红外光的吸收，
电解液限制在红外透明窗片（一般为 CaF_2 或 ZnSe）和工作电极之间的非常薄的空
间内。工作电极直径一般为 0.5～2cm，并经过精心抛光的金属圆盘电极，以保证
能够完全反射具有椭圆形截面的红外入射光束。入射角一般在 50°～80°之间，而且
在实验中必须确保其不变。采用这种设计的电解池的主要缺点是工作电极和对电极
间只有又窄又长的电流路径。这个问题是所有外反射构型红外光谱技术中普遍存在
的问题，即使采用高导电性电解液，还是能观察到较大的电压降。

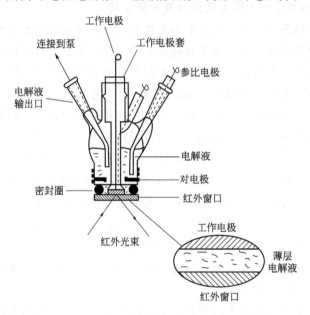

图 5.31a　采用外反射模式的薄层红外光谱电解池

为了克服这个问题，可采用如图 5.31b 所示的内反射构型。入射红外光束通过
红外透明的平板窗片（如锗晶体）时会发生多次内反射。在每一次内反射中，部分
红外光会透过窗片入射到其邻近的介质中去，但透过深度仅为波长的几分之一。其
邻近介质可以是一层很薄的铁或其他金属薄层，这些金属薄层实际上起到光学透明
电极的作用。如果这种金属层足够薄，那么红外光将会透过这种薄层进入电解液
中，并可以到达电极以上约零点几微米的地方，因此可对电极表面和表面附近区域

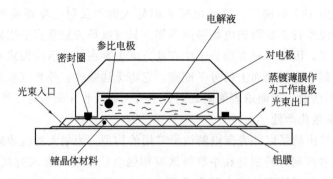

图 5.31b 采用内反射模式的红外光谱电解池构型

进行采样分析。另外，与单次外反射模式相比，多次内反射可以显著地提高灵敏度，但是，这种构型是以薄膜工作电极的高电阻来替换外反射构型中薄层电解液的高电阻，另外，锗本身也会带来问题，因为锗本身是一种半导体材料，它对红外光的透过率与电极电势有关。

5.4.2.3 红外研究中的不同方法示例及结果分析

在最简单的情况下，将连续光源的光偏振化之后聚焦到电极表面，然后利用单色仪对反射光进行分析，并给出光强随波长的变化关系。但这种设计实际上不太可行，前面已经提到，因为存在着溶剂的强烈吸收和光学元件的色散问题，而且由于单分子层吸收所引起的光强变化至多也不过百分之零点几，因此，如果要利用色散型仪器检测如此微弱的信号变化，那么必须采用相敏检测技术。相敏检测是指以某种方式在入射光束中加入强度调制，然后在检测器中检测其响应，从而可以从很大的固定背景中分离出微小的变化信号。这实际上就是电化学调制红外光谱（EMIRS）技术的基础，它是以 $10\,Hz$ 左右的频率在参比电势 E_R 和工作电势 E_M 间调制电极电势，与此同时，用单色仪在待测波长范围内进行缓慢扫描（$<1\,cm^{-1}\cdot s^{-1}$）。这样可以直接测量出差分强度 $\Delta I = I_M - I_R$，以此对波长作图就能得到相应的光谱。为消除光源自身强度随频率变化的效应，强度谱图一般采用 $\Delta I / I_R$ 的形式，或者等价地使用 $\Delta R / R$ 的形式来表达，这里的 R 表示电解池的反射率，这个参数将会在后面的示例中出现。

显然，若希望通过这种方法得到有意义的结果，那么研究的电化学体系必须可逆而且快速。如果在电势 E_M 下会产生某种红外活性物质，那么与参比电势相比，在此电势下反射光中这种物质的红外吸收频率处对应的光强将会减小；反之则说明在该电势下这种红外活性物质已消失。很显然，这种技术的主要优点在于：它只检测由于物质的红外吸收而引起的反射光强变化，而不会引起在此工作电势下物质的浓度或覆盖度的变化；另外，原则上可以通过对检测频率区间进行多次扫描，并对结果取平均而进一步降低噪声，提高信噪比。但采用这种方法需要花费相当多的时间，同时可能会由于电极和电化学体系的不稳定性而使结果失真。

(1) 差减归一化原位傅里叶变换红外光谱（SNIFTIRS, Subtractively Normalized In situ FTIR Spectrometry） 为克服上述问题，人们将傅里叶变换技术的优点引入到了红外光谱技术中，这样就可以在不到 1s 的时间内获得一张全谱。傅里叶变换红外谱仪采用连续光源，并不再使用单色仪进行分析。取而代之的是在光束到达电极之前，利用与时间有关的干涉模式对其进行调制，然后记录反射光强随时间的变化并利用傅里叶变换技术将其复原为完整的红外光谱。对入射光施加干涉模式是通过迈克耳逊干涉仪完成的，其原理是利用分束器将入射的连续光源分为两束，这两束光分别通过一个定镜和一个动镜反射后再合并并发生干涉。使用动镜的目的是产生一个与时间有关的光程差；对波长为 λ 的光束来说，如果光程差为 λ/2，或者是 λ/2 的奇数倍，那么当这两束光合并时，显然具有这种波长的光

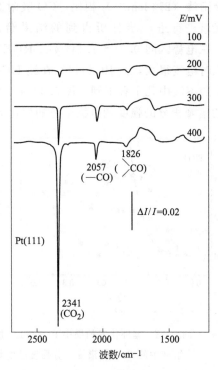

图 5.32 在图 5.31a 所示的薄层红外光谱电解池中，Pt（111）电极在 $1.0mol \cdot dm^{-3}$ HCOOH/ $0.1mol \cdot dm^{-3}$ HClO₄ 溶液中以及不同电势下的采集的差减归一化原位傅里叶变换红外光谱其中参考光谱的采集电势为 50mV（vs. RHE），其他光谱采集电势如图所示。对每个电势进行 250 次扫描，波数分辨率为 $8cm^{-1}$

将会消失。因此随着动镜来回移动，合并后的光束中所有单色光的光强将随着时间呈正弦变化，而整个光束就是由具有正弦波形的各种单色光的叠加。通过对这种光强进行傅里叶变换，即可分别获得光束中各种单色光的光强。借助装备有高速数学处理芯片的计算机控制的现代光谱仪，傅里叶变换过程可在极短的时间内完成。

由于采集一张谱所需的时间很短，因此可以在待测电势采集多张光谱并取其加权平均谱，然后再减去在参比电势下按同样方法获得的均值谱；这样就可以 $(I_M - I_R)/I_R = \Delta I/I$ 对红外光的波数作图。图 5.32 所示为在甲酸水溶液中 Pt（111）电极上观测到的红外光谱。该实验首先是在电势为 50mV（vs. RHE）时采集参考谱，因为在此电势下电极上甲酸的化学吸附过程非常缓慢。然后在一系列电势下采集红外光谱，最后归一化成差谱，$(I_M - I_R)/I_R$ 中在 $2341cm^{-1}$、$2057cm^{-1}$ 和 $1826cm^{-1}$ 处出现了三个负向峰。这些峰分别对应溶液中生成的 CO_2，铂表面上线性和桥式吸附的 CO，后者来源于 HCOOH 的化学吸附和解离。与气相中 CO 的

红外吸附峰（2143cm^{-1}）相比，CO 吸附态这两个峰的频率显著降低。对图 5.32 所示光谱进行进一步分析得到的结果给出在图 5.33 中；图中（b）给出了 Pt（111）在电势区间 0.05～1.1V（vs. RHE）内得到的循环伏安曲线，由图可见甲酸氧化时电流很大，而 Pt（111）在纯 HClO$_4$（虚线）溶液中表现出的循环伏安特征在甲酸溶液中几乎看不到。图 5.33(a) 所示为线性和桥式吸附的 CO 以及溶解态 CO$_2$ 的谱峰积分的强度随电极电势的变化关系。

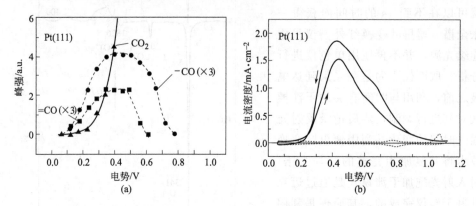

图 5.33　循环伏安扫描中 Pt（111）电极上的吸附 CO（线性和桥式）和溶液中的 CO$_2$ 的谱峰积分强度随电势的变化关系图（a）及 Pt（111）电极在 0.1mol·dm^{-3} HCOOH/0.1mol·dm^{-3} HClO$_4$ 溶液中的循环伏安曲线，扫描速率 50mVs^{-1}

从图中可以看出，作为最终产物的 CO$_2$ 产生的电势低于电极表面 CO 信号减小出现的电势，这可能意味着其中存在平行反应路径，即产生 CO$_2$ 是一种机制，而生成 CO$_{ads}$ 为另一种机制。

假如以相反的顺序进行上述实验，即先在 400mV（vs. RHE）电势下采集参考谱，然后再在 50mV 的工作电势下采集光谱，由于在 400mV 时产生的 CO 吸附在低电势下不会消除，因此在这种情况下，从光谱中可能看不到任何变化。另外，由于 CO 分子偶极与双层电场的相互作用，随着电势的增加，吸附的 CO 的伸缩振动频率将发生蓝移，线性吸附 CO 会出现双极峰。

图 5.33 中循环伏安曲线所反映的一个显著特点是电流随电势变化表现出较好的可逆性，考虑到反应物的相对浓度，伏安图中的峰值不太可能是由于传质效应引起的（参见图 5.11），有人提出在 500mV 以上，电流下降主要源自水分子的吸附。随着电势的提高，水分子的吸附变得更强，因此阻碍了与之相比吸附弱得多的 HCOOH 分子在表面的吸附。

FTIR 光谱另一个应用示例为电催化领域研究酸性溶液中乙醇在 Pt-Ru 表面上的氧化反应机理。图 5.33a 所示为在逐步增加电极电势时记录的原位红外光谱，所选用的两个图例中，一个是采用表面光滑的 Pt-Ru(Pt：Ru＝1：1) 合金电极，另

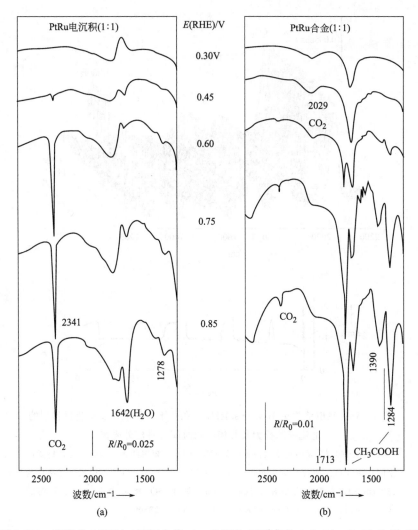

图 5.33a　温度为 20℃ 时，不同电势（vs. RHE）下采集的 $0.1mol \cdot dm^{-3}$ C_2H_5OH
在 $0.1mol \cdot dm^{-3}$ $HClO_4$ 溶液中的氧化反应原位 FTIR 谱

（a）金基体上电沉积 $1:1$ PtRu 合金；（b）光滑 $1:1$ PtRu 合金。两图中的显著差别
在于 CO_2（$2341cm^{-1}$）和乙酸（$1284cm^{-1}$、$1390cm^{-1}$ 和 $1717cm^{-1}$）的 相 对 峰 强。
$1700cm^{-1}$ 附近的峰源自乙酸/乙醛 ［T. Iwasita, J. Braz. *Chem. Soc.* 13（2002）401］

一个是沉积在金基体上细小团簇状 Pt – Ru 合金多孔电极。两者之间显著差别是
CO_2 和乙酸/乙醛谱峰的相对信号强度。很显然与光滑催化剂表面相比，明显不同
的是在多孔状催化剂表面主要生成的 CO_2，表明它涉及的主要反应机理为切断 C—
C 键，也就是说多孔状催化剂对此类过程具有更高的催化活性。

（2）表面增强红外吸收谱（SEIRAS，Surface-Enhanced Infrared Adsorption
Spectroscopy）　利用图 5.31b 所示的衰减全反射红外光谱可获得相对较高的表面
灵敏度，并能将光谱的时间分辨提高到 0.1s。图 5.33b 给出的一个例子是在化学

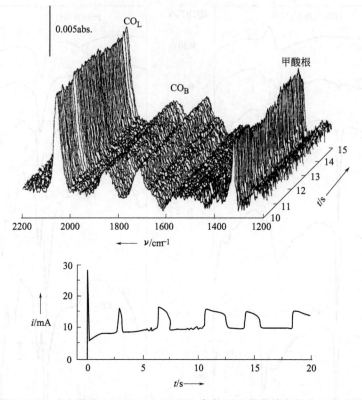

图 5.33b　在电势为 1.10V（vs. RHE）条件下，甲酸动态氧化过程中的
电流振荡行为及其相应的时间分辨红外光谱

其中给出的红外谱带包括线性吸附的 CO（CO_L，频率约为 $2060cm^{-1}$），桥式吸
附的 CO（CO_B，频率约为 $1850cm^{-1}$）和甲酸根的 O—C—O 伸缩模式（频率约为
$1320cm^{-1}$）。参考光谱是在 $0.5mol \cdot dm^{-3}$ 纯 H_2SO_4 溶液中 0.05V 下采集的
[G. Samjeske et al., *J. Phys. Chem. B*, 109（2005）23509]

沉积法在硅棱镜上制备的多晶 Pt 膜（厚约 50nm）电极上记录的甲酸氧化时的电流
振荡图（见下图）和表面增强红外光谱。在 $1mol \cdot dm^{-3}$ HCOOH/$0.5mol \cdot dm^{-3}$
H_2SO_4 溶液中，电流在电势刚从 0.05V 阶跃到 1.10V 时即开始振荡（参见 6.7
节）。从实时记录的原位红外光谱可看出，甲酸根的峰强（约为 $1320cm^{-1}$）首先
降低，而线性吸附的 CO 的峰强（约为 $2060cm^{-1}$）缓慢增加。

5.4.3　电子自旋共振

　　电子自旋共振（ESR）可以用来探测和识别电极表面附近的自由基中间产物。
在探讨其应用实例之前，首先就这个技术的基本原理，以及将其应用于电化学实验
时所需的必要改进进行讨论。

5.4.3.1　基本概念

　　对一个自由电子来说，它拥有的磁偶极矩为：

$$\mu = g\mu_{\mathrm{B}} m_{\mathrm{S}} \tag{5.60}$$

式中，m_{S} 为自旋量子数；g 是一个接近于 2 的常数（针对一个自由电子）；μ_{B} 为波耳磁子（Bohr magneton），它的值为 $\dfrac{e_0 h}{4\pi m_{\mathrm{e}}} = 9.274 \times 10^{-24}\,\mathrm{J \cdot T^{-1}}$。在外加磁场 B 中，这个偶极的能量为：

$$E = -\mu B = +g\mu_{\mathrm{B}} m_{\mathrm{S}} B \tag{5.61}$$

因此，对处于不同自旋量子态 1/2 和 $-1/2$ 的电子，其能量差为：

$$\Delta E = h\nu = g\mu_{\mathrm{B}} B \tag{5.62}$$

同时可以看到自旋简并性是由磁通量带来的。根据上面的公式中，可通过频率为 ν 的辐射诱导在这两个态之间发生转变；在场强为 0.4T（特斯拉，$1\mathrm{T} = 10^4$ 高斯）时，它对应的电磁辐射频率约为 10GHz，这个频率处于微波频率区内。因此，通常电子自旋共振实验需要将样品放置于微波共振器（源）的磁极之间，并通过调整磁通量直至样品开始吸收微波。

在化学研究领域，有机基团或过渡族金属络合物中的孤对电子通常表现出自由电子的自旋。在这类化合物中，由于其电子间的偶合（其结果将影响 g 值）以及电子与周围原子核的非零自旋间的偶合，因此式（5.62）的简单表达式不再成立。这类偶合作用会使得 ESR 信号非常复杂并且将在不同磁场强度时出现特征性的吸收峰分裂。这种多重分裂峰的强度和数目包含有自由基的结构信息，因此在很多情况下，特别是当同位素 [13]C 可以被富集的情况下，它可以有助于准确无误地辨别有关物种。由于偶合常数的大小对 ESR 信号的重要影响，因此通常典型的 ESR 谱是用一阶微分而不是以吸收曲线的形式表示，如图 5.34 所示。图中给出了正乙基叔亚硝基丁烷 [N-ethyl-*tert*-nitrosobutane，$CH_3CH_2N(O)C(CH_3)_3$] 的 ESR 谱，图中的九重分裂峰可归属于孤对电子与 [14]N 原子核（核自旋 $I=1$），以及与邻近亚硝基的两个氢核（[1]H，$I=1/2$）之间的相互作用。要证明这种理解的正确性并不是很容易，通常的做法是利用估算的偶合常数值来建立一个模型谱，然后通过调整偶合常数的数值直至模型谱与实验谱达到一致。

5.4.3.2　电化学中的电子自旋共振

在经典的 ESR 实验中，一般是将待测自由基引入放置于微波共振器中的 ESR 池内。但由于极性溶剂和普通的玻璃器皿也会吸收微波，因此一般在石英制小容量的平板电解池中进行 ESR 的测量。利用这种设计，可探测的基团浓度可低至 10^{-9} $\mathrm{mol \cdot dm^{-3}}$。如果要利用 ESR 谱研究电化学反应中产生的自由基，那么首先要通过一个流通体系将电化学池中的溶液引入 ESR 池中。这种方法实际上是一种非原位测量法，其最大的局限是许多自由基的寿命都很短。为了研究在电极表面附近寿命很短的自由基，必须将电化学池放置于微波器中，以使微波能探测到电极附近的区域。

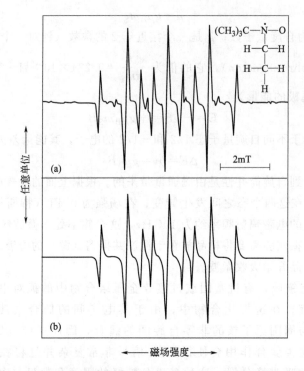

图 5.34　正乙基叔亚硝基丁烷（*N*-ethyl-tert-nitrosobutane）的 ESR 谱

（a）实验曲线；（b）理论模拟曲线［K. Scheffler and H. B. Stegmann：*Electronspin resonance：Foundations and Applications in organic chemistry*，Springer-Verlag，New York，1970］

最初的 ESR 池由一个石英毛细管构成，例如可用添加到毛细管中的汞线的前端作

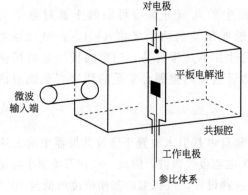

图 5.35　电化学 ESR 池

［R. Koopmann, H. Gerischer, *Ber. Buns. Phys. Chem.*, 70 (1966) 118, 127；要了解这方面进一步的发展，请参见：I. B. Goldberg, A. J. Bard, *J. Phys. Chem.*, 75 (1971) 3281］

为工作电极。随后，Gerischer 和 Koopman 设计了一种三电极的 ESR 池（见图 5.35），以一小块置于平板电解池中间位置的铂薄片充当工作电极，同时将对电极和参比电极分别放置于微波共振腔上、下部。由于平板电解池中通路较长，池中的电流分布不均匀，并且很难对工作电极上的电势进行控制；虽然在后来的设计（例如像 Goldberg 和 Bard 等的设计）中有所改善，但所有的这类平板电解池都存在电活性物质随时间迅速耗尽的问题。从谱学研究的观点来看，这类平板电解池中也不够理想，因为电解池的各

种附件会干扰微波的分布。在该电解池中，根据对稳定的顺磁性自由基离子的测量得出的检测极限 c_{lim} 为 $10^{-6} \sim 10^{-5} \, mol \cdot dm^{-3}$。根据这个检测极限，可以计算出可检测的自由基的最短寿命。假设这种检测技术只与自由基的自旋数目有关，而与其空间分布无关，则可通过 c_{lim} 与电解池的体积 V 的乘积来将检测浓度极限与能检测的极限自旋数关联起来。体积 V 的典型数值为 $10^{-5} \, dm^3$。令自由基的生成速率 (i/nF) 等于其消失速率（kVc_{lim}，其中寿命为 $\tau = \ln2/k$），在 c_{lim} 约为 $10^{-5} \, mol \cdot dm^{-3}$ 和 i 约为 10mA 的条件下，可以估算出可检测到的自由基的最短寿命为 ms 量级。

利用电化学 ESR 谱，不仅可以检测特定电势（电势阶跃）下自由基的生成与时间的关系，也能在电势循环扫描过程中研究自由基的 ESR 信号随电势的变化。还可在电流中断时通过监测自由基的浓度随时间的变化，由此测量上面定义的自由基的衰减速率常数 k。另外，这项技术也已经扩展到了对电极膜的研究领域，并在有关导电聚合物的研究中得到一些非常有趣的结果。

如果希望能测量到电极表面附近电解液的体积尽可能最大，那么上述的电化学 ESR 池并不是最佳的设计。为此，可使用一个改进后的电解池，但要把工作电极作为微波共振器的一个反射面。这可通过采用如图 5.36 所示的线绕螺旋管形式的工作电极来实现，并将其置于共振腔的外圆柱体壁附近。对电极和参比电极可放置于螺旋管内部。采用这种设计的优点是可以使用容积相对较大的 ESR 池，这不但显著地降低电活性物质耗尽的危险，同时使得电极附近微波可探测的电解液的体积最大化。

假如实验中产生的自由基的寿命比上述极限值还短，那么如果使用自旋捕捉剂仍然还有可能检测到。自旋捕捉剂是一种化合物，它可以与电化学生成的

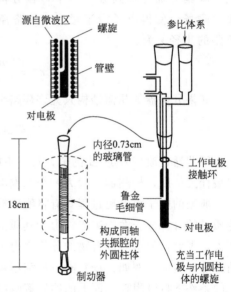

图 5.36　为使电极表面附近电解液的可探测体积最大化而设计的用于电子自旋共振光谱的电解池（详见正文）

自由基反应并生成另外一种更稳定且具有特征 ESR 谱的自由基。很显然，自旋捕捉剂本身必须在相关电势区间十分稳定。一个利用自旋捕捉剂的例子是在类似于图 5.36 的实验装置中，选用叔亚硝基丁烷 $(CH_3)_3C-NO$ 作为自旋捕捉剂来探测乙醇在铂螺旋电极上的氧化反应所产生的乙基，自由基反应如下：

$$(CH_3)_3C-NO + C_2H_5 \cdot \longrightarrow (CH_3)_3C-N(O)-C_2H_5 \cdot \qquad (5.63)$$

叔亚硝基丁烷的一个特点是它可以通过叔丁基羟胺（*tert*-butylhydroxylamine）

的原位氧化而再生：

$$(CH_3)_3C—NHOH \longrightarrow (CH_3)_3C—NO+2H^++2e^- \qquad (5.64)$$

对研究氧化反应来说，这个特点的优势在于：它能在电极附近同时生成自由基和捕捉剂，从而提高了 ESR 测试的灵敏度。利用这种特点在高电势（例如，0.95V vs. SCE）下已经探测到铂电极上甲醇氧化时产生的甲醛自由基，CHO·。

5.4.4　电化学质谱

5.4.4.1　质谱基本概念

在质谱技术中，原子、分子或分子碎片可通过质谱仪生成的物种的质量与其所带的电荷之比来鉴别。质荷比一般以 m/z 表示，对单电荷的 ^1H 而言，其值为 1（更精确的数值应为 1.007825），而对 $^{12}C_6^1H_6^+$，其值约为 78。在传统的质谱仪中，待测分析物首先通过减压而汽化，汽化后的蒸汽在通过能量为 10eV 左右的电子束时，其中部分分子将电离成离子。这些离子被电离室中的电场聚集并加速送到分析器中，在分析器这些离子将受到磁通量 B 的作用而分离。磁场会使得离子沿半径为 r 的路径偏转，当加速电场的电压为 U 时，那么环路的半径 r 为：

$$r=\frac{(2mU/e_0)^{1/2}}{B} \qquad (5.65)$$

如果分析器的几何结构只允许环路半径为 r_{crit} 的离子通过，那么：

$$\frac{m}{e_0}=\frac{B^2 r_{crit}^2}{2U} \qquad (5.66)$$

因此通过改变 U 或 B 的值，具有不同 m/z 的离子将会依次到达检测器，为获得最佳灵敏度，检测器一般为一个二次电子放大器。

典型的电子束电离过程具有将物质粒子分裂成许多碎片的特点。这个特点对中等质量的有机分子尤为突出，由于其质谱图非常复杂而其中分子离子峰可能会完全消失，因此，使得对混合物的分析变得十分复杂。利用其他电离方法可以减轻甚至消除这种影响，例如：场脱附电离利用强大的不均匀（约 $10^6 V \cdot cm^{-1}$）电场在特定的条件下将吸附在表面上的物质解吸电离，这样得到的基本上都是完整的分子离子峰，因此可以较容易地对质谱图中各混合物的峰进行归属。其他的离子化方法还包括光电离（Photoionisation）以及通过化学反应、与快运动的原子的碰撞或者是更简单地使物质与高温金属板接触等。

质谱的一个关键指标是其质量分辨率 $m/\Delta m$。分辨率 1000 意味着可以将质量为 1000 的离子从质量为 1001 的离子中分离开来，一般来说，在一些简单情形中，这种分辨率已足以分辨质量中等的离子。但在较为复杂的情况下，由于含不同 C、H、O、N 组成所构成的离子往往具有相近的质量（同质异位离子，如 N_2^+ 为 28.006148；CO^+ 为 27.994915；$C_2H_4^+$ 为 28.031300……），因此必须使用更高分辨率的仪器才能准确无误地鉴定各组分。在分析器的磁场中再另加一个聚焦电场，可以使分辨率提高到 50000 以上。另外，也可使用四极分析器（Quadrupole Analyser），这种装置由截面呈十字架形排列的四根柱状电极杆组成。在相对的两根电极杆之间施加大小为 $U+V\cos\omega t$ 的电势；很显然，对给定的 U、V 和 w 而言，只允许 z/m 值附近很窄范围的离子通过十字形的中心区，其他的离子由于其振荡运动的振幅不断增加而无法到达收集器。四极分析器的分辨率随杆长的增加而增加，要达到 10000 分辨率，杆的长度需要有数米。无论是否需要如此高的分辨率，四极分析器都不失为一种性价比极高的选择。

5.4.4.2　在电化学实验中引入质谱

要在电化学实验中引入质谱，其关键因素是整个实验的灵敏度：如果电极上通过的电量为 Q，待测物质的电流产率为 a，生成每个分子产生或消耗的电子数为 n，那么质谱仪检测器上电流信号的值为：

$$Q_{MS}=K(aQ/n) \tag{5.67}$$

式中，K 为传质因子（校正系数），其值与电解池内脱附和传质过程、向质谱仪以及在质谱仪内部的传质过程的损失有关，可以通过实验测定（可达到 10^{-8}）。由于 Q_{MS} 的可测值为 10^{-14}C，因此电极上若能通过不低于 10^{-6}C 的电量，就能获得可测信号，对面积为 $1cm^2$ 的电极来说，也就是可以检测到单分子层的 1%。

5.4.2.2.1　非原位测量

最初不太成功的测量采用了基于场脱附原理，其发射极先充当工作电极然后作为离子源。从电化学角度讲，这种电极并不合适。但其性能可通过采用热脱附法得到极大的改善，且电极可以做成任意形状。图 5.37 给出了该系统的详细设计，图的下部分为电化学池，工作电极被安置在一个电机的驱动器上，可以将它从电解池（位置Ⅰ）输送到真空阀（位置Ⅱ）处，并可通过设在此处的窗口对其进行观察。经过抽真空后，还可将电极进一步移动到位置Ⅲ处，也就是质谱仪的入口部位，在这里可以利用投影灯的聚焦光束对电极进行加热处理，并通过热电偶连续监测电极的温度变化。

很显然，要保证质谱测试的结果有意义，必须保证在将电极从电解液中移出和随后在真空中的加热过程中，不会破坏电极表面的吸附层。图 5.38 为此提供了证据，其中（a）所示的循环伏安曲线是在将铂电极首先置于含饱和 CO 的 0.05mol·dm^{-3} H$_2$SO$_4$ 溶液中，然后在将这种电解液完全置换成纯 0.05mol·dm^{-3} H$_2$SO$_4$ 溶液的情况下获得的。（b）在获取循环伏安前，先采用与（a）同样的电解液步骤，然后将电极转移到位置Ⅲ处保留 10min，再将其移回电解液中测定的循环伏安曲线。比较这两张图可以发现，在实验可重复性允许的范围内，两图中的循环伏安曲线基本一致。

图 5.39 所示为该技术的一个应用实例，它显示了从暴露于含甲醇的 0.05mol·dm^{-3} H$_2$SO$_4$ 溶液中的铂电极上观察到的质谱。从图中的质谱信号强度可以看出，从表面经过热脱附后得到的物质主要为 CO 和 H$_2$，有人提出这两种物

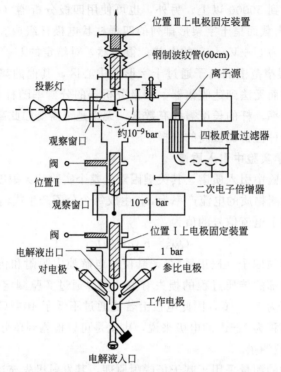

图 5.37　电化学热脱附质谱（ECTDMS，*Electrochemical Thermal Desorption Mass Spectrometry*）的实验装置图

〔选自 S. Wilhelm et al.，*J. Electroanal. Chem.*，229（1987）377；B. Bittins et al. in *Electroanalytical Chemistry*，vol. 17，1991，ed. A. J. Bard，Marcel Dekker，New York〕

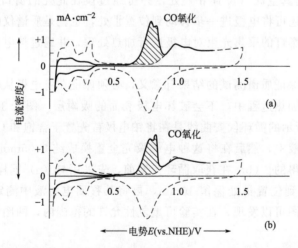

图 5.38　将电极传送到高真空环境中，其上所附的吸附 CO 层不会受到影响的实验证明

〔B. Bittins et al. in *Electroanalytical Chemistry*，vol. 17，1991，ed.

A. J. Bard，Marcel Dekker，New York〕

质都是从诸如 ≡C—OH 这样的吸附物生成的。从图中还可以看出，其他少量的硫酸根这样的阴离子也能观察到，通过对比在纯电解液中的实验显示，水和阴离子可以附着到电极表面，并被带到质谱仪中去。

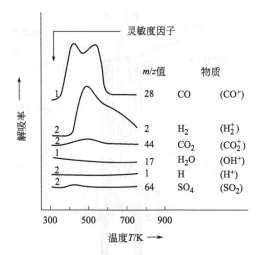

图 5.39　利用电化学升温脱附质谱技术在暴露于甲醇溶液的铂电极上获取的结果

加热速度为 $5K \cdot s^{-1}$［详见正文，B. Bittins et al. in **Electroanalytical Chemistry**，vol. 17，1991，ed. A. J. Bard，Marcel Dekker，New York］

5.4.4.2.2　多孔表面的原位测量

可通过使用多孔工作电极实现电化学过程与质谱技术的直接联用，该多孔工作电极一方面构成电解池的池壁，另一方面也作为质谱仪的进样系统。采用这种方法，在电极表面生成的挥发性物质可被迅速导入质谱仪的离子化室内，其对应的质谱信号可以与电极电势随时间的变化直接关联，这样就可获得电极反应过程中挥发性产物或反应中间物的实时在线信息。

显然电解池与质谱仪的接口设计非常重要，图 5.40 给出了一个例子。其中心是一钢制滤片，使得电极可以承受大约 1bar 的压力差，滤片上面放置了一层疏水的微孔 PTFE 薄膜，PTFE 薄膜上放置多孔金属或碳薄片作为工作电极，其电极引线是一段压嵌在多孔薄层金属内的铂丝。在引入待吸附的溶液前，需要对电极进行清洁处理，方法是将电极在支持电解液中进行多次循环扫描，同时可利用在线质谱对这一过程进行实时监测。

对电极和参比电极放置在电化学池的底部，与之相对的工作电极面积大约为 $1cm^2$，这使得电解池可容纳的电解液体积为 $1 \sim 2cm^3$。在流动电解池的实验中，这个体积大小可保证实现电解液的快速切换，而且还可利用质谱信号对电解液的冲洗过程进行跟踪和控制；一般来说，需要用大约是工作电解池容积 50～100 倍的新鲜电解液进行冲洗。

另外，还可以用致密或旋转电极来取代多孔电极，这种电极的放置要尽量接近 PTFE 膜（见下节）。要使得质谱测量的时间分辨能跟得上以 $50mV \cdot s^{-1}$ 的常规速度进行循环伏安速率，需要在电解池与离子源之间使用差分泵（见图 5.40a）。在使用两个涡轮分子泵的情况下，分析室的气体可在 0.01s 内被完全更换（差分电化学质谱，DEMS）。

图 5.41 所示为使用微分电化学质谱测量在含饱和 CO 的硫酸溶液吸附完 CO 并切换到不含 CO 的溶液后铂电极上吸附 CO 的氧化过程。在线质谱表明这一过程

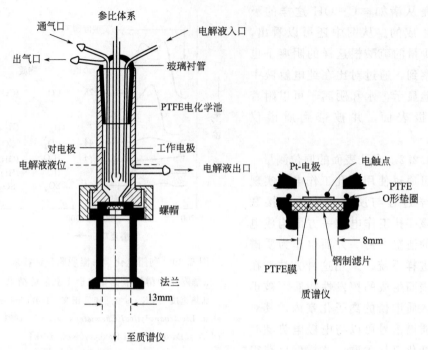

图 5.40　用于质谱测量且采用多孔工作电极的电解池
多孔电极同时充当质谱仪的进样口〔B. Bittins，E. Cattaneo，
P. Kenigshoven and W. Vielstich in *Electroanalytical Chemistry*，
vol. 17，1991，ed. A. J. Bard，Marcel Dekker，New York〕

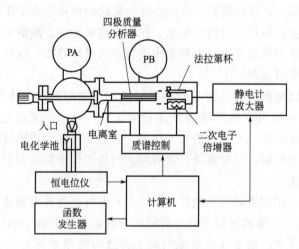

图 5.40a　微分电化学质谱的实验装置图
图中的 PA 和 PB 代表两个涡轮分子泵

的主要产物是 CO_2，利用这个简单的电化学过程还能准确地测量出质谱仪传质因子 K（校正常数）。

下面的例子将反映出应用 DEMS 方法的更多可能性。为更好地区分在多孔乙醇铂电极上的氧化产物，在实验中使用了氘取代物，C_2D_5OD。这样就不仅能探测到 CO_2（$m/z=44$），还可以将其与氘代乙醛 CD_3CHO（$m/z=47$）区分开来，如果使用普通的乙醇，那么无法将产物乙醛（$m/z=44$）和 CO_2（$m/z=44$）区分开来。从图 5.41a 中可以看出，仅在一个相对较窄的电势区生成 CO_2，而乙醛则是反应的主要产物，它在整个研究电势区间内都生成，而且其质谱信号（图 5.41 下）与阳极电流（图 5.41 上）随电势的变化趋势非常接近。

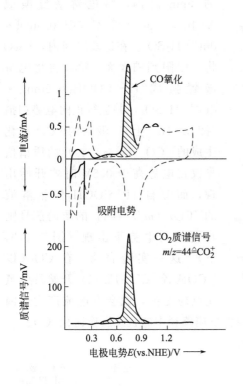

图 5.41　验证吸附的 CO 氧化的主要
产物是 CO_2 的实验

电势扫描速率：12.5mV·s^{-1} [O. Wolter et al., *Proc. Symp. Electrocatalysis*, Vol. 82-2, p. 235, El. Chem. Soc. Pennington, 1982]

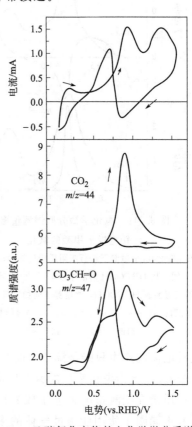

图 5.41a　乙醇氧化产物的电化学微分质谱分析

上图，多孔铂电极在 0.01mol·dm^{-3} C_2D_5OD + 0.05mol·dm^{-3} H_2SO_4 溶液中循环伏安曲线，扫描速率 20 mV·s^{-1}；中图，CO_2（$m/z=44$）和下图，氘代乙醛 CD_3CDO（$m/z=47$）所对应的质谱信号随电势的变化

对直接甲醇燃料电池（请参见第 6 和第 9 章）兴趣的增加也促进了人们利用实验证明甲醇或甲酸分子的氧化过程中存在不同的反应路径。一个借助于[13]C 标记的甲酸 $H^{13}COOH$ 的电化学微分质谱实验证明了甲酸氧化的双途径机理：

(a)　　$HCOOH \longrightarrow CO_2 + 2H^+ + 2e^-$

(b)　　$HCOOH \longrightarrow CO_{ad} + H_2O$；$H_2O \longrightarrow OH_{ad} + H^+ + e^-$；

　　　　以及 $CO_{ad} + OH_{ad} \longrightarrow CO_2 + H^+ + e^-$

图 5.41b 给出了存在这两种反应途径的实验证明。

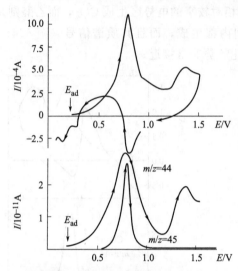

图 5.41b　电化学微分质谱测量多孔
铂电极上甲酸的氧化

上图，在 200mV 电势下进行吸附反应后的循环伏安曲线；
下图，从 $H^{13}COOH$ 溶液中吸附了 CO 之后，再将
溶液置换成 $H^{12}COOH$，当电势正向扫描至 1.5V 时
得到的 $m/z=44$ 和 $m/z=45$ 的在线质谱信号，电势
扫描速率为 $12.5mV \cdot s^{-1}$

将用于电化学微分质谱研究的铂电极在支持电解液（$0.5mol \cdot dm^{-3} \ H_2SO_4$）中进行循环扫描之后，在保持电势为 0.2V（vs. RHE）的 3min 之内，将电解液置换成 $0.04mol \cdot dm^{-3} \ H^{13}COOH / 0.5mol \cdot dm^{-3} \ H_2SO_4$。在这段时间内，$^{13}CO$ 将会吸附到铂表面。接着再将电解液置换成 $H^{12}COOH / 0.5mol \cdot dm^{-3} \ H_2SO_4$，并进行正向电势扫描（图 5.41b，上）。吸附的 ^{13}CO 氧化生成的 $^{13}CO_2$（$m/z=45$）的质谱信号仅在电势高于 0.5V 时才开始出现，而源自 $H^{12}COOH$ 体相溶液的 $^{12}CO_2$（$m/z=44$）的质谱信号则在更低的电势下出现（图 5.41b，下）。这一实验表明，在 CO（以 ^{13}CO 或者 ^{12}CO 的形式）开始发生氧化反应之前，就会有电流产生。因此这种电流的产生只能是源于上面给出的两种反应路径中的直接反应途径（a）。

5.4.4.2.3　光滑电极表面的原位质谱测量

用质谱在线测量电极上生成的挥发物质并不局限于使用能透过气体的多孔电极。对固体电极材料，为获得足够的传质效果，一般倾向于采用旋转电极。图 5.42 所示为这种构型的一个图例，它采用了一个靠近质谱仪窗口位置的圆柱形旋转电极，质谱仪窗口由多孔 PTFE 薄膜和不锈钢滤片构成。这种设计也可用于研究伴随有大量气体产生的过程的电化学反应，如果采用多孔电极研究这类的反应，气泡的产生可能导致电

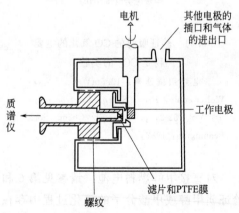

图 5.42　靠近质谱仪入口处的旋转圆柱电极

催化剂颗粒的脱落。

　　在某些情况下，例如使用了单晶基体，如果很难将其加工成圆柱状电极，那么也可以使用平板旋转圆盘电极。这类结构给出在图 5.43 中。从图中可以看出，电解液的弯液面已吸附到位于质谱仪薄膜窗口正上方的圆盘电极的表面，圆盘电极的快速旋转还有助于弯液面的稳定。图 5.43a 给出了早期的以 50Hz 转速旋转的多晶铂电极上得到的一些结果；在这个实验中，工作电极和 PTFE 膜之间的间距为 $0.4\sim0.5$mm。

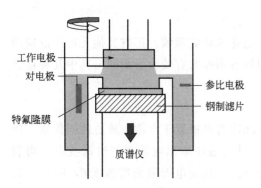

图 5.43　通过弯液面吸附了
电解液的平面旋转圆盘电极

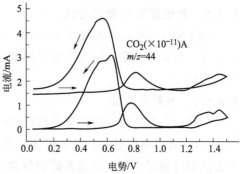

图 5.43a　甲酸在通过弯液面吸附了电解液
后的铂旋转圆盘电极上的氧化结果

电解液，0.1mol $\cdot$ dm^{-3} HCOOH/0.5mol $\cdot$ dm^{-3} H$_2$SO$_4$；旋转频率，50s^{-1}；扫描速度，10mV $\cdot$ s^{-1}。得到的 $m/z=44$（^{12}CO$_2$）的在线质谱信号

　　图 5.43a 与图 5.41b 所示的 HCOOH 的循环伏安曲线有所不同。这主要是由于光滑与多孔铂电极的活性不同造成的。当这两种构型的表面积都是 1cm^2 左右时，由于旋转电极很好的传质效果，采用这两种电极形式所获得的电流密度大致相同，同时离子电流也处于同一量级。

　　另一种可用于单晶电极的电化学微分质谱测量的装置是双薄层流动电解池。其装置原理见图 5.44。电化学池由两个独立的腔室组成，电化学腔室 V$_1$ 包含一个靠近工作电极的溶液入口，质谱测量一侧的腔室 V$_2$ 在质谱仪多孔薄膜入口附近设置了一个电解液的出口。两个腔室之间靠 4 个 1mm 口径的毛细管相连。这种设计允许使用直径约 1cm 的工作电极，

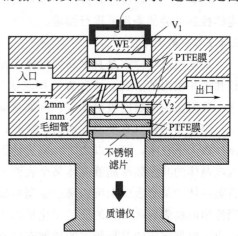

图 5.44　双薄层流动电解池示意图

电解液从工作电极 WE 所在的腔室 V$_1$ 经过 4 个毛细管流向质谱仪入口所在的腔室 V$_2$。这种设计是基于 H. Baltruschat 和 Z. Jusys 所建立的模型

溶液流速可以为 $5\mu L \cdot s^{-1}$。

V_1 和 V_2 的容积需要设计得足够小，以保证溶液从工作电极附近到达质谱仪入口处所需的时间不超过 1s 左右。

双薄层流动电解池中同样可以使用多孔薄膜电极，电解液的流动可避免传质的限制。另外，德国 Ulm 大学的 Behm 小组也已证明了利用双薄层流动电解池实现电化学原位红外光谱与电化学微分质谱的实时联用可行性。

5.4.5 其他重要的测量方法

除了前面提到的几种重要方法外，在电化学研究领域，还有其他几种广泛应用的方法，特别在探测和鉴别电极表面吸附物方面非常有效。下面列出其中几种最重要的方法。

5.4.5.1 放射示踪法

使用这种技术时，首先要在预定的时间内将电极置于含适当放射性同位素，例如 ^{14}C （一种弱 β 放射源）的示踪溶液中。从溶液中取出电极并经过清洗后，再利用合适的计数器测量电极表面的辐射强度 I。为确定电极表面覆盖度 θ，同时也必须获得洁净表面的辐射强度 I_C，以及表面覆盖度最大的辐射强度 I_{max}，然后利用式(5.68) 即可计算出电极表面覆盖度 θ。

$$\theta = \frac{I - I_C}{I_{max} - I_C} \tag{5.68}$$

这种方法已用于原位研究，即在计数器窗口上沉积尽可能薄的金属作为工作电极。将窗口和薄膜电极同时浸于待吸附溶液中，这样就可以对吸附过程进行原位检测。很显然，可以将这种方法与本章前面讨论的快速流动电解池连用，这样就能在连续控制电势的条件下进行测量。

5.4.5.2 微天平法

对电极进行称重是直接获取电极表面吸附物覆盖度的一种方法，已经应用于气相和液相吸附的研究。这种方法要求吸附物的溶解度低，同时要求溶剂具有挥发性，吸附量由干燥的吸附基底，例如金属颗粒在吸附前和后的质量差决定。

当使用常规具有平滑表面的电极时，应用这种方法极其困难，但通过使用石英晶体微天平技术，已可以实时、间接地测量出电极上的轻微质量变化。其原理基于压电晶体的共振频率随着晶体某个表面上附着的外来物的质量变化而变化。通过在石英晶体的某个表面上沉积薄层金属电极然后测量石英晶体共振频率的变化，即可探测出电极表面吸附物的质量变化情况。吸附物质量的增加使得共振频率减小，同样也可根据相应的共振频率的增加来监测脱附过程。但其他一些因素，例如电极附近溶剂密度和黏度的改变，由于吸附的水分子被其他结合更强的吸附物所取代而造成的损失等，也会影响电化学石英微天平的共振频率变化。

由于压电效应石英晶体具有一个特征共振频率 f_0：

$$f_0 = \frac{1}{2d}(\mu_c/\rho_c)^{1/2} \tag{5.69}$$

式中，d 表示晶体厚度；μ_c 是石英晶体的剪切模量（$2.95 \times 1011g \cdot cm^{-1} \cdot s^{-2}$）；$\rho_c$ 为石英的密度（$2.65g \cdot cm^{-3}$）。石英片的厚度一般为 $0.2 \sim 0.3mm$，共振频率一般处于 $5 \sim 10MHz$ 之间，通过在与其接触的金上施加交流电压即可激发其振动。

利用 Sauerbrey 关系式 [G. Sauerbrey, *Z. Phys.*，155（1959）206]，质量改变引起的频率变化情况可用下式表示：

$$\Delta f = -[2f_0^2/(\mu_c/\rho_c)^{1/2}]\Delta m \tag{5.70}$$

式中，Δm 表示每平方厘米发生的质量变化情况。应该注意的是这种简单的对应关系只在由质量改变引起的频率变化小于 2% 时才有效。

这种技术的检测极限为 $ng \cdot cm^{-2}$ 范围内，大致对应于欠电势沉积金属单层所引起的质量变化。特别重要的是该方法可以在利用循环伏安法或其他电化学方法研究的同时监测频率的变化。实验证明，电化学石英晶体微天平特别适合于如金属沉积，氧化物膜中的嵌入，导电聚合物膜的氧化还原特性以及有机分子的氧化等过程的研究。

5.4.6　扫描显微技术

5.4.6.1　扫描隧道显微镜（STM）

STM 是由 G. Binning 和 H. Rohrer 在 1982 年发明的，其原理是基于真空中将两种金属非常接近（距离 d 的量级为原子尺度），但无电接触时产生的所谓隧道电流 i_t。如果在这两者之间外加一个电势 V_b，那么产生的隧道电流为：

$$i_t \approx CV_b e^{-2\kappa d} \tag{5.71}$$

式中，C 的数值与这两种金属在费米能级附近各自的态密度的乘积成正比；κ 是这两种金属电子功函数的函数，该函数的形式代表着电子隧穿的势垒高度。隧穿过程本质上属于量子力学范畴，它的产生是由于这两种金属的电子波函数在二者之间的空间有一定的拓展，即能够隧穿两者之间的区域。隧道电流的大小与两金属间的距离 d 密切相关，当该间距每增加一个埃（Å）时，隧道电流将减小约 3 倍。

隧道显微镜的核心思想即是利用隧道电流对距离的高度敏感性，以一个尖细的金属针尖对电极表面进行扫描观察。对针尖的控制是通过一个压电陶瓷器件（压电晶体材料的尺寸会因外加电场改变而发生微小的变化）带动针尖作横向或纵向移动。当针尖在表面横向扫描时，遇到具有不同高度的区域时，其隧道电流将会发生变化；在大多数扫描隧道显微镜的设计中采用了反馈电路，它会通过改变针尖与电极表面间的距离，以使隧道电流保持在设定值，这种控制方法称为"恒电流模式"。另一种称为"恒高度模式"的控制方法是保持针尖与电极表面的距离恒定。

图 5.45 所示是扫描隧道显微镜的实验装置示意图。根据针尖的纵向移动或电流的改变就能得到一条纵向深度截面图，通过将针尖在表面横向扫描后得到这些谱图组合起来就能得到一张高精度的表面三维形貌图；其纵向和横向的分辨率可分别达 0.1 和 1。针尖在电极表面扫描范围一般在纳米至微米之间，表面上的原子形貌可通过压电陶瓷器件来监测（其变换系数一般为 $4nm \cdot V^{-1}$）。该技术使人们第一次有可能在原子尺度上研究和监测表面，并在固体界面研究领域获得了广泛应用。

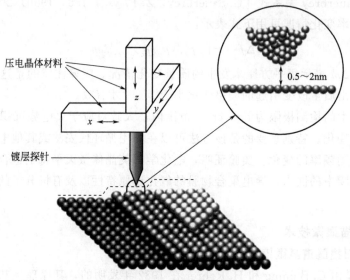

图 5.45　STM 实验原理

[L. Kibler and D. M. Kolb：*Structrure Sensitive Methods：AFM，STM in Handbook of Fuel Cells*，eds. W. Vielstich，H. Gasteiger and A. Lamm，Wiley-UK，Chichester，2003]

扫描隧道显微镜的分辨率取决于于针尖末端的单个原子或原子团簇的大小，因为这里是隧道电流出现的主要区域。针尖的制备是实际操作中的技术难点，一般很难制备半径远小于微米级的针尖。常用的针尖是经过电化学刻蚀的 Pt/Ir（80：20）或钨丝；值得一提的是扫描隧道显微镜技术已经用于含电解液溶液的电化学体系，尽管如所预料的这种应用会遇到针尖电极电势的屏蔽问题，但利用这项技术已对诸如金属的沉积和溶解、氧化层的形成和溶解等过程进行了广泛而深入的研究。最初将扫描隧道显微镜技术应用到电化学体系时遇到的问题是针尖本身的电化学活性，使得在电解质溶液中针尖上测到的电流同时包含隧道电流、法拉第电流（甚至双层充电电流等）。可采用两种方法降低针尖上的法拉第电流，其一是保持针尖的点位在其静电势附近，其二是将探针除针尖最末端外，全部涂上电化学惰性的清漆。

一个能很好地展示扫描隧道显微镜技术的分辨率以及可获得的详细信息的例子给出在图 5.46 和图 5.46a 中。图 5.46 给出的是 Au（111）单晶在 $0.1mol \cdot dm^{-3}$

H_2SO_4 溶液中以 $10mV \cdot s^{-1}$ 扫描时得到的循环伏安曲线，图中的两个尖峰对应着阴离子的吸附，而位于大约 $0.2 \sim 0.6V$ 区间的宽峰起源于重构的 Au (111) 向未重构的 (1×1) 面的转变。当阴离子的浓度每变化十倍时，位于 $0.7V$ 附近的尖峰的峰位将移动 $50mV$，对应该尖峰前后的 STM 图像也发生巨大变化（见图 5.46a）。通过对该 STM 图像的分析表明：当电势低于尖峰的峰位时，HSO_4^- 在 Au 表面以活动和无序的形态出现，当电势高于尖峰的峰位时，这些阴离子在表面快速而可逆地转化为一种有序而且致密的吸附结构。这种有序结

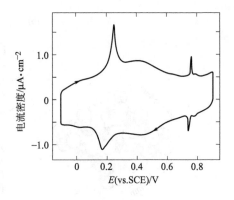

图 5.46　Au (111) 除氧后的 $0.1mol \cdot dm^{-3}$ H_2SO_4 溶液中的循环伏安曲线

扫描速度为 $10mV \cdot s^{-1}$ [O. Magnussen, R. J. Behm, *Farad. Disc. Chem.*, Soc. 94 (1992) 330]

构最初出现于岛状结构中，这些岛状结构随后开始扩展并连接起来形成一个连续结构，图 5.46b 给出了这一过程的详细情况。图中也给出了固态 $H_2SO_4 \cdot H_2O$ 中出现的结构作为对比。有趣的是，氢键结合是维持后一结构稳定的重要因素，而且形成氢键的能量看上去正好对应于形成的不同吸附构型的能量差。

5.4.6.2　基于扫描隧道显微镜的其他衍生技术

图 5.46a　Au (111) 在 $1mol \cdot dm^{-3}$ H_2SO_4 溶液中的高清晰度 STM 图像

($I_t = 25nA$；测量范围：210×120)

它显示出在同一区域形成有序阴离子吸附结构前、后的形貌变化。图上部当
电压为 0.68V 时，可见 Au (111) 基底的晶格结构；当电势提高至 0.69V 时，观察
到了 Au 表面吸附层的超结构 [引文同图 5.46]

　　扫描隧道显微技术的发明迅速导致了一系列类似技术的出现，这些方法利用相似的技术但是不同的物理效应。从电化学角度讲，其中最具重要性的大概是原子力

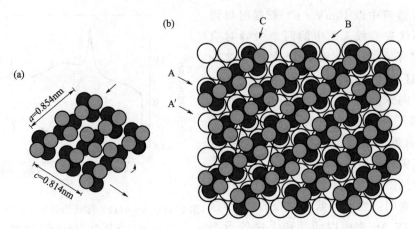

图 5.46b　(a) 固态 H_2SO_4 沿 b 轴方向的投影结构 [R. W. G. Wyckoff：
Crystal Structures，Wiley，New York，Vol. 2，1963]，图中的箭头所指为适配阴离子
吸附层结构参数而进行结构调整的方向；(b) Au (111) 电极表面吸附的阴离子的
结构扩展模型 (构成四面体结构的硫酸根中，面朝电极表面的氧原子以黑圈表示，
而朝向溶液一方的氧原子以淡黑圈表示)

显微镜，其原理见图 5.47。与 STM 利用的隧道电流不同，AFM 借助针尖与表面
的物理接触力来探测表面形貌，这种接触力源于静电力、范德华交互作用和 (或)
初始的化学键合效应。AFM 同样也可用来研究非导电基底表面的形貌。其针尖材
料通常为 Si、SiO_2 或 Si_3N_4，因此可通过微加工获得。针尖安装在经过微加工制备
的悬臂梁上，这种悬臂梁可起到弱弹簧作用，它在针尖与表面之间的力作用下可以
发生弯曲。通过光学方法即可探测出这种变形，该方法是利用对位置敏感的探测器
接收从悬臂梁背面反射的激光束 (见图 5.47) 来实现的。悬臂梁的横向尺寸约为
$100\mu m$，其厚度约为 $1\mu m$。

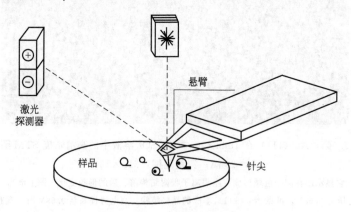

图 5.47　原子力显微镜的原理示意图

[N. J. DiNardo, *Nanoscale Characterisation of*
Surfaces and Interfaces，VCH，New York，1994]

如果仅考虑范德华力，对距表面 s 处半径为 r 的球体而言，通过对所有的成对原子间的范德华力求积分得到：

$$\boldsymbol{F}_{\mathrm{VDW}} = \frac{\boldsymbol{Hr}}{6s^2} \tag{5.72}$$

式中，H 代表 Hamacker 常数，它的数值取决于针尖和表面材料的种类。AFM 一般在力恒定的条件下对基底表面进行测量，对均匀表面而言，它直接对应于表面形貌。

扫描开尔文力显微镜（Scanning Kelvin Microscope，SKM）同样能够对很薄绝缘层的表面进行扫描测定。这种装置利用测量开尔文电容的方法测量表面功函，它的横向分辨率为 $2\sim5\mu m$。通过巧妙使用和声学，可以同时测量出表面形貌和功函。

扫描电化学显微镜（Scanning Electrochemical Microscope，SECM）是 STM 的另一种衍生技术，它测量法拉第电流而不是隧道电流。它采用一种超微电极（或者直接使用 STM 原针尖），这种电极以恒高模

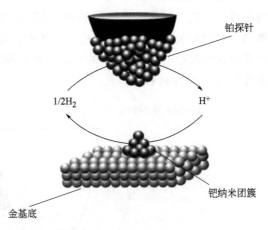

图 5.48　利用扫描电化学显微镜技术对 Au（111）基底上的 Pd 纳米团簇的催化活性进行研究的原理示意图

式在导电（甚至是不导电）表面上扫描。它所测得的电流来自于溶液中的电活性物质，该电流值是基底材料的表面结构和组成变化的函数。

使用 SECM 的一个例子给出在图 5.48 中。在 Pd 纳米团簇上溶液中质子被电化学还原而产生的氢分子能够扩散到 SECM 针尖上，并在那里重新被氧化成质子。从原理上讲，利用这种方法可以能够直接测量这些纳米粒子的催化活性。另一个有趣的应用在于利用 SECM 探测与腐蚀效应相关的表面微结构。这种方法的横向分辨力取决于所选用电极的直径，对超微电极而言，其分辨率为几个微米，如果采用 STM 针尖，其分辨率可达 $50\sim100\mathrm{nm}$。

5.5　纳米结构的制备，扫描隧道显微镜与向真空转移的结合

5.5.1　利用 STM 针尖制备纳米结构：SECM 实验

利用 SECM 实验中的 STM 针尖（这时针尖距离表面足够远，因此不会产生隧道电流），可制备纳米结构材料，例如，在 $10^{-3}\,\mathrm{mol\cdot dm^{-3}}$ Co^{2+}/$0.5\mathrm{mol\cdot dm^{-3}}$ H_2SO_4 溶液中和 Au（111）基底上制备一定尺寸的金属钴团簇。针尖

是通过将预先涂覆 Apiezon 封蜡且直径为 0.25mm 的金丝在 32% HCl 溶液中刻蚀而成。由此可得到针尖末端裸露的面积约为 $10\mu m^2$，在 $10mV \cdot s^{-1}$ 的扫描速率下，该针尖上的双电层充电电流小于 10pA。可首先利用 10^{-3} mol $\cdot$ dm^{-3} $Co^{2+}/0.5$mol $\cdot$ dm^{-3} H_2SO_4 溶液，在这种纳米电极（针尖）表面电沉积一定厚度的金属 Co 层。这时若在针尖上外加一个 800mV 的脉冲电压，金基底附近溶液中的 Co^{2+} 浓度将会迅速增加。由于金基底的电势保持恒定，在 STM 针尖附近 Co 将会很快地电沉积到 Au（111）表面（见图 5.49a）。由于针尖与 Au（111）表面的间距很小，使得越是接近针尖的中心部位的地方，Co^{2+} 浓度就越高，因此针尖距离 Au（111）表面越近，形成的钴团簇的直径越小。根据 Co^{2+} 的扩散系数，可以计算出施加脉冲电压后 Co^{2+} 的浓度分布情况，由此也可计算出钴团簇的直径和高度［见图 5.49(b) 和 (c)］。

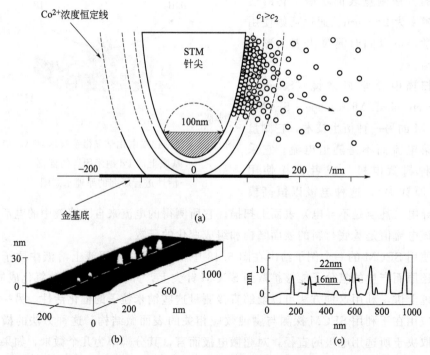

图 5.49 借助 SECM 中的 STM 针尖（参见图 5.48），从 10^{-3} mol $\cdot$ dm^{-3} $Co^{2+}/$
0.5mol $\cdot$ dm^{-3} H_2SO_4 溶液中向 Au（111）基底电沉积制备 Co 团簇

(a) 在 0.5mol $\cdot$ dm^{-3} H_2SO_4 溶液中，Co 的起始浓度为 10^{-3} mol $\cdot$ dm^{-3}，
随着 STM 针尖上发生的 Co 层的阳极溶解，针尖附近 Co^{2+} 的浓度分布情况；(b) 利用 (a) 中
介绍的方法，Co 团簇在 Au 基底上分布的 STM 图像；(c) 图 (b) 中白线上的高度分布图［W.
Schindler, D. Hofmann and J. Kirchner, *J. Electrochem. Soc.*, 148（2001）C124］

5.5.2　扫描隧道显微镜技术与向真空转移的结合

直到最近，在可控条件下将电极直接从电解池转移到超高真空室进行

STM 测试还是一件非常困难的事情。最近 Omicron 公司提供了一款微型电化学池，它可以直接安装到 UHV 系统上。图 5.50 给出了这种微型电化学池设计，它具备在保持电势控制的前提下切换电解质溶液的功能。所需的溶液从一段长 20cm、直径 19mm 的玻璃管的一端导入到第二根玻璃管，这根玻璃管末端分别与一根铂丝充当对电极，一个担载样品的小铂片以及参比电极相连。如图 5.50 所示工作电极被置于电解液的上方并通过弯液面与电解液相连。利用这种设计，就可直接将 UHV 条件下制备的样品转移到电解池并进行循环伏安或计时电流等电化学测试，从而避免将样品暴露于大气中。从图 5.51 所给出的例子，可以从 STM 测量中得到在 UHV 条件下在 Pt（111）电极表面制备的 Ru 团簇的数量和结构的有关信息。利用这种技术，我们可以将纳米电极的活性与其结构关联起来（请参见 6.4.6 节和图 6.11）。

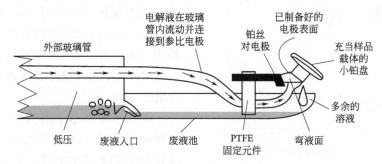

图 5.50　卧式微型流动电化学池

可在多种负载锁定系统中使用，具备切换溶液的功能。图中弯液面是放置单晶电极的位置

［H. Hoster et al.，*Phys. Chem. Chem. Phys.*，3（2001）337］

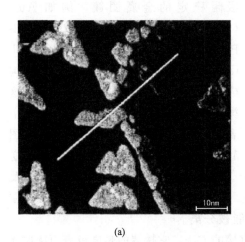

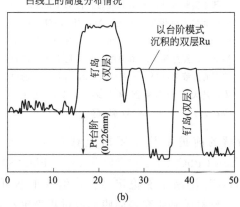

图 5.51　在 UHV 系统中和 400K 下在 Pt（111）表面沉积的 Ru 团簇

（a）Pt（111）表面具有较高 Ru 团簇密度（形成了双层结构）的台阶附近区域的 STM 图像；

（b）图（a）中白线上 Pt 台阶和 Ru 团簇的高度分布图［H. Hoster, T. Iwasita,

H. Baumgartner and W. Vielstich，*Phys. Chem. Chem. Phys.*，3（2001）337］

5.6 光学方法

本节将介绍一些古老但至今仍广泛使用的一些研究电极表面和反应的方法。光吸收谱是其中最直观简单的方法，通常

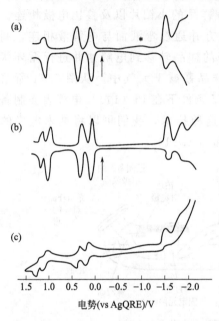

图 5.52a Au$_{38}$(PhC$_2$S)$_{24}$ 团簇在 (a) 25℃、(b) −70℃下的微分脉冲伏安曲线（见 10.2.1.2 节），扫描速度为 0.02 V·s^{-1} 和 (c) −70℃下的循环伏安图（0.1 V·s^{-1}）

其他实验条件：工作电极为直径 0.4 mm 的 Pt 丝；准参比电极为 Ag 丝（AgQRE）；对电极为 Pt 丝；溶液为 0.1mol·dm^{-3} Bu$_2$NPF$_6$/CH$_2$Cl$_2$ 溶剂中，经过除氧。图中的箭头所指表示为该条件下的溶液静电势，* 表示残余的 O$_2$ 所对应的电流，其大小因实验而异 [Lee et al., *J. Am. Chem. Soc.*, 126 (2004) 6193]

在使用光学透明电极（例如，重掺锡氧化物）的电解池中进行。这类电极材料同时具有很高的导电性和对可见光透过率很高的特点。这种方法已广泛应用于研究复杂有机和无机反应的反应路径，其中对研究无机化学反应的应用更为广泛，因为无机反应中经常产生一些在 400～700nm 的光谱区间有吸收的生色基团。该技术如今已扩展到红外区，该区域对研究有机电化学反应机理非常有帮助。

该技术特别适于研究电化学反应过程中产生的一些很不稳定或者无法单独分离和测量的物质。例如最近该方法被成功地用于研究溶液中利用巯基、磷化氢或类似配合物的表面化学吸附稳定的金属团簇，例如 Au$_{38}$ (PhC$_2$S)$_{24}$ 团簇的合成，其中 PhC$_2$SH 是 2-苯基乙硫醇（2-Phenyl-thioethanol）配体，而 38 个金原子构成的纳米颗粒的直径大约为 1nm。这类团簇化合物通常会在循环伏安图中表现出多重电荷转移峰（见图 5.52a），而且可在团簇不发生不可逆

分解的前提下从 4 团簇上移走 4 个电子。图 5.52b 给出了电中性团簇以及 [Au$_{38}$(PhC$_2$S)$_{24}$]$^+$ 和 [Au$_{38}$(PhC$_2$S)$_{24}$]$^{2+}$ 的吸收谱，虽然这些物质在 CH$_2$Cl$_2$ 溶液中能稳定存在，但几乎不可能被分离。

反射谱是研究表面膜形成过程简单和直接的方法，它探测的是电极表面反射光强的变化，这一变化与电极表面膜的吸光状态有关。要提高这种方法的灵敏度，一般应采用多重反射技术，但如果表面膜的吸光系数低，该方法的灵敏度还较差。因此在很大程度上该方法已被椭圆偏振技术取代了。

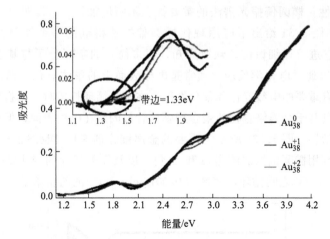

图 5.52b　25℃下除氧后的 CH$_2$Cl$_2$ 溶剂中　(a) Au$_{38}$(PhC$_2$S)$_{24}$ （黑线）、
(b) [Au$_{38}$(PhC$_2$S)$_{24}$]$^+$ （中黑线）和 (c) [Au$_{38}$(PhC$_2$S)$_{24}$]$^{2+}$ （浅色线）的紫外-可见光谱

带 +1 和 +2 电荷的纳米团簇是在谱学电化学池中通过电解产生的。从插图中，可以
看到这些稳定的团簇化合物具有清晰的光吸收下限，说明其分子轨道中的最高
已占和最低未占轨道的能量差非常确定

5.6.1　椭圆偏振技术

椭圆偏振技术利用一束与电极表面呈 45° 的线偏振光照射电极表面，然后测量反射光的偏振状态。这种反射光一般都呈现出椭圆偏振态，即如果从某个固定点观察，就会发现反射光总电场矢量的方向将会不断改变，将这些矢量的顶端相连可构成一个椭圆。可以用三个参数来描述这个椭圆：长轴的长度（它对应于反射光的强度）、椭圆长轴相对于反射面的方位角以及离心率（即椭圆短轴与长轴之比的反正切函数）。后两个角度与电极表面状态有关，而且可以很精确地测量出这两个角度；一般可进一步变化得到另外两个角度，Δ 和 Ψ。Δ 对应于偏振方向平行（p-偏振光）和垂直（s-偏振光）于反射面的入射光经过表面反射后，其相位变化上的差值。Ψ则对应于这两种入射光的反射系数之比的反正切函数。通过对 Δ 和 Ψ 的精确测量，可以确定单层膜覆盖度的变化情况。由于这种方法灵敏度较高，因此也被应用于研究金属氧化膜以及导电聚合物膜的生长过程，特别是对后者的研究，在电势阶跃起始阶段，可以得到膜的最初生长过程的一些特别重要的信息。

椭圆偏振技术中的一个基本假设是均质膜可以用三个参数：即复折射率中的实部 (n) 和虚部 (k)，$\hat{n}=n-ik$（k 与光吸收系数 α 直接相关，$\alpha=4\pi k/\lambda$），以及膜厚 L 来表示。但椭圆偏振光谱测量通常只能给出两个参数，Δ 和 Ψ。要获得所需的其他信息，一般可采用两种方法：一是在某个波长下同时测量反射光强或膜的其他光学性质；二是测出入射光不同波长时，Δ 和 Ψ 的数值，然后在假定膜厚一定的条件下寻找一个能拟合这些数据的模型。后一种方法也称为椭圆偏振光谱法。近年来，由于对制备物理结构相同的膜的需求以及仅用随波长变化的 n 和 k 的简单模型的极大局限性，椭圆偏振光谱法的重要性在不断增加。

图 5.53 和图 5.54 给出了应用现代椭圆偏振法得到的一个简单结果示例，在 6.4.5 节将对它进行详细讨论。众所周知，很多简单的杂环分子与基于杂环配体的金属复合物可以通过电化学反应（通常是电极表面上的单体氧化）形成聚合物。这些聚合物膜具有重要的电致变色和催化性能；在电势循环扫描时，其折射率会发生显著的变化，而且基于金属络合物的聚合物膜尽管被固定在电极表面，但还是可以保持其单体的催化活性。图 5.53a 所示为重要的金属催化剂 Pd（OMeSalen）在电极表面聚合成膜后，利用椭圆偏振法测出 Δ 和 Ψ 角，以及反射强度的变化情况，实验条件为：电势在 $0\sim1.2$V 之间循环，溶剂为 $0.001\text{mol}\cdot\text{dm}^{-3}$ 的乙腈溶液，支持电解质为

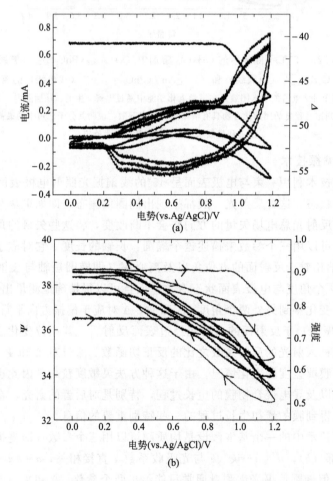

(a)

(b)

图 5.53a　[Pd(OMeSalen)] 聚合物膜在起始生长阶段的最初三个循环伏安曲线

图中给出了 Δ 和 Ψ 角，以及反射强度的变化情况。实验条件：$0.1\text{mol}\cdot\text{dm}^{-3}$

的 $\text{Bu}_4\text{N}^+\text{BF}_4^- + 1\text{mmol}\cdot\text{dm}^{-3}$ Pd(OMeSalen)，溶剂：

乙腈，工作电极铂电极的面积为 0.64cm^2 [P. A. Christensen and A.

Hamnett, *Electrochimica Acta*, 45（2000）2443]

0.1mol·dm⁻³ 的氟硼酸铵。图 5.53b 给出了厚度、n 和 k 的估算值。从图中可以看出，即使在很短的时间内，电极表面已形成较厚的膜，但在起始阶段，膜中包含着大量的溶剂分子；可以看出膜厚和固化情况随着电势循环扫描而不断增加。

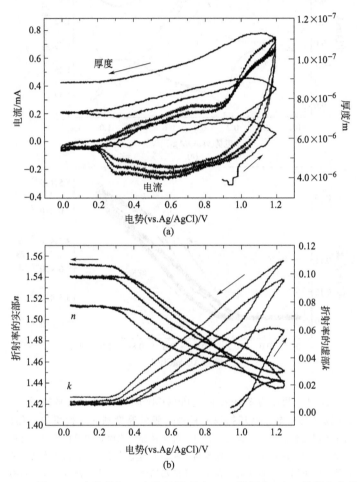

图 5.53b　图 5.53a 中的最初三个生长循环中（a）膜厚和（b）折射率中的实部

（n）和虚部（k）的随电势扫描的变化情况

这里假定膜厚均匀 [P. A. Christensen and A. Hamnett, *Electrochimica Acta*, 45 (2000) 2443]

图 5.54 给出的是一个经过多次电势循环扫描生长完后的膜电极从原溶液中取出，然后置于仅含乙腈的溶液中进行电势循环扫描时得到的 n、k 和厚度随电势的变化情况。其循环伏安曲线表明：在较正的电势下有很大的电流流过电极。通过电极的总电量表明，在未氧化的状态下，电极表面膜相当致密。当膜发生氧化时，随着溶剂分子和电性相反的离子的进入，膜开始显著膨胀，k 值增加，而 n 值减小，这意味着在近红外区，氧化膜存在着强烈的电荷吸收。分析表明，这种吸收将导致光谱的可见光区的 n 值下降到一个极低值。更进一

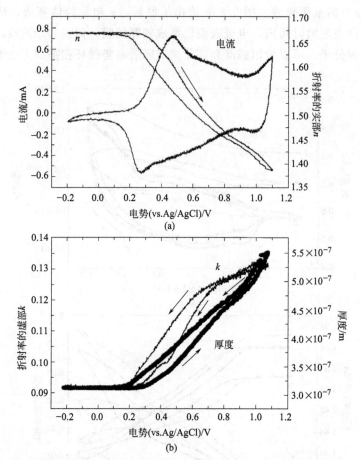

图 5.54　膜厚为 300nm 的 [Pd(OMeSalen)] 聚合物膜的循环
伏安曲线以及在电势循环扫描过程中，膜的厚度和光学性质的变化情况

利用不同波长的光谱实验结果表明：处于还原状态时，膜保持均匀；而在
氧化状态时，膜中从靠近电极表面一侧到面对电解液一侧的乙腈溶剂含量
有很大的不同，在靠近电极表面一侧的乙腈含量非常少，而电解液一侧则
因乙腈含量极大而变得非常疏松。图中给出的 n 和 k 值是反映电极一侧情况，
膜面对电解液一侧的 n 和 k 值与溶剂的基本相同 [P. A. Christensen and
A. Hamnett, *Electrochimica Acta*, 45（2000）2443]

步的分析表明：氧化态下的膜不再均匀；靠近电极表面的膜仍然非常致密，但
靠近电解液一侧的膜已经高度溶剂化。

5.6.2　XAS、SXS 和 XANES

在同步辐射装置中的储能环内，电子被强磁场加速到极高的速度，并发射出从
红外到硬 X 射线波段的连续电磁辐射谱。X 射线吸收谱（XAS）可以用来研究电
极表面的二维结构，与此密切相关的技术是表面 X 射线散射（SXS）。

利用这项技术，研究人员已开展了有关电极表面上的金属沉积、表面氧化物的形成、水和阴离子的吸附等电化学现象进行了成功的研究。XAS 一个特别的优点是可以区分不同的元素，利用这个特点，可以研究电极表面上合金团簇的材料组成。另外，XAS 还可用来探测铂催化剂的 d 电子态，光谱中靠近边缘的部分，即光谱中靠近陡峭边沿部分（即 X 射线吸收近边结构光谱，XANES）最适合对此进行研究。图 5.55 给出了铂箔的 XANES 谱，其中 L_2 为 11564eV、L_3 为 13273eV。通过对 XANES 谱的分析，可以得到由于颗粒尺寸和电极电势变化而导致的 d 能带占据情况的变化信息。在这项技术的基础上，扩展 X 射线吸收精细结构光谱（EXAFS）已应用于研究电极表面局部的结构（参见 2.5.3.2 节）。

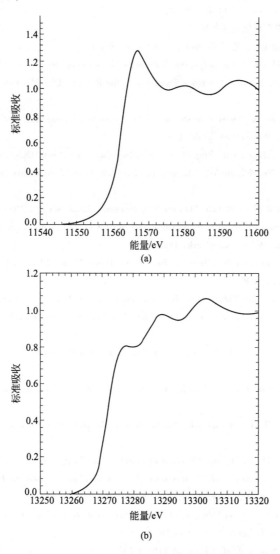

图 5.55　铂箔在 L_2 和 L_3 边缘的 XANES 谱

参 考 文 献

有关恒电位仪的文献

D. T. Sawyer and J. L. Roberts. *Experimental Electrochemistry for Chemists*, John Wiley and Sons, 1974

P. T. Kissinger and W. R. Heinemann eds. *Laboratory Techniques in Electroanalytical Chemistry*, Dekker, New York, 1984

R. Kalvoda. *Operational Amplifiers in Chemical Instrumentation*, Ellis Horwood, Chichester, 1975

E. Gileadi, E. Kirowa-Eisner and J. Penciner. *Interfacial Electrochemistry: An Experimental Approach*, Addison-Wesley, Reading, MA, 1975

关于消除 iR 降的方法的文献

D. Britz, *J. Electrochem. Soc.* 88 (1978) 309-352

有关旋转圆盘电极和旋转圆环电极的文献

A. Frumkin and G. Tedoradse. *Z. Elektrochem.*, 62 (1958) 251

V. G. Levich. *Physicochemical Hydrodynamics*, Prentice Hall, Englewood Cliffs, NJ, 1962

D. Jahn and W. Vielstich. Rates of Electrode Processes by the Rotating Disc Method, *J. Electrochem. Soc.*, 109 (1962) 849

A. C. Riddiford. *Advances in Electrochemistry and Electrochemical Engineering*, volume 4, ed. P. Delahay and C. W. Tobias, J. Wiley, New York, 1966

W. J. Albery and M. L. Hitchman. *Ring-Disc Electrodes*, Clarendon Press, Oxford, 1971

Yu. V. Pleskov and V. Yu. Filinovsky. *The Rotating Disc Electrode*, Consultants Bureau, New York, 1976

湍流动力学的文献

F. Barz, Ch. Bernstein and W, Vielstich. "On the Investigation of Electrochemical Reactions by the Application of Turbulent Hydrodynamics" in *"Advances in Electrochemistry and Electrochemical Engineering"*, vol. 13, ed. H. Gerischer, John Wiley, New York, 1984

C. H. Hamann, H. Schener and W. Vielstich: *Ber. Buns. Phys. Chem.* 77 (1973) 484

有关处理循环伏安谱方面的文献

H. Matsuda and Y. Ayabe, *Z. Elektrochem. Ber. Bunsenges. Phys. Chem.*, 59 (1955) 494

A. J. Bard and L. R. Faulkner, *"Electrochemical Methods: Fundamentals and Applications"*, John Wiley, New York, 2001

P. A. Christensen and A. Hamnett, *"Techniques and Mechanisms in Electrochemistry"*, Blackie and Son, Edinburgh, 1995

Vielstich, W., *Cyclic Voltammetry*, in *Handbook of Fuel Cells*, Wiley-UK, Chichester 2003, Vol. 2, chapter 14.

P. T. Kissinger and W. R. Heinemann eds. *"Laboratory Techniques in Electroanalytical Chemistry"*, Dekker, New York, 1984

J. O'M. Bockris and S. U. M. Khan: *"Surface Electrochemistry"*, Plenum Press, New York, 1993

V. D. Parker *"Linear Sweep and Cyclic Voltammetry"* in *"Comprehensive Chemical Kinetics"*, vol. 26, eds. C. H. Bamford and R. G. Compton, Elsevier, Oxford, 1986

R. M. Wightman and D. O. Wipf: *"Voltammetry at Ultramicroelectrodes"* in *"Electroanalytical Chemistry"* ed. A. J. Bard, Marcel Dekker, New York, 1989

R. S. Nicholson and I. Shain: *Anal. Chem.* 36 (1964) 706

R. S. Nicholson: *Anal. Chem.* 37 (1965) 1361

有关直流法方面更深入的文献

A. J. Bard and L. R. Faulkner, *"Electrochemical Methods: Fundamentals and Applications"*, John Wiley, New York, 2001 P. A. \ Christensen and A. Hamnett, *"Techniques and Mechanisms in Electrochemistry"*, Blackie and Son, Edinburgh, 1995

D. D. MacDonald, *"Transient Techniques in Electrochemistry"*, Plenum Press, New York, 1977

I. Epelboin, C. Gabrielli, M. Keddam and H. Takenouti in *"Comprehensive Treatise of Electrochemistry"*, eds. J. O' M Bockris, B. E. Conway, E. Yeager and R. E. White, vol. 4, p. 151, Plenum Press, New York, 1981

J. R. MacDonald (ed.): *"Impedance Spectroscopy"*, Wiley, New York, 1987

M. Sluyters-Rehbach and J. H. Sluyters: *"Alternating Current and Pulse Methods"* in *"Comprehensive Chemical Kinetics"*, eds. C. H. Bamford and R. G. Compton, Vol. 26, p. 203, Elsevier, Oxford, 1986

S. Krause, *" Impedance Methods "* in *" Encyclopaedia of Electrochemistry "*, vol. 3, Wiley-VCH, Weinheim, 2003

有关吸附方面的介绍, 请参阅本书前几章, 文献可参阅

M. W. Breiter: *"Adsorption of Organic Species on Platinum Metal Electrodes"*, in *Modern Aspects of Electrochemistry*, 10 (1975) eds. J. O' M. Bockris and B. E. Conway, Plenum Press, New York.

J. Lipkowski and P. N. Ross (eds.): *"Adsorption of Molecules at Electrode Surfaces"*, VCH Publishers Inc., New York, 1992

有关谱学电化学方面的文献

P. A. Christensen and A. Hamnett, *"Techniques and Mechanisms in Electrochemistry"*, Blackie and Son, Edinburgh, 1995

R. J. Gale (ed.): *"Spectroelectrochemistry: Theory and Practice"*, Plenum Press, New York, 1988

R. G. Compton and A. Hamnett (eds.): *"Comprehensive Chemical Kinetics"*, Elsevier, Amsterdam, 1989, vol. 29

G. Gutierrez and C. Melendres (eds.): *"Spectroscopic and diffraction techniques in interfacial electrochemistry"*, Proceedings of NATO ASI 1988, Kluwer, Dordrecht, 1990

R. Varma and J. R. Selman (eds.): *"Techniques for characterisation of Electrodes and Electrochemical Processes"*, Wiley, New York, 1991

H. D. Abrua (ed.): *"Electrochemical Interfaces: modern techniques for in-situ intercace characterisation"*, VCH, New York, 1991

有关电化学红外光谱学方面的文献

A. Bewick and S. Pons, in *"Advances in Infra-Red and Raman Spectroscopy"*, eds. R. J. H. Clark and R. E. Hester, vol. 12, 1985, Wiley, Chichester.

P. A. Christensen and A. Hamnett in: *"Comprehensive Chemical Kinetics"*, R. G. Compton and A. Hamnett (eds.), 1989, vol. 29, Elsevier, Amsterdam

T. Iwasita and F. C. Nart in *"Advances in Electrochemical Science and Engineering"*, vol. 4, 1995, eds. C. Tobias and H. Gerischer, VCH, Weinheim

有关电化学 ESR 方面更深入的文献

B. Kastening, in *"Comprehensive Treatise of Electrochemistry"*, vol. 8, 1984, eds. R. E. White, J. O' M. BOckris, B. E. Conway and E. Yeager, Plenum Press, New York

A. Heinzel, R. Holze, C. H. Hamann, J. K. *Blum, Z. Phys. Chem. N. F.* 160 (1988) 1-23; *Electrochim. Acta* 34 (1989) 657.

有关质谱方面的文献

B. Bittins, E. Cattaneo, P. Koenigshoven and W. Vielstich: *"New developments in Electrochemical Mass Spectroscopy" in "Electroanalytical Chemistry"*, ed. A. J. Bard, vol. 17 (1991) p. 181

H. Baltruschat, *"Differential Electrochemical Mass Spectrometry"*, *in Interfecial electrochemistry*, A. Wieckowski Ed., Marcel Dekker Inc., New York 1999, pp. 577-597.

有关放射性示踪法方面的文献

V. A. Kazarinov and V. N. Andreev in *"Comprehensive Treatise of Electrochemistry"*, vol. 9, 1985, eds. R. E. White, J. O' M. BOckris, B. E. Conway and E. Yeager, Plenum Press, New York

G. Horanyi: *Electrochim. Acta* 25 (1980) 43

有关石英微天平方面的文献

D. A. Buttry in *"Electroanalytical Chemistry"*, vol. 17, 1991 ed. A. J. Bard, Marcel Dekker, New York

S. Bruckenstein and M. Shay, *Electrochim. Acta* 30 (1985) 1295

有关 STM 和其他微观探测方法方面的文献

R. Sonnenfeld, J. Schneir and P. K. Hansma in *"Modern Aspects of Electrochemistry"*, vol. 21, 1990, eds. R. E. White, J. O' M. Bockris and B. E. Conway

R. J. Behm, R. Garcia and H. Rohrer in *"Scanning Tunnelling Microscopy and Related Methods"*, NATO ASI Series E: *Applied Sciences*, vol. 184, Kluwer Academic Publishers, Dordrecht.

P. A. Christensen, *Chem. Soc. Rev.* 21 (1992) 207

K. Itaya, S. Sugawara and K. Higaki: *J. Phys. Chem.* 92 (1988) 6714

L. Kibler, D. M. Kolb, *"Structure Sensitive Methods: AFM, STM"*, in *"Handbook of Fuel Cells"*, Wiley-UK, Chichester 2003, Vol. 2, chapter 19.

Zhou, S. F., Bard, A. J., *Scanning Electrochemical Microscopy*, J. Amer. Chem. Soc. 116 (1994) 393

N. J. DiNardo, *"Nanoscale Characterisation of Surfaces and Interfaces"*, VCH, New York, 1994

有关椭圆偏振技术方面的文献

R. Greef in *"Comprehensive Treatise of Electrochemistry"*, vol. 8, 1984, eds. R. E. White, J. O'M. BOckris, B. E. Conway and E. Yeager, Plenum Press, New York

S. Gottesfeld in *"Electroanalytical Chemistry"*, vol. 15, 1989, ed. A. J. Bard, Marcel Dekker, New York

R. H. Müller in *"Adv. Electrochem. Electrochem. Eng."*, vol. 9, 1973, ed. H. Gerischer.

A. Hamnett in *J. Chem. Soc. Faraday Trans.* 89 (1993) 1593

第6章 电催化与反应机理

本章将主要讨论电催化的基本原理，并将阐述几个在实践中非常重要的电化学过程的反应机理。同时还将列举几个采用不同研究方法的实例，包括吸附中间物对氢电极反应的影响，使用旋转圆盘电极表征氧化还原的两种并行反应途径。通过对反应机理的深入研究会发现，无机电化学反应通常只包含价态的变化，但有机物的电反应大都非常复杂，包括自由基离子的生成及其后续的多种反应。本章的最后，将介绍电流和电压的动态不稳定性及其振荡。

近年来，用于研究反应机理的方法无论在数量上及对分子特性的识别方面都发展得非常快，不仅包含常规的电化学方法，如循环伏安法和交流阻抗技术，也有光谱和质谱技术。使用多种方法来研究电极过程的重要性无论怎样强调都不过分，因为只有这样，才能获得有关电极反应过程的可靠图像。

6.1 电催化概述

实验中经常会观察到这样一种现象，某些电化学反应在电解质溶液和某些电极材料的界面上不能在其热力学平衡电势附近发生，即使发生反应，其反应速率也非常缓慢。但如果选用别的电极材料或对电极表面进行修饰，则反应速率可能大大提高。与更广义的异相化学反应类似，如果这些电极表面在电化学过程中本身不被消耗或不会发生不可逆的改变，这种活性表面称为催化剂。催化剂的作用可能是来自于电极表面的结构修饰或化学修饰，也可能来自于溶液中的添加剂。结构效应可能与表面的电子状态的变化有关，如d轨道的占据程度的变化或几何性质的变化（晶面、原子簇、合金、表面缺陷等）。在电催化领域，讨论一个没有催化的反应几乎是不可能的，因为这样的反应途径只在没有电极表面的情况下才存在。电催化是相对而言的，没有活性的电极是不存在的。

电化学反应与电极/电解液界面的电荷转移反应有关。载流子可以是离子或电子。对载流子为离子时，电极表面将通过离子的电沉积或者电极材料的离解而连续地变化。对于电解液中的添加剂而言，其自身并没被消耗，但会提高离子转移的速率。例如，少量的有机或无机添加物可以加快金属的阳极溶解速率。当载流子为电子时，催化剂为反应过程提供了一种反应物，即电子，它们在净反应中产生或被消耗。当反应达到稳态后，电极表面将保持不变。

与异相催化反应不同，电化学反应的驱动力不仅仅受诸如浓度、压力和温度等参数控制，也受施加于电极/溶液界面的电压降的影响。界面电压降直接影响界面的电荷转移速率。电压降可由电极电势表达，电化学体系中电极电势可通过施加外电压而任意改变。电极电势位的改变将导致电极电子结构的变化，也就是电极的电子功函的变化。

最近的研究表明，异相化学反应的速率可因催化剂的电势（功函）的改变而改变，也受电势变化而导致吸附离子覆盖度变化的影响。这一现象称为"化学活性的非法拉第电化学修饰"（Non-Faradaic Electrochemical Modification of Chemical Activity，NEMCA），在 8.7.1 节里将对其进行讨论。电催化和异相化学反应中催化之间的共同点在于：反应物或反应中间物的吸附和化学吸附作用对反应速率的影响。例如，在金属表面吸附的分子氢可分裂为具有反应活性的氢原子。氢分子断键所需的能量从吸附热获得。这个过程是氢催化反应的第一步，对异相反应而言，它发生在气体/金属界面上，而对电催化反应而言，它发生在电解液/电极界面。氢的电化学氧化以及其他电催化反应将在本章进行讨论。

电催化领域的一个基本概念就是形成合适的表面团簇，它会阻碍反应中间物的吸附。铂电极是已知可以将甲酸氧化为二氧化碳的催化剂。如图 6.1 中循环伏安曲线（点线）所示，在光滑铂表面上的氧化速率仍然很低。但是如果向溶液中加入浓度大于 $10^{-5}\,mol \cdot dm^{-3}$ 醋酸铅后，铂电极上的反应活性可以提高两个数量级（见图 6.1 中实线）。即使电势高于 Pb^{2+} 的热力学沉积电势，铅原子团簇也会沉积到铂电极表面。该效应称为"欠电势沉积"（请比较 4.6.3 节）。显然，在甲酸氧化的过程中，电极表面上部分覆盖的铅原子团簇抑制了反应中间物，如 CO 在电极表面的吸附。6.4 和 6.5 节里对此进行更详细的讨论。在 8.1.3 节中，还将讨论电催化剂表面形貌对电催化反应速率的影响。

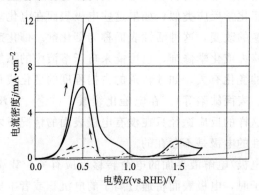

图 6.1 甲酸在光滑多晶铂电极上氧化的循环伏安曲线（点线）；
$1\,mol \cdot dm^{-3}$ HCOOH/$1\,mol \cdot dm^{-3}$ H_2SO_4，$100\,mV \cdot s^{-1}$；在电解
液中另加入 $5 \times 10^{-5}\,mol \cdot dm^{-3}$ 醋酸铅后的 CV（实线）

[引自 E. Schwarzer, W. Vielstich, *Der Einfluss von Blei auf die anodische Oxidation der Ameisensaeure an Platin*, Proc. 3rd International Fuel Cell Symposium, Bruessel, SERAI, Presses Academic Europeennes, Vol. III (1969), pp. 220-229.]

6.2　氢电极

在酸性水溶液中，氢的电极反应的净化学计量式可以写为：

$$H_2 + 2H_2O \rightleftharpoons 2H_3O^+ + 2e^- \qquad (E^0 = 0.0V) \qquad (6.1)$$

而在碱性溶液中：

$$H_2 + 2OH^- \rightleftharpoons 2H_2O + 2e^- \qquad (E^0 = -0.828V, \text{ vs. NHE}) \qquad (6.2)$$

在中性溶液中，阳极反应以反应 6.1 为主，因为反应 6.2 需要具有一定浓度的 OH^- 才能进行；类似地，阴极反应以反应 6.2 为主。

在很多的金属表面上，H_2 主要以原子态吸附，打断 H—H 键所需的能量来自 H_2 的吸附焓。对氢的反应机理，人们已经开展了相当多的研究，这些研究有助于把总反应分解为一系列的基元反应步骤，以酸性水溶液为例。

① 溶解的 H_2 分子传质到电极表面附近，并物理吸附到电极表面：

$$H_{2,aq} \longrightarrow H_{2,ads} \qquad (6.3)$$

② 以氢原子的形式化学吸附在电极表面：

$$H_{2,ads} \longrightarrow 2H_{ads}（Tafel 反应） \qquad (6.4)$$

③ 离子化和水合。取决于 H_{ads} 还是 $H_{2,ads}$ 的氧化，这里有两种可能性存在。对第一种情形：

$$H_{ads} + H_2O \longrightarrow H_3O^+ + e^-（Volmer 反应） \qquad (6.5)$$

如 4.2.4 节里的情形 A 所述，其中全部的反应共发生两次。另一种可能的反应为：

$$H_{2,ads} + H_2O \longrightarrow [H_{ads} \cdot H_3O]^+ + e^- \longrightarrow H_{ads} + H_3O^+ + e^-（Heyrovsky 反应）$$
$$(6.6)$$

紧接着发生：

$$H_{ads} + H_2O \longrightarrow H_3O^+ + e^-$$

该过程与 4.2.4 节中的情形 B 相对应。

④ H_3O^+ 从电极表面离开。这些反应是可逆的，其逆反应是氢的析出反应。其机理为：

$$2H_3O^+ + 2e^- \longrightarrow 2H_{ads} + 2H_2O; \ 2H_{ads} \longrightarrow H_{2,ads} \qquad (6.6a)$$

它又称为 Volmer-Tafel 机理，而下述反应

$$H_3O^+ + e^- \longrightarrow H_{ads}; \ 2H_{ads} + H^+ + e^- \longrightarrow H_{2,ads} \qquad (6.6b)$$

则称为 Volmer-Heyrovsky 机理。

在合适的电催化剂表面上，氢分子的氧化或析出反应可显示很高的交换电流密度。在实际工作的燃料电池中，在不到 $100mV$ 的超电势下，其电流密度可达 $0.5A \cdot cm^{-2}$。

6.2.1 吸附中间产物对伏安曲线的影响

根据实验条件的不同，例如催化剂表面的结构与组成、pH 值、电流密度及电解液的组成等，氢电极的反应途径会发生变化。这里只关注酸性溶液中的 Volmer-Tafel 机理。该机理适用于氢在铂电极上的氧化反应。由循环伏安法（5.2.1 节）得知，氢原子的平衡覆盖度 θ_H^0 大于 0.9，但氢分子在铂电极表面上的吸附非常弱（这与金或汞电极上的情形相反，在金电极表面 $\theta_H^0 \ll 1$，而在汞电极表面，$\theta_H^0 \approx 0$）。

如果 Tafel 反应为决速步骤，那么 θ_H 将与电流有关，可认为氢的覆盖度导致了超电势的产生。与 4.4.1 节类似，可将阳极反应的超电势写成下面的形式，其中 $\nu = -2$，$n = 2$：

$$\eta_r = -(RT/F)\ln(\theta_H/\theta_H^0) \tag{6.7}$$

对 Tafel 反应，其电流密度可以写为：

$$j_T = j^+ + j^- = k_T^+(1-\theta_H)^2 c_{H_2,aq}^S - k_T^- \theta_H^2 \tag{6.8}$$

式中，$c_{H_2,aq}^S$ 是电极表面氢分子的浓度，因为 H_2 的化学吸附需要两个铂原子反应位以及析氢反应需要两个 H_{ads} 原子，所以式(6.8) 中有一个的平方因子。

交换电流密度由下式给出：

$$j_{0,T} = k_T^+(1-\theta_H)^2 c_{H_2,aq}^0 = k_T^- \theta_{H_2}^0 \tag{6.9}$$

式中，$c_{H_2,aq}^0$ 是体相溶液中氢分子的浓度。根据方程式（6.8) 和式(6.9)，得出：

$$j_T = j_{0,T}\left[\left(\frac{1-\theta_H}{1-\theta_H^0}\right)^2 \times \frac{c_{H_2,aq}^S}{c_{H_2,aq}^0} - \left(\frac{\theta_H}{\theta_H^0}\right)^2\right] \tag{6.10}$$

当阳极超电势很高时，可以认为 $\theta_H \to 0$，如果 H_2 分子到电极表面的传质速率足够快，可得到具有以下形式的阳极极限扩散电流：

$$j_{\lim,T}^+ = j_{0,T}(1-\theta_H^0)^{-2} \tag{6.11}$$

但是对于铂电极来讲，由于 H_2 从溶液到电极表面的传质速率不够快，实验中在铂电极上不能达到该极限电流。

对于阴极极限电流，当 $\theta_H \to 1$ 时将达到最大电流密度，且

$$j_{\lim,T}^- = -j_{0,T}(\theta_H^0)^{-2} \tag{6.12}$$

但是同样，在铂电极上未能观察到阴极极限电流；事实上，在整个可及的超电势区间，如果 H_2 分子从电极表面离开的传质速率足够快的话，超电势与电流的对数之间将呈线性关系。但是如果考虑到从循环伏安测量得到电极表面氢的覆盖度很大的事实，超电势与电流的对数之间的线性关系就很难理解，尤其是考虑到方程式(6.10)。事实上，如果该实验结果用 $\theta_H \approx 0$ 来解释更为自然，尽管这一点又与循环伏安的结果相悖。Nichols 和 Bewick 的红外光谱研究［*J. Electroanal. Chem.*，243 (1988) 445］为揭开这个谜提供了一个答案。他们提议，在多晶铂电极表面原子氢有三种截然不同的吸附状态，一种是在电势略负于 250mV 左右，以多重键结

合的强吸附形式；另一种是当电势负于 120mV 左右时，双键或多重键结合的弱吸附形式；第三种形式只存在于氢析出电势区，它显然是单重吸附在表面铂原子上。看来只有第三种形式的吸附氢原子具有反应活性，且如动力学数据所显示的那样，在平衡态下其覆盖度非常低。

如果 Tafel 和 Volmer 反应都影响反应速率，那么反应的表达式将会更为复杂，尽管其推导还是很直观的。对 Volmer 反应，有：

$$j_{\mathrm{V}} = F\theta_{\mathrm{H}} k_0^+ \exp\left[\frac{(1-\beta_{\mathrm{V}})FE}{RT}\right] - F(1-\theta_{\mathrm{H}})c_{\mathrm{H}^+}^{\mathrm{S}} k_0^- \exp\left(-\frac{\beta_{\mathrm{V}}FE}{RT}\right) \tag{6.13}$$

如果该反应是唯一的决速步骤，那么 $\theta_{\mathrm{H}} \approx \theta_{\mathrm{H}}^0$，假设 $\beta_{\mathrm{V}} \approx 0.5$，阴极区的 Tafel 斜率将为 120mV 左右。这一结果已经汞、铜、银和铁等几种金属上观察到。

由此可见，吸附氢在氢电极反应中起着决定性作用，尤其是阳极反应方向，除非吸附焓足够大，否则氢分子的解离化学吸附将不会发生。当然吸附焓也不能太高，否则吸附的氢原子将难以以 H^+ 的形式从电极表面离开，与催化的其他例子类似，人们预期并在实验中观察到了关于氢电极反应活性与吸附能之间的"火山"型关系曲线。

6.2.2　溶液 pH 值和催化剂表面状态的影响

根据总反应式（6.1）和式（6.2），可预期到在中性 pH 值下氢电极反应的交换电流密度将最小，实验事实的确如此（见图 6.2）。如果假设 Volmer 反应为决速步骤，那么在酸性溶液中，根据方程式（4.38）可以写出

$$\ln j_{o,\mathrm{V}} = \ln j_{0,\mathrm{V}}^0 + (1-\beta_{\mathrm{V}})\ln c_{\mathrm{H}^+}^0 + \beta_{\mathrm{V}}\ln\theta_{\mathrm{H}}^0 \tag{6.14}$$

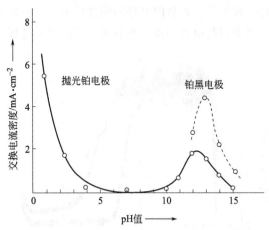

图 6.2　20℃下，氢电极反应的交换电流密度随 pH 值的变化关系
[引自 S. Ernst and C. H. Hamann, *J. Electroanal. Chem.*, **60**（1975）97]

假设 θ_{H}^0 值不变，那么可预计 $\ln(j_{o,\mathrm{V}})$ 将随 pH 值的增加而线性降低，这一点与实验结果相符。同样的推论也可预期碱性溶液中氢电极反应的交换电流密度将随 OH^- 浓度的降低而降低，该预期也与实验结果一致。但令人感到意外的是，在更浓的碱性溶液中，发现交换电流密度大大地降低，其原因尚不清楚，可能是由于

OH⁻影响了 Pt—H 的成键强度，也可能是由于在强碱性溶液中，H_2 分子的溶解度降低了。

氢的氧化反应容易受到催化剂表面状态的影响，例如在铂电极表面，在整个 pH 值范围及电势高于 0.8V 的电势区间（相对于在该 pH 值的可逆氢参比电极），表面大多数反应位被化学吸附的氧占据，阻碍了氢的化学吸附。类似取代过程也在有其他吸附力很强的配体，如 I⁻ 和磷酸根体系中观察到。

6.2.3　铂电极上氢的氧化及氧的化学吸附

5.2.1.1 节，已经讨论过循环伏安扫描过程中，在多晶铂电极上形成 OH⁻ 和 O 吸附层。如图 5.6 和图 5.6a 所示，在碱性和酸性溶液中，这类吸附过程对应的电量非常确定，且重现性很好，只是两个不同的 pH 值溶液中观察到的结果略有不同。在碱性溶液中，OH⁻ 和 O 在 Pt 表面的吸附可在 0.55～1.6V 的电势范围内发生，而在酸性溶液中，只发生在 0.8～1.45V 之间。在阴极还原过程中，在两种溶液中仅当电势负于 1V(vs. RHE) 时还原电流才明显增加，并在 0.75V 左右观察到还原电流峰。

为了研究氧覆盖的表面对氢分子氧化反应的影响，同样可以用循环伏安法来进行初步的研究。图 6.3 给出了在光滑铂电极上氢分子氧化反应的快速动力学数据，氧化电流在热力学平衡电势附近已经出现急剧上升，最后达到一固定值，该电流值的大小由电极表面氢气的对流传质速率决定（在该电流中观察到相对较大的噪声也是由于氢气泡所致）。当电势高于 0.75V 时，氢的氧化电流开始大大降低，这显然是由于化学吸附的氧覆盖层的生成所致。在负向电势扫描过程中，循环伏安曲线中的氢氧化电流出现了一个滞后，该滞后与电势扫描速率有关（扫描速率越慢，滞后越小）。

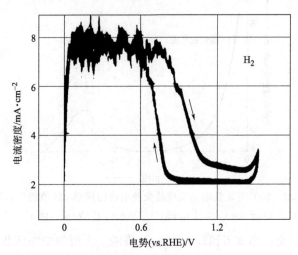

图 6.3　25℃下，将光滑铂电极浸入氢气饱和的 0.5mol・dm⁻³ H_2SO_4
溶液所测得的循环伏安曲线

扫描速率为 50mV・s⁻¹。当电势大于 0.8V 时，氢氧化电流从扩散极限值降至接近于零

覆盖在铂电极表面上的强吸附氧物种也会阻碍其他电极反应的进行，如氧气分子的还原（见图 5.9）或 CO 分子的氧化过程（见图 6.17）。

6.3　氧电极反应

与氢电极反应类似，氧的电极反应过程在燃料电池、电解以及金属的腐蚀方面也非常重要。氧的电极反应具有以下特征。

（1）超电势高　由于交换电流密度很小（$<1nA \cdot cm^{-2}$），即使是在很小的电流密度下（大约 $1mA \cdot cm^{-2}$）观察到氧电极的阴极反应和阳极反应的超电势都超过 $0.4V$。该问题只能通过开发高活性的催化剂才能克服。

（2）对在诸如银或铂电极上氧分子的阴极还原反应，人们观察到两种并行的反应途径：O_2 分子被还原为水（在酸性介质中）或 OH^- 的直接反应途径，氧在还原过程中经过以 H_2O_2（在酸性介质中）或 HO_2^- 为反应中间物的间接反应的途径。在后一种情形下，这些不完全还原的中间产物能在电解液中达到相当高的浓度。

该反应受 pH 值的影响很大，并具有如下形式；

① 在酸性溶液中：

直接还原反应：

$$O_2 + 4H^+ + 4e^- \longrightarrow 2H_2O \qquad E^0 = 1.23V \qquad (6.15)$$

间接还原反应：

$$O_2 + 2H^+ + 2e^- \longrightarrow H_2O_2 \qquad E^0 = 0.628V \qquad (6.16)$$

$$H_2O_2 + 2H^+ + 2e^- \longrightarrow 2H_2O \qquad E^0 = 1.77V \qquad (6.17)$$

② 在碱性溶液中：

直接还原反应：

$$O_2 + 2H_2O + 4e^- \longrightarrow 4OH^- \qquad E^0 = 0.401V \qquad (6.18)$$

间接还原反应：

$$O_2 + H_2O + 2e^- \longrightarrow HO_2^- + OH^- \qquad E^0 = -0.076V \qquad (6.19)$$

$$HO_2^- + H_2O + 2e^- \longrightarrow 3OH^- \qquad E^0 = 0.88V \qquad (6.20)$$

为了使氧分子的还原反应能够发生，$O\!=\!O$ 键必须被削弱，这意味着 O_2 必须与电极表面发生强的相互作用。已有人提出，如果氧分子以一个氧原子末端吸附在电极表面，那么 $O\!-\!O$ 键强度不能被充分削弱，在此条件下，体系将倾向于间接反应机理。如果氧分子中两个氧原子同时吸附在金属表面的某个原子上，或者与两个表面铂原子形成桥式吸附的构型，那么将有利于 O_2 直接还原反应，因为在这种构型下，$O\!-\!O$ 键已被大大削弱。由于需要形成桥式吸附，这意味着直接还原途径对电极毒化作用比间接反应途径更为敏感，实验上也已普遍观察到了这一效应。

极小的交换电流密度使测量静止电势的重现性变得很差，因为需经过很长的时间才能达到静止电势。在非常洁净的酸性溶液中，氧电极的静止电势通常位于反应式(6.15) 和反应式(6.16) 的平衡电势之间，一般情况下接近 1.1V。

6.3.1 利用旋转环-盘电极研究氧的还原反应

旋转环-盘电极已被证实非常适合于氧分子的还原反应研究，因为该还原反应中间产物，H_2O_2，本身也是电活性的，可以在铂环电极上重新被氧化为 O_2。如果在盘电极上的总电流可以写成直接和间接反应的电流总和，那么间接反应产生的电流可通过环电极上的电流以及下面的表达式获得：

$$i_R = Ni_{间接} \tag{6.21}$$

图 6.4a 给出了一个实例，从该图中可以看出，在 $0.05mol \cdot dm^{-3}$ 的高纯 H_2SO_4 溶液中，O_2 在铂盘电极上的还原只能在环电极上相应产生很小的电流。如果该旋转环-盘电极体系的收集系数 $N=0.43$，那么在 $0.1 \sim 0.5V$ 的极限扩散电流区，间接电流和直接电流的比值 $i_{间接}/i_{直接} \approx 0.01$，这表明在此电势区内，在纯铂电极上氧还原以四电子反应途径为主。有趣的是，这些数据表明在 Tafel 电势区 $(0.9 \sim 0.7V)$，该比值增大，而在低一点电势区表现出一些小波动。人们在碱性溶液中也观察到同样的现象，因此有人认为可能是由于在铂电极上化学吸附的氧物种所致。在电势接近 0V 时，环电流的急剧上升源于盘电极上的析氢反应，它随后又在环上被氧化。

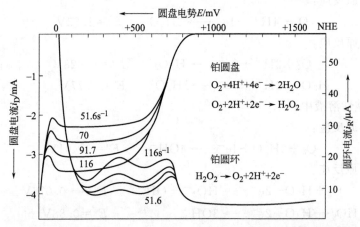

图 6.4a 在 $0.05mol \cdot dm^{-3}$ H_2SO_4 溶液中，旋转环-盘电极上氧还原 (盘电极)和过氧化氢氧化（环电极）的伏安曲线随盘电极的转速变化情况

环电极上的电势设定为 1200mV（vs. NHE）（参见本节），环电极测量的收集效率为 0.43，这个数值与计算结果相符

对这类平行反应过程更完全的分析可按照图 6.4b 所给出的方案进行，这里也考虑了 H_2O_2 的脱附及其在电极表面的歧化。另外，像在其他文献中处理的那样，最好能将 O_2 和 H_2O_2 在表面各自的流量分开考虑，尽管这会使最终的表达式变得很复杂，但这样可以将二电子和四电子反应过程分开。

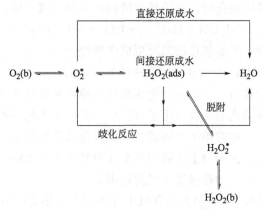

图 6.4b　O_2 还原的反应机理详图

［引自 C. A. Paliteiro，*D. Phil. Thesis*，Oxford University，1984］

图中的 O_2（b）和 H_2O_2（b）位于体相溶液中，而 O_2^* 和 $H_2O_2^*$ 处于电极表面附近

平行的氧还原反应机理在银、金和碳电极上也被观察到过，尽管在这些电极上，二电子途径是主要的。在汞电极上，仅观察到 O_2 还原的间接反应途径（参见 10.2 节），事实上在汞电极表面观察到两个极谱还原波，第一个相应于氧分子被还原为 H_2O_2 的过程，而第二个相应于将 H_2O_2 还原为水的过程。

6.4　甲醇氧化

在过去的很多年里，以甲醇的氧化反应为主题的研究相当多。早期的工作表明甲醇的氧化反应机理非常复杂。尽管甲醇氧化的热力学平衡电势仅比氢电极的平衡电势正约 20mV，但是无论是在酸性还是碱性溶液中，只有在超电势较高时铂电极上才会出现甲醇的阳极氧化电流（见图 6.5）。甲醇的阳极氧化峰与图 5.11 和图 5.12 中的简单的循环伏安曲线相差很大，表明甲醇氧化反应不是简单地由传质过程和电荷转移过程简单偶合而决定的。事实上当电势高于 0.7V 时，铂表面吸附的 O 和 OH 物种的覆盖度稳定地增加（见图 5.6 和图 5.7），其电荷转移过程包含几种平行的途径。

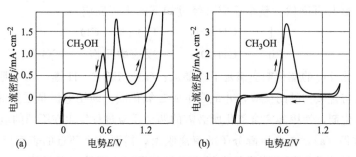

图 6.5　室温下光滑铂电极上甲醇氧化的循环伏安曲线

（a）$0.5mol \cdot dm^{-3}$ H_2SO_4；（b）$1mol \cdot dm^{-3}$ KOH

甲醇在酸性溶液中氧化时，在消耗水的同时生成二氧化碳：

$$CH_3OH + H_2O \longrightarrow CO_2 + 6H^+ + 6e^- \qquad (6.22a)$$

而在碱性溶液中，甲醇氧化的同时生成碳酸盐：

$$CH_3OH + 8OH^- \longrightarrow CO_3^{2-} + 6H_2O + 6e^- \qquad (6.22b)$$

基于实际应用的理由，下面只讨论在酸性溶液中甲醇氧化的反应。在酸性电解液中，有好几种金属催化剂认为可用于该反应，其中的大部分都是被其他金属修饰的铂电极；目前来看，钌对铂上甲醇的氧化反应促进最为显著。除了甲醇完全氧化生成二氧化碳外，在许多电极上生成的甲酸和甲醛也不可忽略，其产率取决于溶液的浓度、电极电势、电极的粗糙度和温度等因素。

表 6.1 给出了甲醇、CO 和其他有机小分子的有关热力学数据。从该表中可以看出，所有这些物质都可作为燃料电池工作中的理想燃料，因为其热力学平衡电势与氢的平衡电势接近。然而，虽然氢的氧化反应在可逆电势附近即能达到很高的速率，而有机小分子的电氧化却受到严重的动力学限制，主要是由于生成反应中间产物的强吸附而毒化了铂电极表面。这些吸附的反应中间产物阻碍了较易进行的 C—H 和 O—H 键的断裂过程，尽管如此，到目前为止尚未发现比铂电极更好的用于有机小分子氧化反应的电催化剂。

表 6.1　在 25℃ 和一个大气压下，CO、甲醇和其他有机小分子的氧化热力学数据

理论上电池反应	ΔH^0 /kcal·mol^{-1}	ΔS^0 /cal·mol^{-1}	ΔG^0 /kcal·mol^{-1}	n	E_c^0/V
$H_2 + 1/2O_2 \longrightarrow H_2O$(液)	-68.14	-39.0	-56.69	2	1.23
$C + 1/2O_2 \longrightarrow CO$	-26.4	$+21.4$	-32.81	2	0.71
$CO + 1/2O_2 \longrightarrow CO_2$	-67.62	-20.9	-61.45	2	1.33
$CH_3OH + 3/2O_2 \longrightarrow CO_2 + 2H_2O$	-173.8	-23.5	-166.8	6	1.21
$CH_2O + O_2 \longrightarrow CO_2 + H_2O$	-134.28	-32.1	-124.7	4	1.35
$HCOOH + 1/2O_2 \longrightarrow CO_2 + H_2O$	-64.66	$+11.8$	-68.2	2	1.48

6.4.1　甲醇在酸性电解液中氧化的平行反应途径

如上所述，甲醇完全氧化为二氧化碳的热力学平衡电势与氢电极的平衡电势非常接近。但在纯的铂电极表面上，反应动力学强烈地抑制了反应，并将起始的反应电势正移了好几百毫伏。整个反应可经过如下的平行反应：

$$\begin{array}{ll} \text{I} & CH_3OH \longrightarrow CO_{ad} \longrightarrow CO_2 \\ \text{II} & CH_3OH \longrightarrow \text{反应中间物} \longrightarrow CO_2 \end{array} \qquad (6.23)$$

甲醇氧化反应的催化剂应满足下述要求：（a）切断 C—H 键；（b）促进所生成的反应中间物与含氧物种的反应，并最终生成二氧化碳。纯铂电极是已知的切断 C—H 键的最好催化剂，使甲醇完全氧化所必需的两个反应过程发生在不同的电势区间。

（1）过程（a），包含甲醇分子的解离吸附，需要几个邻近的表面反应位，由于甲醇不能直接取代已经吸附在铂电极表面的氢原子，吸附过程只能在有足够的表面铂原子没被氢覆盖的电势下进行，对多晶铂电极大约在 0.2V（vs. RHE）附近。

（2）过程（b）需要水分子的解离，因为水分子将为该反应提供所需的氧。在纯铂电极上，只有当电势高于 $0.4\sim0.45V$（vs. RHE）时，水和催化剂表面才能发生足够强的相互作用。

因此，在纯铂电极上，在电势低于 $0.45V$（vs. RHE）时不能将甲醇完全氧化。

6.4.2　甲醇吸附

一般认为，甲醇的吸附是一个多步骤过程，通过甲醇分子的解离反应生成不同的物种：

$$
\begin{array}{ll}
CH_3OH \longrightarrow \underset{x}{CH_2OH}+H^++e^- & (1) \\
\underset{x}{CH_2OH} \longrightarrow \underset{xx}{CHOH}+H^++e^- & (2) \\
\underset{xx}{CHOH} \longrightarrow \underset{xxx}{C\,OH}+H^++e^- & (3) \\
\underset{xxx}{C\,OH} \longrightarrow \underset{x}{CO}+H^++e^- & (4)
\end{array} \tag{6.24}
$$

其中的 x 代表一个铂电极表面的一个铂原子空位（可能被水分子覆盖）。也有人认为（但尚未得到证实）甲醛和甲酸可以分别由上述反应中间物 CH_2OH 和 $CHOH$ 生成。

如果让多晶铂电极与甲醇在 $0.05V_{RHE}$ 或更低的电势接触以后再开始循环伏安扫描，那么一旦吸附氢的覆盖度降低时，就能观察到甲醇的吸附。在氢吸附的电势区，甲醇的解离过程给出一个氧化电流峰（见图 6.6），该电流峰只能在第一次正向扫描时，并且当电极表面没被任何有机残余物覆盖的前提下才能观察到。该图中的实验是采用微分电化学在线质谱技术实现的（见第 5 章）。

如图 6.6 所示，在该电流峰附近没有观察到对应的二氧化碳的质量信号（$m/z=44$）。因为也未检测出任何其他可挥发性产物，因此可以推断该电流峰是来自于甲醇吸附的法拉第过程。

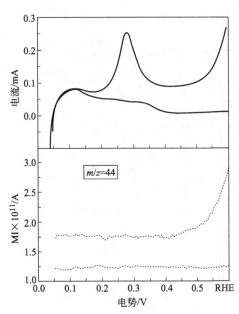

图 6.6　对处于 $0.2mol \cdot dm^{-3}$ $CH_3OH/$ $0.1mol \cdot dm^{-3}$ $HClO_4$ 溶液中的多孔多晶铂电极所作的下第一次电势扫描谱（上图），以及同时记录的生成 CO_2 的质谱强度（下图）

电势扫描速率为 $10mV \cdot s^{-1}$；

虚线为支持电解液中的电流和质谱信号

6.4.3　甲醇氧化的反应产物及吸附的中间产物

鉴别有机小分子在吸附过程中生成的吸附物种是一项很困难的工作。如第 5 章讨论的，在甲醇的吸附及其吸附残余物的氧化过程中，可进行简单的电量测量。此外，由红外光谱、热脱附质谱以及微分电化学质谱等技术所获得的数据也证明对此非常有帮助。

在不同的电势下，甲醇在 Pt（111）上氧化的红外光谱表现为在 $2060cm^{-1}$ 和 $1840cm^{-1}$ 的线性和桥式吸附 CO 的特征峰（见图 6.7）。光谱中也给出了可溶性产物二氧化碳（$2342cm^{-1}$）和位于 $1710cm^{-1}$ 和 $1230cm^{-1}$ 的甲酸甲酯的谱峰。后者表明在溶液中生成了甲酸（见下面）。在 $1260cm^{-1}$ 的一个谱带（在图 6.7 中分辨不出来）被认为含氢的物种的 C—OH 的伸缩振动（如 COH、HCOH）。

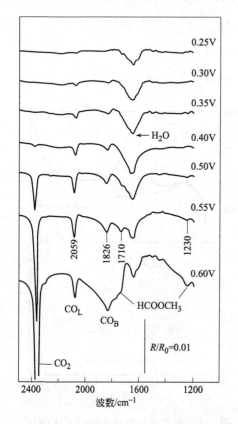

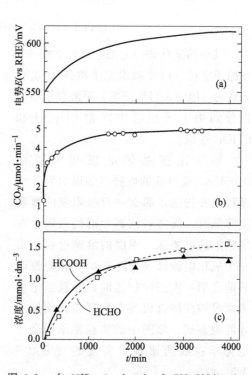

图 6.7　在不同电势下，Pt（111）电极在 $0.5mol \cdot dm^{-3}$ $CH_3OH/0.1mol \cdot dm^{-3}$ $HClO_4$ 溶液中的原位红外光谱

参考光谱的电势为 $0.1V_{RHE}$

图 6.8　在 25℃，$1mol \cdot dm^{-3}$ $CH_3OH/1mol \cdot dm^{-3}$ H_2SO_4 溶液中，对 $5cm^2$ 的铂黑电极加载 25mA 恒电流时甲醇氧化的机理研究

（a）电势的变化，（b）气相色谱测量生成的 CO_2，（c）比色测定的 HCHO 浓度（点线），以及运用碘量滴定法测定的 HCOOH 浓度（实线）

确定吸附物的化学特性的另一技术是热脱附质谱，将电极转入超高真空后进行测量。实验结果表明，甲醇吸附后在表面的残余物中确实有含氢的物种。而且这些

结果表明，生成的 CO 和其他的含氢物种的比例与甲醇的浓度有关。

甲醇在 $0.5 \sim 0.6 V_{RHE}$ 的电势区间，长时间氧化生成的产物有二氧化碳、甲醛、甲酸和甲酸甲酯。甲酸甲酯是由生成的甲酸和甲醇反应而生成：

$$HCOOH + CH_3OH \longrightarrow HCOOCH_3 + H_2O \qquad (6.25)$$

不同产物的产率与甲醇的浓度、反应温度、电极的粗糙度以及电解的时间有关。高温和粗糙的电极表面有利于二氧化碳的生成。图 6.8 给出了甲醇在几何面积为 $5cm^2$ 的铂黑电极（粗糙度为 690）上在 25mA 的恒电流氧化过程中，电极电势、二氧化碳的生成速率及溶液中的产物浓度与时间的关系。在 1h 后，二氧化碳的电流效率实际上达到了 100%，而甲酸和甲醛的电流效率降为零。

6.4.4　表面结构及吸附阴离子的影响

甲醇的吸附和氧化反应对电极的表面结构及吸附的阴离子十分敏感，反映了这些过程的复杂性。在单晶铂电极 Pt（111）表面上硫酸根离子的存在对甲醇的氧化表现出很强的抑制效应（见图 6.9）。而对多晶铂电极，这一效应不是很明显。图 6.10 给出的红外光谱数据可帮助理解上述现象。在经过从 $0.05 \sim 0.6V$ 的单电势阶跃后的 5min 内，光谱记录持续进行。在高氯酸溶液中，可观察到氧化反应生成更多的二氧化碳，而在硫酸溶液中未观察到任何吸附的 CO。这一事实再加上在硫酸溶液中电流密度较小的现象，进一步证实硫酸根抑制甲醇分子的吸附这一结论，在后一情况下，CO 的生成是决速步骤。另一方面，在高氯酸溶液中，二氧化碳的红外信号（在红外电解池的电解液薄层间隙中，见图 5.31b）随时间而增强，而 CO 信号基本不变意味着其覆盖度保持恒定。此外，氧化电流及生成的二氧化碳的量随电势而增加。显然，在这种情况下，甲醇吸附生成 CO 不是决速步骤。

至此，有关 CO 是使反应中毒，或仅是甲醇氧化的反应中间物的讨论就很有意思。例如，气态下，在含有痕量 CO 的氢的氧化过程中，CO 无疑会抑制氢的氧化反应。但对甲醇氧化而言，在两种支持电解液中，CO 不是反应"毒化物"，它应该视为缓慢氧化的反应中间物，另外在硫酸溶液中，Pt（111）［在 Pt（110）上也一样］上 CO 的生成也被吸附的硫酸根抑制。

6.4.5　甲醇氧化反应的机理

如上面所述，可以把甲醇的氧化过程区分为甲醇吸附及吸附物的氧化两个过程。现在可推断这两个过程中的哪一个包含反应的决速步骤。鉴于不同铂电极表面吸附物的状态及覆盖度都与电势有关，同时，考虑到为氧化表面吸附物必须提供氧源的物种存在，只有当电势高于 $0.5V$（在纯铂上更高）时，才能使这两个过程同时发生。

铂电极上 CO 氧化的理论研究同样强调了下述过程的重要性：①CO_{ad} 在表面的扩散（基于 CO 在表面生成岛状结构的事实）；②通过水解离生成 OH_{ad}（取代 H_2O_{ad} 作为氧的提供者）。在铂电极表面 CO 的运动性是另一个重要的事实，因为在低电势时，OH_{ad} 可能只会在少数的表面反应位上生成，在这种情况下，CO 在表

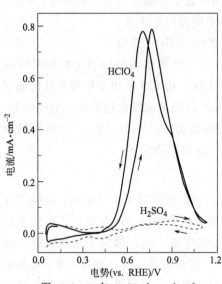

图 6.9 在 0.1mol · dm^{-3} HClO$_4$ 和 0.5mol · dm^{-3} H$_2$SO$_4$ 溶液中甲醇在 Pt（111）电极表氧化的循环伏安曲线（扫描速率为 50mV · s^{-1}）

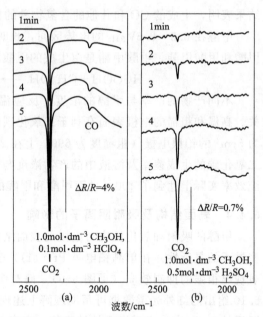

图 6.10 在 1.0mol · dm^{-3} CH$_3$OH/0.1mol · dm^{-3} HClO$_4$（a）和 1.0mol · dm^{-3} CH$_3$OH/0.5mol · dm^{-3} H$_2$SO$_4$（b）溶液中的 Pt（111）电极上的电势从 0.05V 阶跃到 0.6V 时所记录的原位红外谱随时间的变化

参考光谱的电势为 0.05V$_{RHE}$

面的扩散速度就成了低电势下 CO 氧化反应的一个明显而且重要的步骤。研究表明，在铂上 CO$_{ad}$＋OH$_{ad}$ 的反应本质上很快，但实际的反应速率与 OH$_{ad}$ 的覆盖度密切相关。

6.4.6 甲醇氧化的催化促进剂

对甲醇氧化，人们提出了多种二元或三元的催化剂，大部分是用其他金属的对铂电极进行修饰。根据上面的评述，显然低电势时的决速因素是表面提供 OH$_{ad}$ 的能力，促进反应的金属必须满足能在低电势时在表面生成含氧物种的要求。这似乎是提高铂对甲醇氧化的必要条件：在各种促进剂中，已经使用了 Ru、Sn、Bi 和 Mo。当然，也有一些实际上的原因限制了金属的选择。许多吸附氧的金属具有负面效应，如抑制甲醇的吸附或在燃料电池的长期使用过程中稳定性还不够高等。当今，普遍认为 PtRu 催化剂效果最佳。

在讨论 PtRu 的增强效应的原因时，人们常引用双功能机理。这一术语强调两种金属的联合作用，Pt 用来吸附和解离甲醇，而 Ru 用来氧化吸附的残余物。为了更清楚地说明，双功能机理可以用下面这个简单的形式表达：

$$CH_3OH + Pt \longrightarrow Pt(CO)_{ad} + 4H^+ + 4e^-$$
$$Ru + H_2O \longrightarrow Ru(OH)_{ad} + H^+ + e^-$$
$$Pt(CO)_{ad} + Ru(OH)_{ad} \longrightarrow CO_2 + H^+ + e^- \tag{6.26}$$

为判断 PtRu 材料的电催化性能，实验结果一般都以恒电势下的电流时间曲线来表达。对光滑的电极表面，图 6.11 中给出 5min 后记录的电流与 Ru∶Pt 组成的关系。

与纯 Pt (111) 相比，合金电极上的电流高了好几个数量级。这些合金是在超高真空里经过溅射清洁和精心加热处理而获得的。用该方法预处理合金的良好重现性是因为这样制备的表面十分光滑，而且其表面成分与体相的一致。从图 6.11 中，可得出两点：①PtRu 合金的催化性能比 Pt (111)/Ru[Pt(111) 单晶上吸附的 Ru 原子] 好；②两种材料组成比在较宽的范围内显示最大的催化活性［如，在室温下对合金电极 10%～40% Ru，而对 Pt(111)/Ru 为 15%～50%Ru］。

根据双功能机理，这种最大值表明 10%～45% 的 Ru 在铂表面已足够有效地氧化甲醇解离吸附的残余物。如果组成比在这个最大区间内，Ru 的量不是决定的因素。相反，Ru 的最大覆盖度取决于能否提供足够多的表面铂原子位来吸附和解离甲醇。该最大覆盖度对应的铂上吸附 Ru 的量

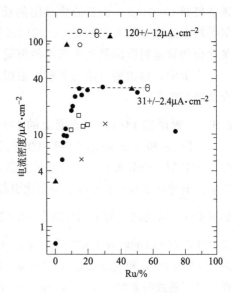

图 6.11　在 0.5V 电势下经过 300s 之后，根据甲醇氧化的电流曲线绘制的电流密度相对于 PtRu 表面组成的关系图

●—自发沉积 Ru/Pt (111)；□—通过 Ru 在 Pt (111) 的吸附并利用氢还原 Ru 修饰；×—利用 UHV 气相沉积形成的 Ru 覆盖层，○和▲在 UHV 中制备的 PtRu 合金；其中▲的溶液环境为 0.5mol·dm^{-3} CH$_3$OH/0.5mol·dm^{-3} H$_2$SO$_4$，其他均为 0.5mol·dm^{-3} CH$_3$OH/0.1mol·dm^{-3} HClO$_4$

比合金里的 Ru 略高（观察到更宽的最大值区间）。这一点以及在合金上观察到的较大电流可能与合金里 Pt-Ru 的分布比 Pt(111)/Ru 更为均匀有关。

值得注意的是随着温度的升高，j-Ru%图中最大的电流略微出现在 Ru 含量较高值。这一效应的原因可能在于：当温度大于 60℃ 时，Ru 对甲醇解离吸附也有活性。

6.5　CO 在铂电极表面的氧化反应

在表面科学的研究领域中，CO 是其中研究最为广泛的物质之一。在电化学实验中，CO 通常用作振动光谱和扫描隧道显微镜的探针分子。这类研究可用来比较处于电化学电解池中以及气/固界面的金属的响应。这类研究对理解金属在电化学环境里的物理化学性质以及吸附物种在电极表面的行为非常有意义。

人们对燃料电池中 CO 的兴趣来自于寻找甲醇氧化的催化剂，该催化剂不但应

该能打断 C—H 键，而且能将吸附的反应中间物 CO_{ad} 氧化为二氧化碳。此外，氢氧燃料电池也需要开发耐受 CO 的阳极催化剂，这些催化剂必须能氧化从醇类或碳氢化合物重整制取的氢气中所含的痕量 CO。

本节中，将主要讨论与燃料电池相关的 CO 氧化的有关内容，但是只讨论酸性介质里的情形。

6.5.1 吸附在 Pt(111) 表面上的 CO 的表面结构的确定

Villegas 和 Weaver 用 STM 和红外光谱研究了吸附在 Pt(111) 电极上的 CO，图 6.12 (STM) 和图 6.13 (原位红外光谱) 给出了他们的结果。如图 6.12 中的球模型所示，电势从 $0.05 \sim 0.5 V_{RHE}$ 的变化引起了 CO 吸附层的相变。在 $0.05 \sim 0.4 V_{RHE}$ 电势下 CO 吸附层的结构单元分别是 $(2 \times 2)-3CO$ 和 $\left(\sqrt{19} \times \sqrt{19}\right) 23.4°-13CO$。该相变也伴随着 CO 的红外光谱变化 (见图 6.13)。在 0.05V 时，红外谱带对应于线性吸附 ($2073 cm^{-1}$) 和穴位吸附 ($1773 cm^{-1}$) 的 CO。而在 0.4V，除了线性吸附外，还观察到了桥式吸附的 CO ($1850 cm^{-1}$)。这些结构是在体相溶液中存在 CO 的情况下观察到的，在该条件下 CO 的氧化与 CO 吸附层的结构变化同时发生。

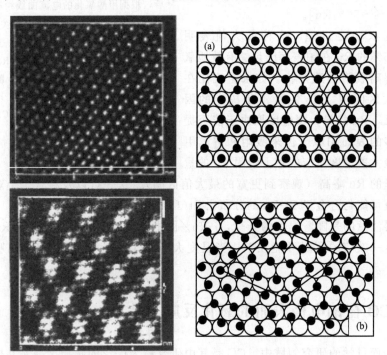

图 6.12　吸附在 Pt(111) 电极上的 CO 的 STM 图像及其球模型

这两张图均是在溶液中存在溶解 CO 的情况下获得的。

(a) $0.05 V_{RHE}$ 电势下的 $(2 \times 2)-3CO$ 结构；

(b) $0.4 V_{RHE}$ 电势下的 $\left(\sqrt{19} \times \sqrt{19}\right) 23.4°-13CO$ 结构

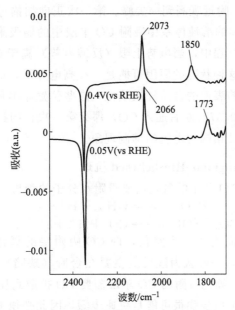

图 6.13　Pt(111) 电极上的 CO 吸附层在 $0.05V_{RHE}$ 和 $0.4V_{RHE}$ 的原位红外光谱

溶液：CO 饱和的 $0.1mol \cdot dm^{-3}$ $HClO_4$，谱带的指认参见本节，另外位于 $2341cm^{-1}$ 的谱带为
CO_2[I. Villegas, M. J. Weaver, *J. Chem. Phys.*, B **101**（1994）**1648**]

6.5.2　溶解 CO 存在时 CO 的氧化

CO 在铂电极上的氧化行为取决于以下几个实验参数，包括吸附电势、覆盖度、体相电解液里 CO 的存在等，所有这些参数都强烈地影响 CO 的氧化速率。

铂电极上的 CO 电化学氧化表现出一个有趣的特征，即在纯支持电解液里，氧化 CO 吸附层要比体相溶液中存在 CO 分子时所需的超电势高。这是由于表面吸附的邻近 CO 分子间存在排斥作用，使得在接近饱和覆盖度时 CO_{ad} 的吸附能大幅降低。

图 6.14 所示为在 0.05V 时向 $0.1mol \cdot dm^{-3}$ $HClO_4$ 溶液中通入 CO 并达到饱和后，Pt(111) 电极上 CO 氧化的第一和第二次电势扫描的循环伏安图。在电极向正方向扫描时，可观察到明显的区别。在第一次正向扫描过程中，在 0.35V 左右开始就有电流，在 0.7V 左右出现一很宽的峰，跟随着在 0.85V 出现一尖峰。相反，在第二次正向扫描过程中，仅在 0.5～0.85V 间流过一很小

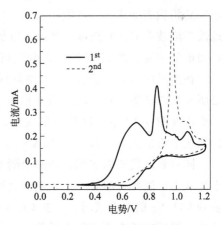

图 6.14　在 0.05V 时向溶液中通入
CO 后，Pt(111) 在含饱和 CO 的
$0.1mol \cdot dm^{-3}$ $HClO_4$ 溶液中的
第一和第二次电势扫描的循环伏安曲线

扫描速率为 $50mV \cdot s^{-1}$

的电流，随后在 1.0V 附近观测到一尖峰。第一次正向扫描过程中，低电势时观察到的电流与在 CO 饱和的溶液体系中吸附 CO 单层中的弱吸附 CO 的氧化相关。在第二次及后续的扫描过程中，当电势上限（反转电势）高于 0.6V 左右时，开始出现电流的抑制。出现这种状况的原因可能是：在高电势下，形成了以强氢键相连的水团簇，它们占据了铂表面的台阶和缺陷位，这些位置原本是 CO 氧化的活性位。

如果在电势高于 0.37V 左右通入 CO，那么第一次正向扫描过程中就已在低电势区表现出同后续扫描相同的电流的抑制现象。

6.5.3　CO 氧化：Langmuir-Hinshelwood 机理

在 CO 吸附层中 CO 分子的氧化需要吸附水分子的参与。其反应机理如下：

$$H_2O + {}^* \rightleftharpoons OH_{ads} + H^+ + e^- \tag{6.27}$$

$$CO_{ads} + OH_{ads} \longrightarrow CO_2 + H^+ + e^- + 2{}^* \tag{6.28}$$

式中，* 代表表面上的一个空位，即 CO 吸附层的氧化是按 Langmuir-Hinshelwood 机理进行的，一般认为该反应主要在台阶（缺陷）位上进行。因为铂电极上 CO 是岛状吸附，氧化吸附的 CO 单层需要 CO 扩散到反应活性位。在讨论反应动力学时，由于该扩散步骤很可能是决速步骤，因此必须考虑。

上节中已经讲到，如果溶液中有 CO 的存在，在低电势时就能观察到比氧化吸附层的 CO 更大的氧化电流。对溶液中有溶解 CO 的情形，可以预计，只有少数铂表面位能用于吸附水，Langmuir-Hinshelwood 机理可能因此受到抑制。因此有必要研究在溶液含饱和 CO 的情形下的 CO 氧化机理。为此目的，在这里使用了5.1.2 节里所讨论的电势阶跃法。

在图 6.15 所示的实验中，电极置于溶液之上并以弯液面与电解液相连。在0.05V 将铂表面用纯 CO 饱和以后，通过使用具有不同比例的 CO/N$_2$ 混合气系统地改变溶液中 CO 的浓度。然后将电势由 0.05V 阶跃至 0.5V，并记录了随后几分钟的电流响应。图 6.15 给出是电流与 $t^{1/2}$ 的关系（见 5.1.2 节）。

在短时间内，电流按 $t^{1/2}$ 线性降低，该特征与电化学和扩散作用混合控制的情形所预期的结果一致。将时间外推至 $t=0$ 的电流值，对混合气体中 CO 的浓度作图给出在图 6.16 中。这些结果表明，当气体混合物中 CO 的浓度为 40% 时，CO的氧化电流最大，其值为 $126\mu A \cdot cm^{-2}$。

同位素取代实验表明，饱和吸附 CO 层内的 CO 分子与溶液中的 CO 处于动态平衡状态。因此，尽管一开始电极表面被 CO 饱和（溶液中通 100% 的 CO），当切换到 CO/N$_2$ 的混合气时，一些 CO 分子已经脱附。因此，在含不同浓度的 CO 溶液中，尽管电极表面 CO 的覆盖度接近饱和，但是其数值将略有不同。图 6.16 中，电流随溶液中 CO 浓度上升的部分可能是由于吸附的 CO 的脱附能随着溶液中 CO的浓度的增加而迅速降低所致。当 CO 的表面覆盖度大于一定值以后，CO 和生成OH$_{ad}$ 的水分子竞争表面吸附位，从而抑制了氧化反应的进行。这些结果表明，与氧化吸附层里的 CO 类似，其反应机理仍然是 Langmuir-Hinshelwood 机理。

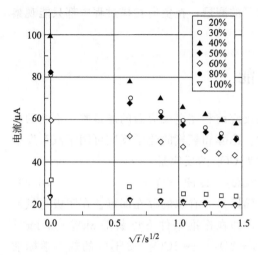

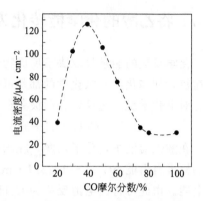

图 6.15　在 0.5V 电势下，$0.1mol \cdot dm^{-3}$ HClO₄ 溶液中 Pt(111) 上的体相 CO 氧化电流与时间的平方根之间的关系

图中各种符号所标明的百分比代表使溶液饱和的 CO/N₂ 混合气中 CO 所占比例

图 6.16　将图 6.15 中的电流值外推至 $t=0$ 处所得到的起始电流密度随通入溶液中的 CO/N₂ 混合气内 CO 所占比例的变化关系

6.5.4　CO 在高过电势时的氧化、传质和氧覆盖度的影响

为了能获得更多有关反应动力学、传质、铂表面氧的覆盖度对在 0.5V 以正的电势区 CO 氧化的影响，使用旋转圆盘电极是一种很好的选择。图 6.17 给出了多晶铂盘电极在 $1000r/min^{-1}$ 的转速下及扫描至不同的正电势上限的循环伏安图（实线）。在 0.9V 出现的尖峰显然是由于在 0.05V 吸附的 CO 层在循环伏安扫描中被氧化所致。在更正的电势时，反应速率主要是由溶液中 CO 的传质和电极表面氧的覆盖度决定。在该电势区间，以 $400r/min^{-1}$ 和 $1000r/min^{-1}$ 的转速下的电流的区别很明显。此外，如果阳极扫描至更正的电势，电极表面氧的覆盖度的增加会抑制 CO 的氧化，直到最后发生氧析出反应。扫描至 1.75V 后，电极表面的氧覆

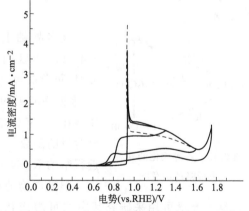

图 6.17　在 0.05V 和不同的正电势 (vs. RHE) 上限间，多晶铂盘电极上 CO 氧化的循环伏安曲线

溶液为 $0.5mol \cdot dm^{-3}$ H₂SO₄，扫描速率为 $50mV \cdot s^{-1}$，电极的转速：实线为 $1000r \cdot min^{-1}$，虚线为 $400r \cdot min^{-1}$

盖度已经达到最大值，这时在不同的转速下的测量，在负向扫描过程中都只能观察到很小的 CO 氧化电流。

6.6 将乙醇的化学能转化为电能

化学反应的能量只取决于反应物种在反应前和完全反应后的能量差。不同的反应途径，如纯化学或电化学的都是可能的。乙醇和氧气的化学反应可用于汽车发动机。对电化学反应途径，在阳极完全氧化为 CO_2 的反应是：

$$C_2H_5OH + 3O_2 \longrightarrow 2CO_2 + 12H^+ + 12e^- \tag{6.29}$$

在酸性溶液中，除了乙醇，在阳极界面区只需有水的存在即可。在阴极与氧反应的标准自由能 $\Delta G^0 = -1325kJ \cdot mol^{-1}$，即在标准条件下可获得 $8kW \cdot h/kg^{-1}$ 的电能。由此可得出电池反应为 $C_2H_5OH + 3O_2 \longrightarrow 2CO_2 + 3H_2O$ 的热力学标准电压为 $E_c^0 = 1.145V$，即乙醇的标准电势为 $E^0 = 0.084V_{RHE}$。

如果使用铂作为乙醇氧化的催化剂，室温时观察到的开路电势为 $E^0 > 0.4V$，其过电势与甲醇的情形类似。电催化乙醇氧化的主要问题是切断 C—C 键；因此，二氧化碳的产率非常低，对光滑的铂电极尤其如此。乙醇的部分氧化为乙醛和乙酸仅分别放出 2 和 4 个电子：

$$C_2H_5OH \longrightarrow CH_3CHO + 2H^+ + 2e^- \tag{6.30}$$

和

$$CH_3CHO + H_2O \longrightarrow CH_3COOH + 2H^+ + 2e^- \tag{6.31}$$

由反应式(6.29)~式(6.31) 可知，乙醇的氧化有好几种不同的反应途径（见图 6.18）。

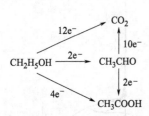

图 6.18 乙醇氧化的几种
平行路径示意图

在多晶铂上乙醇氧化的循环伏安表明其电流在 0.4~0.6V 区间出现缓慢的增加（见图 6.19）。在比 0.6V 更负的电势区间，可通过在铂电极上修饰 Ru 或 Sn 来提高电极的反应活性。当使用 Ru 作为促进剂时，发现在 0.5V 恒电势时所测得的氧化电流是 Ru 原子百分含量的函数。与甲醇的情形相反，这一关系在 40% 附近很窄的 Ru 含量范围内出现最大（参见图 6.11）。

阳极产物的相对量与阳极中 Ru 的原子百分含量有关。红外光谱可用来研究其中的可溶产物产率。通过使用所谓的"有效吸收系数"（由在该技术中使用的薄层电解液层计算而得的数值），Weaver 等通过积分谱带强度可换算出摩尔数 Q。这一技术用来计算图 6.20 的数据，其光谱是在 0.5V 极化 3min 后记录的。二氧化碳、乙醛和乙酸的产量作为电极上 Ru 的含量的函数给出。乙醛的 Q 值有大约 7% 的误差，而二氧化碳和乙酸的相应误差小于 1%。

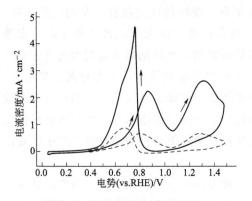

图 6.19　在光滑多晶铂电极上，0.1mol·dm⁻³ HClO₄ 溶液中浓度为 0.1mol·dm⁻³（虚线）和 1mol·dm⁻³（实线）的乙醇氧化的循环伏安曲线 电压扫描速率为 50mV·s⁻¹，温度为 25℃

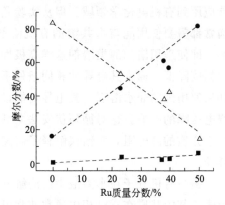

图 6.20　在 0.5V 下经过 3min 极化后，PtRu 电极上生成的 CO₂（■）、乙酸（●）和乙醛（△）的摩尔百分比与电极表面 Ru 原子百分比之间的关系 使用的溶液与图 6.19 相同

值得注意的是，增加界面上 Ru 的含量将对生成二氧化碳的途径有稍许贡献。然而，二氧化碳的产率要比乙醛和乙酸之和低 1～2 个数量级。显然，对切断 C—C 键而言，PtRu 催化剂活性差。Ru 的主要作用体现在增加乙酸的产量。针对所研究的不同 Ru 的含量，所生成的乙酸和乙醛的总和几乎不变。这暗示了在生成乙酸中，乙醛可能是反应中间物（见图 6.18）。

上面的数据表明，从每个乙醇分子获得的电子数很低，仅 2～4 个电子。它比每个乙醇分子提供 12 个电子的理论值低很多。为使化学能转换为电能能达到可接受的水平，不仅每摩尔乙醇能提供电子数很重要，在燃料电池实际工作的电势下，能提供足够高的电流密度也很重要。Pt/Ru 催化剂的电流电压关系对可能的实际应用来说还太小。

6.7　有机电化学中的反应机理

有机化合物的数目比无机化合物多得多，由于所有的有机分子都能被电化学氧化或还原，因此，有机电化学涉及的领域非常广泛。该领域的教科书一般将其划分为几个部分，诸如，电化学加成反应、电化学取代反应、有机胺电化学反应等。在本章中，只关注所有这类过程的基本原理。尽管有机电化学没能从根本上开创出一些新的合成方法，但是它能非常简单、快速以及高产率地产生自由基和自由基离子。

6.7.1　一般事项

前面所讨论的所有概念，譬如电荷转移、扩散和反应层、吸附和电催化等，都能应用到有机电化学领域。但从实验角度来看，要维持反应物和产物的一定浓度，通常都需要使用能与水共溶的有机溶剂，或者在某些情况下，甚至要使用非水溶剂。即使采用诸如醇类溶剂这样高极性的共溶溶剂，支持电解质盐的溶解度还是会大幅度降低，通常其电导比相同条件下的无机水溶液低至少一个数量级。事实上，如果使用纯的非水溶剂，其电导可能进一步降低，因此，在实验中必须仔细考虑欧姆电压降的影响。这对循环伏安法尤其如此，如前面已经指出的，就很可能仅仅是由于介质的高电阻，而错误解释了高速电势扫描速度下得到的循环伏安图中的峰位移动。

提高有机分子在水溶液中的溶解度的一种方法是采用二相系统，通常以乳剂的形式，其中基质在有机相中通常非常可溶，而电荷转移反应在水溶液相进行。如果乳剂粒子与水溶液相间的平衡很快，即使是电极表面附近的水溶液相也将一直维持饱和状态。

一般而言，要实现对某一特定反应途径的高选择性，必须合理地选择电极材料、溶剂、支持电解液、电极电势以及电流密度。

6.7.2　有机电化学电极过程分类

有机电化学电极过程可以初步分为直接过程和间接（包括电引发的）过程两类。对第一种情形，存在电极向底物或底物向电极的电荷转移。如果底物本身不带电，那么将分别生成有机阴离子或阳离子，例如：

$$C_6H_6^{\cdot-} \longleftarrow e^- + C_6H_6 ; \quad C_6H_6 - e^- \longrightarrow C_6H_6^{\cdot+} \qquad (6.32)$$

非常普遍的是，这类单电子转移或者是将阴极上的电子转移到有机反应物的最低未占分子轨道（LUMO），或者从有机反应物的最高已占分子轨道（HOMO）转移电子到阳极。电荷转移反应将发生在某一特定的电极电势，它对应于有机反应分子轨道的能级，或更确切地说，对应于 LUMO 的电子亲和能或 HOMO 的离子化能。当然值得注意的是这类气相的概念，如离子化能，与电极电势间没有定量的关系，因为被转移的电子最后不是到无穷远处，而是转移到金属电极上，而且生成的离子通常也是被强烈地溶剂化。

间接过程至少包含两个独立的阶段。第一步为某些底物的氧化或还原，并产生具有反应活性的自由基阴离子或阳离子，后者与另一底物 M 反应（不必一定靠近电极表面）生成目标产物。对还原反应的情形，可有：

$$e^- + Y \longrightarrow Y^{\cdot-} \qquad (6.33)$$

$$Y^{\cdot-} + M \longrightarrow M^{\cdot-} + Y \qquad (6.34)$$

其中的 Y 会在从反应(6.34)到反应(6.33)的过程中重复利用。如果直接还原 M 的动力学很慢，这一反应过程就有重要优势。在此情形下，当没有 Y 物种的存在时，则可能需要施加很负的电势才能使反应发生，而这么负的电势很可能引发许多不希望发生的副反应。然而，如果 Y 能在较负的电势下被还原，则反应的选择性可能更高。当然也可以用化学的方式将 Y 固定到电极上，那么就无法区分间接的电合成过程与普通的异相催化反应。由于这个原因，这一过程通常称为氧化还原催化（Redox Catalysis），它是最近发展的许多电流式传感器的基础。

目前，间接还原过程普遍是通过金属催化剂，尤其是 Ni、Co 和 Pd 的络合物而实现的，例如这类络合物可通过对烷基或芳基卤化物中碳卤键（C—X）的氧化加成而生成，通过催化循环的进一步还原而合成双芳基衍生物，例如，从溴苯合成联苯的反应如下所示：

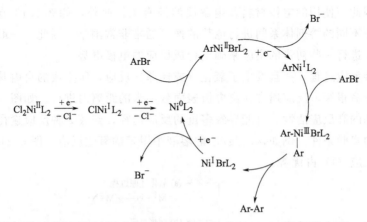

对间接氧化过程也可以写出与式(6.33) 和式(6.34) 类似的方程，该反应在卤化物，尤其是溴化物和碘化物中经常发生。一个例子就是将一级胺氧化为腈，该过程通常是在阴阳极间距非常小且不分隔的电解池里进行的：

阳极上 $$2Br^- \longrightarrow Br_2 + 2e^-$$

阴极上 $$2MeOH + 2e^- \longrightarrow 2MeO^- + H_2$$

溶液中 $$RCH_2NH_2 + Br_2 + MeO^- \longrightarrow RCH_2NHBr + MeOH + Br^-$$

$$RCH_2NHBr + MeO^- \longrightarrow RCH=\!\!=\!\!NH + MeOH + Br^-$$

随后进行 $$RCH=\!\!=\!\!NH + Br_2 + 2MeO^- \longrightarrow RCN + 2MeOH + 2Br^-$$

在电引发的过程中，通常上述反应式中的 $Y^{\cdot-}$ 不是通过电化学反应而是通过化学反应重新产生的，且在理想的情形下，只需要最初与电极间的电荷转移反应来引发该反应。一个例子就是在 H_2O_2 和 Fe^{3+} 存在的情形下，由苯合成苯酚，其反应机理如下：

$$Fe^{3+} + e^- \longrightarrow Fe^{2+} \tag{6.35}$$

$$Fe^{2+} + H_2O_2 \longrightarrow Fe^{3+} + OH^{\cdot} + OH^- \tag{6.36}$$

$$C_6H_6 + OH^{\cdot} \longrightarrow C_6H_5(H)(OH)^{\cdot} \tag{6.37}$$

$$C_6H_5(H)(OH)^{\cdot} + Fe^{3+} \longrightarrow [C_6H_5(H)(OH)]^+ + Fe^{2+} \tag{6.38}$$

$$[C_6H_5(H)(OH)]^+ \longrightarrow C_6H_5OH + H^+ \tag{6.39}$$

这显然与无支链的连锁反应非常类似。

6.7.3 氧化过程：电极电势、反应中间物和最终产物

有机化合物的氧化电势定性地与 HOMO 的离子化能有关。对饱和的碳氢键，其离子化能很高，因此也导致很高的反应电势（$>3.0V_{SHE}$）。这样高的电势一般是很难达到的，除非使用很特殊的溶剂系统，如超临界 CO_2 流体，并且必须同时使用超微电极。不饱和的碳氢化合物或者芳基化合物的氧化电势则要低得多，在一些专业参考书里能找到一系列有关这类数据的表格。但在使用这类数据时必须非常小心，因为它们是根据实验中的半波电势获得的，它们来自动力学测量而不是热力学测量，因此与使用的电极材料及电解质溶液有关。此外，如 3.1.13 节里所讨论的一样，在不同的溶剂体系间进行电势的换算通常非常困难。因此，一般应先在实际的体系中进行一些初步的实验来确定合成反应的电极电势。

对直接反应过程，一旦发生了氧化（或还原）反应，所生成的自由基通常非常活泼而且寿命很短，反应通常在离电极表面数纳米的距离内进行。如图 6.21 所示，这类自由基的高反应活性，可能导致多重的反应途径，到底哪种反应途径占优势取决于具体的实验条件。例如，乙酸/乙醇溶液中甲苯的氧化反应，图 6.21 所示的电荷稳定化反应（f）占优势：

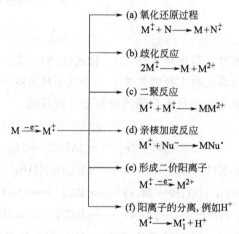

图 6.21　阳极上生成的阳离子自由基的进一步反应

其中 Nu^- 为随机性亲核试剂

$$\text{(6.40)}$$

因为如式(6.40)里生成的中性自由基上的电子通常比它的母体自由基中的电子更容易移去，因而很可能进一步发生如下的快速电荷转移反应：

$$\text{(6.41)}$$

最终的产物将是苯甲基己酯。在这一溶剂系统中可能发生的第二种途径相应于图 6.21 里的途径（d），也就是在最初的氧化反应后立即发生环上的亲核反应：

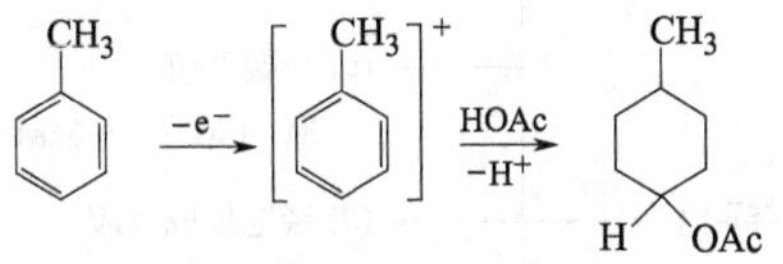

$$(6.42)$$

这里生成的中性自由基将进一步发生下面的快速电荷转移反应：

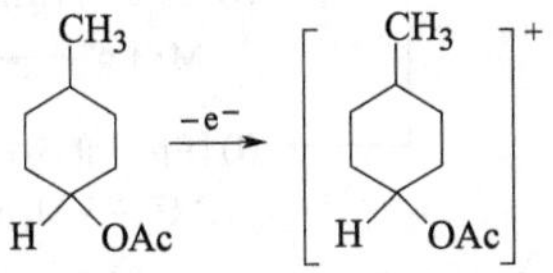

$$(6.43)$$

所生成的碳阳离子将通过失去质子而生成苯氧基酯：

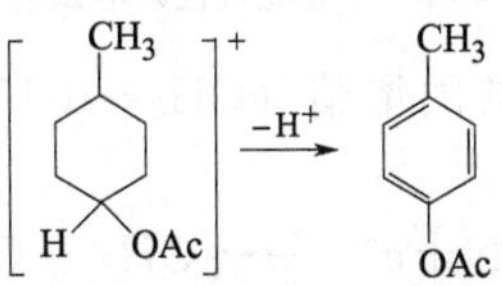

$$(6.44)$$

至于哪个过程将成为主导路径，这个问题选择性地取决于体系中存在的亲核试剂及 H^+ 的浓度。对弱酸来说，比如乙酸，以生成苯甲基乙酯为主，而对强酸来说，如 1,1,1-三氟乙酸，它抑制反应(6.40)，主要生成苯氧基酯。

另外，可能会遇到的困难是生成的带正电的有机阳离子的重排。例如，在甲醇中氧化环己烯就说明了这一点，其中一种反应途径就是生成的有机阳离子的 Wagner-Meerwein 重排：

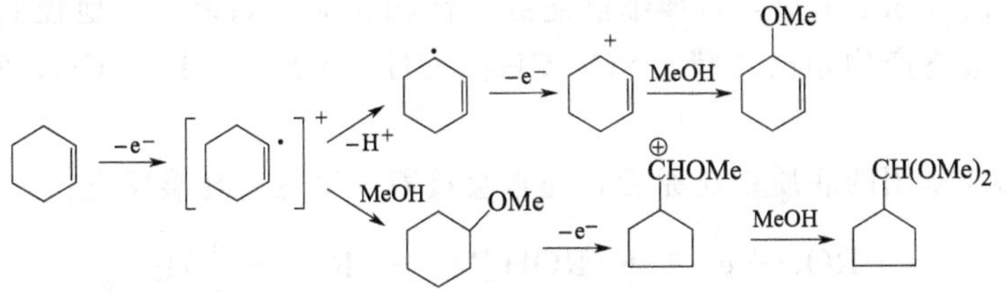

如果使用非配位性溶剂，如饱和氯化物溶剂里的烷基铵盐，将发生自由基引导的聚合过程，它会在电极表面生成不确定组成的电活性聚合物。这类过程将在 6.7.6 节里进一步讨论。

6.7.4 还原过程：电极电势、反应中间物和最终产物

有机化合物的还原电势也定性地与其电子亲和势有关，对饱和碳氢化合物而言，其还原电势一般都相当负。不饱和或芳香族碳氢化合物通常在 C 与 N、O 或 S 之间有多重键，因此，它们的还原将容易得多。与有机物的氧化类似，所产生的自由基可经过如图 6.22 所示的不同反应途径：

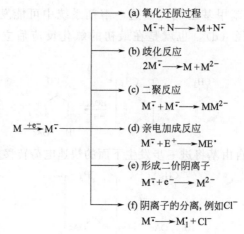

图 6.22　阴极上生成的阴离子自由基的进一步反应
其中 E^+ 为随机性亲电试剂

下面以具有重要商业价值的丙烯腈（$CH_2\!=\!CHCN$）的还原为例进行说明。第一步反应生成阴离子：

$$CH_2CHCN + e^- \longrightarrow [CH_2\!=\!CHCN]^{\cdot-} \tag{6.45}$$

如果溶液中有质子的存在，该阴离子会受到亲核攻击（图 6.22 的途径 d）：

$$[CH_2\!=\!CHCN]^{\cdot-} + H^+ \longrightarrow \cdot CH_2\!-\!CH_2\!-\!CN \tag{6.46}$$

自由基也可能对另外第一个底物分子发生的亲核攻击：

$$[CH_2\!=\!CHCN]^{\cdot-} + CH_2\!=\!CHCN \longrightarrow NC\!-\!CH^-\!-\!CH_2\!-\!CH_2\!-\!CH^\cdot\!-\!CN \tag{6.47}$$

第三种可能就是在反应(6.45)后的再次电荷转移：

$$[CH_2\!=\!CHCN]^{\cdot-} + e^- \longrightarrow [CH_2\!=\!CHCN]^{2-} \tag{6.48}$$

在下面的 8.5.2 节里，将详细描述进一步的反应。如果恰当地控制反应条件，得到反应的最终产物是己二腈，$NC\!-\!CH_2\!-\!CH_2\!-\!CH_2\!-\!CH_2\!-\!CN$，它是制备尼龙的前体。

在含 OH 基团的底质被还原后，通常会接着发生电荷补偿反应：

$$ROH + e^- \longrightarrow [ROH]^{\cdot-} \longrightarrow RO^- + \tfrac{1}{2}H_2 \tag{6.49}$$

如果 ROH 是脂肪醇，即可生成醇盐。如果 ROH 是碳水化合物，将进一步与烷烯烃或酰基试剂反应，生成该碳水化合物的醚或酯。

6.7.5　更多的电有机反应及电极表面的影响

Kolbe 反应是具有重大历史意义的一个电化学反应。在 1834 年法拉第最早开始对这个反应进行了研究，他注意到在电解醋酸钾的过程中在阴极析出氢气，而在阳极产生二氧化碳和碳氢化合物。后来 Kolbe 对该反应进行了系统的研究，并确定了该反应的基本机理，另外，Hofer 和 Moest 证明它在不同的反应条件下可分离得到不同的反应产物。

该反应的基本机理是:

$$RCOO^- \longrightarrow RCOO\cdot + e^- \longrightarrow R^- + CO_2; 2R\cdot \longrightarrow R{-}R$$

该反应是在相当高的超电势下进行的,对诸如光滑铂之类的电极而言,氧的析出是一个竞争性反应。事实上,在 $1mol \cdot dm^{-3}$ NaOAc/$1mol \cdot dm^{-3}$ HOAc 的水溶液中,在铂和铱这两个阳极上的电流密度表现出两个截然不同的区间。在低电势时,反应完全是由氧的析出和金属氧化层的生成组成。在高电势时在两种电极上会生成氧化物相,由于羧酸根离子比水在氧化物层上的吸附作用更强,可以迅速在电极表面形成吸附单层,因此,有效地防止了水的氧化并使上述羧酸根离子的氧化优先得以进行。由于羧酸基在表面的高覆盖度,主要的路径是自由基 $R\cdot$ 的二聚反应。如果在溶液中加入一种竞争吸附的物种,如碳酸根离子,那么表面的羧酸根离子被稀释,自由基可被进一步氧化为含碳的有机阳离子。这些是 Hofer-Moest 反应的经典条件,此时,醋酸根在水中氧化生成的是甲醇而不是乙烷。

另一个专门用于碱性水溶液中烷醇氧化的电极材料是水合氢氧化镍,它在电势大于 $1.13V_{SCE}$ 时,将 Ni(Ⅲ) 氧化物沉积在镍板上获得。烷醇氧化的第一步反应是自由基攻击,夺取在 α-位上的氢原子,接着发生所生成的自由基的氧化:

$$RCH_2OH \xrightarrow{-H\cdot} R\dot{C}HOH \xrightarrow[-H^+]{-e^-} R{-}CHO \longrightarrow R{-}COOH$$

在合成抗坏血酸(维生素 C)的应用过程中,这种镍氧化物阳极用来作为将 D-葡萄糖衍生物氧化为相应的羧酸这一步骤中的催化剂。

6.7.6　电化学聚合

电化学引发的聚合反应在概念上与我们熟悉的阴离子或阳离子聚合过程类似,例如,在"活体"高分子中的反应。电化学产生的自由基阴离子引发溶液中的聚合反应,只需很小的电流就能维持聚合反应的进行。甲基丙烯酸甲酯的聚合反应即是其中一个例子,它可被电极表面电化学产生的阴离子,或者甚至是电极表面形成的氢原子引发。这类电聚合非常容易发生,通常是不希望发生的副反应,在严重的情况下将完全阻塞电极表面,进而终止电化学反应。

用这一方法生成的聚合物与用其他常规方法合成的聚合物很类似,其骨架通常是饱和的 C—C 链。这类碳链可通过引入具有氧化还原中心的侧链而使其具有电化学活性,但是如果这类聚合物膜是镀在电极表面的,则只有通过扭曲聚合物的骨架,使邻近的单体单元靠近而交换电子,从而在膜中实现电荷转移。然而,如果聚合诸如乙炔之类的材料,聚合物的骨架将具有如下相继排列的 π 键:

这些 π 键之间的交叠而允许载流子的产生,如通过将骨架的氧化而使其变得可移动。显然,至少在原理上,如果电子能够在这类骨架和侧链的氧化还原中心迁移,这将大大提高电极与聚合物膜间的电荷传递速率。

虽然聚乙炔是这类聚合物中最早合成的,但实际上,其聚合反应是通过常规的化学方式进行的，在合成聚乙炔之后不久，人们就发现直接利用电化学聚合可以合成许多不饱和杂环化合物。聚合吡咯生成具有如下基本结构的导电聚合物就是一个例子：

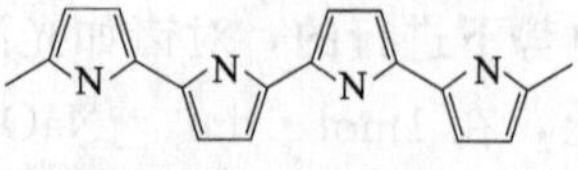

聚合作用是通过氧化一个吡咯单体，生成一个自由基阳离子而引发的；这一单体可进一步与自由基阳离子或第二个吡咯单体进行反应，并产生一个中间体，该中间体通过失去质子很容易被氧化并形成如下的二聚体：

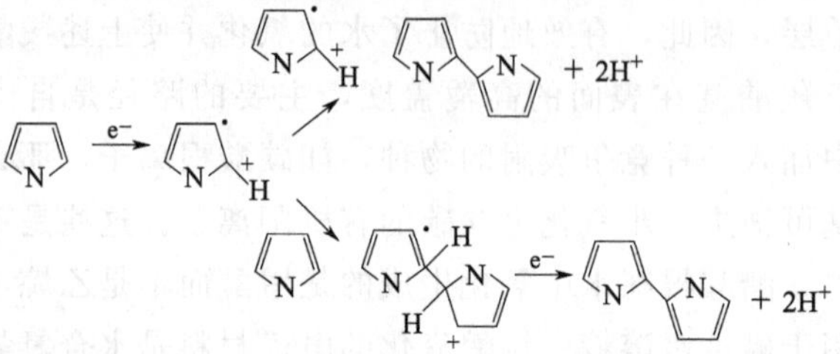

实际上该二聚体比单体更容易被氧化，因为两个环上的 π 系统间的相互作用产生一组轨道，其 HOMO 比单体吡咯的能量高（即更容易被氧化）。聚合物的进一步生长，即可通过单体的进一步氧化也可通过二聚体的氧化，主要的反应过程与传质及电极电势密切相关。随着聚合反应的进行和聚合物链的变长，它们很快就变得不可溶，最终以膜的形式沉积在电极表面上。由于聚吡咯的聚合物形式比其单体更容易被氧化，其链通常处于氧化态。而且由于其骨架是不饱和的，与聚乙炔的骨架类似，具有电子导电性，电子可以在聚合物的末端与电极之间进行转移。该特性可以生长非常厚的膜，而且实际的形成速度很快。由于聚合作用的机理与实验条件密切相关，因此不同的作者报道其合成的膜具有不同的形貌也很正常。

人们已对有关聚吡咯和其他相关膜中的导电性质经过了广泛而深入的研究，并大量采用了各种各样的技术，包括谱学的和常规的电导率的研究。众所周知，在固态化学领域中，就传统的金属而言，电子能在固体晶格中以足够快的速度运动，相对于这个速度而言，其原子核运动几乎处于静止状态。用能量的术语来说，这一行为是轨道高度重叠而产生的非常宽的电子能级的能带特征。然而当轨道的重叠降低时，电子跃迁就不频繁，最后运动得足够慢，使得晶格有时间为适应电荷存在而调整其局部的结构。实际上，电子被"捕获"，且它的运动能力大为降低，使其电导降低至类似于半导体里的情形。这也是在诸如聚吡咯之类的聚合物里观察到的情形；相对较高的电导似乎是由于其载流子密度很高而不是由于电子固有的运动性很高所致。这些载流子的形态也非常有趣：动量反射表明在链上很难容纳单个正电荷，因为它将导致键的很大重排，但两个正电荷则可以很容易地被如下结构容纳：

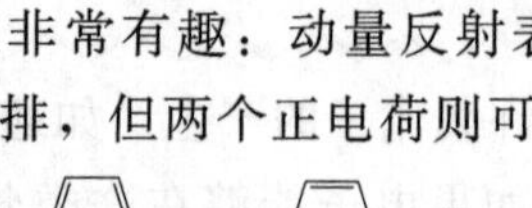

正电荷间实际距离可能比图中显示的要大，它将由电荷间的排斥作用和环上的

键重新杂化所需的能量的平衡而定。

这类膜能被氧化生成具有高电子导电性的聚合物链的事实具有相当大的潜在技术意义；这类膜不但能用于"智能窗口"和"分子晶体管"，也能用于生物电化学和生物电子器件、分析器件，包括电流式生物传感器、离子交换膜和电荷储存器件。作为电荷储存器的可能性是基于当链被氧化后，电解液里的对离子必须扩散进入膜以补偿电荷的事实。这一技术在超级电容器和蓄电池方面的发展应用将在下面描述（参见 9.3.2.4 节和 9.8 节）。

6.8　电化学体系中的振荡

振荡现象在电化学体系中普遍存在。事实上，可以说在一定的条件下，任何电化学系统都可能以电流或电压振荡的形式表现出动态不稳定性。显示动态振荡行为的例子有金属的电沉积、腐蚀和电池。

由于电学和化学的变量之间的相互影响，要描述电化学系统的动态不稳定性，不但要考虑电活性物种的表面覆盖度和浓度，还必须考虑跨越电极-溶液界面的电压降，外加的电压和电流密度以及电池内外欧姆电阻。

从图 6.23 所示的等效电路可以看出，来自于恒电势仪的电流 i 通过一个外部欧姆电阻 R_e，包含双电层电容 C_D^W 和法拉第阻抗 Z_F^W 的工作电极，以及工作电极与鲁金毛细管末端之间的溶液电阻 R_E。电流 i 最后经过电解质溶液流到对电极。由于使用高法拉第阻抗 Z_{Ref} 的参比电极，实际上参比电极上基本没有电流流过。这样，恒电势仪上的输出电压分别施加两个双电层以及两个电阻 R_e 和 R_E。这里，分别定义 $\Delta\varphi_D^W$ 和 $\Delta\varphi_D^{Ref}$ 是工作电极和溶液之间以及参比电极和溶液之间的 Galvani 电势（φ_{Me} 和 φ_s）差（即 $\Delta\varphi_D=\varphi_{Me}-\varphi_s$）。因为 $\Delta\varphi_D^W-\Delta\varphi_D^{Ref}=\Delta\varphi$，$U$ 可写为：

$$U=\Delta\varphi+iR \tag{6.50}$$

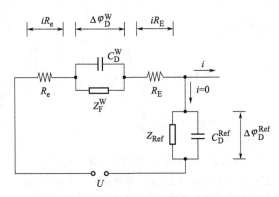

图 6.23　在恒电势仪控制所用的参比电极的电势时电化学界面的等效电路

其中，C_D 为双电层电容，Z_F^W 为法拉第阻抗，$\Delta\varphi_D^W$ 和 $\Delta\varphi_D^{Ref}$ 分别为工作电极和参比电极附近双电层电势降，R_e 为外部的欧姆电阻，R_E 为工作电极和鲁金毛细管末端之间的溶液电阻，U 是外部施加的电压

通过使用简单的数学变换（参见参考文献），可以推出在恒电势条件下，在具有负法拉第阻抗 Z_f^W 的电势区间，如果总电阻 $R=R_e+R_E$ 大于 $|Z_f^W|$，那么电流将发生振荡。

尽管电压恒定，但是电流振荡还是发生了。根据上述实现电流振荡的关系，即使没有外部电阻 R_e，只要 $R_E>|Z_f^W|$，电流振荡也能发生。

当讨论振荡时，重要的是在 $i\text{-}E$ 曲线中存在一个特殊的电势区间，其电流随着电极电势的增加而降低，换言之，就是在该电势区存在一个负微分电阻（Negative Differential Resistance，NDR）。

NDR 相当于负的法拉第阻抗，$Z_f<0$。它的出现可能与电极动力学的各个方面有关。NDR 可能出现的条件包括：①速率常数随电势的升高而降低，②双电层里的电活性物种间静电排斥（Frumkin 效应）及由此导致的反应面里反应物浓度的降低，③随电势的升高，电极活性面积的降低，例如使电极中毒的反应中间产物的吸附。

在反应过程中，吸附物种至少使电极表面部分中毒，这一现象在电催化研究中非常普遍。事实上，许多电催化反应，如氢气、CO、甲醇和甲酸的氧化，可出现随时间的不稳定性如双稳态或振荡。图 6.24 给出甲醇氧化中发生振荡的例子。图 6.24(a) 的 $R_e\text{-}U$ 图中标明了能发生振荡的区间。这类图称为"歧化图"，它给出了稳定振荡的区间。图 6.24(b) 给出了在外加电压 $U=1.82\text{V}$ 和外电阻 $R_e=2.75\text{k}\Omega$ 时观测到的电流振荡。

揭示动态振荡的基本反应机理在基础理论研究方面十分重要，同时电化学振荡也被用作模型体系，研究非线性动力学和空间-时间模式的形成。事实上，例如由于带电荷的固/液界面的信息交换方面的特点，这一研究的领域正在不断扩大。

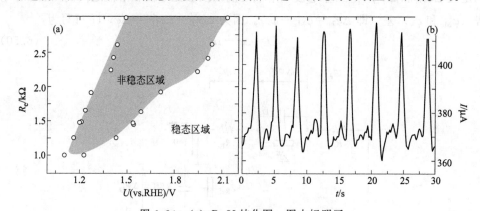

图 6.24　(a) $R_e\text{-}U$ 歧化图，图中标明了
在 $0.49\text{mol} \cdot \text{dm}^{-3}$ H_2SO_4 溶液里，$0.68\text{mol} \cdot \text{dm}^{-3}$
甲醇在铂电极上氧化过程中，发生电流振荡以及稳态的区域；
(b) 这一体系中电流振荡的例子，实验条件为 $U=1.82\text{V}$ 和 $R_e=2.75\text{k}\Omega$，
与 R_e 相比，R_E 可忽略

参 考 文 献

讨论有关氢电极反应的参考文献

(*For a discussion of the hydrogen electrode reactions see*)

M. Breiter：“*Electrochemical Processes in Fuel Cells*”，Springer-Verlag，Berlin，1969

K. J. Vetter：“*Electrochemical Kinetics*”，Springer Verlag，Berlin，1961

P. A. Christensen and A. Hamnett，“*Techniques and Mechanisms in Electrochemistry*”，Blackie and Son，Edinburgh，1995

R. J. Nichols and A. Bewick：J. Electroanal. Chem. 243（1988）445

讨论有关氧电化学的参考文献

(*For a discussion of oxygen electrochemistry see*)

J. Hoare：“*The Electrochemistry of Oxygen*”，John Wiley，New York，1968

V. S. Bagotsky，M. R. Tarasevich and V. Filinovsky：Soviet Electrochemistry，5（1969）1158

A. Damjanovic and A. T. Ward in “*Electrochemistry：The past Thirty Years and the next Thirty Years*”，Plenum Press，New York，1977

K. L. Hsueh，D. T. Chin and S. Srinivasan：J. Electroanal. Chem. 153（1983）79

K. Kinoshita：“*Electrochemical Oxygen Technology*”，New York，1992

D. T. Sawyer：“*Oxygen Chemistry*”，OUP，1991，New York

D. J. Schiffrin：“*Specialist Periodical Reports：Electrochemistry*”，vol. 8，The Chemical Society，1983，p. 126

H. Gerischer and W. Vielstich in “*Handbook of Heterogeneous Catalysis*”，eds. G. Ertl，H. Knözinger and J. Weitkamp，Wiley-VCH，Weinheim，1997，p. 1325

讨论有关甲醇氧化机理的参考文献

(*For discussions of the Mechanism of Methanol Oxidation see*)

M. Watanabe，S. Motoo，*J. Electroanal. Chem.*，69，429（1976）.

K. -I. Ota，Y. Nakagawa，M. Takahashi，*J. Electroanal. Chem.*，179，179（1984）

A. Hamnett，in *Interfacial Electrochemistry* ed. A，Wieckowski，Marcel Dekker，New York，1999，p. 843

H. Hoster，T. Iwasita，H. Baumg rtner，W. Vielstich，*Phys. Chem. Chem. Phys.*，3，337（2001）.

T. Iwasita，in *Handbook of Fuel Cells*，Volume 2，Wiley Inc.（2003）

E. A. Batista，G. R. P. Malpass，T. Iwasita，*J. Electroanal. Chem.*，571，273（2004）.

讨论有关 CO 氧化机理的参考文献

(*For discussions of the mechanism of CO oxidation see*)

I. Villegas and M. J. Weaver，*J. Phys. Chem.* B 101，10166（1997）

E. A. Batista，T. Iwasita，W. Vielstich，*J. Phys. Chem.*，B 108（2004）14216.

G. Ertl，M. Newmann and K. M. Streit，*Surf. Sci.*，64，101（1977）.

M. T. M. Koper，A. P. J Jansen，R. A. van Santen，J. J. Lukkien，and P. A. J. Hibers，*J. Chem. Phys.*，109，6051（1998）.

有关乙醇氧化的参考文献

(*References to Ethanol Oxidation*)

C. Lamy，S. Rousseau，E. M. Belgsir，C. Contanceau，J. M. Leger，Electrochim. Acta 22-23（2004）3901

G. A. Camara，T. Iwasita，“*Parallel Pathways of Ethanol Oxidation：The Effect of Ethanol Concentration*”，J. Electronal. Chem.，578（2005）315.

介绍有关有机电化学的参考文献

(*Introductory references to Organic Electrochemistry*)

M. Baizer and H. Lund (eds.): *"Organic Electrochemistry"*, Marcel Dekker, New York, 1985

J. Grimshaw, *"Electrochemical Reactions and Mechanisms in Organic Chemistry"*, Elsevier Press, Amsterdam, 2000

A. J. Fry and W. E. Britton (eds.): *"Topics in Organic Electrochemistry"*, Plenum Press, New York, 1986

L. Eberson and H. Schäfer: *"Organic Electrochemistry"* in *"Fortschritte der chemischen Forschung"*, 21 (1971), Springer Verlag, Berlin

L. Eberson: *"Electron Transfer Reactions in Organic Chemistry"* in *"Advances in Physical Organic Chemistry"*, vol. 18 (1982), eds. V. Gold and D. Bethell, Academic Press, London

S. Torii: *"Electro-organic Syntheses; Part I (Oxidations); Part II (Reductions)"*, Verlag Chemie, Weinheim, 1985

A. J. Bard and H. Lund (eds.): *"Encyclopaedia of Electrochemistry of the Elements, Organic Section"*, vols. XI- XV, Marcel Dekker, New York, 1978- 1984

A. F. Diaz and J. Bargon: *"Electrochemical Synthesis of Conducting Polymers"* in *"Handbook of Conducting Polymers"*, ed. T. A. Skotheim, Marcel Dekker, New York, 1986.

M. E. G. Lyons (ed.): *"Electroactive Polymer Electrochemistry"*, Plenum Press, New York, 1996 (2 vols.)

有关振荡反应的参考文献

(*Oscillating Reactions are considered in*)

K. Krischer, *"Nonlinear Dynamics in Electrochemical Systems"*, in D. M. Kolb, R. C. Alkire (Eds.): *Advances in Electrochemical Sciences and Engineering*, Wiley-VCH (Weinheim 2003), vol. 8, p. 89.

W. Vielstich, *"CO, Formic Acid, and Methanol Oxidation in Acid Electrolytes- Mechanism and Electrocatalysis"*, in A. J Bard, M. Stratmann, *Encyclopedia of Electrochemistry"*, Wiley-VCH 2003, vol. 2, pp. 466- 511.

H. Valera, K. Krischer, *Catal. Today* 70 (2001) 411

第7章　固体及熔融盐离子导体电解质

固体离子导体及熔融盐能直接作为电解质并具有多种重要用途。例如，在350℃下工作的钠-硫电池采用钠离子导体陶瓷作为电解质，同时也作为隔膜分隔液体钠阳极和液体硫阴极；而固体氧离子导体陶瓷作为水的电解实验及燃料电池的电解质在1000℃下工作；阳离子导体聚合物也在100℃下的低温区用于氯-碱电池及固体聚合物膜燃料电池，有关内容将在第9章中介绍。使用熔融物的一个典型的例子是在约1000℃下从冰晶石（Na_3AlF_6）/氧化铝的熔融物中提取铝的工业过程，近期的一个例子是在近650℃下工作的用熔融碳酸盐作为电解质的燃料电池。

显然，使用熔融物和固体离子导体通常需要高温，因此需要使用如石英、瓷、陶瓷氧化物、氮化硼或金属等具有高熔点的电池材料。另外，热电效应可能会干扰电极电势的测量，同时可能因金属的挥发或在熔融物中的溶解而破坏物质平衡，所以必须非常小心。

7.1　离子导电固体

低温下固体中的离子导电早已众所周知，但最近人们才开始认真地去研究和理解这一现象。

7.1.1　固体中离子导电的原因

原则上，完整的晶格是不能支持离子传导的，然而在0K以上没有完整无缺的晶格，常常在晶格位上会有空缺，而在晶格点的间隙位上填充原子。在电场的影响下，实际晶体中的离子可以以几种不同的方式运动：

——从晶格空缺到晶格空缺；

——由晶格间隙到晶格间隙；

——在晶格间隙上的离子运动到晶格位，并迫使原晶格位上的原子移动到邻近的晶格间隙位这样一种协同的方式进行。

最后一种情形的一种极端的形式在所谓的超离子导体中观察到了，如在高于147℃时，AgI中的银离子亚晶格实际上已经熔化，而碘离子的晶格仍然是固态。在这种情形下，晶格位和晶格间隙位的区别已经消失，离子的运动更类似于液体。这类一级转变很容易通过电导率的不连续变化（通常会有几个数量级的改变）观察到，转变过程中会伴随吸附热极大值的出现。

固体中离子的电导率的测量方法与在电解质水溶液中的类似（参见2.1.2和

2.1.3 节）。在水溶液中，电极溶液界面将形成双电层，可采用交流方法测量电导率。当然除非测量能在很广的频率范围内或同时还进行其他研究，否则这种方法只能给出所有运动载流子（阳离子、阴离子、电子和空穴）对电导率的总贡献。譬如在考虑 Ag_2S 的导电性时，它同时包含 Ag^+ 和电子电导的贡献。为了排除后者的影响，如图 7.1 所示可通过使用两个 AgI 的圆盘（仅有 Ag^+ 导电）并采用直流技术而获得离子的电导率。直流技术的缺点是银离子将在阳极溶出并沉积在阴极上，导致在两个电极上都产生超电势。此外，当银离子在 AgI/Ag_2S 界面迁移时将受到接触电阻的影响。原则上，可以如图 7.1 所示通过系统地改变 Ag_2S 棒的长度，或者利用另外一对电极（四探针技术）测量 Ag_2S 棒上两点间的电压降解决这一问题。

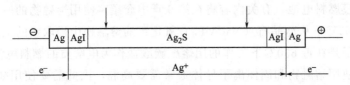

图 7.1　测量离子/电子混合导体 Ag_2S 中的 Ag^+ 离子导电性

对非超离子导体而言，离子导电性通常随温度的升高而呈指数增加，这一点可通过参考 2.2.1 节里的方程式(2.4) 和式(2.5) 来理解，其中电导率是运动离子的浓度 c_i 与迁移率 μ_i 的乘积。假设该类运动的离子存在于晶格间隙位或晶格空位，那么这类位置的数量将遵从玻耳兹曼统计分布，在这里玻耳兹曼关系的指数能量项与产生这种离子所需的能量有关。此外，为离子运动提出的位置交换机理也与活化能呈指数关系。因此对基于通过晶格缺陷的离子导电，其活化能一般都相当高。超离子导体的情形则完全不同，因为亚晶格位上的所有离子都是可移动的，所以导电离子的浓度 c_i 是一个常数。此外，与溶液中的离子导电类似，这类离子的运动所需的活化能通常较低。对在某一特定温度可由晶格缺陷电导跃迁到超离子电导的固体，如 AgI，整个活化能都将由此而降低至很小的值（见图 7.2），尽管通常发现由于超离子导体中离子运动强烈地关联在一起，因此其离子运动的活化熵通常也很小。

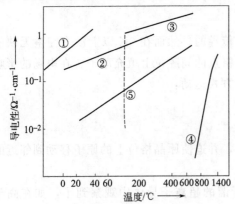

图 7.2　固体电解质和硫酸水溶液的
电导率随温度的变化关系
①6mol · dm⁻³ H_2SO_4；②$RbAg_4I_5$；
③α-AgI；④ZrO_2 · $(Y_2O_3)_{0.15}$；
⑤Na_2O · $11Al_2O_3$

与金属不同，普通离子电导的高活化能意味着固体的电阻将随温度的升高而大大降低，这一点已在能斯特灯中得到利用。如果在一种由合适的陶瓷，如用 ZrO_2 · $0.15Y_2O_3$ 制作的灯丝上施加足够高的电压，随后用火焰加热直至观察到有明显的电流通过时，电流带来的欧姆加热将使灯丝温度进一步提高，从而使电阻进一步下降，并导致电流越来越大直至灯丝白热发光，此时开始就有必要控制电流的大小。

上述讨论中没有考虑任何晶格结构的特征，在一类非常特别的化合物中经常观察到很高的离子淌度。这些材料具有层状晶格，在被各层隔开的区域里，离子和分子能相对自由地扩散运动。目前很多这类系统已被研究，包括柱状黏土、石墨、过渡金属卤氧化物等。其中有重大技术价值的一类是称为钠 β-氧化铝的钠离子导电材料，$Na_2O \cdot xAl_2O_3$，$5<x<11$，其成分尚未完全确定。其结构示于图 7.3 中，即使在室温时含钠的那一层也是十分无序的，这一特点正是其导电的原因。当温度大于 200℃时，其电导率增至大于 $0.1\Omega^{-1} \cdot cm^{-1}$，与硫酸水溶液的电导率相当（见图 7.2）。

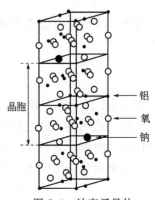

图 7.3　钠离子导体
（$Na_2O \cdot 11Al_2O_3$）的结构

铝
氧
钠

晶胞

在其他材料中也经常观察到很高的离子电导率。被称为钇稳定氧化锆的陶瓷材料 $ZrO_2 \cdot 0.15Y_2O_3$，最初是用来防止纯氧化锆在 1100℃下的结构变化。这种结构变化会使得体积发生极大的变化，从而导致陶瓷破碎，而混入 15％Y_2O_3 能使其立方体相结构在降至室温时都保持稳定。后来人们发现这种材料具有很好的氧离子导电性，其电导率 $\sigma>0.01\Omega^{-1} \cdot cm^{-1}$。再后来人们又发现 $Ce_{0.9}Gd_{0.1}O_{1.95}$ 及其相关材料具有很高的电导率，所有这些材料的晶格中都存在大量的氧空位。最近也报道了很多含有如 Li^+、H^+、Cu^+ 等一价阳离子且具有很高离子电导率的陶瓷材料，但可移动的多价阳离子材料却很罕见。

值得强调的是对所有这些材料而言，由于晶界电阻的存在实际测量到的电导率取决于其微观结构。而且，在上述的所有处理中都假设电导仅来自于单一的可移动载流子，但是正如 Ag_2S 所示，实际情况往往不是如此。对图 7.1 所示的实验，银离子的迁移数可通过先移走 AgI 圆盘，再通过一固定的电量，尔后测量两个电极上银质量的损失或增加来确定。人们有时会发现极高温氧离子导体的迁移数 $t_{O^{2-}}<$ 1（它是通过测量 ^{18}O 的扩散系数和计算氧离子的迁移率而获得），可能是由于一些随机存在的过渡金属杂质在高温下会产生相当大的电子电流所致。

7.1.2　固体电极上的电流电压测量

3.1 节里推导的热力学关系式与电解质的类型无关，所以能斯特方程对这些体系依然适用，因此可通过合适的实验测量获得热力学数据。例如，可考虑氧的浓差电池：

$$O_2(p_1)|Pt|ZrO_2 \cdot 0.15Y_2O_3|Pt|O_2(p_2) \tag{7.1}$$

在两个电极上的电化学平衡具有以下形式：

$$\frac{1}{2}O_2 + 2e^- \Longleftrightarrow O^{2-} \tag{7.2}$$

对每个电极，有：

$$E = E^0 + \frac{RT}{2F}\ln\left[\frac{(p_{O_2})^{1/2}}{a_{O^{2-}}}\right] \tag{7.3}$$

式中，$a_{O^{2-}}$ 是陶瓷电解质里氧离子的活度，电池（7.1）的电动势可用下式表示：

$$E = \frac{RT}{4F}\ln\left(\frac{p_2}{p_1}\right) \tag{7.4}$$

在 650℃ 以上，方程式可以严格成立，因为在此温度以上，氧的还原速度足够快，使得反应可以迅速达到平衡。在实际体系中，薄层的多孔铂沉积在陶瓷圆盘的两边以构成电极，该装置可以改用来精确地测定氧的分压。

如果氢取代阳极的氧，可以得到具有如下形式的燃料电池：

$$H_2|Pt|ZrO_2 \cdot 0.15Y_2O_3|Pt|O_2 \tag{7.5}$$

阳极的反应是：

$$H_2 + O^{2-} \Longleftrightarrow H_2O + 2e^- \tag{7.6}$$

而总反应是：

$$H_2 + \frac{1}{2}O_2 \Longleftrightarrow H_2O \tag{7.7}$$

在阳极和阴极之间加一个负载就能产生电能。如果这个电池的电动势是在没有电流流过的条件下测定的话，那么就可获得反应（7.7）在温度高于约 650℃ 时的自由能、焓和熵。

与上述热力学数据的测量相反，对固体电解质体系的动力学测量则困难得多。在这些测量中不能采用控制对流的方式来控制反应物向电极的传质，同时电极和离子导体之间常常有很高的电阻，以致在最坏的情形下所测到的只是欧姆效应。最严重的问题可能是在电流通过时固/固相界面区会发生变化（包括生成洞隙或枝晶结构），而且在固体电极/固体电解液界面富集的杂质不能像在液/固电池里采用的简单的电极活化去除。

这些困难严重地限制了对固体电解质体系的电极过程动力学高质量的研究，但作为特例，$Pt|ZrO_2$ 上的氧的还原过程已经在图 7.4 所示的装置里进行了研究。其工作电极是铂针尖，该设计消除在常规的多孔铂电极里 O_2 的扩散问题，

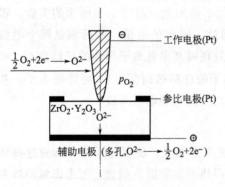

图 7.4 在电极/固体电解质界面上研究氧还原反应的实验装置

并防止了界面区的形貌改变。在 800～1000℃ 之间的研究表明，在这一区域的决速步骤是氧的解离吸附或氧离子（O^{2-}）向 $Pt \mid ZrO_2$ 接触点的表面扩散。在这一温度范围内，电子转移及氧离子在固体电解质中的传输都不是决速步骤。

7.2　固体聚合物膜电解质（SPE's）

到目前为止，最重要的一类固体聚合物膜电解质是聚合的全氟磺酸的衍生物，通常用其第一个商品化商标名 Nafion® 称呼，它是单电荷阳离子导体并能同时充当隔膜和电解质。其他的聚合阳离子和阴离子导体目前正被广泛地研发，这将在下面进行详细讨论。

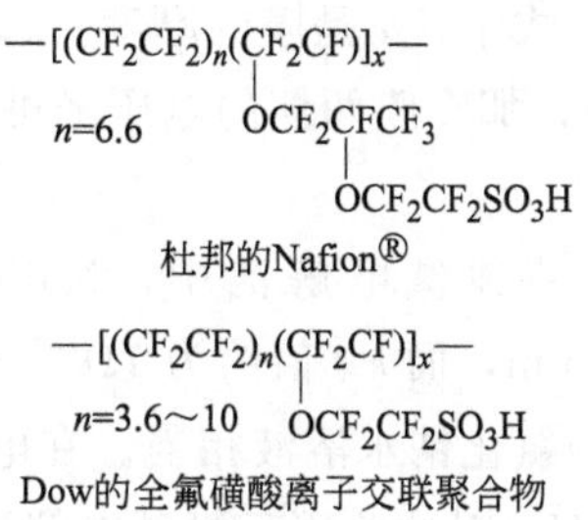

$$—[(CF_2CF_2)_n(CF_2CF)]_x—$$
$$n=6.6 \qquad OCF_2CFCF_3$$
$$OCF_2CF_2SO_3H$$

杜邦的 Nafion®

$$—[(CF_2CF_2)_n(CF_2CF)]_x—$$
$$n=3.6～10 \quad OCF_2CF_2SO_3H$$

Dow 的全氟磺酸离子交联聚合物

图 7.5　杜邦的 Nafion® 和 Dow 公司的全氟磺酸聚合物膜分子结构

全氟磺酸的聚合物链的基本化学形式（见图 7.5）因生产厂家的不同而略有不同。从图 7.5 可看到它们都是由含全氟化的 —CF_2—CF_2— 单元骨架和终端带有磺酸基 —SO_3^- 的全氟侧链组成。在这类材料中的电荷通常是通过 Na^+ 或 H^+ 在各磺酸基间迁移的。这些离子通常是溶剂化的，而电解质膜本身也经常是高度水合的。已经用各种技术研究过这类膜的内部结构，现在已经知道它实际上是由细通道连起来的反胶束组成，如图 7.6 所示。这些胶束的内表面包含磺酸基，该结构一方面可以使磺酸基的溶剂化程度最大化，同时又可以使水和氟碳骨

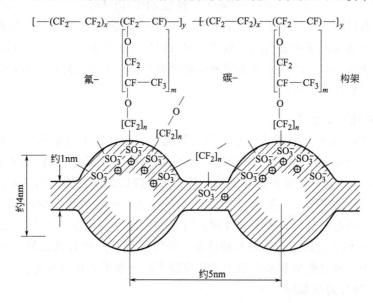

图 7.6　通过 Nafion 膜的电荷传输机理

其中 $x=5～13$；$y≈1000$；$m=0～3$；$n=2～6$

架间的排斥力减为最小。对该结构的研究表明，阳离子能够很容易地从一个胶束迁移到另一个胶束，但是由于通道内磺酸基离子的排斥作用，阴离子是不能穿越这些通道的。

这类固体聚合物膜的主要优点是导电性高且非常稳定，并能加工成非常薄且无孔的膜。这类固体聚合物膜最重要的参数是单位面积上的电导，κ_A，通常用 κ_A 而不用电导率 σ。二者之间的关系如下：

$$\kappa_A = \sigma/d \qquad (7.8)$$

式中，d 是膜的厚度；κ_A 的单位是 $\Omega^{-1} \cdot cm^{-2}$ 或 $\Omega^{-1} \cdot m^{-2}$。如果电流密度为 j，那么膜两侧的电压降可简单地表示为

$$V = j/\kappa_A \qquad (7.9)$$

在氯碱电解池中，Nafion 膜用于分隔饱和的 NaCl 溶液，其厚度通常是 0.5mm，而 κ_A 值约为 $1\Omega^{-1} \cdot cm^{-2}$，相应的电导率 σ 为 $0.05\Omega^{-1} \cdot cm^{-1}$，与高浓度的氯化钠水溶液相当。在电流密度为 $0.1A \cdot cm^{-2}$ 时，相应地跨过膜的电压降为 0.1V。对这些用于氯碱电解池的膜，阳离子的迁移数接近于 1，而 Cl^- 对电导率的贡献最多也就是几个百分点。

7.2.1 固体聚合物电解质膜体系的电流/电压测量

如 3.3 节所示固体聚合物电解质膜和离子溶液间的边界将产生与离子浓度相关的电压分布。对于固体离子导体，可以用来控制传质的技术非常少，但人们对下面这个系统进行了研究：

$$H_2 | Pt | 质子交换型 SPE | Pt | O_2$$

参比电极通过一条与硫酸水溶液接触的 SPE 薄膜与电池连通。实验发现所有四个反应（即氢的氧化或析出，氧的还原或析出）的塔菲尔斜率，不对称因子以及交换电流密度都与在硫酸水溶液中测得的结果类似，表明在这两种电解质（液）里这些反应的机理是相同的。

7.2.2 其他聚合物膜

虽然 Nafion 膜具有很多优点，但是其化学稳定性还不是非常好，如在低湿度或者高温下会出现一些严重的问题，而且也容易受在阴极氧还原过程中产生的 H_2O_2 的攻击，并产生交联的磺酸酯，从而大大降低其导电性。Nafion 膜不但能渗透水，也能渗透甲醇、乙醇等。因此，Nafion 膜在燃料电池中的应用，尤其是在直接甲醇燃料电池这类装置中的应用就有很多问题（参见 9.5.3 节）。因此在过去 20 年中，人们通过修饰全氟磺酸膜体系，开发其他磺酸聚合物或复合物及酸-碱聚合物等为用于燃料电池和水电解质子交换膜的改进做了大量的努力。

7.2.2.1 改性的全氟膜

解决失水的问题的一个方法就是用低挥发的溶剂如磷酸取代 Nafion 中的水，但在燃料电池测试中发现这会导致阳极故障，很可能是由于磷酸根的迁移所致。其

他的想法包括使用熔融盐，如 4-正丁基氯化铵（熔点 58℃），溶胶系统（分散在 PVDF 聚合物中的离子电解质）和离子液体，如 1-丁基-3-甲基咪唑三氟甲基磺酸（见下文）。

另一种方法是使用吸湿的固体粒子复合物，从稳定性考虑通常选择氧化物。最初二氧化钛粒子用来防止水的挥发损失，后来发现通过溶胶-凝胶化学方法将二氧化硅引入 Nafion 膜，不但能防水的散失而且还能稳定 Nafion 膜。最近固体无机质子导体，包括在 300℃ 以下就表现出很好的导电性的磷酸锆 [以 $Zr(HPO_4)_2 \cdot H_2O$ 的形式]，基于 Keggin 结构的杂多酸 $[PM_{12}O_{40}]^{3+}$（M=Mo、W）或酸式盐 $MHXO_4$（M=Rb^+、Cs^+ 或 NH_4^+；X=S、Se、P 或 As）也被研究过。这类材料能方便地掺入含 Nafion 单体的溶液并重新浇铸制膜，这方面已经获得一些有希望的结果。

7.2.2.2　其他的磺酸聚合物膜

对能作为电解质任何聚合物膜要求都很苛刻，其主要性能包括良好的质子或 Na^+ 离子导电性、化学稳定性、热稳定性和力学稳定性、较低的气体渗透率和水的电渗析迁移率，并同时满足燃料电池或电催化反应的快速动力学，而且要成本低廉。目前正研究的两大类都包含杂原子如氟和硅（后者在聚硅烷中）和苯乙烯骨架的芳基聚合物。最早研究的体系是磺酸基化的聚苯乙烯：

$$+CH-CH_2\!\!\!+_n$$
$$SO_3H$$

但是该类聚合物的化学稳定性差，其叔氢很容易受到 O_2 和 H_2O_2 的攻击。通过部分氟化，尤其是骨架的氟化，将会大大地提高其稳定性。也研究过基于聚硅烷结构的无机聚合物：

$$\left[O-\overset{\overset{\textstyle O}{|}}{\underset{\underset{\textstyle R}{|}}{Si}}-O\right]_n$$

式中，R 是有机官能团。这类物质称为有机官能化硅酸盐（ORMOSILS），它们具有非常广泛的应用。对燃料电池而言，主要研究体系中的官能团 R 为苯甲基磺酸的物种，该聚合物显示了良好的稳定性。

$$-CH_2-\!\!\!\!\!\left<\!\!\!\!\right>\!\!\!\!-SO_3H$$

芳基碳氢化合物，尤其是那些基于聚对亚苯基化合物，它们同时具有价格低廉和稳定性好的优点。但是由于该聚合物具有非常坚硬的棒状骨架，因此要获得合适的物理特性，必须对该聚合物进行适当的改性。最简单的修饰是在骨架中引入醚基或硫化物连接，以形成下述结构：

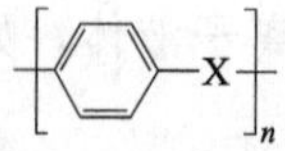

式中，X 可以是 O 或 S。然而这类聚合物的熔点太高，其中 X 是—SO₂—、—NHCO—、—COO—或者—CO—更普遍。尤为重要的一类是分子链中 X 在醚或酮基间交替更换：这类聚合物的正式名为聚醚醚酮（PEEK）或聚醚醚酮酮（PEEKK），通过磺酸化其苯环而获得质子导电性。与之相关的重要聚合物是聚苯并咪唑（PBI），其基本结构如下：

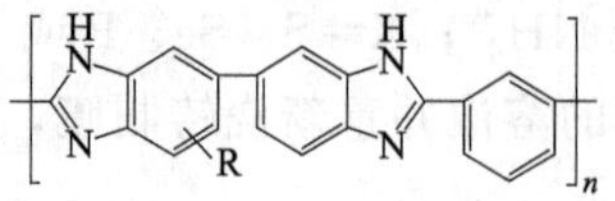

可通过改变在苯环上的取代基 R 而调节该聚合物的性能，其质子导电性可通过在 R 基团上连接一个磺酸基而获得。如果 R 是磺酸化的烷基，则该基团越大，其水合度越大，在防失水方面则越稳定。另一方面，为了防止 H_2O_2 的攻击，该烷基也不宜过大。

7.2.2.3 酸基复合材料聚合物

上面列出的几类聚合物也可通过将聚合物本身与酸混合而获得质子导电性。此类复合物，如聚环氧乙烷和磷酸或硫酸三复合物，除非其中酸的浓度很高，否则大多导电性都非常低。然而如果酸的浓度太高，将降低其力学性能，因而必须另加填充剂强化。酸-聚合物混合物的一个成功的例子是酸掺杂的聚苯并咪唑。PBI 可溶于酸，因而可利用酸溶液浇铸成具有很高热稳定性的质子导体膜。其导电性需要游离的酸，如果掺杂 5.7mol H_3PO_4，室温下观测到的导电性是 $4.6 \times 10^{-3} \Omega^{-1} \cdot cm^{-1}$，在 170℃为 $4.8 \times 10^{-2} \Omega^{-1} \cdot cm^{-1}$，而 200℃为 $7.9 \times 10^{-2} \Omega^{-1} \cdot cm^{-1}$。

7.2.2.4 阴离子导体聚合物

比起质子交换膜，对阴离子导体聚合物的研制远远滞后。一类简单的例子是具有三位氨基基团的聚合物，而 OH^- 在聚合物的晶格间运动：

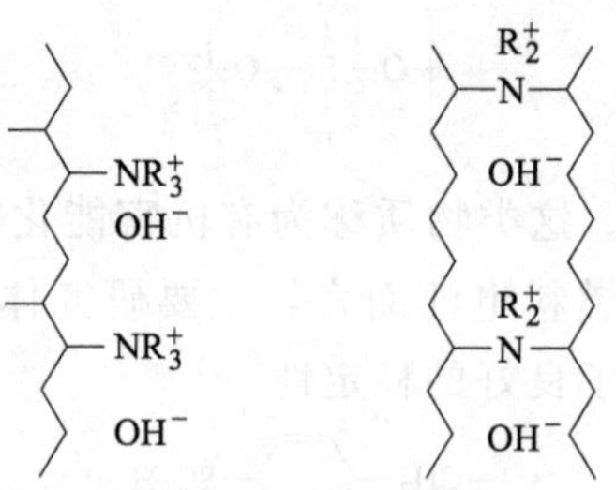

开发这类膜的原动力源于在碱性溶液中氧的还原反应比在酸性溶液中快得多。因此这类固体膜可能会像 Nafion 膜一样，具有比目前液体电解质更多的优点。过去对阴离子膜的研发主要是用于传感器（第 10 章将对此进行讨论），其电阻相当高。季铵化晶格能提供约 $10^{-2} \Omega^{-1} \cdot cm^{-1}$ 范围的电导。其电导比 Nafion 低一个数

量级，OH^- 的迁移数通常在 0.95 左右。

7.3　离子导体熔融物

熔融盐具有与水溶液或非水电解质溶液类似的电导行为，与水溶液类似还可细分为强电解质和弱电解质。前者是离子晶体的熔融盐如碱或碱土金属卤化物、氢氧化物、硝酸盐、碳酸盐、硫酸盐等，其在熔融时完全解离。而后者是分子或半离子晶体的熔融物，如 $AlCl_3$，其在熔融态下同时含有离子和未离解的分子。在熔融体中溶解某种盐也可获得熔融的电解质，这类熔融物通常显示极宽的电化学窗口及工作温度范围，因此在现代电池研究中广为关注。近年来，化学家甚至发现即使在室温下为熔融态的离子盐，这类物质开辟了应用于能量转化方面的全新的电化学研究的方向（见下面的描述）。从工业应用方面来说，目前高温熔融物最为重要，如在熔融的 Al_2O_3-Na_3AlF_6 铝电解（8.3.3 节），提取具有高反应活性的金属（Mg、Na、Li 及镧系金属）以及位于周期表前面部分的高折射率的过渡金属（Ti、Zr、Nb、Ta 和 Mo）等都是极为重要的工业过程。

7.3.1　导电性

按方程式（2.1）所描述的作为一级近似，强电解质熔融物中离子的迁移可当作离子通过黏度为 η 的介质。如果忽略离子间相互作用，电导率直接与带电粒子的浓度成正比。假设 $0.1 mol \cdot dm^{-3}$ NaCl 水溶液的电导率大约是 $0.01\Omega^{-1} \cdot cm^{-1}$ 以及熔融物的黏度与水溶液的相当，同时 Na^+ 在熔融态时的浓度大约是 $30 mol \cdot dm^{-3}$，那么估计熔融态的 NaCl 的电导率大约是 $3\Omega^{-1} \cdot cm^{-1}$。但是这一估计忽视了熔融态（850℃）与水溶液（室温）的温度区别，同时也忽略了离子间的强烈相互作用，这种相互作用将大大阻碍离子的运动。事实上，熔融态 NaCl 的电导率在 850℃ 时为 $3.75\Omega^{-1} \cdot cm^{-1}$，而在 1000℃ 下则为 $4.17\Omega^{-1} \cdot cm^{-1}$，这表明温度对电导率的影响不是很大，离子之间的相互作用大部分被屏蔽了。这些事实说明熔融态的电导机理与超离子导体类似，受温度变化影响小也有同样的原因。

对弱电解质熔融物，因为其解离步骤的影响，温度对电导率的影响往往很大。而在多组分的熔融体系中，由于容易形成络合物，而络合物体积大，运动能力小，电导率通常比预期的要低。例如将 NaCl 溶解到 $AlCl_3$ 的熔融物中，生成 $Na^+ AlCl_4^-$。

熔融盐电导测量的方法与第 2 章所述的电解质溶液的电导测量基本相同，但是必须使用受温度影响小、不易腐蚀的材料，而且因为所测的电导值比通常遇到的要大得多，因此必须采用较长的电解质测量通道。一些典型的熔融物的电导率值给出在表 7.1 中。

表 7.1　一些典型的熔融物的电导率

熔盐类型	温度/℃	电导率/$\Omega^{-1}\cdot cm^{-1}$	熔盐类型	温度/℃	电导率/$\Omega^{-1}\cdot cm^{-1}$
LiCl	620	5.83	NaOH	400	2.82
NaCl	850	3.75	Hg_2Cl_2	529	1.00
$CaCl_2$	800	2.21	$HgCl_2$	350	1.1×10^{-4}
KNO_3	400	0.81	$BeCl_2$	472	8.68×10^{-3}
AgI	600	2.35			

因为在熔融物中没有浓度的变化，迁移数的测定不能像 2.3.2 节里所述的那样进行。取而代之，人们往往采用改变体积或同位素放射示踪技术。这类测量常常得到很高的阳离子迁移数（例如，熔融 NaCl 在 835℃时，$t^+=0.76$）。相反的一个例子是 $PbCl_2$，其中多价阳离子运动很慢。

7.3.2　电流-电压研究

如 3.1.12 节阐述的，在熔融电解质体系中使用的参比电极通常有很多的问题。由于离子间的相互作用非常强，在不同的熔融物间建立统一的参照系统十分困难，通常氧化还原系列只能对单一的熔融物定义。

如果只考虑动力学测量的话，熔融物与液体电解质溶液有很多相似之处，其扩散系数都在 $10^{-6}\sim10^{-4}\ cm^2\cdot s^{-1}$ 的范围之间。甚至能对熔融物体系进行极谱测量，尽管滴银电极要在银的熔点（961℃）以上才能进行。一般而言，通常研究的熔融物的高温意味着几乎所有的电极反应都是受扩散控制的，一个展示如何开展这方面电极反应研究的例子就是已经仔细研究过的熔融碳酸盐燃料电池：

$$H_2|M|碳酸盐熔融物|M'|O_2$$

其阴极反应是：

$$\frac{1}{2}O_2+CO_2+2e^- \longrightarrow CO_3^{2-} \tag{7.10}$$

阳极反应是：

$$H_2+CO_3^{2-} \longrightarrow H_2O+CO_2+2e^- \tag{7.11}$$

这里金属电极 M、M' 可由各种金属制成。碳酸盐熔融物通常是 650℃ 下的 Li_2CO_3（62%摩尔比）和 K_2CO_3 的共熔物。通常在 CO_2 与氧气或水饱和的氢气的混合气体流下进行交流阻抗及电势阶跃测量。

结果显示 H_2 氧化的交换电流密度 j_0 与金属 M 关系很大，其中 Pd 的 j_0 最大（136mA·cm^{-2}），并以 Pd>Ni>Pt>Ir>Au>Ag，依次降低，在银上，$j_0=$ 13mA·cm^{-2}。可是在实践中，上述金属中仅 Ni 表现出足够的稳定性。

根据这些数据得出的反应机理如下：

$$H_2 \longrightarrow 2H_{ads} \tag{7.12}$$

$$H_{ads}+CO_3^{2-} \longrightarrow OH^-+CO_2+2e^- \tag{7.13}$$

$$OH^-+H_{ads} \longrightarrow H_2O+e^- \tag{7.14}$$

对氧还原反应，金上的交换电流密度值在 $10\sim40$mA·cm^{-2}，这个数值要比在室温下水溶液中的交换电流密度大好几个数量级。遵循如下间接反应机理：

$$\frac{1}{2}O_2 + CO_3^{2-} \longrightarrow O_2^{2-} + CO_2 \tag{7.15}$$

$$O_2^{2-} + 2e^- \longrightarrow 2O^{2-} \tag{7.16}$$

$$2CO_2 + 2O^{2-} \longrightarrow 2CO_3^{2-} \tag{7.17}$$

7.3.3　高温熔融物的其他应用

如上面所描述的，高温熔融物最重要的应用是金属的提取过程。近年来，随着材料科学的发展，人们又开发了一些新的过程，例如使用锌阴极，铀可以以形成合金的形式从 $KCl\text{-}NaCl\text{-}UCl_4$ 熔融物中提取，重要的磁合金 Fe-Nd 可利用铁阴极在 $LiF\text{-}NdF_3$ 熔融物中电解获得。过渡金属和稀土金属的合金因为具有很好的磁性、氢吸收或氢渗透及催化性能等而引起人们的极大兴趣，它们能通过稀土金属阳离子在熔融盐中进行阴极还原而制备。例如，高度均匀的薄膜 Ni_2Y 可以通过使用 Ni 阴极和 $LiCl\text{-}KCl\text{-}YCl_3$ 熔融物而制备。与之相关的一个有趣的例子是镀铝-锰合金的钢，它可以由 $AlCl_3\text{-}NaCl\text{-}KCl\text{-}MnCl_2$ 熔融物在 200℃下电镀而成。

包含 H^- 的熔融物一般通过将 LiH 溶解于熔融的碱性卤化物而生成，它具有很多有趣的应用：最有潜力的实例是利用硅阳极在 $LiCl\text{-}KCl\text{-}LiH$ 熔融盐中电解生产成本低廉而纯度极高的硅烷（SiH_4），用于太阳能电池。坚硬耐磨并具有新奇的磁性和电性能的氮化物材料也已开发出来。如，通过使用含 N^{3-} 的熔融物，利用钛阳极电解 $LiCl\text{-}KCl\text{-}Li_3N$ 熔融盐可生成 TiN 薄膜，该反应中阴极的气体电极将氮气还原为 N^{3-}。

7.3.4　室温熔融盐

最常见的室温熔融盐是那些含有咪唑阳离子的盐类：

$$\left[R\text{-}N\diagup\diagdown N\text{-}R' \right]^+ \ X^-$$

其中，R 和 R′ 通常是乙基和甲基（1-乙基-3-甲基咪唑阳离子，EMIC），而 X^- 可以是 Cl^-、BF_4^-、PF_6^- 等。乙基也可由正丁基或其他官能团取代。其他已得到使用的室温熔融盐中阳离子包括 1-丁基吡啶阳离子，而较常用的阴离子包括 $AlCl_4^-$ 和 $Al_2Cl_7^-$。

这类室温熔融物具有很宽的电化学窗口而且电导率高，尤其是相对于有机电解质，它们还具有高反应物溶解度，不易燃及低蒸气压等优点。最广为研究的是氯化铝熔融盐，1：1 EMIC-AlCl₃ 混合物在 8℃以上为液体，1：2 混合物在温度低至 −98℃仍为液体。其主要化学平衡为：

$$Cl^- + AlCl_3 \Longleftrightarrow AlCl_4^-$$

$$AlCl_4^- + AlCl_3 \Longleftrightarrow Al_2Cl_7^-$$

$$Al_2Cl_7^- + AlCl_3 \Longleftrightarrow Al_3Cl_{10}^-$$

这些平衡可通过添加 NaCl 来调节：

$$NaCl + Al_2Cl_7^- \rightleftharpoons Na^+ + 2AlCl_4^-$$

除了可以使用这些盐电镀高纯铝外，它们还用作溶剂来电镀铝与过渡金属如 Co 和 Ni 的合金。也有从 EMIC 与氯化物的混合物中沉积 Nb-Sn 合金的报道。

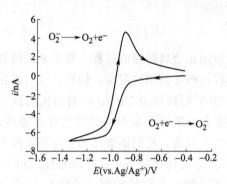

图 7.7 中给出的是在室温熔融盐中进行的电化学实验的例子，即在室温离子液体中，氧气在直径为 $5\mu m$ 的金丝超微电极上还原的循环伏安曲线，电压扫描速率为 $0.5V \cdot s^{-1}$。在这种特定的离子液体中，O_2 比 O_2^- 的扩散系数大一个数量级，因此负向扫描的氧还原的电流峰由稳态径向扩散决定，而正向扫描时因为受到 O_2^- 的平面扩散的影响，电流呈现出一个峰值。在一个循环伏安图中同时展示了稳态和暂态的行为。

图 7.7 离子液体 $[N_{6222}][N(Tf)_2]$ 中，308K 温度下，氧气在直径为 $5\mu m$ 的金丝超微电极上还原的循环伏安曲线

电压扫描速率为 $0.5V \cdot s^{-1}$

然而，这类盐最为重要的用途还是在能量转换装置中，尤其是用于高能量密度的锂二次电池（第 9 章）。由于 EMIC-AlCl$_3$ 系统对水和空气极度敏感，人们已将研究兴趣转移到 BF$_4^-$ 和氟化物盐，因为这两种盐的稳定性要好得多。这类盐也是最近利用氟硼酸 1-正丁基-3-甲基咪唑盐、铂阳极及银阴极的燃料电池系统的基础。该电池展示相当高的开路电压（1.0V）及很高的总工作效率。据报道，这类燃料电池的能量密度可大于 $1W \cdot cm^{-2}$。

参 考 文 献

固体电解质的导电性和电化学

(*Conductivity and Electrochemistry of SolidElectrolytes*)

P. G. Bruce："*Solid-state Electrochemistry*"，Cambridge University Press，Cambridge，1995

S. Chandra："*Super-ionic Solids-Principles and Applications*"，North-Holland Publ. Co.，Amsterdam，1981

E. C. Subbarao (ed.)："*Solid Electrolytes and their Applications*"，Plenum Press，New York，1980

H. Rickert："*Electrochemistry of Solids*"，Springer Verlag，Berlin，1982

A. R. West；Ber Bunsen. Phys. Chem. **93** (1989) 1235

聚合物电解质

(*Polymer Electrolytes*)

A. Eisenberg and H. L. Yeager (eds.)："*Perfluorinated Ionomer Membranes*"，American Chemical Society，Washington D. C.，1982

F. M. Gray："*Solid Polymer Electrolytes：Fundamentals and Technological Applications*"，VCH，New York，1991

Q. -F. Li，R. -H. He，J. O. Jensen and N. J. Bjerrum，"*Approaches and Recent developments of Polymer*

Electrolyte Membranes for Fuel Cells operating above 100℃ ”；Chem. Mater. **15**（2003）4869

氯化物盐的基本数据

（*Fundamental data on chloride melt*）

J. A. Plambeck，“*Encyclopaedia of the Electrochemistry of the Elements*”，vol. 10，ed. A. J. Bard，Marcel Dekker，New York 1976

现代熔融盐电化学

（*Modern Molten Salt Electrochemistry*）

Y. Ito and T. Nohira，“*Non-conventional Electrolytes for Electrochemical Applications*”，Electrochimica Acta **45**（2000）2611

R. F. de Souza，J. C. Padiha，R. S. Goncalves and J. Dupont，“*Room Temperature Dialkylimidazolium Ionic Liquid-Based Fuel Cells*”，Electrochem. Commun. **5**（2003）728

M. C. Buzzeo，R. G. Evans and R. G. Compton，“*Non-Haloaluminate Room Temperature Ionic Liquids in Electrochemistry*”，ChemPhysChem. 5（2004）1106

第8章 工业电化学过程

8.1 简介

1866年，西门子公司交流发电机的发明使得人类第一次产生出了足以用于工业规模的电极过程的电流密度。如今，这些工业化的电极过程包括许多金属材料的提取和提纯，以及数目庞大的有机、无机材料的电化学合成。这类电化学的工业规模之大可从以下两个电解过程的数据得以一窥：①制取2250万吨的氯气耗电720亿度；②提取1300万吨铝需耗电1800亿度。

8.1.1 电化学过程的特点

与化学过程相比，电化学方法具有以下一些重要的优点：

① 能量效率（产量与所耗能量之比）高。即使当电化学过程的欧姆损耗和超电势损耗占热力学自由能变化的很大比重时也是如此；

② 电化学反应具有高选择性，产品纯度更高，因而可以避免化学过程中耗资不菲的提纯步骤；

③ 反应一般在常温、常压下进行；

④ 电流和电压控制简单，电化学反应器可以很容易地实现自动化控制；

⑤ 因为电极间的电子传输过程不生成副产物，从本质上说电化学过程是环境友好的。

但是，电化学过程中也有以下两个主要的缺点：

① 电能要比化学过程中所使用的热能价格贵许多；

② 电化学工厂的投资比化工厂高。因为单个电解池只需要几伏的电压，而要经济地传输电流，则电压一般不能低于100V，所以工业上必须使用电解槽组的结构，而不能采用类似化学工业上采用的单个大型反应器。另外，用于整流和电力输送的设备投资也高于热能的传输费用，并且整个工厂的体积也比较大。

在决策到底采用化学或电化学方法时要综合考虑上述各因素，其中最重要的因素是电能的价格。这里有一个相关的指标即比能量消耗率（单位：$kW \cdot h/t$），即生产每吨产品所消耗的电能：

$$\omega = 1000 \times \frac{\text{所需能量}(\equiv itE_c)}{\text{总产额}(\equiv aitf)} \tag{8.1}$$

式中，i是电解池中的电流；t是电解时间；E_c是电解池电压；a是电流效率（$a=1$为理想状态）；f是电化学当量，其定义为：

$$f = \frac{分子量(M)}{电子数(n) \times 法拉第常数(F)} \tag{8.2}$$

电化学当量的单位是 $kg(kA \cdot h)^{-1}$，式(8.1) 可以简化为：

$$\omega = \frac{1000 E_C}{fa} \tag{8.3}$$

以氯的制备为例，$E_C = 3.5V$，$a = 0.96$，可以得出 $\omega = 2800kW \cdot h/t$。如果电价是每千瓦时 0.5 元，那么生产 10kg 氯的成本是 14 元（该估算忽略过程中伴生的阴极副产物 $NaOH$ 的价值）。使用同样的方法，提取铝的比能量消耗率是 $12000 \sim 16000kW \cdot h \cdot t^{-1}$，而提纯铜的比能量消耗率仅为 $150 \sim 300kW \cdot h \cdot t^{-1}$。

由于热力学效应的限制，加上当前的技术水平已经很高，同时将来的电价也不太可能降低，所以从长远看，很难显著地降低诸如氯的制备等过程的比能量消耗率 ω。当然，从积极意义上说，随着近年来大量新工艺的发展以及其在环保方面的优势，电化学过程将越来越显示出优越性。

8.1.2　经典电解槽设计及空间-时间产额

经典的电化学工程中有两种类型的电解池设计：即采用平行板电极的单极和双极式设计。对于单极电解槽（见图 8.1），负电荷进入平行连接的一个或多个阴极，并从相应的阳极上离开。最简单的例子就是把电极浸入一敞口的槽中，并悬挂在合适的集流器上。而在双极式电解槽（见图 8.2）中，相邻电解槽的阳极和阴极以串联的形式排布，电池组的总电压为 NE_C，其中 N 是指相连的电解槽组数，一般在 $10 \sim 70$ 之间。

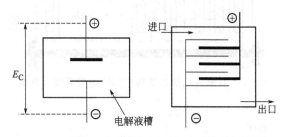

图 8.1　单极式电解槽示意图

这两个电解槽中，阳极和阴极反应是在同一溶液中发生的。但有时并不希望这样，当需要将电解池分为阳极部分和阴极部分时，必须采用隔膜来防止两极溶液间的混合。对于单极式电解槽而言，安装这样的隔膜比较简单，而对双极式电解槽而言，则最好采用压滤器架构（见图 8.3）。电极插入由长螺栓固定的防腐塑料支架中，每对电极之间都插入了隔膜和垫圈。这种结构的缺点是增加了电解槽的维护难度，当其中某个电解槽失效时不易在断开该电解槽的同时，保持其他电解槽的连接。

上述电解槽中电解液的导入和排出通常需要利用泵浦来实现，但是导管会带来

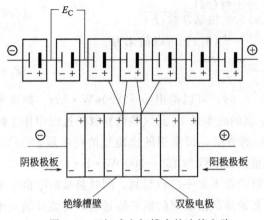

图 8.2　双极式电解槽内的连接电路

电流的分路问题（见图 8.4）。这一现象增加了比能量消耗率，所以必须通过仔细的全局设计来减轻其影响。

一个好的电解槽设计必须满足两点要求：①物质传输良好；②欧姆损耗尽可能小。后一点可通过尽量减少阴极、阳极的间距而实现，其重要性极高，例如，即使是饱和 NaCl 溶液，80℃时其电导率也只有 $0.6\Omega^{-1} \cdot cm^{-1}$，在电流密度为 $2.5kA \cdot m^{-2}$（工业常用单位，即 $250mA \cdot cm^{-2}$）时，欧姆电压降达到 $0.4V \cdot cm^{-1}$。另外，电解过程总是伴随有热的产生，尤其是当电解质的电导率较低的情况下尤为严

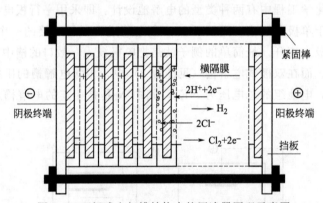

图 8.3　双极式电解槽结构中的压滤器原理示意图

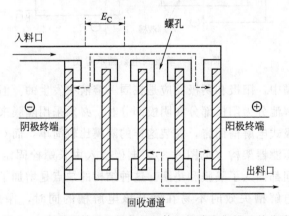

图 8.4　利用泵输送电解液的整体双极式电解槽及其分路
电流是如何产生的（图中的虚线箭头）

重，这些热必须移去。阴阳极间的最小间距约为 0.1mm，对这样的毛细管体系而言，在电流密度小于 $1kA \cdot m^{-2}$ 的情况下，连续的泵浦仍然可同时满足向电极的物质传输以及散热的要求。

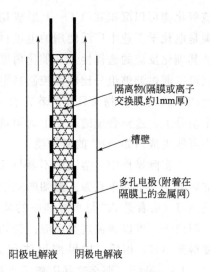

图 8.5 显示了采用零间隙原理的分隔式电解槽结构，其特点是：阳极和阴极由大约 1mm 厚的隔膜或离子交换膜（如 Nafion）隔离，而其另一面则与工作电解质溶液直接接触。这种构型特别适合于产生气体的反应，因为它可以避免电极间气泡的形成，从而可避免由于生成气泡而导致电解质溶液电导率显著下降的问题。一个或两个电极与隔膜之间有一微小间距（约 1mm）的设计，称为有限间隙电池。

图 8.5　采用零间隙原理的
分隔式电解槽结构示意图

考虑到整个电解槽的工艺尺寸问题，需引入第二个重要的技术参数：空间-时间产率 ρ，它是指单位电解槽体积，在给定的操作时间（数小时）内产物的产量。其单位是：$kg \cdot dm^{-3} \cdot h^{-1}$，由下式定义：

$$\rho = 3600 \frac{M}{nF} a j A_v = 3600 f a j A_v \tag{8.4}$$

式中，j 指电流密度，$A \cdot cm^{-2}$；A_v 指电极总表面积与电解槽体积之比，cm^{-1}。有时把 jA_v 的乘积称为电流浓度，因为它的单位是 $A \cdot cm^{-3}$。从经济上考虑，人们总希望任何电化学合成过程的空间-时间产率 ρ 越高越好，这意味着 j 和 A_v 的值要高。在上述两种经典电化学反应器中，单极式电解槽的 A_v 数值大约是 $0.1cm^{-1}$，双极式电解槽大约是 $1cm^{-1}$；与此相比，采用异相催化过程的化学固定床反应器的 A_v 数值大约为 $20cm^{-1}$。

8.1.3　电催化剂的形貌

大部分的电荷转移过程都在电极表面进行，反应物与电极表面的相互作用会强烈地影响整个反应的速率。对纯金属而言，以表面平整的多晶表面为参考点，其反应速率随有效表面积的增加而增加。在给定电势下保持电流密度（相对于真实表面积）恒定，假设物质传输速率足够高，提高反应速率最简单的办法就是增加其表面粗糙度。然而，在增加材料表面粗糙度的同时，材料表面的位错和缺陷数目也将增加，这些都会为电荷转移提供活性位。高密度的活性位也可通过如在阴极上电沉积金属或制备雷尼镍（Raney-nickel，即将铝镍合金粉末在热 KOH 溶液中加热，使铝溶解）而获得。

金属氧化物也可以显示出良好的电催化性能，其中最典型的例子就是 RuO_2，该氧化物可以沉积在 TiO_2 上形成层厚度约为 $1\mu m$ 的 Ti/Ru 混合金属氧化物层。碳是电化学工业中广泛使用的电极材料，通过在其表面上附着适当的催化剂，以保证其催化反应的选择性。从催化角度讲，金属合金比纯金属更为重要，因为合金不仅可以通过调整组分比例而控制其电子特性，并且可以实现所谓双功能反应机理。例如，假设 A 类物质只能附着在合金的某个组分上，而 B 类物质只能附着到另一个组分上，这样合金的表面上就可能存在可分别吸附 A 和 B 的相邻反应位点，进而可能生成诸如 AB^+ 的新物质。

在实际操作中，溶液中不参与反应的物质也会对某些特定电化学反应起到重要的影响。一个简单且为人熟知的例子是：在 A 还原成 A^- 的过程中可能生成 AA^- 或 AH（后者是 A^- 与水溶剂中的质子结合而生成）。通过适当选择支持电解质中的阳离子，可以调控这类反应：例如选择常规的钾离子（K^+）作为阳离子时，主要得到 AH，相反，如果使用体积大且水合度低的阳离子，如四烃基铵阳离子 $[(C_2H_5)_4N^+]$，那么这些阳离子将如图 8.6 所示趋向于吸附在电极表面形成一层疏水层，从而阻碍质子化进程，同时引起 A 与 A^- 的二聚反应。

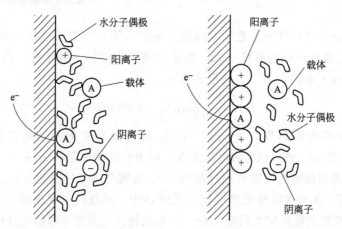

图 8.6　通过在电极表面吸附四烃基铵阳离子 $[(C_2H_5)_4N^+]$ 而形成疏水层

8.1.4　活化超电势

要同时满足低比能量消耗率 ω 和高的空间-时间产率 ρ，所使用的电极材料对其的催化反应必须具有很高的交换电流密度以及合适的电荷传递因子。例如在碱性溶液中，使用铁电极进行析氢反应时，当超电势只有 $100mV$ 的情况下，电流密度仍然可以超过 $500mA \cdot cm^{-2}$。可是，并不是每个所希望的电化学反应都能找到如此合适的电极材料。实际上对很多电极反应而言，其交换电流密度非常低，即使在使用最好的电催化剂的情况下，产生几个毫安每平方厘米的电流密度（相应于析气反应中开始产生可见的气泡）也需要数百毫伏的超电势。比如水溶液中铂电极上的氧还原反应，只有当超电势高达 $300\sim400mV$ 时才能产生氧气气泡。

工程上把热力学静电势与产生实际电流时的电势差称为活化超电势；而且，实

际工作中的超电势通常还要大于这个数值。图 8.7 所示为水电解过程中活化超电势
与总超电势之间的关系。

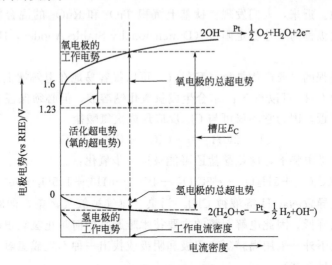

图 8.7　一个展示活化超电势的例子：碱性溶液中
铂阳极上电解水的电流-电压关系图

在选择电极材料时，不仅要尽可能降低所需反应的超电势，也要注意避免电极
反应过程中不希望的副产物生成。对于水溶液中的电化学反应（水电解过程除外），
一方面要尽可能提高析氢、析氧的超电势，另一方面又要尽可能降低所需反应的超
电势，当槽压超过 1.23V 时，这个要求就显得更为重要。因此如果不设法提高析
氧超电势，将不能用电解法在盐水溶液中制备氯气，因为该反应至少需要 1.37V
的槽压。

8.2　电化学制备氯气和氢氧化钠

氯气是制备诸如氯化溶剂、漂白剂、杀虫剂和聚合物等重要产品的基本原料。
目前，制备氯气基本上都是通过电解氯化钠或盐酸溶液，前者会产生氢氧化钠和氢
气两种副产物，后者的副产品则只有氢气。

8.2.1　电解氯化钠水溶液过程中的电极反应

金属钠的热力学沉积电势是 −2.71V（相对于 NHE），显然，除非阴极材料的
析氢超电势极高（NaCl 水溶液中析氢热力学电势是 −0.41V），否则在阴极表面将
会优先析出氢气。析氯的热力学电势是 +1.37V（相对于 NHE），这一数值明显高
于析氧的热力学电势（+0.825V，pH=7）。然而，通过选择合适的阳极材料，析
氯反应可以优先进行。起初人们采用了炭阳极与铁阴极，因为后者的析氢超电势较
低，铁电极上发生析氢反应，主要的阴极过程为：

$$2H_2O + 2e^- \longrightarrow H_2 + 2OH^- \tag{8.5}$$

该反应使阴极附近的溶液变为强碱性。碳阳极的析氧量极少，但会缓慢地被生成的氯所侵蚀。近来，人们发现在钛基上沉积 TiO_2 和 RuO_2 的混合物要比碳阳极更稳定，该电极称为尺寸稳定阳极（Dimensionally Stable Anodes，DSAs）或简称为 DSA 阳极。

该电解过程的主要产物是氢气和氯气，可以很容易地在电解槽上方收集。富集在阴极附近的 OH^- 可以与 Na^+ 结合生成氢氧化钠溶液，但必须保证氢氧根离子不能进入阳极附近，因为它不仅可与 Cl_2 反应形成次氯酸盐：

$$Cl_2 + 2OH^- \longrightarrow ClO^- + Cl^- + H_2O \tag{8.6}$$

而且在阳极电势下，次氯酸盐还可能被进一步氧化：

$$6ClO^- + 3H_2O \longrightarrow 2ClO_3^- + 4Cl^- + 6H^+ + 1.5O_2 + 6e^- \tag{8.7}$$

上述反应导致 NaOH 溶液被 ClO_3^- 污染、氯气被氧气污染，同时氯气的电流效率也将大幅度降低。因此电解制氯的主要技术难题是如何防止氢氧根离子扩散到阳极附近，方法不外乎采用隔膜隔离阳极和阴极或找出一种不生成氢氧根离子的阴极电极过程（参见下文）。

8.2.2 隔膜电解槽

隔膜电解槽一般采用合成塑料或石棉隔膜缠绕在阴极周围来阻止氢氧根离子的传输。同时，通过向阴极室连续注入氯化钠溶液来均衡阴极室内氢氧根离子的向外扩散以及外部氢氧根离子向内的对流。如图 8.8 所示，阴极采用钢质编织网制成，而阳极利用中空延展的钛质编织网构成，在钛网的表面附着了一层 RuO_2。从该图中可以看出，阴极室内的液面低于槽内的液面，因此水压将使氯化钠溶液不断地进

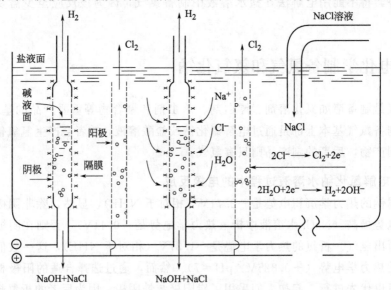

图 8.8 安装垂直电极的氯碱隔膜电解槽结构示意图

入阴极室，并抑制氢氧根离子的外溢。

现代工业上使用的电解槽通常在 $80 \sim 95℃$ 的温度下运行，使用 $6mol \cdot dm^{-3}$ NaCl 溶液，电流密度为 $250mA \cdot cm^{-2}$，槽电压大约为 $3.5V$，可以产生氢气、氯气以及浓度大约为 $3mol \cdot dm^{-3}$ NaCl 和 $3mol \cdot dm^{-3}$ NaOH 的混合液。其结构设计基于图 8.8 所示原理，但采用长方形阴、阳极，电极间距为 $0.5 \sim 0.7cm$。即使在此间距下，工作槽压仍然很高，部分原因在于阴极附近的氢氧根离子富集导致析氢热力学电势降至 $-0.9V$；其他

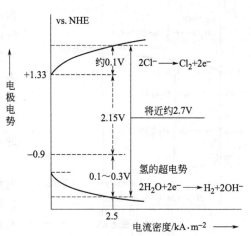

图 8.9　利用隔膜法在钛阳极和铁阴极间
电解浓度为 $6mol \cdot dm^{-3}$ 的 NaCl
水溶液的电压-电流曲线
图中未包括电解液自身电阻引起的欧姆电压降

提高超电势的因素如图 8.9 所示，其主要原因是在阴、阳极周围分别产生的气泡造成表观电阻增加，并导致电解池的槽压升高至 3V 左右。其他的影响因素包括电解液自身、隔膜以及导线的欧姆电阻。

8.2.3　汞齐电解槽

汞齐电解槽采用汞阴极和尺寸稳定阳极来避免氢氧根离子的生成。与隔膜电解槽相比，汞齐电解槽的阳极过程产生氯气，但阴极过程生成的是钠汞合金而不是氢气：

$$Na^{+} + xHg + e^{-} \longrightarrow NaHg_x \qquad (8.8)$$

乍一看，这是一个出人意料的结果，因为汞电极上的析氢超电势大约是 1.3V，也就是说将在 $-1.7V$ 出现析氢。在 $5mol \cdot dm^{-3}$ 的 NaCl 水溶液中生成 0.2% 汞齐时的超电势约为 $-1.78V$，与析氢超电势非常接近。但是反应(8.8)的不对称因子远大于析氢反应，另外一旦在汞电极上发生析氢，电极附近溶液的 pH 值将迅速提高，从而急剧地降低了析氢的热力学电势，结果造成汞电极表面析氢反应的终止。实际上，在汞齐电解槽稳定工作状态下，阴极周围的 pH 值大约是 11，造成 H_2/H_2O 热力学电势大约为 $-0.64V$，析氢的活化电势大约为 $-1.94V$（见图 8.10）。忽略欧姆电压降时，下述反应(8.9)的槽压大约为 3.1V。

$$2NaCl + 2xHg \longrightarrow Cl_2 + 2NaHg_x \qquad (8.9)$$

在图 8.11 所示的工作条件下，浓度为 $6mol \cdot dm^{-3}$ 的 NaCl 水溶液流入温度为 60℃ 的电解槽（图中的左上部），同时从下部泵入含 0.01% 钠汞齐。汞与电解液一起流入斜下方的电解槽，在那儿发生析氯反应并生成钠汞齐合金，因此在电解槽下

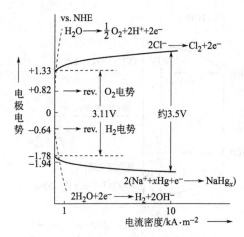

图 8.10 在钛基尺寸稳定阳极和汞阴极间
电解饱和 NaCl 水溶液的电压-电流曲线
图中未包括电解液自身电阻引起的欧姆电压降

游的底部，NaCl 溶液浓度降到了大约 5mol·dm^{-3}，而钠汞齐浓度增加到 0.2%（值得注意的是在高钠含量的汞齐上通常会伴有析氢反应发生；当其浓度超过 0.7% 时，水银就会变得非常黏滞）。在 4.0V 左右的槽压下，此过程的电流密度为 1～1.5A·cm^{-2}。

含有钠汞齐的汞和剩余的电解液在电解槽右侧的横向隔板处分离，在分离后得到的电解液中加入新的 NaCl 后，再重新输入电解槽的左上方加以利用。汞齐经过水清洗后进入图 8.11 所示的分解器。首先，汞齐沿直径约为 1cm 石墨粒填料床的缝隙均匀流下，同时，

从床底向上逆流送水，将碱性的水溶液从汞齐分解器上方移走。与汞相反，碳的析氢超电势很低，因此，在混合电势下，石墨附近发生阴极析氢，而钠汞齐中的钠则发生阳极氧化，总的反应如下：

$$2NaHg_x + 2H_2O \longrightarrow 2NaOH + xHg + H_2 \tag{8.10}$$

通过调整水的流速可得到接近 50% 浓度的 NaOH 溶液，仍含有极少量残余钠（通常为大约 0.01%）的汞则重新泵入主电解槽中。

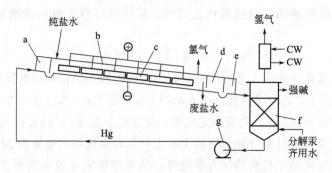

图 8.11 氯-碱汞齐电解槽的整体结构示意图
a—汞入口；b—电解池；c—钛尺寸稳定阳极；d—槽尾出口箱；
e—汞齐清洗池；f—汞齐分解器；g—输送汞的泵；CW—冷却水

需要指出的是，NaCl 溶液中必须不含重金属杂质，尤其是钒、铬和钼，它们的含量必须控制在 ppb（即 10^{-9}）水平之下；这些金属如果沉积到汞上，会导致析氢超电势的迅速降低，以致生成易爆炸的氢和氯的混合气。溶液的纯化一般可通过加入碳酸盐、硫酸盐或氢氧化物进行沉淀而实现。

8.2.4　离子交换膜过程

图 8.12 所示的电解槽综合了隔膜电解槽（低槽压）和汞齐电解槽（NaOH 中不含 NaCl）各自的优点，它选用了离子交换膜作为隔膜。该离子交换膜能允许 Na^+ 透过，但阻止 Cl^- 和 OH^- 的渗透。因此它本身必须满足十分苛刻的要求：必须在腐蚀性环境中长期稳定工作，必须具有高的选择通过性和低电阻率以及良好的机械强度。这些要求直到开发出全氟磺酸离子交换膜后才得以满足，如 7.2 节所述。目前，这类离子膜的发展业已达到一个较高的水平，新的工业氯碱装置通常首选此类设计。

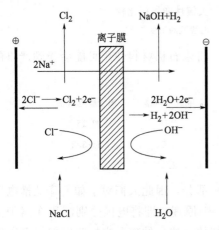

图 8.12　采用离子交换膜的氯-
碱电解过程的原理

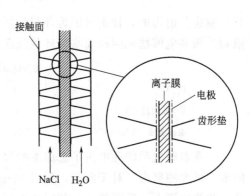

图 8.13　采用零间隙原理设计的
双极式离子交换膜电解槽的局部
横截面简示图

电极位置由接触面上突起的齿形支架固定。
可以将此类电解槽串联起来形成电解槽组

图 8.13 给出了一种双极式设计：阳极仍然为钛基尺寸稳定电极，阴极则采用分散在适当基底表面的雷尼镍。在这种电解槽中，在电流密度高达 $3 \sim 4 \mathrm{kA \cdot m^{-2}}$ 时，槽压仍只有 $3 \sim 3.2\mathrm{V}$，与隔膜电解槽相比，槽压降低了 $10\% \sim 20\%$，最终所得的碱液浓度为 33% 左右。为了降低膜阻，膜的厚度必须越薄越好，可用膜厚一般为 $0.1 \sim 0.2\mathrm{mm}$，并通过在其上附着刚性丝网来提高膜的机械强度。离子交换膜对外来阳离子非常敏感，尤其是对 Ca^{2+} 和 Mg^{2+}，其浓度必须低于 $0.02\mathrm{mg \cdot dm^{-3}}$。另外，该离子交换膜并不能完全阻止 Cl^- 和 OH^- 的通过，而只要碱液中存在大约 $100\mu\mathrm{g \cdot mL^{-1}}$ 浓度的 Cl^-，反应（8.6）和式（8.7）中的产率将降低 5% 左右。

8.2.5　用氧阴极的离子膜过程

图 8.14 总结了上面讨论的三种工业氯碱过程的基本工艺数据，从中可以看出通常离子交换膜电解槽是一种较好的选择，甚至用离子膜来对旧式的隔膜电解槽进

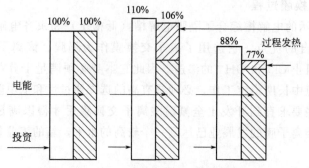

图 8.14　不同氯-碱电解槽的关键性能指标比较
其中热消耗主要用于提高电解液的浓度

行改装也是值得的，特别是因为环保的要求，将来石棉材料使用可能会受到严格的限制。汞齐电解槽也同样面临着环保问题。

	汞齐电解槽	隔膜电解槽	离子膜电解槽
E_0/V	3.11	2.15	2.15
E_c(近似值)/V	4	3.5	3～3.2
电流密度/(kA·m⁻²)	10	2.5	3～4

　　工业氯碱过程的耗电占了总成本的很大一部分，因此人们对于如何降低槽电压做出了巨大的努力。对于而言，利用 Membrel© 原理（即将电极分别沉积在离子交换膜两侧表面上，后面的 8.6 节对此有更详细的论述）的离子交换膜电解槽可以获得进一步的改善。然而，除非选择一种具有较低自由能的电极反应，否则要想进一步降低槽电压似乎已不太现实。假设阳极反应仍然为氯气的析出，那么要改变阴极反应需要满足下面的条件：

　　① 阴极的可逆电势必须大于-0.9V；

　　② 阴极的反应物必须廉价；

　　③ 反应必须具备足够高的交换电流密度。

事实上，只有氧还原是唯一能满足上述条件的阴极反应

$$\frac{1}{2}O_2+2H_2O+2e^-\longrightarrow 2OH^- \tag{8.11}$$

　　以阴极采用析氢反应为例，将上述氧的还原反应与碱液中的阳极析氯反应组成电对，电解槽的槽电压将降低 1V 左右，如图 8.15 所示。可使用气体扩散电极来实现上述构想。气体扩散电极一般由具有电催化活性的多孔材料构成，通常的制作方法是用聚合物黏结剂，例如 PTEE 将表面附着有催化剂的炭粉颗粒黏结成多孔膜（详见后面第 9.5.1.1 节）。采用这种设计的电解槽结构给出在图 8.15a 中，该方法能否在工业上得到实际应用，取决于能否造出价廉耐用的气体扩散电极。

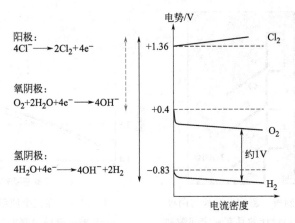

图 8.15　NaCl 电解过程中的阴极氧还原或析氢

8.2.5.1　在 NaCl 电解液中使用氧电极和阴极间隙

图 8.15 和图 8.15a 中已经展示了槽电压降低的主要原因是阴极采用氧的还原来代替氢的析出反应。实际操作中，必须注意确保在阴极和离子交换膜之间的间隙能通过足够多的水分子以参与氧的还原反应和帮助电解液的生成。实验表明，采用一种在离子膜和氧扩散电极之间保持仔细校正的"一定间隙"的装置能得到重现的槽电压。不仅如此，在这种电解槽中还可使用周围的电解质。

这种"一定间隙"装置的主要问题在于：电解槽的性能严重依赖于阴极间隙内电解液与位于多孔电极另一侧的氧

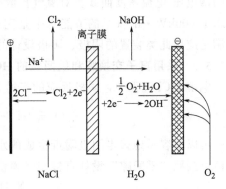

图 8.15a　使用氧还原阴极的离子
交换膜氯-碱工业过程示意图

气的压力差。如果气压过大，氧气将渗过多孔电极进入电解液薄层；反之电解液将淹没多孔电极。另外的问题还包括：由于电极高度有 1m 左右或者更高，从电极上部到底部存在大约 0.1bar 的液压。理想情况下，电极各部位的气压差应保持一致，这可通过如图 8.15b 所示的气囊结构来实现这一目的。氧气以与槽底相应的压力进入第一个气囊，其中一些渗入阴极，但更多的以气泡的形式离开并在碱性电解液中上浮到第二个气囊的入口（见图 8.15b 右部）。其中一部分气体被第二个气囊的入口俘获，其中一部分渗入阴极，其渗入的深度取决于气体压力的大小，而剩下更多的气体则离开并上浮到第三个气囊。可以看出在此情况下，气体总会有与电极深度相应的压力。顺序安装高度为 120cm、面积为 2.5m² 的电极和离子交换膜等部件构成串联的电解槽组，在正常电解情况（3kA·cm⁻²，90℃，32％ NaOH）生产 1t NaOH 耗电将小于 1400kW·h。图 8.15c 是在四个电解组成的电解槽组中所测

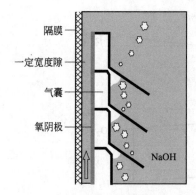

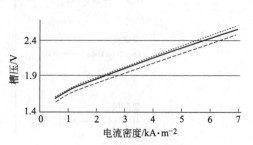

图 8.15b　为平衡阴极一侧的电解液与阴极
侧氧入口的压力差而设计的具有一定间隙和
气囊结构的氧阴极离子膜电解槽示意图
（氯阳极部分未给出）

图 8.15c　在三个使用氧阴极的
氯-碱电解槽中测定的槽电压-
电流密度曲线
32% NaOH, 90℃

得的槽电压-电流密度曲线。对氧气扩散电解槽和析氢电解槽所作的对比测试表明：技术上 $600kW \cdot h \cdot t^{-1}$ 的节能水平是完全可以实现的。液压电解槽的概念可以同时满足应用此类装置的阴极、阳极设计的要求。

8.2.5.2　采用离子交换膜和氧阴极的 HCl 电解过程

电解 HCl 过程中，阴极反应的产物是水：

$$\frac{1}{2}O_2 + 2H^+ + 2e^- \longrightarrow H_2O$$

可以很容易地移走阴极附近生成的水，因此不会影响离子交换膜中的水含量。阴极可按照"零间隙"设计直接与隔膜接触而不用考虑压力平衡问题。采用氧阴极

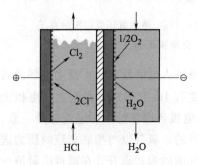

图 8.15d　采用隔膜和零间隙氧
阴极电解盐酸的原理示意图

的 HCl 电解装置的设计原理可参考图 8.15d。实验测试表明：采用离子交换膜和氧阴极的 HCl 电解过程具有可行性，与传统 HCl 电解过程相比可节能大约 1/3。

由于此装置中阴极可以直接贴近隔膜放置，阳极的热调节变成了关键问题。阴极室中无电解液的循环流动，所生成的少量水又不断移走。而且电解装置中所采用材料要求工作温度必须控制在 60℃左右，在电解过程中必须保持连续的热平衡，以便能向槽中注入具有室温

的电解液。要实现这一目的，阳极室中必须备有气泡喷头，用以混合电解液并保持温度和电解液浓度的均衡。

在连续运行过程中，电解槽在加载 $4kA \cdot m^{-2}$ 的电流密度下，生产每吨氯气耗能 $1100kW \cdot h$，其电流效率接近 100%，所生产的氯气纯度为 99.9%。近来，已

经使用 Rh 取代 Pt 阴极，这样可进一步简化电解设备，因为 Rh 催化剂在氯气氛中能稳定存在，在电解装置关闭时不需要保护电势或保护气，开启装置后即可立即重新生产氯气。

有机氯化合物通常通过对碳氢化合物的氯化过程来制备：

$$RH + Cl_2 \longrightarrow RCl + HCl \tag{8.12}$$

很显然，将有一半参与反应的氯最终变成 HCl 气体或盐酸水溶液。如果 RCl 只是制备碳氟化合物的中间产物，那么所有的氯都会重新转化成 HCl，但由于市场对这种材料的需求不多，所以最终它们都会通过电解重新生成 H_2 和 Cl_2。电解装置类似于图 8.3 所示的双极式电解槽，采用约 $2.5m^2$ 的石墨电极和 PVC 网状隔膜，目前在电流密度为 $3kA \cdot m^{-2}$ 的情况下，单槽槽电压大约为 2V，电极间距大约是 6mm。

8.3 金属材料的电化学提取与提纯

8.3.1 水溶液中的金属材料提取

一般来说，金属矿物通常是在空气中经过焙烧后形成氧化物，然后将其用硫酸水溶液溶解，再利用电化学方法在阴极上沉积，同时在阳极通常伴随有氧气的析出反应。

$$MeO_x + 2xH^+ \longrightarrow Me^{2x+} + xH_2O \tag{8.13}$$

$$Me^{2x+} + 2xe^- \longrightarrow Me(s) \tag{8.14}$$

$$xH_2O \longrightarrow \frac{x}{2}O_2 + 2xH^+ + 2xe^- \tag{8.15}$$

硫酸可以在阳极过程中得到再生并可循环使用，总的净反应如下：

$$MeO_x \longrightarrow Me + \frac{x}{2}O_2 \tag{8.16}$$

对析出电势负于标准析氢电势的金属材料，只有当它们具有较大的析氢超电势时，才能在酸中沉积。诸如 Pb、Zn、Ni、Co、Cd、Cr、Sn 和 Mn（Mn 使用中性溶液）等以及 Au、Ag、Cu 等更为贵重的金属材料可以采用电化学方法提取。另外，还可以采用在阴极同时沉积两种或更多种金属的方法制备合金材料。

电解冶炼的基本原理可通过电解制锌来阐明。它所使用是一种敞口的、尺寸为 $3m \times 1m \times 1.5m$ 的衬铅或衬塑的混凝土制电解槽，其中的纯铝阴极板和铅阳极板分别从集电器上悬下。槽中电解液含锌量为 $95g \cdot dm^{-3}$，由硫酸锌和浓度为 $40g \cdot dm^{-3}$ 的硫酸溶液组成。在槽电压为 $3.5 \sim 4V$ 时，锌的阴极沉积电流密度为 $0.5 \sim 1kA \cdot m^{-2}$，同时阳极发生析氧反应，生成的氧气直接排放到大气中。沉积过程会一直持续下去，直到当电解液中锌的浓度降到 $35g \cdot dm^{-3}$ 以及酸的浓度增加到 $135g \cdot dm^{-3}$。排放的浓硫酸溶液可以用来溶解更多经过焙烧所得的氧化物。

虽然锌具有较高的析氢超电势，但是在所选用的电流密度下，该超电势只是比锌沉积的超电势更高，以主要发生锌的沉积反应，通常一定会有少量氢气同时生成。少量析氢可以对电解液起到搅拌的作用，并改善传质条件。值得注意的是析锌过程对杂质十分敏感。杂质的沉积将会降低析氢的超电势，所以尤其应注意避免电解液中 Fe^{2+}、Ni^{2+} 和 Co^{2+} 的存在。

如果用 H_2 的阳极氧化反应取代铅阳极上的析氧反应，那么原则上可以显著降低槽电压。这一反应同样会产生 H^+，所以和前面的过程一样会生成富酸的电解液。但从能源利用的角度来说，该过程只有在氢气来源有保障的情况下，比如能够利用作为氯碱过程副产品的氢气，才有实现的可能性。

8.3.2 水溶液中的金属材料提纯

如图 8.16 所示，如果在酸性的硫酸铜溶液中浸入铜阳极和铜阴极并施加一定电压，就会发生阳极上铜的溶解以及阴极上铜的沉积反应。该过程只需要 $0.1 \sim 0.2V$ 的电压就会产生 $0.1 \sim 0.3kA \cdot m^{-2}$ 的电流密度。

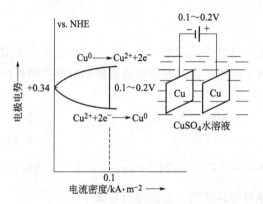

图 8.16 铜的溶解与沉积

以上过程是提纯高温冶炼铜（作为阳极）的基本方法。那些标准电势低于阳极工作电势（约 0.5V）的金属杂质（例如 Fe、Ni、Co、Zn 和 As）将溶解成离子进入溶液。更为惰性的金属，如 Ag、Au 和 Pt，将以金属小颗粒的形式沉积在阳极底部成为阳极泥。在约为 0.3V 的阴极工作电势下，只会发生铜的沉积，而其他具有比该值更负的标准电势的金属，仍然会滞留在电解液中，如图 8.17 所示。这一过程采用很低的槽电压，因而比能量消耗率 ω 十分低（$250kW \cdot h \cdot t^{-1}$ 铜），具有很强的应用性。从技术角度来讲，提纯铜使用的电解槽与提炼锌的电解槽十分相似，并使用数厘米厚的低纯铜阳极板，而阴极采用纯度很高的薄铜板。从阳极泥中可以提炼贵金属，同样，从富含金属离子的电解液中可以提取镍和钴。相似的提纯过程已应用于 Ni、Co、Ag、Au、Pb 和 Zn。

8.3.3 熔盐电解

许多金属材料，尤其是在元素周期表中排列靠前的主族金属元素，由于其标准电势相对 NHE 要更负，无法从水溶液中沉积出来（以汞齐的形式除外）。要电解制备这些金属，必须选用不含自由质子、水分子以及其他具有相对较正沉积或分解电势组分的离子体系。这样的体系有两类：①含合适的金属盐或有机金属化合物的有机非质子溶剂；②能解离成可自由运动离子的熔盐。

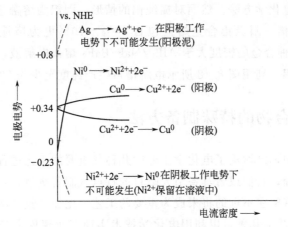

图 8.17 铜的电解提纯原理

第一类系统具有一些缺点，比如导电性较低，成本较高以及应用范围较窄等。相比之下，第二类系统已广泛应用于 Al、Mg 和 Na 的提取，同时也小规模地应用于提取 Li、Be、B、Ti、Nb、Ta 和稀土元素。

电解铝是其中生产规模最大的产品。不同于可以从较低温度熔盐或从氢氧化物中提取的 Mg 和 Na，铝主要来源于铝土矿（Al_2O_3），其熔点高达 2050℃。这个温度对电解来说太高了，由此也会引出诸多很严重的问题，比如用于建造电解槽的材质，热辐射导致的能量损耗也会造成极大的浪费等。因此，必须为其找到一种合适的溶剂。传统工艺采用的是冰晶石（Na_3AlF_6），它与 12%～22.5% 的 Al_2O_3 形成熔点为 935℃ 的共晶混合物。冰晶石比 Al_2O_3 的分解电势高，所以可循环使用。当然在电解铝过程中，冰晶石也因为蒸发或分解会有所损耗。

电解过程是在衬碳铁制电解槽中进行的，其中在熔融态电解液中的碳阳极漂浮在熔融态铝阴极之上。槽压大约是 4.2V（理论值为 1.7V），阳极电流密度为 6.5～8kA·m^{-2}，阴极为 3～3.5kA·m^{-2}。阳极主要反应为析氧，氧迅速与碳反应形成 CO 和 CO_2。由于阳极气体还包含有氟和氧化物粉尘，所以在排气前必须进行清除。因为该过程的费用很高，因此人们一直在开发其他新的熔盐电解液。这其中最著名的就是"Alcoa"工艺，它利用熔点为 700℃ 的 10%～15% Al_2O_3 与 1:1 LiCl/NaCl 的混合物熔盐，电解槽采用双极式石墨电极设计。阳极析出的氯气与铝土矿反应再生成 $AlCl_3$。

利用冰晶石工艺所得铝材中仍含有约 0.1% 的 Fe 和约 0.1% 的 Si。如果需要进一步提纯，可采用与提

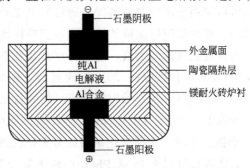

图 8.18 铝电解精炼槽（三层）示意图

纯铜原理相同的电化学方法。然而对提纯铝的情形，因铝为熔融态，必须建立如图8.18所示的电解槽。阳极铝合金熔盐包含 $60\% \sim 70\%$ 更为惰性的材料，如 Cu、Si、Fe 和 Ti。这种合金的密度大于 $AlF_3/NaF/BaF_2$ 熔盐电解液，而此电解液的密度也同样大于纯铝。利用图 8.18 所示电解槽可生产纯度至少为 99.999% 的铝。

8.4 无机化合物的特殊制备方法

在前面几节中，已讨论了电化学工业中几种最重要的工艺过程。接下来将讨论另外三种工艺过程，它们或者具备引人瞩目的特点（制备氯氧化合物、过氧化氢和过二硫酸）或者有望在不远的将来成为重要的工艺（比如"氢经济"概念中的电解水）。此外，还有其他几种可以利用电化学技术实现工业规模生产的化合物，例如过硼酸盐、过锰酸盐、二氧化锰（电池阴极材料）、三价铬酸以及氟气。氟气可在 $70 \sim 110^{\circ}C$ 的温度下，在钢质电极与碳素电极之间电解 KF-HF 的混合物而获得。

8.4.1 次氯酸盐、氯酸盐、高氯酸盐

当在一个未隔开的电解槽中电解 NaCl 溶液，阳极析出的氯气会与阴极所产生的 OH^- 发生歧化反应：

$$Cl_2 + 2OH^- \longrightarrow ClO^- + Cl^- + H_2O \tag{8.17}$$

该反应生成的次氯酸盐可以进一步被氧化成氯酸盐：

$$2ClO^- + H_2O \longrightarrow \frac{2}{3}ClO_3^- + \frac{4}{3}Cl^- + 2H^+ + \frac{1}{2}O_2 + 2e^- \tag{8.18}$$

但在此反应中每摩尔氯酸盐分子需要 $9F$ 的电量，而下述歧化反应只需要 $6F$ 的电量：

$$2ClO^- + H_2O \longrightarrow 2HClO + 2OH^- \tag{8.19}$$

$$2HClO + ClO^- \longrightarrow ClO_3^- + 2Cl^- + 2H^+ \tag{8.20}$$

根据上述反应，从式(8.18)可以看出如果保持氯离子的浓度尽可能高，那么次氯酸盐就不会进一步氧化。另外，因为反应(8.18)比析氯反应的伏安曲线平缓，所以可以采用更高的电流密度。通过降低工作温度，可以抑制反应(8.19)和反应(8.20)，而且反应后生成的溶液可以直接作漂白液和消毒剂使用。

为促进氯酸盐的生成，可以将反应温度提高到 $80^{\circ}C$ 以及采用大容量的电解槽使反应(8.19)和反应(8.20)加速进行，因为反应(8.18)是异相反应，而反应(8.19)和反应(8.20)是均相反应。氯酸盐电解槽中的阴极是钢质材料，阳极材质是石墨或 Pt/TiO_2。对钢材的选择必须特别小心，例如，不能选用镍铬钢，因为 Ni^{2+} 会进入溶液，从而催化氯酸盐分解成次氯酸盐和氧气。

高氯酸盐可以在 Pt 或 PbO_2 电极上氧化氯酸盐而获得，但在同一电解槽中连续电解 NaCl 制备高氯酸钠的产率很低，一般必须选择 $NaClO_3$ 为反应原料。

8.4.2　过氧化氢和过二硫酸

H_2O_2 可以通过电化学氧化硫酸或部分电化学还原 O_2 来制备。在第一种方法中，HSO_4^- 的氧化反应如下：

$$2HSO_4^- \longrightarrow H_2S_2O_8 + 2e^- \tag{8.21}$$

反应中可能先生成中间产物 $SO_4^{\cdot -}$ 自由基，然后紧接着生成二聚物。在实际操作中必须保持高浓度的 HSO_4^- 以及高的阳极电压。每个电解槽的槽压通常是 5V，阴极发生析氢反应。阳极必须选用化学稳定性好并具有高析氧超电势的材料，实际上只有 Pt 和 Pt-Ta-Ag 合金等能满足这个要求。

H_2O_2 还可以通过水解过二硫酸获得：

$$H_2S_2O_8 + 2H_2O \longrightarrow 2H_2SO_4 + H_2O_2 \tag{8.22}$$

反应产物利用蒸馏而分离。由于电力消费及阳极材料费用昂贵，近年来应用这种方法生产的 H_2O_2 比例已开始逐渐下降，而催化制备法，如蒽醌催化法已渐渐成为主流。另外，通过电化学直接还原 O_2 来制备 H_2O_2 的技术也已成熟。它成功的关键在于阴极电极材料的电催化活性，液相中可以富集大量的 H_2O_2（参见 6.8 节）。

8.4.3　传统水电解过程

从技术角度讲，通过电解水来制备氢气和氧气是一项古老的工艺。近几十年来，主要通过石油裂解和水汽变换反应而不是电解水就可满足对氢的需求量不断增加。只有在电价很低时电解水方法才具备竞争力，而且只有在紧靠水电站的地方，制备氢气、氨气和其他含氮化合物才具有经济上的可行性。然而，近年来随着所谓"氢经济"概念（即将氢作为能量载体）的提出，电解水已引起人们相当的关注。

从热力学角度讲，把水电解成氢气和氧气需要 1.23V 的电压，而且与水溶液的 pH 值无关。事实上，即使使用"很好"的催化剂，仍然必须几百毫伏的超电势，因为需要较高的超电势，如果体系中有氯离子将会在阳极生成氯气。另外，硫酸盐溶液的导电性较差，而且酸性电解液会带来腐蚀问题，因而传统电解装置通常使用浓度为 $6\sim8\,mol\cdot dm^{-3}$ 的 KOH 电解液。电解槽常用双极式结构，利用隔膜分开阳极室和阴极室。电极采用镍丝网或钢丝网，尽可能紧靠隔膜以减小电阻。电解槽采用快速排除气泡的设计方法，以避免由此而导致电阻的增加。已开发的电解槽在大约 80℃ 的工作温度、$1\sim2.5\,kA\cdot m^{-2}$ 的电流密度，$1.8\sim2.0V$ 的槽电压条件下每小时可生产几百立方米的氢气。制备每立方米氢气耗电约为 $4kW\cdot h$。

需要指出的是，析 D_2 和析 HD 是一个比析 H_2 慢的动力学过程，从而导致电解液中氘的富集。事实上这是制备 D_2 和 D_2O 一种重要方法。

8.4.4　现代水电解过程和制氢技术

火电和核电厂的运行过程中，常希望有某种形式的负载平衡来补偿能源需求高峰和低谷的变化。利用氢气作为二级能量载体近年来已认为是一种经济有效的方式并受到了广泛的关注。氢可以方便地通过管道输送，从耗能的角度来看，其输送费用比利用高压电缆送电便宜 5 倍。从长远看，矿物燃料的耗尽将为人类完全转向"氢经济"提供机会。图 8.19 所示为通过核电（包括核聚变反应）、太阳能或风能来电解水以产生氢气，然后通过管道将氢气输送给用户，用户再利用氢气在燃料电池中发电，作为工业原材料，通过燃烧而产生热，为交通工具的能源载体或提供家用能源。

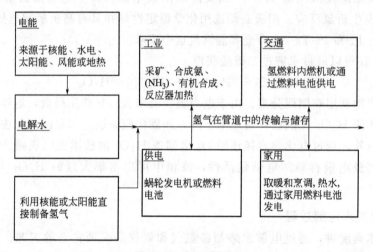

图 8.19　氢经济原理

采用"氢经济"的另一个驱动力就是急需降低排放到大气中的二氧化碳的量。二氧化碳的排放被认为是造成目前气候变暖的主要原因之一。燃烧氢气只会产生水，这是使用氢作为矿物燃料的替代能源的最大优点。然而，最终能否采用"氢经济"的关键在于是否能改进目前电解水装置的工作效率，尤其是需要降低水电解的槽电压。目前，电解需要 1.8V 电压，但要将其重新转化为电能，典型的燃料电池最多也只能产生 0.8V 的电压，0.45 的效率是很低的。

原则上，可以下途径减小电解水的槽电压：

① 改进电极结构或电催化剂来减小电极上的超电势；

② 减少电解槽的欧姆损耗；

③ 提高工作温度，因为对电解水而言，$\partial E_{cell}/\partial T \approx -0.85\text{mV} \cdot \text{K}^{-1}$。

已采用的三个主要方向是：

① 选用更好的材料（经过特别活化的铁和镍的表面），加强气体从电解槽的逸出，提高工作温度到 80~100℃，这样改进后的电解槽在保持槽电压约为 1.7V 下能达到 2.5kA·m^{-2} 的电流密度。

② 如前所述（见图 8.5），使用为燃料电池研制的高活性多孔电极（Pt 或 NiZn 合金阴极、Pt/IrO$_2$ 阳极），电解质采用具有高质子传导能力的薄层聚合物膜，阳极使用去矿物质的水。已有原型样机的实验结果在 80℃ 温度下，电流密度

为 $2.5\text{kA} \cdot \text{m}^{-2}$ 时，槽电压可降低至 1.55V。

③ 在 $700 \sim 1000^{\circ}\text{C}$ 温度下，在沉积了多孔催化剂层的氧化物-离子导体固体电解质上电解水蒸气。实验室中的实验表明，在 900°C 温度下和 1.2V 电压下，获得 $1\text{kA} \cdot \text{m}^{-2}$ 的电流密度（对电解水蒸气而言，$\partial E_{\text{cell}}/\partial T \approx -0.23\text{mV} \cdot \text{K}^{-1}$）。

8.5　电有机合成

8.5.1　工艺和特征综述

在 6.4 节中已对有机电合成反应进行了综述，根据其中讨论的特征要素，可以发现对大多数有机电化学合成都适用的一些特点：

—电解液，尤其是非水溶剂电解液的电导率通常很低。这会导致电解槽中有很大的欧姆电压降，除非将电极间距最小化，否则将导致高能耗；

—从技术上可接受的转化率来讲，必须使用较高的反应物浓度，这一点与要求电解液的高导电性相矛盾；

—电子传输过程开始时自由基的高反应活性造成后面反应步骤的选择性很低，而选择性不仅取决于合适的电催化剂和工作电势，而且取决于相界面的物种浓度比。

8.1.3 节中已给出了一个影响界面区的反应途径的简单例子。另外一种可能性是在最初的电荷转移过程发生之后，接着发生溶剂亲电攻击或者二聚反应而生成所需的产物。在第一种情况下，反应速率正比于电化学生成的初级产物浓度，而在第二种情况中，反应速率将正比于初级产物浓度的平方。因此，提高电流密度将有利于二聚反应的发生。

尽管存在这些复杂性，通过参数优化，很多有机物电合成反应已开始小规模的生产或进入技术评价阶段（见表 8.1）。从该表中可以看到，到目前为止主要使用的还是传统电极材料、电解液系统（即无机盐水溶液）以及电解槽的结构。与无机系统相比，使用低电流密度的主要目的是降低较高的槽电压。

表 8.1　有机物和无机物电化学电极槽

电解产物	反应物	电解液	阳极材料	阴极材料	电流密度 /$\text{kA} \cdot \text{m}^{-2}$	隔膜
氧化反应						
葡萄糖酸	葡萄糖	$NaBr/H_2O/CaCO_3$	碳素	碳素	0.3	无
双醛淀粉	淀粉	H_2SO_4/H_2O 10%	Pb/PbO_2	Fe	0.5	离子交换膜
加氢反应						
间苯胺磺酸	间硝基磺酸	H_2SO_4/H_2O 10%	Pb	Cu	1.0	使用
哌啶	吡啶	H_2SO_4/H_2O 5%	Pb/PbO_2	Pb	1.5	使用
1,2-二氢化邻苯二甲酸	邻苯二甲酸	H_2SO_4/H_2O 5% 二氧杂环己烷		Pb		离子交换膜

续表

电解产物	反应物	电解液	阳极材料	阴极材料	电流密度/$kA \cdot m^{-2}$	隔膜
二聚反应						
己二腈	丙烯腈	$NaH_2PO_4/H_2O + NR_4^+$	Fe	Cd	2.0	无
卤化反应						
全氟丁酸	正丁酸	HF	Ni		0.2~0.4	无
全氟辛酸	正辛酸	HF	Ni		0.2~0.4	无
有机金属						
四乙基铅	Pb/EtMgCl	THF/二甘醇二甲醚	Pb	Fe	0.03~0.07	无

很难预测未来有机电化学合成的前景。以前对能源价格降低的指望已经落空，但是该期望却推动了大量的研究并积累了大量研究数据，将来进一步开发出某些有吸引力的工艺也极有可能。从长远来看，新的电解槽设计（参见 8.6 节）和电解槽组件（例如非水电解液，化学修饰电极和 SPE 隔膜）也许会导致新工艺的产生。

8.5.2　己二腈——Monsanto 工艺

丙烯腈，$CH_2 = CHCN$，在水溶液中可以还原并二聚成己二腈。在第 6.4.4 节中已讨论了它的最基本的反应，其中主要的副反应就是最初还原生成的阴离子自由基的质子化：

$$CH_2 = CHCN + e^- \longrightarrow CH_2CHCN^{\cdot -}$$

$$CH_2CHCN^{\cdot -} + H^+ \longrightarrow \cdot CH_2CH_2CN$$

和

$$\cdot CH_2CH_2CN + e^- + H^+ \longrightarrow CH_3CH_2CN$$

在正常情况下，该副反应确实占据了主导地位，使己二腈的产率非常低。但如果在电解液中加入一种含有直径较大且不能溶剂化的表面活性剂阳离子的盐，那么电极附近的水将被排挤出，这时就发生下述二聚反应：

$$CNCHCH_2^{\cdot -} + CH_2 = CHCN \longrightarrow CN \cdot CHCH_2CH_2CHCN^-$$

$$CN \cdot CHCH_2CH_2CHCN^- + e^- \longrightarrow {}^-CNCHCH_2CH_2CHCN^-$$

$$^-CNCHCH_2CH_2CHCN^- + 2H^+ \longrightarrow CN-(CH_2)_4-CN$$

这时质子化的反应将在远离电极表面的地方进行。

该工业电解过程在未隔开的双极式电解槽中进行，电流密度为 $2kA \cdot m^{-2}$，槽电压为 4V。双极式不锈钢板式电极的间距为 2mm，阴极表面涂有一层具有高析氢超电势的金属镉，以减少副反应所造成的损失。表面活性剂电解液是 1%（质量分数）$[EtBu_2 N-(CH_2)_6-NBu_2 Et]^{2+}$ 的磷酸盐溶液，其导电性主要由 10% $Na_2 HPO_4$/硼酸混合液提供。$Na_2 HPO_4$/硼酸混合液还可以防止不锈钢的腐蚀，如果没有加入这些物种，在阴、阳未隔开的电解槽中从阳极溶解的铁离子将在阴极沉积，从而降低阴极的析氢超电势。为阻止任何痕量的铁离子到达阴极，电解液中还添加了 0.5％（质量分数）EDTA 作为络合剂。

8.6 现代电解池设计

为使得电化学生产工艺具有竞争力，必须具有较高的空间-时间产率，尤其是在不得不使用很低的电流密度的情况下该要求更为重要。然而，在传统的电解槽结构中采用平板电极，提高 A_V（电极面积与电解槽的体积比）的唯一手段就是减小电极间距。典型的压滤式电解槽的 A_V 值可以达到 $2cm^{-1}$，即使对未隔开的毛细管电解槽，电极间距的最小极限约为 0.1mm，最大 A_V 值约为 $5cm^{-1}$。

对隔开式的电解槽而言，"零间隙"电解槽体积最小，它使用的固体聚合物膜即作为电解质又作为隔膜。在这类电解槽中，电极可以是担载了催化剂的多孔碳层，其典型结构如图 8.20 所示。此类电解槽已广泛用于现代电解水和制备氯气和臭氧的工艺中。

要获得更高的 A_V 值，有必要采用三维电极结构。这类结构可用小颗粒碳等多孔材料来制备，但如果不能保证溶液能自由通过小孔，这类电极将由于内部电活性物质的消耗而导致催化活性迅速降低。近来，为燃料电池开发的高表面积的薄型多孔层可以解决这个问题，并能将 A_V 值提高到 $30cm^{-1}$。

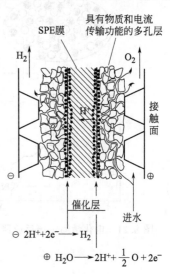

图 8.20 使用固体聚合物电解质（SPE）的电解槽示意图（不按实际比例）

相互接触的部位同时起电流传输作用

解决传质问题的第二种方法是使用微粒构成的电极，它有两种形式：固定床反应器和流化床反应器。固定床反应器由固定在多孔板式电极间的导电和非导电的小球（直径为 0.5mm 左右的碳球和塑料球）构成，电解液在其间流动。假如所选电解液的导电性不太高，并维持多孔电极间的电压足够高，那么每个导电小球都起到一个微型双极的作用（见图 8.21）。图 8.21 所示类型的电解槽中，总电压降非常高，大约为 $60V \cdot cm^{-1}$，而且此类电解槽通常在未分隔的形式下工作。固定床反应器已经开始在商业上应用了，如用于去除废水中的重金属，其最佳 A_V 值为 $5 \sim 100cm^{-1}$。

图 8.22 给出了流化床反应器的工作原理。在这一系统中，通过向输料平板上喷送电解液流，可以使直径为 $0.1 \sim 1mm$ 的既导电又担载了催化剂的颗粒处于活化的悬浮状态。溶液中的反应物可吸附到悬浮态的催化剂颗粒表面。当催化剂颗粒间歇地接触到工作电极时，电子可转移到被吸附的反应物上。而当此颗粒与电极脱

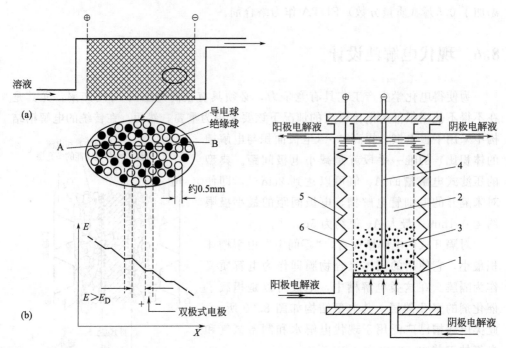

图 8.21　电化学固定床反应器原理图　　　图 8.22　电化学流化床反应器原理图

1—输料平台；2—阴极电解液；3—附着
催化剂的悬浮颗粒流动层；4—工作电极；
5—辅助电极；6—隔膜

离接触时，反应产物则从颗粒表面脱附，并开始下一次循环。此类反应器的优点是实现了物质传输和吸附/脱吸过程与电荷转移过程（通常很快）的空间分离，使得在实际电流密度很低时还能达到 $10\sim200\mathrm{cm}^{-1}$ 的 A_V 值。后一特点允许在很稀的溶液中进行电解。

增加 A_V 值的重要性在于在空间-时间产率方面，电化学反应器一般无法与化学反应器竞争。以 Monsanto 工艺为例，对 $M=108$，$n=2$，$a=0.9$ 和 $j=0.2\mathrm{A}\cdot\mathrm{cm}^{-2}$，空间-时间产率在 0.4（$A_V=1\mathrm{cm}^{-1}$）和 $20\mathrm{kg}\cdot\mathrm{dm}^{-3}\cdot\mathrm{h}^{-1}$（$A_V=50\mathrm{cm}^{-1}$）之间，与此相比，化学反应器的空间-时间产率可高达 $1000\mathrm{kg}\cdot\mathrm{dm}^{-3}\cdot\mathrm{h}^{-1}$。

最近一个引人注目的进展就是使用微型反应器，这类反应器的尺寸大约为毫米级，总反应体积为微升级。这类微型反应器可利用从半导体工业中发展起来的微刻蚀和浇铸技术来加工。这类反应器中最重要的一点是采用极短的扩散距离来提高极限扩散控制如电解质的传输的速率。这类体系的放大也很容易，最简单的方法是将很多这种微反应器放在一起组成模块化的设计。基于薄层电极叠层的实验微电解器的 A_V 值可高达 $400\mathrm{cm}^{-1}$，同时还具有极低的欧姆损耗的优点，可以用来开发使用很低浓度的电解质溶液的一些电极过程。反过来，该方法也大大简化了分离过程。

8.7　未来可能的电催化

如果将含有一种选择性催化剂的膜附着到电极表面上，这样的电极就可称为"化学修饰"电极。进一步讲，如果膜的结构是聚合物的话，它将代表从异相催化剂到同相催化剂的过渡，并且催化中心固定在电极表面上。假如该中心具有氧化还原活性，那么膜中电子可以以跳跃的方式传输（见图 8.23）。从催化的角度看，更令人感兴趣的是将具有高度选择性的催化剂，如酶固定到电极膜中去；此类酶膜已在高选择性的传感器领域，如检测重要的生物分子，葡萄糖实现了商品化。如果将这类电极与形状选择的基底如分子筛相结合，将进一步提高催化剂的选择性。

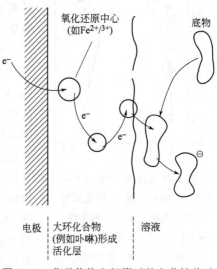

图 8.23　化学修饰电极附近的电荷转移过程

另一种新型电催化剂是通过在基底上欠电势沉积亚单层的金属而形成的。可以想像，如果沉积几个单层的金属原子，其催化效果与本体金属相比区别不大，但一个亚单层则可表现出典型的表面合金催化性能。例如在铂基底上沉积亚单层金属，如 Ru、Sn、Sb、Bi 或 As（能吸附 OH 或 O 原子的金属）而得到的复合催化剂可以用于 CO 到 CO_2 的氧化反应；即使含量不到 10%，这些助催化剂也能使 CO 的氧化电势负移 300mV 甚至更多。UPD 金属也可能改变表面的电子结构，通过在铂基底上沉积一个亚单层的 Pb，可以有效加速从甲酸到 CO_2 的氧化过程就认为是通过这种机理。

8.7.1　异相化学反应中催化活性的电化学改性（NEMCA 效应）

近来，Vayenas 等的工作表明：许多异相化学反应的速率可以通过改变（金属）催化剂和参比电极之间的电压而改变。人们发现在许多情况下这一效应与催化剂上吸附物种表面浓度的变化有关，并发现覆盖度的变化与催化剂本身的费米能级和电子功函的变化紧密相关，因为催化剂的费米能级与电子功函都受到催化剂表面电场变化的影响。1970 年，Vielstich 在碱溶液中银表面 HCHO 的分解实验中首次观察到了改变电极电势能加速异相化学反应的现象。但只有通过在 500~1000℃ 和保持位于氧化物-离子导体膜一侧的金属催化剂和位于另一侧的 Pt/H_2 参比电极之间电压的条件下对气体在金属催化剂上的反应所开展的系统研究，人们才意识到这个效应的普遍性。后来 Lambert 的研究表明，在具有阳离子传输功能的超离子固

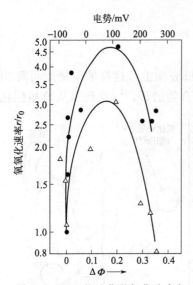

图 8.24　CO 的纯化学氧化速率与
分散在 ZrO$_2$ 上的 Pt 催化剂的
电势变化的"火山"形曲线

（●）$T=560℃$；$r_0=1.5×10^{-9}$g
原子氧·s^{-1}；（△）$T=538℃$；
$r_0=0.9×10^{-9}$g 原子氧·s^{-1}；
0.21%O$_2$［摘自 C. G. Vayenas et al. ,
Plat. Met. Rev. **34** (1990) 122］

体，如 Na β-氧化铝上也能观察到非常相似的效应，而且一些高表面灵敏度的测试手段，如俄歇和光电子能谱特别适宜于研究这类反应的机理。由于催化反应的速率与产率的变化远大于通过隔膜的电流变化，这一效应称为"催化活性的非法拉第电化学改性效应"，即"NEMCA 效应"。

图 8.24 所示为这一效应的一个例子，图中显示在位于 Y$_2$O$_3$/ZrO$_2$ 上的 Pt 催化剂上 CO 被 O$_2$ 氧化的速率随催化剂与 Pt/H$_2$ 参比电极之间的电压差的变化曲线。从中可以看出，曲线的基本特点类似于第 4.5.4 节中的"火山"曲线：在这里 r_0 是电极上无电势时的反应速率，图中纵轴采用 r/r_0 之比并以对数形式作图。图 8.25 给出的第二个例子是 HCHO 在金上化学分解为 H$_2$ 和 CO 的速率与碱液浓度和金的电极电势之间的关系，这里氢的产率是通过微分电化学质谱技术测量的（参见 5.4.4 节）。

在一系列精心的研究中，Lambert 发现位于下层的超离子材料中的金属离子可以扩散到上层的金属催化剂上，这也同样能极大地改变上层金属的性能。Lambert 的实验设置如图 8.25a 所示，在固体电解质（图例中为 Na$^+$ 离子导体）基片上沉积了一层具有催化活性的薄层多孔金属膜（约 1μm）。它在电化学槽中充当具有催化活性的工作电极。基片的另一面上带有金辅助电极和金参比电极，这就构成了标准三电极电解池体系，通过改变工作电极和参比电极间的电压，可以控制金属催化剂上 Na$^+$ 的覆盖度，从而达到调节该催化剂对气相反应 A＋B───C＋D 的催化性能的目的。

一个简单的例子就是 K 或者 Pb 向铂催化剂的可控电化学扩散，它将改变乙炔经过加氢反应生成乙烯的选择性。对金属 K 的情形，光电子能谱表明当给

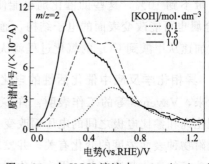

图 8.25　在 KOH 溶液中 0.2mol·dm^{-3}甲醛
在金表面分解析氢的 NEMCA
效应"火山"曲线

在三种不同浓度的 KOH 溶液中以 10mV·s^{-1}
扫描速率下的析氢速率是通过微分电化学质谱技术实时测得的［摘自 H. Baltruschat et al. ,
Ber. Buns. Phys. Chem. **94** (1990) 996］

工作电极施以比位于超离子导体另一面的参比电极相对较负的电势时，K 就会通过晶界喷涌到金属催化剂薄膜上。其逆过程可以在数分钟内完成，与反应的选择性变化的时间尺度完全一致。这一效果很明显，选择性会从电势差为 $+400\mathrm{mV}$ 时的 10% 变化到 $-400\mathrm{mV}$ 时的 90%，在使用铅时该效果会更加明显。通过对反应机理的研究表明，电化学

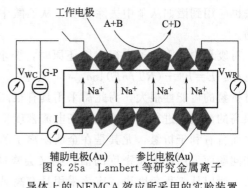

图 8.25a　Lambert 等研究金属离子导体上的 NEMCA 效应所采用的实验装置

"泵浦"铅到铂表面将显著降低乙烯的吸附能，使其能在发生进一步加氢反应之前就离开电极表面。

8.8　组分分离技术

8.8.1　废水处理

通过选择合适的电极和电压/电流条件，可以利用电化学方法选择性地沉积或破坏液相（通常为水溶液）中的杂质。有三类不同的处理方法：

① 无机或有机杂质的间接电化学氧化；

② 直接电化学氧化；

③ 阴极移除金属阳离子（通常为重金属离子）。

在 8.4.1 节中已讨论了利用间接电化学氧化法处理废水的原则，即在受到污染的水中插入石墨或尺寸稳定的钛阳极，通过电解在阳极产生氯或 ClO^-（如需要，可以事先加入 Cl^-）；它们都是强氧化剂，能破坏液相中的大多数微生物和有机化合物。间接均相反应机理意味着物质的传输过程不是一个大问题，即使是含量很少的杂质也能清除。然而近年来人们认识到这种方法可能使某些有机杂质发生氯化的危险，因为所生成的氯化产物可能有毒。

上述方法也可用来对诸如 CN^- 等物质的间接氧化：

$$2CN^- + 5ClO^- + H_2O \longrightarrow N_2 + 2CO_2 + 5Cl^- + 2OH^- \tag{8.23}$$

用这种方法可以去除的有机杂质包括酚类、硫醇类、环烷烃、重油微量残留物、醛类、羧酸类、腈类、胺类和染料。

如果溶剂的分解电势高于待分解的杂质，或能够开发一种合适的电催化剂，那么就可利用直接电化学氧化法处理废水中的杂质。下面是在石墨阳极上利用直接氧化去除 CN^- 的应用实例：

$$2CN^- + 8OH^- \longrightarrow 2CO_2 + N_2 + 4H_2O + 10e^- \tag{8.24}$$

此类方法在工业上应用极少，但可用来从非质子型有机溶剂，如乙腈和二甲亚

砜中去除痕量的水。此类溶剂比水的分解电势高,因此可以利用电解来除水。这种方法也应用到诸如从苯中去除噻吩、从乙酸中去除 CCl_4 和从己内酰胺中去除氯化产物。

对废水中的阳离子进行阴极还原时,要求反应电势低于由 Nernst 方程计算出的电势:$E = E^0 + (RT/nF)\ln a_{M^{z+}}$,其中 $a_{M^{z+}}$ 是纯化预达到的目标活度。因此,同时析氢的可能性很大,为此需采用具有很高的析氢超电势的金属而且最好在 pH 值很高的溶液中进行电解纯化。高电流密度将提高金属阳离子的浓差超电势,因此相对而言有利于析氢,尤其是在金属阳离子的浓度不高的情况下。可是,要想避免这些问题而采用低电流密度的话,则又会降低空间-时间产率,因而将增加资金的投入。所以从工程角度讲,应该采用具有高 A_V 值的现代电解槽设计,如电化学固定或流化床反应器。例如,使用流化床反应器可以使酸化的硫酸溶液中的 Cu^{2+} 含量由 $2000\mu g \cdot mL^{-1}$ 降低到 $1\mu g \cdot mL^{-1}$。

另一种电化学净化方法是电浮除技术:将含有胶状杂质或悬浮态污物或泥浆的废水引入电解槽中正在迅速析氢和析氧的电极之间,气泡会吸附到这些固体杂质上并使其浮出液面,再利用机械方式移去。

8.8.2　电渗析

渗析是利用特定的滤膜从溶液中分离分子量较低的物质。如果待分离物以离子态存在,则通常可利用外加电场来加速分离进程,甚至可以逆浓度梯度进行分离。电渗析主要应用于净化盐水制备饮用水。

电渗析的工作原理如图 8.26 所示,在电解过程中,位于三腔室电渗析槽的中间腔室中的 NaCl 溶液浓度逐渐降低,而两边腔室中的 NaCl 溶液浓度逐渐提高。实际运行中,是将 100~200 个宽约 1cm 的三腔电渗析槽串联起来使用。由于电解槽中的隔膜和各电解槽中最中间腔室的溶液的高电阻,需要外加较大电压($>$ 100V)才能使电解槽运行。

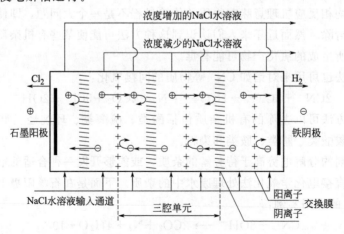

图 8.26　电渗析设备示意图

显然，电渗析所需电流与盐的最初浓度线性相关，因此当盐溶液的浓度相对较高时，电渗析法还不如蒸馏法经济。目前的盈亏平衡点的盐浓度约为 1%（净化费用约为 $0.5£·m^{-3}$），而海水中的盐浓度大约为 3%，因此实际上电渗析法只局限于提纯海岸附近的地下水，当然在蒸馏或直接用于氯碱生产过程前也可用电渗析法先对海水中盐进行浓缩（使浓度高达至 $180\sim200g·dm^{-3}$）。

电渗析并不局限于脱盐制水过程，它还可以应用于去除其他各种矿物质的过程中，包括去除葡萄糖溶液、甘油、乳清等所含的矿物杂质。另一种用途是将盐转化为自由酸或碱，例如工业上将癸二酸钠转化为游离癸二酸。这个生产过程采用装备阳离子交换膜的二腔室电解槽，钠离子穿过隔膜进入阴极腔室形成 NaOH，在阳极腔室中留下癸二酸离子，它与电极上由于析氧而产生的质子结合生成不溶性的癸二酸。

8.8.3　电泳

在第 3.4.6 节中已对电泳的基本原理进行了描述：由于溶液中的胶体颗粒对离子的特性吸附而使胶粒带电，因而可以在电场作用下发生迁移。电泳法最简单的应用就是从溶液中分离胶粒，例如从水剂溶液中分离均匀分散高岭土粉末。带负电荷的高岭土颗粒向半浸入溶液中旋转的铅质圆柱型阳极迁移，电极的旋转将其表面黏附的高岭土粉末带出水面，然后从电极上部刮掉。

如果溶液中有几种不同的胶体，那么它们将由于不同的特性吸附效应而分别带有不同的电荷，从而导致其迁移速度也不同。这就使利用电泳方法对其进行进一步分离成为可能，该技术已经在医学和生物学研究中表现出很高的应用价值。化学结构非常相似的物质，例如不同的血清、激素、抗体和病毒等也能很容易地通过这种方法分离。最常用的方法就是将色谱法和电泳法结合在一起使用，其原理如图 8.27 所示。在该图中，待分离物的液滴滴到氧化铝或纸制色谱平板的中间位置，在电场中待分离物跟随缓冲液流向电泳试纸的下部，同时被电场分离，被分离的各组分可如图所示进行收集。

8.8.4　核工业中的电化学分离步骤

现代核反应堆（轻水反应堆）通常使用的燃料棒含有约 3% 浓缩^{235}U 的 ^{238}U。在核反应堆运行过程中，从 ^{235}U 裂变中放射出的中子被 ^{238}U 的原子核捕获，并转化为 ^{239}Pu。当 ^{235}U 含量降到约 1%（同时会有约 1% 的 Pu 生成），裂变速率就已太低而必须更换燃料棒了。使用过的燃料棒中的铀和钚（同样可裂变）可以通过与 ^{235}U 的裂变产物进行分离而得到回收，并用到新的燃料棒中，这个过程叫做核废料的再处理。

再处理过程是一个化学过程。首先，将废料棒粉碎并溶于热的浓硝酸中，其中 U 以 U(Ⅵ) 而 Pu 主要以 Pu(Ⅳ) 形式出现。利用磷酸三丁酯能与 U(Ⅵ) 和 Pu(Ⅳ) 的硝酸盐形成稳定络合物：

$UO_2(NO_3)_2·(TBP)_2$ 和 $Pu(NO_3)_4·(TBP)_2$，可以将它们从溶液中萃取出

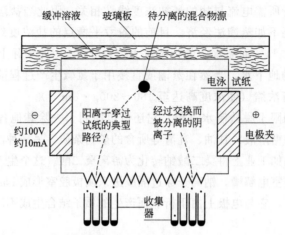

图 8.27　利用电泳试纸进行连续分离的设备原理示意图

电泳试纸由两块玻璃板夹持固定（图上部），玻璃板之间存有缓冲溶液。由于
毛细管作用，缓冲溶液渗入试纸向下移动，并携带待分离物。试纸下方剪出许多
三角，以便使分离后的组分可以顺着它流入对应的玻璃试管中进行收集

来，从而实现与不挥发的 ^{235}U 裂变产物的分离。因此，可以将这些硝酸盐水溶液
与溶解在高沸点的溶剂，如煤油中的 TBP 溶液混合，从而实现将这些络合物与剩
下的裂变产物分离。

为了在有机相中分离铀和钚的络合物，需要将 Pu(Ⅳ) 还原成 Pu(Ⅲ)。然后
Pu(Ⅲ) 被萃取回水溶液中，这一过程称为钚-铀还原提取（Purex，Plutonium-U-
ranium-Reduction-Extraction）过程。提取装置是一个包含一系列分子筛的分离柱，
利用泵来保证分子筛中有机相和水溶液相的充分混合 [见图 8.28(a)]。还原剂可
以是化学试剂，与有机相一起从分离柱的底部送入（如图所示），当然也可以

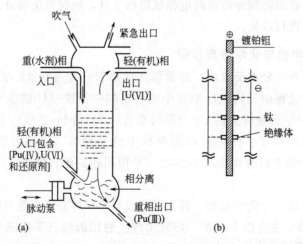

图 8.28　从垂直放置的分离柱中的各筛孔中用脉动泵输送 Purex 液体示意图（a）及
分离柱中部进行的电化学过程的局部放大图（b）（详情见书中介绍）

通过电化学方式还原，电化学还原的优点是不需要使用还原剂，也无须像化学还原一样对未使用的并受到了放射性杂质污染的还原剂进行分离。电化学装置的结构如图 8.28(b) 所示。采用钛阴极和镀铂钽阳极。在钛上还原 Pu(Ⅳ) 的半波电势约为 0.15V（vs. NHE），可获得 $50\text{mA} \cdot \text{cm}^{-2}$ 的极限电流，而工作的总槽电压为 2～3V。在 20 世纪 80 年代这一工艺已被放大，一个 8m 高的分离柱每天可分离出 10kg 的钚。

参　考　文　献

有关工业与技术电化学和电解槽设计的一般教科书

V. M. Schmidt：*"Electrochemical Reactor Technology"*，Wiley-VCH，Weinheim，2003

D. Pletcher and F. C. Walsh：*"Industrial Electrochemistry"*，2nd. Ed.，Chapman and Hall，London，1990

E. Heitz and G. Kreysa：*"Principles of Electrochemical Engineering"*，Verlag Chemie，Weinheim，1986

M. I. Ismail（ed.）：*"Electrochemical Reactors；their Science and Technology"*，Elsevier，Amsterdam，1989

A. Schmidt：*"Applied Electrochemistry"*，Verlag Chemie，Weinheim，1976

F. Hine：*"Electrode Processes and Electrochemical Engineering"*，Plenum Press，New York，1985

F. Goodrich and K. Scott：*"Electrochemical Process Engineering"*，Plenum Press，New York，1995

F. Beck，*"Electro-organic Chemistry"*，VCH，Weinheim，1974

D. Hoormann，J. Jörrissen，H. Pütter：*"Electrochemical Processes-New Developments and Tendencies"*，Chemie-Ingenieur Technick **77**（2005）1363

Ullmanns' *Encyclopaedia of Technical Chemistry*，Verlag Chemie，Weinheim. This is a comprehensive work in 24 volumes with various editions published to 1984 in German，and with the fifth edition completed in 1994 in English.

Dechema Monographs are a series of Monographs published by VCH，Weinheim and have been based，since 1981，on lectures given at the annual meetings of the Applied Electrochemistry Group in Germany.

氯碱工业

（*The Chlor-alkali industry*）

P. Schmittinger：*"Chlorine"* in *"Ullmanns' Encyclopaedia"*，vol. **6A**（1986）pp. 399-481；vol. 8（1999）pp 186-280

P. Schmittinger（ed.）：*"Chlorine：Principles and Industrial Practice"*，Wiley-VCH，Weinheim，2000

"Modern Chlor-Alkali Technology"，vol. **1**，1980（ed. M. O. Coulter）and vol. **2**，1983（ed. G. Jackson），Ellis Horwood，Chichester，U. K.

J. Newman and W. Tiedemann：*"Advances in Electrochemistry and Electrochemical Engineering"*，ed. H. Gerischer and C. W. Tobias，Wiley，New York，vol. **11**（1978）

D. L. Callwell in *"Comprehensive Treatise of Electrochemistry"* eds. J. O'M. Bockris，B. E. Conway，E. Yeager and R. E. White，Plenum Press，New York，vol. **2**，1981，p. 105

D. M. Novak，B. V. Tilak and B. E. Conway in *"Modern Aspects of Electrochemistry"*，eds. B. E. Conway and J. O'M. Bockris，Plenum Press，New York，vol. **18**，1982，p. 195

W. N. Brooks：Chem. Brit. 1986 **22** 1095

F. Gestermann：*"Energy-saving industrial chlorine preparation with oxygen diffusion cathodes"*；Gesellschaft Deutscher Chemiker，Monographie **23**（2002）；German Patent DE 10152793 A1

金属材料的提取

W. E. Haupin and W. B. Frank in *"Comprehensive Treatise of Electrochemistry"* eds. J. O′M. Bockris, B. E. Conway, E. Yeager and R. E. White, Plenum Press, New York, vol. **2**, 1981, p. 301

Dechema Monographs **93**: *"Electrochemistry of Metals - Electrowinning, Processing and Corrosion"*, **1983**, and **125**: "Electrochemical Material Extraction - Foundations and Technical Processes", **1992**.

无机工业电化学过程

N. Ibl and H. Vogt in *"Comprehensive Treatise of Electrochemistry"* eds. J. O′M. Bockris, B. E. Conway, E. Yeager and R. E. White, Plenum Press, New York, vol. **2**, 1981, p. 167

C. H. Hamann, T. Röpke and P. Schmittinger: *"Electrowinning of other Inorganic Compounds"* in "Encyclopaedia of Electrochemistry", vol. 5, Wiley-VCH, Weinheim, 2005

B. V. Tilak, P. W. T. Lu, J. E. Colman and S. Srinivasan in *"Comprehensive Treatise of Electrochemistry"* eds. J. O′M. Bockris, B. E. Conway, E. Yeager and R. E. White, Plenum Press, New York, vol. **2**, 1981, p. 1

F. Gutmann and O. J. Murphy in *"Modern Aspects of Electrochemistry"*, eds. R. E. White, J. O′M. Bockris and B. E. Conway, Plenum Press, New York, vol. **15**, 1983, p. 1.

J. A. McIntyre: Interface **4** (1995) 29

有机工业电化学过程

H. Lund and O. Hammerich (eds.): *"Organic Electrochemistry"*, M. Dekker, New York, 2001

A. J. Fry and W. E. Britton (eds.): *"Topics in Organic Electrochemistry"*, Plenum Press, New York, 1986

L. Eberson and H. Schäfer: *"Organic Electrochemistry"* in *"Fortschritte der chemischen Forschung"*, **21** (1971), Springer Verlag, Berlin

L. Eberson: *"Electron Transfer Reactions in Organic Chemistry"* in *"Advances in Physical Organic Chemistry"*, vol. **18** (1982), eds. V. Gold and D. Bethell, Academic Press, London

S. Torii: *"Electro-organic Syntheses; Part I (Oxidations); Part II (Reductions)"*, VCH, Weinheim, 1985

A. J. Bard and H. Lund (eds.): *"Encyclopaedia of Electrochemistry of the Elements, Organic Section"*, vols. XI - XV, Marcel Dekker, New York, 1978 - 1984

"Technique of Electro-organic Synthesis - Scale up and Engineering Aspects", eds. N. L. Weinberg and B. V. Tilak, John Wiley, New York, 1982 (Vol. **V**, Part III of the Series "Techniques of Chemistry").

H. Wendt: Electrochim. Acta **29** (1984) 1513

D. E. Kyriacou and D. A. Jannakoudis: *"Electrocatalysis for Organic Synthesis"*, John Wiley, New York, 1986

C. H. Hamann and T. Röpke: *"Preparation of Sugar Derivatives using the Amalgam Process"*, J. Carbohydrate Chem. **24** (2005) 13

新型电解槽设计和未来发展

H. Wendt: Chem. Ind. Tech. **58** (1986) 644

Dechema Monograph **94**: *"Reaction Technology for Chemical and Electrochemical Processes"*; see also monographs **97**, **98**, and **125**.

D. Pletcher: J. Applied Electrochem. **15** (1984) 403

A. M. Couper, D. PLetcher and F. C. Walsh: Chem. Rev. **90** (1990) 837

D. R. Rolison: Chem. Rev. **90** (1990) 867

A. Adzit in *"Advances in Electrochemistry and Electrochemical Engineering"*, ed. H. Gerischer and C. W. Tobias, Wiley, New York, vol. **17** (1984)

M. Fujihira in *"Topics in Organic Electrochemistry"*, eds. A. J. Fry and W. E. Britton, Plenum Press, New York, 1986.

NEMCA 效应

C. G. Vayenas，S. Bebelis，I. V. Yentekakis and H. G. Lintz：Catal. Today **11**（1992）303

W. Vielstich：*"Fuel Cells"*，Wiley，New York，**1970**，pp 93ff

S. G. Neophytides，D. Tsiaplakides，P. Stonehart，M. M. Jaksic and C. G. Vayenas：Nature **340**（1994）45

Lambert RM，Williams F，Palermo A，Tikhov MS，Topics in Catalysis，**13**（1-2）：91-98（2000）

组分分离

G. Kreysa：Chem. Ing. Tech. **62**（1990）357

K. J. Müller and G. Kreysa：*"Fixed-bed Reactors - Design Concepts and Industrial Uses"*，in DECHEMA Monograph **98**（1985）367

A. Schmidt：*"Applied Electrochemistry"*，Verlag Chemie，Weinheim，1965

H. -J. Helbig：*"Electrophoresis"*，in *"Ullmanns' Encyclopaedia of Technical Chemistry"*，Verlag Chemie，Weinheim，1980

F. Baumgärtner and H. Schmieder：Radiochimica Acta **25**（1978）191

H. Schmieder，M. Heilgeist，H. Goldacker and M. Kluth：DECHEMA Monograph **97**（1984）217；see also ibid. **94**（1983）253

第9章 电 池

如果在两个空间分离的电极上发生化学反应，那么就会在连接两个电极的外电路中产生电流。一般来说，假如基本化学反应的自由能变化是 ΔG，那么 $\Delta G + nFE_{cell} < 0$；只有在可逆反应中才有 $\Delta G = -nFE_0$，其中 E_0 为开路电压。因此，电池是一种将化学能转变为电能的工具。

第一次这样描述电化学电源是在 Galvani 的著作中（1789 年），不久之后，Volta 制作了第一个可运行的电池。Bunsen 和 Grove 在 19 世纪上半叶研制出了容量更大的电池，它在人类对电的早期科技研究中起着重要的作用。

今天，电池广泛地应用于下面三个领域：

① 为诸如汽车、飞机、宇宙飞船、便携式设备等移动系统提供电源。

② 为处于电网范围外的固定设施，如海洋浮标、偏远地区的发射机、自动气象站等提供电源。

③ 在电网发生故障时，为不能间断运行的设备如医院手术室里的照明设施和医疗设备、飞行控制指挥系统等提供备用电源。

传统电池，如锌锰干电池、铅酸蓄电池、碱性锰电池、镍镉、锌-汞、银-锌电池等，仍然在工业中占据重要位置。但是，为满足一些特殊用途需要的新型电池体系也已开发出来，比如登月载人飞船需要比当时已有的电池轻得多的电池体系，因而研制出了低温 H_2/O_2 的燃料电池。另外，由于传统电池缺乏足够高的功率密度和能量密度，这已经阻碍了现代电动汽车的发展。同样，现代便携式电子应用设备制造商对电池性能的要求不断提高，这一持续的压力导致了诸如锂离子电池和镍-金属氢化物（Ni-MH）电池等新型电池的出现。

9.1 基本概念

一个电池包括两个电极，同时还要有燃料（或者叫"电活性组分"）、电解质、电池壳体，如果需要的话，还要包括电极隔板。以第 4.1 节介绍的氯/氢电池为例，氯气和氢气构成活性组分。但对传统电池而言，电化学活性组分是电极构造的一部分。电池可分为下面两大类。

① 如果外加与电池极性相反的电压时电化学反应可逆，那么电池就可充电。此类电池叫做二次电池。

② 如果其中一个电极或两个电极反应都不可逆，这类电池就叫做一次电池。图 9.1 显示了这两类电池的区别。

可是，图 4.1 中所示氯气/氢气电池有很大的不同，只要向电池中输入电化学反应物（H_2、Cl_2 等）并输出反应产物（HCl 等）就能连续产生电能，这类电池叫燃料电池。与传统电池相比，燃料电池的优势很明显：只要有充足的燃料补充，就能连续和无限地输出电能。

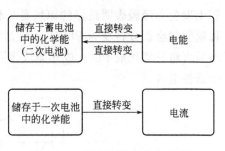

图 9.1 一次和二次电池体系内的能量流示意图

从理论上说，几乎可以找出无限多的电极组合来构成电池，但从技术上讲，可行的体系还需要满足另外一系列重要的要求。

① 电极反应速率必须很快，以避免在电池放电时产生严重的电压损失。对二次电池而言，充电反应也必须能快速进行。

② 要获得可实用的开路电压，两个电极反应过程的平衡电势必须存在足够大的差异。对这一点来说，可以采用一个效果不错的经验近似，即开路电压至少需要 1V，其对应的 ΔG 值约为 $-100kJ \cdot mol^{-1}$，可获得的工作电压应不低于 0.5V。

③ 电池的电活性组分只能在外电路连通时才发生反应，不能存在自放电现象。

④ 电池应具有尽可能高的功率密度和能量密度。

⑤ 电池的各部件组分应该成本低廉并且容易获得，如果可能，还应该无毒，可以被随意处置而不会对环境造成负面影响。

9.2 电池的性能、组件和特点

9.2.1 铅酸蓄电池的功能和结构

对铅酸蓄电池而言，正极和负极的电活性组分分别是二氧化铅 PbO_2 和金属铅，电解液是硫酸水溶液。电极反应是：

$$PbO_2 + (2H^+ + SO_4^{2-}) + 2H^+ + 2e^- \underset{充电}{\overset{放电}{\rightleftharpoons}} PbSO_4 + 2H_2O \qquad (9.1)$$

$$Pb + (2H^+ + SO_4^{2-}) \underset{充电}{\overset{放电}{\rightleftharpoons}} PbSO_4 + 2H^+ + 2e^- \qquad (9.2)$$

整个电池的总反应如下：

$$PbO_2 + Pb + H_2SO_4 \longrightarrow 2PbSO_4 + 2H_2O \qquad (9.3)$$

图 9.2 是这一过程的示意图。然而，如果将一块铅板和一块由 PbO_2 压制成的平板放入硫酸中，则只能观察到极其微弱的输出电流，原因在于这两块极板的大部分面积上没有电化学活性。更有甚者，经过最初少数几次充-放电循环，生成的 $PbSO_4$ 就会从电极上剥落，并聚集到电池底部。为获取具有稳定活性的电极，电活性物质必须制成多孔吸收剂的形式，这样可以使电极反应可以在最大可能的表面

积上发生。经验表明最好的原料是一种高分散的铅粉和 PbO 粉糊剂，PbO 在浸入稀硫酸时会部分转变为 $PbSO_4$。将这种糊剂涂覆在如图 9.3 所示的铅合金支架上，然后再将其氧化成 PbO_2 或还原成多孔状的海绵铅，这样就制成了能有效工作的两个活性电极。

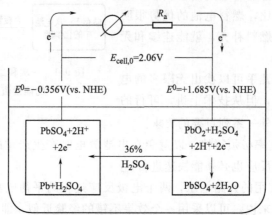

图 9.2　铅酸蓄电池的放电反应示意图

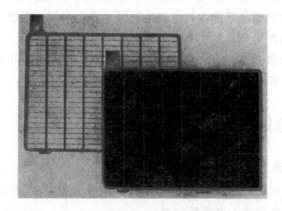

图 9.3　铅酸蓄电池的电极基板

由于 $PbSO_4$ 是绝缘体，因此放电过程将不能彻底完成，而且实际上铅酸蓄电池的质量利用率（mass usage）最多不会超过 50％左右，也就是说在此类电池中至少有 50％的材料不能发生化学转换。另外，在深度充放电循环过程中，如何保持电极的多孔结构是一个主要的问题，这一问题在铅酸蓄电池的负极上更严重，因为海绵铅趋于向大颗粒成长。要阻止这一现象的发生，可以在电极制作过程中添加有机大分子，如磺化木质素。此类分子称为膨胀剂，它们吸附在铅表面上并阻止其颗粒的团聚。同样地，$PbSO_4$ 颗粒也有发生团聚的趋势，加入 0.5％的 $BaSO_4$ 晶粒充当结晶晶核可以减缓这一趋势。

9.2.2　锌锰干电池的功能和构成

在锌锰干电池中，正极的电活性组分是 MnO_2，负极的是金属锌，电解液是

pH 值中性的 NH_4Cl 水溶液。电极反应是:

$$负极:Zn \longrightarrow Zn^{2+}+2e^- \tag{9.4a}$$

$$正极:2MnO_2+2H_2O+2e^- \longrightarrow 2MnOOH+2OH^- \tag{9.4b}$$

$$电解液:Zn^{2+}+2NH_4Cl+2OH^- \longrightarrow Zn(NH_3)_2Cl_2+2H_2O \tag{9.4c}$$

正是最后的这个反应使此类电池不容易再次充电。整个电池的总反应如下:

$$2MnO_2+Zn+2NH_4Cl \longrightarrow 2MnOOH+Zn(NH_3)_2Cl_2 \tag{9.5}$$

图 9.4 为这一过程的示意图。

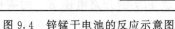

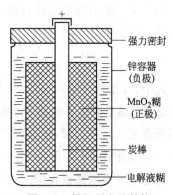

图 9.4 锌锰干电池的反应示意图   图 9.5 锌锰干电池结构

由于锌的电极反应迅速而且反应产物可溶,因此即使采用锌片而不是多孔状的金属锌,也可获得足够的电流。但对 MnO_2 电极而言,由于它不是一个良好的导体,情况与锌电极有所区别,它必须采用 MnO_2 的多孔微晶粉末与石墨和电解液混合而成的糊剂。在熟悉的"干电池"中,这种糊剂制成圆柱状,而位于圆柱体中心的炭棒充当集流器作用(见图 9.5)。电池的外壳由锌制成,NH_4Cl 电解液中通常加入了淀粉或甲基纤维素以增加黏稠度,它同时起到分隔正极和负极的作用。为防止由于下面将要讨论的副反应所引起的电解液损失,现在一般在锌壳之外再加一层钢制壳体。

9.2.3 电解液和自放电

在一定条件下,电池中的电化学活性物质可以在无电流通过的情况下反应而形成没有活性的产物,这个过程一般称为"自放电"。自放电可以通过副反应或通过电化学腐蚀进行。锌锰干电池中的锌电极就是其中一个简单的例子,它的开路电势在 $-0.8V$ (vs. NHE) 附近,这个数值远低于中性溶液中的氢析出反应的热力学平衡电势($-0.4V$)。而事实上,锌电极上的析氢超电势并不太大,因此在此电势下无法完全避免析氢反应,总的放电反应为:

$$Zn \longrightarrow Zn^{2+}+2e^-;\quad 2e^-+2H_2O \longrightarrow H_2+2OH^-$$

有必要加入抑制剂来提高析氢超电势，以延长电池的储存期限。原则上讲，对铅酸蓄电池也是如此，因为铅电极的开路电势低于析氢电势，而 PbO_2 电极的开电势又高于析氧电势。实际上由于这两个电极上析氢、析氧超电势较高，因而对铅酸蓄电池而言，其自放电率低于 0.5%/d。

9.2.4 开路电压、比容和能量密度

在描述电池中最重要的性能指标就是开路电压，其值可从电极反应的热力学数据计算出来。日常工作中，经常会遇到开路电压的实际值低于计算值的情况，其原因是由诸如电极很难达到平衡或电池中存在副反应等造成。下面将用 $E_{c,0}$ 来表示开路电压的实测值。

第二个重要的参数是比容量，利用式(9.6)可以计算每个电极或整个电池反应比容量 C_s^{th} 的理论值：

$$C_s^{th} = \frac{nF}{M} \qquad (9.6)$$

式中，n 是每个电极反应所包含的电子数；M 是电活性组分的相对分子质量。比容量的单位通常表达为安培·小时/千克（$A \cdot h \cdot kg^{-1}$），其中 F 值为 26.8A·h。对铅酸蓄电池而言，M 是 Pb(207)、PbO_2(239) 和 $2H_2SO_4$(196) 的总分子质量，$n=2$，可以计算出 C_s^{th} 值为 83.5A·h·kg^{-1}。

电池的理论能量密度定义为电池比容量 C_s^{th} 和实测开路电压 $E_{c,0}$ 的乘积，它的单位是 W·h·kg^{-1}。假设铅酸蓄电池的平均开路电压为 2V，那么其理论能量密度是 167W·h·kg^{-1}。由于电池中的电活性组分的分子量较高，因此铅酸蓄电池的理论能量密度很低。不过对现代的无水电池体系由于电活性物质的分子量低而且电池的开路电压很高（见下文），其理论能量密度可高达 1000W·h·kg^{-1}。对锌锰干电池来说，$C_s^{th} = 155A \cdot h \cdot kg^{-1}$，在 $E_{c,0} = 1.58V$ 下，其理论能量密度等于 245W·h·kg^{-1}。

当然，电池中除去活性组分外，还包含电极中的非活性组分、电极集流器、隔板、电解液溶剂、电池外壳等，所以只能获取电池理论容量的一部分。另外，由于电极活性组分的消耗以及随放电电流的提高，导致电池电压的下降，实测的比容量和能量密度与放电条件紧密相关。根据电池的实际使用条件，人们提出了不同的定义，但不论如何定义，实际上通常只能获得理论能量密度的 10%～25%。以铅酸蓄电池为例，在 2h 的放电条件下，可获得的能量密度为 35W·h·kg^{-1}，锌锰干电池在慢放电情况下，其能量密度可高达 80W·h·kg^{-1}。

9.2.5 伏安特性、功率密度和功率密度/能量密度图

伏安特性是电池的一项关键的数据，它提供了在任何给定电压下可获得多少电流的信息。图 9.6 给出的两个例子是铅酸蓄电池和锌锰干电池伏安特性曲线。把电流和与之相应的电压相乘，所得结果就是电功率，$P = iE_c$，再将这个功率除以电

池质量就可得到功率密度，它的单位是 $W \cdot kg^{-1}$。功率通常存在一个最大值，实际上，如果 E_c 和 i 之间存在线性关系 [如图 9.6(b) 中的铅酸蓄电池]，那么最大功率 P_{max} 将出现在 $E_c = E_{c,0}/2$ 位置。对图 9.6(b) 中 12V 电池，$P_{max} = 3.6kW$，对应的功率密度为 $250W \cdot kg^{-1}$。尽管各组分的质量不轻，这个功率密度值还是很高的，它远高于锌锰干电池功率密度（约为 $10W \cdot kg^{-1}$），但比起内燃机而言（约 $1000W \cdot kg^{-1}$）还是低很多。

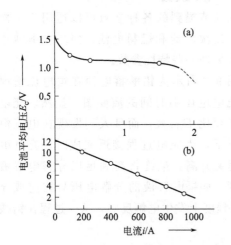
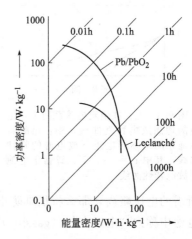

图 9.6 锌锰干电池 (a) 及六个串联的铅酸蓄电池组（12V，45A·h）的伏安特性曲线 (b) 应注意在这两个图中电流轴的尺度不同

图 9.7 铅酸蓄电池和锌锰干电池的功率密度及与之相应的能量密度关系的双对数图

铅酸蓄电池的最大功率出现在电流很高也就是说放电时间很短的情况下，但在如此高的放电电流下，电池的能量密度相对较低。如图 9.7 所示，一般而言，对任何电池，其能量密度和功率密度之间通常存在反比关系。图 9.7 给出的这类曲线对体现电池性能也有重要意义，但应该记住，图中所有的数据都与温度相关，降低温度一般都会显著降低电池的性能。

9.2.6 电池放电特性

恒电流或恒电阻负载条件下进行放电时，电池电压随时间的变化叫做放电特性。理想情况下，电压应在可用的电活性组分耗尽前保持恒定，然后突然降为零。实际上的情况如图 9.8 所示，电压随时间而衰减。这种衰减源于两个主要因素。

① 随着电极中活性组分的消耗，其可用的有效表面积降低，在恒电流条件下放电时，对应的实际电流密度就会增加，结果导致电荷转移超电势增加并产生浓差极化。

② 放电反应最初主要在电极的外表面进行，此处的物质传输较快。然而，随着放电反应的进行，电极反应逐步向电极结构的内部转移，从而导致扩散超电势的

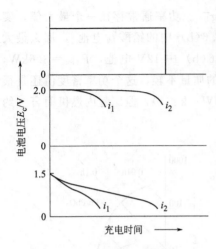

图 9.8 上：在恒定电流载荷下，电池的理想放电特性曲线；中：铅酸蓄电池在两组不同电流下放电时的特性曲线，其中 $i_1 = 2i_2$；下：锌锰干电池的放电特性曲线

增加。这一现象在铅酸蓄电池中尤为显著，其中的反应产物 $PbSO_4$ 要占据比金属铅大三倍和比 PbO_2 大 1.5 倍的体积，导致多孔电极结构的孔径变窄。

9.2.7 充电特性、电流效率、能量效率和循环次数

前几节提到的各种参数可以适用于一次电池、二次电池和燃料电池，但二次电池本身还有另外一些特性参数。

图 9.9 所示为铅酸蓄电池在恒电流情况下的充电电压随时间的演变图。显然，充电电压必须比 $E_{c,0}$ 大，而且人们发现在电流恒定情况下，当充电过程接近完成时，充电电压会迅速升高，最终将高到足以分解电解液的程度。如果电解液的分解电压只比完成充电所需的电压略高，那么将很难防止在一定程度上发生电解反应，这一过程在铅酸蓄电池中称为"电解充气（gassing）"。

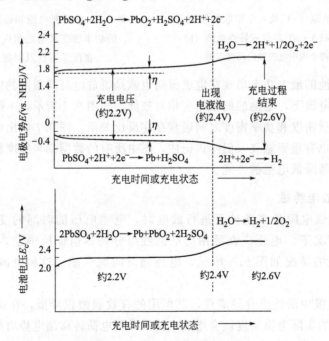

图 9.9 铅酸蓄电池的充电特性曲线

图中所示为电极电势和电池电压在 5h 恒电流充电时间内随时间的变化关系

电流效率 A_i 是放电过程与充电过程中流过的电荷总数之比。由于在充电过程

接近结束时会有一部分电荷消耗在诸如溶剂的电分解上，因此 $A_i < 1$。铅酸蓄电池典型的 A_i 值是 0.9。

能量效率 A_e 是放电过程中产生的能量与完成电池充电所消耗的能量之比。这个能量的表达式为 $\int E_c(t) \, i \, dt$，并且很显然 A_e 值低于 A_i 值（因为在任何电流值下，充电电压总是高于放电电压）。铅酸蓄电池典型的 A_e 值是 0.8。

最后要说明的是蓄电池一般只有有限的充/放电次数。以铅酸蓄电池为例，由于反应物和产物的摩尔体积不同，电极上会发生长期的变化。这将在电极上产生连续的机械应力，并最终导致电活性物质的剥离和损失。另外，制约电池的性能的因素还有：①对担载电活性物质的支架的长期腐蚀；②在放电或部分放电的电池中，没有反应活性的 $PbSO_4$ 的缓慢累积（硫酸化过程）。综合上面这些不利因素，铅酸蓄电池的充/放电循环很难超过 1500 次。

9.2.8 电能和电池装机功率的成本

对一次电池而言，可以直接从该电池的费用和其所储存的能量计算出每千瓦时所耗费用。但是对二次电池，由于存在如何将充电费以一个合适的比例加入电池的总工程费用中的问题，计算较为复杂。燃料电池也存在同样的问题，必须将燃料费和电池的制造投资综合起来考虑。

锌锰干电池属于比较便宜的一次电池，以英国地区的物价为例，它的能量价格是大约 200～300 英镑/kW·h。将这个价格与电力公司每千瓦时不过几便士的相比，可以想像为了利用便携式电源的这种便捷性，需额外多付了多少费用。作为二次电池的铅酸蓄电池，正如人们所预计的，它的能量成本要便宜得多，能低到 0.2 £/kW·h，这也是其优势之一。铅酸蓄电池比较便宜的主要原因在于它能进行充/放电循环的次数，从而使得其制造费在总费用中只占相对较少的份额。

与上面相比，装机功率的成本计算则完全不同，它更强调电池本身的成本，指的是在 1h 内产生 1kW 电能所需电池的成本。这种计算对二次电池特别重要，目前铅酸蓄电池每千瓦的价格是 100～150 英镑。

9.3 二次电池体系

9.3.1 传统二次电池

9.3.1.1 镍镉电池和镍铁电池

镍镉电池基于如下反应：

$$Cd + 2OH^- \underset{充电}{\overset{放电}{\rightleftharpoons}} Cd(OH)_2 + 2e^- \tag{9.7}$$

$$2NiOOH + 2H_2O + 2e^- \underset{充电}{\overset{放电}{\rightleftharpoons}} 2Ni(OH)_2 + 2OH^- \tag{9.8}$$

放电过程的总电池反应为：

$$Cd + 2NiOOH + 2H_2O \longrightarrow 2Ni(OH)_2 + Cd(OH)_2 \qquad (9.9)$$

图 9.10 给出了其反应过程示意图。镍电极过程较复杂：Ni(Ⅲ) 的氢氧化合物通过一个质子迁移转变为 Ni(OH)$_2$，在该过程中，氢氧化合物的基本构造保持不变。然而，Ni(Ⅲ) 是一种具有显著 Jahn-Teller 畸变效应的低自旋 $t_{2g}^6 e_g$ 离子，从而导致在氧化和还原过程中，Ni—O 框架结构发生相当的变形。并且，K$^+$ 在充电过程中可以迁移到氢氧化物的框架结构之中，使得部分 Ni(Ⅲ) 氧化形成 Ni(Ⅳ) 并形成诸如 [Ni$_4$O$_4$(OH)$_4$](OH)$_2$K 之类的产物。最初的电极是将镉的氧化物粉末或镍的氢氧化物粉末（后者还要通过外加石墨或镍片来增加导电性）压入多孔钢片或多孔镍网中制成。这种电池的一个重要特征是部分放-充电循环会导致电池的可用容量迅速下降，只有经过一次深度放电-充电循环才能使其得到恢复。

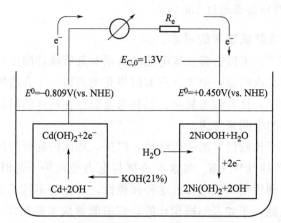

图 9.10　镍镉电池放电过程反应示意图

另一个相关的二次电池是镍-铁体系，它与镍镉电池的区别在于用铁取代镉。与之对应的阳极反应为：

$$Fe + 2OH^- \underset{充电}{\overset{放电}{\rightleftharpoons}} Fe(OH)_2 + 2e^- \qquad (9.10)$$

不论是镍镉电池还是镍铁电池都存在一个特别的问题，那就是在充电过程中会有水电解的副反应发生。从原则上讲，这种电解反应不仅要求能安全地排除所产生的气体，而且还有必要对损失的电解液加以补充。因此要开发一种气密性好且免维护镍镉电池的关键在于如何实现在过度充电的第一时间就阻止析氢发生，以及如何将镍电极上析出的氧气循环到镉电极上进行再还原。阻止析氢最简单的方法是使镉电极比镍电极的电化学容量高。这种"负电荷储备"镍镉电池具有的特征的充电曲线如图 9.11 所示，从中可以看出，发生析氧时镉电极上仍然在充电。通过适当的电池设计，可以将阳极上由于过度充电而析出的氧气有效地传输到镉电极上，然后在此被还原成水：

$$\frac{1}{2}O_2 + H_2O + 2e^- \longrightarrow 2OH^- \tag{9.11}$$

在 $-0.8V$(vs. NHE) 时，此反应能在镉电极上迅速地完成，因而可以使气密镍镉电池实用化。

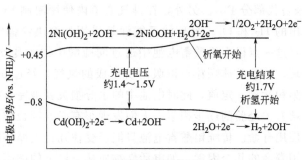

图 9.11 采用具有更高电化学电容（负充电储备）镉电极的镍镉电池的充电特性曲线

9.3.1.2 银锌电池

锌电极的理论比容量（820A·h·kg^{-1}）远高于铅电极（259A·h·kg^{-1}），而且在碱性溶液中容易电沉积锌。因此可以利用这些优势来开发一种新的二次电池。锌电极还有一个优点，那就是在电池反应中生成的 $Zn(OH)_2$ 可溶于多余的碱溶液中：

$$Zn + 2OH^- \underset{充电}{\overset{放电}{\rightleftharpoons}} Zn(OH)_2 + 2e^- \tag{9.12}$$

$$Zn(OH)_2 + OH^- \longrightarrow [Zn(OH)_3]^- \tag{9.13}$$

同时生成的还有 $[Zn(OH)_4]^{2-}$ 和其他一些产物。银锌电池的正极反应具有如下（简化）的形式：

$$AgO + 2H_2O + 2e^- \underset{充电}{\overset{放电}{\rightleftharpoons}} Ag + 2OH^- \tag{9.14}$$

它的理论能量密度为 $478W·h·kg^{-1}$。实际运行中可获得 $100\sim120W·h·kg^{-1}$ 的能量密度和最高大约为 $800W·kg^{-1}$ 的功率密度。这种电池的缺点不仅在于其价格较贵，而且由于锌电极的平衡电势（$-1.25V$, vs. NHE）远低于析氢电势，因此自放电比较容易发生。再者电池的再充电次数有限，因此这种电池只在比较特殊的情况下，如前苏联的空间项目以及为美国阿波罗登月飞船供电时才使用。

9.3.2 最新进展

电池研究的主要商业目标是延长寿命、降低维护，而就车载动力电源而言，最重要的是必须具有很高的能量密度。另外，当然也希望获得成本低和供货方便的电池组件。

9.3.2.1 传统电池体系的进展

铅酸蓄电池的能量密度仍然是一个主要问题：电活性组分的低质量利用率和用

于支撑电极的铅构架共同导致低能量密度，人们已经把注意力转向寻找一种新型抗腐蚀材料来取代铅作为电极的支撑架。

铅酸蓄电池的维护问题主要是补充充电过程中因电解而失去的水。汽车发动机起动用铅酸蓄电池一个特别重要的进步是通过在铅中加入其他组分来提高其析氧过电势（如用 Ca 来替代部分 Pb）。另外，在排气通道内使用浸制 Pt 或 Pd 的催化剂来催化复合所析出的 H_2 和 O_2。另外的可能性是采用如解决镍镉电池中气密问题同样的基本概念：这一点已在铅酸蓄电池中通过向硫酸中加入凝胶剂（如 SiO_2 胶体颗粒）得以实现。这些胶体颗粒可以吸附所生成的氧气，经过 $50\sim100$ 次充/放电循环使其浓度累积达到一定值，此时电池中的水分损失就被完全抑制了。

随着这一领域有关经验的逐步积累，人们发现很有必要延长作为车载启动电源的铅酸蓄电池的使用寿命。传统铅酸蓄电池只能经受住几百次循环即报废。前面已经提到影响其使用寿命的几个因素，如电活性物质从电极上的剥落、支撑构架的腐蚀以及硫酸化过程。其中第二个因素最令人头痛：要长时间获得大电流，则必然导致电解液温度的显著上升，尤其是在每个电池的中心部位，那里温度更高，因此，实践证明对电解液采取某种形式的搅拌十分有必要。高温同样导致膨化剂的分解（见 9.2.1 节），因此有必要周期性地添加这些膨化剂，比如可以通过电池内部的供料设施自动完成。最后，如果铅酸蓄电池只在较短的时间内发生电解水的副反应，其底部的酸浓度将升高并最后高于上部区域，这将加剧局部腐蚀和硫酸化过程。当然，通过对电解液的强制循环可以缓解上述问题。

上述这些改进措施已显著提高了运行于城市各线路电动汽车上的、作为启动电源的铅酸蓄电池的寿命，已有使用寿命高达 140000km 的报道，它意味着能经受 2000 次充/放电循环，具有 $35W \cdot h \cdot kg^{-1}$ 的能量密度。如果能降低电池中非电化学活性组件所占据的质量，其能量密度还有可能进一步提高。

锌锰干电池属于一次电池，这意味着使用完后就将其丢弃，由此对环境造成的影响已经引起人们极大的关注。这种关注可能将导致一次锌锰干电池在不久的将来被淘汰。随着大多数发达国家将注意力转移到产品的循环利用上，其结果会使研究兴趣更多地投入到开发高性能的可充电电池上。虽然已经证明研制基于锌锰干电池原理的可充电电池极其困难：奥地利 Graz 大学 Kordesch 的长期研究，已成功开发了所谓的 RAM(Rechargeable Alkaline Manganese dioxide-Zinc) 电池，目前已由 Raynovac 上市，它基于如下结构：

$$Zn(固体) \mid KOH(水溶液) \mid MnO_2(固体),C(固体)$$

只要正极上的放电反应在生成 MnO(OH) 后不继续还原，那么这种电池就可以再充电。虽然人们已发现这种电池的容量随充电次数的增加而不断下降，尤其是在允许比较深度的放电情况下更如此。但因其与其他二次电池相比具有出色的搁置寿命，因此在手机、个人音响、电子记事本、照相机、玩具和游戏机中使用比较合适，从而具有一定的市场份额。

由于镉对环境存在不利影响，人们开始尝试用基于镍/金属氢化物的新型体系，即 **NiMH 电池**来取代镍镉体系。金属或合金，例如 Pd、Ni 或 NiTi$_2$ 的储氢可能性早已为人所知。如果使用具有相似电势的储氢电极来取代镍镉电池中的镉电极，就可得到镍/金属氢化物电池。后者不仅有利于环境保护，而且比镍镉电池表现出更大的容量和更长的寿命。

充电过程中，阴极产生的氢原子扩散到金属晶格中形成金属氢化物，而不是互相结合成氢气。放电过程中，反应刚好反过来，所储存的氢在金属表面被氧化。充电反应如下：

$$Ni(OH)_2 + OH^- \longrightarrow NiOOH + H_2O + e^-$$

$$H_2O + M + e^- \longrightarrow MH + OH^-$$

总反应为：

$$Ni(OH)_2 + M \longrightarrow NiOOH + MH$$

式中，M 为储氢金属或合金。目前储氢效率最高的合金是所谓的 AB$_5$ 合金，LaNi$_5$ 是其中最广为人知的合金材料。然而，LaNi$_5$ 本身在充/放电循环中并不稳定，而且在强碱介质中易腐蚀。但是如果通过合金化少量的钴和其他过渡金属元素，并且使用价格上便宜很多的稀土金属混合物而不是纯金属镧（稀土金属混合物系直接从稀土矿中获得，不经过分离其中的镧组分），就可以制造出可经受 1500 次充/放电循环且价格合理的金属储氢材料。这种电池的性能与高质量的镍镉电池相当（见表 9.1），但也像后者一样有一个缺点，即在充电状态下存放时存在较快的容量损失（每月大约 20%）。

这一容量损失主要源于下列因素。

① 处于充电状态的 NiOOH 电极的自放电反应：$6NiOOH \longrightarrow 2Ni_3O_4 + 3H_2O + 1/2O_2$

② 由于氨-亚硝酸根盐的氧化还原循环而引发的电池内部离子短路，氨来源于 KOH 溶液中的杂质：

$$6NiOOH + NH_3 + H_2O + OH^- \longrightarrow 6Ni(OH)_2 + NO_2^-$$

$$NO_2^- + 6MH \longrightarrow NH_3 + H_2O + OH^- + 6M$$

③ 从储氢电极上缓慢析出的氢气对 NiOOH 的化学还原：$2NiOOH + H_2 \longrightarrow 2Ni(OH)_2$

但如果对镍/金属氢化物电池进行通盘考虑，那么就不难理解它和其他新型体系电池的重要性，锂离子电池（参见 9.3.2.4 节）在许多应用场合中正逐步取代镍镉电池。

9.3.2.2 采用锌阳极的实验性二次电池

如果用成本较低的 NiOOH 来取代银锌电池中相当昂贵的银，就可获得比银锌电池能量密度更高的镍锌电池，其反应如下：

$$2NiOOH + Zn + 2H_2O \underset{充电}{\overset{放电}{\rightleftharpoons}} Zn(OH)_2 + 2Ni(OH)_2 \qquad (9.15)$$

它的开路电压为 1.73V，由此推算出其理论能量密度为 362W·h·kg^{-1}，实际电池的能量密度能达到 100W·h·kg^{-1}。这种电池的结构与银锌电池和铅酸蓄电池相似，采用以隔膜分隔的平行板电极结构以防内部短路。它的主要问题在于循环次数较低，根源主要在于锌电极，它在连续充/放电循环过程中会逐渐发生形貌变化。其中最严重的情况是形成"枝晶组织"，即锌针从电极表面上突出，它将会刺破隔膜，从而导致电池内部短路。可将锌注入某种多孔的基质中，从而固定锌的氧化物或氢氧化物，使其无法溶解，因此可防止出现树枝状结晶组织。其他已研究过的方法包括对阳极室进行强制对流和脉冲充电法。

另外一种实验体系是锌-溴电池，它的电池反应为：

$$Zn + Br_2 \underset{充电}{\overset{放电}{\rightleftharpoons}} ZnBr_2 \tag{9.16}$$

电解液采用溴化锌水溶液，开路电压大约为 1.8V。理论能量密度为 440W·h·kg^{-1}，但业已发现制作成电池十分困难，目前的发展目标仅为 80W·h·kg^{-1}，并已经制备了 0.5~20kW·h 的原型机。与上面介绍的其他传统蓄电池在结构设计上的一个巨大差别是溴储存在电池外部，同时为防止出现树枝状结晶组织，在锌电极上还采用了电解液循环流动的设计（见图 9.12）。溴的储存是通过外加大量的有机阳离子，如 N-甲基或 N-乙基四胺（乙基吗啡啉），来使溴转变为比水的密度高的油性 Br$_3^-$ 复合物。这种油状物保存在存储器的底层。放电过程中，底层油状物与水剂电解液重新混合并通过高孔隙度的碳层输送到双极板式电极的一边。

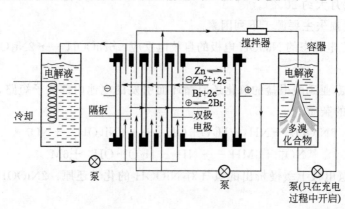

图 9.12　锌-溴电池结构示意图

原则上，可以用亮黄色的水合氯（Cl$_2$·5.75H$_2$O）形式存储的氯来取代溴。这种水合氯在室压下当温度低于 9.6℃时能稳定存在，而且只需将氯气通入冷水中即可制备，再对水加热即可重新释放出氯气，但现在还没有开发出商品化的锌-溴、锌-氯电池。

9.3.2.3　钠-硫和钠-氯化镍（ZEBRA）电池

Na-S 电池的中心思想是使用处于 300~350℃的熔融钠为负极：

$$2Na \underset{\text{充电}}{\overset{\text{放电}}{\rightleftharpoons}} 2Na^+ + 2e^- \qquad\qquad (9.17)$$

金属钠被一种既充当电解质又充当隔板的 Na^+ 导电膜与正极隔开。在放电过程中，Na^+ 通过离子膜与浸渍在石墨垫片上的硫反应，其中石墨垫片起导电的作用：

$$3S + 2Na^+ + 2e^- \underset{\text{充电}}{\overset{\text{放电}}{\rightleftharpoons}} Na_2S_3 \qquad\qquad (9.18)$$

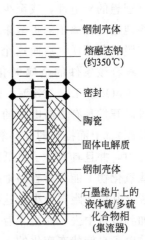

图 9.13　钠-硫电池结构原理图
最新的设计已采用直径更大
的固体电解质管壳，从而
使其可同时充当储存钠的容器

此电池的开路电压大约为 2.1V，理论能量密度高达 $790W \cdot h \cdot kg^{-1}$。图 9.13 所示为实验性钠-硫电池的结构原理示意图：通常的固体离子导体采用钠-β-铝材料（见 7.1 节），为保证电池的长寿命和高循环充/放电能力，它必须经过精心控制的烧结处理。由于这种处理的限制目前还不能制备较大的电池，目前单个电池的容量限制在 $100W \cdot h$ 左右。不幸的是，尽管不论对单个电池还是对完整的电池堆的测试结果都不错，但对这类系统的工业开发已经停止。

硫电极带来的问题可以通过改用与这种电池类似的新体系而得到改善，这种新体系电池就是钠-氯化镍电池或称为 ZEBRA 电池，ZEBRA 是零辐射电池研究项目（Zero Emission Battery Research Activities）的英文缩写。电池反应如下：

$$2Na + NiCl_2 \underset{\text{充电}}{\overset{\text{放电}}{\rightleftharpoons}} 2NaCl + Ni \qquad\qquad (9.19)$$

电池采用 β-铝和 $NaAlCl_4$ 双电解质，后者的熔点为 200℃。这种电池的开路电压是 2.58V，已成功制备出具有 500 次充-放电能力的 $120W \cdot h \cdot kg^{-1}$ 能量密度和 $200W \cdot kg^{-1}$ 功率密度的实验性电池。这些电池在过度充、放电时比其他电池更加稳定，其性能使其很有希望在车载启动电源领域得到应用。

9.3.2.4　锂二次电池

近几十年来，人们已经开发出了具有极高功率密度的无水锂电池体系。金属锂具有极负的电极电势（$E^0 = -3.045V$，vs. NHE）和很低的相对原子质量（$M = 6.939$），使其具有很高理论比容量 C_s^{th}（$3862A \cdot h \cdot kg^{-1}$）。锂的电极电势说明，只要将其与一种合适的正极材料结合起来就可能构成一种电压超过 4V 的新型电池，当然前提是必须找出一种稳定的有机电解液（很明显不能用水溶液，因为在此电压下水分子会被迅速分解）。这类电池可广泛用于要求电池质量轻、搁置寿命长以及机械稳定性好的领域，基于锂的一次和二次电池已广泛用作便携式电子设备，诸如手表、计算器、照相机、存储备份系统、起搏器等的电源。在这种电池的正极通常为锂嵌入的基质母板，而负极则可以用金属锂或者是第二个为锂提供夹层的介质，如碳，后者一般在二次电池中采用（见下文）。一个简单的一次锂电池的基本反应式可写成如下的形式：

$$Li（固体）｜LiPF_6（惰性有机溶剂）｜MO_2（固体）$$

$$负极：xLi（固体）\longrightarrow xLi^+（溶剂）+xe^- \tag{9.20}$$

$$正极：xLi^+（溶剂）+xe^- +MO_2（固体）\longrightarrow Li_x MO_2 \tag{9.21}$$

式中，M 代表不同氧化价态的过渡金属。要使电池有效工作，$Li_x MO_2$ 显然要具有理想的导电性，或至少能容易与某种惰性导电添加剂混合，而且要求必须能比较快地通过锂离子的扩散来制备正极材料，如果是可充电电池，还必须要求锂离子的嵌脱过程可逆。后面这个要求决定了材料最适合的结构可能是层状或通道状结构。符合该条件的金属氧化物包括 MnO_2 和 V_6O_{13}；要获得更高的电压可使用 $Li_{1-y}CoO_2$ 和 $Li_{1-y}NiO_2$，由于这些氧化物中包含的过渡金属处于高氧化价态，因此可以开发具有更高电压的电池（因为金属锂的嵌入过程中实际发生的是过渡金属的还原）。上面提到的这些氧化物同时也具备在每个分子结构单元上能结合大量锂的能力，并且具有分子量低的优点，因此具有高功率和能量密度。更重要的是，在这些氧化物上能相对容易地插入锂，但是不能插入溶剂分子，因为相对于溶剂分子来说，其层间距离太小。这些氧化物在溶剂中很稳定而且价格低廉，可以容易地被添加到电极中去，而且不存在环境污染问题。其中一些氧化物如 MnO_2 会出现能导致电子自旋状态变化的 Jahn-Teller 型畸变效应，例如尖晶石 $LiMn_2O_4$ 的晶体结构为立方体，而 $Li_2Mn_2O_4$ 为四方体。这种变化能带来非常好的压电-放电特性，但却降低了电池的可逆性，所以人们正努力试图同时优化这两种特性。

电池中使用的溶剂可采用有机醚或环状或无环有机碳酸酯（如碳酸丙烯酯或碳酸二乙酯），当然，溶剂绝对不能含水。导电电解质可采用 $LiPF_6$、$LiBF_4$、$LiAsF_6$ 或 $LiClO_4$，但后两者由于有毒性和爆炸的危险性，因而一般不被采用。聚醚，例如能将锂盐浸渍于其中的聚环氧乙烯，对一些特定的应用领域来说具有特别的吸引力，尤其是当使用与阴极结合的导电性嵌脱聚合物时，因聚合物的快速成膜工艺而具有连续制备的极大优势。这种薄膜电池能制成任意所需的形状，所以在外形设计上存在极大的灵活性，而且它们具有很大的表面积，使得热量管理更加容易。当然这种电池也存在一些缺点：用于制造设备的购置、安装的原始资金较多，而且由于电池要求绝对的气密性，因而在制造过程中要求按极高精度的公差来生产。

一种基于前面所介绍的 Na/S 电池而最初开发的二次锂电池是基于下面的电池反应：

$$2Li+S\longrightarrow Li_2S \tag{9.22}$$

它采用 LiCl/KCl 共溶电解质，电压为 2.25V。这种电池具有极高的理论能量密度（2624$W \cdot h \cdot kg^{-1}$）和高功率密度，但存在由于硫的高蒸气压带来的问题，而且存在更严重的 Li 在电解液的溶解度问题。这两个问题在 $LiAl/FeS_2$ 电池，基于采用锂合金负极、FeS_2 正极以及低熔点共晶盐电解液的体系得到了解决。它具有高功率密度、高充-放电速率和长搁置寿命，在车载动力电源方面具有现实的应用可能性。电池反应为：

$$负极：LiAl \longrightarrow Li^+ + Al \tag{9.23}$$

$$正极：2Li^+ + FeS \longrightarrow Li_2S + Fe \tag{9.24}$$

$$或 \quad 4Li^+ + FeS_2 \longrightarrow 2Li_2S + Fe \tag{9.25}$$

电解液采用相对而言熔点较低（400～450℃）的 LiCl-LiBr-KBr 共晶盐。正极反应为式（9.24）或式（9.25）时的电池电压仅有 1.3V 或 1.6V，因此电池的能量密度较低，尤其是在反应为式（9.24）的情况下更是如此。另外，它不能承受过度充电，而且还存在一些十分困难的材料问题有待解决。但是这种电池有着进一步的研发空间，专门为车载动力领域设计的示范装置已列入计划。然而，虽然 LiAl/FeS_2 体系在此领域具备相当的潜力，但其昂贵成本问题也必须引起注意。锂不是稀有金属，但并不便宜，所以要开发出能可靠再充电的车用能源系统，还有很多的工程和科学上的难题有待解决。

上述电池的基本问题在于锂在沉积时形成了绝缘层，从而降低了颗粒间电接触，绝缘层的形成可能源于锂与溶剂或外来水之间的化学反应。多次的充/放电循环也会导致锂阳极膨胀和表面的不均一性（例如形成了树枝状结晶）。表面的不均一性可以导致热点出现，从而使电池出现灾难性故障如爆炸或起火。

这个问题可以通过使用诸如 Li_xC_6 这样的嵌脱基质负极来取代锂而解决，其负极反应为：

$$Li_xC_6 \longrightarrow Li_{x-y}C_6 + yLi^+ + ye^- \tag{9.26}$$

这种电池称为锂离子电池［见图 9.14(a)］，以 Li/C：$LiCoO_2$ 为例的充/放电循环曲线给出在图 9.14(b) 中，其中给出了两个半电池的电势（相对于 Li/Li^+ 标准电势）和总电压变化曲线。

锂离子电池具有很高的放电速率，市场上一种 1.26kW·h 的锂离子电池（36V，35A·h，18kg）可在 5min 内释放 350A 的电流（29Ah）。表 9.1 对比了小型镍镉、NiMH、和锂离子电池的有关数据。

9.3.2.5 氧化还原储能系统

在氧化还原储能系统中，充-放电循环过程包含被隔膜隔离的两种溶液中物质价态的变化。最广为人知的例子就是铬铁体系，在其充电过程中，氯化氢水溶液中的 Fe(Ⅱ) 被氧化成 Fe(Ⅲ)，而 Cr(Ⅲ) 被还原成 Cr(Ⅱ)。两种溶液在充电过程中分别泵送入阳极室和阴极室，而后再循环到各自的储存容器中。放电过程也同样如此。这种系统具有一些优点：它可以避免传统二次电池中出现的电极形貌长期改变而带来的问题，而且电极本身可以很简单地利用与聚合物结合的石墨制作。隔膜本身应允许氯离子的通过，但应阻止上面两种金属离子的通过，这是一项重大的材料问题；另一个问题是如何保持电池反应的计量配比，因为在还原 Cr(Ⅲ) 到

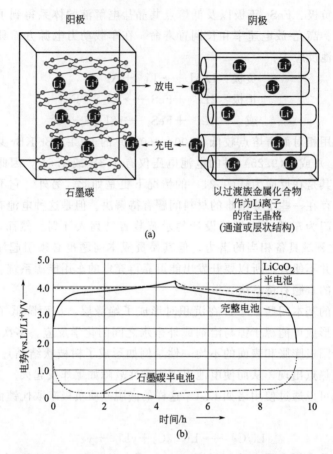

(a)

(b)

图 9.14 锂离子电池示意图 (a) 及 (b) 锂离子电池在充/放电循环中 LiCoO$_2$ 和
石墨碳电极的电势变化曲线 (b) (相对于 Li/Li$^+$ 标准电极电势)

表 9.1 市场上三种类型的可充电电池进行比较

(尺寸 4/3A，圆柱形，直径 17mm，高度 67mm，电极总长约 20cm，气密)

项　　目	锂离子	镍　镉	镍-金属氢化物
电池电压/V			
已充电,开路电压	4.2	1.4	1.4
经过 5h 放电(C/5)	3.6	1.2	1.2
工作温度/℃	−20~60	−40~60	−20~60
容量/A·h	1.2	1.7	3.5
质量/g	36	42	55
质量能量密度/W·h·kg^{-1}	120	49	76
体积能量密度/W·h·dm^{-3}	285	134	275
功率密度/W·kg^{-1}	230(2C)	390(8C)	210(3C)
20℃下每月自放电损失率/%	5~10	15~20	20
残留容量为 80% 时的充-放电循环次数	>700	500~700	>700

Cr(Ⅱ)($E_0=-0.41$V)的过程中存在强烈的析氢。这一点可以通过控制氯气的析出和使两种气体的重新化合来保持总的物质平衡。此体系的能量密度不高，2kg 溶液只有大约 30W·h，对其研制的主要目的是为光伏装置提供储能系统。

9.3.3　二次电池体系数据总结

图 9.15 所示为一些二次电池体系的能量密度随功率密度变化的关系图，下面是单个体系的数据。

按下面十种条目给出每种电池的数据：

① 电池使用的电解液和工作温度；

② 正极反应、标准电势和理论比容量；

③ 负极反应，其他同上；

④ 电池反应，实测开路电压和理论能量密度；

⑤ 经过 1h 和 5h 放电后的实测能量密度；

⑥ 经过短时间放电后的功率密度；

⑦ 寿命（循环次数）和能量效率；

⑧ 从电池中获取每千瓦时电能所需费用和装机功率中每千瓦电能所需费用（两者均采用英镑£计价）；

⑨ 电池现状和应用或潜在应用举例；

⑩ 评述。

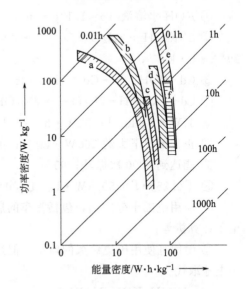

图 9.15　几种二次电池的能量密度
与功率密度关系图

a—铅酸；b—镍镉；c—镍铁；

d—镍锌；e—银锌；f—钠硫电池；

其中镍铁体系采用近来改进后的性能数据，

以便与表 9.1 中数据进行比较

（1）$Pb/H_2SO_4/PbO_2$

① 硫酸水溶液（$\rho=1.28$g·cm^{-3}）；室温；

② $PbO_2+H_2SO_4+2H^++2e^-\longrightarrow PbSO_4+2H_2O$；$+1.685$V(vs. NHE)；$224$A·h·$kg^{-1}$；

③ $Pb+H_2SO_4\longrightarrow PbSO_4+2H^++2e^-$；$-0.356$V(vs. NHE)；$259$A·h·$kg^{-1}$；

④ $Pb+PbO_2+2H_2SO_4\longrightarrow 2PbSO_4+2H_2O$；$2.06$V；$167$W·h·$kg^{-1}$；

⑤ 40W·h·kg^{-1}；35W·h·kg^{-1}；

⑥ 250W·kg^{-1}（相应于 300mA·cm^{-2}）；

⑦ $300\sim1500$ 次循环；$70\%\sim80\%$；

⑧ £$0.20\sim$£$0.40/$kW·h；£$100\sim$£$150/$kW；

⑨ 应用范围十分广阔，包括汽车的启动电池、送奶车和码垛车的动力电源、

紧急备用电源等。最常用的是二次电池体系；

⑩ 假如要将其作为车载动力电源，则其能量密度必须要提高。但当前更偏重的是 NiMH 体系。

（2）Cd/KOH/NiOOH

① KOH 水溶液（$\rho = 1.17 \text{g} \cdot \text{cm}^{-3}$）；$-40 \sim +45℃$；

② $2NiOOH + 2H_2O + 2e^- \longrightarrow 2Ni(OH)_2 + 2OH^-$；$+0.45V$（vs. NHE）；$294A \cdot h \cdot kg^{-1}$；

③ $Cd + 2OH^- \longrightarrow Cd(OH)_2 + 2e^-$；$-0.809V$（vs. NHE）；$477A \cdot h \cdot kg^{-1}$；

④ $Cd + 2NiOOH + 2H_2O \longrightarrow 2Ni(OH)_2 + Cd(OH)_2$；$1.3V$；$244W \cdot h \cdot kg^{-1}$；

⑤ $35W \cdot h \cdot kg^{-1}$；$32W \cdot h \cdot kg^{-1}$；

⑥ 正常情况下大约 $260W \cdot kg^{-1}$；可以达到 $700W \cdot kg^{-1}$；

⑦ 能达到 3000 次循环；65%；

⑧ £0.25 ~ £0.50/kW·h；£400 ~ £500/kW；

⑨ 应用范围十分广阔，包括汽车的启动电池、飞机和宇宙飞船中的储能电池、电子计算机等；

⑩ 耐用且使用历史悠久的体系，但当今很多的应用领域已经被 NiMH 和 Li-离子电池取代。

（3）NiMH/KOH/NiOOH

① KOH 水溶液（$\rho = 1.17 \text{g} \cdot \text{cm}^{-3}$）；$-20 \sim +50℃$

② $NiOOH + H_2O + e^- \longrightarrow Ni(OH)_2 + OH^-$；$+0.45V$（vs. NHE）；$294A \cdot h \cdot kg^{-1}$；

③ $MH + OH^- \longrightarrow M + H_2O + e^-$；大约 $-0.8V$（vs. NHE）；

④ $MH + NiOOH \longrightarrow M + Ni(OH)_2$；大约 $1.3V$；$278W \cdot h \cdot kg^{-1}$；

⑤ 大约 $65W \cdot h \cdot kg^{-1}$；

⑥ 正常情况下大约 $200W \cdot kg^{-1}$；

⑦ >700 次循环；

⑧ 未知；

⑨ 因其性能和对环境的影响都比 Ni/Cd 电池好，可能会取代后者；

⑩ 自放电率较高（每月大约为 20%）。

（4）Fe/KOH/NiOOH

① KOH 水溶液（$\rho = 1.2 \text{g} \cdot \text{cm}^{-3}$）；室温；

② $2NiOOH + 2H_2O + 2e^- \longrightarrow 2Ni(OH)_2 + 2OH^-$；$+0.45V$（vs. NHE）；$294A \cdot h \cdot kg^{-1}$；

③ $Fe + 2OH^- \longrightarrow Fe(OH)_2 + 2e^-$；$-0.877V$（vs. NHE）；$960A \cdot h \cdot kg^{-1}$；

④ $Fe + 2NiOOH + 2H_2O \longrightarrow 2Ni(OH)_2 + Fe(OH)_2$；$1.36V$；$265W \cdot h \cdot kg^{-1}$；

⑤ 大约 $30W \cdot h \cdot kg^{-1}$；$23W \cdot h \cdot kg^{-1}$；

⑥ $100W \cdot kg^{-1}$；

⑦ 2000 多次循环；50%；

⑧ 与 Ni/Cd 相比价格相当或稍微便宜；

(5) Zn/KOH/AgO

① KOH 水溶液（$\rho = 1.45g \cdot cm^{-3}$）；室温；

② $AgO + H_2O + 2e^- \longrightarrow Ag + 2OH^-$；$+0.608V$(vs. NHE)；$432A \cdot h \cdot kg^{-1}$；

③ $Zn + 2OH^- \longrightarrow Zn(OH)_2 + 2e^-$；$-1.25V$(vs. NHE)；$820A \cdot h \cdot kg^{-1}$；

④ $AgO + Zn + H_2O \longrightarrow Ag + Zn(OH)_2$；$1.86V$；$478W \cdot h \cdot kg^{-1}$；

⑤ $100 \sim 120W \cdot h \cdot kg^{-1}$；$80 \sim 100W \cdot h \cdot kg^{-1}$；

⑥ $500 \sim 800W \cdot kg^{-1}$；

⑦ 能达到 100 次循环；

⑧ £25/kW·h；£1500/kW；

⑨ 专用于航空航天、武器装备、高价值电子设备等；

⑩ 在常见的二次电池体系中最为昂贵，但具有极高的功率密度。其阴极反应在上述电池中是非常简单的一种。

(6) Zn/KOH/NiOOH（镍锌蓄电池）

① KOH 水溶液（$\rho = 1.2g \cdot cm^{-3}$）；室温；

② $2NiOOH + 2H_2O + 2e^- \longrightarrow 2Ni(OH)_2 + 2OH^-$；$+0.45V$(vs. NHE)；$294A \cdot h \cdot kg^{-1}$；

③ $Zn + 2OH^- \longrightarrow Zn(OH)_2 + 2e^-$；$-1.25V$(vs. NHE)；$820A \cdot h \cdot kg^{-1}$；

④ $Zn + 2NiOOH + 2H_2O \longrightarrow 2Ni(OH)_2 + Zn(OH)_2$；$1.73V$；$326W \cdot h \cdot kg^{-1}$；

⑤ $80W \cdot h \cdot kg^{-1}$；$60W \cdot h \cdot kg^{-1}$；

⑥ $200W \cdot kg^{-1}$；

⑦ 能达到 200 次循环；大约 55%；

⑧ 装机功率为 $250 \sim 400$£/kW；

⑨ 目前正尝试将其用作汽用动力电源。

(7) Li/有机电解液/氧化物

① 环醚或聚醚，如四氢呋喃的衍生物、聚环氧乙烷、环状或无环有机碳酸酯；$-20 \sim +55℃$；

② $xLi^+ + MO_y + xe^- \longrightarrow Li_xMO_y$；通常大约为 $1V$(vs. NHE)；大约 $180A \cdot h \cdot kg^{-1}$；

③ $Li \longrightarrow Li^+ + e^-$；$-3.045V$(vs. NHE)；$3862A \cdot h \cdot kg^{-1}$；

④ $xLi + MO_y \longrightarrow Li_xMO_y$；大约 $3.5V$（开路电压大约 $4.1V$）；$750W \cdot h \cdot kg^{-1}$；

⑤ $80 \sim 90W \cdot h \cdot kg^{-1}$；

⑥ 大约 $100W \cdot kg^{-1}$；

⑦ 单个电池具有 $400 \sim 1200$ 次循环的能力；

⑧ 对纽扣电池而言，目前高达 £3000/(kW·h)；

⑨ 不论是用于电气设备的一次电池还是作为汽车动力电源的二次电池，都具有十分广阔的应用领域；

⑩ 自放电率低，5％～10％/月。

9.4 锌锰干电池以外的其他一次电池体系

9.4.1 碱性电池

碱性一次电池是对仍采用锌和 MnO_2 电极材料的锌锰干电池的进一步发展。主要差别在于：

① 使用 KOH 电解液，它可使阴极上的 MnO_2 被进一步还原成 Mn（Ⅱ）：

$$MnO_2 + H_2O + e^- \longrightarrow MnOOH + OH^- \tag{9.27}$$

$$MnOOH + H_2O + e^- \longrightarrow Mn(OH)_2 + OH^- \tag{9.28}$$

② 使用悬浮于碱性胶体中金属锌粉末作为负极，而不是使用锌箔；

③ 电池结构设计与锌锰干电池相反，见图 9.16。

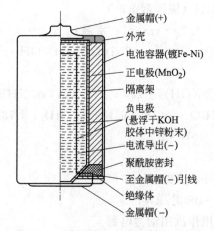

金属帽(+)
外壳
电池容器(镀Fe-Ni)
正电极(MnO₂)
隔离架
负电极
(悬浮于KOH
胶体中锌粉末)
电流导出(−)
聚酰胺密封
至金属帽(−)引线
绝缘体
金属帽(−)

图 9.16 碱性锌锰电池的剖面示意图

尽管开路电压相同，这种差别会使得电池性能比原来的锌锰干电池提高 50％左右。有趣的是，如果电池内的隔膜对形成树枝状结晶不敏感，而且放电反应中只生成 Mn(Ⅲ) 的话，那么这种碱性电池原则上可以当成二次电池使用。

9.4.2 锌-汞氧化物电池

这种电池的电解液是 KOH，ZnO 溶解于其中并浸润进隔膜内，负极与碱性锌锰干电池一样采用悬浮于碱性胶体中的金属锌粉末，正极由 90％的红汞氧化物和 10％石墨粉末组成，后者起到促进电子导电的作用，阴极反应为：

$$HgO + H_2O + 2e^- \longrightarrow Hg + 2OH^- \tag{9.29}$$

电池结构如图 9.17 所示。

这种电池通常称为 Mallory 电池，这是根据其主要制造商的名字而采用的习惯叫法。它具有较高的能实现的能量密度（$110W \cdot h \cdot kg^{-1}$，$W_s^{th} = 241W \cdot h \cdot kg^{-1}$）和长搁置时间。但因其价格较高，使得它被局限在几个特定的用途中，最常见的是用于助听器、袖珍计算器、照相机和心脏起搏器中的纽扣电池。近年来，由于汞对环境的污染急剧增加，其市场

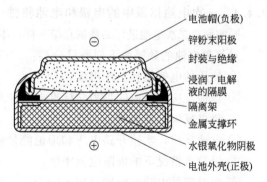

图 9.17 锌-汞氧化物纽扣电池的剖面示意图

份额显著下降，几乎在所有的应用领域里都已经被锂电池取代。

9.4.3 锂一次电池

除去在 9.4.2.4 节中讨论的锂一次/二次电池体系外，还有几种为特定应用场合开发的高性能一次锂电池。中等能量/高功率系统在军事上具有特别重要的意义，因为它可以输出大电流脉冲，而且电池本身也很轻。这种锂电池采用锂阳极和能够还原诸如 $SOCl_2$ 或 SO_2 的惰性阴极；现在正在研制容量高达 $1000W \cdot h \cdot kg^{-1}$ 的实验性 Li/BrF_3 电池。这类电池以"储存罐"的形式供应，即成品电池不含电解液，一旦加入电解液电池即开始工作。

在 $Li-SO_2$ 体系中，阳极采用锂箔，阴极采用多孔碳，它们之间用聚丙烯膜隔开。其完整结构在 $1bar$（$1bar = 10^5 Pa$）气压下被放置于气密壳体中。电解液为碳酸丙烯酯、乙腈和 SO_2 的混合物，其中还加入了 $1.8mol \cdot dm^{-3}$ 的 LiBr 以提供足够的导电性。电池的总反应为：$2Li + 2SO_2 \longrightarrow Li_2S_2O_4$；$E_{c,0} = 2.9V$。

对 $Li/SOCl_2$ 电池而言，要加入形式为 $SOCl_2/LiAlCl_4$ 的电解液，通过下面的电池反应产生电流：

$$4Li + 2SOCl_2 \longrightarrow 4LiCl + SO_2 + S \tag{9.30}$$

其他高能量/高功率的锂电池也已经研制出来。其中最简单的就是 Li/Cl_2 电池，它采用熔点为 $450℃$ 的 $LiCl/KCl/LiF$ 共熔电解质。其总的电池反应与前面讨论的 Zn/Cl_2 电池相似，但电压极高（3.46V），而且理论能量密度非常大（2200 $W \cdot h \cdot kg^{-1}$）。然而它的实际运行温度较高（600℃），并且存在严重的腐蚀问题（部分是由锂溶解到电解液中引起的）。这种类型的电池已经发展成 Sohio 电池，它采用较低熔点的 $LiCl/KCl$ 电解质，运行温度为 400℃，阳极采用 LiAl 合金，以减少锂的溶解问题。其总电池反应为：

$$4LiAl + 2Cl_2 \longrightarrow 4LiCl + 4Al \tag{9.31}$$

它的电压有 3.2V，高峰电流密度为 $2A \cdot cm^{-2}$。这种电池的缺点在于其放电电压取决于电量状况，而且它的能量密度相当低（$62W \cdot h \cdot kg^{-1}$）。

9.4.4　一次电池体系中的电极和电池特性

同前面对二次电池进行的数据总结一样，本小节将总结一下各种一次电池的特性。对每种电池的数据按下列条目分类：

① 使用的电解质和工作温度；

② 正极反应，对应的热力学标准电势和理论比容量；

③ 负极反应，其他同上；

④ 电池反应，实验开路电压和理论能量密度；

⑤ 慢放电情况下的极限电流密度；

⑥ 短时间放电功率密度（$W \cdot kg^{-1}$）；

⑦ 在常温下的搁置寿命（年）；

⑧ 从电池中获取每千瓦时电能所需费用（£/$kW \cdot h$）；

⑨ 电池现状和应用举例；

⑩ 评述。

(1) $Zn/NH_4Cl/MnO_2$

① 加入 9％$ZnCl_2$ 的 25％NH_4Cl 溶液；$-15 \sim +40℃$；

② $2MnO_2 + 2H_2O + 2e^- \longrightarrow 2MnOOH + 2OH^-$；大约 $+1.1V$(vs. NHE)；$308A \cdot h \cdot kg^{-1}$；

③ $Zn \longrightarrow Zn^{2+} + 2e^-$；$-0.76V$(vs. NHE)；$820A \cdot h \cdot kg^{-1}$；

④ $2MnO_2 + Zn + 2NH_4Cl \longrightarrow 2MnOOH + Zn(NH_3)_2Cl_2$；$1.5 \sim 1.6V$；$245W \cdot h \cdot kg^{-1}$；

⑤ $80W \cdot h \cdot kg^{-1}$；

⑥ $10W \cdot k \cdot g^{-1}$；

⑦ 3 年；

⑧ £$200 \sim 700/(kW \cdot h)$；

⑨ 应用范围十分广阔，主要集中在便携式电子仪器上；

⑩ 上述数据指的是高电流单电池。

(2) $Zn/KOH/MnO_2$

① KOH（$\rho = 1.2g \cdot cm^{-3}$）；$-15 \sim +40℃$；

② $MnO_2 + 2H_2O + 2e^- \longrightarrow Mn(OH)_2 + 2OH^-$；大约 $+0.7V$(vs. NHE)；$617A \cdot h \cdot kg^{-1}$；

③ $Zn + 2OH^- \longrightarrow Zn(OH)_2 + 2e^-$；$-1.25V$(vs. NHE)；$820A \cdot h \cdot kg^{-1}$；

④ $MnO_2 + Zn + 2H_2O \longrightarrow 2Mn(OH)_2 + Zn(OH)_2$；$1.58V$；$450W \cdot h \cdot kg^{-1}$；

⑤ $100W \cdot h \cdot kg^{-1}$；

⑥ 能达到约 $30W \cdot kg^{-1}$；

⑦ $2 \sim 5$ 年；

⑧ $200 \sim 800$ £/$kW \cdot h$；

⑨ 应用范围十分广阔，主要用于需要高能量/大电流的电子仪器上；

⑩ 上述数据指的是单电池。

(3) Zn/KOH/HgO

① KOH ($\rho=1.2\mathrm{g \cdot cm^{-3}}$)；$0\sim+40℃$；

② $HgO+H_2O+2e^- \longrightarrow Hg+2OH^-$；$+0.098V$(vs. NHE)；$247A \cdot h \cdot kg^{-1}$；

③ $Zn+2OH^- \longrightarrow Zn(OH)_2+2e^-$；$-1.25V$(vs. NHE)；$820A \cdot h \cdot kg^{-1}$；

④ $HgO+Zn+H_2O \longrightarrow Hg+Zn(OH)_2$；$1.35V$；$241W \cdot h \cdot kg^{-1}$；

⑤ $110W \cdot h \cdot kg^{-1}$；

⑥ $<10W \cdot kg^{-1}$（纽扣电池）；

⑦ $3\sim7$ 年；

⑧ 对最小的电池而言、高达 $10000 £/(kW \cdot h)$；

⑨ 使用范围有限，目前主要限用于使用空间极有限的高价电子仪器上，例如助听器。

(4) Li/无机电解质/SOCl₂

① 将 $LiAlCl_4$ 溶解于 $SOCl_2$ 中；$-40\sim+50℃$；

② $2SOCl_2+4e^+ \longrightarrow SO_2+S+4Cl^-$；尚未完全弄清；$450A \cdot h \cdot kg^{-1}$（基于 $SOCl_2$）；

③ $Li \longrightarrow Li^+ +e^-$；溶剂中的状态/反应尚未完全弄清；$3862A \cdot h \cdot kg^{-1}$（基于锂）；

④ $4Li+2SOCl_2 \longrightarrow 4LiCl+SO_2+S$；$3.65V$；$1470W \cdot h \cdot kg^{-1}$；

⑤ 大约 $500W \cdot h \cdot kg^{-1}$；

⑥ $>100W \cdot kg^{-1}$；

⑦ $5\sim10$ 年；

⑧ $450\sim1000 £/kW \cdot h$；

⑨ 主要为军用大型设备的电池（$>2000A \cdot h$）；

⑩ 与其他常见的一次电池体系相比，具有极大的能量密度和电流密度。

9.5 燃料电池

很早以前科学家们就对通过向一个合适的电池中连续加入电化学活性物质就可随心所欲地产生电能的可能性产生了兴趣。第一个将这种燃料电池的构想用实验实现的人是 Grove，在 $1839\sim1842$ 年间，通过将铂电极浸入酸性水溶液中，他制备了一系列的氢氧燃料电池。即使在发明了发电机之后，对燃料电池的研究仍然持续着，人们希望通过它能更有效地将主要的燃料之一，煤，直接转换成电能。然而，事实证明，即使在熔融碱的电解液中，在低的阳极电势下，煤的电化学氧化十分困难，此外，电极被煤中杂质硫污染也一直是个棘手的问题。

现代燃料电池的研究起源于 20 世纪 50 年代初期，宇航计划对 kW·h·kg⁻¹级能量密度的电池系统的需求大大地推动了燃料电池的开发研究。为达到该目的，具有开路电势接近 1V 和理论能量密度达到 3000W·h·kg⁻¹ 的氢氧燃料电池非常具有吸引力，它的研制极大地促进了现代燃料电池技术的发展。

9.5.1 使用气体燃料的燃料电池

这类电池的主要燃料是氢，因为低温下，在诸如铂这样的贵金属电极上它的电极反应速率极快。其他燃料，如甲烷、乙烷、天然气和 CO，虽然也可以在阳极上使用，但在温度低于 200℃ 左右时（饱和电解水溶液的上限温度），这些物质的电化学活性很低，在较低的超电势下只有氢和近来开始使用的甲醇在阳极反应速率还比较快，以输出不太低的电池电压。与此类似，氧气（通常供应的是空气）是阴极上的主要氧化剂。氯气原则上也可以使用，但它带来的腐蚀和环保问题严重制约了其应用前景。然而，在较低温度下氧的阴极还原反应速率很慢，例如在光滑的电极表面，只能产生 mA·cm⁻² 级别的电流，因此需要进一步改进电极设计。

9.5.1.1 气体扩散电极

氢气的氧化和氧气的还原只有在电极的三相边界区发生。在这个区间内，有电极充当"电子源"与"电子阱"，有包含 OH^- 或 H^+ 和水的电解液，以及反应气体，H_2 或 O_2。由于 H_2 和 O_2 的溶解度很差，在一个大气压下约为 10^{-3} mol·dm⁻³，这种低溶解度严重地阻碍了传质进程，所以只有在液、气和电极的三相界面区才能保证较高的气体浓度，以维持高电流密度。

正如第 8 章中所讨论的情况一样，三相界面区的空间可以通过置于电解液和气体室之间的多孔电极而大大扩展（见图 9.18）。如图 9.19 所示，只有在电解液层很薄的的环形区域，传质过程才足够快并足以维持所发生的法拉第反应。为了能够获得尽可能高的电流密度，这种多孔电极必须满足下面两个基本条件：

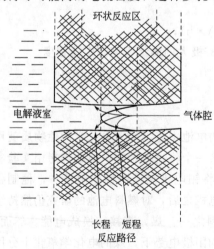

图 9.18 气体扩散电极的单孔

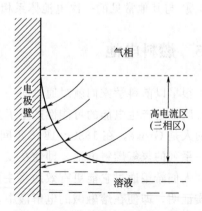

图 9.19 气体扩散电极中的三相区

① 使用的催化剂的活性要求越高越好；

② 在电极反应过程中，该细孔既不能因为毛细管作用而被电解液充满，也不能因为气压过大而使电解液完全从细孔排出。

就氢气的氧化而言，金属铂及其合金、碳化钨和特制的镍都是合适的催化剂，但对氧气的还原来说，只有金属铂、镍和银才是较为有效的催化剂。这些催化剂以小颗粒的形式嵌入诸如烧结镍或活性炭这类多孔基材内，这些多孔材料通常与高分子材料，比如 PTFE 混合以固定成形。可通过系统地改变所加入的 PTFE 的比例来控制电极的疏水性，并由此改变孔中气体的压力。还可利用双层多孔电极，使得电极面对气体一面的孔径大于面对液体的一侧。与气体接触的一面还可以通过添加 PTFE 来保证其高度疏水性，并降低电解液的泄漏。

图 9.20 展示了在碱性燃料电池中使用的多孔电极剖面示意图和照片，图 9.21 给出了一种典型的电池结构设计。这种电极常用银网来充当支撑架和集流器的作用，图中电极的厚度只有 1mm，质量约为 $0.3\mathrm{g \cdot cm^{-2}}$。这种电极可维持的电流密度范围为 $1\sim2\mathrm{A \cdot cm^{-2}}$，但实际运行中一般要在较低的电流下运行，以避免太高的超电势。

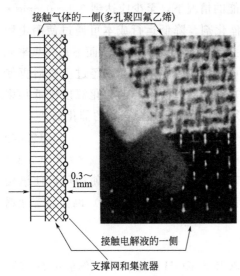

图 9.20　一种用于氧气还原的气体扩散
电极的剖面示意图和照片
从图中可以看到不含催化剂的疏水性外层
和加入了催化剂并与电解液接触的内层

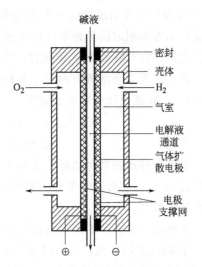

图 9.21　氢氧燃料电池的剖面示意图

9.5.1.2　阿波罗电池

氢氧燃料电池最著名的使用范例莫过于它在美国空间项目上的应用，尤其是阿波罗登月计划。其电池的结构设计基本遵循上述各项基本原则：电极由多孔烧结镍构成，运行温度远高于 100℃，需要使用高浓度（75%）的 KOH 溶液。共有 31 个单电池串联形成电池组。两种气体（H_2 和 O_2）低温储存，加压后输入电池，阳极排出未反应的氢气以循环使用。温度调节通过氮气冷却系统进行，氮气在一定压力下进入电池内部的循环系统，而后再送入飞船外部。这种电池组在 28V 时的额定功率为 1.12kW，每个单电池在 0.9V 的工作电压下输出 $100mA \cdot cm^{-2}$ 的电流密度；电池总重为 110kg。

这种碱性燃料电池中的反应为：

$$H_2 + 2OH^- \longrightarrow 2H_2O + 2e^- \tag{9.32}$$

$$\frac{1}{2}O_2 + H_2O + 2e^- \longrightarrow 2OH^-$$
$$\overline{\qquad\qquad\qquad\qquad\qquad\qquad} \tag{9.33}$$
$$H_2 + \frac{1}{2}O_2 \longrightarrow H_2O$$

水在阳极上生成，其中一部分将与阴极上的氧反应，剩下的将作为反应产物随着电解液循环而排出电池（见图 9.21）。

9.5.2 最新进展

要实现燃料电池的商品化，就必须降低其制备和运行成本。降低制作费用可通过降低贵金属催化剂的使用量（在不降低性能的情况下，至少应达到 $0.1 \sim 0.5mg \cdot cm^{-2}$ 量级）或者通过使用基于非贵金属的催化剂。降低运行成本可通过使用由甲烷或石油重整制取的氢来取代用电解方式生产的氢，同时使用空气而不是纯氧来充当氧化剂。对车载动力电源而言，甲醇既可以直接使用，也可以经过重整后再使用。转化碳氢化合物所需的温度范围在 $650 \sim 800℃$，而甲醇的转化温度则低很多（300℃）。在碳氢化合物的重整反应中都必须用到蒸汽和某种合适的催化剂：

$$C_nH_{2n+2} + nH_2O \longrightarrow nCO + (2n+1)H_2 \tag{9.34}$$
$$CO + H_2O \longrightarrow CO_2 + H_2 \tag{9.35}$$

使用电解水制氢时的运行成本大约 $0.5 £/kW \cdot h$，重整后再使用可以使该费用降低 10 倍，当然，重整和脱硫装置（后者用来防止 Pt 表面中毒）也会显著地增加其制备费用。

下面将讨论五种不同类型的燃料电池。

① 碱性燃料电池：电解液采用浓度为 30% 的 KOH 水溶液，工作温度在 90℃以下；

② 固体聚合物膜燃料电池：使用质子交换膜充当电解质，运行温度在 80℃以下；

③ 磷酸燃料电池：电解液为磷酸，工作温度可高达 220℃；

④ 熔融碳酸盐燃料电池：电解液采用熔融态的 Li/K 碳酸盐，运行温度大约为 650℃；

⑤ 固体氧化物燃料电池：使用离子传输型氧化物陶瓷作为电解质，工作温度约为 1000℃。

碱性和质子交换膜燃料电池一般归类为低温燃料电池体系；它们具有良好的能量密度和功率密度，并且特别适合作为车载动力，尤其是在需要噪声低、热辐射作用小的军用场合。

磷酸燃料电池是处于中间温度运行的装置，而熔融碳酸盐和固体氧化物燃料电池则称为是高温电池，它们更适合作为固定式电源，例如用于负载平衡系统。磷酸燃料电池的余热可用于取暖，而高温燃料电池中的余热则可用来驱动蒸汽轮机，从而进一步提高能量转换效率。

图 9.21 中已展示了碱性燃料电池的结构，催化剂通常使用多孔镍（Raney Ni）或金属铂；它采用双极板结构将单个电池串联起来形成电池组。如果这种电池使用空气而不是纯氧气的话，那么就会产生一个很严重的问题，即来自于空气中的 CO_2 将溶解于 KOH 溶液中，甚至导致 K_2CO_3 在电极细孔中的沉积（结垢）。因此，空气在进入该种电池之前必须经过净化装置除去二氧化碳。

有关固体聚合物膜燃料电池的结构，已经在 7.2 节和图 8.20 中描述过：其电解质是质子导体聚合物薄膜，它的两面分别附着一层多孔薄层，这种多孔薄层要么由贵金属纳米催化剂（含量为 $0.1 \sim 0.5 mg \cdot cm^{-2}$）构成，要么将这些催化剂分散在多孔炭/Nafion 膜上构成。为构成完整的膜电极，还要将采用聚四氟乙烯黏合的炭粉扩散层（厚度约 $100\mu m$，面积与催化剂层相同）压贴到这两个催化层的两边。

集流器通常利用石墨来充当。在这种电池中，阴极上会出现由电化学反应而生成的水，事实证明这里生成的水有利于加湿阳极气体，从而避免质子交换膜阳极侧的脱水。

酸性质子交换膜氢/氧燃料电池的反应为：

$$H_2 + 2H_2O \longrightarrow 2H_3O^+ + 2e^- \tag{9.36}$$

$$\frac{1}{2}O_2 + 2H_3O + 2e^- \longrightarrow 3H_2O$$
$$\overline{\quad H_2 + \frac{1}{2}O_2 \longrightarrow H_2O \quad} \tag{9.37}$$

采用这种极薄的膜电极阵列可以使电池组件结构更加紧凑，同时也降低了电池的欧姆阻抗。在 $80 \sim 100℃$ 温度区间，至少在短时间内可以获得近 $1.5A \cdot cm^{-2}$ 的电流密度。通过对催化剂结构的优化，仅需 $0.1 \sim 0.5 mg \cdot cm^{-2}$ 的 Pt 即可满足催化活性要求。如果使用纯氢和纯氧还能获得更好的电池数据，这一点在诸如水下推进装置上切实可行（见图 9.22）。

对陆上使用而言，氢气通常从天然气和生物质重整而来。然而，在重整过程中常会有少量的 CO 和 CO_2 生成，而在室温和 $500 \sim 600mV$ 的电极电势下，CO 在铂表面的吸附极强。它们会牢牢占据电极表面，从而大大降低铂的催化能力，故有必要研制开发抗 CO 中毒的阳极。铂钌混合物是其中的经典实例，而且发现铂钌混合物中的合金化程度越大越好（参见 6.5 节）。当然，除了使用钌作为合金组分因

图 9.22 质子交换膜 H_2/O_2 燃料电池系统

额定输出功率 35～50kW，包含 72 个单电池，电极面积 1163cm²，电极材质 Nafion117，温度 80℃，2.3bar O_2，2bar H_2［K. Strasser，*"PEM fuel-cell systems for submarines"* in *Handbook of Fuel Cells*，vol. 4，eds. W. Vielstich，H. Gasteiger and A. Lamm，Wiley，Chichester，UK，2003］

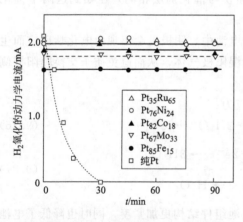

图 9.23 抗 CO 中毒催化剂：20mV RHE 和室温条件下，含 $100\mu g \cdot mL^{-1}$ CO/H_2 饱和的 $0.1mol \cdot dm^{-3}$ HClO₄ 溶液中，旋转电极上 H_2 的氧化随时间关系［H. Igarashi，T. Fujino，H. Uchida and M. Watanabe，PCCP3（2001）306］

为其与 CO 的结合相对而言较弱，而且具有较低的氢氧化超电势外，其他非贵金属材料与铂的合金也同样可能达到这种效果。如图 9.23 所示，对纯金属铂而言，在室温条件下当供应的燃料内 CO 含量为 $100\mu g \cdot mL^{-1}$ 时已足够在很短的时间内强烈地使催化剂表面中毒。从图中还可以看出，除铂钌合金外，铂与铁、钴、钼等的合金也能在一定程度上减轻 CO 中毒。

磷酸燃料电池中的磷酸电解液被注入一种多孔惰性基质模板内，基质模板的两面分别放置很薄的气体扩散电极，两个电极上的贵金属催化剂总含量不超过 $0.75mg \cdot cm^{-2}$。阴极侧的催化剂中包含一些另外的添加物，包括 Cr、Mo 和 Ga，如图 9.24 所示在两个电极上的碳集流器还同时充当向电极供气的通道作用。这类燃料电池的伏安曲线如图 9.25 所示。与固体聚合物膜燃料电池中的情况一样，CO_2 在酸性电解液中不构成问题，同时在 200℃ 的运行温度下，即便是 CO

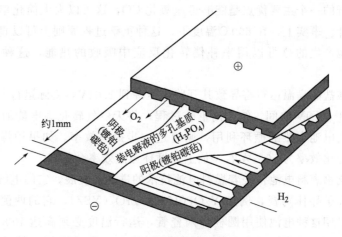

图 9.24　PAFC 中的电解液和电极布置图

也会在铂阳极上较迅速地被氧化，因此阳极气体中允许的 CO 含量相对较高（可以达到约 1%）。

磷酸燃料电池的优势在于其所需的贵金属催化剂含量较低，电池成本不高，同时结构也相对简单。容量在 11MW 以内的小型商用电源设备已在世界各地安装使用，供市场测试，而且将电能和电池产生的热能结合之后可以获得高达 80% 的能量效率。然而，这个成本仍然缺乏竞争性。目前安装一个完整的系统，包括串联式气体重整装置的费用大约是每千瓦

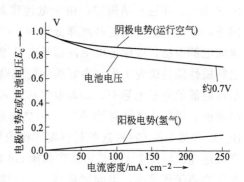

图 9.25　磷酸燃料电池中两个电极的电流-电势关系以及整个电池的伏安特性曲线

1500 英镑，相应地，以热电共利用模式运行的燃汽轮机可以以一半的价格获得 85% 的效率。

熔融碳酸盐燃料电池结构中包含一个陶瓷基质模板（材质通常为 $LiAlO_2$），模板内注入 Li_2CO_3/K_2CO_3 共熔晶体，其中还可再加入 Na_2CO_3。基质模板平置于多孔镍阳极之上，从而使得一些熔融碳酸盐可以在重力作用下流到镍上。阴极采用多孔 $Li_xNi_{1-x}O$，在毛细管作用下，熔融碳酸盐可被汲取至其中以形成三相边界区。在 600℃ 运行温度下的电池反应为：

$$阳极：\qquad H_2 + CO_3^{2-} \longrightarrow H_2O + CO_2 + 2e^- \tag{9.38}$$

$$CO + CO_3^{2-} \longrightarrow 2CO_2 + 2e^- \tag{9.39}$$

$$阴极：\qquad \frac{1}{2}O_2 + CO_2 + 2e^- \longrightarrow CO_3^{2-} \tag{9.40}$$

应当注意的是，该电池反应意味着有必要将在阳极室生成的 CO_2 循环到阴极

室。高温运行的一个主要优点是能够迅速氧化 CO，这可以大大简化串联式气体重整装置的设计。事实上，在 600℃ 温度下，这种重整过程原则上可以直接在电池内部进行，电池产生的热可以用来补偿转化反应中吸收的热能，这种过程叫做内重整。

熔融碳酸盐的高温运行将导致其开路电压降到 1.04V，实际运行中可获得的电压估计在 0.8~0.9V 之间。结合内重整过程，将天然气转化为电能的效率在 60％ 左右，再加上电池余热的循环利用，则可进一步提高效率。如果用煤作为燃料的话，其直接转化效率为 50％ 左右，加上热循环当然效率会更高。

固体氧化物燃料电池代表着燃料电池技术的进一步发展，它的电解质采用板式或管状的氧离子导体陶瓷，例如 $Y_2O_3(15％)/ZrO_2(YSZ)$，它的两侧覆盖着多孔催化剂层。早期这种电池使用圆柱形陶瓷管，运行温度必须高达 1000℃ 才能有足够的陶瓷导电性［见图 9.26(a)］。但更近来的电池常采用板式结构设计［见图 9.26(b)］。在这种结构中，由于电池密封以及电池各部件的热胀系数差异带来的问题，电池的运行温度必须降低到 800℃。这种降低运行温度的结果要求使用非常薄的电解质层，以保证电池内部具有足够高的（离子）导电性。已经开展大量改进电解质性能的研究工作，良好的陶瓷膜电解质要求：①具有很高的氧离子导电性和尽可能低的电子电导率；②对电极和通入的气体具有良好的化学稳定性；③具有较高密度，以阻止气体穿透薄膜；④热膨胀率与其他构件一致。在较低温度下，像 Bi_2O_3 和掺杂的 CeO_2 这类材料要比稳定氧化锆表现出更高的氧离子导电性，最近有人还建议使用 LaGa 基钙钛矿和掺 Gd 的二氧化铈，它们在低温下都具有更好的氧化物离子传输率，但问题是 Bi_2O_3 和掺杂的 CeO_2 这类材料能与镍反应，而 LaGa 基钙钛矿和掺 Gd 的二氧化铈具有电子传导率以及不合需要的热膨胀性。

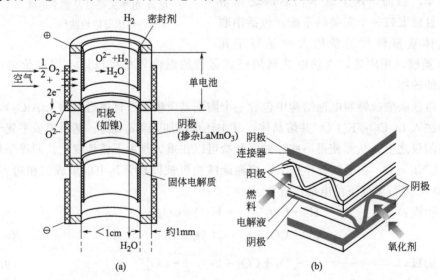

图 9.26　具有管状结构的 SOFC 设计示意图及更为现代的 SOFC 板式工作结构（b）

　　阳极催化剂是镍，在电极制备时将它通过连接材料固定到固体氧化物的基质模板上，从而保证了电解质和电极之间热胀系数的一致。因为这种电极结构同时表现出离子和电子传导性，因此称为"金属陶瓷"，阴极也同样采用了类似的结构。采用高表面积的镍会产生碳沉积问题，尤其是在内重整或甲烷直接氧化过程中；改善的方法是在阳极中加入二氧化铈，它对烃类具有较高的氧化活性，但其自身的低导电性意味着还要再加入其他金属材料，如铜。阴极在结构上与阳极的主要差别在于使用诸如 $LaMnO_3$、$Li_xSr_{1-x}MnO_3$ 或 $LaCoO_3$ 这样的导电型氧化物作为催化剂。然而，这些催化剂在 800℃ 温度下并不能表现出令人满意的活性，因此有必要对阴极进行改性（如最近建议的 LaSrCr 的锰酸盐）或加入少量（大约 $0.5mg \cdot cm^{-2}$）分散均匀的金属铂粉。当必须降低固体氧化物燃料电池的工作温度时有关密封和连接的问题，在阴极加入 Pt 以提高氧还原活性就变得更重要。无论是阳极还是阴极都要用所谓的"连接材料"与电解质接触，这种连接材料由混合的氧化物构成，例如 $Li_xSr_{1-x}MnO_3$、$Li_xSr_{1-x}CrO_3$ 和 $CoCr_2O_4$。目前这类电池可以输出非常高的电流密度，例如在电池电压约为 0.6V 以及高温运行时电流密度可达 $1A \cdot cm^{-2}$。

9.5.2.1　使用气体燃料的燃料电池性能小结

　　下面将对前面介绍的使用气体为反应物的燃料电池目前性能数据进行总结；其详细反应机理可参见 6.2 和 6.3 节。数据按下列条目分类：

① 工作温度；

② 电解质；

③ (a) 阳极材料，(b) 阴极材料；

④ 其他制备材料；

⑤ 主要附件；

⑥ 氧化剂，原始的燃料和每千瓦时成本；

⑦ 现状；

⑧ 费用（￡/kW）；

⑨ 应用领域；

⑩ (a) 电池本身，(b) 电池加上重整装置的燃料转化效率；

⑪ 存在问题；

⑫ 正在研制的国家；

⑬ 评述。

(1) 碱性燃料电池（AFC）

① 90℃ 以内（低温电池）；

② 30%KOH；

③ PTFE 黏结的碳和贵金属；

④ 聚合物材料；

⑤ 水蒸发器；

⑥ 纯 O_2；纯 H_2；大约￡0.5/(kW·h)；

⑦ 可提供小型商用装置，能达到约 100kW；

⑧ 1500～2500￡/kW；

⑨ 特定应用范围，如军用和航天；

⑩ (a) 可达到 55%；

⑪ 成本高；

⑫ 美国、加拿大、德国；

⑬ 技术成熟，使用的气体只能含少量的 CO 和 CO_2。

（2）固体聚合物膜燃料电池（SPFC）

① 80℃以内（低温电池）；

② 质子导体聚合物膜；

③ 可以分散到炭上的贵金属薄层；

④ 聚合物材料；

⑤ 水分离器；

⑥ 氧气或空气；纯 H_2；大约￡0.5/(kW·h)；

⑦ 可提供小型商用装置，能达到约 500kW；

⑧ 民用为 2500～5000￡/kW；

⑨ 特定应用范围，如军用（尤其是潜艇）和航天；

⑩ (a) 55%；

⑪ 成本高；

⑫ 美国、加拿大、德国；

⑬ 燃料中的 CO 含量必须远低于 $100\mu g·mL^{-1}$。

（3）磷酸燃料电池（PAFC）

① 可至 220℃（中温电池）；

② 置于支撑基质中的高浓度磷酸；

③ 低贵金属担载量的石墨片；

④ 聚合物材料；

⑤ 水分离器；热交换器；重整装置；

⑥ 氧气或空气；甲烷，天然气；外加一套转化装置，成本大约是 0.05￡/(kW·h)；

⑦ 小型装置（200kW）刚开始商业化，能达到 11MW 的原型机正在制备中；

⑧ 2000￡/kW；

⑨ 局部民用住宅电源（200kW）；小型分散式供电系统（可至 11MW）；

⑩ (a) 55%；(b) 40%；

⑪ 可靠性、寿命、维护费用、价格；

⑫ 美国、日本；

⑬ 燃料气体中的 CO 含量必须低于大约 1%。

(4) 熔融碳酸盐燃料电池 (MCFC)

① 达到 650℃ (高温电池);

② 陶瓷片中的熔融 Li/K 碳酸盐;

③ (a) 镍; (b) 含锂镍氧化物;

④ 陶瓷; 钢材;

⑤ 水蒸发器; 热交换器; 重整装置; 为利用余热还可加入热循环系统;

⑥ 氧气或空气; 甲烷, 天然气; 再加一重整化装置, 成本大约是 0.05£/kW·h;

⑦ 实验性体系; 原型机能达到 2MW;

⑧ 总成本未知;

⑨ 电站; 备用电源, 也可作为载荷平衡用;

⑩ (a) 55%~65%; (b) 可达到 55%;

⑪ 电极和电解液基质的稳定性、成本必须降低到 £500~1000/kW, 以与传统电站相匹配;

⑫ 美国、日本、荷兰、意大利, 德国;

⑬ 研制中仍存在很多问题有待解决。如果引入内重整过程, ⑩ (b) 中的效率将再提高 5 个百分点 (至 60%), 反之, 如果使用煤作为主要燃料, 则会使效率降低 5% (降到 50%)。

(5) 固体氧化物燃料电池 (SOFC)

① 可达 1000℃ (高温电池);

② 离子传输型氧化物陶瓷, 传统上采用 $ZrO_2 \cdot 15\% Y_2O_3$;

③ (a) 镍; (b) 掺 Sr 的 $LaMnO_3$;

④ 陶瓷; 钢材;

⑤ 水蒸发器; 热交换器; 转化装置; 为利用高温余热还可加入热循环系统;

⑥ 氧气或空气; 氢气, 甲烷, 天然气; 在使用重整制备的氢时, 英国地方成本大约是 0.05£/kW·h;

⑦ 实验性体系; 原型机能达到 200kW;

⑧ 总成本未知;

⑨ 固定电源系统 (已到第三代), 机动车动力电源;

⑩ (a) 55%~65%; (b) 55%;

⑪ 较低温度下的电极活性; 密封剂; 较低温度下电解质的欧姆阻抗;

⑫ 美国、日本、德国、英国;

⑬ 研制中有非常多问题有待解决, 正在致力于将运行温度降低到 650℃。

9.5.3 使用液体燃料的燃料电池

进一步开发燃料电池的主要问题在于如何降低成本和工程的复杂性。为缓解这两者带来的问题，人们已经将注意力集中在探索利用其他液体燃料来取代氢燃料的可能性，希望这类液体燃料要么可以直接注入阳极，要么在电解液中具有较高的溶解度。这样一来，只要采用简单的传统燃料箱直接向电池组供料即可，而不必依靠气体储存装置，或附加了重整装置后的液体储存器。为简化设计，这种电池可利用空气作为氧化剂，设计原理类似于图 9.21，从多孔阳极的背面向其供料，同时反应产物也从背面排放。另一种设计方案是用将一个两相电极放置于两个氧电极之间的电解液中，在这种情况下，燃料必须要能溶解于电解液中。同时，由于存在燃料和阴极接触的可能，还应该防止阴极上任何会导致混合电势的逆反应的发生。这一点原则上可通过采用对燃料氧化不具有反应活性的氧还原催化剂来实现。这种电极还可以利用在前面已讨论过的一些电池设计，它另外的优点是使单室运行成为可能，因而会大大简化电池设计。

第一个液体燃料电池堆是在大约 30 年前为军用目的制造的，它利用肼作为燃料，电解液采用 KOH，阳极反应为：

$$N_2H_4 + 4OH^- \longrightarrow N_2 + 4H_2O + 4e^- \qquad (9.41)$$

这种电池具有 $3850W \cdot h \cdot kg^{-1}$ 的理论能量密度，在其 $10kW$ 的原型机上获得了 $500W \cdot h \cdot kg^{-1}$ 的能量密度。目前，其他试验燃料还包括简单的液态 CHO 化合物（甲醇、乙二醇、甲醛和甲酸），甚至还有碱金属-汞合金，对后者进行研究的驱动力在于探索用电力来取代氢气的可能，因为氢气是氯-碱过程本身的副产物。

由于肼是剧毒物，不能在民用体系中采用，所以人们的研究注意力主要集中在液态 CHO 化合物上。但其在碱性电解液中使用会导致难溶的碳酸盐形成，还会消耗部分电解液。以甲醇氧化为例，它易溶于碱性溶液中，如果在酸性溶液中其阳极反应为：

$$CH_3OH + H_2O \longrightarrow CO_2 + 6H^+ + 6e^- \qquad (9.42)$$

而现在则变成了：

$$CH_3OH + 8OH^- \longrightarrow CO_3^{2-} + 6H_2O + 6e^- \qquad (9.43)$$

如果不及时移除溶解度相对较低的 K_2CO_3，它们就会在电极表面沉积。据此人们将注意力转向酸性电解液，目前是利用固体聚合物膜作为电解质，甲醇作为燃料，即：直接甲醇燃料电池（DMFC）。从初级原料中合成甲醇是一种简单且成本低的过程，同时甲醇具有 $6kW \cdot h \cdot kg^{-1}$ 的理论能量密度，因此它成了上述试验液体中研究得最为仔细的一种。其阳极反应见式(9.42)，对应的阴极反应为氧还原，电池的总反应为：

$$CH_3OH + 3/2O_2 \longrightarrow CO_2 + 2H_2O \qquad (9.44)$$

阳极反应包含至少三条平行的反应路径。CO、甲醛和甲酸是反应的主要中间产物（参见 6.1 节），同时还要用防 CO 中毒催化剂来替代传统的铂催化剂，如 PtRu 合金和一些三元合金。研究证明在温度高于 60℃ 时，这些合金催化剂在一定的性能范围内活性还是不错的。

　　图 9.27 给出了采用质子交换膜为电解质的 DMFC 电池的必要且完整的电池设计。阳极需补充水是因为式（9.42）中的反应需要水的参与，同时补充质子携带水通过质子交换膜从阳极向阴极的电渗迁移所造成的损失。这可通过控制甲醇/水混合物的通入量来调节。另外甲醇和阳极产生的一部分 CO_2 也一样能通过多孔膜扩散到阴极。如果（阴极）采用传统的铂基催化剂来进行氧还原，那么在氧还原的同时这种催化剂还会氧化甲醇，因此即使在电池无任何外部负载的情况下也会产生净电流。阴极由此形成的混合电势比没有甲醇渗透效应时负 100mV。

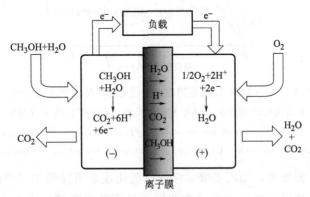

图 9.27　甲醇/氧气（空气）燃料电池（DMFC）的反应示意图
甲醇通过隔膜的扩散过程叫做渗透（crossover）

　　对反应物循环路径的有效设计是制造可靠的 DMFC 系统的基础。图 9.28 是其中一个例子。它借助几个对流泵和内部电路板，可以自动维持 60℃的设计温度，

图 9.28　Smart Fuel Cell AG（Brunnthal，德国生产）的完整 DMFC 系统
内含一个 2.5L 的甲醇储存箱。放置在其前部的是 12V 的电池组和电路板

并产生 $200mA \cdot cm^{-2}$ 的电流密度。电池采用甲醇燃料，额定净输出 $1W \cdot h \cdot cm^{-2}$，电极上的贵金属担载量为 $1mg \cdot cm^{-2}$。图 9.29 所示为 90～120℃温度范围内，DMFC 的效率随电流密度的变化情况。

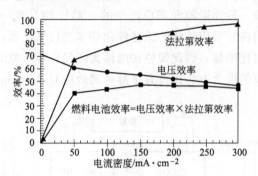

图 9.29　90～120℃温度范围内，根据电池的法拉第电流、电压和
电力负荷计算出的直接甲醇燃料电池（DMFC）效率百分比

[J. M ller et al.，*"Transport/kinetic limitations and efficiency losses"*，in *Handbook of Fuel Cells*，
vol. 3，eds. W. Vielstich，H. Gasteiger and A. Lamm，Wiley-UK. Chichester，2003]

如果采用其他燃料，如乙二醇，它的电氧化速率明显低于（甲醇）。而采用乙醇作为燃料，它到目前为止存在的主要问题是不能完全转化为 CO_2，并生成主要副产物乙酸。

9.6　空气一次电池和二次电池

这类电池通常由一个空气正极和以一个一次或二次电极构成的负极组成。其优点在于利用空气作为正极活性物质，而空气无成本，可无限供应，并且不会增加电池的重量。

9.6.1　金属-空气一次电池

在这类电池中，人们最熟知的是基于锌/碱液的体系，它的研制起源于在第一次世界大战中：

阳极：$\qquad\qquad Zn + 2OH^- \longrightarrow Zn(OH)_2 + 2e^-$ $\qquad\qquad$ (9.45)

阴极：$\qquad\qquad 1/2O_2 + H_2O + 2e^- \longrightarrow 2OH^-$ $\qquad\qquad$ (9.46)

总反应：$\qquad\quad Zn + 1/2O_2 + H_2O \longrightarrow Zn(OH)_2$ $\qquad\qquad$ (9.47)

它的实验开路电压通常在 1.45～1.5V 范围内，理论能量密度为 $960W \cdot h \cdot kg^{-1}$。其结构与本章前面介绍的锌锰干电池相似，只是将中部的 MnO_2/石墨糊替换为一个气体扩散电极。它的形状是一个圆柱体，材质是多孔疏水性活性炭，圆柱体的顶部通向外部的空气源。由于空气在电极内的扩散通道较长，能达到的最大电流密度仅为 $10mA \cdot cm^{-2}$ 左右，因此就没必要进一步提高碳的催化活性。这种电池电流密度低的缺点限制了其应用范围，只是在需要长时间小电流的装置上采用，如建筑物内的紧急照明装置和牲畜栏的电网。

作为燃料电池发展计划中的一部分，对具有很高电流密度的空气电极的研制已使得锌-空气电池的性能有了非常大的提高。在现代的锌-空气电池中，锌电极和空气电极的位置互换了，中央锌电极被多孔膜空气电极包围，电极间被充满了 KOH 的水溶液隔膜所隔离。这种电池在结构上可以在放电后容易地更换金属阳极以及电解液，从而在结构上保证了其可充电性。容量高达 $100A \cdot h$ 的此类大型军用电池已被研制出来，它的能量密度能达到 $200W \cdot h \cdot kg^{-1}$，而其短期功率密度能达到 $80W \cdot kg^{-1}$。其他的应用场合还包括助听器和手表等。

除锌外，使用镁和铝电极的原型电池也已研制出来。其中铝具有原子质量低和价态高的特点，是可行的上选材料，它的理论比容为 $3000A \cdot h \cdot kg^{-1}$。纯铝在碱液中会被强烈地腐蚀，并产生大量的析氢，但在高加载电流下，这种现象可以降低到可接受的范围内。然而，尽管铝-空气电池具有很好的能量和功率密度，由于在 KOH 电解液中生成的胶状 $Al(OH)_3$ 产物很难分离，同时又妨碍电池的继续工作，所以它在车载动力电源方面的应用比较困难。比较有前途的铝-空气电池看来应该使用中性溶液，如海水。在这种情况下，产物 $Al(OH)_3$ 形成一种胶体，在电池放电后必须更换金属电极和电解液。通过在海水中使用开放式电池，可以持续更新电解液，因此只要更换铝即可实现对这种电池的充电。有趣的是，铝在中性溶液中会因形成一绝缘氧化层而发生钝化。另外人们还发现，让铝与少量的碱金属，如 In、Ga、Tl、Zn 或 Cd 形成合金可以防止这种钝化发生（就像铝汞合金一样有效）。这种铝-空气电池在海洋和海岸区可以找到应用方向，特别是作为紧急情况的备用电源。

9.6.2 金属-空气二次电池

原则上，在碱液中采用锌、镉或铁电极可以使这类金属-空气电池再充电，成为二次电池。问题出在氧电极的稳定性上：在充电过程中，氧气会发生析出和逃逸，这个过程将破坏对氧还原具有活性的催化中心，从而使电池性能大幅下降。解决的办法之一是采用复合空气电极，在其结构中加入第二个附着催化剂的多孔层，此层上的催化剂用于降低析氧过电势而不是为了氧还原。为防止在氧还原层上累积太高的电势，这种防析氧催化剂层必须放置在电池中的电解液一侧；如可采用这样的结构，使用具有催化性的活性碳层来作为氧还原层，而利用多孔镍来充当防析氧材料。图 9.30 所示为锌-空气二次电池的特性图，这种电池的试验装置具有接近 $100W \cdot h \cdot kg^{-1}$ 的能量密度和大约 $100W \cdot kg^{-1}$ 的功率密度，有可能用于电动车辆。

对这种电池来说，一项重要的发展应该是研制出有效的双功能催化剂。SOFC 项目中发现，如将 $La_{0.6}Ca_{0.4}CoO_3$ 附着到 XC-72 碳（VulcanXC-72 Carbon）基体

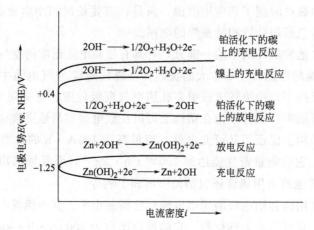

图 9.30　锌-空气电池的电极伏安曲线

上形成的材料可能会具有这种功能。就阳极而言，从 ZnO/PTFE/PbO/纤维素形成的锌糊电极已研制成功，纤维素用于抑制树枝状结晶的形成，同时这种电池在恒定容量下具有超过 100 次充放电循环的能力（充电电压为 2V；放电电压为 1.2V），并有望达到 $100\text{mW} \cdot \text{kg}^{-1}$ 的功率密度。

9.7　电池和燃料电池的效率

对单个电池或燃料电池而言，它的热力学或理想效率 ξ_{th} 是可获得的最大电能

$$-nFE^0 = \Delta G = \Delta H - T\Delta S \qquad (9.48)$$

与反应的反应焓 ΔH 之比：

$$\xi_{\text{th}} = \frac{\Delta G}{\Delta H} = 1 - \frac{T\Delta S}{\Delta H} \qquad (9.49)$$

因此，根据 ΔS 的正负热力学效率可以小于、等于或大于零。通常情况下 ΔG，$\Delta H < 0$，当 $\Delta S > 0$ 时，$\xi_{\text{th}} > 1$。

如果将"热"电池电压定义为 $E_{\text{H}}^0 = -\Delta H/nF$，那么

$$\xi_{\text{th}} = \frac{E^0}{E_{\text{H}}^0} \qquad (9.50)$$

一般来说，对 $\Delta S < 0$，也即 $|\Delta G| < |\Delta H|$，那么 $E^0 < E_{\text{H}}^0$，$\Delta S > 0$ 时情况相反。以燃料电池反应 $H_2 + 1/2O_2 \rightarrow H_2O$ 为例，室温下 $E^0 = 1.23\text{V}$，$E_{\text{H}}^0 = 1.48\text{V}$，可计算出 $\xi_{\text{th}} = 0.83$。对前面提到的甲醇燃料电池，采用液态甲醇燃料时 $\xi_{\text{th}} = 0.97$。图 9.31 给出的是当 $\Delta S < 0$ 时上面讨论的各种参数之间的关系。

一旦给电池加上负载，它的效率就会降低。包括由电解液内阻损失引起的过电势 $\eta_{\text{res}} = iR_{\text{E}}$，并且还要考虑两个电极上的活化和扩散过电势（图 9.31 中的 η_{P}），根据在电流为 i 时电池的实际电压 $E_{\text{cell}}(i)$，将加载效率 ξ_{load} 定义为：

$$\xi_{\text{load}} = -\frac{nFE_{\text{cell}}(i)}{-nFE_{\text{H}}^0} = -\frac{nF\left[E^0 - \sum|\eta(i)|\right]}{-nFE_{\text{H}}^0} = \frac{\left[\Delta G + nF\sum|\eta(i)|\right]}{\Delta H} \quad (9.51)$$

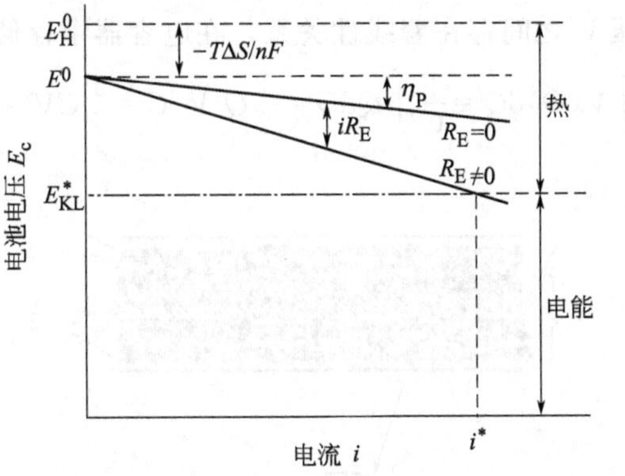

图 9.31　电池电压（反应熵 $\Delta S < 0$）随电流的变化关系

图中 iR_{E} 为电解液电阻；η_{P} 是两个电极上的超电势，其他符号的定义请参见本节文字

　　以碱性 H_2/O_2 燃料电池（AFC）为例，在电池电压大约为 $0.8V$ 时能获得足以在实际中应用的电流密度，可推算出在有负载施时，其效率为 $0.8/1.48 = 0.54$。

　　为计算实际或有效效率，ξ_{eff}，还应该对电池或燃料电池中活化物质的质量利用率进行校正：在 AFC 电池中，至少有 95% 的气体能得到利用，由此可算出 $\xi_{\text{eff}} = 0.95 \times 0.54 = 0.513$。其他的损失包括燃料供给系统以及电压调整所造成的能量消耗等，它们合在一起占另外的 10% 损失，因此 AFC 电池在 $0.8V$ 时的最终效率为 0.46。

　　单个电池在单位时间内的净热平衡可以表达为：

$$W = -\frac{iT\Delta S}{nF} + i\sum|\eta(i)| + i^2 R_{\text{E}} = i(E_{\text{H}}^0 - E^0) + i\sum|\eta(i)| + i^2 R_{\text{E}} \quad (9.52)$$

　　式中，已明确包含了电池的内阻。W 的单位是 W 并总为正（$W > 0$）。这个值对工程设计十分重要。

　　将电池或燃料电池的效率与热机如内燃机的理论效率相比，可得到：

$$\xi_{\text{HE}} = \frac{\text{热源与冷源间的温度差}}{\text{热源温度}} = \frac{T_{\text{h}} - T_{\text{c}}}{T_{\text{h}}} \quad (9.53)$$

　　内燃机的理论效率，即 Carnot 指数一般为大约 0.5，但以市内行驶为例，它可以下降到 0.1。燃料电池的优势在于能高效地将化学能转化为电能，在部分负载的情况下尤其如此。

9.8　超级电容器

　　超级电容器的功能介于可充电电池和电容器之间，对任何电容器而言：

$$C = q/\Delta\varphi = Q/V \tag{9.54}$$

式中，电容 C 是电极上的电荷 q 或者相当于用正极板上的电荷数 Q（它会在负极板上引起等量的负电荷存在）除以两块极板间的电势差，也就是极板间的电容器电压。电荷 Q 和电压 V 之间存在着线性关系，在电容器中存储的能量 E_C 为：

$$E_C = \int V(Q)\mathrm{d}Q = \frac{1}{C}\int Q\mathrm{d}Q = \frac{1}{2}Q^2 V/C = \frac{1}{2}CV^2 = \frac{1}{2}QV \tag{9.55}$$

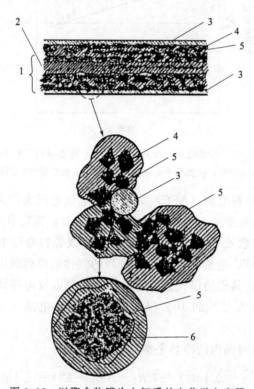

图 9.32 以聚合物膜为电解质的电化学电容器

1—膜电解质阵列（MEA）；2—聚合物膜；3—集流器；4—金属氧化物颗粒；5—聚合物电解质；

6—多孔支撑物 [J. A. Kosek，B. M. Dweits and A. B. LaConti,

"*Technical characteristics of PEM Electrochemical capacitors*", in *Handbook of Fuel Cells*,

vol. 2, eds. W. Vielstich, H. Gasteiger and A. Lamm, Wiley-UK. Chichester, 2003]

与此相比，对一个理想二次电池而言，其电压在充电和放电过程中应该是保持恒定的，因此存储的能量 $E_B = QV$。静电电容器的特征是充电发生在两块由电介质隔开的平行板上，电化学电容器则是由两层多孔层组成，多孔层两侧均对离子导电而对电子绝缘。它的结构（见图 9.32）可以与质子交换膜电解槽或质子交换膜燃料电池中的膜电解液结构（membrane electrolyte assembly，MEA）相对应。决定这种电容器的功能和尺寸的关键在于其可逆性和存储电量随电势的变化关系，图 9.33 所示为对一个采用多孔碳层的纯双层电容器进行性能测试的结果。利用可逆性氧化还原准电容（redox-pseudo-capacitance）的超级电容器的典型范例是硫酸溶

液中的水合 RuO_2。它的电容能达到 $4F \cdot cm^{-2}$，其对应的能量密度为 $5W \cdot h \cdot L^{-1}$。令人感兴趣的是，如果以 ms 级时间进行瞬间放电，可达到 $10^5 W \cdot L^{-1}$ 功率储存能力。一般建议将超级电容器用作短时间放电的附加电源，例如用在汽车启动或加速上。

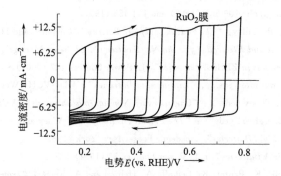

图 9.33 以碳纤维为支撑的双层电容器在 $1mol \cdot dm^{-3} H_2SO_4$ 溶液中的表面电容

实际面积为 $2500m^2 \cdot g^{-1}$ [B. E. Conway, V. Birss and J. Wojtowicz, J. Power Sources 66 (1997) 1 and B. E. Conway, *"Electrochemical Supercapacitors"*, Kluwer Academic-Plenum Press NY, 1999]

参 考 文 献

电池和燃料电池的通用参考文献

(*General References to batteries and fuel cells*)

C. A. Vincent and B. Scrosati: *"Modern Batteries"*, 2nd Edition, Arnold, London, 1997

Linden and T. Reddy (eds.): *"Handbook of Batteries"*, McGraw-Hill, New York, 2001

I. O. Besenhard (ed.): *"Handbook of Battery Materials"*, Wiley-VCH, Weinheim, 1988

D. Berndt: *"Galvanic Cells: Primary and Secondary Batteries"*, in Ullmanns' Encyclopaedia, A3 (1985) 343

Philosophical Transactions of the Royal Society, *"Materials for Electro-chemical Power Systems"*, 354 (1996) pp. 1513-1712

特定电池体系参考文献

(*References to Specific Battery Systems*)

G. Nazri and G. Pistoia (eds.): *"Lithium Batteries, Science and Technology"*, Kluwer Academic Publishers, New York, 2004

K. V. Kordesch: *"Batteries, vol. 1: Manganese Dioxide"*, Marcel Dekker Inc., New York, 1974

K. V. Kordesch: *"Batteries, vol. 2: Lead-acid Batteries and Electric Vehicles"*, Marcel Dekker Inc., New York, 1977

H. Tuphorn: *"Sealed Maintenance-Free Lead-Acid Batteries"*, J. Power Sources 23 (1988) 143

T. Allmeidinger: *"Electrochemical Energy Storage"* in Chem. Ing. Tech. 63 (1991) 428

J. F. Cole: J. Power Sources 40 (1992) 1

A. Fleischer and J. J. Lander (eds.): *"Zinc-Silver oxide Batteries"*, J. Wiley, New York, 1971

F. von Sturm: *"Silver-Zinc Secondary Batteries"* in Comprehensive Treatise of Electrochemistry, J. O'M. Bockris, B. E. Conway, E. Yeager and R. E. White (eds.), Plenum Press, New York, vol. 3, 1981, p.

407

S. Ruben: *"Sealed Mercury Cathode Dry Cells"* in Comprehensive Treatise of Electrochemistry, J. O' M. Bockris, B. E. Conway, E. Yeager and R. E. White (eds.), Plenum Press, New York, vol. 3, 1981, p. 233

C. Fabjan and K. V. Kordesch: *"Conception, development and possibilities for the zinc-halogen storage system"* in Dechema Monographs 109 335 (1987) and 124 455 (1991)

J. L. Sudworth and A. R. Tilley: *"The Sodium Sulphur Battery"*, Chapman and Hall, New York, 1985

S. Mennicke: *"Electrolyte and Electrodes for the Na/S-battery"*, Dechema Monograph 109 409

C. -H Dustmann: *"Advances in ZEBRA Batteries"*, J. Power Sources 127 (2004) 85

M. Wakahira and O. Yamamoto (eds.): *"Lithium-Ion Batteries"*, Wiley-VCH, Weinheim, 1998

G. Mamantov and A. J. Popov (eds.): *"Chemistry of Non-aqueous Solutions"*, VCH, Weinheim, 1994

G. W. Heise and N. C. Cahoon (eds.): *"The Primary Battery"*, J. Wiley and Sons, New York, 1970

J. P. Gabano ed.: *"Lithium Batteries"*, Academic Press, New York, 1983

J. L. Sudworth: *"ZEBRA Batteries"* in J. Power Sources 51 (1994) 105

H. Cnobloch, H. Nischik, K. Pantel, K. Ledjeff. A. Heinzel and A. Reiner: *"Iron-Chromium Redox Storage Systems"* in Dechema Monographs 109 427 (1987)

燃料电池专业参考文献

(Specific References to Fuel Cell Systems)

W. Vielstich, H. Gasteiger and A. Lamm (eds.): *"Handbook of Fuel Cells, Fundamentals, Technology and Applications"*, Wiley UK. Chichester, 2003.

K. V. Kordesch and G. Simader: *"Fuel Cells and their Applications"*, Wiley-VCH, Weinheim, 1996

W. Vielstich and T. Iwasita: *"Fuel Cells"* in G. Ertl, H. Knözinger and J. Weitkamp (eds.): *"Handbook of Heterogeneous Catalysis"*, Wiley-VCH, Weinheim 1997

A. Hamnett: Phil. Trans. Roy. Soc. A354 (1996) 1653

Berichte der Bunsengesellschaft fr Physikalische Chemie, 94 No. 9, 1990

A. J. Appleby and F. R. Foulkes: *"Fuel Cell Handbook"*, Van Nostrand, New York, 1989

L. J. M. J. Blomen and M. N. Mugerwa eds.: *"Fuel Cell Handbook"*, Plenum Press, New York, 1993

K. Prater: J. Power Sources 51 (1994) 129

A. Hamnett and G. L. Troughton: *"The Direct Methanol Fuel Cell"*, in Chem. Ind., 1992, 480

W. Vielstich: *"Fuel Cells*, Wiley Interscience, New York, 1970

第 10 章　电分析领域的应用

电化学技术可以以各种不同的方式用于解决分析化学领域的有关问题。例如，可以通过电导测定（2.1.2 节）、电势测量（第 2 章）或者电流测定法（见下文）来确定滴定反应的终点。另外，比如极谱法（10.2 节）通过测量电化学过程中电流或电压信号，还可以直接测量出物质的含量。第三种可能性是利用电化学仪器作为传感器来监测化学反应过程所需关键物质的浓度，以控制该化学反应过程（10.3 节）。

电化学分析方法在很多领域，如环境监测、冶金、地质、制药、医学化学和生物化学中都有着广泛的应用，这些应用主要包括对通常是以微量形式存在的阴离子、阳离子及大量的无机、有机化合物的定量测量。电化学方法的优势在于可以分析颜色很深或不透明的溶液，而且通常还能同时记录几种不同物质的信息。另外，电化学分析仪器一般成本较低，因此可广泛用于生产过程的监测；即使对不是便携式的仪器，测量前对样品的预处理步骤通常也比使用光谱技术所要求的要少很多。

本章并不打算涵盖现有的所有电分析化学方法及其衍生技术，而只介绍几种核心技术的基础知识，并适当地介绍一些有针对性的范例，来帮助读者建立这方面的一个知识框架。

10.1　使用电化学指示剂的滴定过程

在本书的前面部分，已对滴定过程的电导和电势测定法进行了阐述。然而，电流滴定法是通过测量极限扩散电流来确定滴定过程中某种物质的浓度。在最简单的情形中，随着滴定过程从始点（此处的滴定过程完成度 f 为零）进行到终点（$f=1$），极限电流将逐渐降低直到趋近于零。图 10.1 给出了电流滴定的一个例子，随着作为沉淀剂的硫酸根离子（SO_4^{2-}）的加入，溶液中 Pb^{2+} 的还原过程的极限电流逐步下降，最后减小为

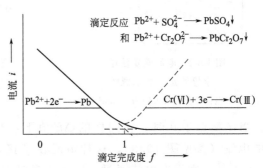

图 10.1　电流滴定法中观测的电流
随滴定完成度 f 的变化曲线
其中 $f=1$ 对应滴定过程的终点

零。有趣的是如果采用重铬酸盐（$Cr_2O_7^{2-}$）作为沉淀剂时，因为 $Cr_2O_7^{2-}$ 会被电化学还原成 Cr^{3+}，因此其极限电流会随着过量 $Cr_2O_7^{2-}$ 的加入而重新增加。当使用的滴定剂有电化学活性时，所观察到的情形将完全不同，在到达终点之前极限电流一直减小，直至很小的数值，但达到终点后极限电流又开始急剧增加。

该测量方法需要保持传质条件恒定（即扩散层厚度 δ_N 值必须不变，参见第 4 章），可采用旋转圆盘电极或微电极。为避免析氢反应对测量的干扰，可以使用表面用汞修饰过的玻碳片圆盘作为工作电极。该方法经常遇到的问题是不能很好地确定滴定的终点，因此进一步开发了一种"双电流滴定法"或称为"永停滴定法（dead-stop-method）"。该方法的原理如图 10.2 所示。它基于如下事实：对图中两个串联的电极而言，它们各自流过的电流必须大小相等而符号相反。可使用一个 I^-/I_2 溶液来说明该方法。当 I^- 和 I_2 的浓度相等时，那么其电流-电压曲线将如图 10.3 中的实线所示。其中，两个电极串联连接阴极流过的电流为 i^-，阳极通过的电流为 i^+，而两个电极间的电势差为 ΔE（见图 10.2 和图 10.3）。当使用 $S_2O_3^{2-}$ 滴定溶液中的 I_2 时，有下述氧化还原反应发生：

$$I_2 + 2S_2O_3^{2-} \longrightarrow 2I^- + S_4O_6^{2-} \tag{10.1}$$

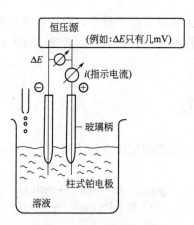

图 10.2　电流滴定法中的
永停滴定过程示意图
电极面积通常大约为 $10mm^2$

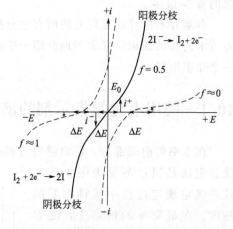

图 10.3　永停滴定法中在不同的 f 值下
（见正文）电流随电势的变化曲线

当 f 接近于 0 时，在同样的 ΔE 值下，与 $f=0.5$ 相比，只能测到相对较小的电流（参见图 10.3），这种情况在 f 接近于 1 时也同样观察到。在 $f=0$ 和 $f=1$ 时，则没有电流通过，因为前者没有要氧化的 I^-，而后者已没有 I_2 要被还原。在相同的 ΔE 值，随滴定完成度 f 变化的电流如图 10.4 所示。很明显，在 $f=0.5$ 时电流达到最大值；需要注意的是，虽然两个电极间的电势差保持一定，但这两个电极各自对参比电极的电势会随着滴定过程的进行而发生变化。

　　另一种方法是在保持通过两个电极中的电流值（通常在几个 $\mu A \cdot mm^2$ 范围内）恒定的情况下测量 ΔE 值的变化。以图 10.3 所示的理想情况而言，将会看到在开始阶段 ΔE 值较大，因为为了使阴极还原反应发生，需要一个相应的阳极氧化，这时需要加一个较高的电势，不得以使溶剂阳极氧化分解。在滴定向 $f = 0.5$ 进行时，

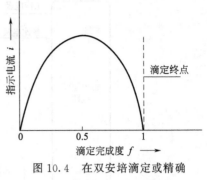

图 10.4　在双安培滴定或精确
终止滴定过程中，电流与
滴定完成度 f 的关系

ΔE 值将减小。而在 $f > 0.5$ 时 ΔE 值将再一次增加，并在终点达到一个较大的定值。

10.2　电分析方法

　　如上一节所示，电活性物种的浓度可由反应的极限电流直接反映出来，事实上这就是极谱这种重要技术的基础。另外，将描述通过直接测量电化学反应所需电量的分析方法（库仑分析法和电重量分析），以及基于测量电化学反应所需过渡时间的分析方法（计时电势法）。

10.2.1　极谱法和伏安法

　　极谱法以及更一般的伏安法一直是电化学中最为熟知并常用的分析手段。在电化学分析中，"伏安法"这一术语是指任何测量电流对电极电势的依赖关系的分析方法。通常所说的极谱法仅限于使用汞工作电极的方法，就像循环伏安法只不过是电动力学中一种特殊的方法。极谱技术起源于 Heyrovsky 等在汞-电解液界面开展的近 20 年的基础研究，该研究使他荣获了 1960 年的诺贝尔化学奖。

10.2.1.1　直流极谱的基本原理

　　直流极谱的基本原理如图 10.5 所示的经典装置：滴汞工作电极施加了负向电势扫描，扫描速率通常是大约 $200mV \cdot min^{-1}$（$3.3mV \cdot s$）。作为电极材料的汞，有两个非常重要的优点：第一个优点是汞上的析氢反应动力学非常慢，在中性或碱性电解质水溶液中有很宽的电势窗口，例如相对于饱和甘汞参比电极，可以在 $-2.0 \sim 0V$ 之间使用。当电势高于 $0V$ 时，汞将发生溶解。第二个优点是只需使用一个如图 10.5 所示的简单的毛细管，液体汞能不断地生成寿命达几秒的汞滴。由于汞滴在电极上不断地生成与滴落，汞表面将保持清洁而不吸附可能使汞污染的杂质。另外，它还有如下优点：① 流过汞滴（一般直径为几毫米左右）的电流很

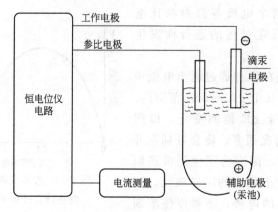

图 10.5　直流极谱的装置示意图

小（0.1mA 左右），因此在测量过程中电解液的组成可近似认为不变；② 汞属于相对惰性的金属，只与极少数几种电解液发生化学反应。

在初期的实验装置中，滴汞工作电极及参比-辅助复合电极浸入含氯离子的电解液中，随着电势扫描的进行，二者间的电势差稳定地增加。由于对电极的面积远大于滴汞工作电极，可以认为对电极的电势基本上是恒定的，并由 Hg_2Cl_2/Hg 氧化还原电对决定。电势差增加将主要驱使工作电极的电势稳定地负移。在电势扫描过程中，流过的电流连续地监测并记录。因为在毛细管上汞滴在不断长大最后滴落，电流被快速测量而未经过任何平滑处理，实际观测到的电流响应与锯齿类似，由具有等时间间隔的最大和最小值构成。

最初，电压扫描信号是由电机驱动的电压计机械地产生的。在现代的实验装置中，电压扫描是通过电子技术实现的，通常都使用标准的三电极系统，并使用 Ag/AgCl 为参比，而汞池为辅助电极。电流通常由 $x\text{-}t$ 记录仪记录。为防止早期极谱中出现的锯齿状电流响应，通常用一个机械锤强制使汞滴脱离毛细管，并在汞滴滴落前快速测量电流。

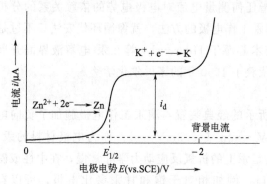

图 10.6　包含锌离子（Zn^{2+}）和 KCl 支持电解质溶液的极谱图

i_d 是锌还原的平均极限扩散电流，$E_{1/2}$ 是半波电势。背景电流以虚线表示，它代表汞滴的充电电流

图 10.6 显示了一个理想化的极谱图，该图给出了在 1mol·dm^{-3} KCl 支持电解质和 0.001mol·dm^{-3} $ZnSO_4$ 溶液中的电流响应。在极谱图中习惯上将 x-轴的方向反转，因此较负的电势显示在图的右侧。当电极向负方向扫描到 -1.0V 时，只有很小的来自于汞电极的双电层充电

电流通过电极。但是当电势一旦达到 $-1.0V$ 附近锌的沉积电势后，还原电流迅速升高，直至达到扩散过程控制的极限值，给出一个极限扩散电流 i_d。只有当电势达到下一个电化学过程的还原电势值时（这里是 K^+ 被电化学还原生成钾汞齐），电流才能继续上升。因此从极谱图里能得到两条信息：① 电流发生阶跃的电势，该电势给出该还原反应的化学本质的信息；② 扩散控制电流 i_d 的大小，由此可以获得被还原物种浓度的相关信息。

电流到达极限扩散电流值一半时的电势称为半波电势，$E_{1/2}$。如果溶液中氧化态和还原态物种同时存在时，该半波电势值与溶液中具有电化学活性的氧化还原电对的标准氧化还原电势非常接近：

$$E_{1/2} = E^0 + (RT/nF)\ln(D_{red}/D_{ox})^{1/2} \tag{10.2}$$

然而对锌的还原反应，由于生成的产物是锌汞齐，使得其半波电势值略微偏正。尽管如此，这些半波电势值的重现性非常好，而且已列成表格作为标准数据参考。

分析上最重要的是测量极限电流的大小。Ilkovič 等根据扩散方程确定了该极限电流值为：

$$i_d = AnD^{1/2}m^{2/3}\tau^{1/6}c^0 \tag{10.3}$$

式中，A 为常数；m 为来自毛细管的汞的质量流速；τ 为滴落的时间；c^0 为被还原物种的浓度。该方程可由 4.3.7 节里对平整电极表面的 i_{lim} 的表达式直接导出（因为 δ_N 比汞滴的半径 r 小得多，因此对滴汞电极该式的前提条件也成立）。汞球的表面积是 $4\pi r^2$，并且随时间而改变，根据任一时间 t 时汞滴的质量 mt 与半径 r 的关系，可有 $r^2 = \left(\dfrac{3mt}{4\pi\rho_{Hg}}\right)^{2/3}$，其中 ρ_{Hg} 是液体汞的密度。将该式代入 i_{lim} 表达式中并使 t 等于滴汞的寿命 τ，就可以得出上述的 Ilkovič 方程。如果 D 的单位是 $cm^2 \cdot s^{-1}$，m 的单位 $mg \cdot s^{-1}$，τ 的单位是 s，c^0 的单位是 $mmol \cdot dm^{-3}$，那么在经过其他一些小的校正后 Ilkovič 给出的 A 值为 708。对汞滴的寿命取平均值后，A 值降低至 607。

然而，实际上很少直接使用 Ilkovic 方程，而是通常采用一系列的标准校正溶液。另外通常在实验前需要先去除溶液中的溶解氧，在中性溶液中，氧在汞电极上在 $-0.2V$（相对于 SCE）时被还原为 HO_2^-，并在 $-1.0 \sim -1.3V$ 的电势区间被进一步还原为 OH^-。在极谱分析中的另一个实际问题就是在某些溶液中随着还原电流升高至扩散控制极限后，在汞滴附近会形成对流涡漩。它的存在会导致传质速率增加并出现经常观察到的"极谱最大值"，即在电势略高于 $E_{1/2}$ 时，电流升高并超过扩散控制极限，然后再在电势变得更负时又降至极限扩散电流值 i_d。该效应通常可通过向溶液中加入少量的表面活性剂而消除。

极谱很灵敏，即使使用如图 10.5 所示的简单的实验装置，也能检测低至 10^{-5} $mol \cdot dm^{-3}$ 的浓度，而现代电子技术可使极谱的浓度检测极限再降低几个数量级

（参见下文）。该技术的另一优点就是如果被检测物种的半波电势能适度地分开，极谱在同一实验中能够同时检测好几种物种。如图 10.7 所示，Tl^+、Cd^{2+}、Zn^{2+} 和 Mn^{2+} 可在同一电势扫描中测定（耗时约 10min）。该技术快速检出的优点使其可用于连续分析，且分析物不只是局限于阳离子，也能用于阴离子及中性物质，甚至有机化合物，只要这些物质含有合适的电活性基团。

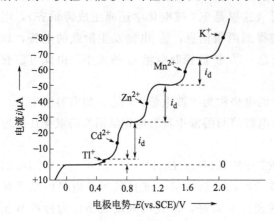

图 10.7 在含有数种离子的溶液中所测的平均极谱电流
同时也在图中给出了各种离子对应的极限电流和半波电势

10.2.1.2 提高极谱法的灵敏度和分辨率的现代仪器方法

由于法拉第电流与双电层充电电流之比是决定灵敏度的主要因素，因此可通过提高法拉第电流或降低充电电流来提高灵敏度。

降低充电电流已成为极谱学中现代仪器开发的首要目标。对最简单的情形，由于充电电流的主要部分以 $t^{-1/3}$ 形式减少（因为 i_c-$C_d \cdot dA/dt$，其中 A 是汞滴的面积），而法拉第电流在汞滴的生长过程中随时间以 $t^{1/6}$ 形式增加，因此在汞滴滴落前的瞬间，测量电流将能获得最佳灵敏度。这一点能够很容易地通过机电控制撞击汞滴的落下时间而实现，因此可以保证在准确性和重现性很高的前提下进行所需的测量。

另一种衍生技术是脉冲极谱法，该技术对连续生成的每一汞滴施加窄方波脉冲电压（见图 10.8），而且对后续的汞滴施加的脉冲电压的幅值是连续增加的（每次几毫伏）。每当施加外部电压脉冲信号时，电流可以分为充电电流和法拉第电流两部分，前者以 $e^{-t/RC}$ 减小，而后者则以 $t^{-1/2}$ 减小。当使用高浓度的支持电解质以使溶液电阻 R 值很小时，电流中的充电电流组分将在施加电压脉冲的过程中基本降为零，而在脉冲结束前观测到的电流将基本属于纯粹的法拉第电流。与直流极谱技术相比，该技术可以将极谱测量的灵敏度提

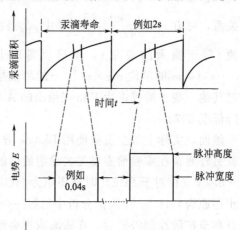

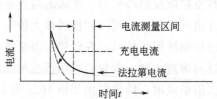

图 10.8 脉冲极谱原理（见正文）

高大约两个数量级。

除了提高极谱的灵敏度，尤其是对两种被分析物种的半波电势非常接近时，通常也希望提高其分辨率。最简单的方法就是将电流对电势求导数。图 10.9 所示即为微分极谱图，它展示了从 Cd^{2+}（$E_{1/2}=-680mV$）的极谱电流中分辨出 In^{3+}（$E_{1/2}=-630mV$）的贡献。更高的分辨率可通过交流极谱获得，在交流极谱中一般将一个频率低于 100Hz 且幅值较小的交流电压叠加到直流扫描电压上。所测量电流中的交流组分，实质上是电流阶跃时的微分，因此它能提高半波电势的测量精度，

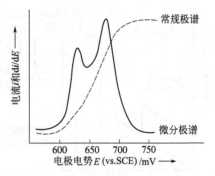

图 10.9　含有 LiCl 支持电解质以及
In^{3+}（$E_{1/2}=-630mV$）和
Cd^{2+}（$E_{1/2}=-680mV$）
的溶液微分极谱图
常规极谱图很难区分 In^{3+} 和 Cd^{2+} 的峰位

并能更好地区分来自于不同物种的信号。该方法的基本原理图 10.10 所示，它表明在半波电势下将会出现交流响应的峰值，因为在该电势下，电压的变化将导致最大的电流变化。交流极谱的价值在于能分辨半波电势非常靠近的物种，图 10.11 所示对半胱氨酸和胱氨酸分辨的测定结果。

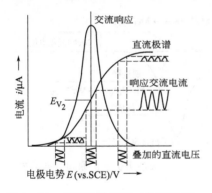

图 10.10　交流极谱原理（参见正文）

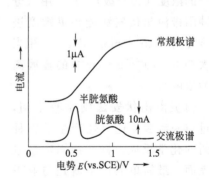

图 10.11　含 $10^{-4}mol \cdot dm^{-3}$ 半胱氨酸和
$6 \times 10^{-4}mol \cdot dm^{-3}$ 胱氨酸体系的
交流极谱图

值得指出的是交流极谱的灵敏度并没有比经典的直流极谱高，因为充电电流也以正弦波的形式变化。为消除其影响，人们开发了一种称为"微分脉冲极谱"的方法，其中叠加在直流扫描电压上的正弦波电压被一系列方波脉冲所取代（见图 10.12）。通常在电势阶跃前的瞬间测量以减小充电电流，并从连续测量的差值中取出微分信号。该技术的灵敏度很高，在最佳条件下检测下限可达 $10^{-8}mol \cdot dm^{-3}$。

10.2.1.3　采用静态汞电极的极谱技术

极谱的灵敏度也可通过提高法拉第电流 i_f 来实现。原则上这可通过提高对流

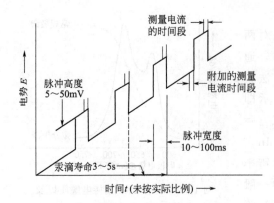

图 10.12　汞滴上电势随时间的变化关系
以及微分脉冲极谱法的测量时间段

传质，如采用旋转汞电极来得以实现，尽管这一方面尚未被广泛研究过。目前提高电流中法拉第电流组分的一种主要方法是采用一种称为"溶出伏安法"的技术：在重现性十分好的条件下，将浓度非常低的被分析物在某一合适电势下及预定的时间内电沉积到静态悬汞电极上。

以阳极溶出伏安法为例，还原性物种，如金属阳离子，通常在比其半波电势负 $200 \sim 400 \mathrm{mV}$ 的电势下预沉积一定时间，在汞滴表面富集的产物可以是金属汞齐、金属膜或汞表面的沉积物等形式。然后将电势向正方向扫描，直至被还原的分析物重新氧化溶解并流过正的电流（见图 10.13）。如果对各个样品的沉积条件完全一致，峰电流 i_p 将正比于被分析物的初始浓度。这一看似简单的改进能将检测的灵敏度提高 3~4 个数量级，如对 Cd^{2+}，可以检测到十亿分之一的浓度（10^{-9}级）。若采用微分脉冲阳极溶出伏安法能将灵敏度进一步提高到 $10^{-10} \mathrm{mol} \cdot \mathrm{dm}^{-3}$，相当于大约 $5 \times 10^{-12} \mathrm{g} \cdot \mathrm{cm}^{-3}$ 的金属离子的浓度。

阴极溶出伏安法则略有不同，通过与汞滴表面电氧化产生的物种之间的化学反应，将产物固定在电极表面。最简单的例子就是与亚汞

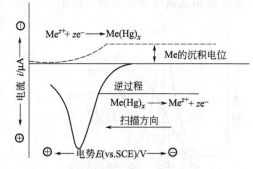

图 10.13　阳极溶出伏安法原理（见正文）

离子的直接反应，氯离子的浓度可通过下面的反应确定：

$$2Hg \longrightarrow Hg_2^{2+} + 2e^- \tag{10.4}$$

$$Hg_2^{2+} + 2Cl^- \longrightarrow Hg_2Cl_2 \tag{10.5}$$

在不可溶的氯化亚汞（Hg_2Cl_2）沉积后，电势向负扫描，重新将亚汞离子还原，并释放氯离子。

当然，使用静态电极而不是滴汞电极增加了汞电极被污染的可能性，必须经常更新电极表面。对汞滴电极的情形，在每一组实验结束后可以简单地移走汞滴，并形成新的汞滴。而对汞膜电极，可以在如玻碳这类容易清洁和抛光的电极上重新沉积。贵金属电极在无法使用汞电极的正电势区具有明显的优势，如果它们用于溶出伏安法，经常清洁也非常必要：或者必须将它们定期抛光，或者以一合适的电势程

序扫描，以保持其表面清洁而且重现性很好。

10.2.1.4 极谱法的总结

极谱技术的应用范围相当广泛，不但能在冶金、矿物学、水质分析及环境化学方面用来分析确定各种各样的金属阳离子外，也能用来分析阴离子、中性的无机或有机分子。后一类的应用已经大大提高了人们在生物分析化学、分析药理学、石化和陶瓷工业、诊所毒物学分析、法院取证分析等方面使用极谱的兴趣。如 4.3.8.2 节所述使用微电极和超微电极，可使充电电流变得很小，例如，使用一个 $7\mu m$ 的汞滴就能对含 $10^{-7}\,mol\cdot dm^{-3}$ 的 Pb^{2+} 和 Cd^{2+} 的溶液进行快速分析。

因为很多复杂有机分子只含一个电活性官能团，使能在混合物中对这类分子进行检测而无需先进行化学分离。其快速检测及高选择性的优点在现代化学工业中非常有吸引力。

最后，尽管目前极谱主要作为分析方法广泛使用，值得强调的是早期在汞电极上的吸附研究对于理解电化学双电层的结构起了十分关键的作用，极谱也广泛地用于研究扩散过程和电荷转移反应速率。

10.2.2 其他方法——库仑法、电重量法和计时电势法

库仑法基于在发生电化学反应时流过的电量与反应物质的质量 m 直接相关

$$Q = \int i\mathrm{d}t = \frac{m}{(M/nF)} \tag{10.6}$$

式中，M 是摩尔质量。$n=1$ 时，$10^{-3}\,C$ 的电量相当于 $1.0364\times10^{-8}\,mol$ 的物质，或者说相当于 $1\mu g$ 的相对分子质量 $M=100$ 的物质。电量可直接通过对电流的积分而进行测量。需要注意的是，式(10.6) 仅当电流 100% 地用于所研究的反应时才成立。必须将常见的副反应，如析氢或析氧反应、溶解氧的还原、在有络合剂时电极金属自身的溶解以及反应产物与外来的杂质之间的逆反应等减到最小程度，该技术才有可能使用。另外，利用隔膜将工作电极与对电极分开以使来自对电极的产物的扩散减至最小也很重要。此外，通过电化学反应使所有分析物被彻底反应的要求也很难满足，即使经过强烈的搅拌，该过程也需要很长的时间，因此直接使用方程式(10.6) 不是一种可取的方法。

据此，人们开发了一些新的方法以使库仑法成为一种有用的技术。最简单的一种就是恒电势库仑法，电势恒定控制在极限电流区，并通过强制对流使扩散层厚度 δ_N 一定，极限电流可以表达为：

$$i(t) = \frac{nFDAc(t)}{\delta_N} \tag{10.7}$$

其中只有分析物的浓度明确地与时间有关。如果含分析物溶液的体积是 V，根据法拉第定律，可以得到：

$$i = \frac{\mathrm{d}Q}{\mathrm{d}t} = -nF\frac{\mathrm{d}(Vc)}{\mathrm{d}t} \tag{10.8}$$

因为 Vc 是在时间为 t 时溶液里分析物的总量。结合式（10.7）及式（10.8）得出：

$$\frac{dc}{dt} = -\frac{DAc}{V\delta_N} \tag{10.9}$$

从 $t=0$，$c=c_0$ 开始积分：

$$c = c_0 \exp\left(-\frac{DAt}{V\delta_N}\right) \equiv c_0 e^{-kt} \tag{10.10}$$

将式（10.10）代入式（10.7），有：

$$i = i_0 e^{-kt} \tag{10.11}$$

据此

$$Q = \int_0^\infty i_0 e^{-kt} dt = \frac{i_0}{k} \tag{10.12}$$

因此，无需测量使被分析物完全放电完的总电量，而只需测量初始电流 i_0 以及反应速率常数 k，且通常进行几十分钟的电流测量就已足够。实验数据是否准确地服从式（10.11），可用来检验是否有严重的副反应的发生。恒电势库仑法的主要应用领域是测量少量的非铁、贵金属或铜系金属，通过测定被分析物的氧化还原态的变化或者在汞、贵金属或玻碳上的电沉积等电化学行为，灵敏度可以达到 $10^{-6} \sim 10^{-10} \, \text{mol} \cdot \text{dm}^{-3}$。

另一个派生的方法是恒电流库仑法，其中电活性物质，如 I_2，可以在溶液中以一定速度原位通过电化学反应产生。这实际就是常用的滴定法的另一版本，只是把由滴管添加改为由电化学反应产生。接下来必须做一辅助实验以确定反应终点，其中被分析物的浓度可通过分光光度法、电势滴定法或其他途径测定。这一方法在如滴定溶液难以配制，或因被滴定物的量非常少，用滴定法测量时误差会很大的情况下使用时有显著的优势。

另一方法是电重量分析法（electrogravimetry），其中溶液中分析物完全电沉积到电极表面，可由沉积前后的质量差得出沉积物质的质量。与恒电势库仑法类似，被测物质的完全沉积通常是不现实的，原理上可以使用类似于式（10.8）到式（10.12）的方程式。最近，石英晶体微天平法已引入到电化学研究中，由于石英晶体的共振动频率与蒸镀在石英晶体上的金属的质量相关，因此可通过测量石英晶体上的共振频率变化来称重（参见 5.4.5.2 节）。石英晶体的共振频率的变化由 Sauerbrey 方程给出：

$$\Delta f_0 = -A f_0^2 \Delta m \tag{10.13}$$

式中，f_0 是电极在沉积刚开始时的频率，而 Δm 是电极的质量变化。A 是常数，负号意味着随着沉积的进行共振频率将逐渐降低。如果 Δm 正比于 $q(t)$（在时间 t 时流过电极的电荷），经过几十分钟的时间测定作为时间函数的质量变化 Δm，就可计算出 c_0 值。

在恒电流实验中一系列用来测量过渡时间 τ 的方法也可用于分析，这类技术一般称为计时电量法。过渡时间的概念在 4.3.4 节里做过介绍：在被分析物的恒电流转化实验中，如果监测电极电势的变化，将会发现在被分析物耗尽时电势将发生明显的变化，这时为维持电流的恒定将会发生诸如溶剂的分解等反应。因此这类方法可测定被分析物的初始浓度，其极限值为 $10^{-5} \sim 10^{-4}\,mol \cdot dm^{-3}$。该方法的灵敏度可通过如 10.2.1.3 节所述的预浓缩过程而提高。同样，在恒电流放电过程中，当沉积膜或汞齐即将耗尽时，电势将发生急剧变化。后一方法称为"溶出计时电量法"或"电势溶出分析法"。用这些方法容易测量过渡时间在 $10^{-3} \sim 100s$ 的变化，可检测浓度下限达 $10^{-8} \sim 10^{-9}\,mol \cdot dm^{-3}$。

　　原则上，在预浓缩后的恒电流溶解过程，可以通过向溶液中引入某种反应物而导致的化学溶解过程而实现，这种方法称为"化学溶出计时电量法"或"化学电势溶出分析法"。这时，电极置于开路状态，并记录其电势随时间的变化：一旦膜中的被分析物耗尽，开路电势将跃至与所添加物质的氧化还原电对所对应的电势。一个简单的例子就是利用电解液中的溶解氧来氧化汞齐里的金属，直到金属完全溶解电极电势维持在正在进行的电沉积过程的电势值，然后它将阶跃至氧的平衡电势。

10.3　电化学传感器

　　目前，传感器正在医药、环境监测及工业过程控制等方面起着主要的作用。继热、重力、光学传感器之后，现在电化学传感器也发挥了重要作用，尤其是在检测分析物的浓度方面。

10.3.1　电导及 pH 值的测量

　　电导测量的基本原理已经在 2.1 及 2.2 节里讨论过。如果离子的浓度不是太高，所测量的离子电导率近似地正比于溶液中的（强）电解质的浓度。因此电导的测量很适用于检测污水中的盐、酸、碱以及化学反应中产生的中间产物。工业上应用的实例有：电镀过程中电渡液的成分分析和控制，河流及水库的水质监测，以及在化学、石化、造纸及纺织工业等方面的广泛应用等。显然，测量电导的电解池的设计必须满足相关应用的特殊要求，如适用于快速流动的，黏性或脏的液体；在实践中这也许意味着，在有机械擦拭或者甚至在设备中有超声波清洗等条件下使用。

　　pH 计的原理已经在 3.6.7 节里做了详细的描述，pH 传感器的使用相当广泛，下面只能给出几个应用实例。

　　① 在饮用水处理时，水的纯化及脱色通常需要加入铝盐或铁盐。该添加过程必须在略为酸性的环境（pH＝4.5）下进行；在精确控制的 pH 值条件下，铝盐或铁盐将以氢氧化物的形式发生沉淀，并携带走水中的微粒及胶体杂质。

② 酸性或碱性污水对环境造成恶劣的影响，pH 传感器现在能自动监测，以确保排放的污水在指定的 pH 范围内。

③ 胃肠道的 pH 值在医疗上有重要的诊断意义，如今只要通过吞食一个附在微型无线电发射机上的 pH 计便能测量。通常采用的是一个锑 pH 电极，其电压信号加载到该微型发射机的频率上。

10.3.2 氧化还原电极

如果溶液中包含一种物种并可以以两个不同的氧化态存在，且在某一合适的电极上，这两种状态之间的反应动力学足够快时，那么该电极的电势将由该物种的能斯特方程决定（假设其他所有的组分均无电活性）：

$$E = E^0 + \frac{RT}{nF} \ln \left(\frac{a_{ox}}{a_{red}} \right) \qquad (10.14)$$

一个有趣的例子就是镀铬槽排放的污水控制，该污水中最初含有六价的铬（Ⅵ），必须首先通过添加亚硫酸或二氧化硫使其还原为三价的铬（Ⅲ）。该还原过程可通过监测 Cr(Ⅵ)/Cr(Ⅲ) 电对的电极电势，直至 E 降低至比其平衡电势负 0.1V，对应于 $a_{Cr(Ⅵ)}/a_{Cr(Ⅲ)} \approx 10^{-5}$。最后溶液将被中和并沉淀出 $Cr(OH)_3$。

显然，如果在该溶液的 pH 值下，该氧化还原电对的电势比析氢电势更负，如果析氢反应的超电势足够低的话，在电极上可能会发生析氢反应。在实际生产中，这一可能性用 "r_H" 值来表征，其定义为：在相应的 pH 值及氧化还原电对所对应的电势下，与水相平衡的氢气压力的负对数（以 10 为底）。很明显，r_H 值越大，析氢反应的干扰越严重，那么将溶液还原的可能性越大。

10.3.3 离子选择性电极

如果离子能够透过两相的界面，那么将建立一个电化学平衡，其中两相可能处于不同的电势（参见第 3 章）。如果只有一种离子能在两相中交换，那么两相间的电压差仅由该离子在两相中的活度决定。在 3.3 节里已经对这一过程，尤其是对分离具有不同离子活度 a^I 和 a^{II} 的溶液的离子交换膜，做了较为详细的介绍。如果该膜只允许单种离子透过，膜上的电压将如下：

$$\Delta E = -\frac{RT}{zF} \ln \left(\frac{a^{II}}{a^I} \right) \qquad (10.15)$$

如果离子在相 Ⅰ 中的活度恒定，那么在相 Ⅱ 中的活度 a_x 与膜上的电压降 ΔE 有如下关系：

$$\Delta E = -\frac{RT}{zF} \ln \left(\frac{a_x}{a^I} \right) = 常数 + S \lg a_x \qquad (10.16)$$

温度为 298K 时，$S = 59.0/z$ mV。ΔE 可由插在两相中相同的两支参比电极的电压差测出。经过使用一系列的校正溶液，可直接测出任何未知溶液中离子的活度，需要指出的是只有在一定的离子强度下，离子的活度才与离子的浓度之间存在明确的关系。

如果溶液中还存在其他不能透过膜的离子，这些离子将不会影响所测的电压差。然而，现实中没有只能透过一种离子而其他离子完全不能透过的膜，所以必须对其他离子的干扰所造成的影响加以校正。这类校正由 Nikolski 方程给出：

$$\Delta E = 常数 + S \lg a_x + S \sum_i \lg \left\{ K_i a_i^{z/z_i} \right\} \tag{10.17}$$

其中，加和包含所有的干扰离子 i，K_i 是选择系数（由经验法测定）；z_i 是离子 i 的电荷数。

10.3.3.1　玻璃膜电极

玻璃膜电极具有与玻璃 pH 电极相似的性质（参见 3.6.7 节）。阳离子选择性电极中最简单的例子是钠离子选择电极（pNa 电极），除了所用的玻璃材料（添加 $10\% Na_2O$ 和 Al_2O_3 的石英）及内参比为钠离子活度一定的溶液这两点不同外，其构造与 pH 电极基本相同。该电极受到 H^+ 的干扰很大（$K_i = 10^3$）；因此 H^+ 的活度必须比待测钠离子的活度至少低 4 个数量级。银离子的干扰也很严重（$K_i = 500$）。然而，对 K^+、Li^+、Cs^+ 及 Tl^+，其 K_i 值仅为约 10^{-3}，Rb^+ 和 NH_4^+ 的 K_i 值就更小。显然，对由这类传感器所获得的数据的分析必须非常仔细，不过在合适的防范的前提下，可以检测的活度范围可宽至 $1 \sim 10^{-8} mol \cdot dm^{-3}$。

对检测钠离子，pNa 电极相对于其他方法的优点是仪器设备简单、技术坚固耐用（如对反应过程的控制或污水分析），测量速度快（通常几秒）及较宽的浓度检测范围。应用该类电极的一个很好的例子就是在术后护理中监测血液中的 pNa 值，为此可设计一个流动电解池。

虽然 pNa 电极对 H^+ 和 Ag^+ 以外的离子不敏感，但尚未找到对其他离子（如 K^+）有同样选择性的玻璃膜材料。然而，对一系列一价离子具有好的灵敏度的玻璃膜已确认可用来测量样品中所有该类离子的总量。相应地，如果某一样品中仅存在两种该类离子，比如在血液中的 Na^+ 和 K^+，那么同时用 pNa 电极及另一非选择性的电极进行测量，然后通过差减法则能实现对 K^+ 的检测。

10.3.3.2　固体膜及液体膜电极

Ag_2S、CuS、CdS、PbS、LaF_3、$AgCl$、$AgBr$、AgI 和 $AgSCN$ 等不溶性物质都可以作为阳离子交换膜，并能以单晶或粉末压缩圆盘的形式作为传感器使用（见图 10.14）。这些材料都是离子导体，尽管其在室温下导电性非常低，并主要是通过点缺陷在晶格中的迁移来实现。然而，其离子导电性以及响应速度，可以通过向晶格内掺入变价的离子而提高。例如，氟离子选择电极的 LaF_3 可掺杂 Eu^{2+} 或 Ca^{2+}。用于检测 Ag^+、Cu^{2+}、Cd^{2+}、Pb^{2+}、S^{2-}、F^-、Br^-、I^-、SCN^- 及 CN^- 的传感器可由上述材料做成，其对阴离子的灵敏度源于膜表面所发生的平衡反应，如：

$$Ag_2S \Longleftrightarrow 2Ag^+ + S^{2-} \tag{10.18}$$

该类传感器的测量范围在 $10^{-6} \sim 1 mol \cdot dm^{-3}$ 之间。但是会经常遇到干扰

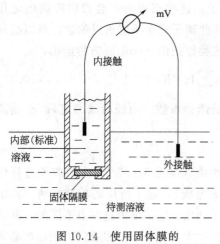

图 10.14　使用固体膜的
离子选择性电极示例

现象。

　　膜的厚度通常是 1mm 左右，除了单晶和压缩粉末的形式外，还可以将不溶金属盐嵌入如硅橡胶或聚乙烯之类的惰性模板。这给膜的制备带来很多优点。除了采用如图 10.14 所示的内部电极外，直接用导线与膜形成欧姆接触也是可行的。人们发现这种做法使电极的温度和时间响应变得十分复杂，需要频繁地校正，但是制作极为简易。如银离子传感器的制作，可将一条导线连接到石墨/聚四氟乙烯圆盘的背面，而圆盘的前表面则涂有氯化银。因其结构简单，使得该类传感器容易微型化（参见 10.3.3.3 节）。简单地将含有离子交换剂的 PVC 膜包覆在一条导线外就是一个坚固的微型传感器，尽管有时其重现性不太好，这类传感器已经应用在诸如毒物分析上。

　　除了固体膜，也能用含有离子交换特性的不混溶的液体膜（有机相），为保持其面对外部溶液的稳定性，通常固定在聚合物膜或陶瓷膜中。如钙离子选择性电极可由二癸基磷酸钙作为二辛基苯磷酸盐的螯合剂，通过将这些物质载入多孔的 PVC 聚合物或硅橡胶基质使其稳定。也可以使用非离子螯合剂，其中最广为人知的例子是大环离子载体缬氨霉素，通常是固定在苯酯中，它对钾离子有很强的选择性，可以用来制作钾离子选择电极，而且受 H^+ 干扰也很小。另外，一些对 NO_3^-（十四烷基硝酸铵的铵盐）、NH_4^+（用无活菌素作为活性离子载体）以及 Ca^{2+}（将二癸基磷酸加入二辛基苯磷酸盐中）等具有很高的选择性的膜也已开发。

　　还可以采用复合膜以提高选择性，如在膜的外侧放置酶来催化某一特殊化学反应以产生某种离子，而该离子又能被内部的离子选择膜检测。其中一个广为人知的例子就是用尿素酶作为催化剂选择性地检测尿素。

$$CO(NH_2)_2 + 2H_2O \xrightarrow{\text{尿素酶}} 2NH_4^+ + CO_3^{2-} \tag{10.19}$$

上式产生的氨能用上述的氨选择膜电极检测。类似地，酶反应产生的质子可用玻璃电极或其他质子选择膜电极检测。这一思路可用来制作多重选择电极，基质包括脂肪醇、乙酰胆碱、杏苷、冬酰胺酶、葡萄糖、谷氨酰胺酶和青霉素等物质。用于检测抗体和激素的生物传感器也已研制出，这个领域在现代临床分析中起着非常重要的作用。

10.3.3.3　离子选择场效应管（ISFETs）

　　为实现在临床及其他方面的应用，离子选择电极的微型化非常关键，但这一步并不简单，如果只是简单地减小尺寸，会严重地降低信噪比，因为这类传感器里信号并没有被放大，但是灵敏度相对于检出增加了。为克服这类困难，人们发展了在膜内部允许信号被放大的装置。这类装置是基于场效应管的工作原理（见图 10.14a）。其基本结构由一个从 n-型的硅经一薄层二氧化硅绝缘隔离层到金属电极（门）的通道组成。电流由源极流到漏极，如在晶体管里一样，这种电流大小可通过改变门电压调节。场效应管型晶体管的主要优点是可单纯通过控制电压来控制门，因为门和源/漏极之间的电阻非常大。这允许用离子选择膜代替常规晶体管中的电子门。跨过该膜的电压对溶液中离子的浓度非常敏感，改变溶液里的离子浓度将改变源-漏极之间的电流电压特性，比如，在恒定的源-漏极电压下检测到电流的变化。很显然这类离子选择场效应管能用于多种离子选择膜，比如那些载固定化酶的膜，因而有广泛的应用前景。

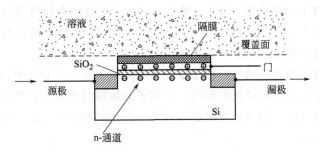

图 10.14a　（实线）场效应管示意图（示例中的门带正电）；（虚线）基于此原理
研制的离子选择场效应管

10.3.4　气体分析传感器

用于分析溶液中气体浓度的电化学技术有着多方面的应用，比如对血液中的二氧化碳，河川中甚至熔融的钢中的氧气含量的监测。混合物中气体的分压也能通过其溶解的量来检测，利用亨利定律描述的气体溶解度与其分压的关系确定。目前已研制出基于电导、电压或电流原理的气体传感器，下面将对其进行概述。总之，所有这类传感器都存在漂移及干扰效应，因此都需要经过非常细致的校正，并都需要安装温度补偿装置。

10.3.4.1　电导型传感器

最为简单的电导型传感器是测量溶液电导率的电解池，通过将被分析的气体引入其中而测量电导率的变化。如果气体引入前，溶液中已经有一种反应物种，它能与气体反应生成离子或者改变离子的浓度，这样溶液将显示电导的变化并可用于分析。一个简单的例子就是确定空气中二氧化硫的浓度，二氧化硫与过氧化氢的水溶液反应生成硫酸，生成的硫酸将大大提高电解池中的离子电导。这类传感器的灵敏度可达到 $0.1\mu g \cdot mL^{-1}$，其检测上限是气流中体积的 15%。也制作出了类似的检测器，用于 HCl、NH_3、PH_3、AsH_3 和 CS_2 以及痕量的有机硫化物的分析。

基于半导体材料（如过渡金属氧化物）的气体传感器也已研制出来。这类传感器不需要电解液，吸附在半导体表面的气体将改变半导体的电导，这与上述的离子选择场效应管的原理差别不是太大。它们的工作模式不完全是电化学的，由于其制作简单、操作方便，使得它们非常有竞争力。

10.3.4.2 电压型气体传感器

在这类传感器的最简单类型中，气体溶于溶液中，根据能斯特方程可知在合适电势下建立的平衡电势正比于压力的对数。这类传感器可直接用于氢气的检测出来，也可间接地用于二氧化硫的检测。对后一种情形，二氧化硫溶于含溴的水中将发生下述反应：

$$SO_2 + 2H_2O + Br_2 \longrightarrow 4H^+ + SO_4^{2-} + 2Br^- \tag{10.20}$$

该反应可通过 Br_2/Br^- 电对的电势或溶液的 pH 值来监测。

这类过程也是构成如图 10.15 所示的 CO_2 传感器的基础，图中二氧化碳扩散透过多孔膜并溶于水而产生 HCO_3^- 和 H^+，后者将被经典的玻璃电极所检测。这一原理也用于检测痕量的 NH_3、SO_2、NO_x、H_2S 和 HCN，而且可通过使用离子选择场效应管将系统微型化。

通过该方式也能检测氧气，由于室温下氧还原的电化学动力学很慢，它意味着需要很高的反应温度。测试电解池由一氧离子导体以及涂覆在其两个表面上的多孔铂电极制成。通过在一边维持氧的标准压力 p_s，在膜的另一边氧的压力可由能斯特方程确定：

$$E = \frac{RT}{4F} \ln \left\{ \frac{p_{O_2}}{p_s} \right\} \tag{10.21}$$

该电解池需要在 800℃ 以上工作。图 10.16 显示了使用该传感器的一个例子，

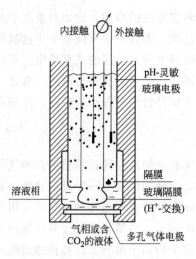

图 10.15 CO_2 传感器的结构（见正文）

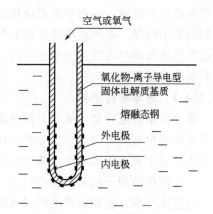

图 10.16 利用氧离子导电膜
测量熔融钢中氧的含量
图中未显示电极连接情况

即熔融钢中氧浓度的测定，式中 p_s 是空气中氧的分压。类似的原理也用于确定内燃机中排放的热气流中氧的浓度：所谓的 λ-探测原理，λ 值由下式给出：

$$\lambda = \frac{\text{进入发动机的空气量}}{\text{完成燃料燃烧所需的空气量}} \tag{10.22}$$

如果 $\lambda > 1$，内燃机排出的尾气中氧的分压升高至 $10 \sim 10^3 \, \text{Pa}$，如果 $\lambda < 1$，氧的分压将小于 $10^{-5} \, \text{Pa}$。显然，为了能让内燃机在较理想的情形下工作，λ 因接近于 1，该传感器上的反馈信号可用于控制燃料/空气混合物的比例。如下节所示，电流式氧传感器也得到开发。

10.3.4.3　电流型气体传感器

用于检测痕量气体的电流型气体传感器是基于由溶解气体产生的电活性物种的氧化或还原，直接或间接的过程皆可行。这类检测器的灵敏度可高达 10^{-9} 级，并且通常显示出很好的选择性。这类传感器通常依靠薄层电解液层来确保溶解的气体能快速地传输到电极表面；该薄层可以直接并入电解池设计或成为三相边界的一部分，后者更适合直接测量气相成分。

气体氧化或还原电流的大小取决于气流中该气体的分压以及在气体/液膜/催化剂三相边界的能斯特扩散层的有效厚度。对极限扩散电流，有：

$$j_{\text{lim}} = nFDc_0/\delta_{\text{N}} \tag{10.23}$$

对直接测量气相分压的传感器，根据亨利定律，有：

$$j_{\text{lim}} = nFDKp_{\text{gas}}/\delta_{\text{N}} \tag{10.24}$$

式中，c_0 是气体在电解液中的平衡浓度；p_{gas} 是气相中相应的气体分压；K 是亨利常数。

该类气体传感器的一个简单例子是用来检测溶解氧的 Clark 电解池。该电解池包含与银电极接触的薄层电解液层和气体渗透膜，如图 10.17(a) 所示。溶解的氧扩散通过膜和薄层电解液层，然后在银电极上被还原。

直接式电流型传感器通常是基于燃料电池技术并结合了人们熟悉的气体扩散电极。图 10.17(b) 给出基于 H_2/O_2 燃料电池的传感器，其中氢工作电极和氧对电极都是如前面所述的气体扩散电极（参见 8.6 节），而电解液是溶胶态的硫酸。如果工作电极和对电极连接在一起，氢电极上的工作电势维持在极限电流区，因此在电极表面的氢浓度几乎为零。对 $1\mu g \cdot mL^{-1}$ 的氢气典型的电流响应为几个纳安，通常使用如图 10.17(b) 所示的电流跟随器或放大器。电流型传感器的选择性可通过使用合适的催化剂，更换电解液以区分不同的气体或采用合适的工作电压范围使被检测的物种为唯一电活性物种等。

间接式电流型传感器利用与电极上的电荷转移反应耦合的辅助化学步骤。一个典型的例子就是如图 10.18 所示的 H_2S 传感器。工作电极为多微孔银层，而有机电解质用来形成三相界面。溶解于电解液中的 Ag^+ 在三相区内非常选择性地与 H_2S 反应生成 $Ag_2S + 2H^+$。如果银电极控制在相对于某一合适的参比电极恒定

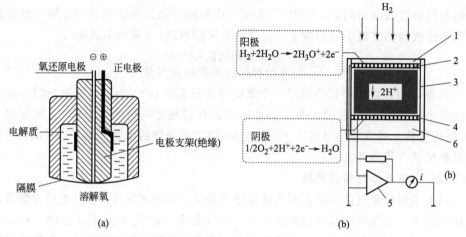

图 10.17 用于检测溶解氧的 Clark 电解池（a）及双电极电流型传感器示意图（b）

［出自 D. Kitzelmann and C. Gottschalk：*tm-Technisches Messen* **62**（1995）152］

1—作为扩散阻挡层的 pTFE 隔膜；2—工作电极（以 PTFE 粘接的镀铂碳层）；3—H_2SO_4 电解液；4—氧扩散对电极；5—电流跟随器/放大器；6—向对电极补充空气；i—输出信号

的电势，银离子将在电极表面生成，相应的反应电流可被测量。作为对电极，可用氧扩散电极，图 10.19 给出了对 $20\mu g \cdot mL^{-1}$ 水平的 H_2S 脉冲的时间响应。

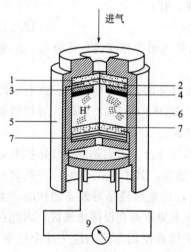

图 10.18 用于探测 H_2S 的三电极间接式电流型传感器 ［出自 D. Kitzelmann and C. Gottschalk：*tm-Technisches Messen* **62**（1995）152］

1—充当扩散阻挡层的隔膜；2—工作电极（多孔银）；3—隔膜；4—参比电极；5—传感器外壳；6—有机电解质；7—氧气扩散电极；8—压力平衡补偿隔膜；9—纳安电流计

其他气体选择性传感器及其前置的化学反应分列在表 10.1 中。除了用于平衡耦合化学的反应式外，也给出了其他直接电流型传感器的反应式以及不同反应的灵敏度。值得指出的是，干扰，尤其是外来氧的还原，会带来很多麻烦。

气体传感器也可用来监测生物系统，用 Clark 电极来研究毒性就是一个例子。将一个这样的电极与含氧介质中的细菌样品接触，而另一个电极与在同一种介质中但加入了被检测毒物的第二个细菌样品接触。毒物含量越多，细菌生长越慢，因而氧的消耗速率越慢，因而两个电极之间的电压差将越大。这一过程比常规测试快得多。另一个类似的装置可用于监测基因工程中在无组氨酸环境下不能生长的沙门菌疫苗株的回复突变速率。如果在这一介质中发生突变并回到野生种类，那么氧的消耗量将大为增加，这一试验成为广为人知的用于检测诱变或致癌物质的艾姆斯试验法（Ames Test）的电化学版本。

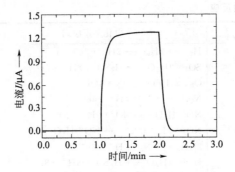

图 10.19 向图 10.18 所示的 H_2S 传感器中通入 $20\mu g \cdot mL^{-1}$ 的 H_2S
后的电流信号随时间变化曲线

表 10.1 电流式传感器的检测极限和电化学反应物

气　　体	分子式	反应极限/$\mu g \cdot mL^{-1}$
氨(Ammonia)	NH_3	3
砷化氢(Arsine)	AsH_3	0.01
溴(Bromine)	Br_2	0.01
溴化氢(Bromide)	HBr	0.5
碳酰氯,光气[Carbonyl Chloride(Phosgene)]	$COCl_2$	0.005
氯(Chlorine)	Cl_2	0.01
二氧化氯(Chlorine Dioxide)	ClO_2	0.01
氯化氢(Hydrogen Chloride)	HCl	0.5
乙硼烷(Diborane)	B_2H_6	0.02
乙醇(Ethanol)	CH_3CH_2OH	0.5
环氧乙烷(Ethylene Oxide)	C_2H_4O	0.5
氟(Fluorine)	F_2	0.01
氟化氢(Hydrogen Fluoride)	HF	0.3
甲醛(Formaldehyde)	$HCHO$	0.5
锗烷(Germane)	GeH_4	0.01
肼(Hydrazine)	N_2H_4	0.02
二氧化碳(Carbon Dioxide)	CO_2	0~5%范围内
一氧化碳(Carbon Monoxide)	CO	3
臭氧(Ozone)	O_3	0.05
磷化氢(Phosphine)	PH_3	0.01
硝酸(Nitric Acid)	HNO_3	1
二氧化硫(Sulphur Dioxide)	SO_2	0.5
硫化氢(Hydrogen Sulphide)	H_2S	0.1~1
二氧化氮(Nitrogen Dioxide)	NO_2	0.5
一氧化氮(Nitrogen Monoxide)	NO	3
硅烷(Silane)	SiH_4	0.5

10.1 直接电荷转移的反应

气　体	电化学反应式	反应类型
氢（H_2）	$H_2 \longrightarrow 2H_{ad} \longrightarrow 2H^+ + 2e^-$	氧化
二氧化硫（SO_2）	$SO_2 + 2H_2O \longrightarrow H_2SO_4 + 2H^+ + 2e^-$	氧化
氧（O_2）	$O_2 + 2H_2O + 4e^- \longrightarrow 4OH^-$	还原
肼（N_2H_4）	$N_2H_4 \longrightarrow N_2 + 4H^+ + 4e^-$	氧化
一氧化氮（NO）	$NO + H_2O \longrightarrow NO_2 + 2H^+ + 2e^-$	氧化
二氧化氮（NO_2）	$NO_2 + 2H^+ + 2e^- \longrightarrow NO + H_2O$	还原
氨（NH_3）	$2NH_3 \longrightarrow N_2 + 6H^+ + 6e^-$	氧化
硫化氢（H_2S）	$H_2S + 4H_2O \longrightarrow H_2SO_4 + 8H^+ + 8e^-$	氧化
臭氧（O_3）	$O_3 + 2H^+ + 2e^- \longrightarrow O_2 + H_2O$	还原
氢氰酸（HCN）	$2HCN + 2H_2O \longrightarrow 2HCHO + N_2 + 2H^+ + 2e^-$	氧化
硅烷（SiH_4）	$SiH_4 + 3H_2O \longrightarrow H_2SiO_3 + 8H^+ + 8e^-$	氧化

偶合化学反应过程

气　体	电化学和化学反应	反应类型
一氧化碳（CO）	$Pt + O + CO \longrightarrow Pt + CO_2$ $Pt + H_2O \longrightarrow Pt - O + 2H^+ + 2e^-$	氧化
AsH_3、PH_3	$AsH_3 + 8Ag^+ + 4H_2O \longrightarrow H_3AsO_4 + 8H^+ + 8Ag^0$ $8Ag^0 \longrightarrow 8Ag^+ + 8e^-$	氧化
氯（Cl_2）	$Cl_2 + 2Br^- \longrightarrow Br_2 + 2Cl^-$ $Br_2 + 2e^- \longrightarrow 2Br^-$	还原
臭氧（O_3）	$O_3 + 2Br^- + 2H^+ \longrightarrow O_2 + Br_2 + H_2O$ $Br_2 + 2e^- \longrightarrow 2Br^-$	还原
氯化氢（HCl）	$4HCl + Au^{3+} \longrightarrow H[AuCl_4] + 3H^+$ $Au \longrightarrow Au^{3+} + 3e^-$	络合
硫化氢（H_2S）	$H_2S + 2Ag^+ \longrightarrow Ag_2S + 2H^+$ $2Ag^0 \longrightarrow 2Ag^+ + 2e^-$	沉淀
氢氰酸（HCN）	$HCN + Ag^+ \longrightarrow AgCN + H^+$ $Ag^0 \longrightarrow Ag^+ + e^-$	沉淀

参 考 文 献

电分析技术通用参考文献

(*General References to Electroanalytical Techniques*)

J. O'M. Bockris, B. E. Conway, E. Yeager and R. E. White eds., "*Comprehensive Treatise of Electrochemistry*", Plenum Press, New York, vol. 8, 1984.

J. J. Lingane: "*Electroanalytical Chemistry*", Wiley-Interscience, New York, 1958

E. A. M. F. Dahmen: "*Electroanalysis: Theory and Applications in Aqueous and Non-aqueous Media and in Automated Chemical Control*", Elsevier, Amsterdam, 1986

专业性参考文献

(*More specific texts*)

J. T. Stock: "*Amperometric Titrations*", Wiley, New York, 1965; reprinted by R. E. Krieger Publishing Co., Huntington, New York, 1975.

R. A. Robinson and R. H. Stokes: *"Electrolyte Solutions"*, Butterworth, London, 1959

L. Meites: *"Polarographic Techniques"*, 2nd. Ed. , Interscience Publishers, New York, 1965

J. Heyrovsky and J. Kuta: *"Principles of Polarography"*, Academic Press, New York, 1966

P. Zuman and I. Kolthoff (eds.): *"Progress in Polarography"*, 3 volumes, Interscience Publishers, New York, 1962-1972.

P. J. Elving: *"Voltammetry in Organic Analysis"*, in H. W. N rnberg (ed.), *"Electroanalytical Chemistry"* p. 197, Wiley, New York, 1974

A. A. Vlcek: *"Polarographic Behaviour of Coordination Compounds"* in F. A. Cotton (ed.): *"Progress in Inorganic Chemistry"*, vol. 5, p. 211, Interscience Publishers, New York, 1963

H. Hoffman and J. Volke: *"Polarographic Analysis in Pharmacy"*, loc. cit. p. 287.

P. Zuman (ed.): *"Topics in Organic Polarography"*, Plenum Press, London, 1970

B. Breyer and H. Brauer: *"Alternating Current Polarography and Tensammetry"*, Interscience Publishers, New York, 1963

D. E. Smith: *"AC Polarography and Related Techniques: Theory and Practice"* in A. J. Bard (ed.) : *"Electroanalytical Chemistry"* vol. 1, p. 1, Marcel Dekker, New York, 1966

D. E. Smith: *"Recent Developments in Alternating Current Polarography"* in Crit. Rev. Anal. Chem. 2 (1971) 247

A. M. Bond: *"Modern Polarographic Methods in Analytical Chemistry"*, M. Dekker, New York, 1980

D. G. Davis:*"Applications of Chronopotentiometry to Problems in Analytical Chemistry"*, in *"Electroanalytical Chemistry"*, ed. A. J. Bard, vol. 1, p. 157, Marcel Dekker, New York (1966)

J. J. Lingane: *"Analytical Aspects of Chronopotentiometry"*, The Analyst 91 (1966) 1

D. Jagner: *"Potentiometric Stripping Analysis"*, The Analyst 107 (1982) 593

V. Vydra, K. Stulik and E. Julakova: *"Electrochemical Stripping Analysis"*, Ellis Horwood, Chichester, 1976

J. J. Wang: *"Stripping Analysis; Principles, Instrumentation and Applications"*, VCH Publishers, Florida, 1985

P. K. Bailey: *"Analysis with Ion-selective Electrodes"*, Heyden, London, 1976

J. Koryta and K. Stulik: *"Ion-selective Electrodes"*, Cambridge University Press, 1983

H. Freiser: *"Ion-selective electrodes in Analytical Chemistry"*, Plenum Press, New York, 1981, 2 vols.

J. Janata: *"Principles of Chemical Sensors"*, Plenum Press, New York, 1989

W. Göpel and K. D. Schierbaum: *"Chemical Sensors Based on Catalytic Reactions"* in G. Ertl, H. Knözinger and J. Weitkamp (eds.), *"Handbook of Heterogeneous Catalysis"*, Wiley-VCH, Weinheim, 1997, p. 1283

A. M. Azad: *"Solid-state Gas Sensors: A Review"* in J. Electrochem. Soc. 139 (1992) 3690

W. E. Morf: *"The Principles of Ion-Selective Electrodes and of Membrane Transport"*, Elsevier, Amsterdam, 1981

P. Fabry and E. Siebert: *"Electrochemical Sensors"* in *"The CRC Handbook of Solid-State Electrochemistry"*, eds. P. J. Grellings and H. J. M. Bouwmeaster, CRC Press, Boca Raton, Florida, 1997